应用爆炸与冲击测试技术

段卓平　白志玲　黄正平　著

科学出版社
北　京

内 容 简 介

本书主要介绍爆炸与冲击领域科学技术研究和工程应用有关的试验测试技术，包括电测技术、光电测试技术和光学高速摄影测试技术三个方面，除介绍有关测试技术的原理、方法、系统组成、主要设备和器材等基础知识外，重点介绍爆炸与冲击测试技术的最新进展和新兴技术的应用，在科学技术研究方面具体应用实例和大型工程外场综合测试实施，以及在测试技术应用过程中出现的问题与解决方法。本书大部分内容是作者多年从事爆炸与冲击测试技术开发和应用的成果与经验总结，内容全面、专业性强。

本书的主要对象是从事爆炸与冲击科学技术研究领域的学者和武器弹药设计与评估的工程技术人员，也可供相关领域科技工作者和学者阅读参考。

图书在版编目(CIP)数据

应用爆炸与冲击测试技术 / 段卓平，白志玲，黄正平著. —北京：科学出版社，2022.11

ISBN 978-7-03-073367-2

Ⅰ. ①应… Ⅱ. ①段… ②白… ③黄… Ⅲ. ①爆炸–测试技术 ②冲击波–测试技术 Ⅳ. ①O643.2 ②O347.5

中国版本图书馆 CIP 数据核字(2022)第 188751 号

责任编辑：杨 震 刘 冉 / 责任校对：杜子昂

责任印制：吴兆东 / 封面设计：北京图阅盛世

科学出版社 出版

北京东黄城根北街 16 号

邮政编码：100717

http://www.sciencep.com

北京中石油彩色印刷有限责任公司 印刷

科学出版社发行 各地新华书店经销

*

2022 年 11 月第 一 版 开本：720×1000 1/16

2023 年 2 月第二次印刷 印张：33 1/2

字数：680 000

定价：198.00 元

(如有印装质量问题，我社负责调换)

序

北京理工大学段卓平教授等学者的专著《应用爆炸与冲击测试技术》即将出版，之前有幸拜读了书稿，他们想让我写个序，我深感荣幸，在此谈谈我的读书体会。

爆炸与冲击在人们的工作、生活之中会主动或被动地发生，具有高速、高温、高压等耦合效应的复杂性、瞬时性、单次性和破坏性等特征，定量、正确地获取这些动态信息是研究爆炸与冲击过程的必要条件，进而满足各领域应用和应对爆炸与冲击危险的需求，尤其是在武器发展、国防安全、反恐防爆、工业生产等方面，爆炸与冲击的测试技术就显得尤为重要。

《应用爆炸与冲击测试技术》的三位作者是爆炸与冲击测试领域的老、中、青三代学者，书中涉及的内容包括：基于电学和光学理论的经典测试技术，基于现代电子、光电子、光学高速摄影/录像的现代高精度光电、光学综合测试技术。该书不仅体现了爆炸与冲击测试人才的赓续与培养，也突显了爆炸与冲击测试技术的传承、创新和发展。

近 30 年来，本人与《应用爆炸与冲击测试技术》作者在科研、学术交流、典型工程测试等活动中有幸多次接触，获益良多，对他们团队的治学精神和学术造诣充满敬慕。倘若此书某些地方果能有助于相关科技工作者解决面临的问题，我和作者甚感欣慰。

胡晓棉

2022 年 9 月

前言

测试技术作为定量地获取事物信息的一种手段，已成为现代科学技术研究的一个重要领域。爆炸测试技术是以捕捉和处理燃烧、起爆、爆炸和冲击等快速反应过程的动态信息为目的的一门综合性技术。测试对象具有高速、高温、高压、瞬时性、单次性和破坏性等特征，测试难度大。由于爆炸与冲击过程涉及时间和空间的跨尺度变化，以及多种物理效应耦合的复杂性，理论和数值模拟技术难以完整描述与客观计算，因此测试技术是研究爆炸与冲击复杂过程的必备手段。

多年来爆炸与冲击测试技术有关教材和专著大部分只有电测方面的内容，缺少光学、光电方面的研究和应用。近年来，随着现代电子、光电子、光学高速摄影/录像技术的发展，越来越多先进的高精度光电、光学测试技术和手段应用于爆炸与冲击实验，极大地推动了爆炸科学技术的发展。特别是近 20 年来发展起来的精密观测与诊断技术，在爆炸科学研究和武器弹药研究各阶段发挥了重要作用。

本专著拟把作者团队 30 年来从事爆炸与冲击实验测试的经验和成果总结成册，供有关科技工作者和学者参考。本书继承了黄正平教授的《爆炸与冲击电测技术》的原理和测试电路部分，缩减有关爆炸的基础理论，并删减了陈旧不用的技术部分，大幅度增加电测技术在爆炸与冲击实验中的应用实例，并重点新增光电测试技术、光学高速摄影技术两大部分内容和综合测试技术大型工程实例，形成有关爆炸与冲击测试技术体系完整且专业性强的测试技术专著。

本书共分十三章，涉及电测技术（第 2～7 章）、光电测试技术（第 8、9 章）和光学测试技术（第 10～12 章）三个方面，以及大型靶场综合试验测试技术（第 13 章）。第 1 章为爆炸与冲击测试对象及测试系统，主要介绍爆炸与冲击测试的对象、信号特征，电学测试系统、光学测试系统和光电测试系统特性与组成，测量误差与不确定度分析等基础知识。第 2～5 章以本书作者之一黄正平教授的《爆炸与冲击电测技术》的相应章节为基础，简化有关测试技术的基础理论部分，补充有关新的技术和实际应用内容，分别介绍电探极、电磁粒子速度、锰铜压阻、压电压力测试技术的传感器结构和工作原理、测试电路与仪器，新的测试技术、实际应用和测试中的常见问题等。第 6 章为热电偶温度测试技术，主要介绍热电效应及工作原理、热电偶结构及分类、测试电路及测试系统和在武器研究中的应用。第 7 章为现代数字存储测试技术，这是近年来发展起来的一项新技术，主要介绍数字存储压力测试技术和弹载过载测试技术的测试仪器原理、技术特点和性能、系统组成和典型应用等，并重点介绍野外靶场急需的最新远距离无线压力测试技术。第 8 章和第 9 章为光电测试技术的范畴，主要介绍近年发展起来的高精度诊断技术，包括激光干涉测速技术、瞬态高温测试技术、光纤探针技术和太赫兹测试技术等。第 10～12 章属光学测试技术领域，分别为高速摄影测试技术、高速录像测试技术和脉冲 X 射线高速摄影技术，主要介绍胶片式高速相机、数字式高速相机、高速录像机、脉冲 X 射线机的典型仪器设备和相应的测试技术等，包括分幅摄影、扫描技术、同时分幅扫描、瞬态温度场光学测试、激光照明高速摄影、高速阴影/纹影、弹道跟踪等技术。第 13 章主要介绍综合测试技术的典型工程实例，重点介绍作者组织或参与的大型靶场试验测试内容。

本书第 1 章的光电、光学部分，第 2～5、8、9 章的应用部分，第 10～12 章的光学测试技术和第 13 章的综合应用部分由段卓平完成；第 6、7 章内容及第 8、9 章的原理部分由白志玲完成；第 1 章的电测部分、第 2～5 章的原理和仪器部分属黄正平教授的《爆炸与冲击电测技术》的内容。

本书的主要对象是从事爆炸与冲击动力学研究领域的学者和武器弹药设计与评估的工程技术人员。本书的内容主要是作者团队从事爆炸与冲击测试技术 30 多年的总结、心得和经验教训，学术同行特别是中国工程物理研究院流体物理研究所科技人员提供的新型诊断技术资料，以及作者通过文献和学术交流学习掌握的新的测试技术知识，重点是测试技术的实际应用，而不注重测试技术理论本身。因时间关系，书中还有爆炸测试相关的内容如质子照相技术、细观原位诊断技术等没有涉及。另外，受作者知识面的限制，书中难免会存在错误或不妥之处，敬请读者批评指正。具体的批评意见和建议可发至第一作者的邮箱（duanzp@bit.edu.cn），我们一定虚心接受，并在以后的修订版本中增加相关内容并改正错误。

作　者

2022 年 8 月于北京

目　录

第1章　爆炸与冲击测试对象及测试系统

在爆炸和冲击过程的测试中，对被测对象的性质必须有一个比较完整的了解，如被测信号的幅度有多大、上升时间有多快、峰值衰减速率有多少以及时域脉冲宽度有多长等，才可能做好以下几项工作：

(1) 正确地选择传感器、放大器和记录仪器等，并合理地配置测试系统；

(2) 正确地确定测试系统的量程、频宽、记录长度、同步方法、触发方式、触发电平和触发位置等；

(3) 快速地判别记录信号的有效性；

(4) 正确地分析爆轰和冲击的时间间隔信号和物理量(压力或粒子速度)模拟信号。

本章主要介绍爆炸与冲击测试的对象、信号特征，电学测试系统、光学测试系统和光电测试系统特性与组成，测量误差与不确定度分析等基础知识。

1.1　爆炸与冲击测试对象及其信号特征

广义地说，爆炸指一种极为迅速的物理或化学的能量释放过程，在此过程中，系统的内在势能转变为机械功及光和热的辐射等。爆炸做功的根本原因在于系统原有高压气体或爆炸瞬间形成的高温高压气体或蒸汽的骤然膨胀。

爆炸的一个最重要的特征是在爆炸点周围介质中发生急剧的压力突跃，而这种压力突跃是爆炸破坏作用的直接原因。就引起爆炸过程的性质来看，爆炸现象可以分为物理爆炸、化学爆炸和核爆炸三类。

蒸汽锅炉或高压气瓶的爆炸，地震、强火花放电或高压电流通过金属丝引起的爆炸，物理的高速碰撞引起的爆炸均属物理爆炸。

悬浮于空气的粉尘，与空气混合的可燃气体、炸药等的爆炸，都属于化学爆炸。

核爆炸由核裂变或核聚变引起，释放的能量比炸药爆炸放出的化学能高得多。

本书的测试技术不涉及核爆炸过程本身，但可适用于核爆炸产生的对外做功效应的测试。此外，除爆炸之外的冲击动态过程也是本书测试技术涉及的重要对象。根据爆炸和冲击过程的物理本质和做功特性，可以把测试对象分为三个方面：①波动特性，主要包括爆轰波、冲击波和应力波等；②运动特性，主要包括位移、速度和加速度等；③能量特性，主要包括温度与光电效应等。

对于上述测量对象，只有波动特性强烈与信号特性相关，位移、速度、加速度的信号可归结为波动特性同类，而能量特性与信号的动力学特性无关，因此，这里只介绍波动信号特性。

1.1.1　爆轰波的信号特性

爆轰波是一种在炸药中传播的由快速化学反应支持的冲击波；显然，爆轰波只可能在炸药中传播，其波前为未反应炸药，其波后为爆炸产物。若爆轰波传播速度（简称爆速）是一个不随时间变化的常量，则把这种爆轰波定义为定常爆轰波；若爆速是一个随时间变化的变量，则把这种爆轰波定义为不定常爆轰波。对于定常爆轰波来说，其波后流动是不定常的。在平面对称一维流动条件下，定常爆轰波的后随流动称为泰勒波。在爆炸与冲击过程的宏观测试中，可以应用爆轰波简单理论（CJ 理论和 ZND 模型）来分析与讨论爆轰波信号的特征。

1. 定常爆轰波波形特征

根据爆轰波理论，宏观均质炸药中传播的爆轰波若按波阵面形状来分类，可分为一维、二维及多维。一维爆轰波又分平面对称、轴对称（或称柱对称）和心对称（或称球对称）。在绝大多数爆炸实验中，爆轰波的波后流动属于二维轴对称；在实验室条件下当采用平面波发生器引爆炸药装药试件时，也只有邻近爆轰波波阵面的波后流动属于或接近宏观统计意义上的平面对称一维流动（或准平面对称一维流动）。

对于平面一维定常爆轰波，如果把参考坐标放到爆轰波的前沿冲击波波阵面上观察炸药的爆轰过程，按 ZND 模型，在爆轰波反应区中所有参量仅仅是空间位置的函数，不随时间而变。图 1.1 示意地表明了定常爆轰波的三个区域：图中 I 区为未反应炸药；II 区为爆轰波反应区；III 区为泰勒波区，或称爆炸产物不定常流动区。I、II 区之间界面为 N，即爆轰波前沿冲击波阵面，对于均质炸药，其空间宽度只有微米（μm）量级，其时域宽度为纳秒（ns）量级。II 区与 III 区之间界面为 CJ，也就是定常流动区与不定常流动区的边界。该界面上爆炸产物的质点速度等于声速，因此又称为声速面。所以在定常爆轰情况下，流入爆轰波前沿冲击

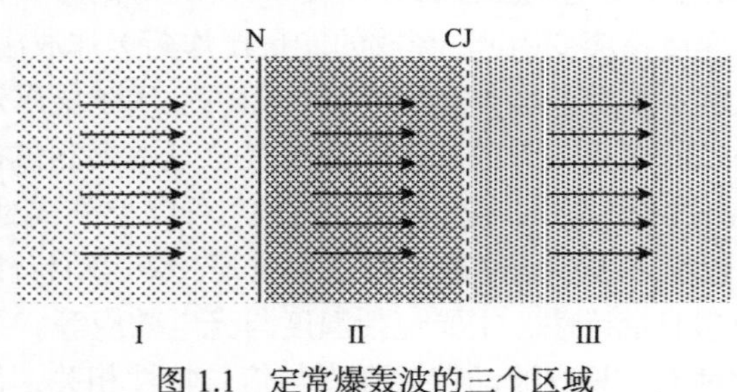

图 1.1　定常爆轰波的三个区域

波阵面 N 的未反应炸药的速度 D_j 为常量，而流出 CJ 面的爆轰产物的质点速度 u^* 也为常量，且等于声速 C_j，Ⅰ区和Ⅲ区中的流动是超声速的，而Ⅱ区中的流动是亚声速的。

当站在实验室坐标上观察定常爆轰过程时，爆轰波的反应区的波形不变，定常爆轰波的压力波形 $P=P(x,t)$如图 1.2 所示。图中反应区的压力曲面，即 N-CJ 曲面，其剖面形状不变，也就是此曲面上所有的等压线均为直线。在反应区中，所有等压线在 x-t 平面上的投影满足以下关系：

$$D_j = \frac{x - x_{\mathrm{M}}}{t - t_{\mathrm{M}}} = \frac{x_{\mathrm{N}}}{t_{\mathrm{N}}} \tag{1.1}$$

式中，$(x_{\mathrm{M}}, t_{\mathrm{M}})$为 N-CJ 曲面上的任意一点 M 在 x-t 平面上的投影坐标；$(x_{\mathrm{N}}, t_{\mathrm{N}})$为 N-CJ 曲面上的峰值迹线上某一点的坐标。因此，在反应区中，对于确定的 x 坐标，所有参量仅是 t 的函数；或对于确定的时刻 t，所有参量仅是空间坐标 x 的函数。在泰勒波中，不能满足上述的定常条件，所有参量是时间和空间的函数，介质的流动是不定常的。

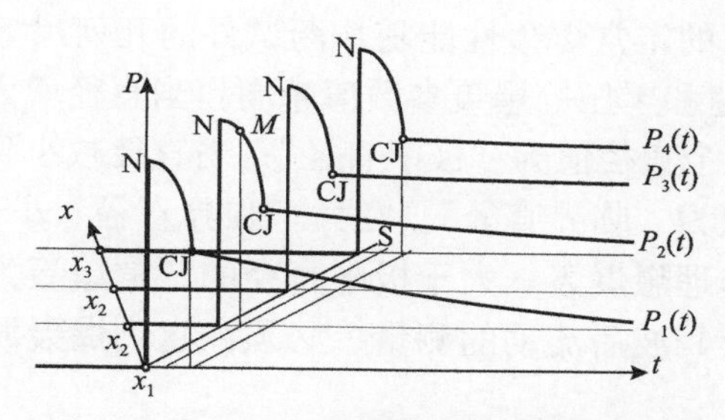

图 1.2　P-x-t 空间中定常爆轰波压力波形

如果采用某种传感器在多个位置（不论是拉格朗日坐标位置还是欧拉坐标位置）上测量爆轰波压力，只要这种传感器的响应速率足够快，必能获得一组压力记录波形，这些波形中反应区波形可以重合在一起，如图 1.3 所示。图中所有泰勒波波形的起点（或称公共交汇点）是 CJ 点，起点之后就不重合了。测点离起爆

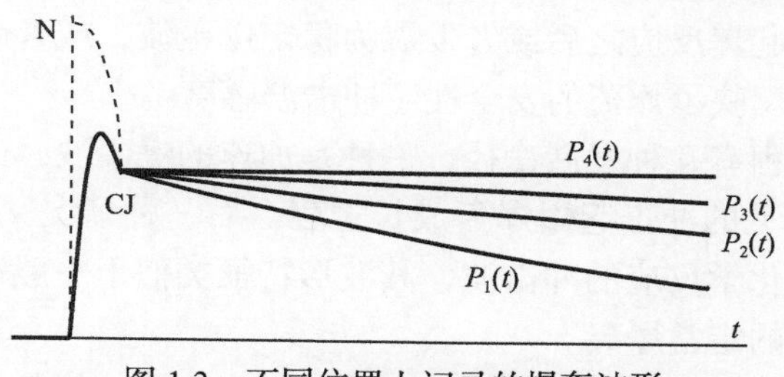

图 1.3　不同位置上记录的爆轰波形

面越远，记录波形就越平坦；测点距起爆面越近，记录波形衰减就越快。

凝聚炸药反应区的宽度是很窄的，空间域为0.2～0.6 mm，时间域为20～100 ns。使用拉格朗日传感器测量爆轰波及其波后流动的参数时，传感器敏感部分的响应时间必须在1～2 ns才可能较精确地测量前沿冲击波和反应区的波形。但目前常用的拉格朗日传感器敏感部分的响应时间有10～100 ns，记录的爆轰波反应区部分的压力或粒子速度模拟信号会出现严重畸变，或被湮没在敏感元件的响应过程之中。

实际上，当利用拉格朗日传感器记录炸药的爆轰波压力史或粒子速度史时，只有很少几种炸药的记录波形可分辨出其中一段是描绘爆轰反应区的波形，即使这一段波形已存在严重畸变。例如一些气体或液体的均质炸药、固体炸药TNT等，具有可分辨的爆轰反应区记录。

在工程上可应用的炸药绝大多数是非均质炸药，数学上的光滑平面或曲面爆轰波阵面是不存在的，所有拉格朗日量计的敏感部分所给出的模拟信号只能是一种宏观的统计信息。

另外，工程上测量炸药定常爆轰性能主要是为了对比炸药在特定条件下做功的能力。许多炸药的定常爆轰性能随炸药试件的几何尺寸而变，即“直径效应”。直径越大，爆速和爆压等爆轰参数值越高，当直径增大到爆轰参数不再随直径而变时，定义这个直径值为“极限直径”；当直径减小到定常爆轰不再发生时，定义这个直径值为“临界直径”。在大于临界直径、小于极限直径之间时，炸药的定常爆轰为非理想爆轰；大于极限直径的定常爆轰为理想爆轰。对于定常的非理想爆轰波及其波后流动的测量，必须注意到爆轰波的曲率半径及波后流动的复杂性。

在工程应用中，爆轰波几何形状是复杂的，极少接近平面，其波后流动多半是二维或三维的。如何在复杂的流场中合理地设置拉格朗日传感器或欧拉型传感器，也是一个必须考虑的问题。

2. 不定常爆轰波波形特征

炸药在外界强机械刺激作用下，如机械冲击、高速粒子碰撞和冲击波作用等，会发生起爆反应，起爆反应之后或者发展为稳定爆轰波，或者衰减成冲击波。炸药的冲击起爆特性反映了炸药的安全性（冲击波感度）。

不定常爆轰过程有几种发展途径，一种是加速的爆轰波，另一种是减速的爆轰波。前一种为常见的冲击起爆爆轰成长过程。后一种情况又有两种发展形式：一种可能衰减为无化学反应的冲击波，其波形特征类似于一般冲击波；另一种可能衰减到另一水平的定常爆轰。

图1.4示意地表明炸药冲击起爆爆轰成长过程不同拉格朗日位置上压力史变

化情况，从图中可以看到前沿冲击波强度的增长过程。起爆面附近图中 X_1 曲线，为炸药中初始入射冲击波；X_2 和 X_3 截面上冲击波后有一个压缩波，这种压缩波不断地追赶并加强前沿冲击波的过程就是不定常爆轰波逐渐向定常爆轰波的过渡过程；距起爆面足够远 X_4 处，不定常爆轰已趋近于定常爆轰，波后流动是单调衰减的。

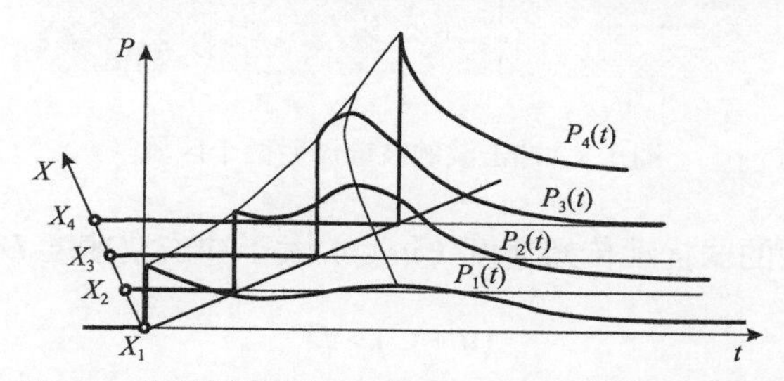

图 1.4　在不同拉格朗日位置上压力历史记录示意图

根据实测的记录波形，可以研究炸药冲击起爆反应动力学模型和参数。

1.1.2　冲击波信号的基本特征

冲击波是一种在固体或流体介质中传播的力学参量发生阶跃的扰动。在冲击波波阵面前后的压力、粒子速度、密度、内能、熵和焓等力学参量发生突变，在连续介质力学中用冲击波关系式来确定波前参量与波后参量之间的关系。冲击波波阵面的空间厚度很薄，一般只有 1～2 个分子自由程，时域宽度也只有 1～2 ns；研究冲击波前沿是比较困难的，只能采用具有纳秒时间分辨率的光测技术。冲击波波阵面与其后随流动相比，时空域很小，许多冲击波压力或粒子速度等测试系统所记录的冲击波信号前沿通常都发生了严重畸变，但如何保证所测的峰值比较接近冲击波压力或粒子速度真值？这是本节要讨论的主要问题。

在平面对称一维流动中，如果把参考坐标固定在冲击波阵面上，冲击波阵面把流场分成两个区域，见图 1.5，图中 I 区为超声速流动区，流入冲击波阵面 S 波前的介质粒子速度（$D-u_0$）大于声速 C_0，即：

$$(D-u_0)>C_0 \tag{1.2}$$

式中，D 和 u_0 分别为实验室坐标上的冲击波速度和波前粒子速度；图中 II 区为亚声速流动区，流出冲击波阵面 S 的波后粒子速度（$D-u$）小于弱扰动传播速度——声速 C，即：

$$(D-u)<C \tag{1.3}$$

式中，u 为实验室坐标上的波后粒子速度。

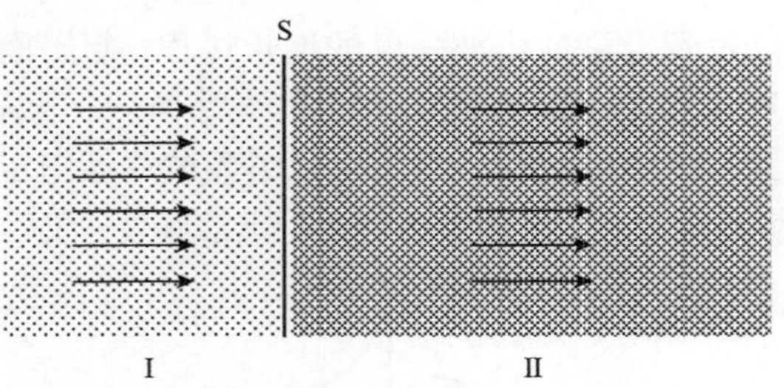

图 1.5　冲击波的波前波后两个区域

可以得出波后的弱扰动传播速度（$u+C$）大于冲击波速度 D，即：

$$(u+C)>D \tag{1.4}$$

也就是冲击波的波后某剖面上的压力水平将会赶到冲击波阵面上取代前一个压力水平，因此多数冲击波峰值压力水平 P_S 是随时空变化的。

冲击波的波后流动如图 1.6 所示。图中画出了相对压力（P/P_S）与时间 t 平面上的三种冲击波波形：

$\bar{P}_d(t)$，衰减型，炸药在空中、水中或岩土中爆炸形成的冲击波压力场具有这种波形。在这种情况下爆炸产物相当于衰减型的驱动活塞。

$\bar{P}_s(t)$，平台型，在平板飞片碰撞实验中靶板和飞片中会形成这种波形。在这种情况下飞片相当于一个恒速驱动活塞。空气激波管测量段中冲击波波形也是接近平台型。

$\bar{P}_u(t)$，增长型，空气激波管实验中在高压气室出口附近会形成这种波形。在这种情况下，由于破膜过程或快速阀门开启过程的非瞬时性，使低压室中空气冲击波不能立即形成，相应地，高压气室中的高压气体相当于一个逐渐增速的驱动活塞。

在爆炸与冲击过程的测量中，出现增长型的冲击波概率小，此处不再论述；本小节主要分析衰减型和平台型冲击波信号的基本特征。

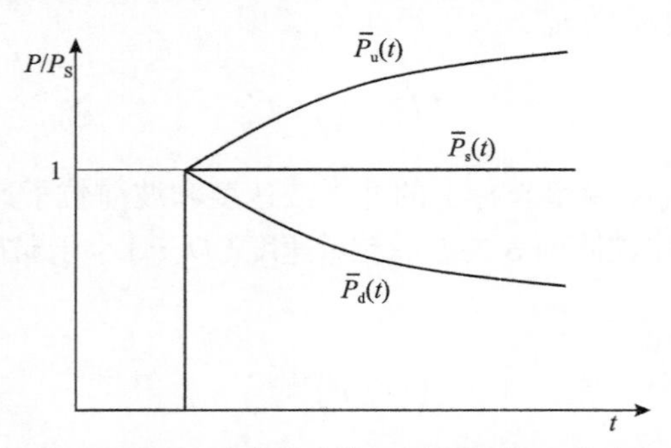

图 1.6　相对压力（P/P_S）与时间 t 平面上的三种冲击波波形

1. 空中、水中爆炸自由场冲击波超压信号的基本特征

为了正确认识和理解爆炸冲击波超压测量技术，判别冲击波压力模拟信号记录的真伪，必须首先搞清空气、水中爆炸冲击波的基本特征。

图 1.7 为压力 P、空间坐标 X 与时间 t 三维空间中 4 个位置的自由场冲击波压力波形。此处的“自由场冲击波”是指无限大空间中爆炸形成的冲击波，另一种含义是未受障碍物干扰的有限空间中爆炸形成的冲击波。

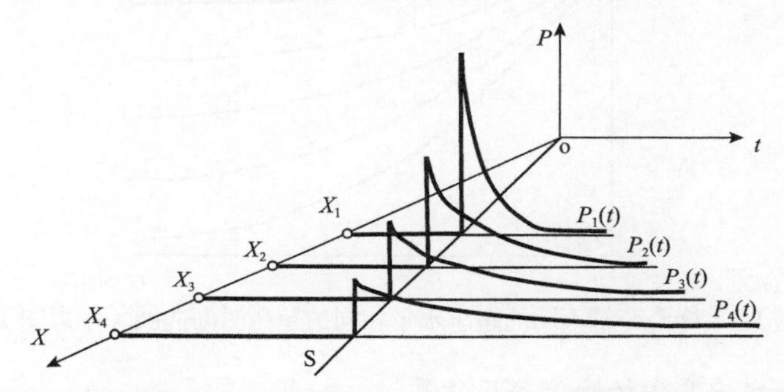

图 1.7　压力 P、空间坐标 X 与时间 t 三维空间中 4 个剖面上的自由场冲击波压力波形

把冲击波及其波后扰动合在一起说成“冲击波”是一种俗称；其实在连续介质力学中，冲击波仅仅是一种状态参量发生突变的界面，其厚度相当 1～2 个分子自由程，时域宽度是 ns 级；描述冲击波波阵面前后各状态参量发生突变的公式称为冲击波关系式，这种关系式只能用于冲击波波阵面上，不能用于冲击波波后非定常流动区域。

冲击波的后沿实际上是指冲击波波后流动区域。无限大空间的空中爆炸所形成的冲击波波后的压力扰动波形总是单调衰减的，如图 1.8 和图 1.9 所示。图 1.8 示意地绘制了同一发实验中不同测点上记录的超压时间曲线，测点爆心距 $R_3>R_2>R_1$；图 1.8 中还表示测点离爆心越近，超压 ΔP 越高，压力峰值衰减速率越

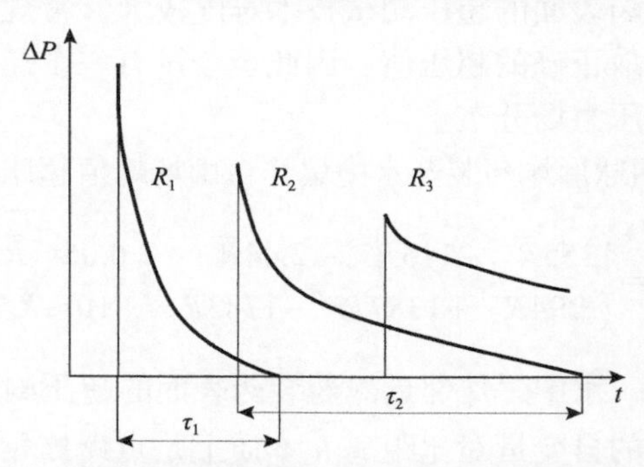

图 1.8　同一发实验的不同测点上的超压时间曲线（示意图）

快，超压时域脉宽 τ 越小，要求测压系统频宽越大；图 1.9 中示意地绘制了在测点的超压水平 ΔP_x 相同的条件下当爆心药量不同时所记录的超压时间曲线，爆心药量 $W_5>W_4>W_3>W_2>W_1$；图中还表示爆心药量越小，压力峰值衰减速率越快，压力的时域脉宽越小，要求测压系统频宽越大。

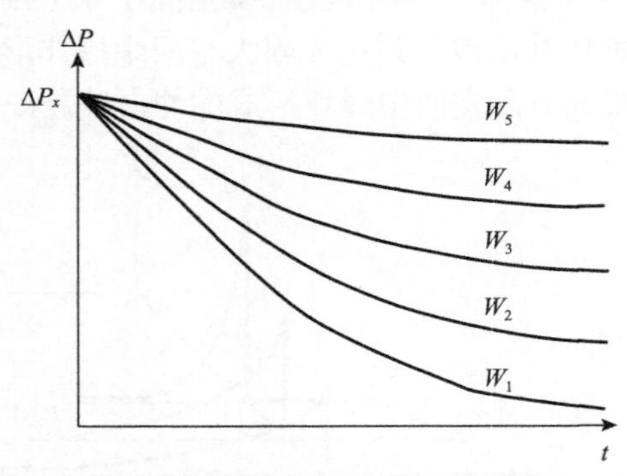

图 1.9　爆心药量不同的超压水平相同的超压时间曲线（示意图）

2. 空中、水中自由场峰值超压估算

计算空中爆炸自由场冲击波峰值超压ΔP_S 的经验公式有多种，此处介绍典型的计算公式如下：

$$\Delta P_S = \begin{cases} 20.06\bar{R}^{-1} + 1.94\bar{R}^{-2} - 0.04\bar{R}^{-3} & 0.05\leqslant\bar{R}\leqslant0.5 \\ 0.67\bar{R}^{-1} + 3.01\bar{R}^{-2} + 4.31\bar{R}^{-3} & 0.5\leqslant\bar{R}\leqslant70.9 \end{cases} \tag{1.5}$$

$$\bar{R} = RW^{-1/3} \tag{1.6}$$

式中，R 为测点到爆心的距离，m；W 为爆心的炸药质量，kg（以 TNT 当量计算）；$\bar{R}$ 为对比距离，$m/kg^{1/3}$；空中、水中自由场峰值超压的超压单位均采用工程大气压，kgf/cm^2，$1\ kgf/cm^2=98066.5$ Pa。

由于邻近炸药装药表面的超压测试技术难度较大，常规的超压测试系统的响应速率太慢，无法获取正确的超压值，因此至今没有一个经验公式能较好地表达这种近爆心的冲击波压力场分布。

同样，此处仅介绍球形炸药装药水中爆炸自由场峰值超压ΔP_S 的 Henrych 公式：

$$\Delta P_S = \begin{cases} 355\bar{R}^{-1} + 115\bar{R}^{-2} - 2.44\bar{R}^{-3} & 0.05\leqslant\bar{R}\leqslant10 \\ 294\bar{R}^{-1} + 1387\bar{R}^{-2} - 1783\bar{R}^{-3} & 10\leqslant\bar{R}\leqslant50 \end{cases} \tag{1.7}$$

与空中爆炸相比，水中爆炸邻近炸药装药表面的超压测试的技术难度更大。

上述公式中唯一的自变量对比距离 $\bar{R}$ 本质上是点爆炸相似参数，应用它计算超压默认了冲击波压力场的点爆炸相似律存在；但实际上在炸药装药附近的冲击波压力场不满足点爆炸相似律。

3. 自由场超压的峰值衰减速率的估算

常用的空气冲击波自由场超压测试系统的频宽变化不大，如 100 kHz，但它必须与被测信号匹配。也就是自由场超压测试系统上升时间必须远小于自由场超压的峰值衰减速率绝对值的倒数，只有在这样条件下合理布置测点，才可能确保自由场超压测试精度。

空气冲击波波后的压力时间关系的 Brode 经验方程为：

$$\Delta P = \Delta P_{\mathrm{S}}\left(1 - t/\tau\right)\exp\left(-at/\tau\right) \qquad \tau \geqslant t \geqslant 0 \tag{1.8}$$

式中：

$$a = \begin{cases} 0.5 + \Delta P_{\mathrm{S}} & \Delta P_{\mathrm{S}} \leqslant 1\ \mathrm{kgf/cm^2} \\ 0.5 + \Delta P_{\mathrm{S}}\left[1.1 - \left(0.13 + 0.20\Delta P_{\mathrm{S}}\right)\left(t/\tau\right)\right] & 1\ \mathrm{kgf/cm^2} \leqslant \Delta P_{\mathrm{S}} \leqslant 3\ \mathrm{kgf/cm^2} \end{cases} \tag{1.9}$$

式中的超压时域脉宽 τ (ms)可以利用 Henrych 公式来计算：

$$\tau = \left(0.107 + 0.444\bar{R} + 0.264\bar{R}^2 - 0.129\bar{R}^3 + 0.0335\bar{R}^4\right)W^{1/3} \quad 0.05 \leqslant \bar{R} \leqslant 3 \tag{1.10}$$

自由场超压的峰值衰减速率的定义关系为：

$$\Delta\dot{\bar{P}}_{\mathrm{S}} = \left(\mathrm{d}\Delta P/\mathrm{d}t\right)_{\mathrm{S}} / \Delta P_{\mathrm{S}} \tag{1.11}$$

则自由场超压的峰值衰减速率为：

$$\Delta\dot{\bar{P}}_{\mathrm{S}} = -\left(a+1\right)/\tau \tag{1.12}$$

由于自由场超压的峰值衰减速率必为负，所以上式中的系数 a 必须大于–1。a 和 τ 大小取决于爆心炸药装药的品种、药量和测点的对比距离等参数。

常用的水中爆炸自由场超压测试系统有两种配置：

(1) 系统采用电荷放大器时，系统频宽约为 200 kHz，系统上升时间约 5～10 μs；

(2) 系统采用电压放大器时，系统频宽约为 500 kHz，系统上升时间约 2～4 μs。

同样，水中爆炸自由场超压测试系统上升时间也必须远小于自由场超压的峰值衰减速率绝对值的倒数。

如果把 t=0 定义为冲击波达到该测点的时刻，冲击波波后的压力时间关系如下：

$$\begin{cases} \Delta\bar{P} = \Delta P/\Delta P_{\mathrm{S}} = \exp\left(-t/\theta\right) \\ \theta = 10^{-4}W^{1/3}\bar{R}^{0.24} \qquad t \geqslant 0 \end{cases} \tag{1.13}$$

式中，衰减时间常数 θ 的大小取决于爆心炸药装药的品种、药量 W（TNT 当量）和测点的对比距离 $\overline{R}$ 等参数。

很容易估算水中爆炸自由场超压的峰值衰减速率：

$$\Delta\dot{P}_{\mathrm{S}}=-\theta^{-1} \tag{1.14}$$

1.1.3 平台型冲击波/应力波压力的基本特征

在密实介质的高速碰撞实验中，为了构成一维应变条件下的实验观测与研究，飞片和靶板等试件的厚度较薄，一般其厚度通常小于试件直径的十分之一，如 4～6 mm。

应用拉格朗日压力传感器或粒子速度传感器测量飞片与靶板撞击的冲击波，其典型记录波形如图 1.10 所示。图中的虚线表示作用于传感器的冲击波信号，实线表示传感器的输出信号。冲击波压力（或粒子速度）模拟信号的时域平台宽度 ΔT 主要取决于飞片材料的冲击阻抗及其厚度，ΔT 近似等于 2 倍飞片厚度除以其平均声速。对于 4～6 mm 厚的飞片，ΔT 接近 2 μs。

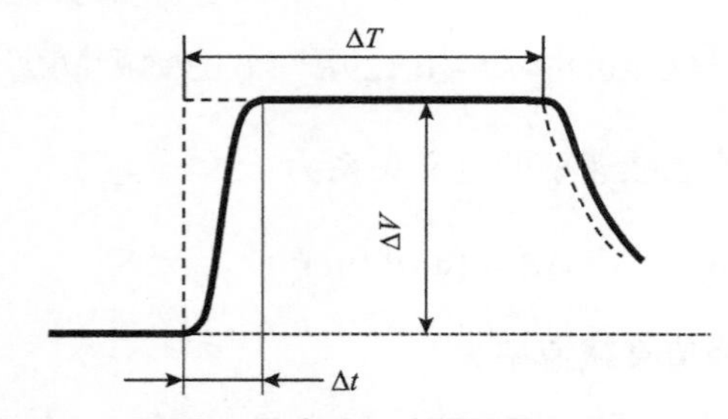

图 1.10　平台型冲击波压力模拟信号（示意图）

为了精细地获取脉宽接近 2 μs 的平台型冲击波压力（或粒子速度）模拟信号，要求测量系统中的数字存储记录仪具有足够快的采样速率，如 500 MS/s～1 GS/s，也就是 2 μs 采样点 1000～2000 个。

平台型冲击波模拟信号的基本特征是幅度和脉冲宽度。而利用有限厚度的拉格朗日传感器测量平台型冲击波信号时，传感器对于具有纳秒级上升前沿冲击波信号的响应有一个弛豫过程，冲击波模拟信号出现前沿抹圆和畸变，习惯上用上升时间和响应时间的大小来表示，如图 1.10 中的响应时间 Δt。如果测量系统的上升时间 Δt 小于或远小于被测信号的时域脉冲宽度 ΔT，这样的测量系统是满足要求的。

1.1.4 复杂压力流场的基本特征

复杂压力流场是相对于简单压力流场来定义的，若无外壳炸药装药在无限大（或半无限大）空中或水中爆炸所形成的压力流场定义为简单压力流场，则非简单压力流场可定义为复杂压力流场。

战斗部或弹药一般都是带壳的，有的还带预制破片或钨珠，形状也不是球形的。这样的弹药在空中、地面或水中爆炸时，即使爆炸场地比较空旷，压力流场也是复杂的，并具有以下特征：

(1) 压力场分布不具有对称性，相同爆心距上的压力在不同方向上有较大差异；

(2) 在某个测点上可能得到多种冲击波的压力信号，包括爆轰波达到壳体后形成的透射冲击波、爆炸产物从破片间隙中冲出时形成的二次冲击波、破片飞行中形成的弹道波、地面或其他障碍物的反射或绕射形成的冲击波等。

燃料空气炸药的爆炸压力场也是一种复杂压力流场。燃料被抛撒后，燃料与空气混合不可能达到均匀，各区域内燃料浓度分布有较大的随机性，因此起爆后的爆轰波压力场分布不具有对称性，相同爆心距上的爆轰压力在不同方向上有较大差异。为此，需要布置较多的测点来捕获流场信息，并采用数理统计方法来分析测量数据。

1.2　爆炸与冲击测试系统

由若干彼此相关互相联结的不同环节构成观测爆炸与冲击过程的一个统一整体，称为爆炸与冲击测试系统。

根据测量原理、测量方法、采用的信号特性等，可以把爆炸与冲击测试系统分为三类，即电学测试系统、光学测试系统和光电测试系统。

电学测试系统这里指通过传感器和适配器/放大器等把非电学量转化成电学量的，且电学量能直接反映被测量大小和时间分布特性的测试系统，如空气冲击压电压力测试系统、锰铜压阻压力测试系统、电磁粒子速度测试系统等。

光学测试系统这里指通过高速相机、高速录像机，采用自然光或特定光源照明，展宽时间、清除干扰、凸显测量对象、记录爆炸与冲击过程，通过对记录的图像进行处理得到爆炸与冲击过程物理量的系统，如高速扫描相机系统、高速分幅照相系统、高速纹影系统、高速运动分析系统等，均属光学测试系统。

光电测试系统这里指通过光电探头探测，光电转换器信号转换，调理器对信号频谱进行处理，采集仪记录特定的频谱信号，后期计算机专用处理软件获得被测参量的测试系统，如瞬态高温计系统、VISAR 系统、DISAR 系统、PDV 系统等。

随着高速数字化图像记录和处理技术的进步，已经发展出了光学和光电结合的测试系统，如瞬态温度场光学测量系统。

1.2.1　电学测试系统

通常情况下，爆炸与冲击过程电学测试系统一般为线性系统。“线性系统”的含义简述如下：当一个系统受输入量 $f(t)$（激励函数）作用时，系统输出量为 $y(t)$（响应函数），输出与输入之间有函数关系：

$$y(t)=\Phi\left[f(t)\right] \tag{1.15}$$

式中，$\Phi[\ ]$为线性算子，相应的系统为线性系统。

最简单的激励函数与响应函数之间的关系为：

$$y(t+\tau)=kf(t) \tag{1.16}$$

式中，k 和 τ 为常量。

线性系统有两个重要的性质：

(1) 均匀性：若 m 为常数，则 $my(t)=\Phi[mf(t)]=m\Phi[f(t)]$。

(2) 叠加性：若 $y_1(t)=\Phi[f_1(t)]$，$y_2(t)=\Phi[f_2(t)]$，则 $y_1(t)+y_2(t)=\Phi[f_1(t)]+\Phi[f_2(t)]$。

这里介绍几种典型的爆炸与冲击过程电学测试系统，包括系统的工作过程、性能指标、评价方法和选择原则，信号的不失真传输、放大与记录，以及记录信息处理的基本知识。

1. 爆炸与冲击过程测试系统

典型的爆炸与冲击过程电学测试系统，包括用于测量爆轰波速度、冲击波速度和自由表面速度的时间间隔测试系统，用于测量粒子速度、爆轰波压力和冲击波压力的模拟信号测试系统两类。

在时间间隔测试系统中，若按测速探头的结构和形状来分类又可以分成多种时间间隔测试系统，如双丝式电探极炸药装药爆轰波速度测量系统、多探针式自由表面速度测量系统和多光电探头飞片速度测量系统等。

在时间间隔测试系统中，若测速探头输出的计时信号时序是已知的，则该系统为已知时序的时间间隔测试系统；若测速探头输出的计时信号时序是未知的，则该系统为未知时序的时间间隔测试系统。

爆炸与冲击过程的模拟信号测试系统属于单次信号测试系统，而且是线性系统。若按被测信号多少来分类，则有多路和单路测试系统；若按传感器或敏感元件的结构和工作机制来分类又可以分成多种模拟信号测试系统，如电磁法粒子速度测量系统、压阻法压力测量系统和压电法压力测量系统等。

在模拟信号测试系统中，若按触法方式来分类又可以分成自触发方式模拟信号测试系统和外触发方式模拟信号测试系统。

对于外触发方式模拟信号测试系统，若按触法控制方式来分类，又可以分成有可靠信号源的外触发方式模拟信号测试系统和人工手动外触发方式模拟信号测试系统等。

1）已知时序的时间间隔测试系统

利用这类测试系统可以直接得到一组已知时序的时间间隔信号，或者得到一组已知时序的计时信号。通常这种时间间隔值判读精度与计时信号的前沿上升速率密切相关，而与计时信号的幅度及后沿波形无关。因此计时信号实质上是开关信号或逻辑信号，相应的测试系统为开关信号测试系统或逻辑信号测试系统。

在已知时序的时间间隔测试系统中，可以用数字存储示波器等记录计时信号，也可以用多路计时仪记录，见图 1.11。爆炸与冲击过程与电探极之间相互作用，使每个探针两电极一一接通，通过多路脉冲形成网络产生了一串已知时序的电压脉冲信号 $v_1, v_2, v_3, \cdots$，经传输线到达数字存储示波器，在记录仪中获得了相应时序的一串电压脉冲信号波形，已知探针之间相应的空间间距，判读两两峰值或起跳点之间的时间间隔 Δt_1、Δt_2 和 Δt_3 等，则可求出平均速度值，或空间间距时间函数。

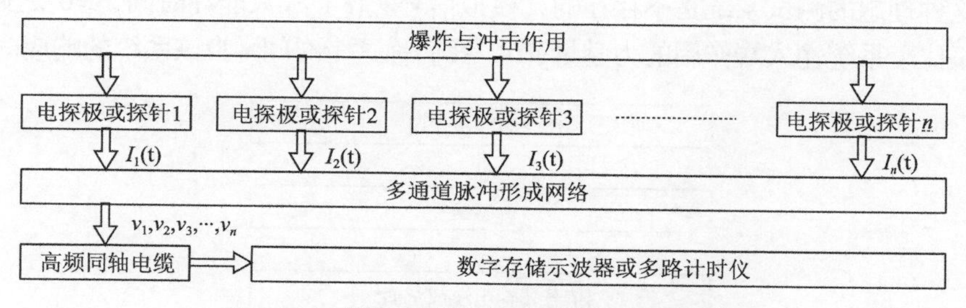

图 1.11　确定时序的时间间隔测试系统配置

2）未知时序的时间间隔测试系统

采用多路计时仪或示波器记录无确定时序的时间间隔信号的测量系统如图 1.12 所示。爆炸或冲击过程与探针的相互作用时所产生的短路，相应的脉冲形成网络产生脉冲电压信号，经传输线到达计时仪或示波器相应的通道，每个探针对应一路测试通道，判读多路时间间隔记录仪或示波器各通道信号的起跳或峰值时间，由这组时间数据就可以推算某爆炸或冲击过程中的速度参数。

要提高测时精度和可靠性，选择合适的性能优良的记录仪是首要前提；其次，还应从测试系统中的其他部分去想办法，如探针的结构与安装方式，脉冲形成网络的输出信号脉冲宽度及前沿上升速率，以及传输线的连接与匹配等。

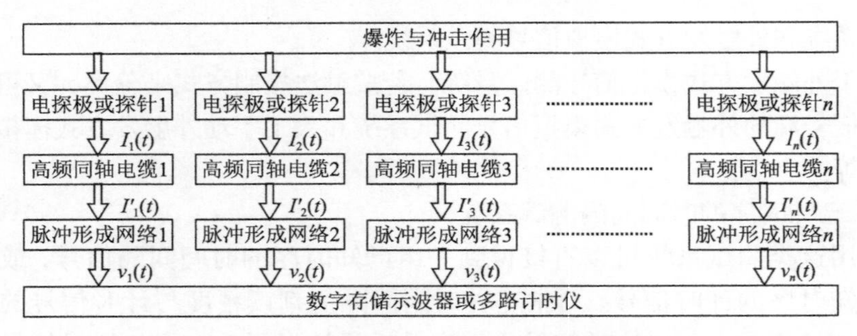

图 1.12　无确定时序的时间间隔测试系统配置

3）单路爆炸与冲击过程模拟信号测试系统配置

单路爆炸与冲击过程模拟信号测试系统配置如图 1.13 所示。当爆炸或冲击过程中物理量 $f(t)$（如压强、位移、速度或加速度等）作用处于传感器之后，传感器将输出一个电压信号 $v_0(t+\tau_0)$ 或电流信号 $I_0(t+\tau_0)$，τ_0 为响应时间。若 $v_0(t+\tau_0)$ 或 $I_0(t+\tau_0)$ 正比于 $f(t)$，则称 $v_0(t+\tau_0)$ 或 $I_0(t+\tau_0)$ 为关于 $f(t)$的电压或电流模拟信号。当模拟信号 $v_0(t+\tau_0)$ 经传输线和放大器达到记录仪器时，输出新的模拟信号 $v_0(t+\tau)$，其中 τ 也是一个响应时间常数。对于一个理想的测试系统，输入端作用的力学量 $f(t)$将始终正比于模拟信号 $v_0(t+\tau_0)$，也始终正比于模拟信号 $v_0(t+\tau)$。实际上，这种理想的测试系统是不存在的，模拟信号 $v_0(t+\tau)$ 只能在时间 $t\geqslant 0$ 之后，基本上正比于系统输入端作用的力学量 $f(t)$。我们称这个时间 τ 为该系统的响应时间。

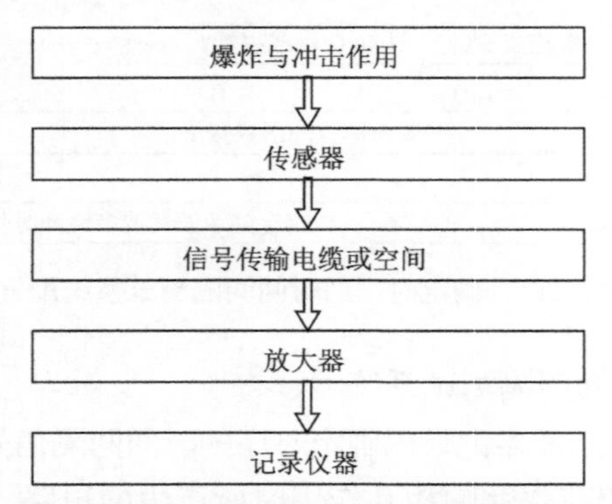

图 1.13　爆炸与冲击过程模拟信号测试系统框图

当系统中有一个外触发支路时，为外触发方式的模拟信号记录系统；当模拟信号足够大，并作为触发信号，此外触发支路可以省略时，这时为自触发方式的模拟信号记录系统。

4）多路爆炸模拟信号测试系统

多路爆炸模拟信号测试系统的典型框图如图 1.14 所示。多路爆炸模拟信号测试系统（简称多路系统）与单路测试系统相比，一次实验中可以获取多个模拟信号记录，提高了测量效率。多路系统的触发方式有多种，如模拟信号自触发方式（或称内触发）、外触发方式和内、外触发方式等。如果多路系统采用外触发方式，该系统中至少有一个外触发电路，如将时间间隔测试系统中的一个支路作为多路系统外触发电路；如果多路系统采用内、外触发方式，必须选取该系统中一个或多个较强的模拟信号作为内、外触发信号，也就是该系统中既有外触发方式又有内触发方式。

爆炸和冲击过程电子测试系统所记录的信号都是单次的、瞬态的，捕获这种信号的成功率主要取决于测试系统的触发可靠性和抗干扰能力。

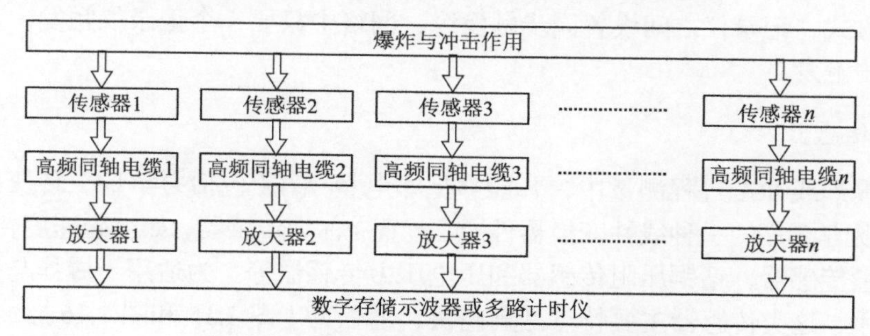

图 1.14　多路爆炸模拟信号测试系统配置

提高触发可靠性的主要方法有以下几点：

(1) 若采用模拟信号自触发，则可以选取幅度较大，且幅值较稳定的信号作为触发信号，然后根据此信号所处的时序确定触发位置，根据此信号的幅度和极性确定触发电平。

(2) 若被测信号幅值较大，但有较大的随机分布时，则采用外触发方式；被测信号幅度较小时，随机的干扰信号相对较大，则不宜采用内触发方式，必须采用外触发方式。外触发信号不仅可以由一个计时信号通道给出，也可以取自系统中某一个外触发电路。

(3) 在战斗部定点爆炸实验中，大量实验证明，采用起爆战斗部的同时触发多路系统，系统触发可靠性较高，一次实验捕获有效测量数据较多。采用起爆战斗部的同时触发多路系统方式有几种：①利用定制的起爆同步器实现在馈送雷管起爆电流的同时向多路系统输出触发信号；当采用 8 号电雷管起爆时，雷管从通电到其端部输出冲击波的时间为 5～25 ms，为此多路系统必须有足够长的记录长度。②利用定制的触发同步器把战斗部装药爆炸时使电探极开关状态突变转变为多路系统输出触发信号。

(4) 在战斗部非定点爆炸实验中，弹着点是随机的，多路系统中只有少数通道能输出较大的（压力）模拟信号，多数通道只能输出较小的（压力）模拟信号，不宜作为系统的触发信号。在战斗部非定点爆炸实验中外触发方式有以下几种：

利用爆炸光电效应触发同步装置的输出信号作为多路系统的触发信号。这种情况下，触发信号出现较早，要求系统的时域记录长度为 0.5～2 s，触发位置为1/4、1/8 或 1/16 等。

利用爆炸声效应触发同步装置的输出信号作为多路系统的触发信号。这种情况下，触发信号出现较晚，要求系统的时域记录长度为 0.5～2 s，触发位置为 3/4、7/8 或 15/16 等。

采用数字存储记录仪组网方式测量，每个测点的数字存储记录仪均设置成内、外触发方式，记录仪之间设置同步触发线，网络中只要一个记录仪触发，其他的也可同步触发。

2. 传感器

在爆炸或冲击过程测量中，凡能够把非电量 $f(t)$（包括力学量）转变为电量 $y(t)$（或光学量）的一种线性变换器件（或装置）称为传感器，如电磁速度传感器，电磁冲量传感器，锰铜压阻传感器和压电压力传感器等。为适用于爆炸与冲击条件下使用，这类传感器主要特点是响应快、量程宽（图 1.15 和图 1.16）。

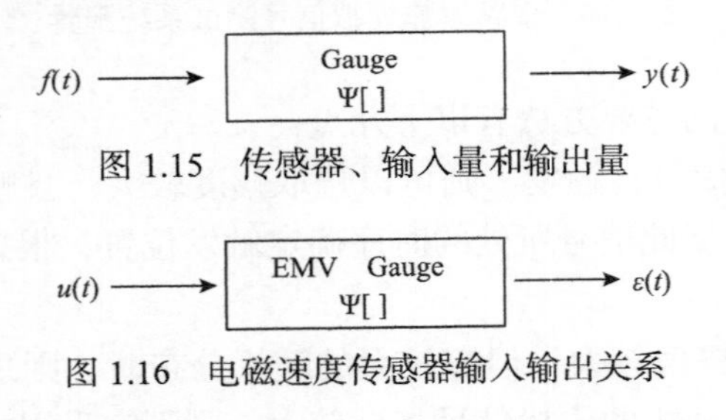

图 1.15　传感器、输入量和输出量

图 1.16　电磁速度传感器输入输出关系

若非电量 $f(t)$与电量 $y(t)$之间转变是非线性的，不具有唯一性，则不一定称为传感器。例如用于测量时间间隔的探针就属于这种非线性器件，它实际上是一种开关器件，只有两种状态：开和关。一般情况下，关为闭路状态 1，开为开路状态 0。例如，当作用于探针的冲击压力足够大时，开关的状态发生突变，0→1 或 1→0。

1）传感器的输入输出关系

传感器的主要性能可以用其输入输出关系来描述；由此关系可确定传感器的灵敏度。图 1.17 表明了传感器的输入量和输出量之间的关系。传感器相当于一个线性变换 Ψ[ ]，这个变换作用于输入量 $f(t)$（即激励信号）得到输出量 $y(t)$（即响应信号或模拟信号）。用数学关系表示为：

$$y(t)=\Psi\left[f(t)\right] \tag{1.17}$$

上式与测试系统的输入输出关系式(1.15)相比，形式上相似，Ψ[ ]也具有均匀性和叠加性，对于理想传感器，Ψ[ ]=常数。例如：

$$\Psi[\ ]=\frac{y(t+\tau)}{f(t)}=K \qquad t>0 \tag{1.18}$$

式中，$y(t+\tau)$为传感器的输出量；τ 为传感器对输入信号的响应时间常数；若定义 $\xi=t+\tau$，则 $\xi>\tau$； $f(t)$为输入量；K 为变换系统，即传感器灵敏度。若$f(t)$为机械量（即力学量），$y(t+\tau)$为电学量，则也可称 K 为机电变换系数。

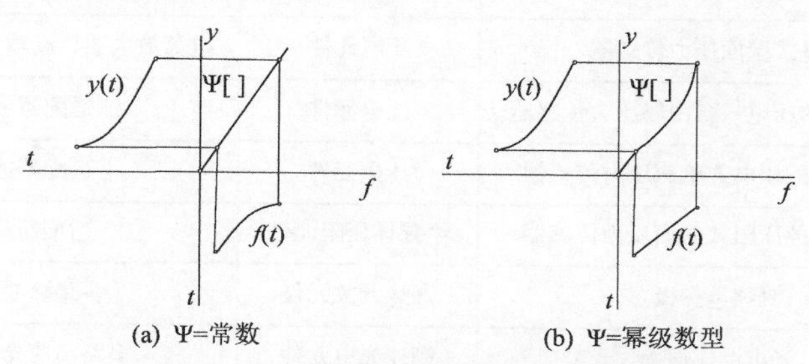

(a) Ψ=常数　(b) Ψ=幂级数型

图 1.17　y-f-t 平面上的输入输出关系

传感器的输出量 $y(t+\tau)$中，$(0,\tau)$区间的响应值由 $f(0)$变化到 $f(\tau)$，不能满足方程(1.18)，也就是在传感器的响应时间内，其输入输出关系是非线性的。

2）传感器的分类与主要性能

在爆炸与冲击量测中，大多数传感器按三种方式分类：①按传感器敏感元件的工作原理来分，有电磁式、压阻式、压电式和电容式等；②按被测参量来分，有压力、温度、位移、速度和加速度等；③按敏感元件的材料来分，如锰铜和半导体等。

所以许多传感器的命名包含了以上三方面的内容，如电磁速度传感器和压电压力传感器，又如锰铜压阻传感器和半导体压阻传感器等。

在爆炸与冲击量测中，传感器主要性能如下：①量程，如 0.1 MPa～100 GPa，10 m/s～10 km/s；②灵敏度，如 500 mV/(km/s)，0.025 GPa^{-1}，200 pc/MPa；③响应时间，如 10 ns～10 μs；④非线性误差，如<5%～10%；⑤寿命，如一次性使用或重复使用。

3. 放大器和适配器

有些传感器必须与相应的变送器配合使用，如表 1.1 所示。例如，压电压力传感器与电荷放大器或高输入阻抗电压放大器相配；又如低阻值锰铜压阻传感器与高速同步脉冲恒流源相配。

表 1.1 常用传感器与适配器

序号	传感器、变送器或电探极名称	敏感元件	放大器与适配器
1	电磁速度传感器	速度元件	亥姆霍兹线圈供控系统或电磁铁
2	电磁冲量传感器	冲量元件	亥姆霍兹线圈供控系统或电磁铁
3	低阻值锰铜压阻传感器	锰铜箔压阻元件	高速同步脉冲恒流源
4	高阻值锰铜压阻传感器	锰铜箔压阻元件	锰铜压阻应力仪
5	压电式自由场压力传感器	压电元件	电荷放大器，高输入阻抗电压放大器
6	压电式壁面压力传感器	压电元件	电荷放大器，高输入阻抗电压放大器
7	带放大器的压电式自由场压力传感器	压电元件	适配器或供电器
8	带放大器的压电式壁面压力传感器	压电元件	适配器或供电器
9	带放大器的压阻式壁面压力传感器	半导体压阻元件	适配器或供电器
10	测速电探极	高速开关元件	多路脉冲形成网络
11	光电测速探头	高速光电元件	多路高速光电收发系统

4. 记录仪器

一般记录仪已包含了数据采集、存储、放大器和显示。这里所指的记录仪是广义的，其中最常用的有以下几种：

(1) 数字存储示波器（DSO），通道数 2～8，单次采样速率 200 MS/s～50 GS/s，频宽 DC-100 MHz～DC-12.5 GHz，记录长度 2～30 Mpts，具有计算机 Windows 操作系统、内存、硬盘等存储介质，具有数据处理、分析功能。DSO 是爆炸与冲击过程测量中最常用的，主要用于高速碰撞过程、起爆过程、爆轰过程和爆炸驱动过程的研究。

(2) 数字存储记录器（DSR），通道数 1～64，单次采样速率 1～200 MS/s，频宽 DC-5 kHz～DC-200 MHz，记录长度 2～10 Mpts，一般通过以太网口与笔记本电脑相连，数据记录可保存在硬盘或其他存储介质中，专用管理与数据处理软件可对数据进行判读、处理、显示等。DSR 是爆炸威力测量中最常用的，主要用于测量爆炸压力场中的冲击波超压、结构物的应变和地震效应等。

(3) 多路计时仪，通道数 8～32，时间分辨率 1 μs～0.1 ns，一般配备笔记本电脑记录、保存、显示测量结果；多路计时仪主要用于测量爆轰波速度、冲击波速度、飞片速度、自由表面速度和破片速度等。

在测量爆轰波与冲击波峰值参数时，影响峰值测量精度的主要因素有两条：①被测参数的峰值衰减速率。衰减速率慢的容易测准，衰减速率快的不容易测准。

②放大器和记录仪器的频宽（也常称之为带宽）。频宽大响应速率快，在脉冲信号记录中上升时间短，有利于提高峰值测量精度；频宽小响应速率慢，在脉冲信号记录中上升时间长，不利于提高峰值测量精度。

在配置爆炸与冲击测试系统时，必须合理地选配记录仪器，满足被测信号测量精度的要求，也就是放大器和记录仪器的频宽与被测参数的峰值衰减速率之间是适配的。

一般电子记录仪的上升时间 τ_0 可按下式估计：

$$\tau_0 \approx \frac{1}{4f_{\mathrm{up}}} \tag{1.19}$$

式中，f_{up} 为电子记录仪的上限频率。

上限频率是指电子仪器的幅频特性曲线上出现−3 dB（分贝）衰减时的频率 f_{up}，见图 1.18，图中幅频特性曲线 $\overline{A}(f)$ 由实验取得，即采用不同频率 f 的正弦信号输入仪器的输入端，观测输出端幅度增益的变化：

$$A_0(f) = \frac{V_2}{V_1} \tag{1.20}$$

式中，V_1 和 V_2 分别为输入端和输出端的正弦信号振幅。幅度增益 $A_0(f)$是频率 f 的函数，其中部变化最小，增益值为 A_{M}，所以归一化的幅频特性函数为：

$$\overline{A} = \overline{A}(f) = \frac{\overline{A}_0(f)}{A_{\mathrm{M}}} \tag{1.21}$$

在无线电技术中习惯上采用“分贝”数来表示增益大小，若一个信号输入一台仪器，输出端得到放大 m 倍的信号，我们称这台仪器的增益为 m 倍，也可称此仪器的增益为 A dB（分贝）。A 与 m 的关系由下式表示：

$$A = 20\lg m \tag{1.22}$$

例如，当 m=100 时，A=40 dB；当 m=1 时，A=0 dB；当 m=0.7 时，A= −3 dB。图 1.18 中 $A(f)$曲线与−3dB 的水平线交于两点，f_{low} 和 f_{up} 为两个交点相应的 f 轴上的坐标，其中 f_{up} 为上限频率，f_{low} 为下限频率。区间(f_{low}, f_{up})称为通频带，简称“通带”，在通带中仪器的增益几乎不变。当 $f_{\mathrm{low}}\to 0$，则通带(0，f_{up})定义为“频宽”或者“带宽”。

一个测试系统配置的优劣，不等同于系统中传感器、放大器和记录器的性能高低，主要取决于系统配置是否充分满足被测对象的需要。

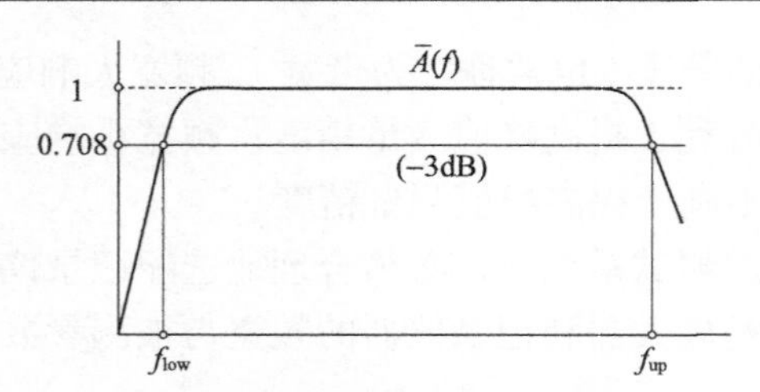

图 1.18 电子仪器的幅频特性曲线示意图

第一，要求仪器频率响应（简称频响）满足不失真模拟被测信号特性的要求。所谓频响是指仪器通带的上下限频率和上升时间等性能。对于凝聚炸药爆轰参数的量测，要求放大器和记录仪有较高的频响，频宽不小于 500 MHz，上升时间不大于 3 ns；对于数字示波器，要求最小的单次采样频率不小于 1 GS/s。

第二，要求记录仪具有单次触发功能。

第三，仪器有良好的时间稳定性和温度稳定性。

5. 传输线与信号的不失真传输

凡能传输电信号的导线都可以称为传输线。图 1.19 所示的同轴电缆是一种传输高频信号的传输线。

爆炸或冲击过程测试多半是防爆隔离或者远距离操作。传感器与仪器之间一般有 10～300 m 的距离，必须用足够长的传输线连接。传感器输出的模拟信号经过较长传输线之后要发生以下几个变化：①幅度下降；②波形畸变；③可能混入了电缆两端的反射干扰。

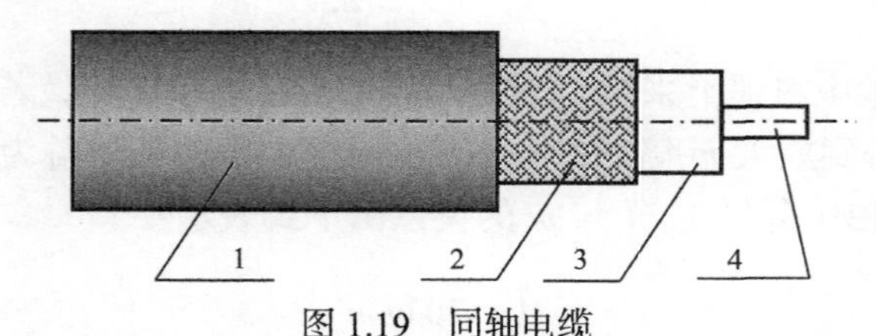

图 1.19 同轴电缆

1-电缆外绝缘层；2-编织铜网；3-电缆内绝缘层；4-电缆芯线

传输线实验可以验证以上的几个现象，实验电缆与输入阻抗状态如图 1.20 所示，阶跃脉冲信号发生器 PG 给出一个阶跃信号，它经传输线储存在数字示波器 DSO 里。若此记录系统的上限频率为 150 MHz，长传输线的特性阻抗 Z_C=50 Ω。

电缆的特性阻抗是电缆的一个特征值。“阻抗”是电阻和电抗的总称；“电抗”是容抗和感抗的总称。容抗值等于 $1/C\omega$，Ω；感抗值等于 ωL，Ω；其中 C 和 L 为电容量和电感量，ω 为信号的角频率，显然容抗和感抗都是角频率 ω 的函数。

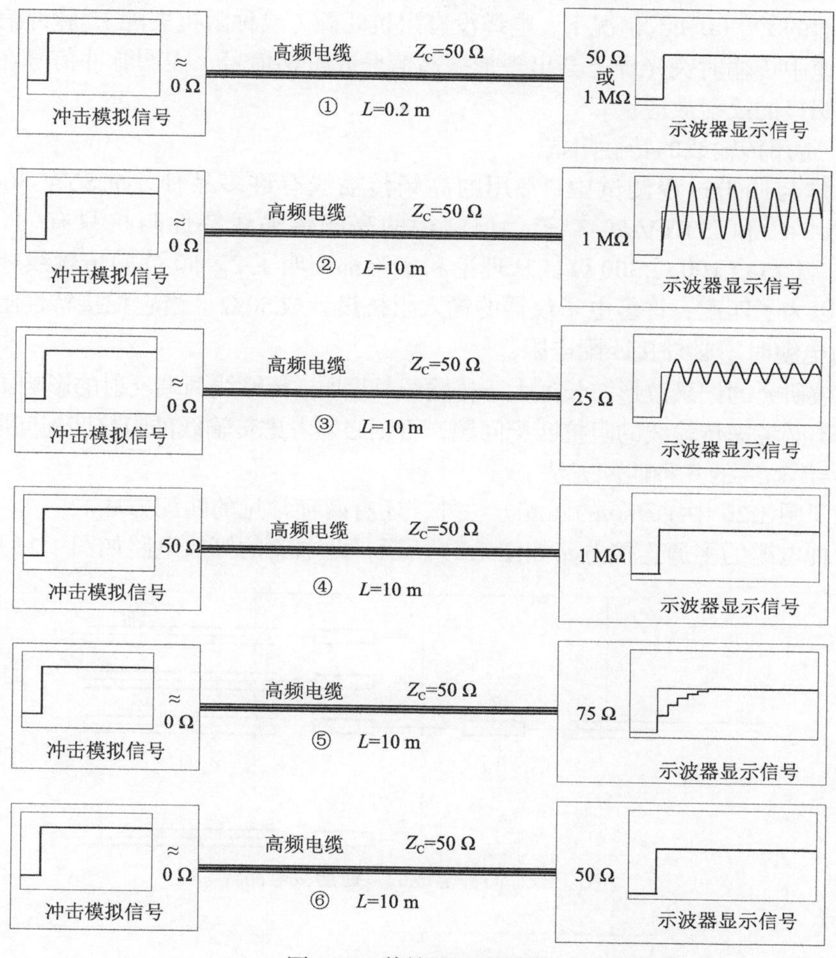

图 1.20　传输线匹配实验

试验中有六种情况：①传输线很短（0.2 m），脉冲信号不会发生明显的幅度下降和波形畸变；②10 m 长传输线两端均无外接电阻，DSO 显示屏上可以看到一个衰减的振荡信号，周期约 200 ns；③长传输线终端有外接电阻 R_1（大于电缆特性阻抗 Z_C），显示器上还出现一个衰减振荡信号，但振荡幅度已大大减少；④传输线终端的外接电阻 $R_2 = Z_C$，荧光屏上出现无振荡的阶跃信号；⑤终端的外接电阻 $R_3<Z_C$，荧光屏上出现阶梯波；⑥在长传输线始端接 $R_4 = Z_C$，荧光屏上也出现无振荡的阶跃信号。

上面的④和⑥情况下，电缆的端接电阻 R_2 或 R_4 等于电缆特性阻抗 Z_C，称为阻抗匹配。当电缆的始端或终端已接有阻抗匹配电阻，脉冲信号在这种电缆中传输时不发生明显的失真。

上面的②、③和⑤情况下，电缆没有阻抗匹配（或称阻抗失配），脉冲信号在这种电缆中传输时荧光屏上会出现带振荡信号或阶梯信号，表明脉冲信号在电缆两端有明显的反射效应。

1）常用传输线的特性阻抗

爆炸与冲击过程测试中，常用的高频传输线有许多品种，如 SYV-50-7-1、SYV-50-3-1 和 STYV-50-3 等。但常用的高频传输线特性阻抗只有 4 种：$Z_C = 50\ \Omega, 75\ \Omega, 100\ \Omega, 300\ \Omega$。从理论和实验都证明了 Z_C=50 Ω 的传输线耗损最小。所以为了匹配，许多电子仪器的输入阻抗设计成 50 Ω。当它配接特性阻抗为 50 Ω 的电缆时不必外接匹配电阻。

当被研究的记录波形波长远大于传输线长度时，传输线两端反射的影响不必考虑，即不必考虑传输线的阻抗匹配问题，否则必须考虑传输线的阻抗匹配问题。

2）传输线的几种匹配方法

除了图 1.20 中①和⑥的匹配方法外，还有两种常见的匹配方法。

同种电缆的多通连接电路如图 1.21 所示，此电路的等效电路如图 1.22 所示。

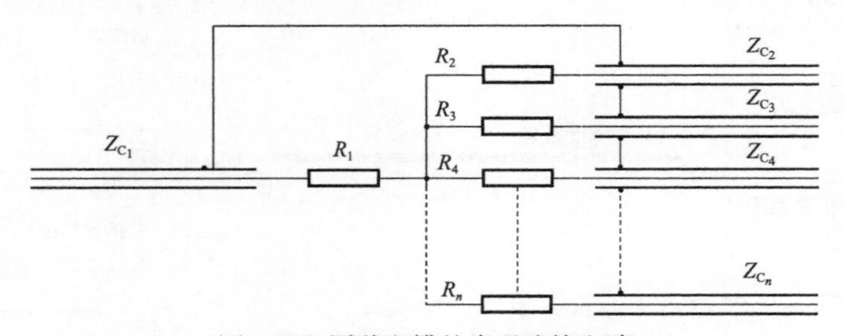

图 1.21　同种电缆的多通连接电路

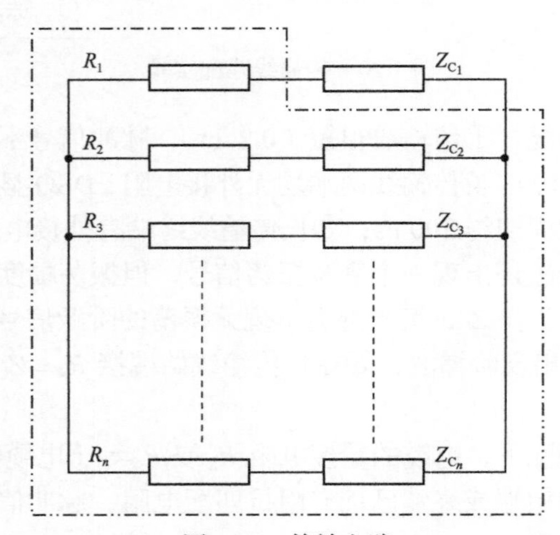

图 1.22　等效电路

对于简单波，电缆的特性阻抗 Z_C 相当于一个电阻。因此画等效电路时，可以把 n 条电缆处理为 n 个电阻。为了保证每一条电缆都是匹配的，所以必须使相对于每一条电缆的外接电阻值等于特性阻抗 Z_n，也就是图中虚线框内的电阻值 $R+(R+Z_C)/(n-1)$ 应等于 Z_C。因此匹配用的电阻：

$$R = Z_C(n-2)/n \qquad n \geqslant 2 \tag{1.23}$$

两条特性阻抗不同的传输线连接电路如图 1.23 所示，此电路的等效电路如图 1.24 所示。匹配用的两个电阻 R_1 和 R_2 按下面两个公式计算：

$$\begin{cases} R_1 = Z_{C_1}\sqrt{\dfrac{Z_{Z_1}-Z_{C_2}}{Z_{C_1}}} \\ R_2 = Z_{C_2}\sqrt{\dfrac{Z_{C_1}}{Z_{C_1}-Z_{C_2}}} \end{cases} \qquad Z_{C_1} > Z_{C_2} \tag{1.24}$$

式中，Z_{C_1} 和 Z_{C_2} 分别表示两条电缆的特征阻抗。

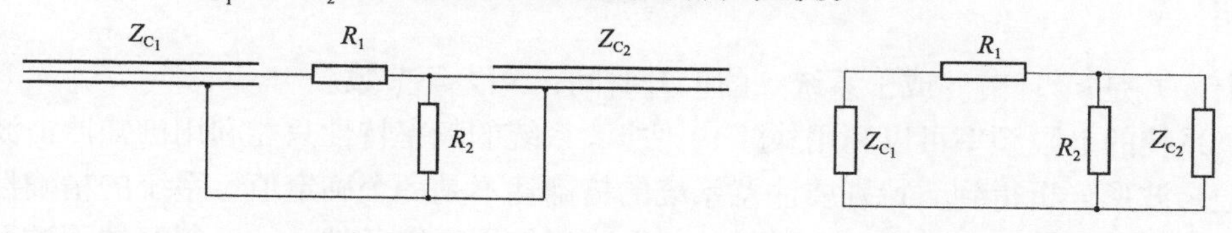

图 1.23　不同特性阻抗传输线的连接　　图 1.24　等效电路

模拟信号经长电缆传输后幅度要下降，波形要发生一些畸变，因此在爆炸量测中要尽量减少电缆长度。

6. 爆炸测试系统的选择和评价

可以把爆炸与冲击测试系统分成这样两类：模拟信号爆炸与冲击测试系统、非模拟信号（即逻辑信号，如计时信号）爆炸与冲击测试系统。这两类测试系统的选择和评价方法基本上是相同的，但对前者的要求更多些。因此下面将着重介绍模拟信号的爆炸测试系统的选择和评价方法。

1）系统的适用性

这里的适用性主要含义是指系统的时间域、空间域或被测参数域（统称量程）必须满足在高速和高压条件下观测瞬态爆炸过程的需要。这并不意味着要求爆炸量测系统是万能的，既能测高速或高压，又能测低速或低压。实际上往往把量程划分成若干个子区域，一种测试系统承担一个子区域的量测。在同一次爆炸实验的各个区域中，载荷大小不同，可以使用不同种类的传感器和测试系统。发挥每种系统的特点。

爆炸量测中载荷和负载之间有强烈的相互作用，使得被测参数发生相应的变化。变化后的参数必须落在被选择的测试系统量程之中。在考虑载荷与负载之间相互作用时，必须把系统的传感器作为负载的一部分。因为有些传感器对爆炸力场的干扰不能忽略。

2）系统的精确性

系统观测的精确度是否足够，这是最关心的问题。表明系统的精确性有以下几个方面：

精确性：时间分辨率、空间分辨率和被测参量分辨率等；

正确性：上升时间、上限频率和频率特性等，这些参数直接与模拟信号的失真或畸变程度相关。

系统的分辨率的高低主要取决于传感器、放大器和记录器。

系统的上升时间可以按下式计算：

$$T=\sqrt{\sum_{i=1}^{n}T_i^2} \tag{1.25}$$

式中，T_i 是 i 个环节（或子系统）的上升时间；n 为环节数。

系统的上限频率可以利用式(1.19)估算。系统的频率特性只能利用已知冲击波的记录波形分析得到。特别要注意系统的精确性不是一个确定值。系统的精确性不仅取决于系统本身，而且更重要的是取决于使用系统条件，一个很好的测试系统如果使用不合理，也不可能有好的量测结果。这表明同一个系统在不同实验条件下的精确性是不相同的。

3）稳定性

爆炸量测需要稳定性好的测试系统。为此，除了选用稳定性好的示波器外，必须在传感器的设计、加工和装配等工艺上狠下功夫。

在爆炸与冲击过程测试中，测量系统所记录的信号都是属于单次瞬态信号，所以对测试系统的温度稳定性要求相对较低，只需在短期内不发生明显温度飘移就可以满足测量要求。在爆炸与冲击过程测试中，除了压电压力测量系统的温度稳定性较低外，其余测量系统的温度稳定性都很好。

4）可靠性

测量系统的可靠性这里是指一次实验中获取有用信号的能力。如果在一次爆炸与冲击实验中获取有用信号数与相关测点总数之比达到 90%以上，丢失信号很少，则该系统的可靠性为优；若获取有用信号数与相关测点总数之比小于 50%，丢失信号较多，则该系统的可靠性为较差。

一般情况下，触发可靠性在爆炸与冲击电学测量系统可靠性中占有十分重要的比重。影响电学测量系统可靠性的主要因素归纳如下：①触发源选择；②触发方式选择；③触发电平和极性选择；④记录长度与触发位置选择；⑤各测点的量程选择；⑥系统中各通道信噪比高低；⑦系统中有无合理的接地方式；⑧系统中有无可靠的、优质的供电电源；⑨有无正确的系统调试步骤；⑩操作人员的技术水平高低。

1.2.2　动态光学测试系统——高速摄影

人眼的视觉暂留，限制了人们观察和分析高速运动过程的能力，因而发展了各种类型的高速摄影仪器。早期，人们称这种仪器为时间放大镜。通过它，把快速过程记录在胶片上，然后再慢速放映记录胶片，重现被摄过程，相当于把时间尺度放大，恰如显微镜把细小物体放大一样。如果我们把视觉暂留时间当作人眼对时间的极限分辨能力，即时间分辨本领，则它约等于 0.1 s。现代最精密的高速摄影仪器，已可分辨 10^{-13} s，从而使人眼的时间分辨本领提高了 12 个数量级。

高速摄影技术是研究高速运动过程的一种行之有效的方法，它能够将被观测瞬态事件（宏观、细观和微观）的时间过程放大，直观形象地反映高速瞬变过程或事物瞬态变化及发展趋势的一维、二维时间和空间信息，具有其他测试手段不可替代的优点。高速摄影技术历来是精密物理实验研究的一个重要组成部分，目的是通过研究掌握时间跨度在 10^{-12}～10^{-8} s 范围，高时空分辨、能谱分辨、强度诊断等多参数精密时空诊断技术，测量高速过程和高能产物的特性，获得这些物理参数的时空分布状态，以获得运动物体或材料在高压、高应变率等极端条件下的物理性质和相关冲击动力学过程的认识。

动态光学测试就是利用高速摄影相机，配合光路调节和处理、特种单一光源加载和限定光波段接收等辅助措施，获得研究者所需要的观测爆炸与冲击事物特定物理参量的过程。因而高速摄影相机是动态光学测试的核心。

1. 高速摄影仪器的分类

历史上，包括中国在内世界上发展了很多种类型的高速摄影仪器，在不同的时期都发挥了极其重要的作用。高速摄影技术的发展，虽然在第二次世界大战前，就已经解决了许多设备的设计原理问题，但是，重大的进展主要还是在第二次世界大战之后。20 世纪 40～60 年代是光机式高速摄影设备广泛研究并努力发展应用技术的年代。但前，随着计算机和电子技术的发展，人们除了继续在寻求提高时间分辨本领的新途径外，还广泛采用数字存储技术、数字图像和处理技术，以扩展光谱记录范围，尽量提高空间分辨率，进一步改善成像质量，增大记录时间。

高速摄影仪器的分类，目前尚无统一标准。为了叙述方便和简练起见，我们选择目前爆炸与冲击测试常用的代表性相机，按照时间分辨本领的高低，将它分成以下几类：

1）间歇式高速电影摄影机

间歇式高速电影摄影机是在普通电影摄影机的基础上发展起来的。一般认为，使用 135 胶片的相机，如果摄影频率在 100 f/s 以上，即称为高速相机。图 1.25 为间歇式高速电影摄影机的结构原理。被摄物体 1 经物镜 2 和叶子板快门 3 成像在胶片 4 上。链轮 9 由马达驱动，并使胶片在供片轮 7 和导轮 10、收片轮 8 和导轮 10 之间连续运动。随后胶片进入导片槽 5。间歇机构 6 使胶片在导片槽中间歇运动。即当图像曝光时，胶片静止，与间歇机构同步的叶子板快门上的通孔 11 开放光路，图像曝光。通孔 11 转过以后，光路关闭，间歇机构立即使胶片移动一个图像幅面。如此周而复始，获得一系列图像。可见，间歇机构、快门机构、连续输片机构和成像光学系统，即为间歇式高速电影摄影机的主要组成部分。

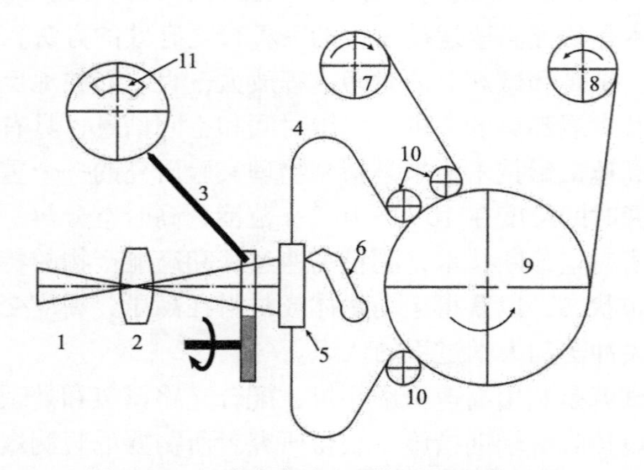

图 1.25　间歇式高速电影摄影机结构原理

由于拍摄过程中胶片做间歇运动，因此输片速度不太高。对 35 mm 胶片，相应的最高摄影频率约为 360 f/s；若使用 16 mm 胶片，最高摄影频率可达 1000 f/s。间歇式高速电影摄影机的主要优点是：摄影光学系统的光力强，成像质量好，动态摄影分辨率在 30 lp/mm 以上，画幅稳定性高，相机结构简单，片容量大。

2）高速录像

高速录像又称高速电视。它使用高灵敏度的硅靶摄像管或自扫描固体摄像器件作为图像拾取器。然后通过电子束逐行扫描或自扫描时钟脉冲的作用，把平面图像依次转变成视频信号，存储在高密度磁盘上，以便随时调出显示或作进一步的图像处理和数据处理。因此，高速录像设备一般由三部分组成，即高速摄像机，高速录像系统及控制、数据处理系统。

高速录像作为科学研究的工具，是在20世纪70年代以后开始的。80年代，由于各种高速光电器件的成熟，以及多通道传输视频信号、多道磁头录像技术的发展，高速录像取得了突破性进展。近年来，高速录像系统已经取代使用胶片的光机式高速摄像设备，在爆炸与冲击试验测试中得到广泛的应用。高速录像的主要优点是：实时工作，这是高速录像设备的最大优点；数字图像数据处理容易实现自动化，对拍摄的图像数据进行分析和实施各种数字处理，并以多种形式输出处理结果；存储容量大，记录时间长；光谱范围宽，现有摄像器件，除响应可见光外，对紫外和红外图像也可响应；摄影频率高，数字图像的清晰度。

美国柯达公司推出SP-2000高速运动分析系统，当时被各国公认为高速录像技术领域的最先进产品。该机采用固体阵列自扫描器件作拾像器，阵列器件单元数为1280×800，故每幅图像的像素为1024K。标准摄影频率为22000 f/s，最高摄影频率为650000 f/s，这时每幅图像的像素为32×240，也就是牺牲空间信息量，提高时间分辨本领。高速缓存DRAM：288GB，1280×800@22000 帧/秒时记录时间≥9 s；最小曝光时间：1 μs。软件具备相机控制功能，包括分辨率设置、曝光时间设置、帧频设置、触发点设置、触发设置、黑平衡设置和图像记录等基本功能。以微处理机为核心的控制器和运动分析系统，控制摄像、录像的运行程序和进行仪器故障诊断；分析和处理数据，存储、显示各种图像数据，例如显示被摄物体的坐标位置、速度等。

3）鼓轮式高速相机

间歇式和光学补偿式两类相机的胶片或需在承受冲击载荷条件下间歇运动，或高速连续运动，所以摄影频率的提高，受到胶片强度的限制。为了改善胶片的受力状况，发展了鼓轮式高速相机，在这种相机中，圆柱形转动鼓轮，即为相机光学系统最终像面。胶片紧贴在鼓轮的内表面或外表面上一道旋转，故又分别称为内鼓轮式或外鼓轮式高速相机。这时的输片速度取决于鼓轮的转动速度，转速由鼓轮的强度、胶片变形量大小以及胶片因摩擦生热等因素限制。最高输片速度为200 m/s左右。如果使鼓轮在低真空中旋转，则输片速度可达400 m/s。鼓轮式高速相机有分幅和扫描两种类型。分幅相机的摄影频率自数千幅至数万幅每秒；扫描相机的时间分辨本领最高可达10^{-8} s。不管是扫描还是分幅摄影，它们均属于等待式相机。

(1) 脉冲光源鼓轮式分幅相机：利用脉冲频闪光源的短暂照明得到分幅图像，不需要光学补偿，光源的脉宽和胶片线速度应匹配，以便得到清晰图像。

(2) 鼓轮式高速扫描相机：结构原理见图1.26，被摄物体1经物镜2成像在狭缝3上，由狭缝切取的图像经物镜4成像在鼓轮5的胶片上，获得扫描图像。图右上方表示胶片上沿狭缝方向运动光点的扫描轨迹，V_F为胶片运动的线速度。美国Cordin公司生产的Model-70型相机，是这类相机的典型代表。鼓轮在133.3 Pa

的真空中旋转，胶片的线速度达 300 m/s，图像尺寸为 70 mm×1000 mm，相应的时间分辨本领为 4×10^{-8} s。

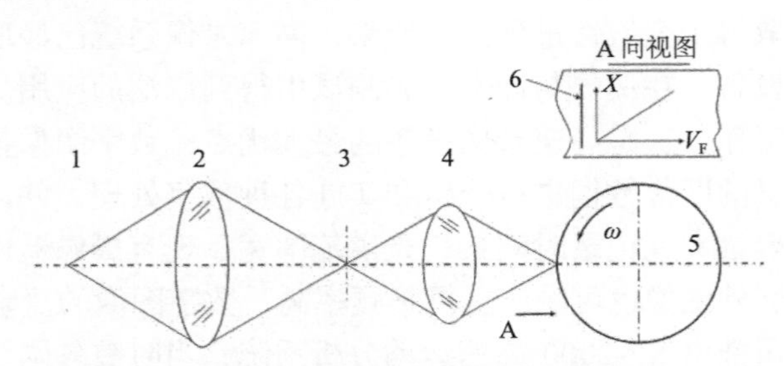

图 1.26　鼓轮式高速扫描相机结构原理

当把这种相机用于同步弹道摄影时，也称它为同步弹道鼓轮式高速相机，所谓同步弹道摄影，是指被摄物体如炮弹、火箭等飞行体在相机胶片上所成图像的运动方向与胶片运动方向一致，两者速度尽可能相等，在胶片上形成相对静止图像。飞行体垂直于狭缝方向飞行，依次通过狭缝，得到先后曝光形成的大尺寸单幅图像。由此可求出飞行体速度、俯仰角、偏航角、攻角等重要姿态数据，或观察其表面状况以及某些部件分离时的情况。这种摄影方法在外弹道测试工作中很有实用价值，并获得了广泛的应用。

4）转镜式高速相机

转镜式相机按其与被摄对象之间的联系来区分，可分为等待式和同步式两种。按其拍摄结果的不同型式，又可分为扫描相机和分幅相机两类，有时也把分幅和扫描同时组合在一台相机上，称为同时扫描分幅相机。扫描相机的时间分辨本领从 10^{-9}～10^{-5} s；分幅相机的摄影频率从 10^5～10^7 f/s。其低端正好与鼓轮式高速相机的高端衔接。

使用等待式相机时，被摄对象可以主动在任何时刻发生。无论它何时出现，相机均应拍摄到图像。同步式相机则不然，只有当相机中的反射镜处于把光线反射到胶片上的位置时，被摄对象才能发生，否则就记录不到图像，即被摄对象的出现时刻应由相机控制。

一般说来，扫描相机记录一维空间（x）随时间的变化，获得 $x=f(t)$连续图形。虽然它的空间信息有限，但时间信息是连续的，并有高的时间分辨本领。分幅相机获得二维空间(x, y)随时间的变化，即 $S(x, y)=f(t)$，但时间信息是间断的，时间分辨本领比扫描相机均低两个量级。图 1.27 表示这两种相机时、空信息获取情况。图(b)中时间轴上的每一“薄片”表示一幅图像。

转镜式高速相机的胶片容量，一般均在 1 m 以下，胶片规格多数为 135 型，少数相机也用 120 胶片。同时扫描分幅相机有两条胶片，一条记录扫描图形，

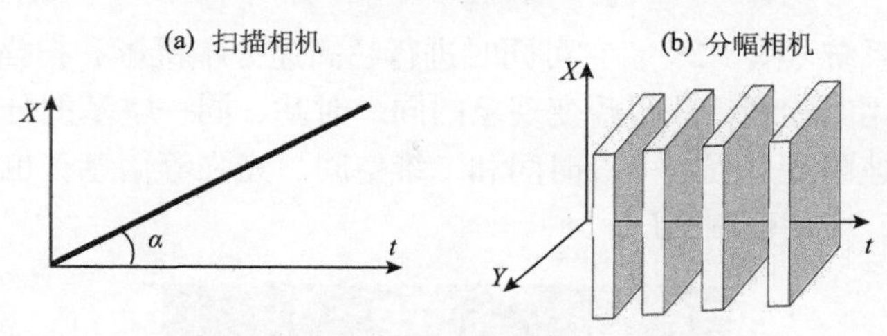

图 1.27　转镜式高速相机的时空信息

另一条记录分幅图形。两者的时间坐标参考点一致，可用于研究较复杂的高速运动过程。这类相机，我国从 1958 年就开始研制，目前无论是相机整机研制水平还是应用技术方面都比较成熟。国外商品以美国的 Cordin 公司生产的产品最为齐全，性能指标也较好。

5）变像管高速相机

变像管高速相机以变像管作为基本的图像转换器件。被摄物体经光学系统成像在变像管的光阴极上，将光学图像转变为电子图像。通过电磁场对电子束进行加速、聚焦，通、断、偏转等控制以后，电子束轰击荧光屏，又获得可见光图像。变像管相机的组成一般包括输入输出光学系统、变像管、控制和图像数据处理系统。选择不同类型的变像管阴极，便可响应红外、可见光、紫外和 X 射线等不同波段的输入光学图像。此外，变像管高速相机还有下述特点：时间分辨本领高，在研究皮秒和亚皮秒快速过程和空间信息随时间变化情况时，它几乎是唯一有效的手段；光增益高，为研究弱光快速过程创造了条件；变像管高速相机的光学系统都有很高的光力，传输图像过程中的光能损失少；图像数据处理容易实现自动化。这些特点使得变像管高速相机在高速摄影技术中占有极重要的地位。国外变像管高速相机，以英国 John Hadland Photonics Ltd. 生产的 Imacon 型商业相机较为著名。Imacon 500 型是较具代表性的产品。

6）数字式高速相机

所谓数字式高速相机，简单来说就是在原光机高速相机基础上，采用 CCD 接收系统代替胶片，当然内部光学系统也需适应性调整。其原理是需拍摄的目标通过成像透镜组成像在门控型微通道板上的阴极面，目标像经像增强器放大后再经过耦合器传输至 CCD 接收系统，CCD 输出的图像通过读出系统在计算机上显示并进行图像处理。拍摄频率和单幅曝光时间可以根据具体的物理过程，通过同步控制单元和 MCP 专用脉冲电源进行设置。

目前，数字式高速相机包括超高速光电分幅相机、超高速光电扫描相机和超高速光电同时分幅扫描相机三类，具有纳秒级的时间分辨力，主要应用于超快的一个物理过程，尤其在爆轰过程演变的测试领域和超快速物理过程的测试。最具代表性的同时分幅扫描超高速光电摄影系统为美国 DRS 公司研制的 Imacon 200 型超高速光电摄影系统（图 1.28）。它可同时进行超高速分幅摄影和扫描摄影，且性能指标与单独使用时相同，获得瞬变现象的同一时基、同一空基的分幅和扫描记录图像，提供高速瞬变过程的一维时间和二维空间、光强等信息；也可分幅或扫描摄影单独使用，应用范围更广。

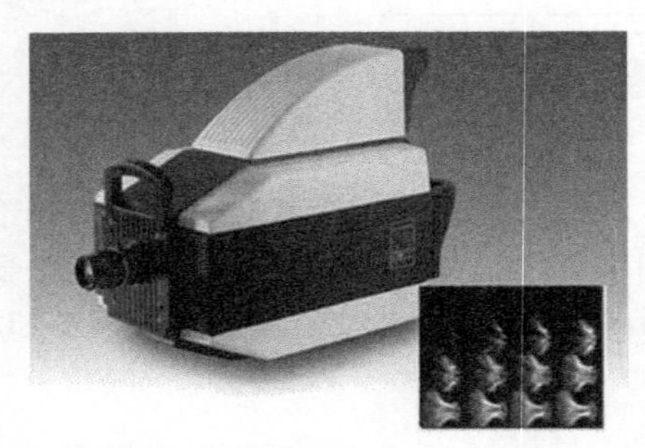

图 1.28　美国 DRS 公司生产的同时分幅扫描摄影系统 Imacon 200

其主要性能指标包括：

(1) 分幅特性：最高摄影频率 2×10^8 f/s，最短曝光时间 5 ns，最短曝光间隔 5 ns，画幅数 1～7 幅可调。

(2) 扫描特性：时间分辨力 30 ps，快扫描记录长度 10 ns～1 μs，慢扫描记录长度 100 ns～1 ms。

2. 高速摄影仪器类型和应用参数的选择

随着我国爆炸与冲击科学技术的迅速发展和日益迫切的武器弹药爆炸毁伤过程的观测需求，涌现出大量问题需要用高速摄影方法予以解决。因此，如何选择合适的高速摄影设备，正确选用相机的性能参数和附加装置，是高速摄影操作人员需要面对的问题。但是，由于用户的使用目的千差万别，以及高速摄影设备本身技术性能的局限性，很难归纳出万能的方法，只能具体问题具体分析，以下几点仅供参考。

1）等待式或同步式的确定

爆炸与冲击研究中的大量问题，多半难以用相机发出指令，去控制被摄对象的产生时刻，这就需要用等待式或准等待式相机进行拍摄。准等待式相机是指记录介质的容量大，可以先启动相机，用消耗一定数量的记录介质等待被摄对象的出现。

有时，被摄对象虽也能由相机控制，但起始时刻的漂移很大，这种情况只宜用等待式相机。例如拍摄工业用毫秒雷管起爆的后续爆炸过程时，鉴于后续过程发展较快，需要选择摄影频率高的仪器拍摄，例如转镜式相机等。但相机的摄影频率越高，总记录时间就越短。毫秒雷管本身的漂移时间为毫秒量级，与转镜式高速相机的总记录时间相当，甚至还要长些，因此同步式相机无法应用。

如果被摄对象能由相机发出指令准确地控制其产生时刻，则用同步式相机较为合适。特别对转镜式相机来说，同步式相机的测量精度和成像质量，均比等待式好，相机结构也比较简单。

2）分幅和扫描相机的选择

如前所述，分幅相机可获得二维空间信息，但时间信息是间断的；扫描相机取得连续的时间信息，空间信息却是一维的。一般说来，同一类型的相机中，扫描相机的时间分辨本领至少要比分幅相机高两个数量级，故可以得到更高的时间测试精度。因而只有确需拍摄平面或立体图像时，才采用分幅相机。其他情况应尽可能选用扫描相机。选择适当的测试方法，例如采用点栅法和多狭缝法等，可使扫描相机获得平面上不同方向的多点信息。若使用光纤探测技术，扫描相机甚至可以获得不连续的三维空间信息。可见，测试技术的研究可以更充分发挥相机的技术潜力。

3）相机类别的选择

一般说来，根据被摄对象的发展速度选择合适的相机。按照发展速度，测试工作者可以确定需要的最小时间分辨本领 Δt 和总记录时间 T。扫描摄影时由 Δt 和 T 可直接选定相机类型。分幅摄影时，令 $f_\omega \approx 1/\Delta t$，则 f_ω 即为大致所需的摄影频率。如果被摄对象按一定的特征周期 ΔT 做重复运动，实践指出，应使 $f_\omega = 10/\Delta T$ 才能满足测试要求。由 f_ω 和 T 即可选择高速分幅相机的类型。

高速相机类别确定后还应注意该类中各种不同型号相机性能的差异。一台高速相机是很昂贵的，自然要求它具有较好的通用技术性能，适应一机多用的要求。如相机主物镜种类的多少，各种附件及更换件的配备情况，与专用附加装置（如阴影-纹影装置，光谱、干涉和立体装置等）连接的方便性等。

4）扫描速度和摄影频率的最终确定

确定了相机类别之后，对于相机具体应用技术参数的确定可按以下步骤：

首先，根据被摄对象最终尺寸充满相机像方线视场的原则，确定摄影物距和物、像之间的放大倍率 M（像高与物高之比值）。做这一步计算时，有时会对相机的光学系统组合焦距提出不合理的要求。例如，爆炸实验时，往往要观察大药量爆炸装置的局部区域发展情况。因为是大药量装置，为安全起见，需放在离相机较远处；因为只观察局部区域，则又要求物距尽可能短，使物像间的放大倍率接近 1。这是互相矛盾的要求，只能采用场外光学系统，事先对被摄对象加以放大，再用高速相机记录。

其次，当放大倍率确定后，对于高速扫描相机，应进一步根据测试精度的要求，选定合理的扫描速度 V_s。而这又需视具体情况来定，例如，当测定被摄对象的位移随时间变化以便得到运动速度时，应尽量使位移曲线的平均斜率接近 1，即 $\mathrm{tg}\alpha=1$[角 α 见图 1.27(a)]。

$$D=\frac{V_{\mathrm{s}}}{M}\mathrm{tg}\,\alpha \tag{1.26}$$

当 $\mathrm{tg}\alpha=1$ 时，有：

$$V_{\mathrm{s}}=MD \tag{1.27}$$

式中，D 为被摄对象的实际扩展速度，事先可以预估。已知 M 和 D，即可按式(1.27)求出 V_{s}。

如果扫描相机用于时间间隔测量（这是很普遍的使用状况），则事先应根据所要求的测试精度，提出合理的时间分辨本领 τ，再计算出扫描速度：

$$\tau=b'/V_{\mathrm{s}} \tag{1.28}$$

式中，b'为相机最终像面上狭缝的宽度。在能记录到合适黑密度图形的条件下，b'应尽可能窄。即由经验选定 b'，再由 b'和 τ 按式(1.28)确定 V_{s}。

对于高速分幅相机，在放大倍率 M 确定后，应进一步根据限制胶片上像移的要求，确定正式采用的摄影频率 f'_{ω}:

$$f'_{\omega}\geqslant\frac{MGD}{\varDelta} \tag{1.29}$$

式中，$\varDelta$ 为相机最终像面上图像曝光时间内允许的移动量。一般取 $\varDelta=1/N$。N 为图像的动态摄影分辨率(1 p/mm)，G 为快门开关系数。上式右边各量均已知或可预估，故 f'_{ω} 即可求出。我们知道，间歇式、光学补偿式和鼓轮式高速分幅相机的 G 值有较大调节余地，选择合适的 G 值，往往可以降低对摄影频率的过高要求，这是这类高速相机的优点。

关于动态光学高速摄影系统的构成，将在后续具体高速摄影技术的章节中介绍。

1.2.3　光电测试系统

光电测试技术这里通常是指通过光学系统接收爆炸与冲击物理过程的光信号，再利用光电转换器件把光信号转换成电信号，或者是给爆炸与冲击物体施加特殊光信号，如单波长激光，爆炸与冲击过程会使施加的光的频率或波长发生改变，通过对加载光和爆炸与冲击作用后反射光的频谱的变化处理成电信号，并由数据采集记录仪记录、计算机处理得到对爆炸与冲击过程物理量测量值的一系列专门技术。

1. 典型的光电测试系统

由于多路光电测试系统与电测多路测试系统配置方法基本一致，因此下述测试系统只以单路形式展示。

1）时序过程的光电测试系统

该系统与电探针的时序过程测试相似，利用这类测试系统可以直接得到一组已知或者未知时序的时间间隔信号，或者得到一组已知时序的计时信号。对于计时信号必须经判读才能得到各测点之间的时间间隔值。这种时间间隔值判读精度与计时信号的前沿上升速率密切相关，而与计时信号的幅度及后沿波形无关。典型的测试系统有光遮断法光电测试系统和自发光时序光电测试系统，分别可用于轻气炮发射的弹丸速度测量，燃烧波、爆轰波速度测量和 DDT 过程测量。测试系统如图 1.29 和图 1.30 所示。

聚焦透镜
光接收探头
光源
弹丸 v
光电开关电路
存储记录仪

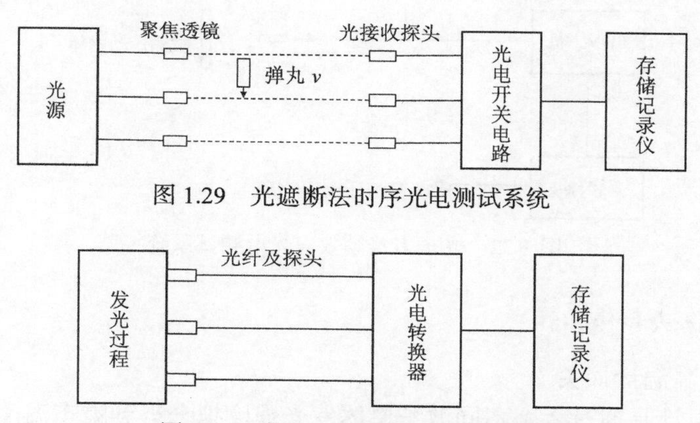

图 1.29　光遮断法时序光电测试系统

光纤及探头
发光过程
光电转换器
存储记录仪

图 1.30　自发光时序光电测试系统

2）模拟信号的光电测试系统

爆炸与冲击过程模拟信号光电测试系统配置见图 1.31。当光电探头接收到某

爆炸与冲击作用
光电探头或传感器
信号传输电缆
光电转换器或调理器
记录仪器/示波器

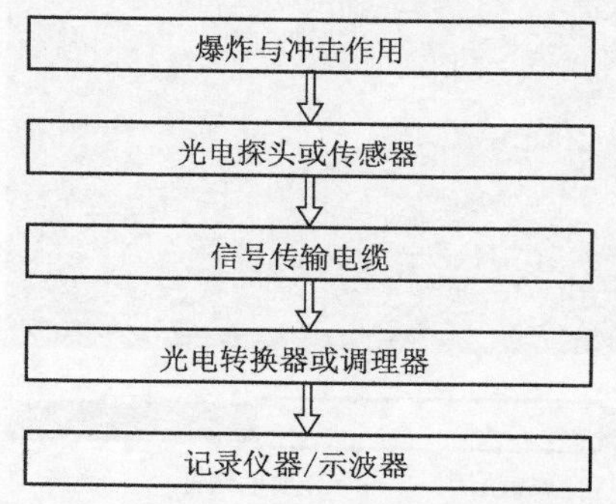

图 1.31　爆炸与冲击过程模拟信号光电测试系统框图

个爆炸或冲击过程中的光学量（如温度、辐射强度等）之后，通过传输光纤传到光电转换器或调理器并将光信号转换成电信号，经传输线传到记录仪器记录存储，供后续计算机处理，获得所测的物理量。或者爆炸与冲击过程力学量作用光电传感器把力学量转换成光学量，光电转换器或调理器把光学量转换成电信号，并通过电缆传输给记录仪，记录仪存储电信号，判读电信号或通过计算机处理得到力学量测量的测量值（力学量时间曲线）。

3）光子多普勒效应光电测试系统

完整的测速系统包括 PDV 主机、示波器、测速探头等部分，如图 1.32 所示，其中 PDV 主机为核心部分，用于对被测物体的多普勒信号进行检测，其内部激光器输出足够功率的探测光，示波器用于数据采集，测速探头用于将探测光照射到被测物体上，并收集被测物体表面的反射光。

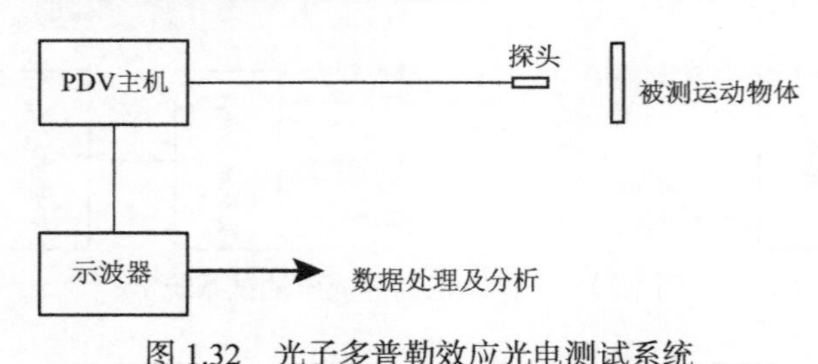

图 1.32　光子多普勒效应光电测试系统

2. 光电探头和传感器

1）瞬态高温计探头

瞬态高温计是通过六个不同波长黑体发光强度拟合得到瞬态温度，瞬态高温计探头是由六根光纤组合而成，用金属或者非金属圆管壳体约束保护，形成一个带有六根光纤的完整探头（图 1.33）。

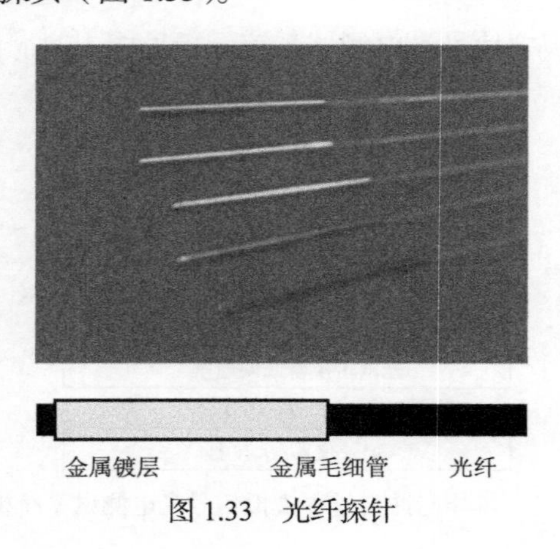

图 1.33　光纤探针

2）精密光纤探针及光纤传感器

精密光纤探针及光纤传感器是利用光纤在强冲击作用下其内部温度迅速升高而发光的特性，作为精密时间探针、压力传感器和速度传感器，由于时间响应快、抗干扰能力强，在冲击波物理与爆轰物理研究中得到广泛应用。

光纤探针可用于对飞片速度、冲击波速度、飞片平面性、冲击波阵面形状、炸药爆速、炸药爆轰波形的精确测量。其特点为：响应快，抗电磁干扰，芯线细，无需外加信号源，可对非金属材料进行直接测量。

3）激光光纤探头

随激光的出现和激光技术发展而发展起来的激光干涉测速技术，是近三十年波剖面测试技术的最重要进步。而全光纤激光干涉测速技术的发展把该技术的应用推向了全面仪器化，也推动了激光探头技术的进步，发展成了各种景深的系列探头，广泛应用于航空航天、兵器工业、核工业等领域的科学研究。图 1.34 是典型的 VISAR、PDV 用激光探头，由穿过接收光学透镜的入射光纤、接收光学透镜、接收光纤、壳体组成。景深由 20 mm、50 mm，到 200 mm、1000 mm 等，最大可以到 10 m。

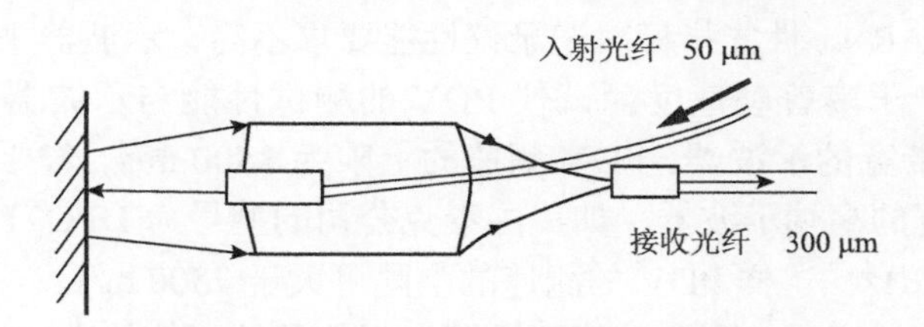

图 1.34　VISAR、PDV 激光光纤探头

3. 光电转换器和信号处理器

对于瞬态高温计探头、精密光纤探针及光纤传感器接收的光信号一般采用光电转换器和信号处理器把光信号转换成电信号。而对于激光干涉测速系统通常使用干涉仪进行光学信号的处理。

早年的激光干涉测速仪的激光传输是通过前置镜、望远镜、起偏器、分束器、标准具、反射镜等各种光学器件在空间距离上实现的，制成的干涉仪对环境要求苛刻，一般只能在实验室使用。图 1.35 是单精度光纤激光干涉仪内部光路传输示意图，仪器化程度相对较高的 VISAR 系统的干涉仪尺寸约为 400 mm×600 mm×1500 mm，所以 VISAR 系统要求放置在带缓冲的光学平台上。随着光纤技术的发展，全光纤传输的光子多普勒速度测试仪 PDV 研制成功，由于激光均由光纤传输，光路可任意弯曲，仪器空间利用率大幅度提高，因此 PDV 仪器尺寸大大缩小，约为 260 mm×400 mm×500 mm，对使用环境要求大为放宽，可以在野外环境下使用，极大地拓宽了该技术的应用领域。

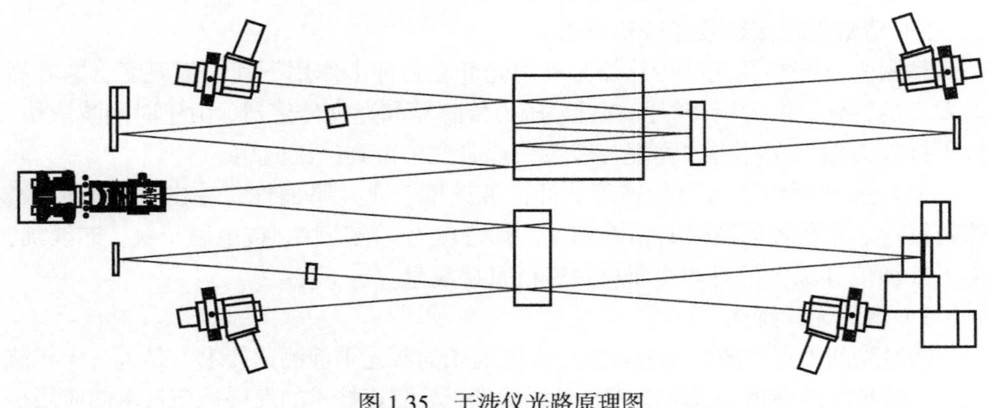

图 1.35　干涉仪光路原理图

4. 记录仪和信号处理

光电测试系统的记录仪一般采用数字荧光示波器，对于一般的时序过程的光电测试系统、模拟信号的光电测试系统（瞬态高温计系统）、光子多普勒效应光电测试系统（VISAR），性能指标对记录仪性能要求不高，示波器采用 4 GHz 带宽就足够了；而光子多普勒速度测试仪 PDV 的测试性能与示波器带宽密切相关，若采用 4 GHz 带宽的示波器，PDV 测速的上限为 3500 m/s，若要提高测试上限，需采用更高带宽的高端示波器，如美国泰克公司的型号为 DPO71254 示波器，模拟带宽为 12.5 GHz，这样 PDV 的测速的上限可大于 7500 m/s。

对于信号的处理一般利用计算机采用专用信号处理软件进行处理。

VISAR 的数据处理软件 VISARC Professional 是用通用科学数据分析处理软件 Origin 的脚本语言 Labtalk 开发的，该程序的核心为参数拟合及速度计算模块，采用极坐标法计算速度。参数拟合是该程序的特色，速度曲线后期处理功能可以计算丢波的数目和完成对速度曲线的修正。

瞬态光学高温计采用多波长辐射测温法，即利用多个光谱下的物体辐射亮度测量信息，经过最小二乘法数据处理得到物体的真实温度及光谱发射率。

光子多普勒速度测试仪 PDV 采用小波分析方法和傅里叶变换方法对记录的频谱信号进行处理，得到速度时间历史曲线。

1.3 测量误差与不确定度

测量不确定度和误差是误差理论中两个重要概念，它们具有相同点，都是评价测量结果质量高低的重要指标，都可作为测量结果的精度评定参数。但它们又有明显的区别，必须正确认识和区分，以防混淆和误用。

1.3.1　测量误差的基本概念

人类为了认识自然与遵循其发展规律用于自然，需要不断地对自然界的各种现象进行测量和研究。由于实验方法和实验设备的不完善，周围环境的影响，以及受人们认识能力所限等，测量和实验所得数据和被测量的真值之间，不可避免地存在着差异，这在数值上即表现为误差。

研究误差的意义为：

(1) 正确认识误差的性质，分析误差产生的原因，以消除或减小误差。

(2) 正确处理测量和实验数据，合理计算所得结果，以便在一定条件下得到更接近于真值的数据。

(3) 正确组织实验过程，合理设计仪器或选用仪器和测量方法，以便在最经济条件下，得到理想的结果。

1. 误差的定义与表示法

误差：就是测得值与被测量的真值之间的差，测量误差可用绝对误差表示，也可用相对误差表示。

绝对误差：为某量值的测得值和真值之差，通常简称为误差。假定被测量值测量得到的量值即仪器读数值为 A，被测量量的真值为 A_0，则测量值的绝对误差表示为：

$$\varDelta = A - A_0 \tag{1.30}$$

相对误差：为绝对误差与被测量的真值之比值。因测得值与真值接近，故也可近似用绝对误差与测得值之比值作为相对误差。实际相对误差也称相对误差，是绝对误差与被测量的实际值（或真值）的比，通常用百分比表示，即：

$$\delta_{A_0} = \frac{\varDelta}{A_0} \times 100\% = \frac{A - A_0}{A_0} \times 100\% \tag{1.31}$$

示值相对误差也称额定相对误差，用绝对误差与被测量值（即测量仪器指示值）的比值，也用百分比表示：

$$\delta_A = \frac{\varDelta}{A} \times 100\% = \frac{A - A_0}{A} \times 100\% \tag{1.32}$$

引用误差：指的是一种简化和实用方便的仪器仪表示值的相对误差，它是以仪器仪表某一刻度点的示值误差为分子，以测量范围上限值或全量程为分母，所得的比值称为引用误差或满度相对误差。

定义满度相对误差为：仪表在某一量程范围内绝对误差与该量程满刻度值 A_m

之比，用百分数表示为：

$$\delta_{\mathrm{m}}=\frac{\varDelta}{A_{\mathrm{m}}}\times 100\% \ \delta_{\mathrm{m}}=\frac{\varDelta}{A_{\mathrm{m}}}\times 100\% \tag{1.33}$$

式中，δ_{m}实际上表征的是绝对误差。

分贝误差：在电子学和声学中表示信号及系统参数常用分贝数。有时误差也用分贝数表示，分贝误差与示值相对误差之间的换算关系如下。

对于电压、电流一类参数，分贝误差表示为：

$$\varDelta_{\mathrm{dB}}=20\lg\left(1+\varDelta / A\right) \tag{1.34}$$

对于功率一类参数，分贝误差表示为：

$$\varDelta_{\mathrm{dB}}=10\lg\left(1+\varDelta / A\right) \tag{1.35}$$

在测量过程中，误差产生的原因可归纳为测量装置误差、环境误差、方法误差、人员误差四个方面。在计算测量结果的精度时，对上述四个方面的误差来源，必须进行全面的分析，力求不遗漏、不重复，特别要注意对误差影响较大的那些因素。

2. *误差分类*

按照误差的特点与性质，误差可分为系统误差、随机误差和粗大误差三类。

系统误差：在同一条件下，多次测量同一量值时，绝对值和符号保持不变，或在条件改变时，按一定规律变化的误差称为系统误差，例如标准量值的不准确、仪器刻度的不准确而引起的误差。

随机误差：在同一测量条件下，多次测量同一量值时，绝对值和符号以不可预定方式变化的误差称为随机误差，例如仪器仪表中传动部件的间隙和摩擦、连接件的弹性变形等引起的示值不稳定。

粗大误差：超出在规定条件下预期的误差称为粗大误差，或称“寄生误差”。此误差值较大，明显歪曲测量结果，如测量时对错了标志、读错或记错了数、使用有缺陷的仪器以及在测量时因操作不细心而引起的过失性误差等。

上面虽将误差分为三类，但必须注意各类误差之间在一定条件下可以相互转化。对某项具体误差，在此条件下为系统误差，而在另一条件下可为随机误差，反之亦然。掌握误差转化的特点，可将系统误差转化为随机误差，用数据统计处理方法减小误差的影响；或将随机误差转化为系统误差，用修正方法减小其影响。

1.3.2　测量误差的基本性质与处理

1. 系统误差

定义：在重复条件下对同一被测量进行无限多次测量结果的平均值减去被测量的真值，即测量值的数学期望与真值之差，它表示的是测量结果的期望值偏离真值的程度。

1）系统误差的性质

(1) 系统误差是一个非随机变量，服从确定的函数规律。

(2) 重复测量时，误差的出现具有重现性。

(3) 可修正性，由误差的重现性决定。

2）系统误差的分类

(1) 恒定误差：在重复测量时，其符号与数值不变。

(2) 线性系统误差：随着测量次数或测量时间的增加，测量误差呈线性增大或呈线性减小。

(3) 周期性变化的系统误差：测量值的符号与数值作周期性改变。

(4) 变化规律复杂的系统误差：测量值的符号和数值与多种因素的复杂规律性变化相联系。

3）系统误差对测量结果的影响

系统误差与随机误差之间在某些情况下是难以分清的。有时测量中对一些掌握不到且具有复杂规律的系统误差看作是随机误差。而且，在任何一次测量中，两种误差一般都是同时存在的。

系统误差处理是否得当，在很大程度上取决于观测者的经验、学识和技巧。系统误差虽然有规律，但其处理比无规律的随机误差困难得多。

4）对测量结果的系统误差的修正法

(1) 替代法：在一定测量条件下，选择一大小适当的已知标准量，使其在测量中代替被测的量而不致引起测量仪器的改变，这样确定被测的未知量等于这个已知的标准量。

(2) 平均法：在一个测量和系统中，可稍改变测量的安排，对同一对象测量出二次或多次的结果，把它们互相对照，检查出是否存在某种系统误差，通过适当的数据处理，取多次测量结果的平均值。

(3) 修正法：对于测量系统具有恒定误差的测量结果，可引入修正值对系统误差进行修正。

2. 随机误差

定义：随机误差是指测量结果减去重复条件下对同一测量值进行无限多次测

量结果的平均值，即测量值的数学期望与测量值之差。它表示的是测量结果的期望值与真值的离散程度。

1）随机误差的性质

对单次（个体）而言没有一定的规律，对整体（大量随机误差数据）而言却服从统计规律。①单峰性；②对称性；③有界性：绝对值很大的误差出现的概率近于零；④抵偿性：在实际测量中，对同一量的精度测量，其误差的算术平均值，随测量次数的增加而趋于零。

随机误差服从正态分布，或是单峰两边对称分布。

2）随机误差的方程式

设被测量的真值为 L_0，一系列测得值为 l_i，则测量列中的随机误差 δ_i 为：

$$\delta_i = l_i - L_0 \tag{1.36}$$

式中，i=1, 2, …, n。正态分布的分布密度 $f(\delta)$ 与分布函数 $F(\delta)$ 为：

$$f(\delta) = \frac{1}{\sigma\sqrt{2\pi}} \mathrm{e}^{-\delta^2/\left(2\sigma^2\right)} \tag{1.37}$$

$$F(\delta) = \frac{1}{\sigma\sqrt{2\pi}} \int_{-\infty}^{\delta} \mathrm{e}^{-\delta^2/\left(2\sigma^2\right)} \mathrm{d}\delta \tag{1.38}$$

式中，σ 为标准差（或称方均根误差）；e 为自然对数的底，其值为 2.7182…。

它的数学期望为：

$$E = \int_{-\infty}^{\infty} \delta f(\delta) \mathrm{d}\delta = 0 \tag{1.39}$$

它的方差为：

$$\sigma^2 = \int_{-\infty}^{\infty} \delta^2 f(\delta) \mathrm{d}\delta \tag{1.40}$$

其平均误差为：

$$\theta = \int_{-\infty}^{\infty} |\delta| f(\delta) \mathrm{d}\delta = 0.7979\sigma \approx \frac{4}{5}\sigma \tag{1.41}$$

此外由

$$\int_{-\rho}^{\rho} f(\delta) \mathrm{d}\delta = \frac{1}{2} \tag{1.42}$$

可解得或然误差为：

$$\rho = 0.6745\sigma \approx \frac{2}{3}\sigma \tag{1.43}$$

图 1.36 所示为正态分布曲线以及各精度参数在图中的坐标。σ 值为曲线上拐点 A 的横坐标，θ 值为曲线右半部面积重心 B 的横坐标，ρ 值的纵坐标线则平分曲线右半部面积。

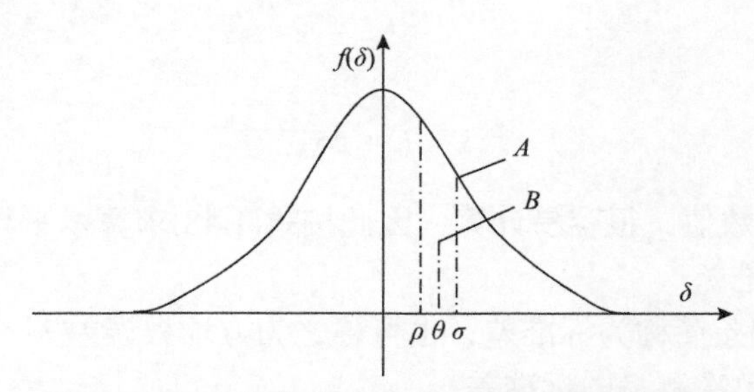

图 1.36　正态分布曲线以及各精度参数图中坐标

3）算术平均值

对某一量进行一系列等精度测量，由于存在随机误差，其测得值皆不相同，应以全部测得值的算术平均值作为最后测量结果。

在系列测量中，被测量的 n 个测得值的代数和除以 n 而得的值称为算术平均值。

设 $l_1, l_2, \cdots, l_n$ 为 n 次测量所得的值，则算术平均值 $\overline{x}$ 为：

$$\overline{x} = \frac{l_1 + l_2 + \cdots + l_n}{n} = \frac{\sum_{i=1}^{n} l_i}{n} \tag{1.44}$$

算术平均值与被测量的真值最为接近，由概率论的大数定律可知，若测量次数无限增加，则算术平均值 $\overline{x}$ 必然趋近于真值 L_0。由于实际上都是有限次测量，人们只能把算术平均值近似地作为被测量的真值。

一般情况下，被测量的真值为未知，不可能按式(1.36)求得随机误差，这时可用算术平均值代替被测量的真值进行计算，则有：

$$v_i = l_i - \overline{x} \tag{1.45}$$

式中，l_i 为第 i 个测得值，i=1, 2,⋯, n；v_i 为 l_i 的残余误差（简称残差）。

如果测量列中的测量次数和每个测量数据的位数皆较多，直接按式(1.44)计算算术平均值，既烦琐，又容易产生错误，此时可用简便法进行计算。

任选一个接近所有测得值的数 l_0 作为参考值，计算出每个测得值 l_i 与 l_0 的差值：

$$\Delta l_i = l_i - l_0 \quad i = 1, 2, \cdots, n \tag{1.46}$$

因

$$\overline{x} = \frac{\sum_{i=1}^{n} l_i}{n} \quad \Delta \overline{x}_0 = \frac{\sum_{i=1}^{n} \Delta l_i}{n} \tag{1.47}$$

则

$$\overline{x} = l_0 + \Delta \overline{x}_0 \tag{1.48}$$

式中，$\Delta \overline{x}_0$ 为简单数值，很容易计算，因此按式(1.48)求算术平均值比较简便。

4）测量的标准差

测量的标准偏差简称为标准差，也可称之为方均根误差。

A. 测量列中单次测量的标准差

由于随机误差的存在，等精度测量列中各个测得值一般皆不相同，它们围绕着该测量列的算术平均值有一定的分散，此分散度说明了测量列中单次测得值的不可靠性，必须用一个数值作为其不可靠性的评定标准。

应该指出，标准差 σ 不是测量列中任何一个具体测得值的随机误差，σ 的大小只说明，在一定条件下等精度测量列随机误差的概率分布情况。在该条件下，任一单次测得值的随机误差 δ，一般都不等于 σ，但却认为这一系列测量中所有测得值都属同样一个标准差 σ 的概率分布。在不同条件下，对同一被测量进行两个系列的等精度测量，其标准差 σ 也不相同。

在等精度测量列中，单次测量的标准差按下式计算：

$$\sigma = \sqrt{\frac{\delta_1^2 + \delta_2^2 + \cdots + \delta_n^2}{n}} = \sqrt{\frac{\sum_{i=1}^{n} \delta_i^2}{n}} \tag{1.49}$$

式中，n 为测量次数（应充分大）；δ_i 为测得值与被测量的真值之差。

当被测量的真值为未知时，按式(1.49)不能求得标准差。实际上，在有限次测量情况下，可用残余误差代替真误差，而得到标准差的估计值。

$$\sigma = \sqrt{\frac{\sum_{i=1}^{n} v_i^2}{n-1}} \tag{1.50}$$

上式被称为贝塞尔（Bessel）公式，根据此式可由残余误差求得单次测量的标准差的估计值。评定单次测量不可靠性的参数还有或然误差 ρ 和平均误差 θ，若用残余误差表示则为：

$$\rho \approx \frac{2}{3}\sqrt{\frac{\sum_{i=1}^{n} v_i^2}{n-1}} \tag{1.51}$$

$$\theta \approx \frac{4}{5}\sqrt{\frac{\sum_{i=1}^{n} v_i^2}{n-1}} \tag{1.52}$$

B. 测量列算术平均值的标准差

在多次测量的测量列中，是以算术平均值作为测量结果，因此必须研究算术平均值不可靠性的评定标准。

如果在相同条件下对同一量值作多组重复的系列测量，每一系列测量都有一个算术平均值，由于随机误差的存在，各个测量列的算术平均值也不相同，它们围绕着被测量的真值有一定的分散。此分散说明了算术平均值的不可靠性，而算术平均值的标准差 $\sigma_{\bar{x}}$ 则是表征同一被测量的各个独立测量列算术平均值分散性的参数，可作为算术平均值不可靠性的评定标准。计算公式如下：

$$\sigma_{\bar{x}}^2 = \frac{\sigma^2}{n}$$

$$\sigma_{\bar{x}} = \frac{\sigma}{\sqrt{n}} \tag{1.53}$$

增加测量次数，可以提高测量精度，但是由式(1.53)可知，测量精度与测量次数的平方根成反比，因此要显著地提高测量精度，必须付出较大的劳动。σ 一定时，当 $n>10$ 以后，$\sigma_{\bar{x}}$ 已减少得非常缓慢。此外，由于测量次数越大时，也越难保证测量条件的恒定，从而带来新的误差，因此一般情况下取 $n \leqslant 10$ 较为适宜。总之，要提高测量精度，应采用适当精度的仪器，选取适当的测量次数。

评定算术平均值的精度标准，也可用或然误差 R 或平均误差 T，相应的公式为：

$$R = 0.6745\sigma_{\bar{x}} \approx \frac{2}{3}\sigma_{\bar{x}} = \frac{2}{3}\frac{\sigma}{\sqrt{n}} = \frac{\rho}{\sqrt{n}} \tag{1.54}$$

$$T = 0.7979\sigma_{\bar{x}} \approx \frac{4}{5}\sigma_{\bar{x}} = \frac{4}{5}\frac{\sigma}{\sqrt{n}} = \frac{\theta}{\sqrt{n}} \tag{1.55}$$

若用残余误差 v 表示上述公式，则有：

$$R = \frac{2}{3}\sqrt{\frac{\sum_{i=1}^{n} v_i^2}{n(n-1)}} \tag{1.56}$$

$$T = \frac{4}{5}\sqrt{\frac{\sum_{i=1}^{n} v_i^2}{n(n-1)}} \tag{1.57}$$

3. 粗大误差

粗大误差的数值比较大，它会对测量结果产生明显的歪曲，一旦发现含有粗大误差的测量值，应将其从测量结果中剔除。

对粗大误差，除了设法从测量结果中发现和鉴别而加以剔除外，更重要的是要加强测量者的工作责任心和以严格的科学态度对待测量工作；此外，还要保证测量条件的稳定，或者应避免在外界条件发生激烈变化时进行测量。若能达到以上要求，一般情况下是可以防止粗大误差产生的。

在某些情况下，为了及时发现与防止测得值中含有粗大误差，可采用不等精度测量和互相之间进行校核的方法。在判别某个测得值是否含有粗大误差时，要特别慎重，应作充分的分析和研究，并根据判别准则予以确定。通常用来判别粗大误差的准则有 3σ 准则（莱以特准则）、罗曼诺夫斯基准则、格罗布斯准则和狄克松准则。这里介绍 3σ 准则和罗曼诺夫斯基准则，其他准则的介绍可参考有关误差理论方面的书籍。

1）3σ 准则（莱以特准则）

3σ 准则是最常用也是最简单的判别粗大误差的准则，它是以测量次数充分大为前提，但通常测量次数皆较少，因此 3σ 准则只是一个近似的准则。

对于某一测量列，若各测得值只含有随机误差，则根据随机误差的正态分布规律，其残余误差落在 $\pm 3\sigma$ 以外的概率约为 0.3%，即在 370 次测量中只有一次其残余误差 $|v_i| > 3\sigma$。如果在测量列中，发现有大于 3σ 的残余误差的测得值，即：

$$|v_i| > 3\sigma \tag{1.58}$$

则可以认为它含有粗大误差，应予剔除。

2）罗曼诺夫斯基准则

当测量次数较少时，按 t 分布的实际误差分布范围来判别粗大误差较为合理。罗曼诺夫斯基准则又称 t 检验准则，其特点是首先剔除一个可疑的测得值，然后按 t 分布检验被剔除的测量值是否含有粗大误差。

设对某量作多次等精度独立测量，得：

$$x_1, x_2, \cdots, x_n \tag{1.59}$$

若认为测量值 x_j 为可疑数据，将其剔除后计算平均值为（计算时不包括 x_j）：

$$\overline{x} = \frac{1}{n-1}\sum_{\substack{i=1 \\ i \neq j}}^{n} x_i \tag{1.60}$$

并求得测量列的标准差（计算时不包括 $v_j = x_j - \overline{x}$）：

$$\sigma = \sqrt{\frac{\sum_{i=1}^{n} v_i^2}{n-2}} \tag{1.61}$$

根据测量次数 n 和选取的显著度 α，即可由表 1.2 查得 t 分布的检验系数 $K(n, \alpha)$。

若：

$$\left|x_j - \overline{x}\right| > K\sigma \tag{1.62}$$

则认为测量值 x_j 含有粗大误差，剔除 x_j 是正确的，否则认为 x_j 不含有粗大误差，应予保留。

表 1.2　检验系数 *K*

n \ α	0.05	0.01	n \ α	0.05	0.01	n \ α	0.05	0.01
4	4.97	11.46	13	2.29	3.23	22	2.14	2.91
5	3.56	6.53	14	2.26	3.17	23	2.13	2.90
6	3.04	5.04	15	2.24	3.12	24	2.12	2.88
7	2.78	4.36	16	2.22	3.08	25	2.11	2.86
8	2.62	3.96	17	2.20	3.04	26	2.10	2.85
9	2.51	3.71	18	2.18	3.01	27	2.10	2.84
10	2.43	3.54	19	2.17	3.00	28	2.09	2.83
11	2.37	3.41	20	2.16	2.95	29	2.09	2.82
12	2.33	3.31	21	2.15	2.93	30	2.08	2.81

必须指出，按上述准则若判别出测量列中有两个以上测得值含有粗大误差，此时只能首先剔除含有最大误差的测得值，然后重新计算测量列的算术平均值及其标准差，再对余下的测得值进行判别，依此程序逐步剔除，直至所有测得值皆不含粗大误差时为止。

4. 精度的基本概念

反映测量结果与真值接近程度的量，通常称为精度，它与误差的大小相对应，因此可用误差大小来表示精度的高低，误差小则精度高，误差大则精度低。

精度可分为：

(1) 准确度：它反映测量结果中系统误差的影响程度。

(2) 精密度：它反映测量结果中随机误差的影响程度。

(3) 精确度：它反映测量结果中系统误差和随机误差综合的影响程度，其定量特征可用测量的不确定度（或极限误差）来表示。

精度在数量上有时可用相对误差表示，如相对误差为 0.01%，可笼统说其精度为 10^{-4}，若纯属随机误差引起，则说其精密度为 10^{-4}，若是由系统误差与随机误差共同引起，则说其精确度为 10^{-4}。

对于具体的测量，精密度高的准确度不一定高，准确度高的精密度也不一定高，但精确度高，则精密度与准确度都高。

1.3.3　测量不确定度

由于测量误差的存在，被测量的真值难以确定，测量结果带有不确定性。长期以来，人们不断追求以最佳方式估计被测量的值，以最科学的方法评价测量结果的质量高低的程度。本章介绍的测量不确定度就是评定测量结果质量高低的一个重要指标。不确定度越小，测量结果的质量越高，使用价值越大，其测量水平也越高；不确定度越大，测量结果的质量越低，使用价值越小，其测量水平也越低。

1. 测量不确定度基本概念

1) 测量不确定度定义

测量不确定度是指测量结果变化的不肯定，是表征被测量的真值在某个量值范围的一个估计，是测量结果含有的一个参数，用以表示被测量值的分散性。这种测量不确定度的定义表明，一个完整的测量结果应包含被测量值的估计与分散性参数两部分。例如被测量 Y 的测量结果为 $y \pm U$，其中 y 是被测量值的估计，它具有的测量不确定度为 U。显然，在测量不确定度的定义下，被测量的测量结果所表示的并非为一个确定的值，而是分散的无限个可能值所处于的一个区间。

根据测量不确定度定义，在测量实践中如何对测量不确定度进行合理的评定，这是必须解决的基本问题。对于一个实际测量过程，影响测量结果的精度有多方面因素，因此测量不确定度一般包含若干个分量，各不确定度分量不论其性质如何，皆可用两类方法进行评定，即 A 类评定与 B 类评定。其中一些分量由一系列观测数据的统计分析来评定，称为 A 类评定；另一些分量不是用一系列观测数据的统计分析法，而是基于经验或其他信息所认定的概率分布来评定，称为 B 类评定。所有的不确定度分量均用标准差表征，它们或是由随机误差而引起，或是由系统误差而引起，都对测量结果的分散性产生相应的影响。

2) 测量不确定度与误差

测量不确定度和误差是误差理论中两个重要概念，它们具有相同点，都是评价测量结果质量高低的重要指标，都可作为测量结果的精度评定参数。但它们又有明显的区别，必须正确认识和区分，以防混淆和误用。

从定义上讲，误差是测量结果与真值之差，它以真值或约定真值为中心；而测量不确定度是以被测量的估计值为中心，因此误差是一个理想的概念，一般不能准确知道，难以定量；而测量不确定度是反映人们对测量认识不足的程度，是可以定量评定的。

在分类上，误差按自身特征和性质分为系统误差、随机误差和粗大误差，并可采取不同的措施来减小或消除各类误差对测量的影响。但由于各类误差之间并不存在绝对界限，故在分类判别和误差计算时不易准确掌握；测量不确定度不按性质分类，而是按评定方法分为 A 类评定和 B 类评定，两类评定方法不分优劣，按实际情况的可能性加以选用。由于不确定度的评定不论影响不确定度因素的来源和性质，只考虑其影响结果的评定方法，从而简化了分类，便于评定与计算。

不确定度与误差有区别，也有联系。误差是不确定度的基础，研究不确定度首先需研究误差，只有对误差的性质、分布规律、相互联系及对测量结果的误差传递关系等有了充分的认识和了解，才能更好地估计各不确定度分量，正确得到测量结果的不确定度。用测量不确定度代替误差表示测量结果，易于理解、便于评定，具有合理性和实用性。但测量不确定度的内容不能包罗更不能取代误差理论的所有内容，如传统的误差分析与数据处理等均不能被取代。客观地说，不确定度是对经典误差理论的一个补充，是现代误差理论的内容之一，但它还有待于进一步研究、完善与发展。

2. 标准不确定度的评定

用标准差表征的不确定度，称为标准不确定度，用 u 表示。测量不确定度所包含的若干个不确定度分量，均是标准不确定度分量，用 u_i 表示，其评定方法如下。

1) 标准不确定度的 A 类评定

A 类评定是用统计分析法评定，其标准不确定度 u 等同于由系列观测值获得的标准差 σ，即 $u=\sigma$。标准差 σ 的基本求法在有关不确定度的专门书籍中有详细介绍，包括贝塞尔法、别捷尔斯法、极差法、最大误差法等。

当被测量 Y 取决于其他 N 个量 X_1，X_2，…，X_N 时，则 Y 的估计值 y 的标准不确定度 u_y 将取决于 X_i 的估计值 x_i 的标准不确定度 u_{xi}，为此要首先评定 x_i 的标准不确定度 u_{xi}。其方法是：在其他 X_j（$j\neq i$）保持不变的条件下，仅对 X_i 进行 n 次等精度独立测量，用统计法由 n 个观测值求得单次测量标准差 σ_i，则 x_i 的标准不确定度 u_{xi} 的数值按下列情况分别确定：如果用单次测量值作为 X_i 的估计值 x_i，则 $u_{xi}=\sigma_i$；如果用 n 次测量的平均值作为 X_i 的估计值 x_i，则 $u_{xi}=\sigma_i/\sqrt{n}$。

2) 标准不确定度的B类评定

B 类评定不用统计分析法，而是基于其他方法估计概率分布或分布假设来评定标准差并得到标准不确定度。B 类评定在不确定度评定中占有重要地位，因为有的不确定度无法用统计方法来评定，或者虽可用统计法，但不经济可行，所以在实际工作中，采用B类评定方法居多。

设被测量 X 的估计值为 x，其标准不确定度的 B 类评定是借助于影响 x 可能变化的全部信息进行科学判定的。这些信息可能是：以前的测量数据、经验或资料；有关仪器和装置的一般知识；制造说明书和检定证书或其他报告所提供的数据；由手册提供的参考数据等。为了合理使用信息，正确进行标准不确定度的 B 类评定，要求有一定的经验及对一般知识有透彻的了解。

采用B类评定法，需先根据实际情况分析，对测量值进行一定的分布假设，可假设为正态分布，也可假设为其他分布，常见有下列几种情况：

(1) 当测量估计值 x 受到多个独立因素影响，且影响大小相近，则假设为正态分布，由所取置信概率 P 的分布区间半宽 a 与包含因子 k 来估计标准不确定度，即：

$$u_x=\frac{a}{k_P} \tag{1.63}$$

式中包含因子 k_P 的数值可由正态分布积分表查得。

(2) 当估计值 x 取自有关资料，所给出的测量不确定度 U_x 为标准差的 k 倍时，则其标准不确定度为：

$$u_x=\frac{U_x}{k} \tag{1.64}$$

(3) 若根据信息，已知估计值 x 落在区间（$x-a$，$x+a$）内的概率为 1，且在区间内各处出现的机会相等，则 x 服从均匀分布，其标准不确定度为：

$$u_x=\frac{a}{\sqrt{3}} \tag{1.65}$$

(4) 当估计值 x 受到两个独立且皆是具有均匀分布的因素影响，则 x 服从在区间（$x-a$，$x+a$）内的三角分布，其标准不确定度为：

$$u_x = \frac{a}{\sqrt{6}} \tag{1.66}$$

(5) 当估计值 x 服从在区间（$x-a$，$x+a$）内的反正弦分布，则其标准不确定度为:

$$u_x = \frac{a}{\sqrt{2}} \tag{1.67}$$

3) 自由度及其确定

根据概率论与数理统计所定义的自由度，在 n 个变量 v_i 的平方和中，如果 n 个 v_i 之间存在着 k 个独立的线性约束条件，即 n 个变量中独立变量的个数仅为 $n-k$，则其自由度为 $n-k$。因此若用贝塞尔公式(1.50)计算单次测量标准差 σ，式中的 n 个变量 v_i 之间存在唯一的线性约束条件 $\sum_{i-1}^{n} v_i^2 = \sum_{i-1}^{n}\left(x_i - \overline{x}\right)^2 = 0$，故其平方和的自由度为 $n-1$，则由式(1.50)计算的标准差 σ 的自由度也等于 $n-1$。由此可以看出，系列测量的标准差的可信赖程度与自由度有密切关系，自由度越大，标准差越可信赖。由于不确定度是用标准差来表征，因此不确定度评定的质量如何，也可用自由度来说明。每个不确定度都对应着一个自由度，并将不确定度计算表达式中总和所包含的项数减去各项之间存在的约束条件数，所得差值称为不确定度的自由度。

A. 标准不确定度 A 类评定的自由度

对 A 类评定的标准不确定度，其自由度 v 即为标准差 σ 的自由度。由于标准差有不同的计算方法，其自由度也有所不同，并且可由相应公式计算出不同的自由度。例如，用贝塞尔法计算的标准差，其自由度 $v=n-1$，而用其他方法计算标准差，其自由度有所不同。为方便起见，将已计算好的自由度列表使用。表 1.3 给出了其他几种方法计算标准差的自由度。

表 1.3　不同方法计算标准差的自由度 ν 值

计算方法 \ n	1	2	3	4	5	6	7	8	9	10	15	20
别捷尔斯法		0.9	1.8	2.7	3.6	4.5	5.4	6.2	7.1	8.0	12.4	16.7
极差法		0.9	1.8	2.7	3.6	4.5	5.3	6.0	6.8	7.5	10.5	13.1
最大误差法	0.9	1.9	2.6	3.3	3.9	4.6	5.2	5.8	6.4	6.9	8.3	9.5

B. 标准不确定度 B 类评定的自由度

对 B 类评定的标准不确定度 u，由估计 u 的相对标准差来确定自由度，其自由度定义为：

$$\nu = \frac{1}{2\left(\frac{\sigma_u}{u}\right)^2} \tag{1.68}$$

式中，σ_u 为评定 u 的标准差；σ_u/u 为评定 u 的相对标准差。

表 1.4 给出了标准不确定度 B 类评定时不同的相对标准差所对应的自由度。

表 1.4　B 类评定相对标准差对应的自由度 ν

σ_u/u	0.71	0.50	0.41	0.35	0.32	0.29	0.27	0.25	0.24	0.22	0.18	0.16	0.10	0.07
ν	1	2	3	4	5	6	7	8	9	10	15	20	50	100

3. 测量不确定度的合成

1）合成标准不确定度

当测量结果受多种因素影响形成了若干个不确定度分量时，测量结果的标准不确定度用各标准不确定度分量合成后所得的合成标准不确定度 u 表示。为了求得 u，首先需分析各种影响因素与测量结果的关系，以便准确评定各不确定度分量，然后才能进行合成标准不确定度计算，如在间接测量中，被测量 y 的估计值 y 是由 N 个其他量的测得值 $x_1, x_2, \cdots, x_N$ 的函数求得，即：

$$y = f(x_1, x_2, \cdots, x_N) \tag{1.69}$$

且各直接测得值 x_i 的测量标准不确定度为 u_{xi}，它对被测量估计值影响的传递系数为 $\partial f/\partial x_i$，则由 x_i 引起被测量 y 的标准不确定度分量为：

$$u_i = \left|\frac{\partial f}{\partial x_i}\right| u_{xi} \tag{1.70}$$

而测量结果 y 的不确定度 u_y，应是所有不确定度分量的合成，用合成标准不确定度 u_c 来表征，计算公式为：

$$\begin{aligned} u_c &= \sqrt{\sum_{i=1}^{N}\left(\frac{\partial f}{\partial x_i}\right)^2 (u_{xi})^2 + 2\sum_{1\leqslant i<j}^{N}\frac{\partial f}{\partial x_i}\frac{\partial f}{\partial x_j}\rho_{ij}u_{xi}u_{xj}} \\ &= \sqrt{\sum_{i=1}^{N}u_i^2 + 2\sum_{1\leqslant i<j}^{N}\rho_{ij}u_i u_j} \end{aligned} \tag{1.71}$$

式中，ρ_{ij} 为任意两个直接测量值 x_i 与 x_j 不确定度的相关系数。

若 x_i, x_j 的不确定度相互独立，即 $\rho_{ij}=0$，则合成标准不确定度计算公式(1.71)可表示为:

$$u_c=\sqrt{\sum_{i=1}^{N}\left(\frac{\partial f}{\partial x_i}\right)^2 u_{xi}^2}=\sqrt{\sum_{i=1}^{N}u_i^2} \tag{1.72}$$

当 $\rho_{ij}=1$，且 $\partial f/\partial x_i$ 、$\partial f/\partial x_j$ 同号；或 $\rho_{ij}=-1$，且 $\partial f/\partial x_i$ 、$\partial f/\partial x_j$ 异号，则合成标准不确定度计算公式(1.71)可表示为:

$$u_c=\sum_{i=1}^{N}\left|\frac{\partial f}{\partial x_i}\right|u_{xi} \tag{1.73}$$

若引起不确定度分量的各种因素与测量结果之间为简单的函数关系，则应根据具体情况按 A 类评定或 B 类评定方法来确定各不确定度分量 u_i 的值，然后按上述不确定度合成方法求得合成标准不确定度。如当:

$$y=x_1+x_2+\cdots+x_N \tag{1.74}$$

则:

$$u_c=\sqrt{\sum_{i=1}^{N}u_{xi}^2+2\sum_{1\leqslant i<j}^{N}\rho_{ij}u_{xi}u_{xj}} \tag{1.75}$$

用合成标准不确定度作为被测量 Y 估计值 y 的测量不确定度，其测量结果可表示为:

$$Y=y\pm u_c \tag{1.76}$$

为了正确给出测量结果的不确定度，还应全面分析影响测量结果的各种因素，从而列出测量结果的所有不确定度来源，做到不遗漏，不重复。因为遗漏会使测量结果的合成不确定度减小，重复则会使测量结果的合成不确定度增大，都会影响不确定度的评定质量。

2）展伸不确定度

合成标准不确定度可表示测量结果的不确定度，但它仅对应于标准差，由其所表示的测量结果 $y\pm u_c$ 含被测量 Y 的真值的概率仅为 68%。然而在一些实际工作中，如高精度比对、一些与安全生产以及与身体健康有关的测量，要求给出的测量结果区间包含被测量真值的置信概率较大，即给出一个测量结果的区间，使被测量的值以高置信概率位于其中，为此需用展伸不确定度（也有称为扩展不确定度）表示测量结果。

展伸不确定度由合成标准不确定度 u_c 乘以包含因子 k 得到，记为 U:

$$U = ku_c \tag{1.77}$$

用展伸不确定度作为测量不确定度，则测量结果表示为:

$$Y = y \pm U \tag{1.78}$$

包含因子 k 由 t 分布的临界值 $t_P(v)$给出，即:

$$k = t_P(\nu) \tag{1.79}$$

式中，v 是合成标准不确定度 u_c 的自由度。

根据给定的置信概率 P 与自由度 v 查 t 分布表，得到 $t(v)$的值。当各不确定度分量 u_i 相互独立时，合成标准不确定度 u_c 的自由度 v 由下式计算：

$$\nu = \frac{u_c^4}{\sum_{i=1}^{N} \frac{u_i^4}{\nu_i}} \tag{1.80}$$

式中，N 为不确定度分量的分数；v_i 为各标准不确定度分量 u_i 的自由度。

当各不确定度分量的自由度 v_i 均为已知时，才能由式(1.80)计算合成不确定度的自由度 v。但往往由于缺少资料难以确定每一个分量的 v_i，则自由度 v 无法按式(1.80)计算，也不能按式(1.79)来确定包含因子 k 的值。为了求得展伸不确定度，一般情况下可取包含因子 k=2～3。

参 考 文 献

费业泰. 2015. 误差理论与数据处理[M]. 北京：机械工业出版社.
黄正平. 2006. 爆炸与冲击电测技术[M]. 北京：国防工业出版社.
谭显祥. 1990. 光学高速摄影测试技术[M]. 北京：科学出版社.

第2章　电探极测试技术

本章主要介绍电探极品种、结构和功能，多种脉冲形成网络，以及电探极法测试系统的配置与应用。

2.1　概　述

“电探极”一词来自英文的“Probe”，包含试探电极、电探头和探针之意。“电探极法”一词含意是“电探极技术”。

电探极本质上是探测高速运动的“行程开关”，当爆轰波、冲击波和飞片等达到或接近电探极敏感部分所在剖面时，电探极开关状态突变，并输出计时信号。电探极法主要用于测量爆轰波、冲击波和飞片等的速度。

电探极技术包括以下四部分内容：

(1) 电探极的结构和功能；

(2) 脉冲形成网络将电探极的开关状态突变转变成若干具有某种时序的脉冲信号；

(3) 这些时序脉冲信号经长电缆传输后，由计时仪或数字存储示波器记录；

(4) 记录的后处理，将计时信号转变为速度信号。

图 2.1 是一种电探极测试系统配置，图 2.2 是由数字存储示波器（DSO）记录的已知时序的时间间隔信号。

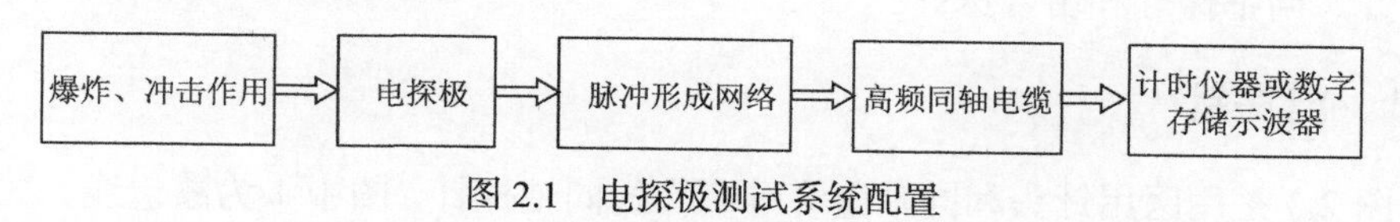

图 2.1　电探极测试系统配置

电探极开关状态切换方式也许是两电极直接机械接触或脱离；也许是由于两电极之间的绝缘介质在高压下变成导体或半导体，即介质的电导突变；也许是由于强冲击作用下降低了两探极之间介质的绝缘强度，导致电场击穿。实际上，探极在冲击作用下的导通机制相当复杂，本章不作这方面的深入讨论。为了便于其他问题的讨论，我们不妨先作一个如下粗糙的定义：从有效冲击达到电探极敏感部分所在剖面的位置起，直到探极的内阻减小至脉冲形成网络的输入阻抗同数量级时为止，称为探极导通时间，或称为电探极开关时间。

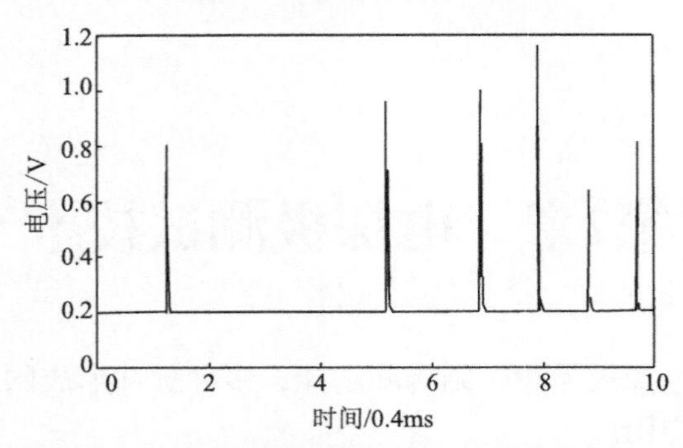

图 2.2　已知时序的时间间隔信号典型记录

凝聚炸药的爆轰波速度、固体介质中的冲击波速度、自由表面速度、飞片速度或抛体速度等的测量都可以采用电探极技术。尽管这是一种古老的技术，但始终没有停止它的发展。近代的同轴探针技术，其时间分辨率不超过 1 纳秒；高密集度的小型组合探针技术进一步提高了时间测量的精度及效率。在快速燃烧阵面速度和飞片速度等的测量中，采用光电测速探头是有利于提高测速系统的可靠性和精度的。

2.2　爆炸与冲击过程测试系统中常用的电探极

在爆炸与冲击过程测试系统中常用电探极的结构形式较多，本节不可能全部列出，仅介绍几种比较典型的电探极。

若按电极的外形来分类，电探极大体上可以分为三大类：电探针、丝式电探极和箔式电探极。其中电探针若按其结构来分类，又可分成四类：光杆探针、盖帽探针、同轴探针和组合探针。

2.2.1　电探针

图 2.3 是用医用针头和同轴电缆等制作的同轴探针。图中 1 为漆包线，2 为医用针头，3 为同轴电缆 SYV-50-2-1，1、2 与 3 之间用 502 胶粘接。这种同轴探针制作方便，作用可靠，因此应用较广。

图 2.4、图 2.5 和图 2.6 表示了三种光杆探针的结构图。探针的头部都做成半球形，一方面为了保证绝缘膜安装过程中不被破坏，另一方面保证导通条件基本相同。光杆探针只能用于导电材料的冲击波速度和自由表面速度等的测量，因为探极的另一极必须是导电的试样本身。但光探针引线的分布电感量较大，导致它的开关时间较长。

图 2.4 中的光杆探针，靠弹簧使探针紧靠在试样表面的绝缘层上，若支架的探针孔中有台阶，也可以使探针的头部在距试样表面一定的位置上固定下来，测量试样的自由表面速度。由于靠台阶控制高度，不能自由调整。图 2.5 中的螺纹光杆探针，其优点是调整探针头离试样表面的距离比较方便。若图 2.4 和图 2.5 中的绝缘膜套在光杆探针上就变成了薄膜探针。图 2.6 是一种比较简单的薄膜探针结构示意图。薄膜探针和前两种光杆探针相比，使用特性有相同之处，故把它们也归于光杆探针类。不过，这种探针表面的薄膜（如高强度漆膜）能够抵挡较高强度的空气激波，在自由表面速度的测量中，可以防止由于过早被电离的空气导通出现伪信号。图 2.6 中所示的那种薄膜探针，其固定探针的方法是采用铜箔板上打孔和焊接，结构简单，体积小，调整也比较方便。

光杆探针的共同缺点是不能用于非导电介质的冲击波速度和自由表面速度的测量。于是发展了一种“盖帽探针”，如图 2.7 中的银盖针和图 2.8 中的∑探针等，这类探针都能够用于测量非导电介质的冲击波速度和自由表面速度。盖帽探针中的“盖帽”是由很薄的金属膜制成的，可以作为电路的一极；在盖帽和探针头之间有绝缘介质隔离，顶部的绝缘介质也有用空气的。由于探针有盖帽，盖帽探针通常都能抵挡较强空气激波的作用，防止出现空气激波干扰信号。但盖帽探针的结构存在一些问题，进一步提高盖帽探针的抗干扰能力和减小导通时间是相当困难的。

镀膜同轴探针对冲击作用具有纳秒量级的响应速率和很强的抗干扰能力，图 2.9 是它的结构示意图。镀膜同轴探针的输出端直接与同轴电缆相连，其测速时间分辨率为纳秒或亚纳秒量级。

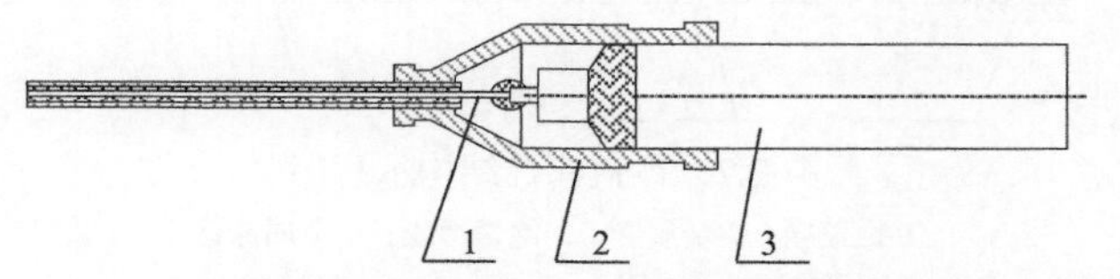

图 2.3　用医用针头改造的同轴探针

1-漆包线；2-医用针头；3-同轴电缆

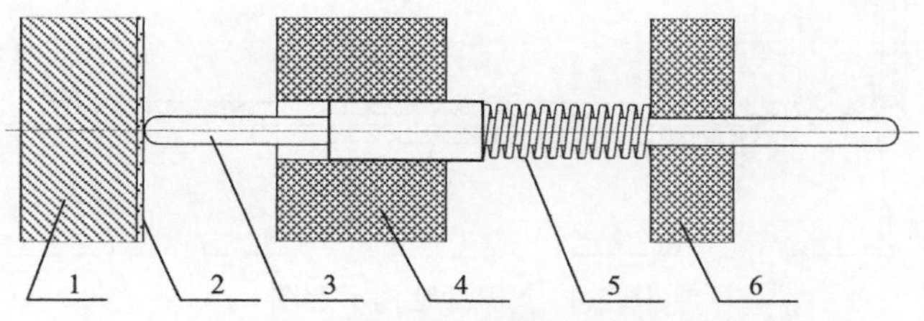

图 2.4　弹簧光杆探针结构图

1-金属靶板；2-绝缘薄膜；3-光杆探针；4-绝缘板；5-弹簧；6-绝缘板

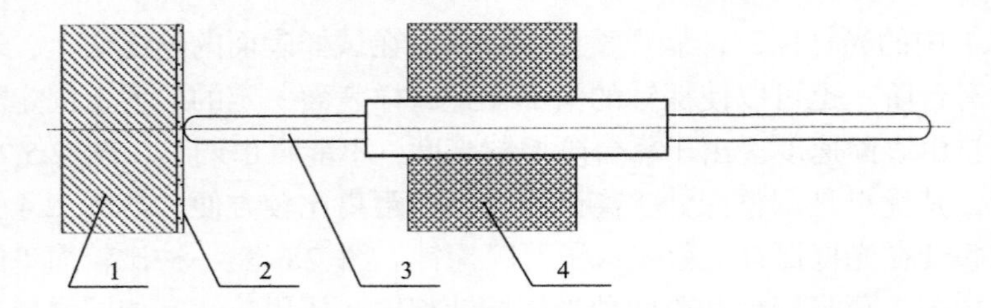

图 2.5　螺纹光杆探针结构图

1-金属靶板；2-绝缘薄膜；3-光杆探针；4-绝缘板

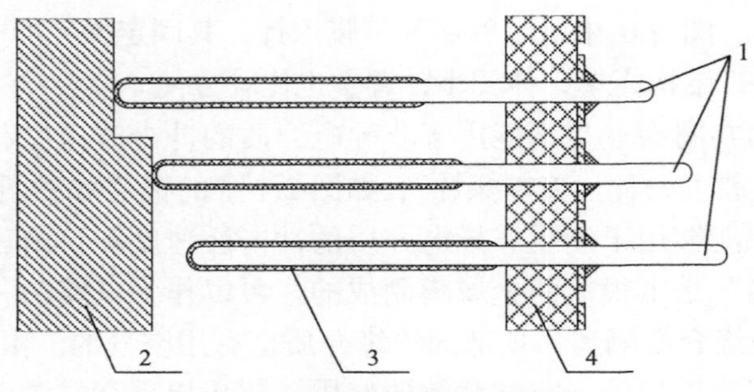

图 2.6　薄膜探针结构示意图

1-光杆探针；2-金属靶板；3-绝缘薄膜；4-绝缘板

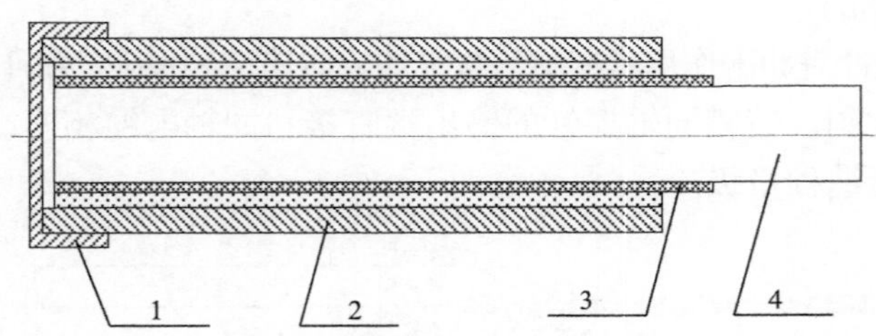

图 2.7　银盖探针结构示意图

1-银盖帽；2-金属管；3-绝缘薄膜；4-金属探针

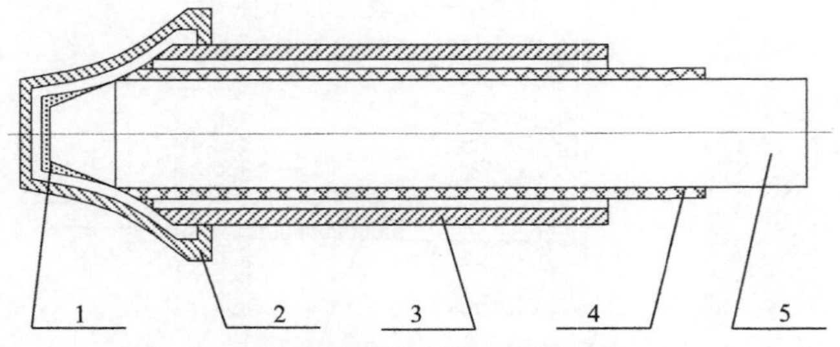

图 2.8　∑探针结构示意图

1-绝缘层；2-银盖帽；3-金属管；4-绝缘薄膜；5-金属探针

在一般情况下，探针的开路阻抗大于 $10^6\Omega$，而探针的闭路阻抗（或导通阻抗）小于 $10^2\Omega$。而笼统地说“探针的闭合阻抗”应当包含探针的闭路阻抗及其引线阻抗之和。当探针处在正常导通状态时，探针的闭路阻抗往往很小，可能接近或小于引线的阻抗。这种情况下，减少引线的阻抗可以使脉冲形成网络输出的脉冲信号前沿变陡，有利于提高计时信号的时间分辨率和时间间隔测量的判读精度。

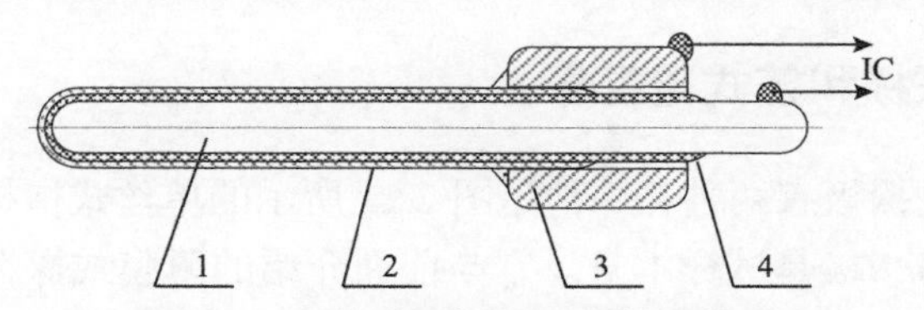

图 2.9　银镀膜同轴探针结构示意图

1-金属探针；2-银镀膜；3-金属管；4-绝缘层；IC-脉冲形成电路

若要求开关信号波长约 200 mm。一般情况下，探针引线长度从几十毫米到几百毫米，引线长度与波长相当。因此不能把引线看成集中参数元件，而应把它看成一小段电缆，电缆的特性阻抗为：

$$Z_c = 1/(\nu C) = \nu L \tag{2.1}$$

式中，电缆中电磁波的波速 $\nu = \nu_0/(\varepsilon_r\mu_r)^{0.5}$，$\nu_0$ 为真空中的电磁波传播速度；C 为引线的平均分布电容；L 为引线的平均分布电感量。所以当探针的引线松散地布置时，引线较长且占领的空间也较大，分布电感量 L 大或分布电容量小，增大了引线的特性阻抗值。因此最好采用同轴探针与同轴电缆直接相连，消除引线分布电感或分布电容的影响。如果无法实现同轴探针与同轴电缆直接相连，探针的引线必须绞合，增大分布电容，减小分布电感，减小引线阻抗。

为了在一次实验中取得更多的信息，可以采用组合探针配置多路时间间隔测试系统。高密集度的组合探针又可以使实验试样小型化。图 2.10 是一种组合探针的示意图，其中绝缘材料可以用有机玻璃，也可以用其他绝缘强度高、刚性又好的

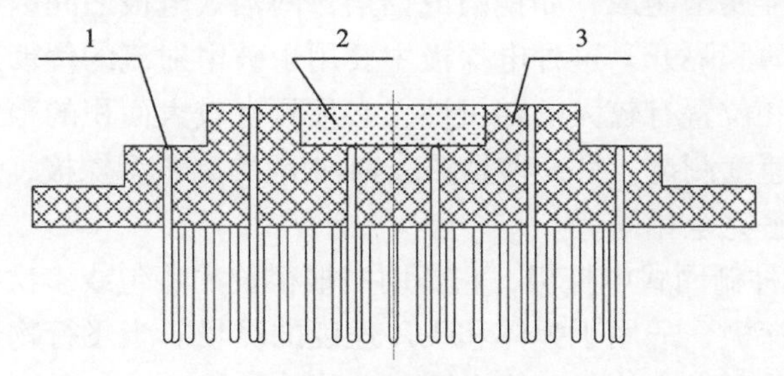

图 2.10　组合探针结构示意图

1-金属探针；2-实验试样；3-绝缘材料

纤维增强塑料。探针之间最小距离一方面取决于探针之间绝缘介质的耐压情况和机械加工的可能性，另一方面，取决于如何避免已工作的探针对相邻探针的横波干扰。探针布局方式则由实验的数据处理方法来决定。当完成探针布局的实验设计之后，就可以在组合探针座的坯体上打孔，穿高强度漆包线，用胶封固，再进行车、磨等工序，最后与多路高频插座装配在一起。

2.2.2　丝式电探极和箔式电探极

常用的丝式电探极有两种，一种是图 2.11 所示的单丝式探极，探极的一极是高强度漆包线，另一极是试样本身。它与前面介绍的薄膜式探针功能相同，既能用于冲击波速度的测量，又能用于自由表面速度的测量。另一种是图 2.12 所示的双丝式探极，两探极都是由高强度漆包线制成，图中两根金属线是平行放置，也可以绞合而成。和盖帽探针一样，绞合而成的双丝式探极适用于非导电材料的冲击波测量。图 2.12 中双丝式探极只能用于高压下具有导电性突变的材料；如爆轰波在炸药中传播时，波前是非导电的炸药，波后是导电的反应产物，所以炸药是一种导电性突变的材料。

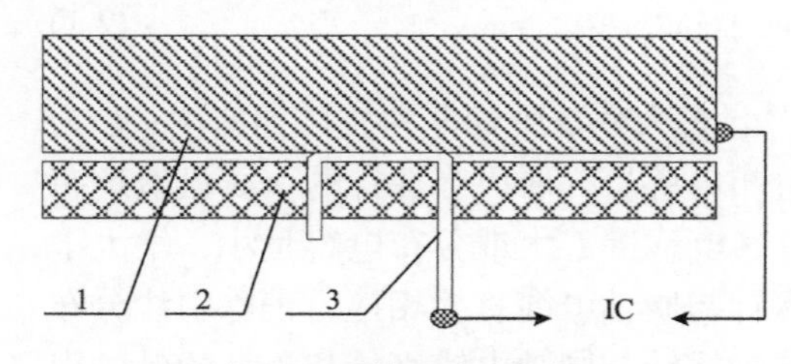

图 2.11　单丝式电探极

1-金属试样；2-绝缘材料；3-单丝式金属探极；IC-脉冲形成电路

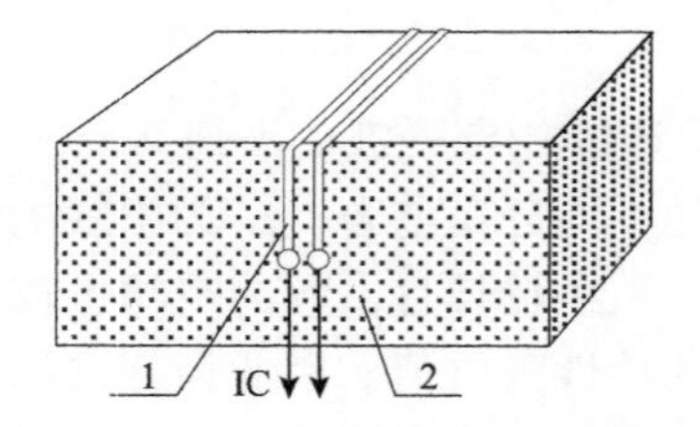

图 2.12　双丝式电探极

1-双丝式金属探极；2-绝缘材料试样；IC-脉冲形成电路

箔式电探极的结构形式很多，这里只介绍两种：一种是图 2.13 所示的箔式电探极，两电极用金属箔制成，如铜箔或铝箔，两箔式电极之间以及箔电极与试样之间都采用绝缘薄膜隔开。这种电探极主要用于破甲射流的侵彻速度测量。由于射流的侵彻方向和位置有较大的随机性，必须具有较大面积的箔式电极才能适应破甲射流的侵彻速度测量。另一种是图 2.14 所示的离子型探极，这种探极与双丝式探极的特性几乎完全相同。

图 2.15 是一种栅网式电探极，它是用一根很长的漆包线多次折绕制成的，是一种常闭式的电探极，适用于弹体和飞片速度的测量。当飞行物通过网式电探极时，使电探极由导通变成关断，给出计时电脉冲信号。

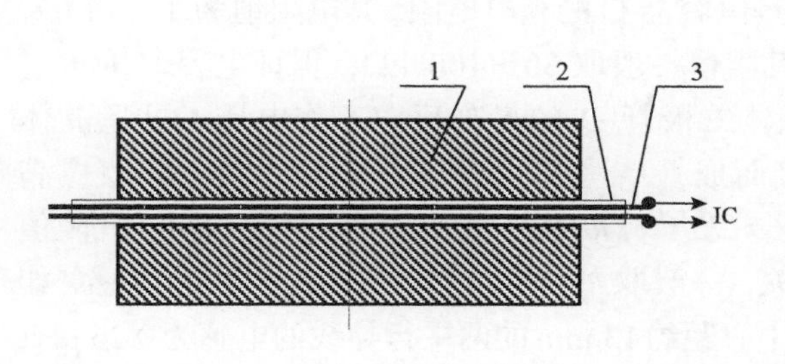

图 2.13　箔式电探极

1-金属试样；2-绝缘层；3-箔式电探极；IC-脉冲形成电路

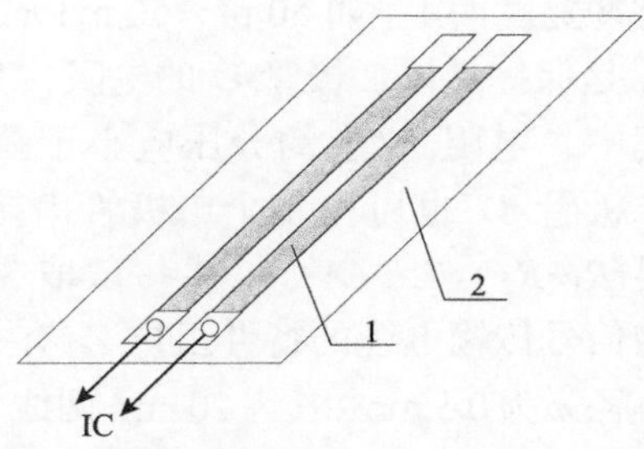

图 2.14　离子型箔式电探极

1-箔式电探极；2-绝缘层；IC-脉冲形成电路

图 2.16 是一种齿状履铜板电探极，它是用履铜板制成的，是一种常断式的电探极，适用于弹体和飞片速度的测量。当飞行物通过齿状履铜板电探极时，使电探极由关断变成导通，给出计时电脉冲信号。

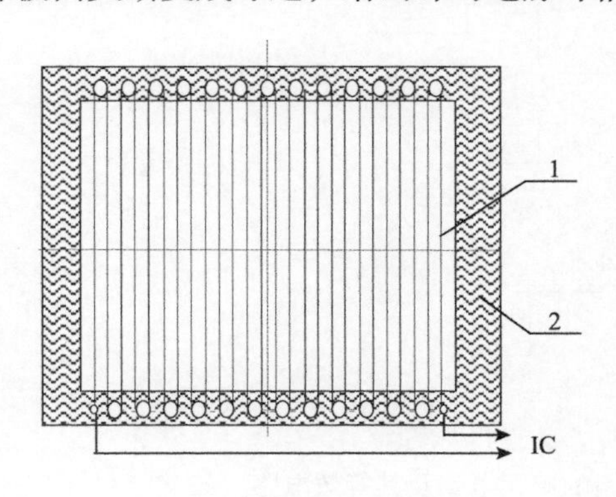

图 2.15　栅网式电探极

1-漆包线电探极；2-绝缘框架；IC-脉冲形成电路

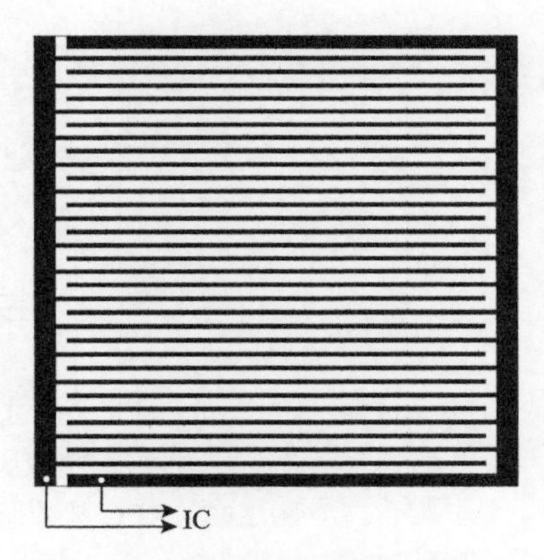

图 2.16　齿状履铜板电探极

2.3　脉冲形成网络

探针技术中常用的脉冲形成网络有两种，RLC 脉冲形成网络和电缆作为元件的脉冲形成网络。下面将分别介绍。

2.3.1　RLC 脉冲形成网络

RLC 脉冲形成网络的单元电路及其等效电路如图 2.17 所示，图中 C 是储能电容器，其电容大小直接影响该网络的输出信号的脉冲宽度，应根据所需信号的脉冲宽度而定，如 50 pf～50 nf；R 是电容器 C 的充电电阻，其电阻值为 1～5 MΩ；R_0 是保护晶体二极管 D 的电阻，其阻值一般取 30～100 kΩ，保证电容 C 充电过程中，电阻 R_0 上的分压应小于晶体二极管 D 的最高反向工作电压，这里晶体二极管 D 也可由多个二极管串接而成；R_1 是电路的阻尼电阻，其电阻值应满足$(R_1+R_2)>(2L/C)^{0.5}$ ，R_1 一般取 36～75 Ω；R_2' 为脉冲形成网络负载电阻，其阻值与信号传输电缆的特性阻抗 Z_C 有关，一般取 $R_2'>10\ Z_C$；L' 是探针引线的电感，如直径 ϕ 为 0.5 mm、长为 20 cm、两线中心距约 13 mm 的两平行导线的电感为 0.26 μH；1 m 长 50 Ω 同轴电缆的分布电感为 0.2875 μH；R_2 是电阻 R_2' 与电缆特性阻抗 Z_C 并联后的等效电阻，R_2 一般在 40～90 Ω；L 由探针引线电感 L' 及其他分布电感组成，大约在 0.3μH。

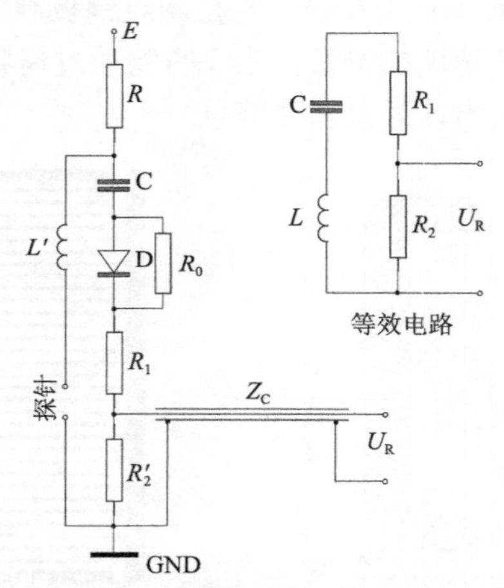

图 2.17 RLC 脉冲形成网络的单元电路及其等效电路

图 2.17 中，当探针开路时，电源 E 经 R，R_0，R_1 和 R_2' 对电容 C 充电，充电时间常数为：

$$\tau_0 = \left(R + R_0 + R_1 + R_2'\right)C \tag{2.2}$$

当探针闭路时，电容 C 上的电荷经二极管 D 对 R_1、R_2 和 L 等放电，在电阻 R_2 上获得脉冲电压 U_R。由于充电时间常数 τ_0 较大，在等效电路中不必画出充电限流电阻 R 和电源 E。放电时二极管 D 处在正向导通状态，等效电路中也不必画出 D 和 R_0。电容 C 有保持其两端电压值及其极性不变的特性，所以用负直流电源充电（充电时间大于 4～5 τ_0 之后，R 上不再有充电电流流过），可以保证在放电时该网络的输出电压 U_R 为正极性。电感时间常数 τ_L 和电容时间常数 τ_C 由下式估算：

$$\tau_L = L / \left(R_1 + R_2\right) \tag{2.3}$$

$$\tau_{\mathrm{C}}=\left(R_1+R_2\right)C \tag{2.4}$$

这两个特征参数来自图 2.17 中等效电路微分方程：

$$L\frac{\mathrm{d}i(t)}{\mathrm{d}t}+(R_1+R_2)i(t)+\frac{q(t)}{C}=0 \tag{2.5}$$

式中，$q(t)$为电容 C 上的电荷。利用式(2.3)和式(2.4)，上式可以改写为：

$$\tau_{\mathrm{L}}\frac{\mathrm{d}i(t)}{\mathrm{d}t}+i(t)+\frac{q(t)}{\tau_{\mathrm{C}}}=0 \tag{2.6}$$

式中，τ_{L}为电感时间常数，τ_{L}值越小，电感 L 上形成的压降 $L\mathrm{d}i/\mathrm{d}t$ 越小，维持电流不变特性能力越小，所以回路中电流上升速率越快；τ_{C}是电容时间常数，τ_{C}值越大，放电时电容器上损失的电荷 $i(t)\mathrm{d}t$ 所引起的电压降越少，或 RLC 回路电流衰减越小，相应的计时信号脉冲宽度越大。

2.3.2　传输线作为电路元件的脉冲形成网络

在时间间隔测量系统中脉冲形成网络是一个必不可少的部件。但在药量稍大的爆炸试验中，爆炸一次往往就要毁坏一个脉冲形成网络。若这种类型的实验做的次数较多，脉冲形成网络损坏也较多，经济上是不合算的；经常重新制作脉冲形成网络，也会加长实验周期，时间的浪费更是无法计算。因此有人设计了一种传输线作为电路元件的脉冲形成电路，见图 2.18。这样一来，电探针和脉冲形成网络之间可以用较长的电缆来连接，如 50 m，脉冲形成网络可以安装在比较安全的地方，甚至可以安放在电子仪器附近。

图 2.18 中的电路可使计时脉冲信号的前沿小于 13 ns，幅度大于 63 V，脉宽小于 43 ns。图 2.18 中的电路工作原理大致是这样：在探针接通之前，在直流源 E 的作用下使电缆芯线上充满了负电荷，C_1和C_3也同时充电，A 点电压是由阻值 1 MΩ 电阻 R_4、R_2与D_1的反向漏电电阻组成的分压器上取得。C_2，R_2和L_1等一起使信号得到补偿。开关二极管D_2、D_3和C_4等起堵截串扰信号作用。图 2.18 中，E=–400 V，R_0 = 30 kΩ，R_1=110 Ω，R_2=36 Ω，R_3=1 kΩ，C_1=0.033 μF，C_2=1000 pF，C_3=50 pF，C_4=1500 pF；D_1，D_2和D_3均为开关二极管，它们的反向电阻一般远大于 1 MΩ，所以 A 点的电压接近$-E$。当探针接通后，就有一个正的阶跃脉冲在电缆中传输，正阶跃脉冲到达电缆终端后被R_2，C_2，C_3，D_2和R_3组成的支路所微分；从电阻R_3上所取得的信号是正阶跃脉冲微分后的正尖脉冲，它的幅度、前沿和脉宽均与电容器C_3的电容值密切相关；其中R_1是用来调整输入电缆终端的阻抗匹配的；C_1和C_3是隔直流电容。

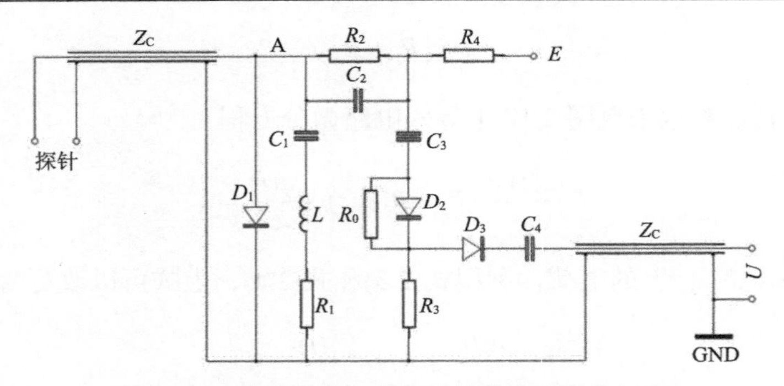

图 2.18　传输线作为电路元件的脉冲形成电路

2.4　电探极法测量爆速

根据爆速的定义：

$$D = \frac{\mathrm{d}r_S}{\mathrm{d}t} \tag{2.7}$$

式中，r_S 为爆轰波阵面法向传播距离；t 为时间坐标；D 为瞬时爆速。当 D=常数时，D 为定常爆速，则：

$$D = \frac{\Delta r_S}{\Delta t} = 常数 \tag{2.8}$$

因此，只要在一个确定的法向传播距离增量 Δr_S 上测量到爆轰波通过该间距的时间增量 Δt，则爆速值可得。如果没有标明爆速值是瞬时的还是定常的，习惯上认为是定常爆速。非定常爆轰中用瞬时爆速来描述。宏观的一维平面爆轰或一维球面（发散）爆轰，定常传播速度是爆轰波的主要特征参数之一。

测量定常爆速当然必须在爆轰定常传播区域内进行。从宏观来看，一个密度均匀的炸药从引爆到爆轰均匀传播，爆速的变化是连续的。根据爆轰波简单理论，必须在无限远处才能实现不定常爆轰向定常爆轰转变，实际上只要当爆速的变化率足够小就可以认定达到了定常爆速。我们可以规定，从引爆界面至瞬时爆速达到定常爆速的 a%（如 99%）的区域内为“不定常爆轰区”。关于爆轰波穿过边界的传播规律的研究在资料中有许多介绍。实验和理论都可以证明：①若高爆速炸药 A 引爆低爆速炸药 B 时，不定常爆轰区为 b_{AB}；若低爆速炸药 B 引爆高爆速炸药 A 时，不定常爆轰区为 b_{BA}；实际证明 $b_{BA} > b_{AB}$，甚至 $b_{BA} \gg b_{AB}$。②两种炸药的爆速差越大，不定常爆轰区域越宽。实际测量中为了确保测量精度，对于高级炸药在离其引爆端面 20～30 mm 处开始测量定常爆速；对于低爆速炸药，在离其引爆端面 50～70 mm 处开始测量定常爆速。

定常爆速的测量方法有三类：①电测法，其中有丝式探极法、箔式探极法、微波干涉法和电阻丝法等；②光测法，其中有扫描转镜法和光导索法等；③对比法，即道特里斯法。从精度来看，电测法的误差<0.5%，光测法误差 1%～2%；对比法误差 1.5%～2%。

本节仅介绍双丝式探极法测量炸药的定常爆速。当爆轰波到达安装有双丝式探极的区域时， 由于爆炸产物的导电性使探极接通，探极的开关状态突变使脉冲形成网络产生电压脉冲信号，脉冲信号经传输线由计时器记录下来，若用 n 个双丝式电探极就可以得到 $n-1$ 个时间间隔 Δt 。n 个双丝式探极的空间距离事先可以精确测量，也可取得 $n-1$ 个间距 Δr_s 。所以一次测量爆速实验中安装 n 个丝式探极可以取得 $n-1$ 个爆速信息。

双丝式电探极法测量爆速的系统是由起爆电源与电雷管、药柱、双丝式电探极、脉冲形成网络、电缆、数字示波器（或多通道计时仪）和微机等组成。下面将要介绍测量爆速的几个主要环节。

2.4.1　爆轰波阵面邻域的爆轰产物电导率

在爆轰参数的测量中，凡采用与爆轰产物直接接触的传感器和电探极，都必须考虑产物的导电性。电探极法测量爆速就是利用产物的导电性使探极接通而获得爆轰波到达的计时信号。但产物的导电性不像金属材料那样良好，产物的电导率在半导体石墨和半导体锗的电导率之间。

Hayes 指出，导电性是在冯 · 诺曼峰之后紧接着出现的，若干纳秒之后出现峰值。对于不同的炸药，峰值电导率有数量级的变化，各种炸药的电导率随时间的变化规律也各不相同。图 2.19 中画出三种炸药的电导率-时间曲线，横坐标所对应的空间距离略多于 1 mm。此三种炸药中电导率最高的是液态 TNT，

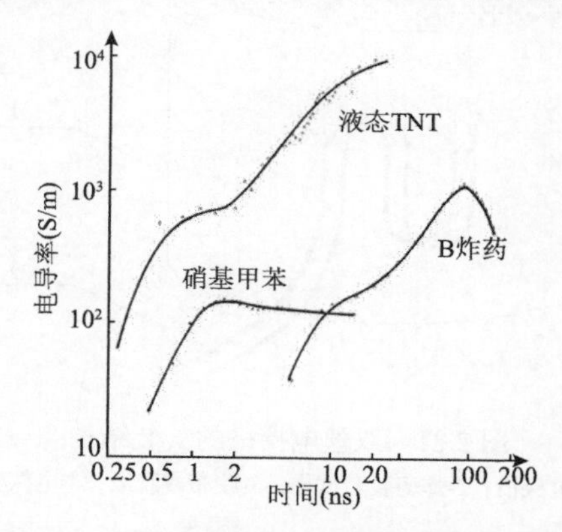

图 2.19　三种炸药爆轰区电导率-时间关系曲线

其最高电导率大约是 10^4 S/m；其次是 B 炸药，最高电导率大约是 10^3 S/m。迄今凡能爆轰的炸药中 TNT 的电导率最高，它与半导体材料相比，略低于石墨的室温电导率。所以有人把反应区导电的爆炸产物视为一种等离子体，或视为一种凝聚相的半导体。在考察各种炸药的电导率时，Hayes 发现，电导率与爆轰产物中固体碳总数密切相关。

2.4.2　探极的结构和装配法

图 2.20 示意地表示了炸药试样与电探极等之间的装配关系，图 2.21 表明了双丝电探极的安装结构的一些细节。探极的材料一般用高强度漆包线，直径为 0.04～0.07 mm；也可用机械强度较高的镍铬丝，直径约为 0.02 mm。前者要格外小心装配，后者容易装配，但开关的内阻较大。双丝之间的距离 δ 在 0.5～1 mm 之间较好，应使每次实验的间距 δ 值基本保持不变。装配之前，对药柱的长度必须

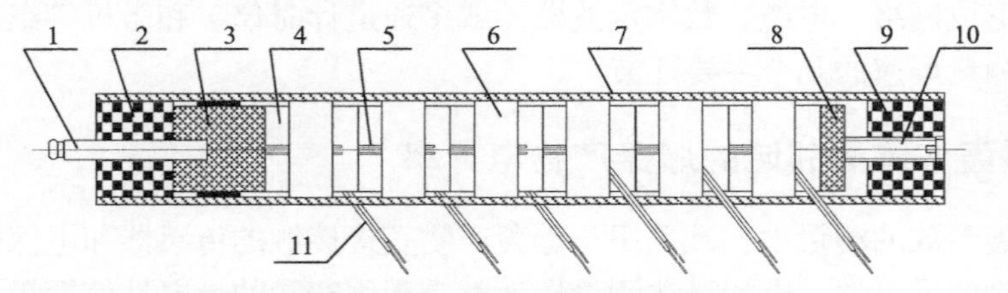

图 2.20　试样与电探极的装配关系示意图

1-雷管；2，9-木框架；3-传爆药柱；4-药柱（试样）；5-电探极；6-胶布或胶纸；7-条状三合板；8-硬塑料块；10-木螺丝；11-探极引线

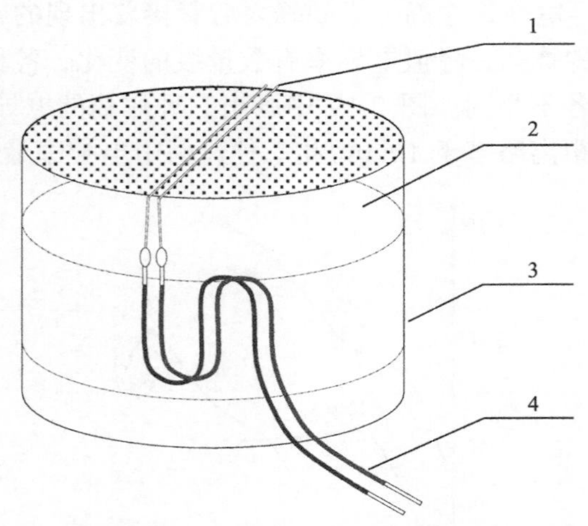

图 2.21　双丝电探极的安装结构

1-双丝电探极；2-炸药装药试样；3-胶布或胶纸；4-电探极引线

严格选择，确保试样两端的不平度和不平行度在直径范围内不超过 0.02 mm；在试样的长度测量中应当注意温度条件，因为炸药药柱的线胀系数较大。例如，TNT/RDX 40/60 的线胀系数 $\alpha=7.26\times10^{-3}℃^{-1}$，所以炸药装药几何尺寸对于温度的反应是敏感的。又由于炸药装药的弹性模量较小，如 TNT/RDX 40/60 的弹性模量 E=2.42 GPa，所以几何尺寸对于应力的反应也比较敏感。因此试件装配时上紧木螺丝的动作必须反复多次，每次都要使试样之间不留肉眼可见的间隙，最后只要轻轻上紧也不留间隙，此时双丝探极已嵌入试样之中。

图 2.22 中比较精细地描绘了爆速测量中常用的三种结构的电探极。在高精度爆速测量中应当选用平行箔式电探极，并采用外径 2 mm 的 50 Ω 同轴电缆（SYV-50-1-1）作为这种电探极的引线，连接外径较粗的同轴电缆 SYV-50-7-1 来传输时间间隔信号。电探极与较粗的同轴电缆之间不允许使用自由飞线来连接。

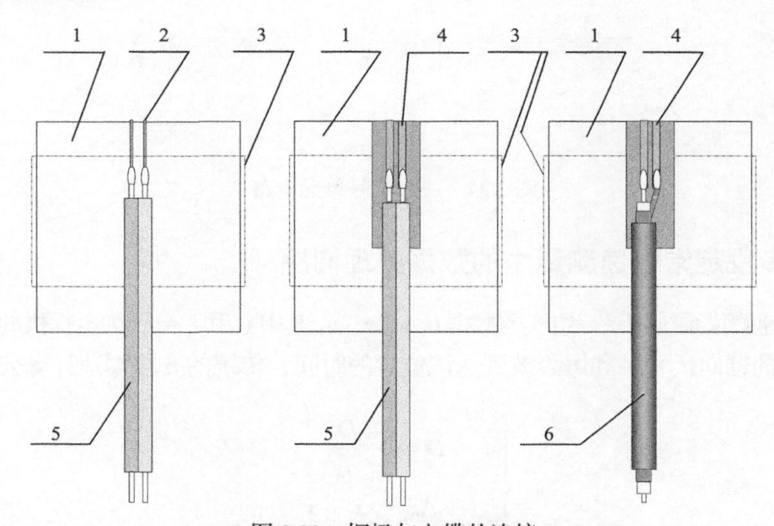

图 2.22　探极与电缆的连接

1-炸药装药试样；2-双丝式电探极；3-胶布或胶纸；4-平行箔式电探极；5-电探极引线；6-同轴电缆

2.4.3　爆速测量中常用的脉冲形成网络

用于爆速测量的脉冲形成网络如图 2.23 所示，图中有 8 个信号通道。图 2.24 是图 2.23 中 1 个通道的电路。图中的 R_0 为探极的闭合电阻，它包括两探极之间导电介质的内阻和起引线作用的探极丝电阻；探极与脉冲形成网络之间有电缆连接。图中充电电阻 R 的阻值为1 MΩ，它使电容器 C 获得初始电荷 q_0，$q_0=EC$；E 为直流源电压，R_1 和 R_2 是信号电缆的匹配电阻；开关二极管 D 是一个去耦元件，堵截负脉冲信号，防止各单元电路之间相互串扰。

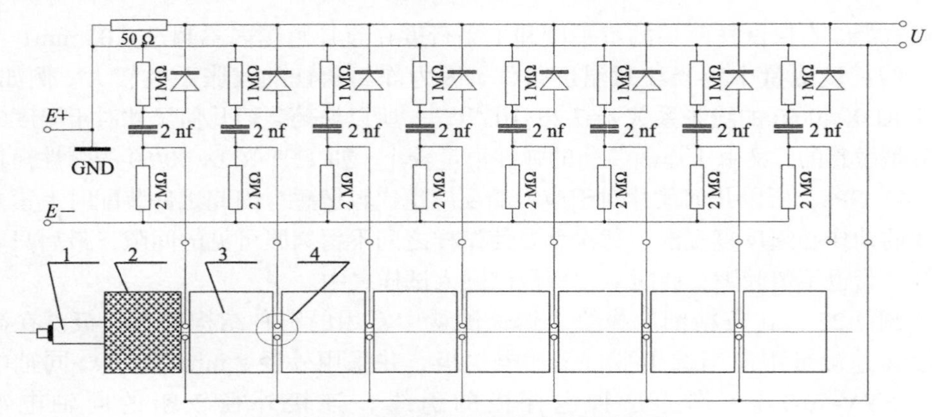

图 2.23　用于爆速测量的脉冲形成网络

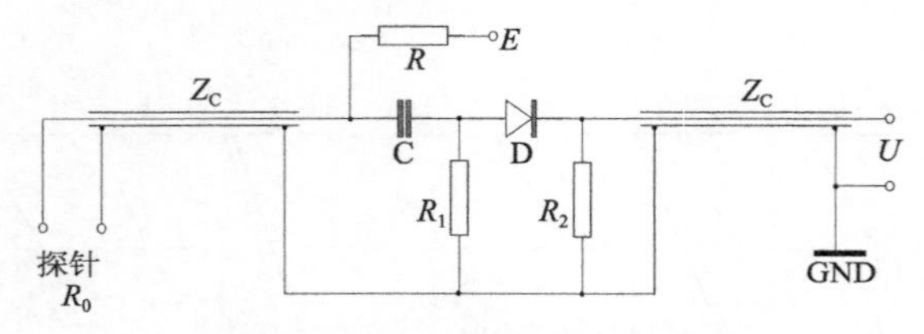

图 2.24　一个信号单元电路

2.4.4　多段定常爆速测量中的数据处理问题

当爆速测量系统记录一组实验数据 0, 1, 2,⋯,n，其中 x_i 和 t_i 分别为电探极的位置（即炸药试件的轴向尺寸）和爆轰波到达该位置的时间，传统的 n 段爆速计算公式为:

$$\begin{cases} \overline{D} = \sum_{i=1}^{n} \frac{D_i}{n} \\ D_i = \frac{\Delta x_i}{\Delta t_i} = \frac{x_i - x_{i-1}}{t_i - t_{i-1}} \end{cases} \tag{2.9}$$

式中，$\overline{D}$ 为平均爆速；D_i 为第 i 段爆速。如果忽略上式中高阶小量，不难证明上式的等效关系式为:

$$\overline{D} = (x_n - x_0) / (t_n - t_0) \tag{2.10}$$

这表明传统的 n 段爆速计算公式丢失了许多中间信息，实际上变成了单段爆速测量和计算。因此正确的 n 段爆速计算应该采用最小二乘法对实验数据 (x_i, t_i) 作线性回归处理。式(2.10)证明如下，设试样的平均长度 $\Delta\overline{x}$ 及爆轰波经过试样的平均时间间隔 $\Delta\overline{t}$ 分别为:

$$\begin{cases}\Delta\overline{x}=\sum_{i=1}^{n}\Delta x_i / n=(x_n-x_0)/n \\ \Delta\overline{t}=\sum_{i=1}^{n}\Delta t_i / n=(t_n-t_0)/n\end{cases} \tag{2.11}$$

实际上，测量爆速用的炸药装药试样长度和密度变化极小，试样长度 Δx_i 与其平均值 $\Delta\overline{x}$ 相差很小，相应的时间间隙 Δt_i 与其平均值相差也很小，因此可以定义以下关系：

$$\begin{cases}\Delta^2 x_i=\Delta x_i-\Delta\overline{x}\ll\Delta\overline{x} \\ \Delta^2 t_i=\Delta t_i-\Delta\overline{t}\ll\Delta\overline{t}\end{cases} \tag{2.12}$$

上式代入式(2.9)得：

$$\overline{D}=\sum_{i=1}^{n}\left[\frac{\Delta\overline{x}}{\Delta\overline{t}}\left(1+\frac{\Delta^2 x_i}{\Delta\overline{x}}\right)\bigg/\left(1+\frac{\Delta^2 t_i}{\Delta\overline{t}}\right)\right] \tag{2.13}$$

式中，$\frac{\Delta^2 t_i}{\Delta\overline{t}}\ll 1$，上式的一阶近似关系为：

$$\overline{D}=\sum_{i=1}^{n}\left[\frac{\Delta\overline{x}}{\Delta\overline{t}}\left(1+\frac{\Delta^2 x_i}{\Delta\overline{x}}-\frac{\Delta^2 t_i}{\Delta\overline{t}}\right)\right] \tag{2.14}$$

根据式(2.11)和式(2.12)可以证明：

$$\begin{cases}\sum_{i=1}^{n}\frac{\Delta^2 x_i}{\Delta\overline{x}}=0 \\ \sum_{i=1}^{n}\frac{\Delta^2 t_i}{\Delta\overline{t}}=0\end{cases} \tag{2.15}$$

利用式(2.11)和式(2.15)，则式(2.14)将演变为式(2.10)。

对于一次多段爆速测量中的实验数据(x_i,t_i) 必须采用线性回归公式计算爆速：

$$D=\left(n\sum_{i=1}^{n}x_i t_i-\sum_{i=1}^{n}x_i\sum_{i=1}^{n}t_i\right)\bigg/\left[n\sum_{i=1}^{n}t_i^2-\left(\sum_{i=1}^{n}t_i\right)^2\right] \tag{2.16}$$

$$r=D\left(n\sum_{i=1}^{n}x_i^2-(\sum_{i=1}^{n}x_i)^2\right)^{0.5} \tag{2.17}$$

式中，r 为相关系数。相关系数 r 的起码值与一次测量中炸药试样的段数及所给的信度值 a 有关。表 2.1 中给出信度 $\alpha = 1\%$时，试样段数 n 与相关系数 r 的起码值，仅当相关系数 r 的绝对值大于表中相应的值时，所测爆速才有意义。

表 2.1　信度 α=1%时，试样段数 n 与相关系数 r 的起码值

n	3	4	5	6	7	8
r	1.000	0.990	0.959	0.917	0.874	0.834

线性回归的精度用剩余标准差 s 来表示:

$$\begin{cases} s=(1-r)\sqrt{\dfrac{\sum\limits_{i=1}^{n}(x_i-x_{\text{平均}})^2}{n-1}} \\ x_{\text{平均}}=\dfrac{1}{n}\sum\limits_{i=1}^{n}x_i \end{cases} \tag{2.18}$$

若重复做 m 次的多段爆速测量，则线性回归得到的爆速平均值为:

$$D_{\text{平均}}=\frac{1}{m}\sum_{i=1}^{m}D_i \tag{2.19}$$

它的标准差为:

$$\sigma=\sqrt{\frac{\sum\limits_{i=1}^{m}(D_i-D_{\text{平均}})^2}{m-1}} \tag{2.20}$$

式中，σ 值的大小可以描述 m 次多段爆速测量的精度。

图 2.25 中绘制了一个理想的已知时序的测量爆速的计时信号，与电探极位置 x_i 相应的爆轰波到达时间 t_i 。

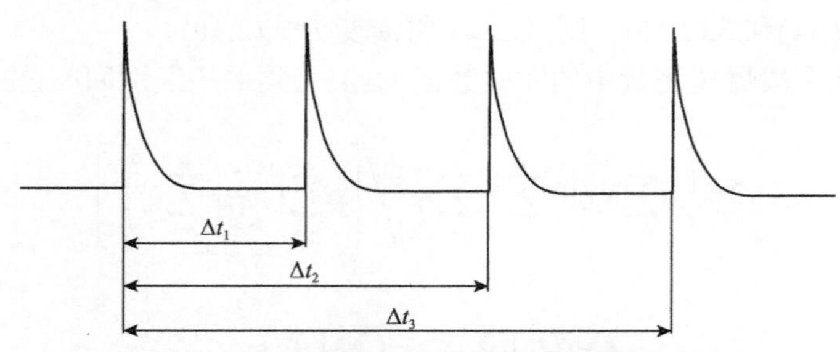

图 2.25　典型的已知时序的测量爆速的计时信号

2.4.5　爆速的单次测量精度分析

在定常爆速公式(2.8)中已表明，影响爆速测量精度一方面与长度测量相关，另一方面与时间间隔测量相关。若试样在标准情况下，温度为 T_0，压应力 $\sigma_c = 0$，试样的长度为 L_0；在非标准的实验室工作条件下，试样的长度为：

$$L = L_0[1 + \alpha(T - T_0)](1 - \sigma / E) \tag{2.21}$$

式中，α 为试样的线胀系数；T 为试样平均温度；σ 为试样的装配条件下所受的应力；E 为试样的弹性模量。于是，爆轰波通过该试样的传播距离为：

$$\Delta r_s = L_0[1 + \alpha(T - T_0)](1 - \sigma / E) + k_0 d_0 \tag{2.22}$$

式中，d_0 为丝探极的直径；k_0 为探极装配系数；k_0，d_0 项是由于试样之间存在探极而形成的间隙，见图 2.26。

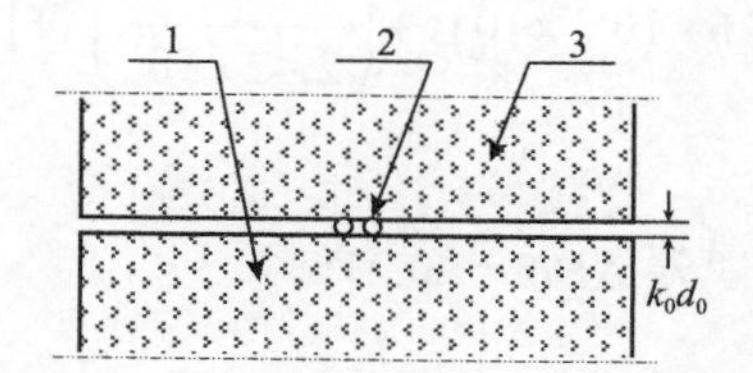

图 2.26　探极存在引起的试样装配间隙

1,3-试样；2-丝探极

时间间隔 Δt 值，对于数字式时间间隔测试仪，可以直接读出。

爆速单次测量的传递误差为:

$$\left|\frac{\Delta D}{D}\right| = \sqrt{\left(\frac{\Delta L_0}{L_0}\right)^2 + (\alpha\Delta T)^2 + \left(\frac{\Delta\sigma}{E}\right)^2 + \left(\frac{\Delta k_0 d_0}{L_0}\right)^2 + 2\left(\frac{\delta t}{\Delta t}\right)^2} \tag{2.23}$$

式中，$\Delta L_0 / L_0$ 为长度测量的相对误差，　它又可分为两部分：

$$\left(\frac{\Delta L_0}{L_0}\right)^2 = \left(\frac{\Delta L_{01}}{L_9}\right)^2 + \left(\frac{\Delta L_{02}}{L_0}\right)^2 \tag{2.24}$$

式中，ΔL_{01} 为长度测量工具的误差；ΔL_{02} 为试样的不平度；$\alpha\Delta T$ 为温度变化引起的长度相对偏差，这是由于长度测量时与爆炸实验时的温度差异而引起的；$\Delta\sigma / E$ 为装配应力引起的长度相对偏差，通常装配应力可以在 0～2 MPa 范围内变化；$\Delta k_0 d_0 / L_0$ 为装配间隙相对偏差，通常装配间隙在 0～0.04 mm 范围内变化；$\delta t / \Delta t$ 为时间间隔测量相对误差，此值随记录仪器的时间分辨率和精度而变，也与测试系统中探针的脉冲形成网络和传输线的性能差异相关。

例 已知测量爆速试样长度的千分尺的误差为±0.01 mm，压装炸药试样端面不平度为 0.02 mm，试样的名义长度 $L_0\approx 20$ mm，长度计量室温度比爆炸洞温度高10℃，药柱的线胀系数为 7.26×10^{-5}℃$^{-1}$，装配应力 σ 为 1 MPa，药柱的弹性模量为2.42 GPa，装配间隙为 k_0d_0=0.01 mm，爆轰波通过该试样的时间 $\Delta t\approx 2.5$ μs，计时仪的时间分辨率加上计时精度引起的误差 δt 为 0.003 μs，试求爆速单次测量的误差。

解 此题可以直接利用式(2.23)和式(2.24)得到结果。由式(2.24)得：

$$\left(\frac{\Delta L_0}{L_0}\right)^2=\left(\frac{0.01}{20}\right)^2+\left(\frac{0.02}{20}\right)^2=0.00000125$$

由式(2.23)得:

$$\begin{aligned}\left|\frac{\Delta D}{D}\right|&=\sqrt{\left(\frac{\Delta L_0}{L_0}\right)^2+\left(7.26\times10^{-5}\times10\right)^2+\left(\frac{1}{2.42\times10^3}\right)^2+\left(\frac{0.01}{20}\right)^2+2\left(\frac{0.003}{2.5}\right)^2}\\&=0.00216\end{aligned}$$

即爆速的单次测量的误差 $\Delta D/D$=±0.216%。

2.5 用探针法测量材料动高压性能

应用探针法测量材料动高压特性的原理已经在《爆炸及其作用》一书中作了介绍，这里不再详述，仅简要介绍测量材料动高压特性的方法。

2.5.1 阻抗匹配方法

图 2.27 是阻抗匹配方法的实验装置示意图，图中省略了飞片的驱动部件，如轻气炮驱动飞片部件或炸药驱动飞片部件。图 2.27 中，飞片、靶和试样的材料可以相同，也可以不同；电探针组 11～13 用于测量飞片速度 u_0；电探针组 6～10用于测量试样中的冲击波速度。

探针法研究材料动高压特性时，材料的强度可以忽略，可以用状态方程或冲击绝热方程来描述材料的动高压特性。例如在冲击波速度 D 与粒子速度 u 平面上的冲击绝热关系，D-u 关系；在冲击波压力 P 与粒子速度 u 平面上的冲击绝热关系，P-u 关系。

(1) 在同质材料的高速碰撞实验中，每次试验可以获得飞片速度 u_{01} 和冲击波速度 D_1。而冲击波波后的粒子速度 u_1 与飞片速度 u_{01} 之间有精确关系：

$$u_1=u_{01}/2 \tag{2.25}$$

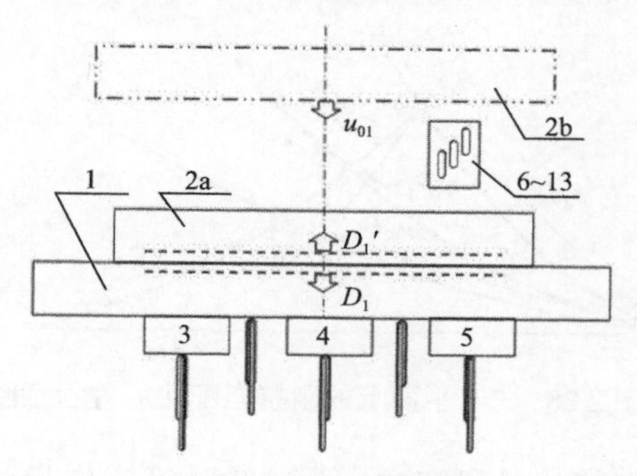

图2.27　阻抗匹配法

1-靶板；2a-碰撞时的飞片；2b-初始位置的飞片；3～5-被测试样；6～13-探针组

根据一组飞片速度u_{01}和冲击波速度D_1实验值，在D-u平面上作线性回归，可以得到如下形式的D-u关系：

$$D = a_1 + b_1 u \tag{2.26}$$

式中，a_1与b_1为常数，其中a_1与被测材料的声速相应。根据上式可以确定在冲击波压力P与粒子速度u平面上的冲击绝热关系，P-u关系：

$$P = \rho_{01} D_1 u = \rho_{01}(a_1 + b_1 u)u \tag{2.27}$$

采用同质材料的高速碰撞实验方法可以获得较精确的冲击绝热关系。

(2) 在非同质材料的高速碰撞实验中，每次试验可以获得飞片速度u_{01}、冲击波速度D_1和D_2等，可推算得到P-u平面上冲击绝热线上的1个实测点，如图2.28中的1、2与3。经多次改变飞片速度u_{01}之后，可得到冲击绝热线上的多个实测点，然后用最小二乘法拟合得到P-u平面上的冲击绝热曲线，如图中的粗实线H_1、H_2与H_3。

在阻抗匹配法中，飞片与靶板之间属于同质材料相撞，可直接获得D_1与u_1值，然后用式(2.27)计算P_1值，并确定了(P_1,u_1)在P-u面上的位置，如图2.28中的冲击绝热线H_1上点1。

若被测试样的初始密度ρ_{02}与冲击阻抗$\rho_{02}D_2$大于飞片及靶板的的初始密度ρ_{01}与冲击阻抗$\rho_{01}D_1$，当靶板中的冲击波达到该被测试样的边界时，试样中的入射冲击波波速为D_2，靶板中反射冲击波波速为D_1'，两者具有相同的强度，如图2.28中的冲击绝热线H_2上点2，其状态为(P_2,u_2)。点2必然处在斜率为$\rho_{02}D_2$的瑞利线上（起点为0），同时也处在斜率为$-\rho_1 D_1'$的瑞利线上（起点为1）；点2也必然处在H_2冲击绝热线上（起点为0），同时也处在H_{12}二次冲击绝热线上（起点为1）；在这四条线中，斜率为$\rho_{02}D_2$的瑞利线最容易确定；当飞片及靶板的材料动态力学性能已知时，可以根据P_1、u_1值推算H_{12}二次冲击绝热方程，但计算工作量较大。

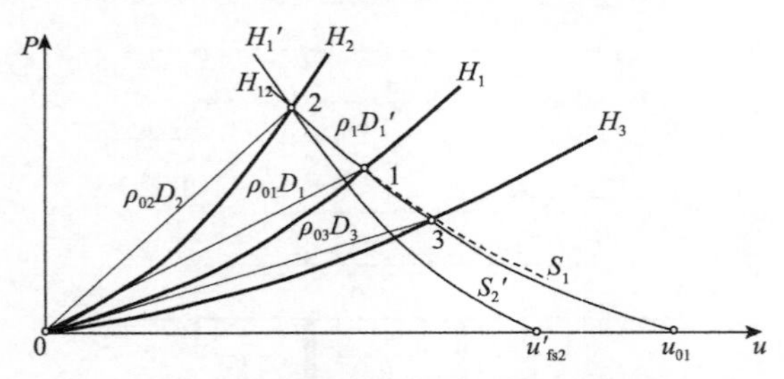

图 2.28　P-u 平面上的阻抗匹配法原理示意图

在材料动态力学性能实验研究中，为减少计算工作量可以采用一些近似处理方法，例如，自由表面速度近似等于 2 倍粒子速度。这个近似的另一种表述，对于密实的凝聚材料，可以用冲击绝热压缩线近似取代等熵膨胀线。同样，也可以用通过点 1 的 H_1 线的镜向对称线近似地取代 H_{12} 线。

$$P = \rho_{01}\left[a_1 + b_1(u_{01} - u)\right](u_{01} - u) \tag{2.28}$$

此方程与试样 2 的冲击波关系：

$$P = \rho_{02} D_2 u \tag{2.29}$$

联立可解出点 2 的 P_2 与 u_2 值。

若被测试样的初始密度 ρ_{03} 与冲击阻抗 $\rho_{03}D_3$ 小于飞片及靶板的初始密度 ρ_{01} 与冲击阻抗 $\rho_{01}D_1$，当靶板中的冲击波达到该被测试样的边界时，试样中的入射冲击波波速为 D_3，靶板中反射等熵卸载波，在界面上具有相同的强度，如图 2.28 中的等熵线 S_1 上点 3，其状态为(P_3,u_3)。点 3 必然处在斜率为 $\rho_{03}D_3$ 的瑞利线上（起点为 0），同时也处在 H_3 冲击绝热线上（起点为 0），也处在等熵线 S_1 上（起点为 1）；在这 3 条线中，斜率为 $\rho_{03}D_3$ 的瑞利线最容易确定；当飞片及靶板的材料动态力学性能已知时，可以根据 P_1、u_1 值推算 S_1 线的等熵方程，但计算工作量也较大。同样为减少计算工作量，也可以用式(2.28)（即通过点 1 的 H_1 线的镜向对称线）近似地取代等熵线 S_1，并联立试样 3 的冲击波关系：

$$P = \rho_{03} D_3 u \tag{2.30}$$

可解出点 3 的 P_3 与 u_3 值。

2.5.2　制动法

图 2.29 是制动法实验装置示意图，其中探针 6，7 用于测量冲击波速度，探针 3，4 用于测量飞片速度 u_0，探针 5，6 用于测量自由表面速度 u_{fs}；改变 u_0 值做多次探针法实验之后可取得一系列速度数据，利用冲击动力学的一些基本关系可以确定该材料的动态力学性质。

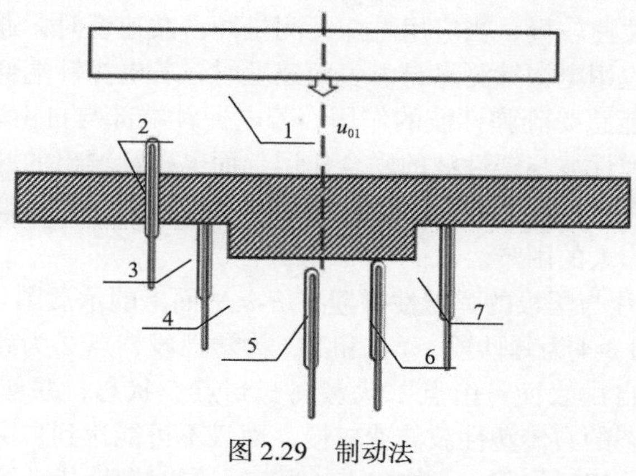

图 2.29　制动法

1-飞片；2-靶板；3～7-探针组

图 2.30 是 P-u 平面上的制动法原理示意图。图中有飞片和靶板的冲击绝热线 H_1 与 H_2，瑞利线 $\rho_{01}D_1$ 与 $\rho_{02}D_2$，等熵卸载线 S_2。

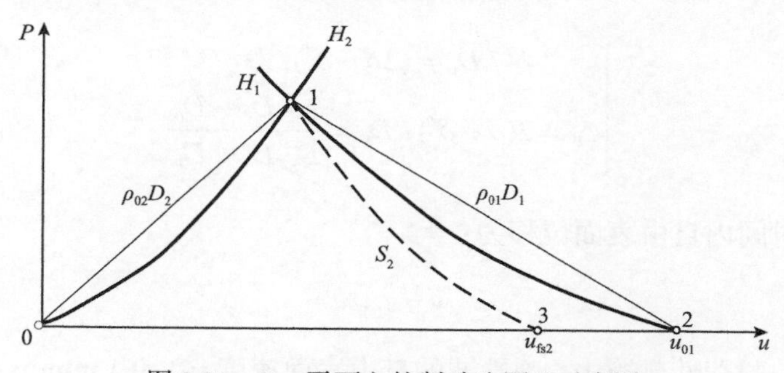

图 2.30　P-u 平面上的制动法原理示意图

在制动法中也必须用通过点 1 的冲击绝热线 $H_2(u)$线的镜向对称线 H_2 $(u_{fs}-u)$ 取代等熵卸载线 S_2，即自由表面速度 u_{fs} 等于 2 倍粒子速度 u_1 的关系成立：

$$u_1 = u_{fs} / 2 \tag{2.31}$$

根据一组冲击波速度和自由表面速度实验值，可以确定该材料在 D-u 平面和 P-u 平面上的冲击绝热关系：

$$D_2 = a_2 + b_2 u \tag{2.32}$$

$$P = \rho_{02} D_2 u \tag{2.33}$$

2.5.3　应用探针法测量材料动高压特性的局限性

飞片与靶板作低速碰撞时，弹性冲击波和塑性冲击波会同时出现，弹性波波速较快，塑性波波速较慢；当应用电探针测量冲击波速度时，通常只能感受到弹性波的作用；当应用电探针测量自由表面速度时，若电探针端部与自由表面的间距较小，通常只能感受到弹性波的作用；若电探针端部与自由表面的间距较大，通常可以感受到弹性波与塑性波的联合作用，而电探针输出的开关信号中是无法分辨弹性波与塑性波的联合作用。因此用电探极法研究材料在弹塑性条件下的动高压特性存在相当大的困难。

图 2.31 是飞片与靶板的弹塑性碰撞在 P-u 平面上的示意图。图中点 1 与点 3 为屈服点，0-1 和 3-4 为弹性段，1-2 和 2-3 为塑性段，点 2 为碰撞点；弹性波速较快，较早达到自由表面，由点 1 状态突变到点 5 状态，并使自由表面速度达到 u_{fs1}；点 2 状态的右传塑性波波速较慢，而且不可能达到自由表面，因为它要与点 5 状态卸载波相互作用，并构成点 6 状态，同时塑性扰动被驻留；当点 6 状态的扰动达到自由表面后，使自由表面速度达到 u_{fs2}。

若弹性波波速为 D_s，塑性波波速为 D_p，靶板厚为 δ，塑性波中止位置为 δ'，则 u_{fs1} 的持续时间由以下关系式确定：

$$\begin{cases} \delta' / D_P = (2\delta - \delta') / D_S \\ \Delta t = 2(\delta - \delta') / D_S = \dfrac{2\delta}{D_S} \dfrac{D_S - D_P}{D_S + D_P} \end{cases} \tag{2.34}$$

在这段时间内自由表面位移为：

$$w = u_{fs1} \Delta t \tag{2.35}$$

在常规的弹塑性碰撞中，弹性波的自由表面速度 $u_{fs1} \approx 0.1$ mm/μs，其持续时间 $\Delta t \approx 1.5$ μs，其位移量 $w \approx 0.15$ mm，因此用电探针法测量弹性波的自由表面速度是比较困难的。

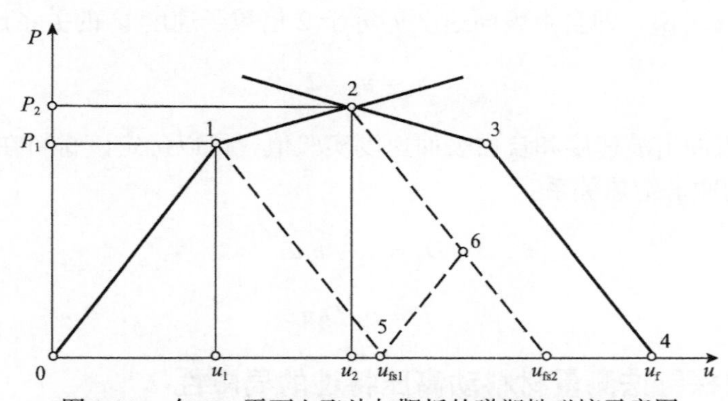

图 2.31　在 P-u 平面上飞片与靶板的弹塑性碰撞示意图

2.6　探针法测量炸药爆轰压

2.6.1　探针法测量炸药爆轰压的试验装置

图 2.32 是探针法测量炸药爆轰压的试样和探针结构示意图。此法可直接测量性能已知的材料中平面冲击波时程曲线，然后推算炸药中的爆轰参数。探针法与自由表面法测量爆轰参数相比，有许多相似之处，但自由表面法中除了测量耦合材料中的冲击波波速之外，必须同时测量它的自由表面速度。所以自由表面法中的耦合材料性能不必“已知”，但需要应用自由表面速度等于 2 倍粒子速度的近似关系。

探针法测量炸药爆轰压的试样包含直径 100～200 mm 炸药平面波透镜、炸药试样、用轻金属制作的台阶形耦合材料、探针组及支架等。为了提高爆轰压测量精度必须精细地制作各部件，炸药平面波透镜时域不平度小于 50 ns，炸药试样的厚度不小于 50 mm，其密度不均匀性不大于 0.005 g/cm^3。

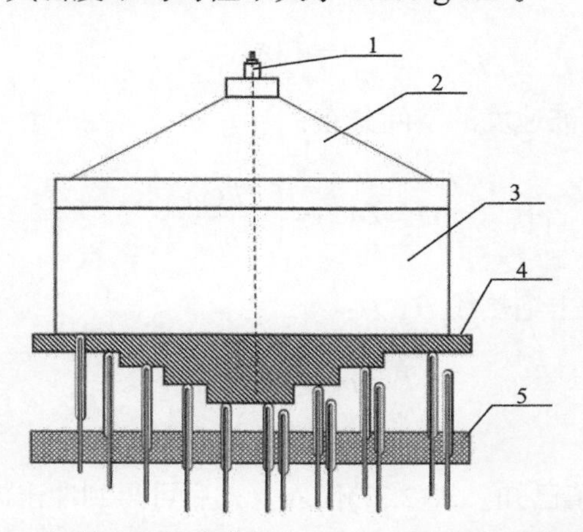

图 2.32　探针法测量炸药爆轰压的试样和探针结构示意图
1-雷管；2-炸药透镜；3-炸药试件；4-性能已知材料；5-探针组及支架

2.6.2　探针法测量炸药爆轰压的原理

图 2.33 是在 *P-u* 平面上探针法测量炸药爆轰压原理图。探针法测量炸药爆轰压是一种间接测压方法，直接测量到的是耦合材料（铝材或镁材）中的 P_{CJ}^*，它与爆轰波中 CJ 压力 P_{CJ} 相对应，见图中的 CJ*点与 CJ 点。CJ*点处在耦合材料的冲击绝热线上，CJ 点处在爆炸产物（唯象反应度 $\lambda=1$）的冲击绝热线上。由于耦合材料（铝材或镁材）的冲击阻抗略大于炸药的冲击阻抗，CJ*点与 CJ 点之间是爆炸产物的二次冲击绝热线，这表明爆轰波达到耦合材料界面时爆炸产物中会出现反

射冲击波，同时在耦合材料中会出现透射冲击波。这个耦合材料的冲击波的衰减特性与爆轰波后泰勒波的衰减特性密切相关。

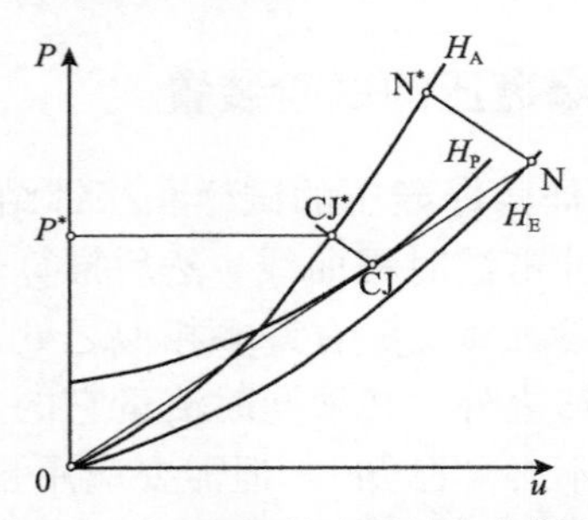

图 2.33　在 P-u 平面上探针法测量炸药爆轰压原理图

此处的探针法只测量耦合材料中冲击波时程曲线上若干离散值，如图 2.34 所示。根据图 2.34 中若干离散值(t_i, x_i)，可以用最小二乘法拟合得到 t-x 平面上的冲击波时程曲线：

$$t = T(x) \tag{2.36}$$

求导后得到冲击波速度的空间分布：

$$D = D(x) = \left(\frac{\mathrm{d}T(x)}{\mathrm{d}t}\right)^{-1} \tag{2.37}$$

而耦合材料的冲击绝热线 H_A 为：

$$\begin{cases} P = \rho_{0A} D(D-a)/b \\ D = a + bu \end{cases} \tag{2.38}$$

式中，ρ_{0A}，a 和 b 值已知。式(2.37)代入上式后可得到冲击波压力的空间分布：

$$P = P(x) = \rho_{0A} D(x)[D(x) - a]/b \tag{2.39}$$

然后根据冲击波压力的空间分布曲线中的直线段外推至 P 轴得 P^*值，见图 2.35。利用式(2.38)确定 u^*值。

若连接 CJ 点与 CJ*点的爆炸产物二次冲击绝热线为：

$$P = H_{CJ}(u) \tag{2.40}$$

瑞利线（直线 0-CJ-N）为：

$$P = \rho_{0E} D_{CJ} u \tag{2.41}$$

式(2.40)与式(2.41)联立，可解得 P_{CJ} 值和 u_{CJ} 值。

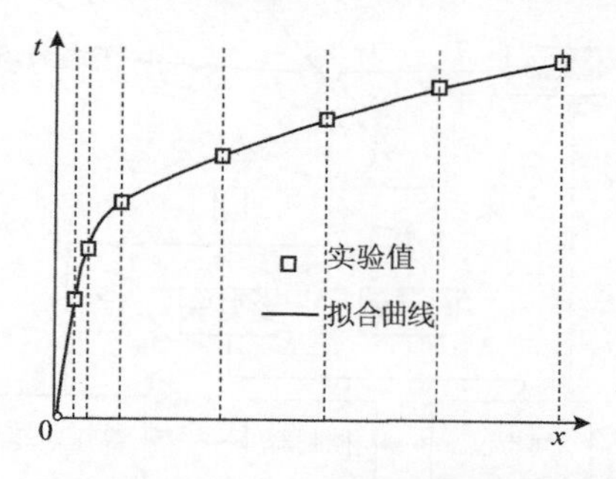

图 2.34　在 x-t 平面上探针法测量结果

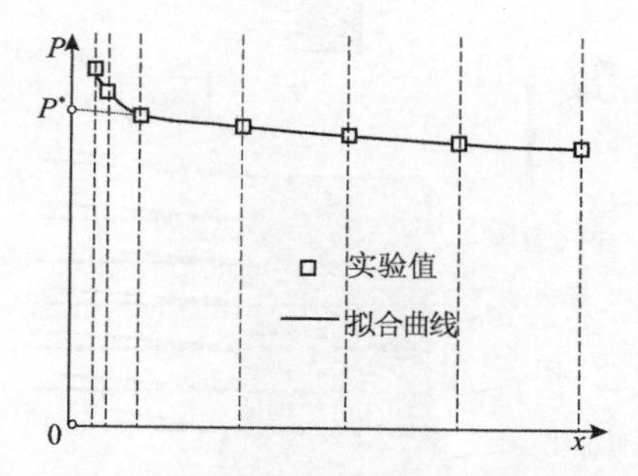

图 2.35　在 x-P 平面上探针法测量结果

由于 CJ 点与 CJ*点相距又较近，通过 CJ 点的冲击绝热线 H_{P}、等熵线和瑞利线（直线 0-CJ-N）三线又相切，为减少求解 P_{CJ} 值和 u_{CJ} 值的计算工作量，此三线都可以近似地取代爆炸产物二次冲击绝热线。

2.7　爆炸成型杆式侵彻体对水介质侵彻测试

采用电探针技术和脉冲 X 射线高速摄影技术，测试了爆炸成型杆式侵彻体对水介质侵彻过程，得到了点起爆、环形起爆、平面起爆三种条件下爆炸成型杆式侵彻体的入水前的形貌、运动参数及其对水介质的侵彻规律。试验结果表明起爆方式对爆炸成型杆式侵彻体的速度梯度、水中侵彻能力有显著影响。

2.7.1　试验测试方案

1. 试验设置

试验总体布局如图 2.36 所示。试验采用车制而成的内锥角为 120°，外锥角为 118°的大锥角紫铜药形罩。装药口径为 56 mm，主装药质量为 145.5 g，炸药为 JH-2 压制而成，装药密度为 1.7 g/cm^3，无壳体。分别采用中心点起爆、环形起爆、ϕ50 平面波平面起爆方式。药形罩底平面中心为空间原点，炸高为 3 倍装药口径，通过标尺铜棒来确定 X 射线底片的放大比。水介质盛于口径为 110 mm 长 30 cm 的 PVC 管中，用直径为 150 mm 的 45 号钢来检测射流侵彻水后的后效。

2. 杆式侵彻体参数测量方法

杆式侵彻体参数通过不同时刻脉冲 X 射线图像确定，试验采用 1500 kV 的 X 射线机拍摄，X 射线机控制过程的具体形式如图 2.37。

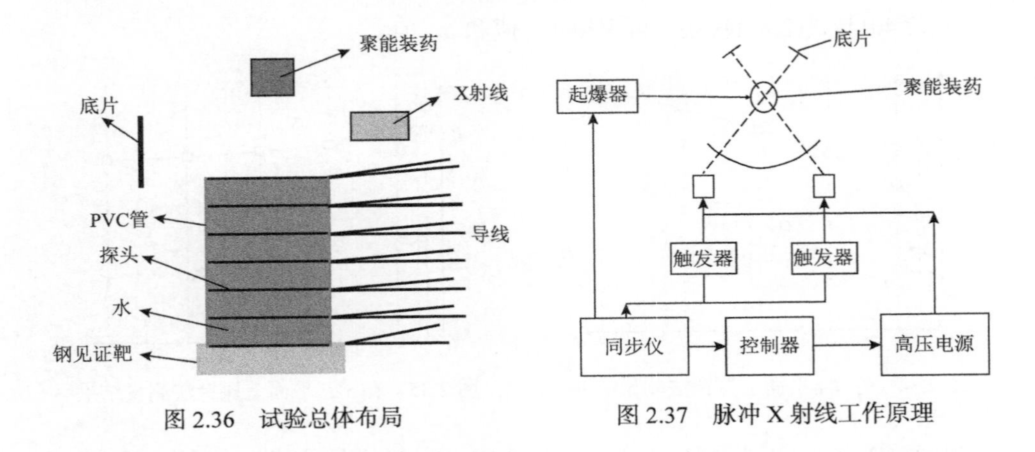

图 2.36　试验总体布局　　图 2.37　脉冲 X 射线工作原理

试验中采用爆轰波到达主装药底平面时间作为脉冲 X 射线测量的时间零点，设定时间点时要求已经形成稳定的杆式侵彻体，而杆式侵彻体还没有入水。

3. *侵彻速度电探极测量方法*

杆式侵彻体对水介质的侵彻速度采用通断靶技术进行测量，电学测量系统主要由以下几个主要部分组成：通靶、电缆线（能屏蔽干扰信号）、脉冲形成网络（分辨率为 1 μs）、示波器。

考虑到杆式侵彻体的侵彻位置具有一定的随机性，设置大面积的探极可靠性高，故设计如下的通靶。将两片金属锡箔摞在一起，之间用绝缘膜隔开，金属箔的外表面覆盖塑封膜，将两层锡箔分别与导线连接，然后将锡箔与绝缘膜塑封成一个整体。这样，有利于防水、防潮，而且方便安装，具体结构如图 2.38。该电探极的上下锡箔分别组成两个电极，这两个电极初始状态是断开的，侵彻体穿过通靶时将靶导通，脉冲形成网络会产生一个突变的阶跃电压，侵彻体按顺序穿过不同位置的水介质中的通靶，示波器获得系列脉冲信号，根据探极位置和脉冲信号起跳时时间，即可得到侵彻水介质的时程数据。

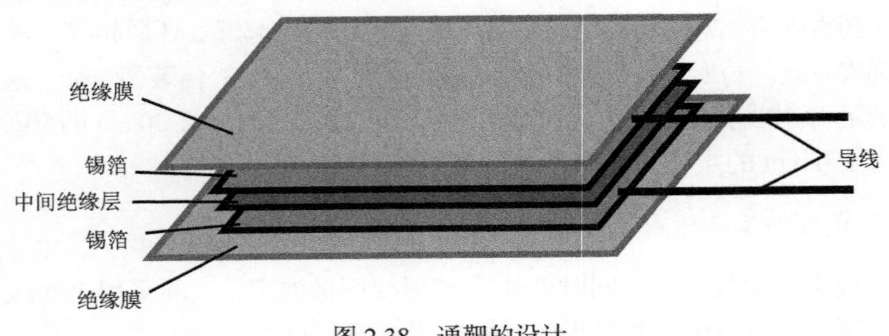

图 2.38　通靶的设计

2.7.2　试验结果与分析

1. 脉冲 X 射线测量结果及分析

典型杆式侵彻体的 X 射线照片如图 2.39 所示。t_1、t_2 是脉冲 X 射线发光时刻，以爆轰波到达主装药底平面时间作为脉冲 X 射线测量的时间零点。

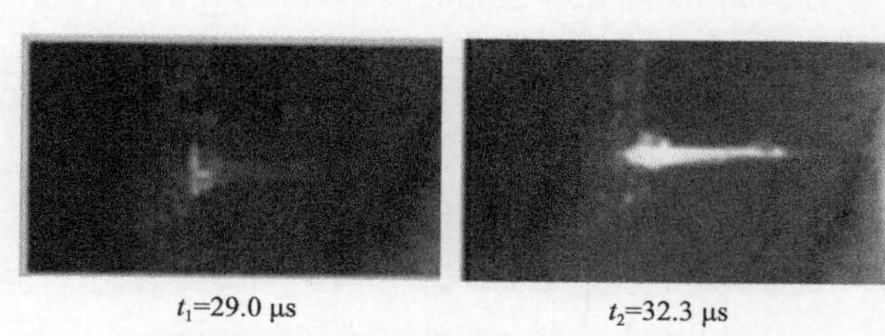

t_1=29.0 μs　　t_2=32.3 μs

图 2.39　典型杆式侵彻体的 X 射线照片

将 X 射线底片扫描后，根据静态照片的标尺可以确定放大比，从而确定杆式侵彻体的各项参数，其中侵彻体的头部速度 V_h 和尾部速度 V_t 分别是侵彻体头、尾在 X 射线机两次发光时间 t_1、t_2 之间的平均速度，具体数值见表 2.2，表中 L_h、L_t 分别是侵彻体头部、尾部距药型罩底部距离。

表 2.2　侵彻体参数

	t(μs)	V_h(m/s)	V_t(m/s)	L_h(mm)	L_t(mm)
点起爆	33.2	3196	1810	108.86	40.44
	36.3			118.77	46.05
环形起爆	29.3	3671	2210	119.34	39.62
	32.2			129.62	46.03
平面起爆	29.0	4104	2555	114.18	36.07
	32.3			127.72	44.5

2. 侵彻速度电测结果及分析

示波器主要用来采集杆式侵彻体在侵彻水介质过程中不同深度对应的时间数据，典型的实验记录如图 2.40 所示。

由此可以得到通靶的导通时间，而对应的通靶的位置即杆式侵彻体入水深度实验前已测定，这里取杆式侵彻体达到水面的时间为零时刻，故可得到杆式侵彻体对水侵彻的侵深 P 与时间 t 曲线，其对应方程为：

点起爆：

$$P = 3.05 + 2.25327t - 0.00346t^2 \tag{2.42}$$

环形起爆：

$$P = 1.74 + 2.49411t - 0.00347t^2 \tag{2.43}$$

平面起爆：

$$P = -0.85 + 2.83018t - 0.00697t^2 \tag{2.44}$$

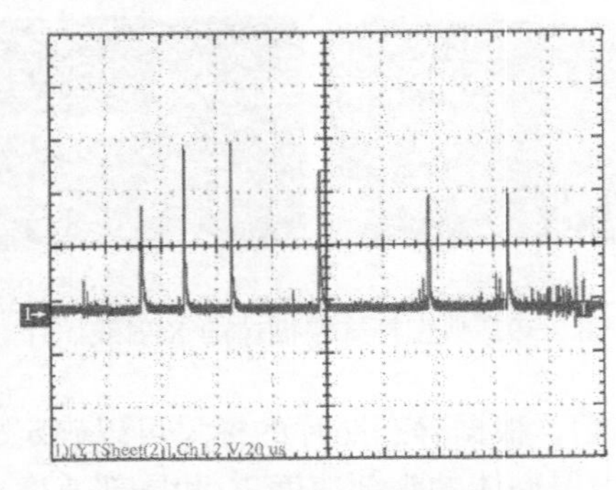

图 2.40　典型的示波器记录

P-t 关系对时间求导可以得到杆式侵彻体侵彻速度与时间的关系，求一阶导可得到侵彻速度与时间的关系。不同起爆方式下形成的杆式侵彻体侵彻速度，与方程式中 t 的系数对应，可以看出点起爆形成的杆式侵彻体侵彻水介质速度最小，平面起爆形成的杆式侵彻体侵彻速度最大。

图 2.41 是拟合实验数据得到的 P-t 关系曲线与用准定常理想不可压缩流体力学理论计算结果的对比图。两者存在差异的原因可能是理论模型无法考虑杆式侵彻体的质量分布。

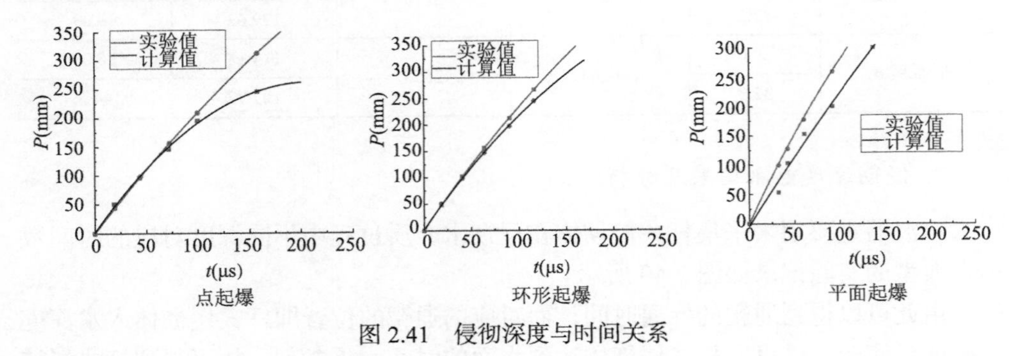

图 2.41　侵彻深度与时间关系

不同起爆方式形成的杆式侵彻体在通过 300 mm 水介质后，剩余侵彻体对 45#钢靶侵彻的结果如表 2.3 所示，可以看出，相同条件下平面起爆方式的杆式侵彻体威力较大。

表2.3　侵彻钢靶结果

侵彻图片			
侵彻深度 P(mm)	19	23	46
侵彻口径 d(mm)	32×23	29×19	32×26
起爆方式	点起爆	环形起爆	平面起爆

参考文献

北京工业学院八系. 1979. 爆炸及其作用[M]. 北京：国防工业出版社.
黄正平. 2006. 爆炸与冲击电测技术[M]. 北京：国防工业出版社.

第3章 电磁粒子速度测试技术

电磁法是一种利用电磁速度传感器或电磁冲量传感器来直接测量绝缘材料或半导体材料中的粒子速度和冲量等参数的方法，也是爆炸与冲击过程的动高压测量技术之一。本章将概要地介绍电磁法的发展情况，两种电磁传感器的工作原理和使用方法，电磁法测试系统配置及其应用实例。

3.1 概 述

20 世纪 60 年代 Zaitsev 和 Dremin 等首先介绍了电磁速度传感器（EMVG）及其在材料性质和爆轰波研究中的应用。由于电磁速度传感器可以直接测量材料中的粒子速度（或质点速度）、爆轰波波速、冲击波波速及音速等，而传感器灵敏度不必用已知的粒子速度来标定，所以研究和应用它的人较多，发展也很快。

20 世纪 70 年代，西北核技术研究所、中国科学院力学研究所和北京理工大学等相继建立了电磁法粒子速度测量系统。北京理工大学爆炸技术实验室所建立的电磁铁及电磁法测量系统是由赵衡阳等主持设计与制作，极靴直径 250 mm，间距 200 mm，可承受 200 g TNT 的爆炸作用，在国内最早把电磁法应用于炸药爆轰过程研究。1981 年，赵衡阳和梁云明等也开始了正反串联电磁速度敏感元件的应用研究，实现了波速和粒子速度同步测量。1982～1983 年，黄正平等主持设计和制作了小型永磁式粒子速度传感器，成功地测量了洞壁的强冲击波压力。80 年代末黄正平等主持建立了可承受 1 kg TNT 爆炸作用的大型亥姆霍兹线圈，直径 1 m，磁感应强度 50 mT；更深入地研究了爆轰过程的电磁法测量技术，并提出了爆炸产物导电性对电磁速度计记录影响的修正原理和方法。

1970 年 C. Yang 等建立了电磁应力传感器（EMSG），这种传感器实际上是电磁冲量传感器,可以直接测量敏感元件两端所在截面上的冲量差，对这种冲量差作一次微分运算后又可得到应力差。1977 年他和 Dubugnon 把电磁速度传感器和电磁冲量传感器组合在一起成功地解决了确定岩石动态强度的问题。1981 年黄正平完善了 Yang 等的电磁应力传感器理论。

不论哪种电磁传感器，都只能埋入绝缘材料或半导体材料（如爆炸产物）中使用。因而电磁法用于爆轰研究时，有两个主要问题：

(1) 传感器敏感元件的力学响应问题；

(2) 爆轰产物的导电性的影响问题。

箔式敏感元件的厚度越薄，力学响应越快，但产物导电性的影响也越严重；反之，敏感元件越厚，力学响应越慢，导电性影响则越小。

3.2　电磁速度传感器

电磁速度传感器(EMVG)的理论根据是法拉第电磁感应定律和应力波理论。其中电磁感应定律建立传感器敏感元件的粒子速度（激励函数）与电动势（响应函数）之间的关系，确定传感器的灵敏度；应力波理论阐明有限厚度传感器的响应速率，速度计敏感元件需多长时间才能接近在同一拉格朗日坐标上的未受扰动的介质粒子速度值。

电磁速度传感器的主要性能：

(1) 量程：10^{-2}～10 mm/μs；

(2) 敏感元件材料：铜箔或铝箔等，厚度 0.005～0.1 mm；

(3) 敏感部分尺寸：长 1～20 mm，宽 0.5～3.0 mm；

(4) 响应时间：5～20 ns；

(5) 磁感应强度：50～100 mT。

电磁冲量传感器主要性能：

(1) 量程：0.1～100 GPa；

(2) 敏感元件材料：铜箔或铝箔等，厚度 0.01～0.1 mm；

(3) 敏感部分长 2～20 mm，宽 0.5～3 mm，倾斜角 20°～45°；

(4) 响应时间：20～200 ns；

(5) 磁感应强度：50～100 mT；

(6) 传感器的磁场有三种装置产生：电磁铁，亥姆霍兹线圈，永久磁铁。

3.2.1　电磁速度传感器的结构

图 3.1 为电磁速度传感器结构示意图。图中结构表明，电磁速度传感器是由埋入炸药试件（或其他绝缘材料）中的速度敏感元件和能产生均匀磁场的电磁铁等组成；电磁铁则由两个激励线圈、两个极靴和钢框等组成。所以电磁速度传感器的尺寸是巨型的，被测试件安装在电磁铁之中，被测试件的尺寸远小于电磁铁的几何尺寸；敏感元件被埋入被测试件之中，敏感元件的尺寸远小于被测试件的几何尺寸。

两个极靴之间的间隙称为磁隙，磁隙中部有一个磁感应强度比较均匀的区域，可以安装传感器敏感元件和试件。若改变激励线圈中电流值，磁隙中部的磁感应强度 B 可以在 0.05～0.2 T 之间变化。由于电磁铁有铁芯的比较笨重，极靴的直径与间隙大小是同量级的，磁感应强度均匀的区域较小。若两极靴间隙为 150 mm，则炸药试件质量一般不超过 0.2 kg。

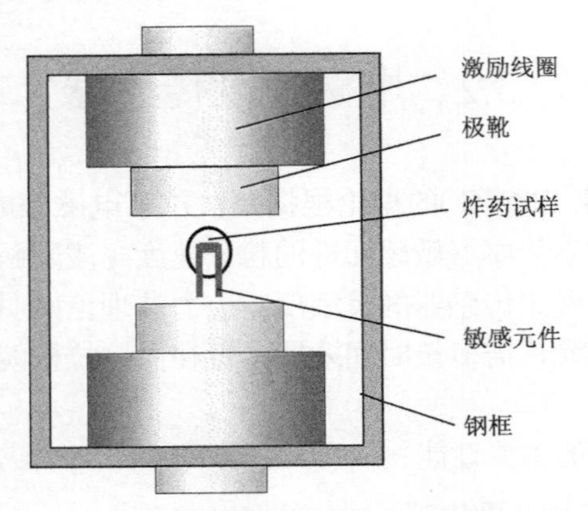

图 3.1　电磁传感器结构示意图

如果用亥姆霍兹线圈代替电磁铁，见图 3.2，则大大地减轻了磁场装置的重量，并增加了极靴及其间隙的尺寸，也就增大了磁感应强度均匀区的尺寸，对于名义直径 1 m 的亥姆霍兹线圈，炸药试件的质量可以增加到 1 kg。当亥姆霍兹线圈中的电流与匝数之积达到 25000 安匝时，线圈中部的磁感应强度接近 50 mT，当用 10 mm 长的速度敏感元件测量 2 km/s 粒子速度时，电磁速度传感器将有 1 V 大小的模拟信号输出，因此这种水平的磁感应强度值可以满足爆炸和冲击过程测量的需要。

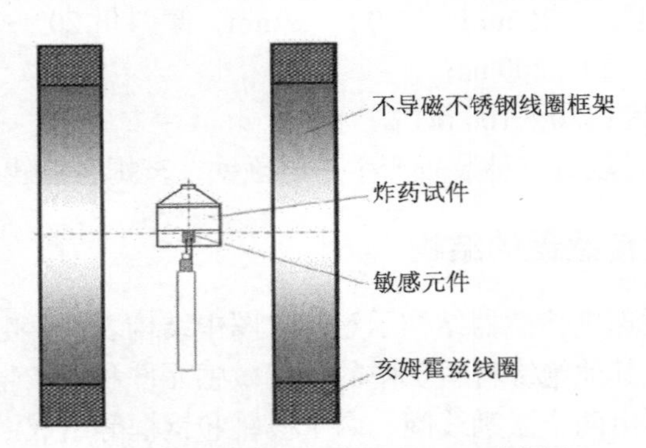

图 3.2　亥姆霍兹线圈型 EMVG 示意图

上面介绍的两种产生均匀磁场的装置都需要用大功率直流源供电，其结构的几何尺寸比较大。图 3.3 中的恒磁型传感器尺寸较小，两极靴之间的磁场是由两组永久磁铁产生的。这种恒磁型结构的传感器常用于雷管和导爆索等小型爆炸过程的测量。

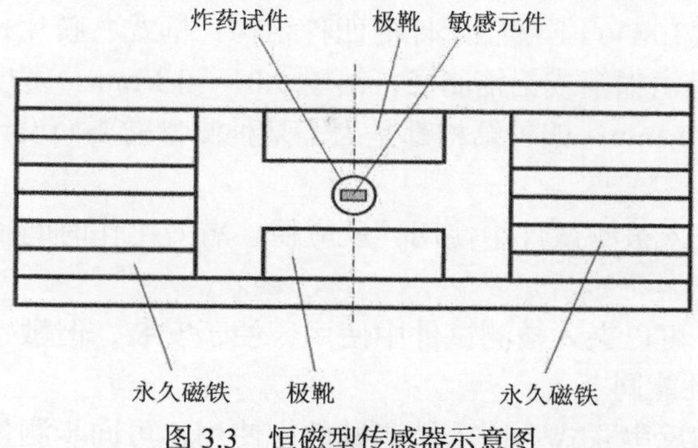

图 3.3　恒磁型传感器示意图

3.2.2　敏感元件

电磁速度传感器的敏感元件结构有多种形式，如图 3.4 所示。图 3.4 中画出了

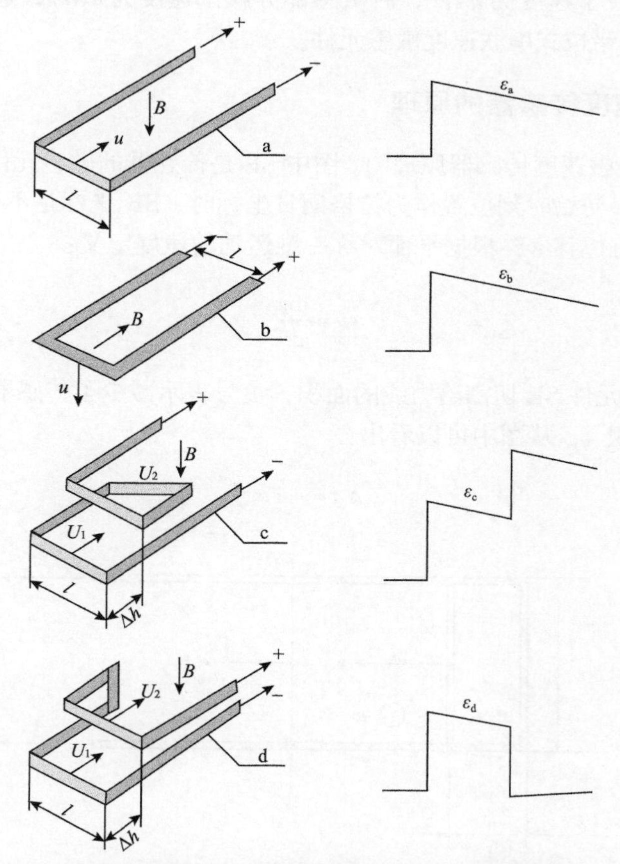

图 3.4　电磁速度传感器的四种敏感元件及其典型输出波形示意图

电磁速度传感器（EMVG）敏感元件的四种结构：框式、膜片式、正串联式和反串联式。它们都是由铜箔或铝箔制成，箔厚 0.01～0.1 mm，宽度 1～3 mm，敏感部分长度l为 1～10 mm。四种结构都是为了某种测量需要而设计的，它们的性能略有不同。

(1) 框式：嵌入被测试件中使用，反应快，有效工作时间长，适合于多个量计同步测量；

(2) 膜片式：可以夹入被测试件中使用，便于安装，但敏感元件的长度有一个等效值，其他性能同上；

(3) 正串联和反串联式：嵌入被测试件中使用，可同步测量平均波速和粒子速度。正串联式的后期信号幅度大，但抗干扰能力较差；反串联式的后期信号幅度小，但抗干扰能力较强。

图 3.4 中的串联速度敏感元件是错位式的，即两个敏感部分前后差距为Δh，前敏感部分的粒子速度为$u_1(t)$，后敏感部分粒子速度为$u_2(t)$，通常$u_2 \neq u_1$，若$\Delta h=0$，则为非错位式串联速度敏感元件。

3.2.3 电磁速度传感器的原理

图 3.5 是电磁速度传感器原理图。图中 SE 是传感器的敏感元件，由铜箔或铝箔等制成。当以初始时刻位置作为拉格朗日坐标时，SE 坐标是不变的。如果 SE 在欧拉坐标上有位移 w，根据平面对称一维运动的速度定义：

$$u = \frac{\mathrm{d}w}{\mathrm{d}t} \tag{3.1}$$

ΔA是敏感元件 SE 切割磁力线的面积，负号表示减少了传感器敏感元件金属框所包围的面积 A，从图中可以看出：

$$\Delta A = -wl \tag{3.2}$$

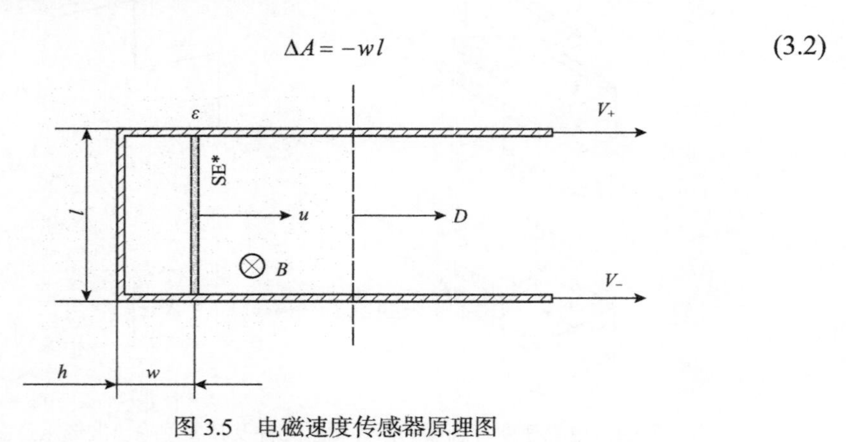

图 3.5 电磁速度传感器原理图

t 时刻金属框所包围的面积为：

$$A = A_0 + \Delta A \tag{3.3}$$

根据普通物理学中的法拉第电磁感应定律，传感器敏感元件上产生的电动势为：

$$\varepsilon = -\frac{\mathrm{d}\Phi}{\mathrm{d}t} = -\frac{\mathrm{d}(BA)}{\mathrm{d}t} \tag{3.4}$$

式中，Φ 为磁通量；B 为磁感应强度。图 3.5 中 B 正交于图平面，在 SE 附近 B 为常量。将式(3.1)至式(3.3)代入式(3.4)，可得电磁速度传感器的基本公式：

$$\varepsilon = Blu \tag{3.5}$$

上式也可以由作用在自由电子上洛仑兹力与静电力的平衡推导出来。当 B 的单位为 T，l 的单位为 mm，u 的单位为 mm/μs，则电动势 ε 的单位为 V。上式中 u 为电磁速度传感器的输入量，即激励函数；ε 为传感器的输出量，即响应函数；Bl 为传感器的灵敏度。增加磁感应强度 B 和敏感元件 SE 的长度 l 就增加了传感器灵敏度。

3.2.4　有限厚度传感器的力学响应

式(3.5)中 u 是传感器敏感元件 SE 的速度，也代表了与它接触的介质粒子速度。在下列条件下这个速度能够代表 SE 所在截面上未受金属箔干扰的介质粒子速度。

(1) 传感器敏感元件与周围介质的波阻抗相同；

(2) 敏感元件无限薄，且电阻无限小；

(3) 在响应时间之后。

条件(1)和(2)只有理论意义，实际上不可能。满足条件(3)是能够做到的，下面以不衰减的方形冲击波作用于传感器为例讨论响应问题。

埋入被测介质中的金属箔受到方形冲击波的作用，由于两种材料的波阻抗不同，应力波在它们的边界上发生一系列的透射和反射作用，使金属箔的两侧应力差（或压力差）不断减小，而敏感元件不断被加速。当粒子速度达到恒值时，$t \to \infty$，两侧的应力差也趋向无限小。图 3.6 是 EMVG 传感器的输入输出关系，图中 $\bar{u}(t)$ 为激励函数或输入量，$\varepsilon(t)$ 为响应函数或输出量。

在图 3.6 中 $\bar{u} = \bar{u}(t)$ 是敏感元件 SE 所在截面上的无扰冲击波波后粒子速度除以其峰值（无量纲化处理），$t \geqslant 0$ 时，$\bar{u} = 1$。当冲击波一接触敏感元件，金属箔左侧的粒子速度立即下降（此时应力或压力立即上升），然后再逐渐上升到 $\bar{u}(t)$。这也表明负载（敏感元件 SE）对载荷（被测介质中的冲击波）的反作用。在爆炸测试中这种载荷与负载之间的相互作用（简称耦合作用）是屡见不鲜的。图中电动势 $\varepsilon=\varepsilon(t)$ 是金属箔 SE 的力学响应曲线（也已作了无量纲化处理），电动势的幅度也逐渐趋近 1。

图 3.6　电磁速度传感器输入输出关系

敏感元件的力学响应时间的定义为：

$$\Delta t_R = t_R - t_0 \tag{3.6}$$

式中 t_0 为 $u(t)$ 曲线的起跳时间，t_R 由下式确定：

$$|u(t_R)-1| \leqslant \Delta\Phi \tag{3.7}$$

式中，$\Delta\Phi$ 为测量误差，显然 t_R 是 $\Delta\Phi$ 的反函数。

在图 3.7 中，(a)为拉格朗日位置与时间平面，即 *h-t* 图，(b)和(c)为压力（或应力）与粒子速度平面，即 *P-u* 图，(d)为 *u-t* 平面，描述了金属箔的力学响应过程。在 *h-t* 图上，细实线 *D* 为被测介质中的初始冲击波，0 区是一个均匀区，它的状态对应 *P-u* 图上的 0 点。冲击波 *D* 到达两种材料边界时，在被测介质中出现反射冲击波，在金属箔中透射一个冲击波 D'；波后又有均匀的 1 区，它对应 *P-u* 平面上状态点 1。冲击波 D' 在界面上反射时，金属箔中形成一束膨胀波；D'' 为透射冲击波；2 区和 2′ 区为均匀区，它们的状态在 *P-u* 平面上是同一个点 2。当左传膨胀波到达左界面时，透射一束膨胀波、反射一个压缩波。这个压缩波将向形成冲击波方向发展，前沿逐渐陡峭。当它到达右边界时，透射一个压缩波（或冲击波），又反射一束膨胀波。*h-t* 平面和 *P-u* 平面上的号码一一对应，1, 3, 5, 7,⋯等压力较高，2, 4, 6, 8,⋯等压力较低。当相邻两区（或相近编号的两个状态点）存在压力差值，金属箔将作加速运动；但这个压力差值经屡次反射后，迅速减小，并使金属箔的速度 *u* 趋向一个定值（*P-u* 图上 M 点）——被测介质的冲击波后粒子速度。仔细分析起来，两个界面上的粒子速度变化有突变，但整个金属箔的平均速度 $\bar{u}$ 的变化比较平缓和连贯，如图 3.7 中(d)中的 *u-t* 曲线，此曲线也可以似为由若干段折线连接而成，在 *P-u* 图上每一个接点附近有压力突变或加速度突变。

在绘制图 3.7 中(b)时，利用凝聚材料常用的近似处理方法，用冲击绝热线代替等熵膨胀线，使得 *P-u* 图的绘制比较方便；另一方面，*h-t* 图上的膨胀波和压缩波细节在 *P-u* 图上没有画出，因而使 *P-u* 图更加简明。

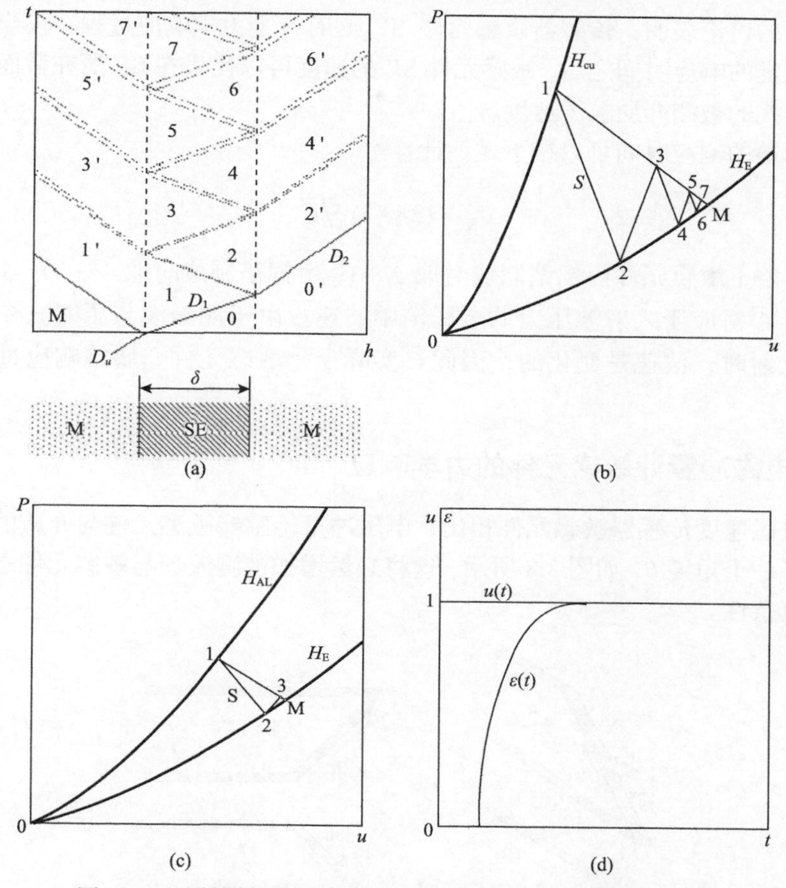

图 3.7　金属箔制成的电磁速度计敏感元件的力学响应原理图

在 *P-u* 图上，被测材料的右传冲击绝热线上 M 点对应 *h-t* 平面上入射冲击波 D_M 及其波后状态。*P-u* 图上 0→1 是金属箔的右传冲击绝热线上的起点 0 与终点 1，对应 *h-t* 平面上 0 与 1 两区间的右传冲击波 D_1。*P-u* 图上 M→1 是被测材料的左传冲击绝热线上的起点 M 与终点 1，对应 *h-t* 平面上 0 与1′两区间的左传冲击波。D_1 状态 1 处在金属箔的右传冲击绝热线上，对应 *h-t* 平面上冲击波 D' 及其波后状态。*P-u* 平面上 1→2 是金属箔的等熵膨胀线，2 对应 *h-t* 平面上金属箔中 1 与 2 两区间的左传膨胀波，还对应被测材料中 0′ 与 2′ 两区间的右传冲击波 D_2；*P-u* 平面上 2→3 对应 *h-t* 平面上金属箔中右传压缩波，还对应被测材料中 2′ 与 4′ 两区间的右传压缩波；3→4 对应左传膨胀波；4→5 对应右传压缩波……这样依次发展下去，两个界面交替反射膨胀波和压缩波（或冲击波），反射波的幅度不断减小，最后使状态趋向 M——入射冲击波波后状态。

上面的讨论表明，传感器敏感元件 SE 必有一个力学响应过程，仅当时间大于某种规定的响应时间之后，敏感元件 SE 的速度可以代表在 SE 所在截面上未受金属箔干扰的被测介质粒子速度。

金属箔的响应时间可以按下式估计：

$$\Delta t_{\mathrm{R}} = (2n-1)\delta/\overline{C} \tag{3.8}$$

式中，n=25（敏感元件由铝箔制成时取 2～3；由铜箔制成时取 4～5）；δ 为金属箔厚度；$\overline{C}$ 对应于入射波压力的金属箔中波速。由于冲击波与压缩波在金属箔中来回反射时，波速是变化的，因此 $\overline{C}$ 实际上是敏感元件金属箔响应过程的平均波速。

3.2.5　电磁冲量计敏感元件的力学响应

与电磁速度传感器敏感元件相比，电磁冲量传感器敏感元件与介质的流动方向倾斜了一个角度 θ，如图 3.8 所示，这将必然增加被测流场与敏感元件之间相互作用的复杂性。

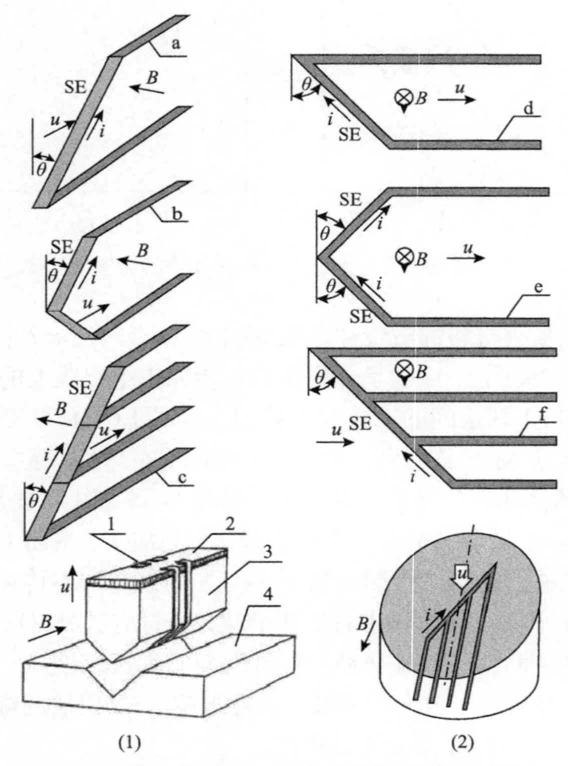

图 3.8　几种 EMIG 的敏感元件结构示意图

但由于制作敏感元件的金属箔很薄，如 0.02 mm 左右，所以响应时间与同厚度的速度传感器响应时间相比，不会增加很多；敏感元件在 Y 方向运动也是相当微小的。电磁冲量传感器的力学响应时间可以按电磁速度传感器的力学响应时间推算：

$$t_{\mathrm{R}}=\frac{(2N-1)\delta^{*}}{\overline{C}} \tag{3.9}$$

式中，$(2N-1)$为透反射总次数，一般取 $N=4$ 或 5；$\overline{C}$ 为入射压力水平下金属箔的声速和冲击波速的平均值；δ^{*} 为金属箔的等效厚度：

$$\delta^{*}=\delta/\cos\theta \tag{3.10}$$

式中，δ 为金属箔的厚度。图 3.9 表示了 δ 与 δ^{*} 之间的几何关系。

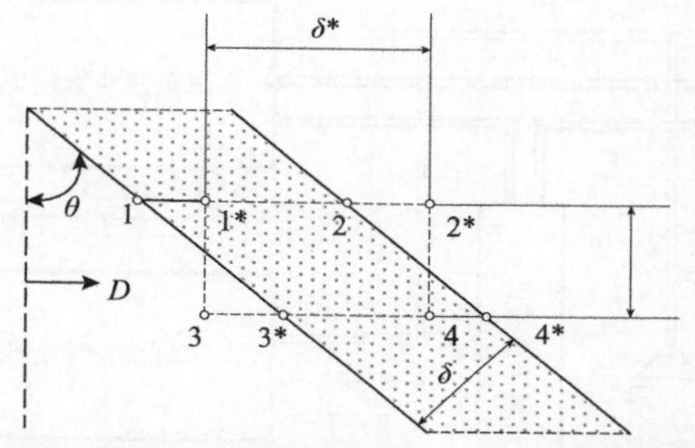

图 3.9　电磁冲量传感器敏感元件——金属箔的等效厚度

例　采用电磁冲量传感器测量 TNT 炸药的爆轰参数。敏感元件为铜箔，厚 0.02 mm，估计应力传感器的上升时间 t_{g}。

因为 TNT 爆轰压约 20 GPa，铜在此压力下的拉格朗日波速 C=5.3 mm/μs，取 n=4，θ=45°，所以 $\delta^{*}=0.02/\cos45°\approx0.028$ mm，则 $t_{\mathrm{R}}=37$ ns（同样厚度的速度传感器敏感元件，上升时间等于 26 ns 左右）。

金属箔在 Y 方向的加速度运动的时间很短，并很快地把能量转移给周围介质，使得 Y 方向速度迅速衰减。由于在敏感元件附近被测介质的总体作平面对称一维运动，Y 方向的位移量较小。

3.3　电磁法测试系统

电磁法测试系统配置的方式很多，但基本配置是相同的。图 3.10 是电磁法测试系统的一种典型配置，其中包含一对亥姆霍兹线圈、炸药试件、速度或冲量敏感元件、亥姆霍兹线圈供电系统、数字示波器、微机等。当亥姆霍兹线圈供电系统获得启动指令之后，此供电系统向亥姆霍兹线圈供电，线圈的中部将产生一个均匀的磁场，供电回路有一个检测电流的标准电阻，其两端电压v_B与线圈中部的磁感应强度B成正比，比值的大小由标定实验来确定。因此v_B实际上就是磁感应强度B的模拟信号，v_B的变化过程由数字示波器记录。鉴于亥姆霍兹线圈的电感量较大（如2 H），放电回路电阻较小（如4 Ω），放电时间常数较大（约2 s），因此雷管的起爆电源必须延时后接通，雷管点火电压信号v_D也可以由数字示波器记录。示波器同时记录v_B和v_D是为了确定点火时刻的亥姆霍兹线圈中的磁感应强度B。雷管爆炸之后，炸药平面波透镜和加载药柱相继爆炸，埋在被测介质中的敏感元件在爆炸或冲击波作用下随介质一起运动，切割磁力线产生感生电动势，形成粒子速度（或冲量）的模拟信号，此模拟信号经长电缆馈送后由数字存储示波器记录，此记录可转移到微机或移动硬盘，供进一步的判读、后处理与分析。

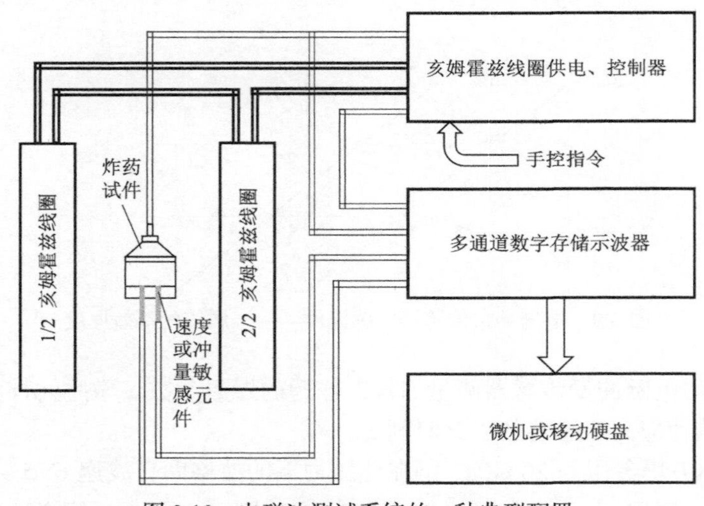

图 3.10　电磁法测试系统的一种典型配置

3.4　电磁法测试技术及应用

电磁法测试技术主要介绍电磁速度传感器测量爆轰参数、爆轰产物导电性影响的修正、应用串联速度传感器测量非良导体材料的冲击绝热参数等原理和方法。

3.4.1　电磁速度传感器测量爆轰参数

用电磁法测量爆轰参数时必须注意到爆炸产物导电性的影响，电导率大的爆炸产物使电磁法的测量复杂化，本节将介绍电磁法测量爆轰参数的基本原理、炸药试件的制作、流场分析、电磁速度计的有效工作时间、电磁法记录的数据处理方法等。

1. 电磁法测量爆轰参数的基本原理

根据平面对称一维定常爆轰波简单理论——CJ 理论和 ZND 模型，如果凝聚炸药的爆轰产物流动是等熵的，且具有 $E=PV/(\gamma-1)$ 形式的状态方程，爆轰波后流动是自模拟的，粒子速度 u 与时间 t 之间的关系由以下公式表达：

$$\begin{cases} \overline{u}=u/u_{\mathrm{CJ}}=\left[(1+\mu)/\overline{t}^{\,\mu}-1\right]/\mu \\ \mu=(1+\gamma)/(\gamma-1) \\ \overline{t}=1+\Delta t/\tau \end{cases} \tag{3.11}$$

式中，u_{CJ} 为爆轰波中 CJ 声速面上的粒子速度；γ 为在 CJ 面附近爆炸产物的多方指数；Δt 为以 CJ 状态出现时刻为零时的粒子速度计记录时间。

利用上式确定粒子速度 u 记录中的 u_{CJ} 值之后，可用下式计算爆轰压：

$$P_{\mathrm{CJ}}=\rho_0 D u_{\mathrm{CJ}} \tag{3.12}$$

式中，D 为炸药试件的爆速，可用电探极法精确地测量得到。

2. 炸药试件的制作

电磁法炸药试件的结构示意图如图 3.11 所示。图中安装速度敏感元件的炸药

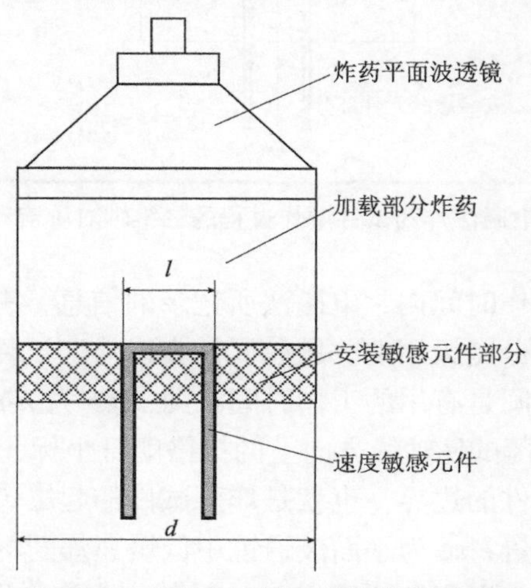

图 3.11　电磁法炸药试件的结构示意图

试件必须精细地制作；加载部分的炸药试件，直径 $d \geqslant 50$ mm，其长度 $\geqslant d/2$；加载部分上方是炸药平面波透镜；速度计敏感元件由铜箔或铝箔制成，敏感元件及其引线将埋入炸药试件中。

电磁法炸药试件的几何尺寸必须精确测量，试件各部件之间的密度必须均匀，密度差 $\Delta\rho \leqslant 0.005$ g/cm^3。敏感元件的长度 l 和加载炸药试件的长度必须合理选定，否则会影响电磁法测量爆轰参数的精度。

3. 电磁速度计的有效工作时间

电磁法测量炸药爆轰参数通常利用炸药平面波透镜引爆的，在试件中形成平面爆轰波阵面，但波后爆炸产物的流动并非一直保持平面对称一维流场，侧向稀疏波到达后形成二维轴对称流动，如图 3.12 所示。图中有一个锥形区 abc 未受到侧向扰动的影响，这是一个平面对称一维流动区。敏感元件在这个区域中的工作时间可定义为有效工作时间。

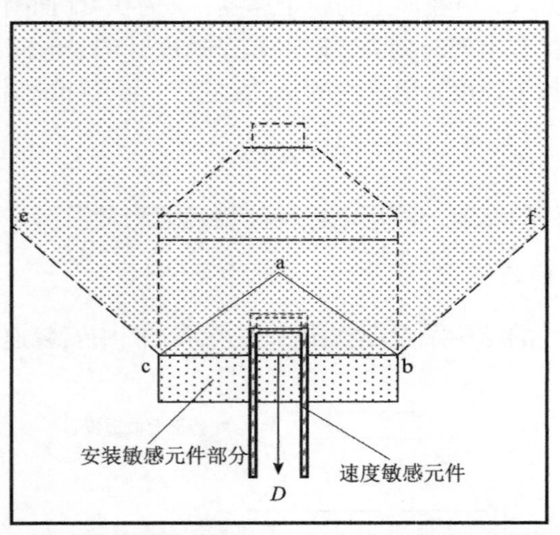

图 3.12　电磁法炸药试件爆炸过程的二维轴对称流动示意图

在敏感元件有效工作时间内，电磁法所记录的信息，有一部分对爆轰参数的测量是有用的，另一部分是无用的。敏感元件在以炸药试件的起爆边界为起点的中心简单波中的工作时间是有用的工作时间。图 3.13 为 h-t 平面上爆炸产物一维流动图案。图中 h 为炸药试件轴线方向上的拉格朗日坐标，t 为时间坐标，fc 为炸药平面波透镜与炸药试件的边界，也就是炸药试件的起爆边界；mng 为速度计敏感元件所在拉格朗日位置；sc 为平面波透镜中低爆速炸药的爆轰波迹线；cg 为炸药试件中爆轰波迹线。两爆轰波迹线交点 c 处斜率突变，即爆速突变。这表明 c 点附近已忽略了炸药试件中爆轰波速度的变化过程。图 3.13 中 1 和 2 为简单波区；

沿着mng线，在1区中粒子速度或压力衰减速率比2区中的衰减要快得多，因此2区中的衰减比较平缓，相应地在粒子速度模拟信号记录中将出现一个平缓区。

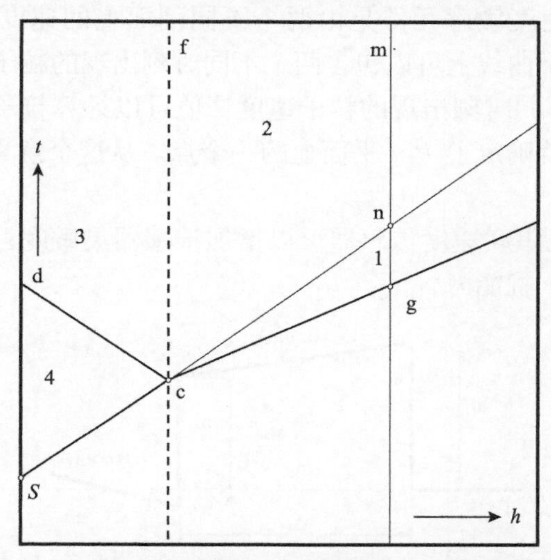

图3.13　电磁法炸药试件爆炸过程的一维流动示意图

4. 电磁法记录的数据处理

如何处理电磁法数据也是电磁法测量爆轰参数的关键。

(1) 直接从电磁法记录中判读爆轰参数u_{CJ}或峰值参数u_m，尽管这种判读方法比较简便，但许多情况下直接判读是困难的。

(2) 利用粒子速度记录中泰勒波信息推算爆轰波参数，此法就是利用式(3.11)拟合实验记录，求出多方指数γ，然后推算其他爆轰参数。

(3) 利用式(3.11)拟合实验记录之前，必须首先确定记录中此公式适用时间：

$$\Delta t^* \approx a/D_1 - a/D_2 \tag{3.13}$$

式中，a为测点到起爆面的距离；D_1为平面波透镜中低爆速炸药的爆速；D_2为炸药试件的爆速。

(4) 当粒子速度记录受到爆炸产物导电性较严重影响时，在利用公式(3.11)拟合实验记录之前，必须对实验记录作爆炸产物导电性修正。关于粒子速度计记录的爆炸产物导电性影响的修正方法可参见黄正平的《爆炸与冲击电测技术》一书，这里不再叙述。

3.4.2　应用串联速度传感器测量非良导体材料的冲击绝热参数

串联速度传感器敏感元件的结构简图已在图3.4中表示，它的记录波形如图3.14

所示。图中u_{1m}为$u_1(t)$的峰值，u_{2m}为$u_2(t)$的峰值，Δt为u_{1m}和u_{2m}两峰值出现的时间间隔。这表明串联速度传感器的纪录具有以下几个优点：

(1) 串联电磁速度敏感元件是由两个不同剖面上的速度敏感元件串接构成的，所以在一条记录曲线上可以包含两个不同时刻出现的粒子速度峰值；

(2) 根据两个不同时刻出现的粒子速度峰值可以计算粒子速度平均值和冲击波速度平均值，也就确定了 P-u 平面上的一个点。从这个意义上讲，增加了记录波形中的信息量。

(3) 非错位的正串联速度传感器可以增加传感器灵敏度；错位的反串联速度传感器可以增加抗干扰能力。

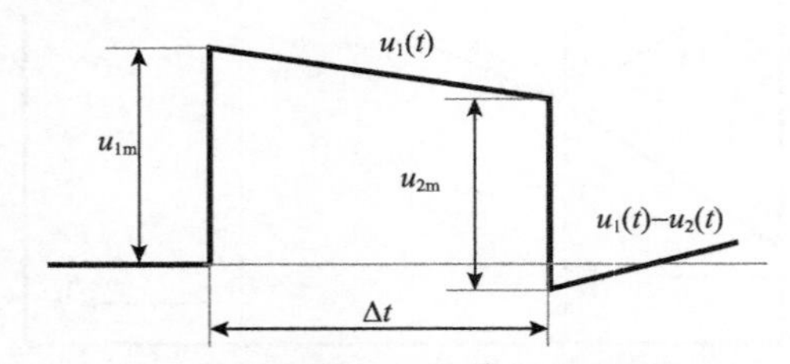

图 3.14　反串联速度传感器的记录波形

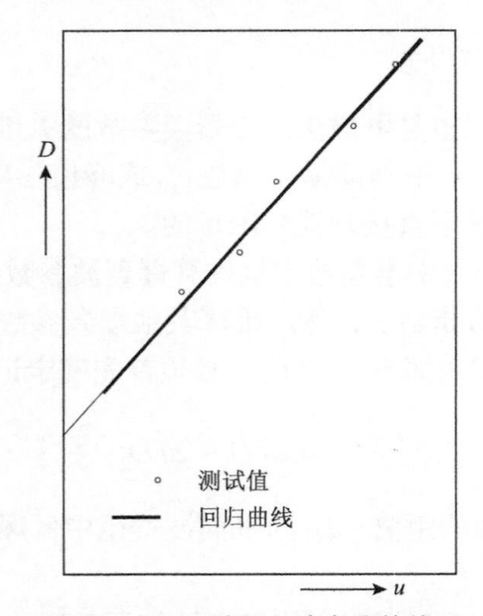

图 3.15　D-u 平面上冲击绝热线 e

为保证“平均速度”的计算精度，在应用串联速度传感器进行量测时必须注意记录波形的衰减速率和衰减量：①$(|u'_{1m}|-|u_{2m}|)/|u_{1m}|\leqslant 1/3$；②$\Delta t$ 区间内$u_1(t)$接近线性衰减。

只要适当地改变激励函数的峰值幅度和衰减速率，就可以测量到一系列的D_i和u_i值。根据这些实验值就能够到 D-u 平面上的冲击绝热线，如图 3.15 所示，并作线性回归，求出冲击参数 a 与 b。

$$D = a + bu \tag{3.14}$$

从实验或理论都可以证明，改变传感器的激励函数幅度（改变入射于传感器的冲击波强度）最有效的措施是改变加载药柱的品种和密度，也就是改变爆轰压。若改变加载药柱长度则不一定有效，因为过分地减少加载药柱长度，使 $u_1(t)$衰减太快，降低测量精度。若改变敏感元件到加载药柱的距离，距离加长了，冲击波的幅度衰减会增加，但波后介质运动的一维性很难保证。所以改变冲击波行程调整冲击波强度的方法不宜采用。

3.4.3　RD-1X 熔铸含铝炸药冲击起爆爆轰成长过程测试

为了获得 RD-1X 熔铸含铝炸药的冲击起爆实验数据，并探究加载压力和固相炸药颗粒度对含铝炸药冲击起爆过程的影响，采用组合式电磁粒子速度计测速技术，对不同加载压力和 HMX 颗粒度下 RD-1X 熔铸含铝炸药冲击起爆过程中的粒子速度变化历史进行测试。利用测得的炸药内部不同拉格朗日位置的粒子速度历史前沿数据，可确定 RD-1X 含铝炸药的冲击 Hugoniot 关系及其未反应炸药状态方程参数，为其后续冲击起爆反应流数值模拟提供数据基础。

1. 实验设计

飞片撞击加载组合式电磁粒子速度实验测试系统如图 3.16 所示，将组合式电磁粒子速度计粘贴于炸药内部，在撞击面贴上电磁速度计单计，整体置于均匀磁场内部。利用火炮驱动蓝宝石飞片对炸药样品形成准一维平面加载，用 PDV 探头监测飞片撞击速度。当炸药粒子运动时，电磁速度计测量段在一定时间内跟随当地粒子运动，切割磁场产生感生电动势，利用示波器测量速度计产生的电动势大小，根据电磁感应公式即可获得相应位置处的粒子（速度计）速度。实验所用蓝宝石飞片的直径为 Φ55 mm，厚度为 12 mm。被测 RD-1X 炸药样品是由两个角度为 30°的楔形药块组合而成的圆柱形药柱，组合后的药柱尺寸为 Φ42×30 mm。

实验时利用环氧树脂将该组合式电磁粒子速度计粘贴于两楔形炸药块之间，并整体置于均匀磁场内部，炸药粒子在冲击波作用下发生运动时，电磁粒子速度计的测量段会跟随当地粒子一起运动，从而切割磁感线产生感应电动势。利用示波器记录电磁粒子速度计产生的电动势 ε，根据电磁感应定律，可获得相应位置处的粒子速度 u：

$$u = \frac{\varepsilon \times \left(R_{\mathrm{s}} + R_{\mathrm{g}}\right)}{BLR_{\mathrm{s}}} \tag{3.15}$$

式中，R_g 为电磁粒子速度计的电阻；R_s 为示波器和测试电路的总电阻；B 为均匀磁场的强度；L 为电磁粒子速度计测量段的长度。

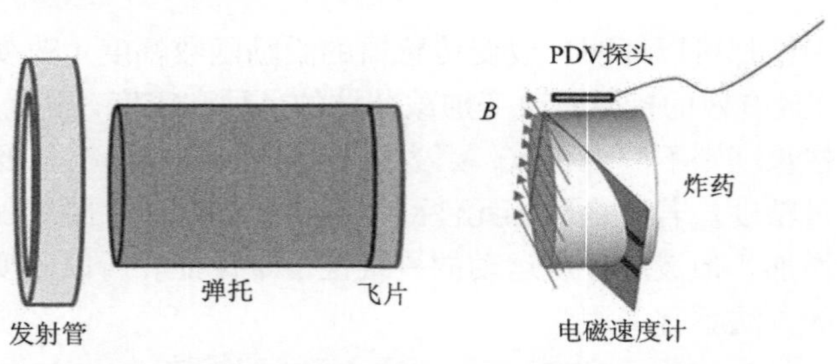

图 3.16　飞片撞击加载组合式电磁粒子速度实验测试系统

2. *磁场装置*

由电磁粒子速度计的工作原理可知，炸药的一维冲击起爆实验需要一个均匀恒定的磁场，且磁场均匀性对于测试结果有较大影响。一般有三种方法获得这种均匀磁场：①恒流电磁铁，电磁铁一般都较为笨重，需要经常更换保护挡板甚至磁极；②永磁铁；③亥姆霍兹线圈，若通过直流供电，需要的电流很大，一般难以实现，若用电容器作为脉冲能源，电路控制和数据处理较为复杂。如图 3.17 为试验采用的永久磁铁，由两块 30 cm×30 cm×10 cm 的强磁铁构成，极面间距 30 cm，中心均匀区 30 cm³，每次试验采用数字高斯计测量中心区域的磁场强度，磁场强度 1400 Gauss，磁场均匀性良好（均匀性高达 99%），这样保证了较高的信噪比。永磁铁装置比较笨重，但能够承受实验高温高压等极端条件，且磁场强度易于检测。

图 3.17　磁场装置

3. *组合式电磁粒子速度计*

试验采用铝基组合式电磁粒子速度计（图 3.18），共 8 个电磁粒子速度计和 3 个冲击波示踪器，在贴近炸药冲击前端处，电磁粒子速度计的感应单元长度为 12 mm，最短的为 5 mm。分别试制了不同厚度薄膜和线宽的铝基组合式电磁粒子速度计，最终确定铝箔的厚度 10 μm，线宽 0.1 mm，计电阻 4 Ω 左右，选用了与炸药阻抗相匹配的聚酰亚胺作为绝缘膜，其厚度为 25 μm。计的总厚度 60 μm。此外，通过改变结构设计，解决了绝缘膜与铝膜热压冷却收缩率不匹配引起的导线断裂问题。

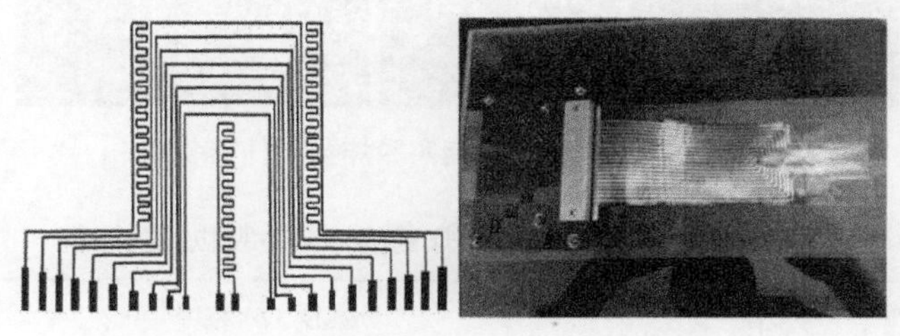

图 3.18　铝基组合式电磁粒子速度计

4. 炸药试件及安装

炸药试件样品由两个楔形块组成，斜面倾角 30°，加工尺寸如图 3.19 所示，安装图见图 3.20。

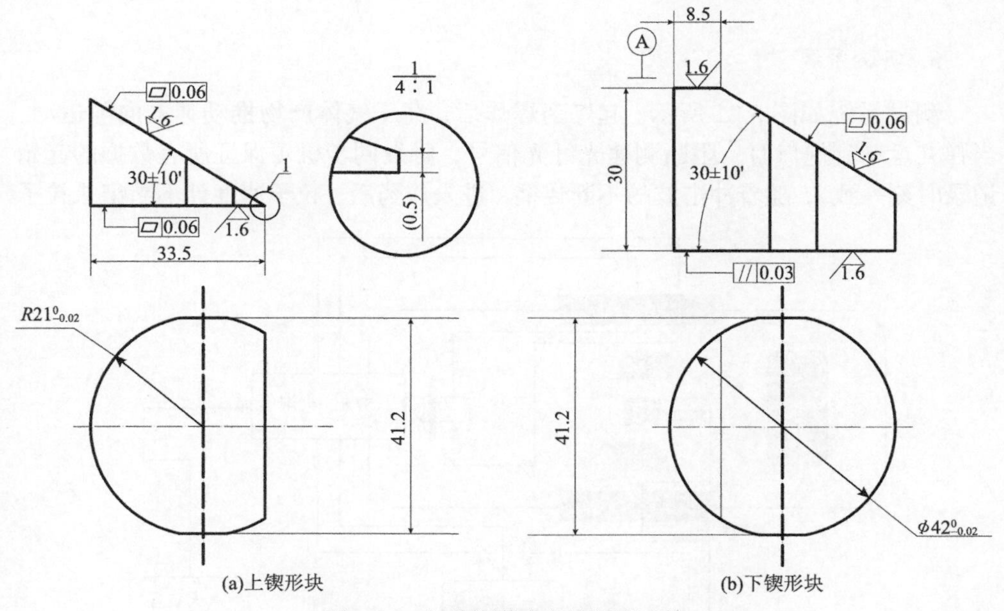

图 3.19　电磁粒子速度计测试试件

RD-1X 炸药颗粒度的变化由颗粒级配技术实现，如表 3.1 示，将Ⅰ类（≤45 μm）、Ⅱ类（125～180 μm）和Ⅲ类（250～425 μm）三种粒径范围不同的 HMX 炸药样品按不同比例进行混合，可分别制得细颗粒、中等颗粒和粗颗粒三种具有不同颗粒度的 RD-1X 炸药样品，其中所添加铝粉的平均粒径约为 10 μm。

图 3.20　冲击起爆性能实验炸药试件安装图

表 3.1　不同颗粒度 RD-1X 炸药的 HMX 颗粒级配比例

RD-1X 炸药颗粒度	HMX 粒径范围		
	Ⅰ类(≤45 μm)	Ⅱ类(125～180 μm)	Ⅲ类(250～425 μm)
细颗粒	80%	10%	10%
中等颗粒	10%	80%	10%
粗颗粒	10%	10%	80%

5. 实验系统

测试系统如图 3.21 所示。起爆药爆炸后，高压气体产物推动弹丸向前运动，当弹丸运动到炮口时，阻断测速光纤光信号，触发同步机（保证所有数据的起始记录时刻一致），随着冲击波的不断传播，进入炸药后，粒子速度计不断记录粒子

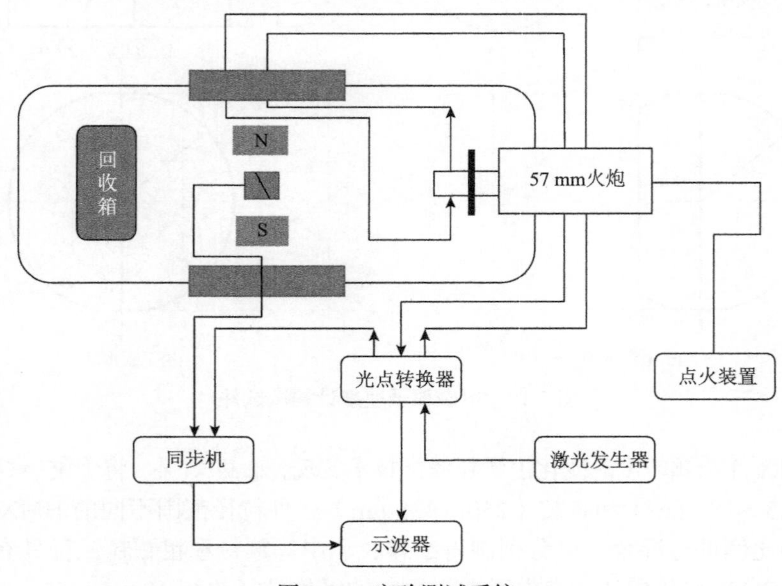

图 3.21　实验测试系统

速度历程，冲击波示踪器记录冲击波到达时刻。

6. 实验结果

这里所用组合式电磁粒子速度计由八个电磁粒子速度计和一组示踪及组合而成，各粒子速度计所测深度之间的间隔为 1 mm，因此一发实验即可测得 RD-1X 炸药内部八个不同拉格朗日位置处的粒子速度变化历史和一组冲击波时程数据。图 3.22 为典型冲击波示踪器信号，图 3.23 为典型的实验信号。

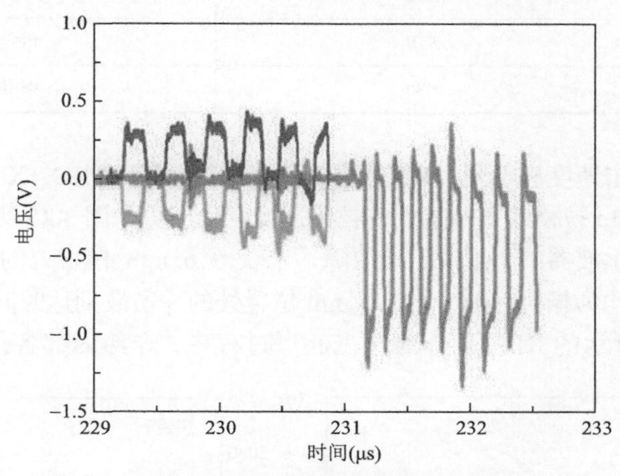

图 3.22　冲击波示踪器的原始信号

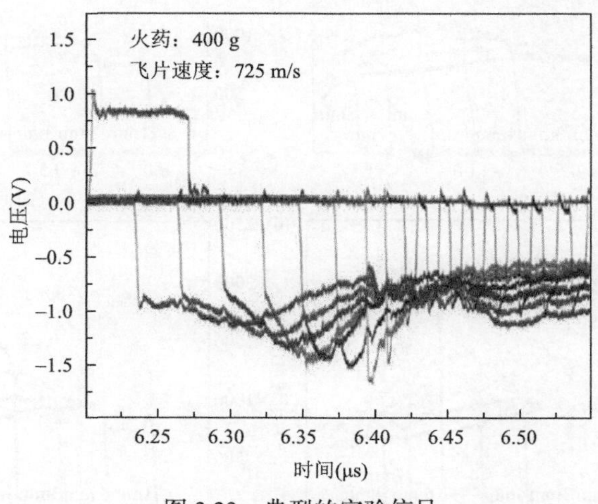

图 3.23　典型的实验信号

共进行了四发 RD-1X 炸药冲击起爆电磁粒子速度测速实验，获得了不同飞片撞击速度和不同 HMX 颗粒度下 RD-1X 炸药冲击起爆过程的粒子速度变化历史。

每发实验对应的蓝宝石飞片撞击速度和 HMX 炸药颗粒度如表 3.2 所示，RD-1X 炸药的实测密度约为 1.84 g/cm^3。

表 3.2　RD-1X 炸药冲击起爆电磁粒子速度测试实验列表

序号	飞片撞击速度 u_{imp}(m/s)	HMX 颗粒度
1	880	中等颗粒
2	980	中等颗粒
3	970	粗颗粒
4	980	细颗粒

不同飞片撞击速度和不同 HMX 颗粒度下，实验测得的 RD-1X 含铝炸药冲击起爆过程中 1～8 mm 拉格朗日位置处的粒子速度变化历史如图 3.25 所示，其中实验 2 由于实验过程中示波器单个通道出现故障，未获得 6 mm 位置处的粒子速度变化曲线。图中横坐标均为相对时间，均以 1 mm 位置处的冲击波到达时间作为时间零点。

在图 3.24 所示的 RD-1X 炸药冲击起爆过程中，炸药内部各拉格朗日位置冲

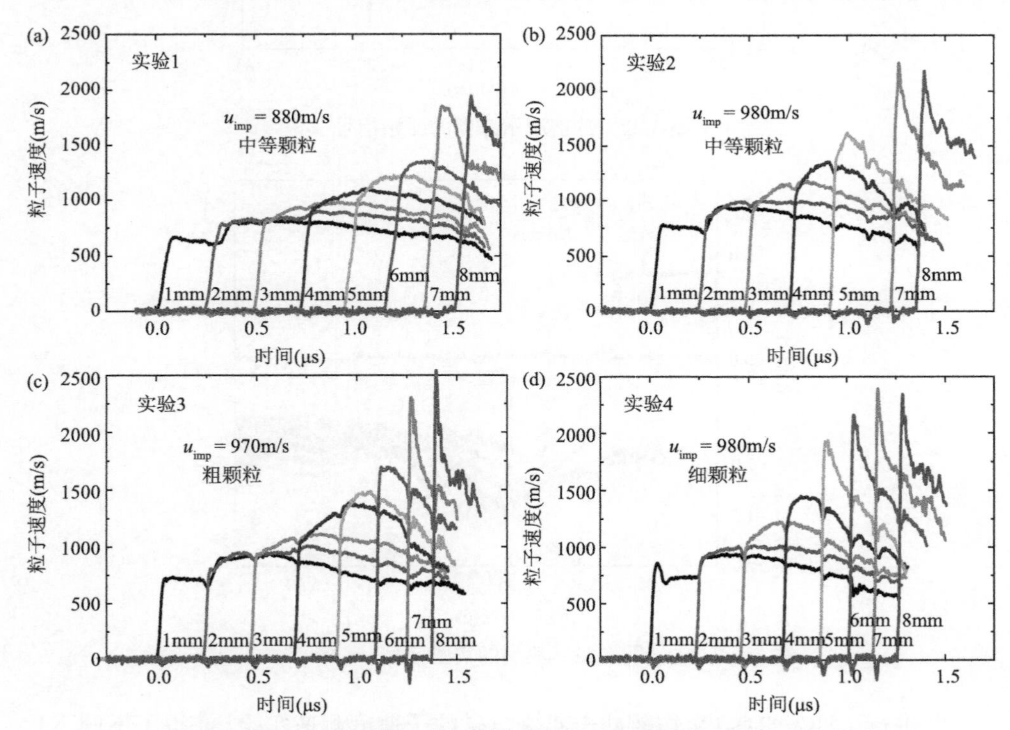

图 3.24　RD-1X 含铝炸药冲击起爆过程粒子速度变化历史的实验结果

击波阵面附近的炸药粒子速度均较低，随着波后化学反应的进行，炸药粒子速度逐渐增大，波后粒子速度曲线出现明显的上升过程，曲线整体呈现“驼峰”的形状。飞片速度越大或炸药颗粒度越小，波后炸药粒子速度的增长速率更快，粒子速度曲线上升段的斜率更大。

3.4.4　陶瓷材料在压剪联合冲击加载下动态响应研究

材料在强冲击载荷的力学行为是引人注目的研究领域，现在有的力学模型和材料参数，基本是来自一维应变下的实时测量，因缺少横向应力和剪切行为的参数，无法确定完全应力状态和建立完整的本构方程，所以对材料的横向行为进行直接测量，成为研究强载荷下的力学行为的方向之一。

压剪炮是目前研究强载荷下的材料力学行为的主要设备，能在样品中产生 P 波和 S 波的复合加载。国内外学者利用压剪炮对多种材料的进行了大量实验研究，但由于材料动态性能的复杂性和观测技术的限制，定量陶瓷材料的动态力学性能还存在差距。

通过 95%Al_2O_3 陶瓷板倾斜碰撞实验，测量材料内部质点纵向、横向粒子速度历程，来研究多晶陶瓷材料在压剪复合冲击下的非弹性变形响应和剪切波传播规律。

1. 实验装置及测试原理

应用倾斜碰撞实验，通过测量材料内部质点纵向、横向粒子速度历程，来研究多晶陶瓷材料在压剪复合冲击下非弹性变形响应和剪切波传播规律。实验在北京理工大学爆炸科学与技术国家重点实验室的 57 mm 压剪炮和双磁场 IMPS 粒子测试系统上进行。装置如图 3.25(a)所示，双磁场 IMPS 粒子测试系统测试原理图如图 3.25(b)所示。

飞片和靶板进行倾斜碰撞，飞片粘在尼龙的弹托上，弹托上有一个金属健与 ϕ57 mm 压剪炮相配合。保证弹托在炮管中运动时不发生旋转。碰撞时在样品中产生垂直于撞击平面的纵向冲击波 P 波（波速较高）和平行于撞击面的横向冲击波 S 波（波速较低）。通过在试件内部埋植多个 π 形电磁粒子速度计（图 3.26），测量速度计在磁场中运动产生的感应电动势，得到试件内部多个质点的粒子速度历程，进而分析材料内部质点的纵向、横向粒子速度，最终得到压缩波和剪切波参数。

运动的 π 形计将切割磁力线，根据 Faraday 电磁感应定律，电磁粒子速度计的感应电动势为：

$$E = l \cdot (v \times B) \tag{3.16}$$

式中，v 为质点速度，需分解为纵向、横向分量；B 为磁感应强度；l 为切割磁力线的金属箔有效长度。

当试样处于水平和垂直磁场 H_x 和 H_y 中[图 3.25(b)]，合磁场 $\vec{H}$ 为：

$$\vec{H}=\sqrt{H_x^2+H_y^2} \tag{3.17}$$

$$\mathrm{tg}\theta=H_y/H_x \tag{3.18}$$

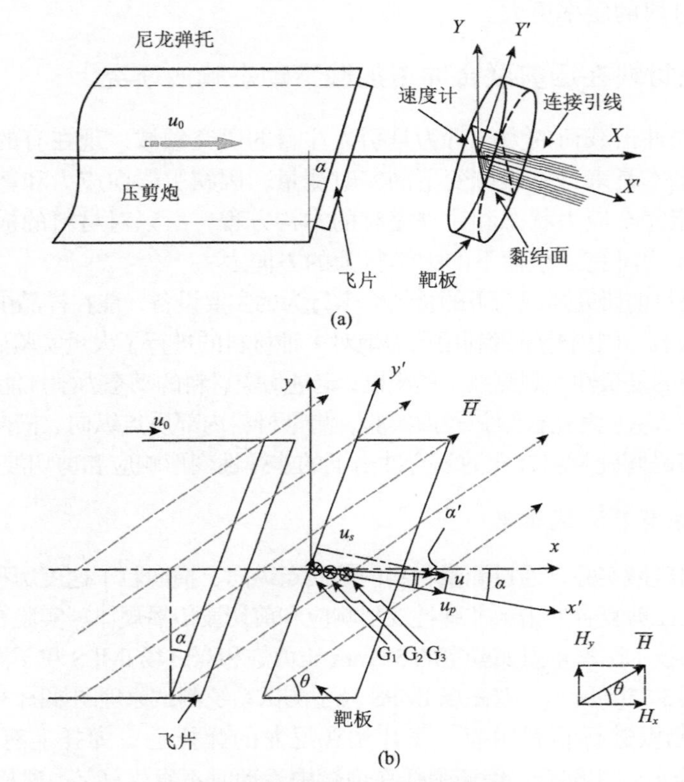

图 3.25 板倾斜碰撞实验装置原理图

图 3.26 电磁粒子速度计

图 3.25(b)中，G_1，G_2，G_3 为埋在试件中的电磁速度计，方向为垂直于 XY 平面，由 Faraday 电磁感应定律，所产生的电动势为:

$$E_P=\vec{l}\cdot(\vec{u}_P\times\vec{H})=+Hu_P l\sin\alpha(\theta-\alpha') \tag{3.19}$$

$$E_S=\vec{l}\cdot(\vec{u}_S\times\vec{H})=+Hu_S l\cos\alpha(\theta-\alpha') \tag{3.20}$$

式中，α' 为样品表面质点速度 u 与撞击面垂直方向 x' 轴的夹角。当飞片和样品材料相同（即所谓的对称碰撞）且不打滑时，有 $\alpha' = \alpha$ 。

根据上面的公式，在合磁场的角度和撞击角度确定的时候就可以预测出实验曲线的大概形状。E_P 和 E_S 也正分别是 P 波和 S 波的直观反映。实验中只选择了水平磁场，这样能得到一个比较清晰的 P 波和 S 波图像，以方便我们进行后续的研究。

2. 实验技术与方法

为了验证实验方法的可行性，首先选取尼龙-66 材料进行了板倾斜对称碰撞试验。尼龙材料密度 1.15 g/cm^3，飞片厚度 7.3 mm，靶板厚度 15 mm。图 3.27 所示是典型实验波形。飞片速度 239 m/s，纵波波速 2334 m/s，横波波速 1122 m/s。

由图 3.27 可以看出，利用双磁场测试系统可以完整地得到尼龙材料在压剪复合加载下的压缩纵波（P 波）和剪切横波（S 波）的加载和卸载波形，说明实验方法是可行的。

为了把陶瓷材料中的加载波和卸载波充分的拉开，可以适当地加大飞片的厚度，陶瓷飞片厚度 9.3 mm。靶板长宽各 60 mm，厚度为 30 mm。用 914 环氧树脂黏合而成。弹速 200～400 m/s，碰撞倾斜角度 θ 分别为 5°，15°，20°。采用纵剖靶，试件内部埋植多个 π 形电磁速度计（EMV）。测试过程中，采用探针法测量弹速，用炮管前的触发探针来触发示波器。

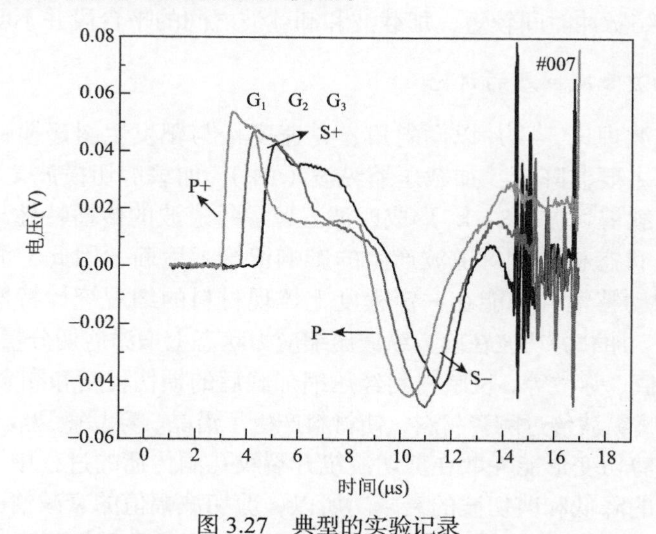

图 3.27　典型的实验记录

3. 实验结果与分析

陶瓷飞片对陶瓷靶板倾斜对称碰撞典型实验波形如图 3.28 所示，实验结果见表 3.3。

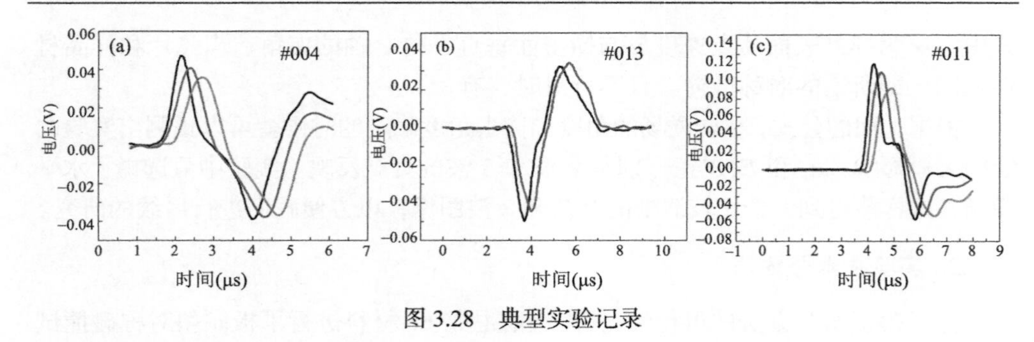

图 3.28　典型实验记录

表 3.3　实验数据

序号	弹速(m/s)	角度 θ(°)	水平磁场(T)	垂直磁场(T)	P 波波速(m/s)	S 波波速(m/s)
004	234	15	1230	0	9346	5595
010	342	20	1260	0	10000	5824
011	364	20	1235	0	10810	6369
012	252	15	1120	0	9620	5350
013	300	15	1200	0	10125	6210

由图 3.28 的实验波形可以看出，由于冲击波在陶瓷中的传播速度在 10000 m/s 左右，造成压缩脉冲时间较短，加载波和卸载波之间的平台段并不明显。

4. 对剪切波衰减问题的讨论

根据应力波理论，飞片以倾斜角 α，速度 u_0 与靶发生斜碰撞，将在试样中依次传播四道主要波阵面：加载压缩纵波（P+）、加载剪切横波（S+）、卸载纵波（P–）和卸载剪切波（S–），形成四波五区。每道波的传播特性与前方区域的材料当时当地状态相关。每道波产生的影响留给了后面，因此，波特性实时地反映了材料的动特性，并能在一定程度上体现材料的细观统计特性，其中的剪切波特别重要。加载剪切波在前方纵波压缩应力状态上增添剪切分量，它的传播特性如波速、幅值、弥散等，反映材料经压缩加载后的损伤程度和剩余强度。因此，不同强度的压缩纵波传过陶瓷材料，使材料产生了沿晶、穿晶微裂纹，气孔发生塌陷，导致部分剪切变形能耗散在剪切波绕开裂纹孔洞传播的过程中，并最终引起材料剪切刚度的降低和剪切波的衰减。所以，剪切波幅值的衰减情况便可以直观地反映出材料受到压剪复合加载冲击后材料内部的损伤和破坏程度。

利用应力波公式和记录波形，可以计算得到纵向应力、剪切应力和剪切波衰减幅度，结果如图 3.29 和表 3.4 所示。图 3.29 剪切波幅值衰减曲线直观地反映了陶瓷材料内部的破坏情况。

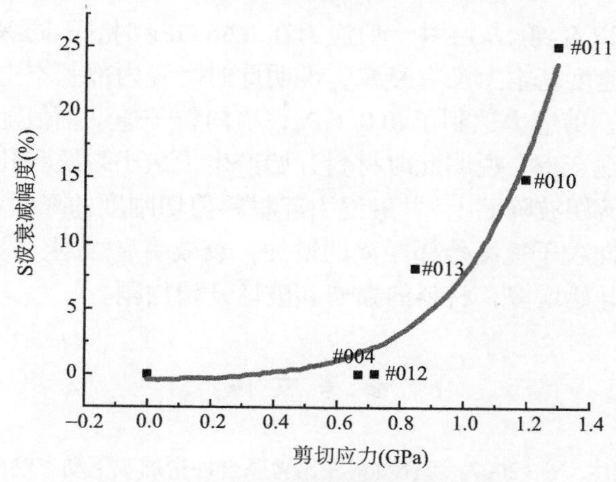

图 3.29　剪切波幅值衰减曲线

表 3.4　计算结果总结

实验序号	角度 θ(°)	纵向应力(GPa)	剪切应力(GPa)	S 波衰减幅度(%)
004	15	4.1	0.66	0
010	20	6.8	1.2	15
011	20	7.1	1.3	25
012	15	4.3	0.72	0
013	15	5.6	0.85	8

由图 3.29 可以看出，当剪切应力达到 0.8 GPa 左右的时候，剪切波幅值开始衰减，材料在这个时候开始发生损伤和破坏。因此，可以近似地认为 95%的氧化铝陶瓷材料在受到压剪联合冲击加载内部开始出现损伤和破坏时的剪应力阀值是 0.8 GPa。

为了从另一个方面验证上述结论，分别对#004、#013 和#011 号实验波形进行分析，从波形中计算分离出横向粒子速度曲线如图 3.30 所示。

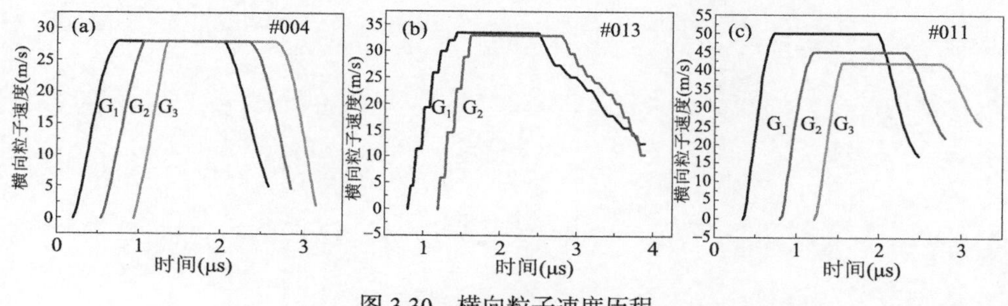

图 3.30　横向粒子速度历程

由图 3.30 可以看到，(a)图中，剪应力在 0.66 GPa 时，不同深度埋入的传感器测出的横向粒子速度基本上没有衰减，说明此时陶瓷内部基本上没有发生损伤和破坏。在(b)图中，剪应力达到了 0.8 GPa，横向粒子速度幅值随剪切波传播距离的增加而开始出现衰减，说明此时材料开始产生了微小裂纹和孔洞，导致部分剪切变形能耗散在剪切波阵面上，并最终引起材料剪切刚度的降低和剪切波的衰减。而在图(c)中，横向粒子速度传播距离的增加，衰减明显加剧，这说明此时材料内部的裂纹和孔洞开始增多，材料的损伤和破坏开始加剧。

参 考 文 献

段卓平, 郁锐, 张连生, 等. 2007. 陶瓷材料在压剪联合冲击加载下动态响应的实验研究[J]. 高压物理学报, 21(4): 337-341.

黄正平. 2006. 爆炸与冲击电测技术[M]. 北京：国防工业出版社.

李淑睿, 段卓平, 白志玲, 等. 2022. 2, 4-二硝基苯甲醚基熔铸含铝炸药冲击起爆特性[J]. 兵工学报, 43(6): 1288-1294.

第4章 锰铜压阻测试技术

本章介绍压阻法发展概况，压阻传感器的结构与分类，锰铜压阻传感器（简称压阻计或锰铜计）的工作原理、恒流测量电路与脉冲恒流电源，电桥测量电路与应力仪，压力与应力测试系统配置，压阻传感器的动态和静态标定，横向应力测试技术，压阻法测量的应用实例。

4.1 概 述

早在 1903 年，Lisell 就采用具有“压阻”效应的锰铜作静压量测的传感器，但在一段相当长的时间内没有被人们重视，直到 20 世纪 60 年代，Fuller 和 Brestein 和 Keough 等把锰铜丝嵌入 C-7 树脂圆盘中制成动高压传感器，从此锰铜压阻法迅速发展。

除锰铜之外很多材料都具有压阻效应，如钙、碳、硅、锂、铟、锶和铌等。它们的灵敏度高，如钙和锂在压力小于 2.8 GPa 时与锰铜相比，压阻系数大约高出 10 倍，但温度系数几乎与压阻系数相当。还有些材料的压阻系数是非线性的，有些材料的化学性质太活泼，仅适合在实验室中应用。用锰铜材料制造压阻传感器，工艺简单，性能较稳定，温度系数小，下限量程约为 1 MPa，上限量程不小于 50 GPa，所以在压阻法动态压力测量中锰铜压阻传感器的应用是最广泛的。另外，镱和碳压阻传感器也有一些应用。

4.1.1 锰铜传感器结构形式

锰铜压阻传感器（简称压阻计）的结构形式很多，有丝式和箔式，有高阻和低阻，敏感部分有较大面积和较小面积，等等，如图 4.1 所示。(a)为箔状 H 型锰铜压阻计；(b)为箔状双 Π 型锰铜压阻计；(c)为箔状栅式锰铜计，50 Ω；SE 为敏感部分，1、4 为电流臂，2、3 为测量臂。压阻计采用埋入安装方式，见图 4.2。若被测介质是绝缘材料，采用拼接埋入式安装压阻计，被测介质与压阻计之间是直接接触的或用少量粘接剂胶接，如图(a)；若被测介质是导电材料，压阻计必须预先封装在二层绝缘介质之中，然后采用拼接安装方式埋入被测介质，图(b)表明了压阻计、绝缘层与导电的被测介质之间的关系。

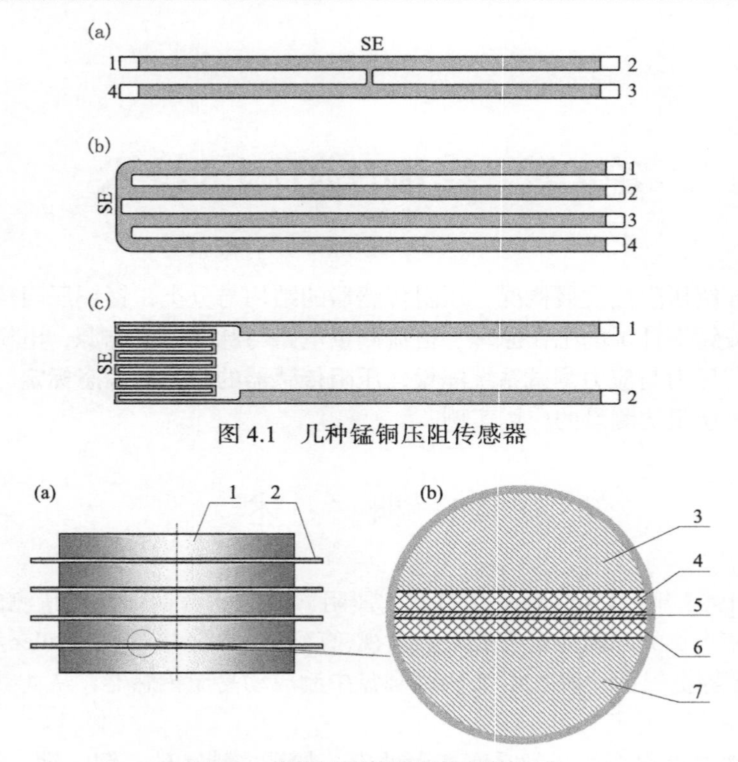

图 4.1　几种锰铜压阻传感器

图 4.2　锰铜压阻传感器的安装方式

1，3，7-被测试件；2-带绝缘层的压阻计；4，6-绝缘层；5-H 型或双Ⅱ型压阻计

在爆炸或冲击过程的测量中，大多采用低阻值的压阻计，一方面是因为载荷强度高，传感器不必具有很高的灵敏度；另一方面因为阻值小，可以缩小敏感元件的有效工作面积，适应小型爆炸或冲击试验测量的需要，如测量雷管和导爆索的输出能力。

4.1.2　锰铜压阻传感器工作原理

把电阻元件置于流体静压或冲击压力下，元件的电阻将随压力和温度等改变而发生变化，多数金属元件的电阻随承受的压力增加而减少，随温度升高而增加。大家熟知，电阻元件在等压下加热或冷却时会发生电阻变化，其中包含了两个效应，一个是温度膨胀效应，另一个是电阻率的温度效应。当电阻元件作等温压缩或膨胀时，元件的电阻也要发生变化，这其中也包含了两个效应：一个是应变效应，另一个是压阻效应。所谓压阻效应是压力引起的电阻率变化。压阻传感器的工作机理中，压阻效应是主要的决定因素。

如果把压阻计等效为横截面均匀的直线型电阻元件，如图 4.3 所示，并定

义其阻值为 R ，根据普通物理中关于电阻的基本表达式：

$$R = \rho L / A \tag{4.1}$$

式中，L 为沿电流方向电阻元件的长度；A 为电阻元件的截面积；ρ 为电阻元件的电阻率。

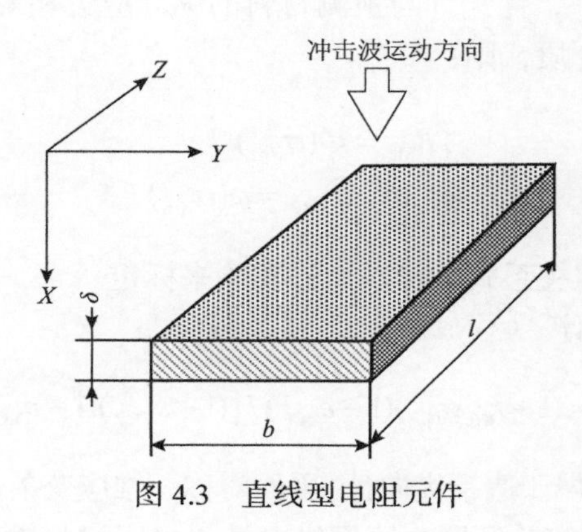

图 4.3　直线型电阻元件

当某一强度的应力场作用于这个电阻元件时 $R \to R + \Delta R$ ， $\rho \to \rho + \Delta\rho$ ， $L \to L + \Delta L$ ， $A \to A + \Delta A$ ，相应地，电阻 R 的基本表达式演变为：

$$\overline{R} = 1 + \Delta R / R = (1 + \Delta\rho / \rho)(1 + \Delta L / L) / (1 + \Delta A / A) \tag{4.2}$$

式中，$\overline{R}$ 、$\Delta R / R$ 、$\Delta\rho / \rho$ 、$\Delta L / L$ 和 $\Delta A / A$ 分别为电阻元件的无量纲电阻、相对电阻变化、相对电阻率变化、相对长度变化和相对截面积变化。若定义压应变为正，则长度应变 $\varepsilon = -\Delta L / L$ ，体积应变 $\varepsilon_{\mathrm{V}} = -\Delta V / V$ 。

实验证明相对电阻率变化 $\Delta\rho / \rho$ 可以表达为仅仅是体积应变 $\varepsilon_{\mathrm{VM}}$ 的函数（下标 M 表示此量属于锰铜压阻计）

$$\Delta\rho / \rho = r_{\mathrm{M}} \varepsilon_{\mathrm{VM}} \tag{4.3}$$

式中，r_{M} 为锰铜压阻敏感元件的电阻率相对变化与其体积应变 $\varepsilon_{\mathrm{VM}}$ 的比值，也可称为电阻率相对变化系数或函数，它也是锰铜计体积应变 $\varepsilon_{\mathrm{VM}}$ 的函数 $r_{\mathrm{M}}(\varepsilon_{\mathrm{VM}})$。

1）用于锰铜纵向计（测量正交于冲击波阵面的应力的压阻计）

$$\overline{R}_{\mathrm{MP}} = \left(1 + r_{\mathrm{MP}} \varepsilon_{\mathrm{VMP}}\right)\left(1 - \varepsilon_{\mathrm{ZMP}}\right) / \left[(1 - \varepsilon_{\mathrm{XMP}})(1 - \varepsilon_{\mathrm{YMP}})\right] \tag{4.4}$$

式中，下标 MP 表示此量属于锰铜纵向计。

锰铜纵向计通常是在平面对称一维应变条件下使用，所以 $\varepsilon_{\mathrm{ZMP}} = \varepsilon_{\mathrm{YMP}} = 0$ ，

$\varepsilon_{XMP} = \varepsilon_{VMP} = f(\sigma_{XM})$，因此

$$\begin{cases}\overline{R}_{MP} = (1 + r_{MP}\varepsilon_{VMP}) / (1 - \varepsilon_{VMP}) = \Phi(\sigma_{XM}) \\ (\Delta R / R)_{MP} = \varepsilon_{VMP}(r_{MP} + 1) / (1 - \varepsilon_{VMP}) = \varphi(\sigma_{XM})\end{cases} \tag{4.5}$$

根据界面连续条件，锰铜计与被测材料的纵向应力相等，$\sigma_{XM} = \sigma_{Xm}$，下标 m 表示此量属于被测介质，则：

$$\begin{cases}\overline{R}_{MP} = \Phi(\sigma_{Xm}) \\ (\Delta R / R)_{MP} = \varphi(\sigma_{Xm})\end{cases} \tag{4.6}$$

上式可定义为压阻关系式，可以通过实验来标定。

2）用于康铜纵向计

$$\overline{R}_{CP} = (1 + r_{CP}\varepsilon_{VCP})(1 - \varepsilon_{ZCP}) / \left[(1 - \varepsilon_{XCP})(1 - \varepsilon_{YCP})\right] \tag{4.7}$$

下标 CP 表示此量属于康铜纵向计。平面对称一维应变条件下，$\varepsilon_{ZCP} = \varepsilon_{YCP} = 0$，$\varepsilon_{XCP} = \varepsilon_{VCP}$；飞片碰撞实验证明：康铜纵向计无电阻增量输出，$(\Delta R / R)_{CP} = 0$，因此

$$\overline{R}_{CP} = (1 + r_{CP}\varepsilon_{VCP}) / (1 - \varepsilon_{VCP}) = 1 \tag{4.8}$$

也就是康铜纵向计的电阻率相对变化系数 $r_{CP} = -1$，$\varepsilon_{VCP} = -r_{CP}\varepsilon_{VCP} = -\Delta\rho / \rho$。这表明，平面对称一维应变条件下，纵向康铜计既无纵向应变效应的电阻增量输出，也无压阻效应的电阻增量输出，两种效应相互抵消。

3）压阻关系表达式

有时为计算方便，把压阻关系式(4.6)变成反函数形式来表达：

$$P = P\left(\Delta R / R\right) \tag{4.9}$$

实验证明，压阻传感器的压阻特性满足上式的泰勒展开式，如：

$$P = A_1\left(\Delta R / R\right) + A_2\left(\Delta R / R\right)^2 + A_3\left(\Delta R / R\right)^3 + A_4\left(\Delta R / R\right)^4 \tag{4.10}$$

在加载条件下，上式中 A_1=0.4189，A_2= -1.86×10^{-2}，A_3=5.828×10^{-4}，A_4= -9.159×10^{4}；压力的单位为 GPa。

当压力域为 4 GPa≤P≤39 GPa 时

$$\Delta R / R = K_P P \tag{4.11}$$

式中，K_P 为压阻系数，K_P=0.0291 GPa。无论是加载过程还是卸载过程，A_1、A_2、

A_3、A_4 或者 K_P 都是锰铜的组分的函数，数据对应的锰铜组成为 84%Cu，12% Mn 和 4%Ni。

4.2　电桥测量电路和应力仪

对于幅度较低的动态压力测量，如 1～1000 MPa，压阻计的 $\Delta R/R$ 值很小，如2.5×10^{-5}～2.5×10^{-2}，需要用低压力量程的压阻法测试系统来测量。在这种测压系统中，把锰铜压阻传感器接入电桥测量电路（或双恒流电路等），然后配置适当增益的运算放大器和记录仪器，实现低压力量程的冲击波压力测量。为建立电桥测量电路，锰铜压阻计敏感部分的阻值必须增加到 50～500 Ω；其中阻值 50 Ω 的锰铜压阻计用于冲击波压力测量；其中阻值 120～500 Ω 的锰铜压阻计用于一般的动高压测量。

4.2.1　电桥测量电路

图 4.4 是电桥测量电路的原理图。图中 R_0 为传感器敏感元件的电阻；R_1 和 R_2 为固定电阻；R_3 为可变电阻，用来调节桥路的平衡；E 为脉冲恒压源或稳压直流电源。

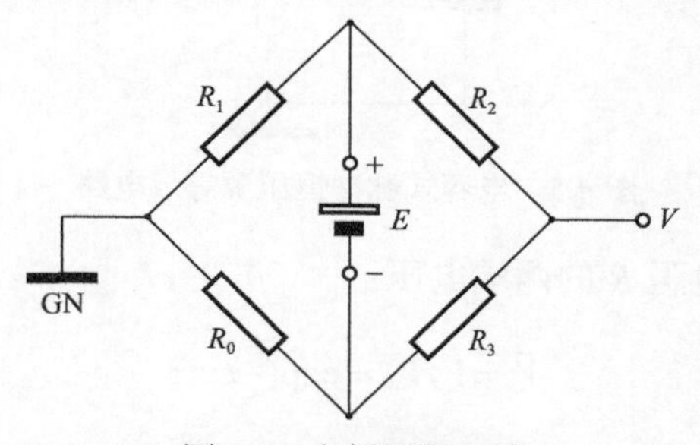

图 4.4　电桥测量电路

动态测量时，上图中传感器 R_0 需考虑电缆特性阻抗 Z_C，这时桥路上传感器端阻抗相当于电缆特性阻抗 Z_C 与传感器 R_0 并联，则电桥的输出电压 ΔV 由下式计算：

$$\Delta V=\frac{(R_0R_2-R_1R_3)Z_CE}{Z_C(R_0+R_1)(R_2+R_3)+R_0R_1(R_2+R_3)+R_2R_3(R_0+R_1)} \tag{4.12}$$

为了使电路处在与传输线匹配的状态下工作，通常取

$$R_0=R_1=R_2=R_3=Z_C \tag{4.13}$$

式中，R_0 为传感器敏感元件的未受压时的电阻值。当传感器受到一个压力 P 扰动之后，R_0 变成 $R_0+\Delta R$，压力扰动引起的电压增量为：

$$\frac{\Delta V}{E}=\frac{\Delta R}{8R_0+6\Delta R}=\frac{\Delta R/R_0}{8+6\Delta R/R_0} \tag{4.14}$$

通常应力仪测量压力较低，所以 $3\Delta R \ll 4R_0$，则上式可简化成：

$$\Delta V/E=(\Delta R/R_0)/8 \tag{4.15}$$

静态测量时，电桥的电缆特性阻抗 $Z_C\to\infty$，可完全按图 4.4 电路计算，则：

$$\Delta V/E=(\Delta R/R_0)/4 \tag{4.16}$$

4.2.2　脉冲恒压源

电容式脉冲恒压源的等效电路在图 4.5 中表明。图中 C 为充电电容，初始电压为 V_0，它等于充电电源电压。只要电容 C 足够大，在一段很短的时间内，电容两端电压 V 的变化很小，则电容 C 相当于一个恒压源；R 为电容 C 的负载电阻，它的大小直接影响放电的速率，也就是确定了维持“恒压”的时间。

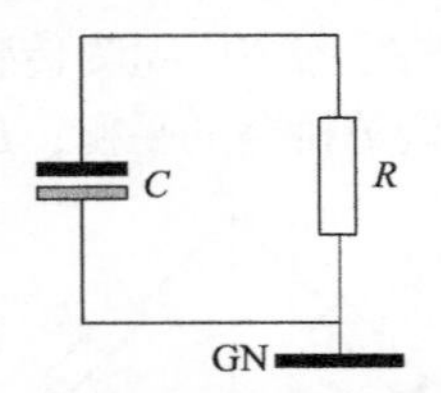

图 4.5　电容式脉冲恒压源等效电路

对于 RC 电路，电阻 R 的两端电压：

$$\bar{V}=V/V_0=\exp(-t/\tau) \tag{4.17}$$

式中，$\tau=RC$ 为放电时间常数。若无量纲电压 $\bar{V}=V/V_0=0.99$ 时，相应的时间 t 为 $t=-\tau\ln\bar{V}=0.01\tau$。定义 0.01τ 为电容式恒压源的有效工作时间。由式(4.17)可以推出

$$C=-t/(R\ln\bar{V}) \tag{4.18}$$

式中，t 为恒压源有效工作时间；R 为恒压源回路的总电阻；$\bar{V}$ 为有效工作时间最后快结束时电容 C 两端的相对电压值。例如，当 R=50 Ω，$\bar{V}=0.99$，t=10 μs，则 C=20 μF。

图 4.6 是美国 DYNASEN 公司的脉冲恒压源的电路原理图。图中的电路由电桥测量电路、压力模拟信号放大电路、电容式脉冲供电电路和供电时间控制电路等组成。其特性如下：

(1) 电桥测量电路由 1 个带 Z_C=50 Ω 长电缆的 50 Ω PRG 压阻 $\bar{V}$ 传感器、1 个带 Z_C=50 Ω 长电缆的 50 Ω 参考传感器（不承受被测压力的作用）、2 个 35 Ω 电阻和 1 个 30 Ω 电位器等组成；

(2) 电桥测量电路有两种输出方式：较高压力的模拟信号直接从电桥 OUT1 口输出；较低压力的模拟信号需要经放大器 A 放大后再由 OUT2 口输出；

(3) 脉冲电流为 0.3～3 A，脉冲宽度不大于 500 μs，瞬时功耗达 0.75～7.5 kW；

(4) 放电时间常数约为 2.5 ms，有效的“恒压”时间约为 25 μs；

(5) 采用大功率开关管 G 和计时仪来控制 50 μF 电容器向电桥供电，供电的持续时间在 5～500 μs 内可调。

(6) 此脉冲恒压源实质上就是脉冲供电方式的应力仪。

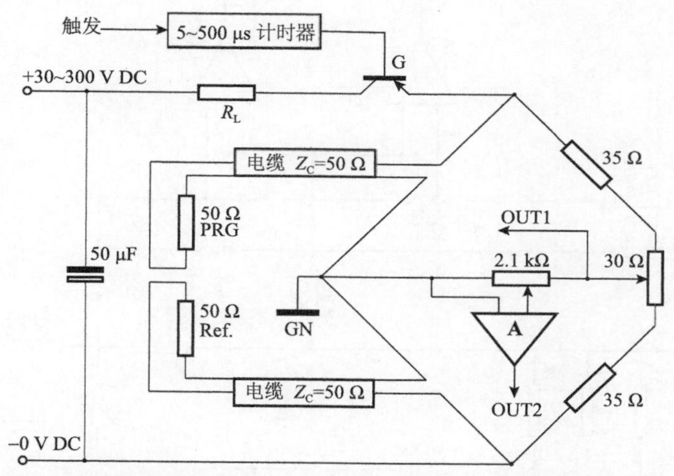

图 4.6　锰铜压阻计的脉冲恒压源（20 世纪 90 年代初，美 DYNASEN 公司的电路）

4.2.3　应力仪

黄正平研制的 YLY4A 应力仪采用直流供电方式，它由电桥测量电路、压力模拟信号放大电路、增益控制电路和电桥平衡调节的指示电路等组成，其外观如图 4.7 所示，其电路原理图如图 4.8 所示。此电路有以下几个特点：

图 4.7　YLY4A 锰铜压阻应力仪外观

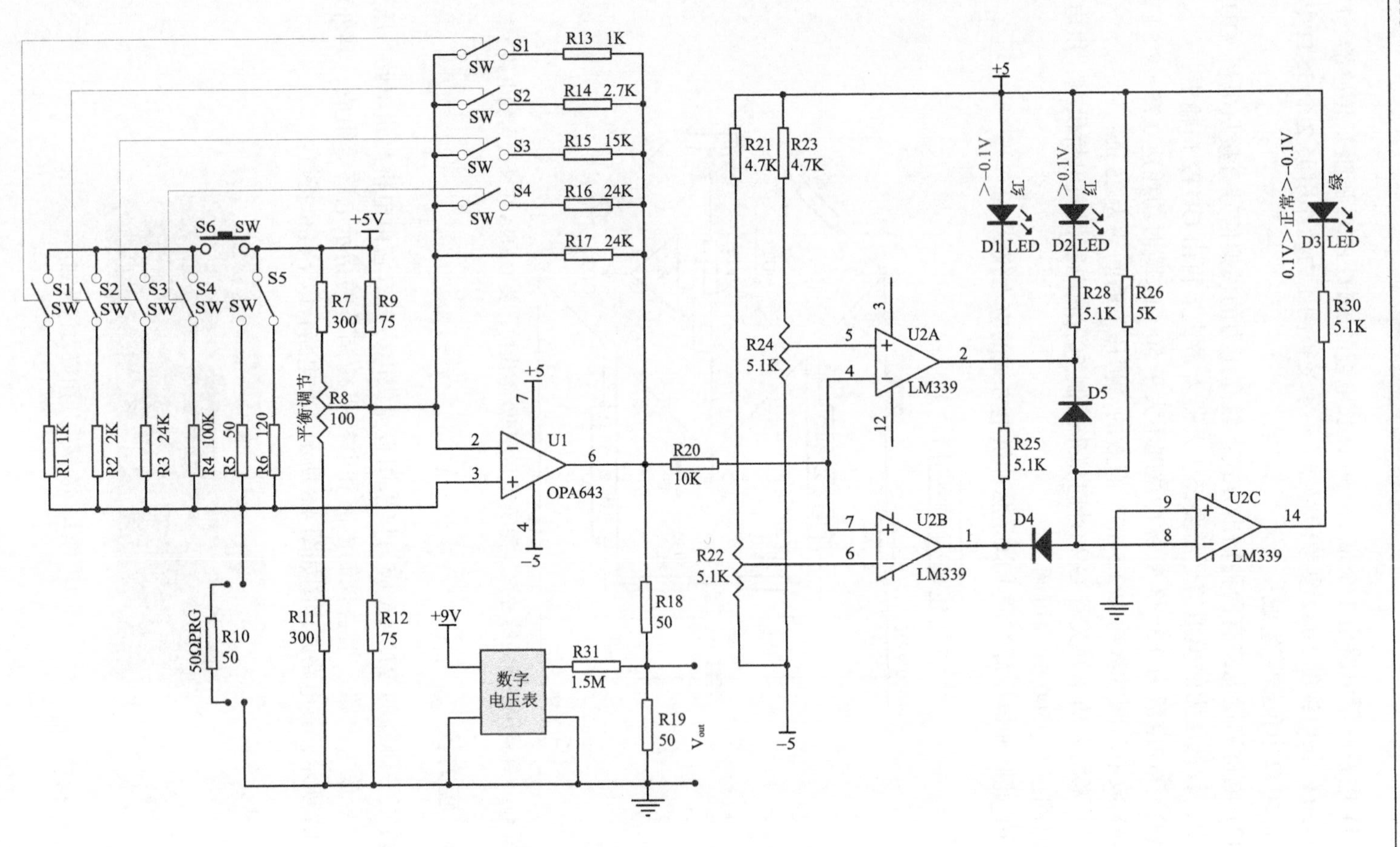

图4.8　YLY4A 锰铜压阻应力仪原理图

(1) 电桥测量电路采用非全等值电桥，R_0 相当于带 Z_C=50 Ω 长电缆的 50 Ω 压阻传感器（PRG），R_1 相当于阻值为 50 Ω 参考电阻；

(2) 电桥供电电压 5V DC，50 Ω PRG 可以经受 50 mA 电流的长时间作用，功耗 0.125 W；

(3) 每通道有 4 个增益控制开关，分别对应 4 种增益：20、50、200 或 500 等；当增益为 20 时，频宽从 DC 到 40 MHz，输出信号上升时时间可小于 10 ns；

(4) 测量电路中有电桥阻值规格可选，适应 50 Ω 的压阻计和 120 Ω 的应变片接入；

(5) 通过接通自检开关确定每个通道的实际增益。当电阻增量为 $\Delta R / R_5$ 时，放大器输出端电压增量，该通道的电阻增量增益为：

$$K_{\Delta R} = \Delta V^* / (\Delta R / R_5) \tag{4.19}$$

当接入电桥测量电路的压阻计更新时，$K_{\Delta R}$ 值必须重新测定。实际测量时，应力仪的输出电压增量 $\Delta V(t)$，利用式(4.19)可求 $\Delta R(t) / R_g$，再按压阻关系可求出应力或压力 $P(t)$ ；

(6) 既可以测量动态压力，又可以测量静态压力，压力量程为 5～5000 MPa；

(7) 有 4 个通道，可同时连接 4 个 PRG，测量 4 个测点的压力。

4.3　恒流测量电路和脉冲恒流电源

对于幅度较高的动态压力测量，如 4～100 GPa，压阻计的 $\Delta R/R$ 值相对较大，需要用低阻值压阻传感器测量，如 0.05～0.2 Ω。在这种测压系统中，把锰铜压阻传感器接入分压电路，在脉冲恒流源的支持下，测量电路将传感器的电阻变化 $\Delta R/R_0$ 转换成电压变化 ΔV。

4.3.1　恒流测量电路

图 4.9 中的分压器由 R_L 和 R_0 组成，电源 E 对分压电路供电，产生回路电流 I_0，其中：

$$\begin{cases} E = I_0(R_L + R_0) \\ V_0 = I_0 R_0 \end{cases} \tag{4.20}$$

式中，R_0 为传感器敏感元件电阻，当它受到一个压力扰动时，R_0 变成 $R_0+\Delta R$，ΔR 为压力扰动引起的电阻增量，与此相应的 V_0 变成 $V_0 + \Delta V$ ，I_0 变成 $I_0 + \Delta I$ ，ΔV 和 ΔI 分别为电压增量和电流增量。

由欧姆定律：

$$(V_0 + \Delta V) = (I_0 + \Delta I)(R_0 + \Delta R) \tag{4.21}$$

故

$$\Delta V / V_0 = \Delta R / R_0 + \Delta I / I_0 + (\Delta R / R_0)(\Delta I / I_0) \tag{4.22}$$

若 E 为恒压源，因此电流增量：

$$\begin{cases} \Delta I = \dfrac{E}{R_L + R_0 + \Delta R} - \dfrac{E}{R_L + R_0} \\ \Delta I / I_0 = \Delta R / (R_L + R_0 + \Delta R) \end{cases} \tag{4.23}$$

式中，$R_L \approx 50\,\Omega$，$R_0 \approx 0.05\,\Omega$，$R_0 \ll R_L$，$\Delta R < R_0$，因此 $\Delta I/I_0 \to 0$，I=常数。

由此，式(4.22)演变为：

$$\Delta R/R_0 = \Delta V/V_0 \tag{4.24}$$

相对于传感器敏感元件的阻值 R_0 来说，脉冲恒压源 E 和电阻 R_L 组成了一个脉冲恒流源。

这种脉冲恒流源的输出信号如图 4.10 所示。图中 V_0 水平段表示压力扰动没有到达压阻传感器；$V(t)$段表示有一个冲击波到达了传感器；ΔV 为 $V(t)$的峰值增量。所以在一个记录波形中可以同时获得 ΔV 及 V_0，利用式(4.24)和传感器压阻关系就可以计算出压力 P。

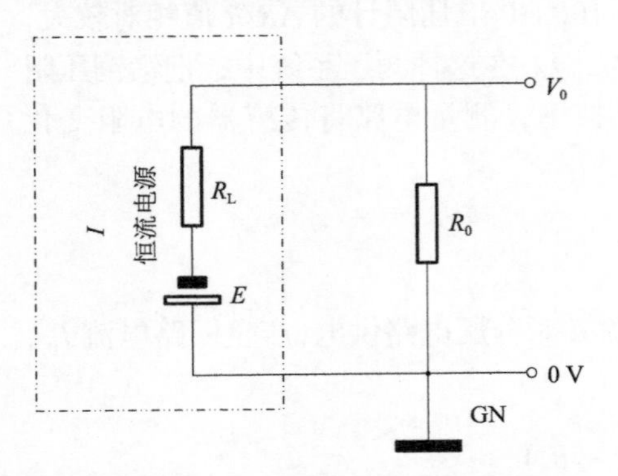

图 4.9　恒流（或分压器）测量电路

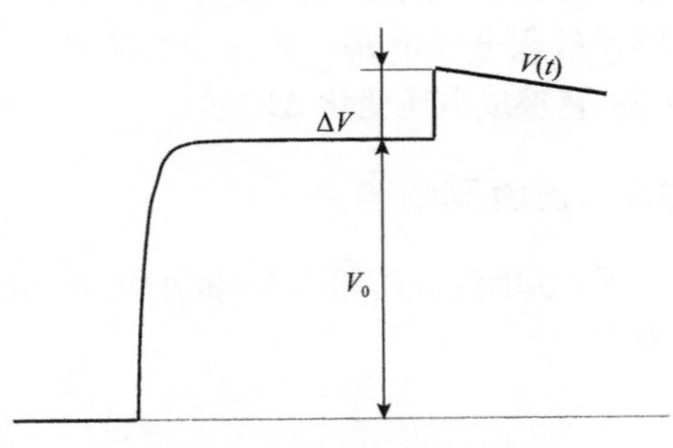

图 4.10　恒流电路的输出波形

4.3.2　脉冲恒流源

电容式脉冲恒流源的原理已经在前面的脉冲恒流测量电路里作了介绍。而当

$R_L \gg R_0$时，E与R_L可以组成一个负载为R_0的脉冲恒流源。图 4.11 为作者等人研制的简易高速同步脉冲恒流源原理图。当触发信号输入后，脉冲形成网络输出一个脉冲信号使雪崩管 BG 导通，导通时间控制由C_2、R_6 和R_8的大小来确定；雪崩电路在R_8上分压可以使大功率开关管 VMOS 导通，C_4、R_9、R_{10} 和传感器 PRG 组成的恒流电路工作；又当C_2上电荷释放到较低水平时，VMOS 管关断。恒流源有效工作时间 30～200 μs，工作电流 9A 左右，锰铜压阻计的阻值为 0.05～0.2 Ω，从触发达到电流恒定的时间可达 0.4 μs。

简易高速同步脉冲恒流源主要缺点是不能防止二次触发。为了避免脉冲恒流源出现二次触发而损伤记录仪，作者黄正平研制了 MH4E 高速同步脉冲恒流源。

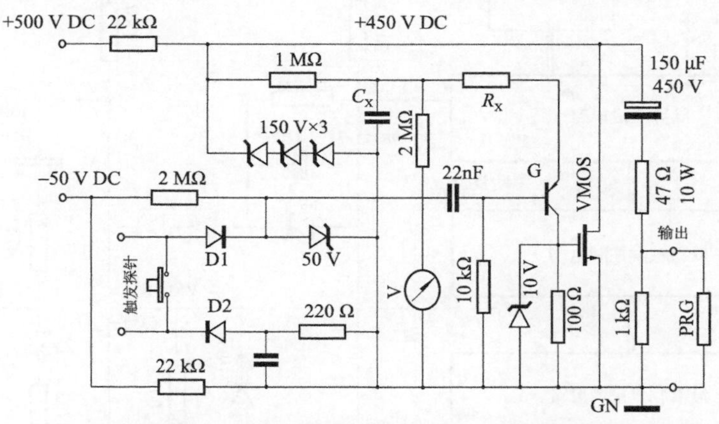

图 4.11　简易高速同步脉冲恒流源原理图（中国专利 892513608.1）

图 4.12 是 MH4E 高速同步脉冲恒流源原理简图。该脉冲恒流源中包含脉冲形成电路、双稳触发控制电路、恒流脉宽控制电路和脉冲恒流电路等，其中脉冲形成电路有手动触发按钮，也有外触发接口，外接探针在爆炸、冲击作用下可以接通；双稳触发控制电路有手动复位按钮；脉冲恒流电路有恒流输出接口 Q9 座，低阻值锰铜压阻传感器经电缆连接到此输出接口上。

MH4D 高速同步脉冲恒流源主要技术性能指标：

(1) 通道数	4
(2) 最大恒流值	9 A
(3) 10 μs 内恒流值的变化不大于	1%
(4) 恒流持续时间调节范围	40～700 μs
(5) 恒流源正常工作的电平	400～450 V
(6) 恒流源内阻	47～51 Ω
(7) 恒流源有效负载——压阻传感器敏感部分电阻值	0.02～0.2 Ω

(8) 从触发到恒流开始建立时间（触发电缆长度为 1～10 m）　20～40 ns

(9) 恒流建立时间　0.2～1 μs

(10) 为保证正常触发，外接的触发探针内阻最大值不大于　47 Ω

(11) 触发端口的芯与地之间的电压为　25～35 V

(12) 外接触发探针的耐压必须大于　50 V

(13) 交流电源　AC 220V，25 W

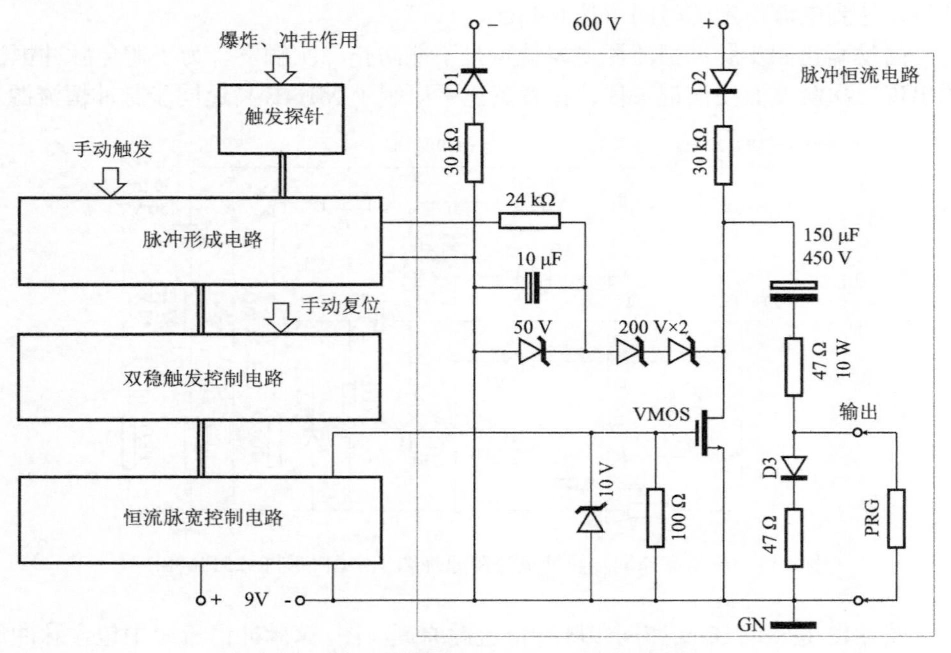

图 4.12　MH4E 高速同步脉冲恒流源原理简图

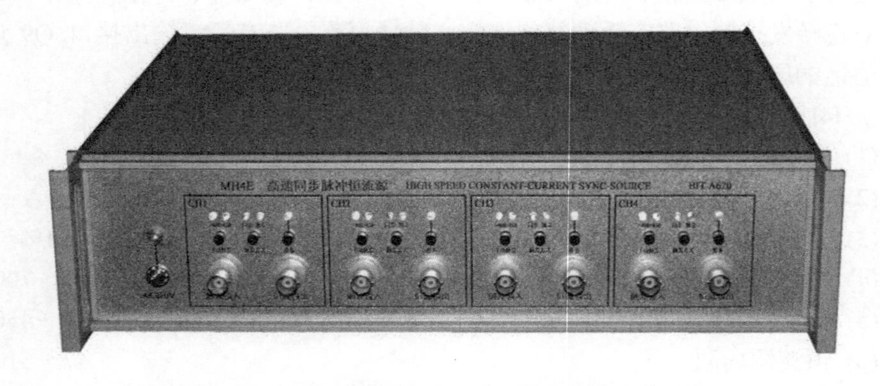

图 4.13　MH4E 高速同步脉冲恒流源的正面照片

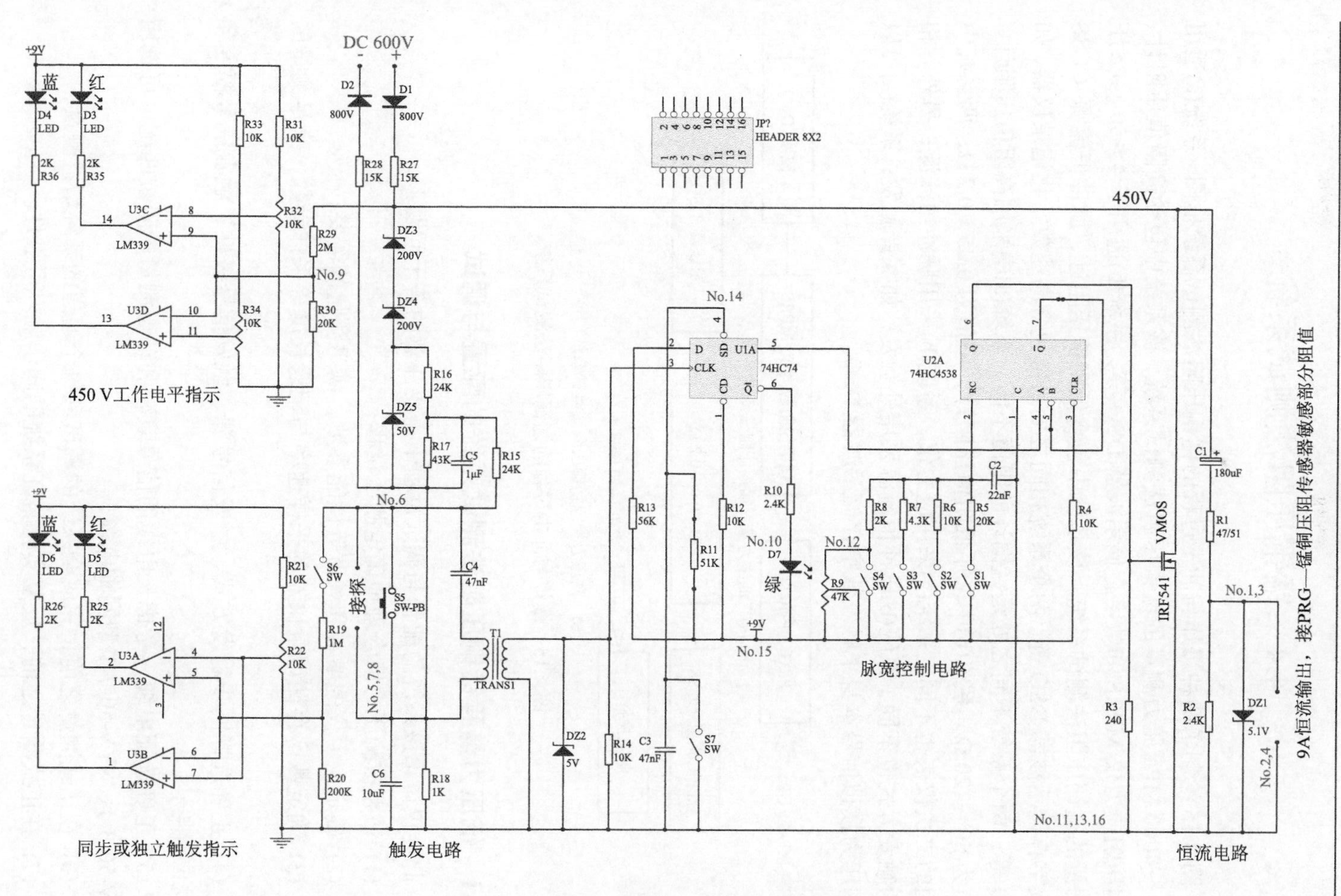

图4.14　MH4E 高速同步脉冲恒流源原理图

4.4 锰铜压阻法测试系统

图 4.15 绘制了两种爆炸与冲击过程的锰铜压阻法测试系统框图。系统(a)适用于 1～4000 MPa 压力测量的锰铜压阻法测试系统，该系统中包含高阻值压阻计、锰铜压阻应力仪 MPRS 和数字存储示波器 DSO 等；系统(b)适用于 4～50 GPa 压力测量的锰铜压阻法测试系统，该系统中包含低阻值压阻计、脉冲恒流源 CCSS 和数字存储示波器 DSO 等。两个系统相同之处是都包含高速数字化记录仪器，如 DSO 等；两个系统不同之处是锰铜计的阻值不同，系统(a)中采用高阻值压阻计，阻值为 50～120 Ω，系统(b)中采用低阻值压阻计，阻值为 0.05～0.2 Ω；两系统中采用的二次仪表也不同，系统(a)采用应力仪，系统(b)采用脉冲恒流源；另外，相应的触发方式也不同，系统(b)脉冲恒流源采用外触发，如探针触发；系统(a)可以利用压力模拟信号本身来触发数字存储示波器 DSO。

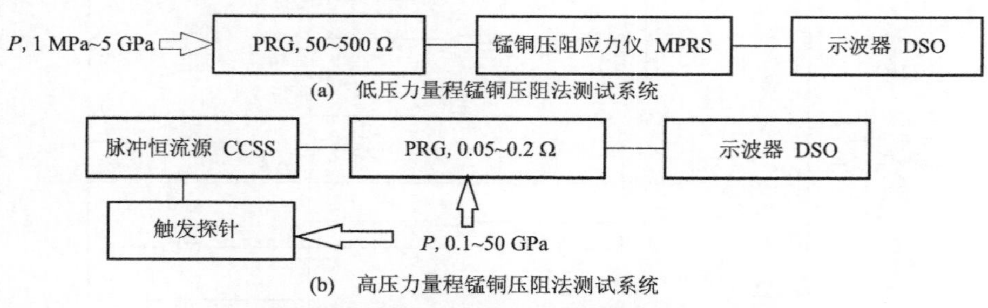

图 4.15 爆炸与冲击过程的锰铜压阻法测试系统

4.4.1 低压力量程锰铜压阻法测试系统的配置与调试

此处仅讨论该系统的配置与调试过程中需要注意的若干问题：

(1) 估算被测压力值合理地确定测压量程；

(2) 确定应力仪的增益和频宽等性能参数，满足测量的需要；

(3) 确定数字存储记录仪器的采样速率与记录长度等采样参数，满足测量的需要；

(4) 正确选择同步触发方式、触发信号源、触发信号极性、触发信号幅度和触发位置等；

(5) 正确选配电缆，考虑长电缆的信号衰减和动态测量的阻抗匹配，可选用 SYV-50-3-1、SYV-50-7-1 型同轴电缆；

(6) 在正式测量之前，完成全系统的调试和每个通道的系统增益测量；

(7) 在正式测量之前，反复实验验证系统的同步触发可靠性。

4.4.2　高压力量程锰铜压阻法测试系统的配置与调试

此处也仅讨论该系统的配置与调试过程中需要注意的若干问题：

(1) 估算被测压力值，合理地确定测压量程；

(2) 封装箔式低阻值压阻计常用绝缘层是 0.05～0.2 mm 厚的聚四氟乙烯薄膜或其他聚合材料薄膜，常用的封装用胶为环氧树脂和 FS-203A 胶等；

(3) 确定脉冲恒流源的性能参数，满足测量需要；

(4) 确定数字存储记录仪器的采样速率与记录长度等性能参数，满足测量的需要；

(5) 正确选择同步触发方式、触发信号源、触发信号极性、触发信号幅度和触发位置等；

(6) 正确选配电缆，考虑长电缆的信号衰减和动态测量的阻抗匹配，可选用 SYV-50-3-1、SYV-50-7-1 型同轴电缆；

(7) 确保低阻值压阻计的封装质量，其敏感部分必须均匀平整、无气泡和杂质；

(8) 在正式测量之前，完成全系统的调试，确保每个通道都有恒流信号输出；

(9) 在正式测量之前，多次反复试验，验证系统的同步触发可靠性。

4.5　压阻传感器的动态标定

4.5.1　标定原理

因为压阻材料的组分和性质每批都不太相同，相应的压阻系数也有些不同，所以对每批压阻传感器必须作抽样标定。高速碰撞—探针法是最常用的压阻传感器动态标定方法，其中包含采用光探针技术或同轴探针技术测量飞片速度、靶板中的冲击波速度 D 和自由表面速度 u_{fs} 等，计算作用于压阻传感器上压力 P，同时利用压阻法测试系统测量锰铜计的输出电压相对变化值 $\Delta V/V$ 或电阻相对变化值 $\Delta R/R_0$。改变飞片速度，可以取得一组压力 P 与电压相对变化值 $\Delta V/V$ 或 $\Delta R/R_0$，然后在 P-$\Delta R/R_0$ 平面上处理实验结果，确定经验的压阻关系 $\varphi(P_{Xm})$ 或压阻系数 K_P。

采用探针法标定锰铜压阻计的原理实验装置如图 4.16 所示。这个装置中包含了三种速度的测量，用探针法测量飞片速度 u_f、靶板与试样的冲击波速度 D 和自由表面速度 u_{fs}；图中只画出压阻传感器的封装位置，锰铜压阻法测试系统将连接此压阻计，并测量它的 $\Delta R/R_0$ 值。

在同质材料相碰的实验中，粒子速度 $u = u_f/2$；在非同质材料相碰的实验中，利用自由表面速度与粒子速度之间的近似关系求粒子速度 $u = u_{fs}/2$；再利用冲击波关系 $P=\rho_0 Du$，计算冲击波压力 P。

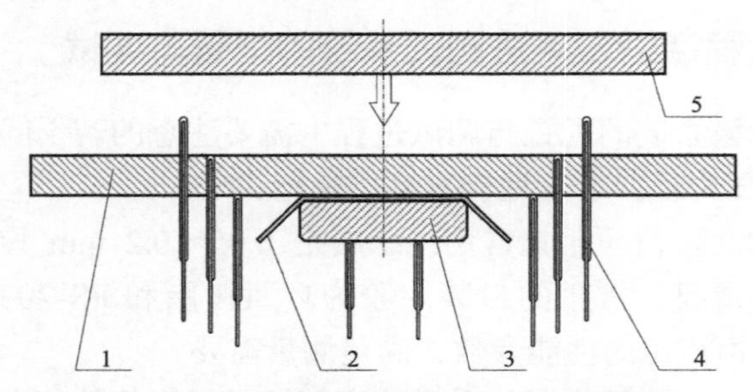

图 4.16　探针法标定压阻计原理实验装置

1-靶板；2-被标定的压阻计；3-与靶板同质的试件；4-测速探针组；5-与靶板同质的飞片

上面介绍了未知飞片和靶板材料冲击绝热关系（Hugoniot 关系）的压阻系数的标定。若已知飞片和靶板材料的冲击绝热关系，则飞片撞击靶板标定试验装置相对简单，可只测量飞片和靶板的冲击波速度或者飞片和靶板的粒子速度。

4.5.2　标定设计与试验装置

为了在较大压力范围标定锰铜压阻传感器的压阻曲线，可采用多种加载飞片的手段和装置。在较低压力范围，采用轻气炮驱动弹丸，飞片安装在弹丸的前端面上；一级轻气炮驱动的飞片速度上限一般为 1000 m/s，火炮加载一般飞片速度上限为 2000 m/s，而平面炸药透镜起爆主炸药，如 PBX-9501、PBX-9404 等，驱动飞片速度可达 3500 m/s。通过选择不同的飞片和靶板材料，如有机玻璃、铝合金、铁、紫铜等，可在 0～50 GPa 范围内较均匀地给出一系列压力值。标定用到的材料冲击绝热关系如表 4.1 所示。

表 4.1　材料冲击绝热关系

材料	密度(g/cm^3)	D-u 关系(mm/μs)	材料	密度(g/cm^3)	D-u 关系(mm/μs)
铜	8.93	D=3.94+1.489u_p	铁	7.85	D=3.574+1.92u_p
2024 铝	2.78	D=5.328+1.388u_p	有机玻璃	1.184	D=2.87+1.88u_p

气炮加载和炸药加载试件和探针布置基本相同，这里给出平面炸药透镜起爆主炸药驱动飞片的试验装置示意图，如图 4.17 至图 4.19 所示。

这里采用平头的同轴探针和锰铜压阻传感器，锰铜压阻传感器为四种型号，分别是 H 型、双 Π 型、双螺旋形和双 Π 多计组合型，如图 4.20 所示。H 型和双 Π 型采用脉冲恒流源供电，用于 2 GPa 以上的压力测量；双螺旋形采用应力仪电桥电路供电，用于 2 GPa 以下的压力测量；双 Π 多计组合型用于二维冲击起爆流场压力历史测试。

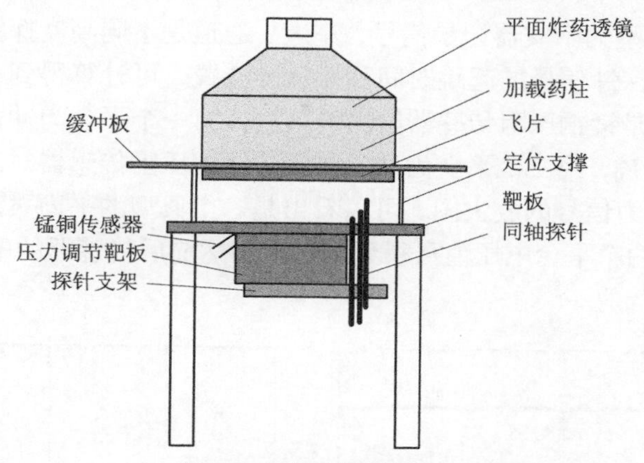

图 4.17　实验装置原理图

图 4.18　平面波透镜及主药柱装配图

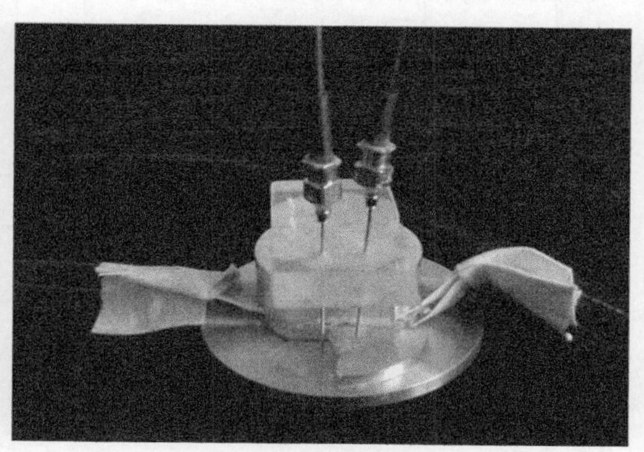

图 4.19　靶板装配图

双螺压阻传感器(SE：Φ5, 50 Ω±2 Ω)

双Π型压阻传感器(SE：1×0.5，~0.1 Ω)

H型锰铜压阻传感器(SE：0.6~1×0.25；0.1 Ω)

五压阻传感器(SE：1×0.5，~0.1 Ω)

图 4.20　锰铜压阻传感器

图 4.21 是典型的示波器记录信号，左边 1 通道是不同高度探针导通时产生的脉冲信号，根据探针信号的起跳时间和探针的位置，可计算得到冲击速度或者飞片速度；2 通道是锰铜压阻传感器给出的信号，第一个平台为冲击波未到达前的恒流源基线电压 V_0，第二个平台为冲击波到达锰铜压阻传感器时的电压变化信号 ΔV，右边图为压力信号的放大图，可以看出是一个典型的平面飞片撞击靶板的压力波形。根据这两个平台电压值可得到冲击波到达前后传感器的电阻变化 ΔR，即 $\Delta V/V_0=\Delta R/R_0$。

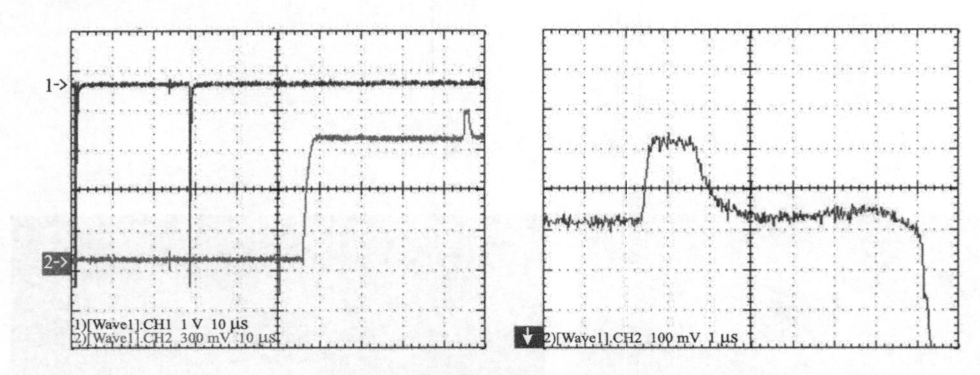

图 4.21　典型的示波器记录信号

根据冲击速度或者飞片速度，利用已知的材料冲击绝热关系，可得到对应的压力值 P，这样就得到了对应压力下传感器电阻相对变化值（P，$\Delta R/R_0$），改变加载条件，或者改变飞片和靶板材料，可得到不同的压力载荷和电阻相对变化值（P_i，$\Delta R_i/R_0$）。

前面介绍的是较小直径气炮或者平面炸药透镜（Φ50）加载的试验，一发试验获得一组数据。为了提高试验效率，下面介绍采用大口径平面炸药透镜（Φ100）加载的试验装置，大口径气炮加载试验装置与之相似，此处不赘述。图 4.22 是 Φ100 平

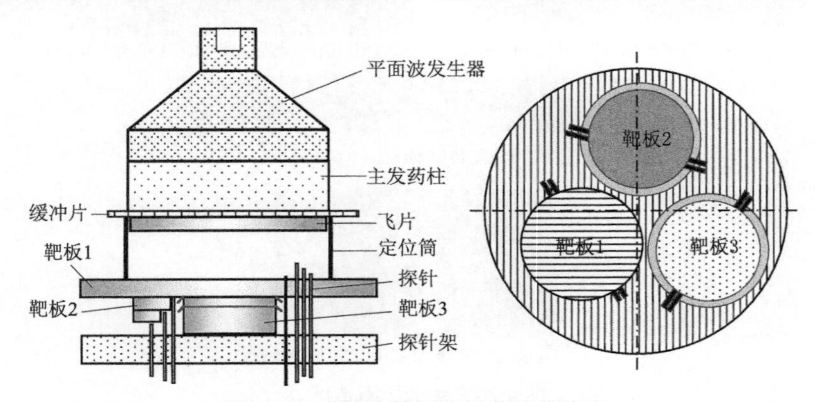

图 4.22　多压力值同步标定试验装置

面炸药透镜加载飞片同时撞击三种不同靶板材料的传感器标定实验装置，飞片和靶板 1 材料为铜，靶板 2 材料为铁，靶板 3 材料为 2024 铝。这样一发试验可获得三组数据（P_i，$\Delta R_i/R_0$），通过调整飞片厚度和加载炸药品种，可调节飞片速度。图 4.23 是典型的一发三压力值的示波器记录波形。

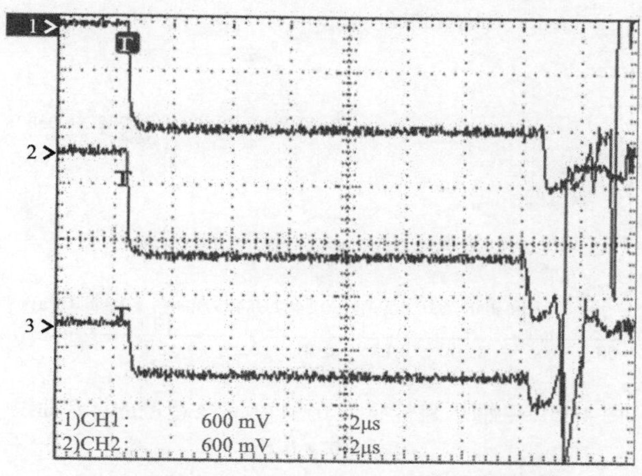

图 4.23　典型一发三压力值示波器记录波形

4.5.3　标定结果

综合轻气炮试验、炸药加载试验数据，得到锰铜压阻传感器 2.04～53.47 GPa 范围的标定曲线如图 4.24 所示。

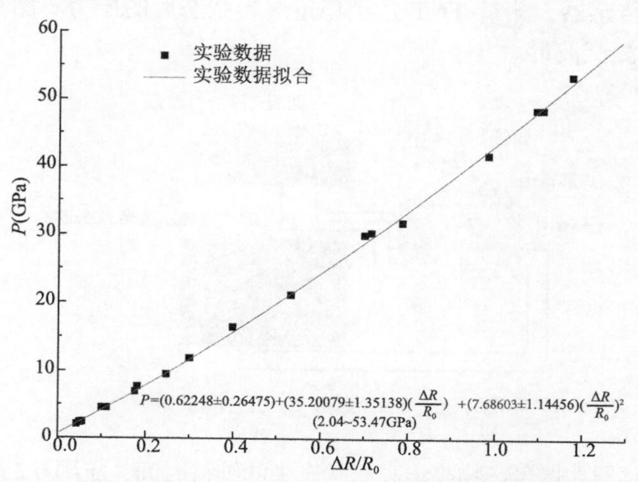

图 4.24　锰铜压阻传感器 2.04～53.47 GPa 范围的标定曲线

相关系数 η=0.99906

关注低压范围，可得到 0～11.9 GPa 压力范围的标定曲线如图 4.25 所示。该压力范围又可细分为 0～1.5 GPa 和 1.5～11.9 GPa 两段，均用直线表征。

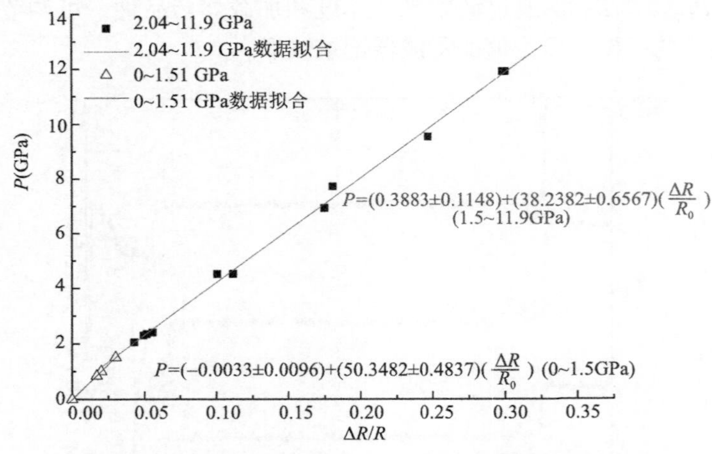

图 4.25　锰铜压阻传感器 0～11.9 GPa 范围的标定曲线

相关系数 η=0.99853

4.5.4　标定结果的验证

设计如图 4.26 试验测试系统，测量标准 TNT 装药的爆轰 CJ 压力，对比国外文献结果，验证标定曲线的有效性。Φ50 mm 的平面波发生器（炸药透镜）起爆 Φ50 mm 的密度为 1.6 g/cm^3 的压装 TNT 药柱，在距离起爆面大于 50 mm 的位置放置锰铜压阻传感器，测量 TNT 达到稳定爆轰状态后的压力。图 4.27 是典型的 TNT 爆轰压力测试波形。

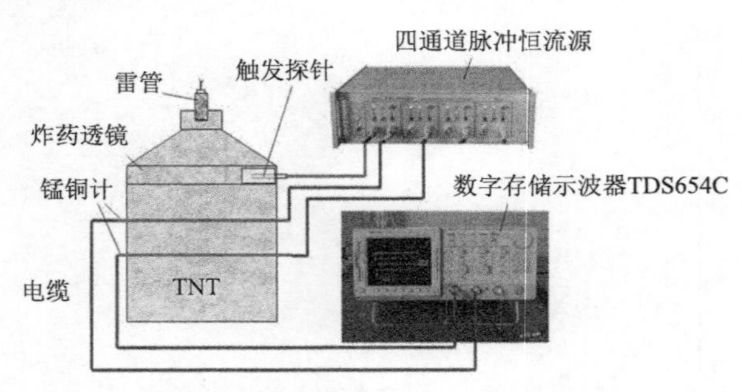

图 4.26　TNT 爆轰 CJ 压力测试系统

为保证传感器在爆轰产物高温高压状态中的维持时间，应用 0.2 mm 厚的聚四氟乙烯膜封装传感器，这样爆轰波在聚四氟乙烯材料中来回反射几次才能达到稳定，因此实验只能记录到爆轰波的部分冯·诺依曼峰，根据一维平面爆轰波的 ZND 模型，冯·诺依曼峰值之后下降沿与泰勒膨胀曲线的交点即为爆轰 CJ 点。判读爆轰波曲线上 CJ 点 $\Delta V/V_0$ 值，也即为传感器 $\Delta R/R_0$ 值，应用标定的 P（$\Delta R/R_0$）关系曲线，得到 CJ 点压力。共进行了两发实验，得到的 TNT 爆轰波 CJ 压力 P_{CJ} 和平均值见表 4.2。

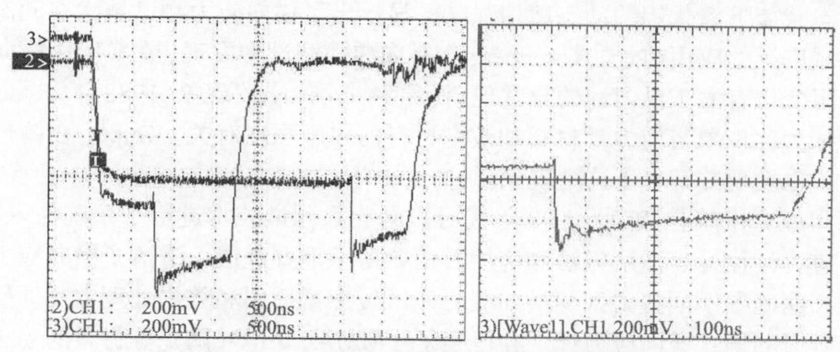

图 4.27　典型的 TNT 爆轰压力模型及放大图

表 4.2　TNT 爆轰 CJ 压力测量结果

序号	$\Delta R/R_0$	P_{CJ}(GPa)	平均值(GPa)	相对误差(%)
1-2	0.496	19.933	20.189	1.27
1-2	0.501	20.146		0.21
2	0.509	20.488		1.48

三个 TNT 爆轰 CJ 压力测量数据的平均值为 20.189 GPa，与 TNT 爆轰 CJ 压力文献值 20.272 GPa 一致，相对误差为 0.41%。三个 TNT 爆轰 CJ 压力测量值与文献值最大偏差 1.67%。由此可见，利用锰铜传感器标定曲线得到的测量结果是可信的，精度较高。

4.6　横向应力测量技术

横向应力测量技术研究的目的是为材料动态本构关系实验研究提供一种有效的测试手段。通过平板撞击实验同时测量材料中纵（轴）向应力和横向应力，可直接确定材料的泊松比和动态屈服强度等材料动态本构的基本参数。

1968 年 Bernstein 等首先采用横向计测量横向应力，后来陆续有学者采用了这一技术，利用锰铜压阻应力计测量玻璃和 PMMA 中的横向应力。1981 年 Rosenberg 等在测量 PMMA 中横向应力时发现，与常规纵向应力计标定不同，横向应力传感器的标定结果不能直接得到，需要经过分析与推演，随后进一步提出了一个相对简单易懂的解析模型，解释了两种不同埋入方式的应力计（纵向和横向）引起不同响应的机理。Gupta 和他的同伴也给出了应力计在材料中受力状况的更精巧的分析，有力地支持了解析模型。1987 年，Rosenberg 等利用横向应力测试技术得到了动态载荷下氧化铝的动态剪切强度，显示出了横向应力测试技术在动态参数测试领域广泛的应用前景。Rosenberg 在横向应力测试中发现，在实验中横向计的相对电阻变化有大于纵向计的异常现象，称为“crossover”现象。1988 年，Rosenberg 等分析认为此现象与应力计材料和被测材料的屈服强度有关。Gupta 在镱传感器的研究中也发现并解释了这一现象。

国内段卓平等在 20 世纪 90 年代对横向应力测试技术进行了系统深入研究，在横向应力计设计、适用方法和应用方面取得了重要进展，澄清了横向应力测试的分歧，明确了不同应力区间横向应力测试传感器适用和数据处理方法，研制了低应变效应的栅式横向应力计，并得到了 PMMA、Al_2O_3 陶瓷等材料的动态剪切强度与纵向应力的关系。

4.6.1 传感器应力解析模型

在平面靶板中嵌入传感器，使传感器平面平行于冲击波阵面，假设传感器处于准一维应变状态，这时传感器称为纵向计（或平行计）；当把传感器放在横截面位置，传感器平面垂直与冲击波阵面，同样可假设传感器处于准二维应变状态，这时传感器称为横向计。图 4.28 中示意地表明两种量计的埋入式安装方法：其中纵向计（又称平行计）的粘接平面平行于冲击波阵面，如图 4.28 (a)所示；其中横向计的粘接平面垂直于冲击波阵面，如图 4.28(b)所示。

利用横向计测量横向应力时必须同时应用纵向计测量轴向应力，也就是在一个实验试件中包含了两种量计——横向计和纵向计，见图 4.29。

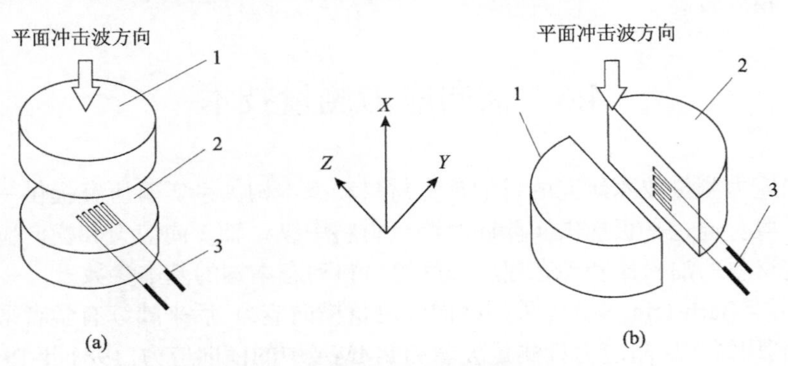

图 4.28 平行计和横向计的埋入方式

(a)平行计；(b)横向计

1，2-靶板；3-压阻计

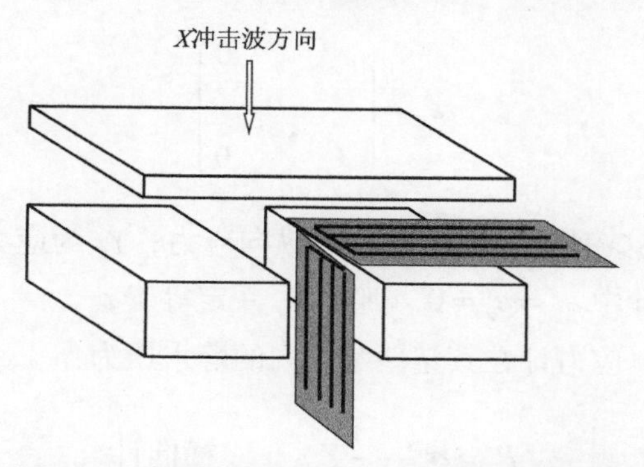

图 4.29　横向应力和纵向应力测试传感器安装

对横向计可作如下模型假定：

(1) 跨过应力计厚度方向的应力与希望能够测出来基体中的横向应力相同；

(2) 沿应力计宽度方向(ε_x)的应变与固体基体在平面冲击波阵面后的单轴应变相同；

(3) 沿着 z 方向（应力计的最大尺寸的那个方向）的应变为零。

利用这三个假定写出应力计在塑性状态（超出屈服）的应力应变张量如下：

$$\sigma_{ijg}=\begin{pmatrix}\sigma_y^{\mathrm{m}}+Y_{\mathrm{g}} & & 0\\ & \sigma_y^{\mathrm{m}} & \\ 0 & & \sigma_y^{\mathrm{m}}\end{pmatrix} \tag{4.25}$$

$$\varepsilon_{ij}=\begin{pmatrix}\varepsilon_x^{\mathrm{m}} & & 0\\ & \varepsilon_v-\varepsilon_x^{\mathrm{m}} & \\ 0 & & 0\end{pmatrix} \tag{4.26}$$

式中，上标 m 表示基体材料；下标 g 表示应力计；下标 x，y，z 表示应力方向，x 方向表示冲击波传播方向，y 方向表示表示应力计敏感栅宽度方向，z 方向表示应力计敏感栅长度方向；σ_y^{m} 是图 4.28(b)所示模型基体材料中的横向应力；Y_{g} 是应力计的屈服强度。既然我们已经假定应力计中 $\varepsilon_z=0$，那么 ε_v 一定等于 $\varepsilon_x+\varepsilon_y$。

同样对于纵向应力计，一维应变条件，在塑性状态（超出屈服）的应力应变张量为：

$$\sigma_{ijg}=\begin{pmatrix}\sigma_x^{\mathrm{m}} & & 0\\ & \sigma_x^{\mathrm{m}}-Y_{\mathrm{g}} & \\ 0 & & \sigma_x^{\mathrm{m}}-Y_{\mathrm{g}}\end{pmatrix} \tag{4.27}$$

$$\varepsilon_{ij}=\begin{pmatrix}\varepsilon_x^{\mathrm{m}} & & 0\\ & 0 & \\ 0 & & 0\end{pmatrix} \tag{4.28}$$

式中，σ_x^{m} 为图 4.28(a)所示模型基体中的纵向应力；Y_{g} 为应力计的屈服力。既然我们已经假定应力计中 $\varepsilon_y=\varepsilon_z=0$，那么 ε_v 一定等于 ε_x。

根据这些假定，应力计在其塑性范围内的静水压为：

$$P_{\mathrm{g}}=\sigma_y^{\mathrm{m}}+\frac{1}{3}Y_{\mathrm{g}} \qquad \text{横向计} \tag{4.29}$$

$$P_{\mathrm{g}}=\sigma_x^{\mathrm{m}}-\frac{2}{3}Y_{\mathrm{g}} \qquad \text{纵向计} \tag{4.30}$$

因此，横向应力能够通过测知横向计的静水压和屈服强度而得到，而应力计的屈服强度可以通过纵向应力计的标定实验而得到。这样横向应力测试的关键是要确定横向计的响应和静水压的关系。

4.6.2　横向应力计的标定

对于传感器微元，电阻变化的一般表达式可写为：

$$\frac{\Delta R}{R_0}=\left(\frac{\Delta\rho}{\rho_0}\right)_{\mathrm{HS}}+se_{\mathrm{L}}^{'}+\varepsilon_{\mathrm{V}}-2\varepsilon_{\mathrm{L}} \tag{4.31}$$

1971 年 Barsis 等通过静高压的实验研究，得到了锰铜材料的压缩曲线：

$$P=P(\varepsilon_{\mathrm{V}})=1160\varepsilon_{\mathrm{V}}+4120\varepsilon_{\mathrm{V}}^2 \tag{4.32}$$

再根据文献中提供的静水压阻系数关系：

$$\left(\frac{\Delta R}{R_0}\right)_{\mathrm{HS}}=2.4\times10^{-3}P \tag{4.33}$$

锰铜传感器在低于 15 kbar 的平面冲击波载荷下（单轴应变条件），呈弹性和线性变化，在此范围的压阻系数是：

$$\left(\frac{\Delta R}{R_0}\right)_{\mathrm{1D}}=1.95\times10^{-3}\sigma_x \tag{4.34}$$

式中，σ_x 单位是 kbar (1 bar = 0.1 MPa)。在一维弹性应变条件下，$\varepsilon_x=\varepsilon_{\mathrm{V}}$，则：

$$\sigma_x = (\lambda + 2G)\varepsilon_{\mathrm{V}} = [K + (4/3)G]\varepsilon_{\mathrm{V}} \tag{4.35}$$

对于锰铜，K =1160 kbar, G =435 kbar，则$[K + (4/3)G]$ = 1740 kbar，所以：

$$\left(\frac{\Delta R}{R_0}\right)_{1\mathrm{D}} = 1.95 \times 10^{-3} \times 1740\varepsilon_{\mathrm{V}} = 3.39\varepsilon_{\mathrm{V}} \tag{4.36}$$

根据式(4.31)至式(4.36)，传感器电阻相对变化一般表达式可写成：

$$\frac{\Delta R}{R_0} = 3.45\varepsilon_{\mathrm{V}} + 9.89\varepsilon_{\mathrm{V}}^2 + 0.18e_{\mathrm{L}}^{'} - 2\varepsilon_{\mathrm{L}} \tag{4.37}$$

可以假设传感器微元的长度比它的宽度和厚度大很多，沿传感器长度的应变为零，即 ε_{L} =0，这样对于箔片式传感器：

$$\frac{\Delta R}{R_0} = 1.95 \times 10^{-3}\sigma_x \quad \text{弹性} \tag{4.38}$$

$$\frac{\Delta R}{R_0} = 3.45\varepsilon_{\mathrm{V}} + 9.89\varepsilon_{\mathrm{V}}^2 - 5.17 \times 10^{-4} \quad \text{塑性} \tag{4.39}$$

4.6.3 锰铜计动态屈服强度 Y_{g} 的确定

得到锰铜纵向计标定曲线后，在标定曲线上等间隔取几个($\Delta R/R_0$，σ_x)点，把这些点的 $\Delta R/R_0$ 代入方程：

$$\frac{\Delta R}{R_0} = 3.45\varepsilon_{\mathrm{V}} + 9.89\varepsilon_{\mathrm{V}}^2 \mp 5.17 \times 10^{-4} \tag{4.40}$$

可以得到对应的 ε_{V} 值；再把得到的 ε_{V} 值代入到压缩曲线：

$$P = P(\varepsilon_{\mathrm{V}}) = 1160\varepsilon_{\mathrm{V}} + 4120\varepsilon_{\mathrm{V}}^2 \tag{4.41}$$

得到传感器在标定曲线上对应的静水压 P。根据 Tresca 或 Von-Mises 屈服准则和轴对称状态应力条件：

$$\begin{cases} \sigma_x - \sigma_y = Y_{\mathrm{g}} \\ \sigma_y = \sigma_z \\ P = \dfrac{\sigma_x + \sigma_y + \sigma_z}{3} \end{cases} \tag{4.42}$$

得出：

$$Y_g = 1.5(\sigma_x - P) \tag{4.43}$$

取第 4.5 节中标定曲线上 1.5～9.0 GPa 范围的数据计算，可算出锰铜材料的对应标定曲线的不同的屈服强度值，见表 4.3。对表 4.3 中 σ_x 和 Y_g 的数据进行二次拟合，则：

$$Y_g = 0.602 + 0.082\sigma_x + 0.0065\sigma_x^2 \qquad (1.5\sim9.0\ \text{GPa}) \tag{4.44}$$

表 4.3　标定曲线换算表

σ_x(GPa)	$\Delta R/R_0$	体应变 ε_V	P_g(GPa)	Y_g(GPa)
1.629	0.034	0.0094	1.127	0.752
1.738	0.037	0.0102	1.230	0.763
1.995	0.044	0.0121	1.468	0.791
2.216	0.050	0.0138	1.673	0.815
4.091	0.100	0.0267	3.394	1.045
4.857	0.120	0.0317	4.089	1.152
6.023	0.150	0.0389	5.137	1.330
6.813	0.170	0.0436	5.840	1.460
8.015	0.200	0.0504	6.899	1.674
9.237	0.230	0.0571	7.963	1.911

根据表 4.3 的数据绘制的冲击应力 σ_x 和锰铜计动态屈服强度 Y_g 的关系曲线，见图 4.30。同时把国外文献中 Rosenberg 的锰铜计动态屈服强度关系曲线标在图 4.30

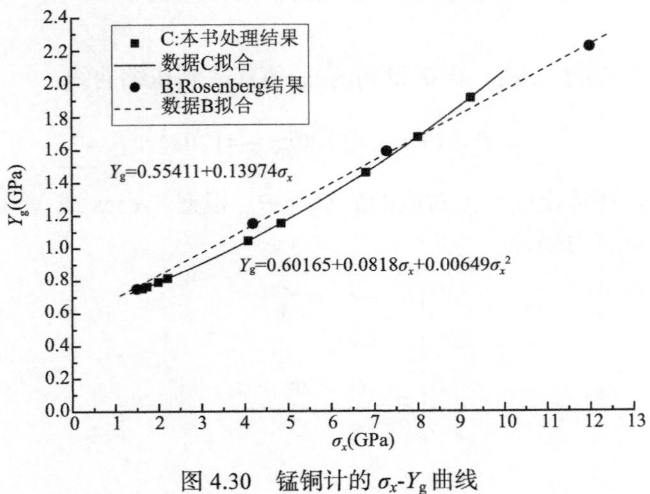

图 4.30　锰铜计的 σ_x-Y_g 曲线

上，图中带“■”的曲线为本文处理结果，带“●”的直线为 Rosenberg 等的结果。由图 4.30 可以看出，本书的锰铜计的动态屈服强度的起始点在(1.6, 0.75)附近，与理论分析结果和 Rosenberg 等的起始点(1.5, 0.75)的结果很接近，两条线的增长趋势也大致相同，随着动态载荷或应变率的增加，动态屈服强度也增加，只是本文的是以二次曲线形式增加，而 Rosenberg 等的是以直线形式增加，这与标定结果密切相关。本书范围的动态屈服强度 Y_g 的值相对于 Rosenberg 的值最大相差 8%，这给以后的横向应力计算带来的误差小于 1%，说明本书的结果在 1.5～9.0 GPa 范围冲击加载下是可用的。

4.6.4　横向应力计在不同材料中的响应及分析

实验在北京理工大学的 Φ37 mm 一级轻气炮上进行。高速同步脉冲恒流源对锰铜计输出的电阻变化信号进行转换，采用数字存储示波器 TDS540 记录压力信号。

实验的飞片速度从约 200 m/s 到 600 m/s，飞片材料用 45#钢厚度为 2.5 mm，或抗弹陶瓷，厚度为 4 mm。实验中使用的锰铜应力计和康铜应变计为同一双 Π 型版式，厚度为 0.1 mm，阻值为 0.1～0.2 Ω。用环氧树脂胶进行封装、固定，封装过程确保传感器周围没有封入空气。横向计设计在对称中心附近，两边试件尺寸尽可能大，防止侧向稀疏影响。

为验证康铜计没有压阻效应，同时在陶瓷试件中对称位置安装双 Π 型纵向锰铜计和康铜计，实验装置如图 4.31 所示。

图 4.32 是该实验装置获得的记录曲线，其中通道 CH2 为纵向康铜计输出曲线，通道 CH4 为纵向锰铜计输出曲线。可以看出在冲击波到达锰铜计有电压变化时，康铜计没有电压变化，即受到压力载荷作用时纵向康铜计电阻不发生变化，ΔR=0。由此可见康铜计作为横向计使用时，可以得到由应变产生的电阻变化，因

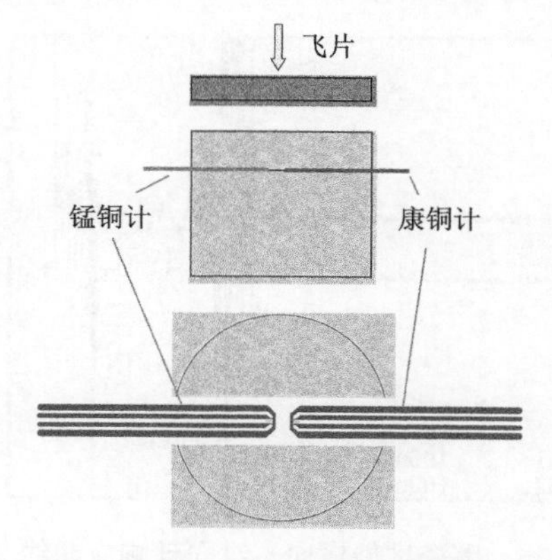

图 4.31　试验加载和传感器安装

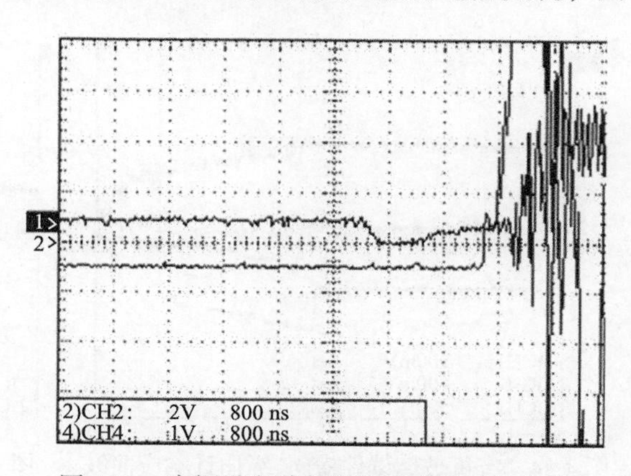

图 4.32　康铜纵向计与锰铜纵向计对比曲线

此可利用康铜计的横向布置，来确定锰铜计横向布置时的应变效应。也就是说，可以通过横向康铜计来补偿横向锰铜计的应变效应，得到“纯净的”横向应力产生的电阻变化，这时即可用一维应变纵向应力标定的传感器压阻系数来计算横向应力。

为研究不同材料中横向应力计响应的差异，传感器分别埋入有机玻璃PMMA和Al_2O_3陶瓷材料试件中，安装方式见图4.33。图4.34是有机玻璃试件横向、纵向计响应曲线，其中通道CH1是纵向锰铜计曲线，通道CH2是横向锰铜计曲线，通道CH2是横向康铜计曲线；图4.35是陶瓷试件横向、纵向计响应曲线。处理得到不同材料中锰铜纵向应力计和横向应力计的电阻变化率对比如表4.4所示。

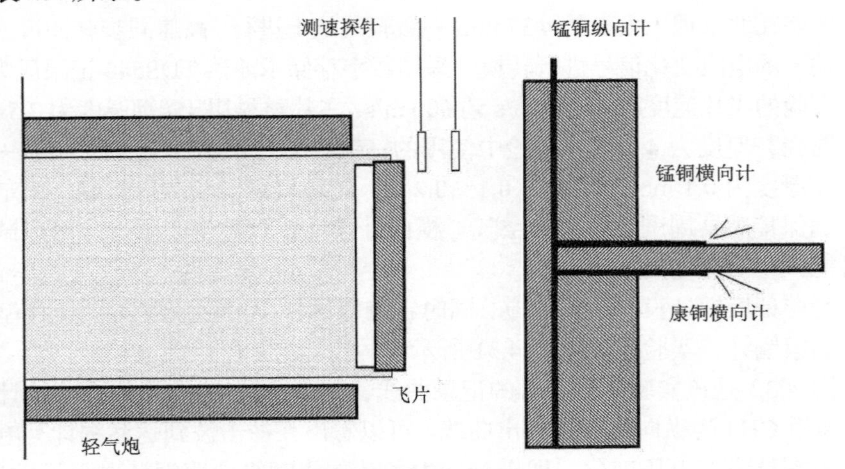

图4.33　试验加载和传感器安装

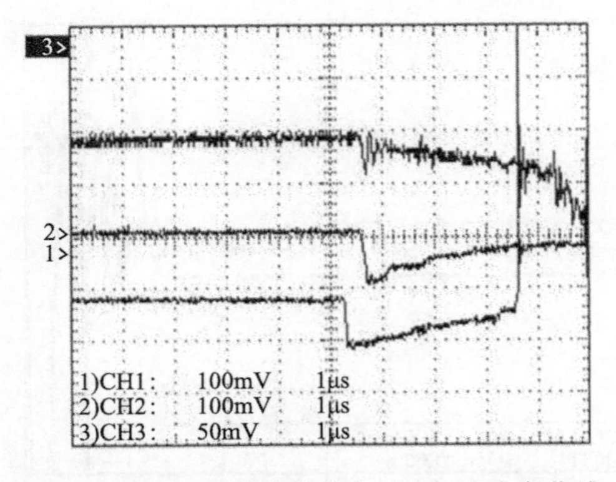

图4.34　有机玻璃试件横向、纵向计响应曲线

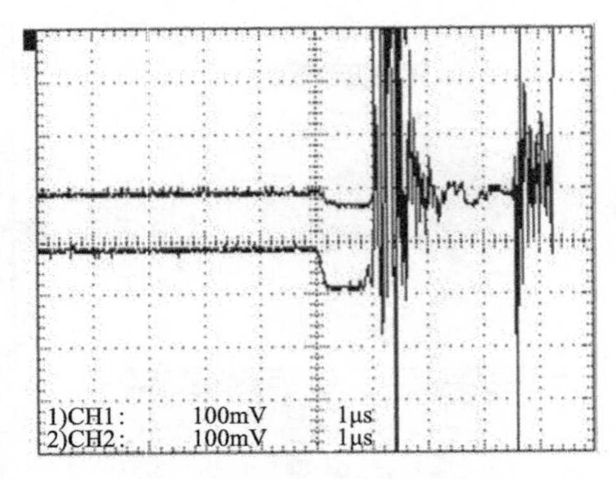

图4.35　陶瓷试件横向、纵向计响应曲线

表 4.4　不同材料中纵向计、横向计电阻变化率对比

试件材料	PMMA	Al_2O_3
锰铜纵向计$(\Delta R/R_0)_x$	0.0477	0.1125
锰铜横向计$(\Delta R/R_0)_y$	0.0671	0.0361
康铜横向计$(\Delta R/R_0)_{yc}$	0.0049	—

表中数据显示，在有机玻璃材料中，锰铜横向计的输出比锰铜纵向计的输出要大，而在抗弹陶瓷材料中，锰铜横向计的输出比锰铜纵向计的输出要小。在平面冲击载荷作用下，材料中的横向应力不可能大于纵向应力，因此在有机玻璃中，锰铜横向计的输出不直接反映有机玻璃中的横向应力。

上述实验现象与应力计材料和基体材料的屈服强度有关，现简要地把分析结论阐述如下。应力计的电阻变化与其体应变有一一对应关系，其体应变与其静水压有一一对应关系。图 4.36 为纵向计的加载示意图，图 4.37 为横向计的加载示意图。

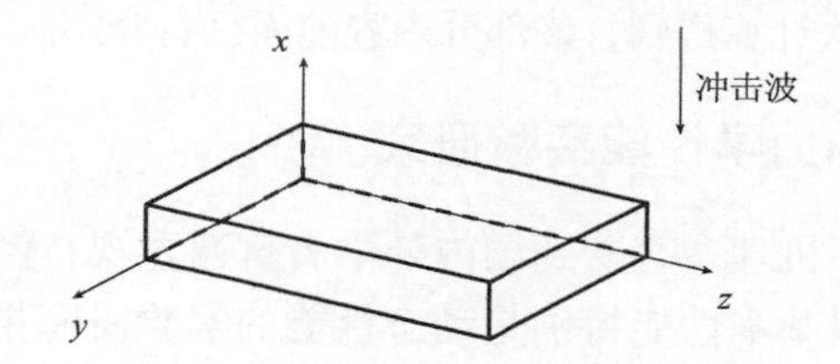

图 4.36　纵向计敏感部分加载示意图

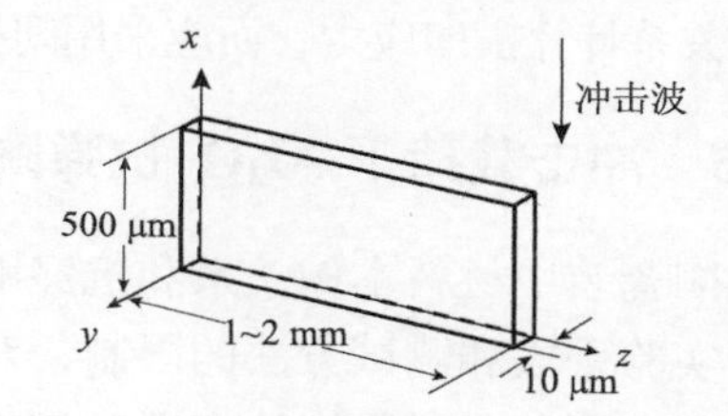

图 4.37　横向计敏感部分加载示意图

只考虑应力计处于屈服状态的情况，由假定可得：

对于纵向计

$$\left.\begin{aligned}\sigma_x^{\mathrm{g}} &= \sigma_x^{\mathrm{m}} \\ \sigma_y^{\mathrm{g}} = \sigma_z^{\mathrm{g}} &= \sigma_x^{\mathrm{g}} - Y_{\mathrm{g}}\end{aligned}\right\} \Rightarrow P_{纵} = \sigma_x^{\mathrm{m}} - \frac{2}{3}Y_{\mathrm{g}} \tag{4.45}$$

对于横向计

$$\left.\begin{aligned}&\left.\begin{aligned}\sigma_y^{\mathrm{g}} &= \sigma_y^{\mathrm{m}} \\ \sigma_x^{\mathrm{g}} = \sigma_z^{\mathrm{g}} &= \sigma_y^{\mathrm{g}} + Y_{\mathrm{g}}\end{aligned}\right\} \Rightarrow P_{横} = \sigma_y^{\mathrm{m}} + \frac{1}{3}Y_{\mathrm{g}} \\ &\sigma_y^{\mathrm{m}} = \sigma_x^{\mathrm{m}} - Y_{\mathrm{m}}\end{aligned}\right\} \Rightarrow P_{横} = \sigma_x^{\mathrm{m}} - Y_{\mathrm{m}} + \frac{1}{3}Y_{\mathrm{g}} \tag{4.46}$$

有

$$P_{纵} - P_{横} = Y_{\mathrm{m}} - Y_{\mathrm{g}} \tag{4.47}$$

式中，下标 x 表示纵向；y 表示横向；m 表示靶板材料；g 表示应力计；Y 为动态

屈服强度。而对于纵向计和横向计均有

$$\frac{\Delta R}{R}=F(\varepsilon_{\mathrm{V}})=G(P) \tag{4.48}$$

因此，横向计和纵向计的响应的相对关系与其动态屈服强度有关。从上面的分析可以看到，如果应力计进入塑性区，当应力计的屈服强度比基体材料的屈服强度高时，横向计的输出大于纵向计的输出，当应力计的屈服强度比基体材料的屈服强度低时，横向计的输出始终小于纵向计的输出；这就是实验 crossover 现象的产生机理。上述的分析只是定性的分析，对于有些假定，理由不是十分充分，但是已经可以对实验现象进行清楚的解释。对于未进入材料的塑性状态的分析在这里就不赘述。

上述分析表明，对于屈服强度大于锰铜的材料的横向应力测试，如陶瓷材料可通过横向康铜补偿的技术，直接采用标定的传感器压阻关系计算横向应力。而对于屈服强度小于锰铜的材料的横向应力测试，如有机玻璃 PMMA，就不能采用传感器压阻关系计算横向应力，而应采用间接办法计算得到，该部分内容前面已有介绍。

4.6.5　冲击载荷下 Al_2O_3 抗弹陶瓷的力学性能实验研究

陶瓷装甲材料本构关系和抗穿甲破坏机理一直受到国内外学者普遍重视，但由于实验手段和测试方法的限制，对材料基本性能特别是动态性能的实验研究相对较少，限制了对陶瓷抗穿甲破坏机理的认识和陶瓷材料的应用。通过一维平面撞击实验，测量 Al_2O_3 抗弹陶瓷材料中的冲击波速度、飞片速度、纵向应力、横向应力，得到了 Al_2O_3 抗弹陶瓷的 *D-u* 关系，以及抗弹陶瓷在 3～11 GPa 压力范围内横向应力和纵向应力关系，进而得到了抗弹陶瓷的动态剪切强度随纵向应力的变化规律。

1. 抗弹陶瓷的 *D-u* 关系

在 Φ37 mm 一级轻气炮上进行同质抗弹陶瓷材料飞片与靶板撞击实验，实验中用刷子探针测量飞片撞击速度。由于陶瓷材料为非导体，专门设计了自导通刷子探针，可测量非导电材料的运动速度。

采用同一轴线上的三个锰铜计来测量抗弹陶瓷材料的冲击波速度，以确定 *D-u* 关系，由于飞片倾斜带来的相对误差为$(1-\cos\theta)$，θ 为飞片偏转角，实验可控制 $\theta\leqslant 2^{\circ}$，所以由于飞片倾斜带来的相对误差小于 0.1%，同时在处理数据时应考虑封装材料厚度的影响。实验装置如图 4.38，典型的实验记录如图 4.39 所示。运用阻抗匹配技术，该实验还可对锰铜压阻应力计进行标定。

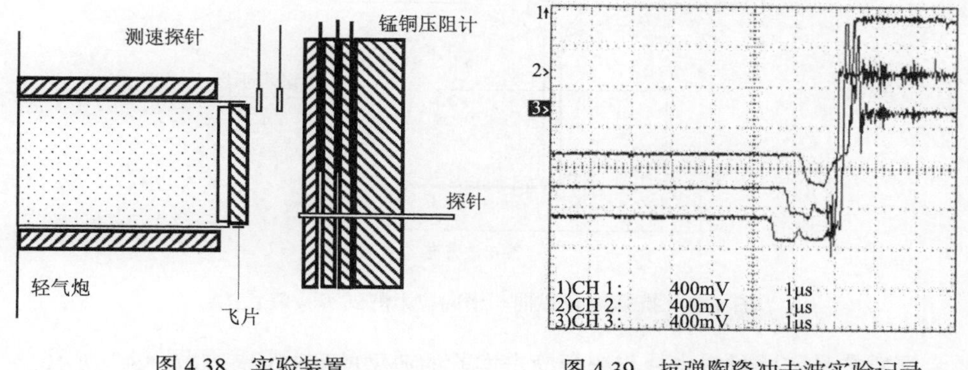

图 4.38　实验装置　　　图 4.39　抗弹陶瓷冲击波实验记录

实验测试可以得到飞片速度 V 和材料中的冲击波时程 x-t 数据，处理冲击波时程 x-t 数据可得相应的冲击波速度 D。由于飞片与靶板均为抗弹陶瓷材料，所以材料中冲击波后粒子速度等于飞片速度的一半，即 u_p=0.5 V。根据抗弹陶瓷的 D、u_p 实验数据作线性拟合，可以得到 D-u 平面上的抗弹陶瓷 D-u_p 关系：$D=5717+10.7u_p$，单位 m/s，其相关系数 r=0.998，如图 4.40 所示。

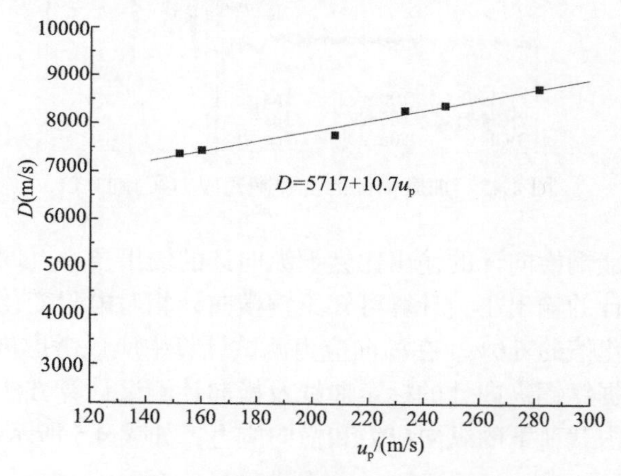

图 4.40　抗弹陶瓷 D-u_p 关系曲线

2. 冲击载荷下纵向、横向应力

为研究抗弹陶瓷材料的动态力学性能，在 Φ37 mm 一级轻气炮上进行了抗弹陶瓷材料的平面一维撞击实验，同时测量冲击载荷作用下陶瓷的纵向、横向应力。实验装置如图 4.41 所示，飞片、靶板材料均为抗弹陶瓷。靶板中放置了锰铜纵向计和锰铜横向计，采用环氧树脂进行封装，为进一步分析锰铜横向计的应力应变状况，部分实验同时放置了康铜横向计。实验的飞片速度从 200 m/s 到 600 m/s。

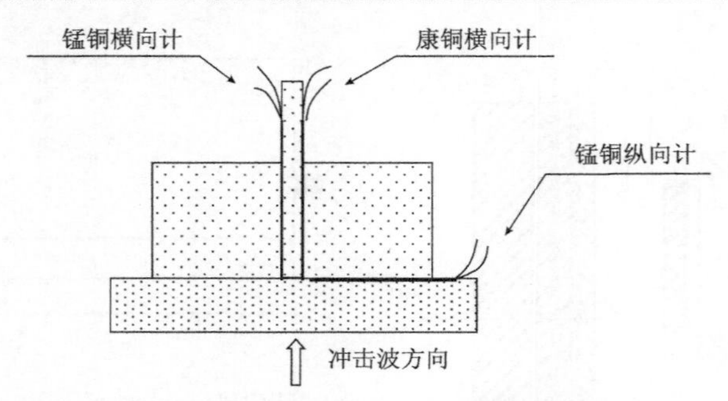

图 4.41　抗弹陶瓷纵向、横向应力测试实验装置图

同质抗弹陶瓷材料飞片与靶板撞击实验的典型的实验记录如图 4.42 所示。

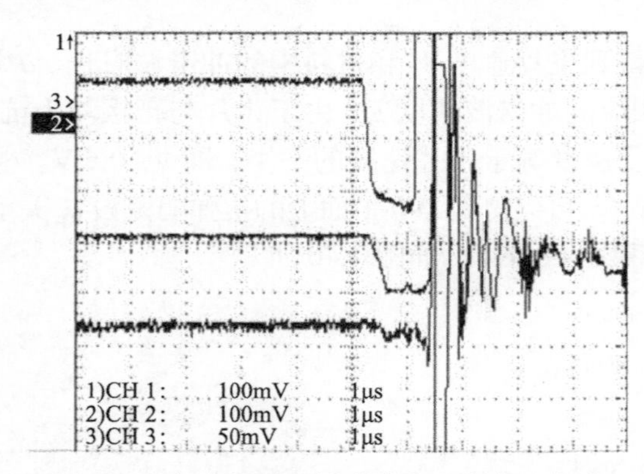

图 4.42　加康铜计的抗弹陶瓷应力实验曲线

可以看出，锰铜横向计的输出比锰铜纵向计的输出要小，同时康铜横向计的输出比锰铜横向计的输出小，计算可知康铜横向计相对电阻变化值约为锰铜横向计的相对电阻变化值的 6.0%，在横向应力测试计算中应该考虑进去，即康铜横向计补偿技术。根据锰铜纵向计的标定曲线及横向计测试计算方法，可同时得到抗弹陶瓷在不同冲击载荷下的纵向应力和横向应力，如表 4.5 所示。

表 4.5　纵向、横向和剪切应力测试结果

序号	纵向		横向		$2\tau=\sigma_X-\sigma_Y$(GPa)
	$\Delta R/R$	σ_X(GPa)	$\Delta R/R$	σ_Y(GPa)	
1	0.07764	3.106	0.02697	0.925	2.181
2	0.11250	4.500	0.03611	1.347	3.153
3	0.16298	6.519	0.04908	1.945	4.574
4	0.17737	7.095	0.05899	2.401	4.694

续表

序号	纵向		横向		$2\tau=\sigma_X-\sigma_Y$(GPa)
	$\Delta R/R$	σ_X(GPa)	$\Delta R/R$	σ_Y(GPa)	
5	0.18532	7.413	0.06482	2.670	4.743
6	0.19091	7.636	0.06832	2.832	4.804
7	0.20359	8.144	0.07671	3.218	4.926
8	0.23353	9.341	0.07778	3.268	6.073
9	0.27359	10.943	0.08011	3.375	7.568
10	0.27607	11.043	0.10735	4.631	6.412
11	0.27778	11.111	0.10989	4.748	6.363

把所有的实验数据都标在一张图上，如图 4.43 所示。横坐标为测得的纵向应力，纵坐标为测得的横向应力和 2 倍剪应力。可以看出，曲线在纵向应力 6.52 GPa、8.14 GPa、10.9 GPa 处有三个拐点。

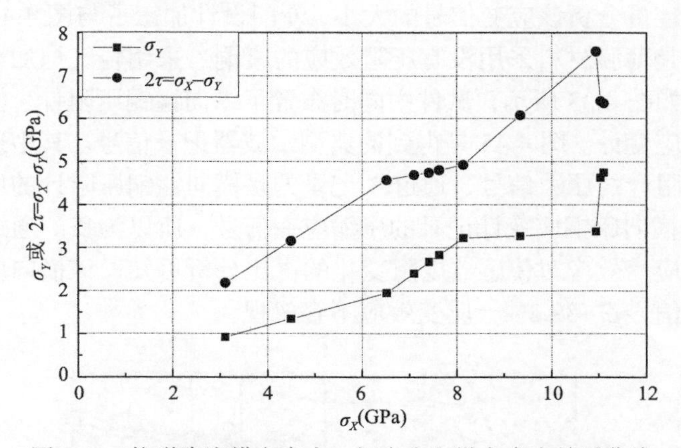

图 4.43　抗弹陶瓷横向应力、切应力和纵向应力关系曲线

实验结果及抗弹陶瓷材料在冲击载荷下的响应规律，可为研究该材料的动态本构关系、抗弹性能及破坏机理提供依据。

4.6.6　PMMA 材料动态剪切强度测量

确定材料在动态载荷作用下的屈服强度是动态测试领域中一个重要的课题，对于材料的动态特性研究具有重要意义。研究发现使用压阻计进行横向应力测试时，如果压阻计结构不合理，特别是较低压力量程的栅箔式锰铜横向应力计，测量的横向应力结果精度较差，影响进一步的分析。为提高测试精度，这里设计了新型的 50 Ω 窄栅箔式低压锰铜横向压阻计，以适应低压下横向应力的测量。在轻气炮上通过一维平面撞击实验，同时测量了有机玻璃材料在冲击载荷条件下的横向应力和纵向应力，得到了有机玻璃材料的 σ_X–σ_Y，为研究有机玻璃材料的动态本构关系提供基本的实验参数。

1. 横向计的改进设计与验证

采用如图 4.44 所示原横向压阻传感器进行测试时发现，横向压阻传感器信号中叠加了较大的纵向应变信号。

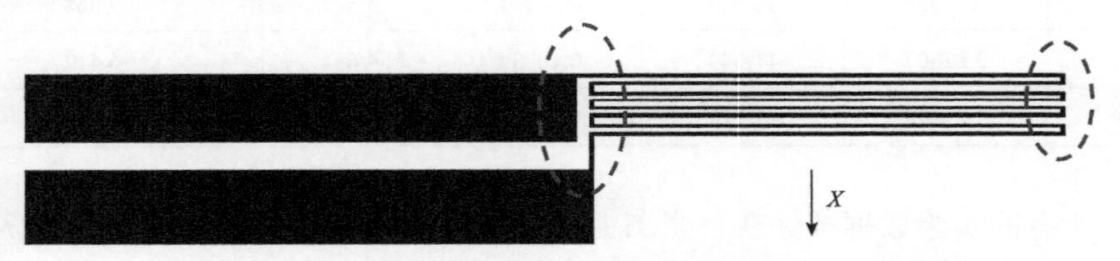

图 4.44　原 50 Ω 横向压阻传感器(SE：8×1，50 Ω±2 Ω)

为验证和定量分析该应变信号的大小，专门设计加工了与图 4.44 结构完全一样的量计，只是薄膜材料采用没有压阻效应的康铜。采用轻气炮加载飞片进行平面撞击试验，如图 4.33 所示，试件中同时布置了纵向锰铜压阻计、横向锰铜压阻计和横向康铜应变计。图 4.45 是得到的典型示波器记录信号。其中通道 2 记录的是纵向锰铜压阻计的压力信号，通道 3 记录的是横向锰铜压阻计的压力信号，通道 4 记录的是横向康铜应变计记录的压缩应变信号，所以为负。通过横向应力计的压阻效应和应变效应对传感器电阻变化的占比分析可知，该横向应力传感器输出信号中应变信号占−39.2%，应变效应不容忽视。

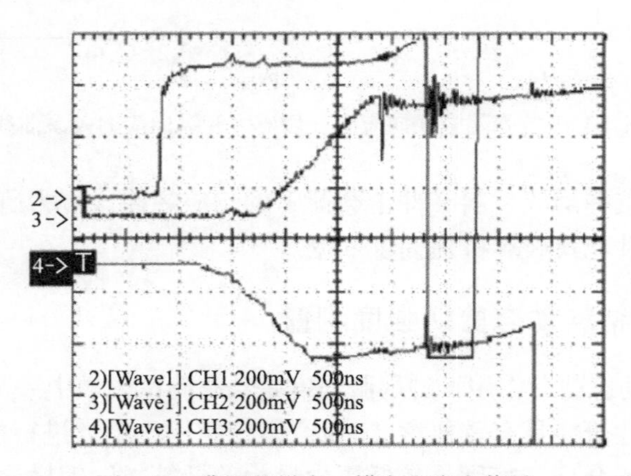

图 4.45　典型的纵向、横向和应变信号

分析可知，产生应变信号较大的原因是电阻丝转折处受冲击波作用产生纵向方向的应变而带来的电阻值的变化。原来设计的压阻计中这部分电阻丝的总电阻值占整个敏感部分电阻的比例达到了 7%～10%，这样，由于纵向方向的应变引起的电阻增量在横向应力计的输出中就占了不可忽略的一部分。

为了消除纵向应变对横向压阻传感器的干扰，为横向应力的测量专门设计的 50 Ω 窄栅箔式低压锰铜横向压阻计，如图 4.46 所示。将压阻计敏感部分电阻丝长度方向设计成与冲击波传播方向垂直，减少了由于纵向方向的应变引起的电阻变化。同时将电阻丝转折处做成宽条状，转折处电阻丝的总电阻占整个敏感部分电阻的比例小于 1%，这样，由纵向应变引起的电阻增量在横向计的输出中就可以忽略不计了。

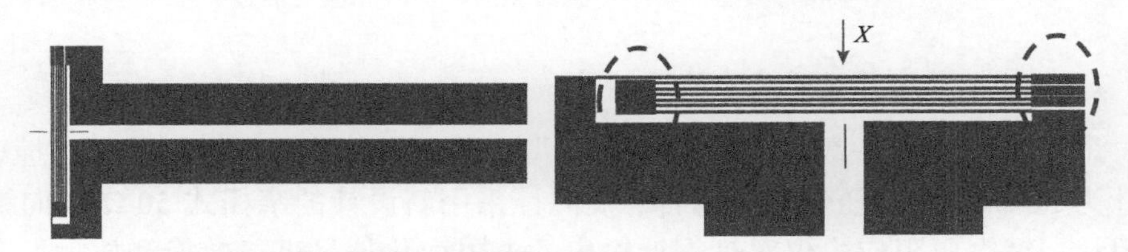

图 4.46　新型 50 Ω 横向压阻传感器（SE: 9×1, 50 Ω±2 Ω）

采用新设计的新型 50 Ω 横压阻传感器，实物照片如图 4.47 所示。同样也设计加工了与图 4.46 形状相同的康铜应变计。按图 4.33 相同的安装方式进行平面飞片撞击试验，同时布置纵向锰铜压阻计、横向锰铜压阻计和横向康铜应变计。

图 4.47　50 Ω 窄栅箔式低压锰铜横向压阻计

图 4.48 是典型的新型传感器纵向、横向和应变信号，其中通道 2 记录的是纵向锰铜压阻计的压力信号，通道 3 记录的是新型横向锰铜压阻计的压力信号，通道 4 记录的是新型横向康铜应变计记录的压缩应变信号。对比图 4.45 和图 4.48 信号特征，可见，新型横向康铜应变计输出信号很小。进一步量化分析横向应力传感器的压阻效应和应变效应对传感器电阻变化的占比，可知该横向应力传感器输出信号中应变信号占–4.5%，应变效应可不考虑或者在计算时进行补偿。

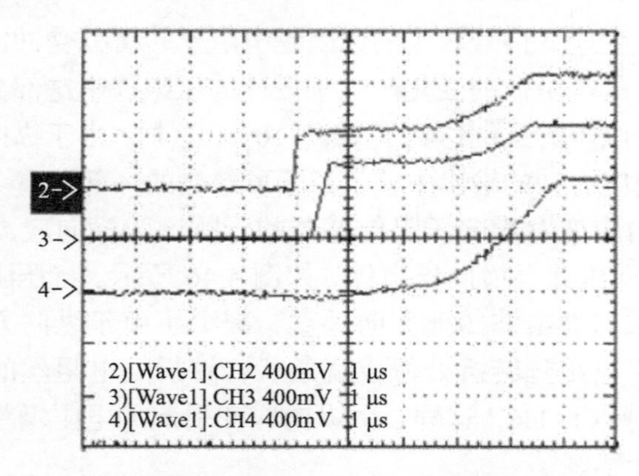

图 4.48　典型的新型传感器纵向、横向和应变信号

2. PMMA 动态屈服强度实验及结果

采用 $\Phi37$ mm 一级轻气炮加载金属飞片对有机玻璃靶板进行平面碰撞，纵向计为 50 Ω 栅式低压锰铜压阻计，横向计采用新设计的窄栅式 50 Ω 横向锰铜压阻计；锰铜压阻应力仪对锰铜计输出的电阻变化信号进行转换和放大。实验用有机玻璃的密度 $\rho_{\mathrm{PMMA0}}=1.184\ \mathrm{g/cm^3}$，用刷子探针测量飞片撞击速度，图 4.49 为传感器安装图。

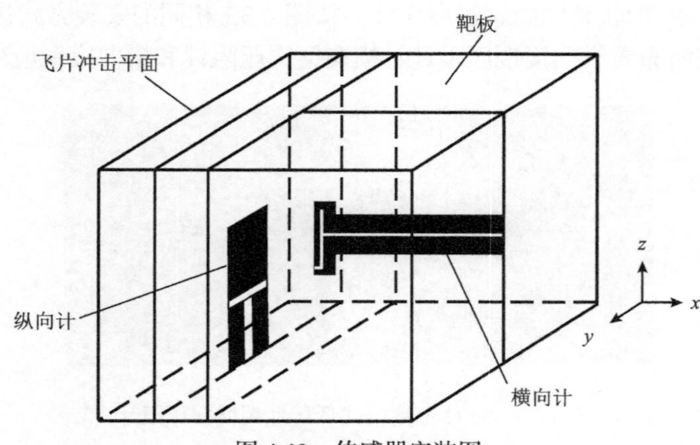

图 4.49　传感器安装图

采用数字存储示波器 TDS540 记录试验波形，图 4.50 是典型的实验记录，图中波形 2 是纵向锰铜计在一维冲击载荷下的压阻信号；波形 3 是横向锰铜计的输出信号。

根据实验中锰铜计输出的波形，可得到对应的 $\Delta R/R$ 值。根据前面的方法可确定有机玻璃中的横向、纵向应力以及 $\sigma_X-\sigma_Y$。表 4.6 给出了计算结果。

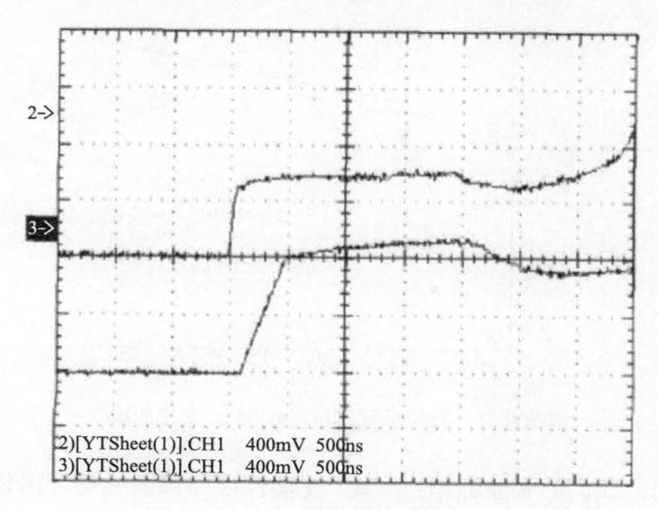

图 4.50　典型的实验记录

表 4.6　$\sigma_X-\sigma_Y$ 结果

序号	横向				纵向				$Y'=\sigma_X'-\sigma_Y$(GPa)
	$(\Delta R/R)_X$	P(GPa)	Y_g(GPa)	σ_X'(GPa)	$(\Delta R/R)_Y$	P(GPa)	Y_g(GPa)	σ_Y(GPa)	
1	0.0076	0.2640	0.75	0.3960	0.0079	0.2754	0.75	0.2065	0.1895
2	0.0048	0.1662	0.75	0.2493	0.0093	0.3182	0.75	0.2387	0.0106
3	0.0054	0.1577	0.75	0.2815	0.0094	0.3226	0.75	0.2420	0.0395
4	0.0093	0.3222	0.75	0.4833	0.0120	0.4103	0.75	0.3077	0.1730
5	0.0101	0.3496	0.75	0.5245	0.0126	0.4336	0.75	0.3252	0.1993
6	0.0107	0.3702	0.75	0.5553	0.0127	0.4387	0.75	0.3290	0.2263
7	0.0078	0.2705	0.75	0.4058	0.0140	0.4787	0.75	0.3590	0.0470
8	0.0124	0.4284	0.75	0.6427	0.0160	0.5512	0.75	0.4134	0.2293
9	0.0255	0.8720	0.75	1.3065	0.0373	1.3070	0.7651	1.0520	0.2540
10	0.0362	1.2691	0.7610	1.7764	0.0500	1.7481	0.8127	1.4770	0.2775

3．实验结果分析

把有机玻璃的纵向应力与对应的 $\sigma_X-\sigma_Y$ 的实验数据都标在一张图上，横坐标为纵向应力值 σ_X，纵坐标为 $\sigma_X-\sigma_Y$ 值，如图 4.51 所示。

图中的实线是文献中的数据进行拟合后得到的塑性段有机玻璃 $\sigma_X-\sigma_Y$（即动态屈服强度）随纵向应力 σ_X 的变化曲线，数据用“●”标示出来，拟合曲线为：

$$Y_{\mathrm{PMMA}}(\sigma_X)=0.22165+0.028888\sigma_X(1.665\ \mathrm{GPa}\leqslant\sigma_X\leqslant 2.291\ \mathrm{GPa}) \tag{4.49}$$

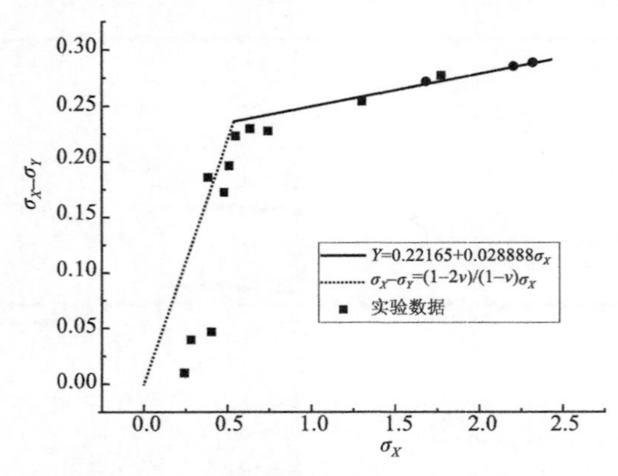

图 4.51 有机玻璃的($\sigma_X-\sigma_Y$)随 σ_X 变化曲线

可以看到，我们的实验数据点“■”在塑性段与该曲线符合得较好。

图中虚线是有机玻璃弹性段理论分析曲线。在弹性段，冲击应力 σ_X 高于 0.4 GPa 时的数据与理论分析结果符合得较好，在 σ_X 低于 0.4 GPa 时与理论曲线相差比较大。我们分析认为可能是因为轻气炮是 37 mm 的口径，试件比较小，导致在飞片低速时侧向稀疏波来得相对较快，使得压缩信号里掺杂了部分拉伸信号，因此这些数据点的 $\sigma_X-\sigma_Y$ 值与理论值相差较大。而在较高速时，侧向稀疏波来得相对较慢，使得对应的这部分数据与理论曲线符合得较好。因此，建议以后可以在较大口径的轻气炮上对有机玻璃的 $\sigma_X-\sigma_Y$ 开展更深一步的实验研究。

4.7 应用实例

4.7.1 雷管和导爆索的端部输出压力测量

雷管和导爆索等是传爆序列中的重要部件，其端部输出压力是评价传爆能力的重要指标之一。为雷管输出压力测量专门设计的 H 型锰铜压阻计敏感元件尺寸较小，长 0.6 mm，宽 0.15 mm，适用于测量雷管和导爆索的端部输出压力。由于雷管（或导爆索）试件尺寸很小，透射冲击波波阵面不是一个平面，而是一个曲面，所以纵向锰铜计的记录波形中既包含了“压阻效应”，又包含了“横向拉伸应变效应”。为了消除锰铜计的记录中的横向拉伸应变效应，需要在相同测量条件下采用 H 型纵向康铜应变传感器来测量横向拉伸应变效应值。

图 4.52 定性地绘制了纵向康铜计记录，由于纵向康铜计既无轴向应变效应，又无压阻效应，所以纵向康铜计仅记录了“横向应变效应”。两种传感器在相同的实验条件下做实验，得到两个不同记录波形，见图中曲线 c、曲线 b，两

波形相减之后消去了“横向应变效应”，得到了修正之后的纯压力信号波形，见图中曲线 a。然后根据锰铜计的压阻系数推算出压力 P（或应力）随时间变化的过程。

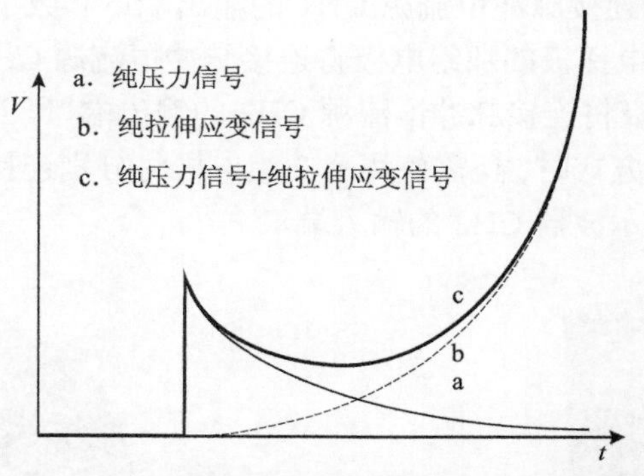

图 4.52　邻近雷管端部的压阻计记录信号分析

通常测量有机玻璃中的邻近雷管和导爆索端部的透射冲击波强度，来表征雷管或导爆索的输出能力。

用压阻法测量 LD-1 火花式高压电雷管端部输出压力的实验装置如图 4.53 所示，该装置中包含有耦合材料、小型爆炸容器、双绞线、高压电雷管、有机玻璃块、有机玻璃片、H 型锰铜计、锰铜计电极、钢制基座和起爆电极等，其中 3 组电极将分别连接脉冲恒流源、脉冲变压器（高压起爆电源）和数字存贮示波器；其中小型爆炸容器实物照片如图 4.54 所示；图 4.55 是安装了雷管试件的基座。

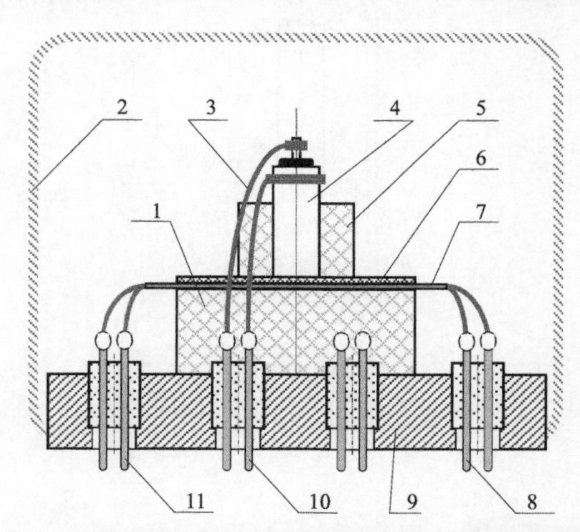

图 4.53　压阻法测量 LD-1 雷管输出压力实验装置示意图

1-耦合材料；2-小型爆炸容器；3-双绞线；4-高压电雷管；5-有机玻璃块；6-有机玻璃片；7-H 型锰铜计；8-锰铜计电极；9-钢制基座；10-起爆电极；11-锰铜计电极

用压阻法测量 8 号电雷管端部输出压力的实验装置如图 4.56 所示，该装置中包含有耦合材料、小型爆炸容器、双绞线、8 号电雷管、触发电探极、有机玻璃块、有机玻璃板、H 型锰铜计、锰铜计电极、钢制基座和起爆电极等；其中锰铜计的 2 组电极将分别连接脉冲恒流源 CH1 的输出端口和数字存储示波器 CH1 的输入端口；接有触发电探极的那组电极将连接脉冲恒流源 CH1 的触发端口；接有 8 号电雷管的那组电极将连接脉冲恒流源 CH2 的输出端口。当采用 H 型锰铜计和 H 型康铜计同步测量方式时，还需使用另 2 组电极将分别连接脉冲恒流源 CH3 的输出端口和数字存储示波器 CH2 的输入端口。

图 4.54　小型爆炸容器

图 4.55　安装了试件的基座

1-LD1 雷管；2-PMMA；3-H 型锰铜计；4-基座

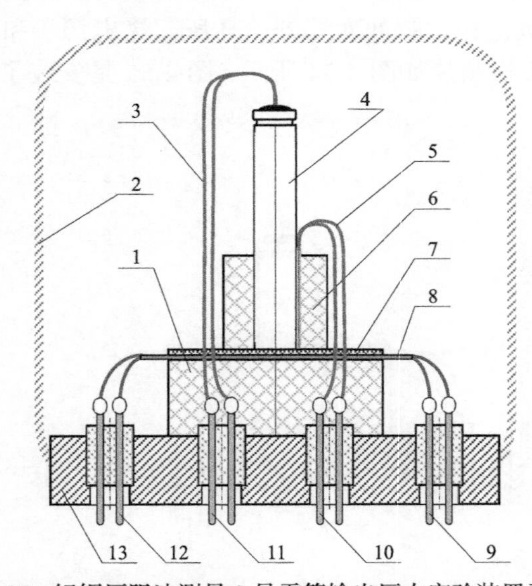

图 4.56　锰铜压阻法测量 8 号雷管输出压力实验装置示意图

1-耦合材料；2-小型爆炸容器；3-双绞线；4-8 号电雷管；5-触发电探极；6-有机玻璃块；7-有机玻璃板；8-H 型锰铜计；9-锰铜计电极；10-触发电极；11-起爆电极；12-锰铜计电极；13-钢制基座

由于 LD-1 微秒雷管和 8 号雷管的输出响应时间特性不同，LD-1 微秒雷管输出偏差是微秒量级，而 8 号雷管的输出偏差是毫秒量级，因此两种雷管的端部输出压力测量系统同步方式不同，以适应其输出时间特性。

锰铜压阻法测量 LD-1 雷管输出压力的系统如图 4.57 所示。该系统是由高速同步脉冲恒流源（同步开关为“开”状态）、脉冲变压器、H 型锰铜计、LD-1 高压电雷管和数字存储示波器等组成。当手动触发后，恒流源两个通道同时输出电流脉冲，其中一个通道向锰铜计供电，另一个通道向脉冲变压器供电，变压器次级产生约 10 kV 脉冲高压，此高电压脉冲用于引爆 LD1 雷管。

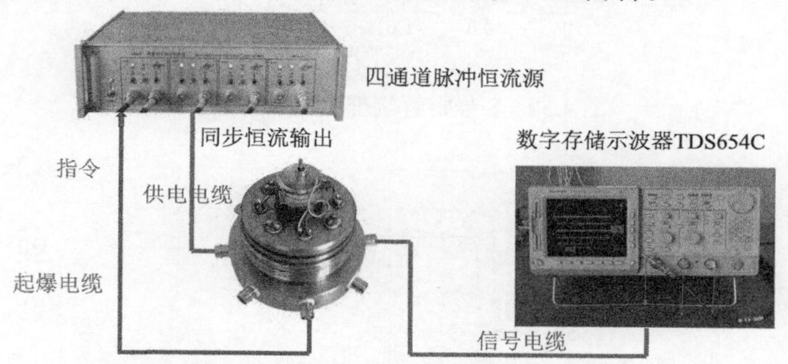

图 4.57　锰铜压阻法测量 LD-1 雷管输出压力布置图

锰铜压阻法测量 8 号雷管输出压力的系统如图 4.58 所示。该系统是由高速同步脉冲恒流源（同步开关为“关”状态）、触发电探极、H 型锰铜计、8 号电雷管和数字存储示波器等组成。此系统中选定恒流源中两个通道分别承担起爆 8 号电雷管和向锰铜计供电，两通道各自独立工作；承担起爆 8 号电雷管的通道需要用手动触发。

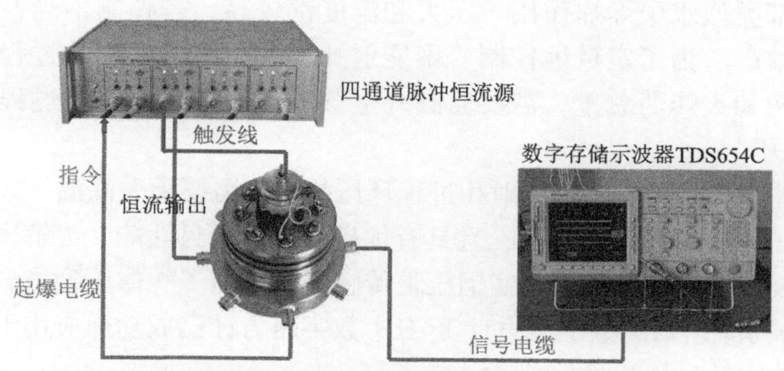

图 4.58　锰铜压阻法测量 8 号雷管输出压力布置图

图 4.59 和图 4.60 分别是典型的 8 号电雷管和 LD-1 雷管爆炸输出压力曲线，可以看出 LD-1 雷管压力曲线的横流源基线上有振荡干扰信号，应该是 LD-1 雷管

起爆时的干扰信号。

作者黄正平设计的雷管端部输出压力测量实验，作为教学实验也有多年的历史。由于该项实验操作方便、安全可靠、失误率小，已成为经典的爆炸技术教学实验。

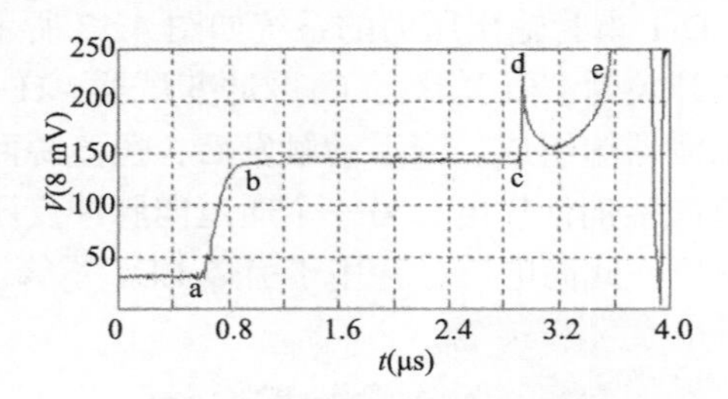

图 4.59　8 号雷管端部输出压力典型记录

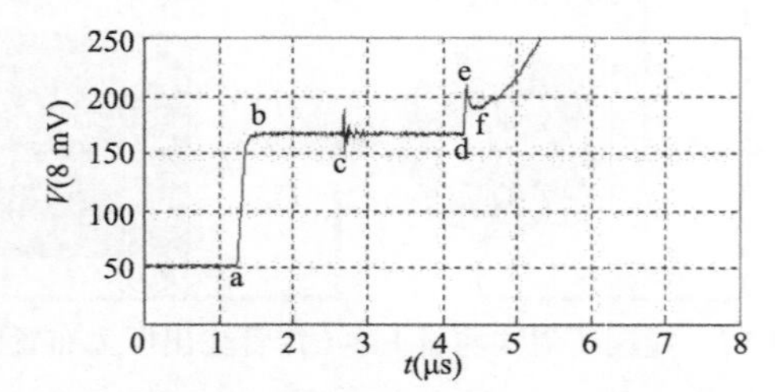

图 4.60　LD-1 雷管端部输出压力典型记录

4.7.2　柱塞式锰铜压阻传感器用于测量油井中的爆炸冲击压力

石油生产中“聚能射孔”和“气体压裂”是常用的两种增产技术。“聚能射孔”是一种炸药爆炸驱动技术，“气体压裂”是一种火药快速燃烧驱动技术，两种技术都类似水中爆炸作用，压力和温度都较高，若控制不当，造成井管破裂，反而减产。为了定量地控制“聚能射孔”和“气体压裂”过程，合理地设计装药结构和火炸药总量，需要监测井下气体压裂或聚能射孔过程的环境压力（简称“环压”）。

测量井下气体压裂或聚能射孔过程环压的设备需要承受高温（100～300℃）和高压（10～30 MPa）等作用，且具有优良的防水密封性能。为解决这些技术难点，作者制作了新型的柱塞式锰铜压阻传感器，研制了气体压裂或聚能射孔过程的环压测试系统（HB 数字压力计）。HB 数字压力计已成功地应用于吉林扶余油田和大庆油田的环压测量。

图 4.61 为柱塞式锰铜压阻传感器的结构示意图。图中表明，柱塞式锰铜压阻传感器是由承压锰铜压阻敏感元件、非承压锰铜压阻敏感元件（参考压阻元件）、柱塞、壳体和引线等组成。此传感器中锰铜压阻敏感元件的厚度为 0.01～0.02 mm，

阻值为 50～500 Ω。该传感器量程宽，温漂小，线性好，主要性能如下：①压力量程：1～300 MPa；②压力分辨率：小于 0.05～1 MPa；③动态测压误差：不大于 5%；④响应时间：小于 1 μs；⑤自振频率> 500 kHz。

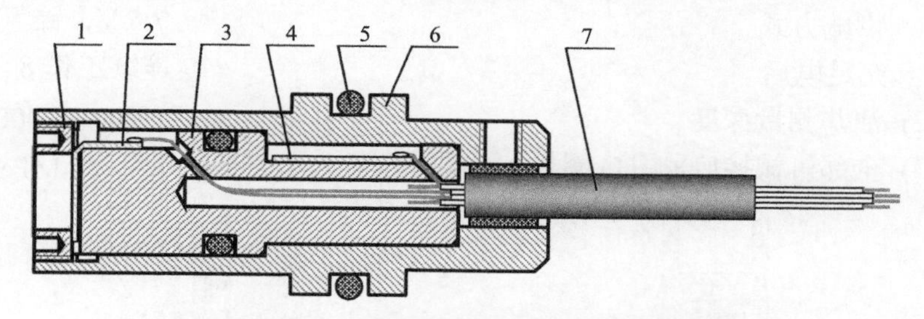

图 4.61　柱塞式锰铜压阻传感器的结构示意图

1-螺圈；2-压力敏感元件；3-柱塞；4-非承压锰铜参考元件；5-O 形橡胶圈；6-传感器壳体；7-传感器引线

HB 数字压力计是由柱塞式锰铜压阻传感器、压力模拟信号放大电路、A/D 变换器、采集与数字存储器电路、微处理器 CPU、串行通信电路和直流电源等组成，其数字化环压模拟信号由串行通信口输入微机，该系统的框图如图 4.62 所示。HB 数字压力计主要电路和电源置于保温瓶中，保温瓶外有钢制外壳，如图 4.63 所示。

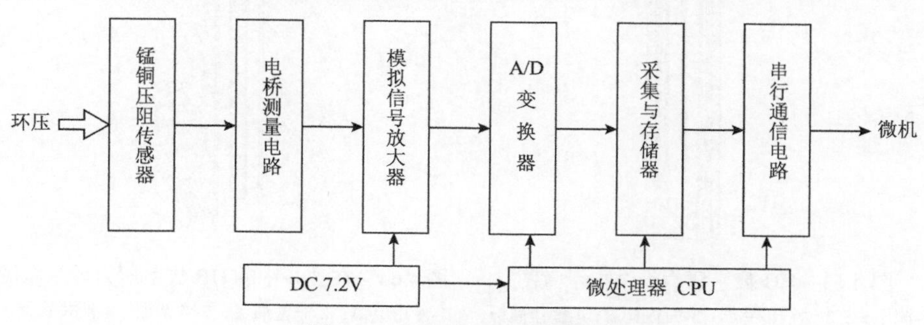

图 4.62　环压测试系统的框图

HB 数字压力计的主要性能

(1) 上限压力量程	100～200 MPa
(2) 压力分辨率	＜0.5～1 MPa
(3) 动态测压误差	不大于 5%
(4) 模拟放大电路频宽	≥750 kHz
(5) 记录长度	32 ～128 kpts
(6) 采样速率	1/7～1/35 MS/s
(7) 触发位置	1/16
(8) 触发方式	自触发

触发电平	1 V
(9) 基线电平	0.5 V
(10) 串行通信接口	Com1 或 Com2
(11) 供电方式	7.5 V，镍氢电池
充足电后	连续工作 8～10 h
(12) 油井测量深度	200～2000 m
(13) 全部机械接口采用O圈封，可承受静态压力约为	80 MPa

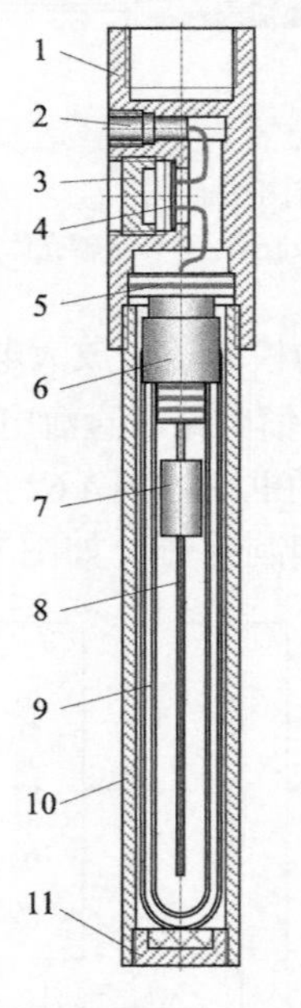

图 4.63　HB 数字压力计结构示意图

1-测压头；2-锰铜传感器；3-面板仓盖；4-操作面板；5-定位接头；6-弹性缓冲接头；7-电池仓；8-电路主板；9-真空保温瓶；　10-钢外壳；11-缓冲接头

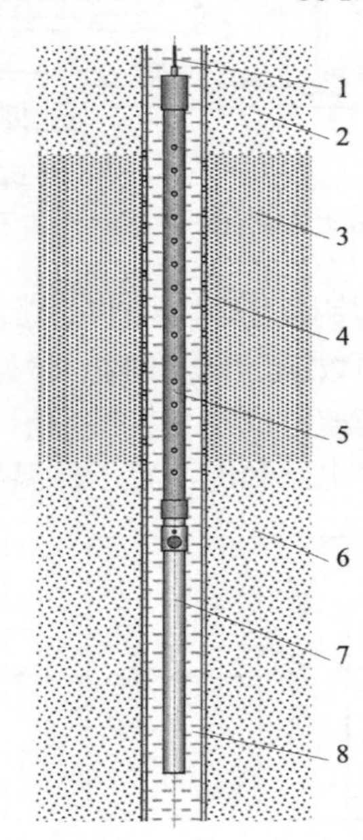

图 4.64　在油井中的 HB 数字压力计示意图

1-专用电缆；2-非含油层；3-含油层；4-油井管壁；5-射孔枪或气体压裂装置；6-非含油层；7-HB 数字压力计；8-水或泥浆

HB 数字压力计-气体压裂或射孔过程的环压测试系统的主要特点：

(1) 模拟信号放大器是由电桥测量电路和差动放大电路等组成，采用参考压阻元件提高了模拟电路的温度稳定性；选用直流电桥测量电路，系统压力灵敏度适于静态标定。模拟信号放大电路的频宽约为 DC～750 kHz，上升时间约为 1 μs。

(2) 包含有模拟电路和数字电路的主机电路板放入内径 50 mm 的不锈钢保温瓶中，保温瓶外有足够厚的高强度钢壳，可承受较大的爆炸冲击和温度冲击。主机电路板采用特殊抗震结构，进一步提高了测试系统承受冲击的能力。

(3) 数字电路有较高的采样速率和较大的记录长度。适用于聚能射孔过程、气体压裂过程的压力测量。

(4) 触发方式是根据用户需要设计的，自触发方式或外触发方式。

(5) 采用大容量 5 号镍氢电池，可适应反复充电的需要。这种电池充放电没有记忆效应，温度性能较好，使用寿命较长。

(6) 全系统配置新颖，仪器的外形结构设计合理，便于用户操作。

(7) 采用快速串行传输方式，直接利用微机的 Com1 或 Com2 通信口，无需采用专用的通信卡，大大方便了用户获取记录数据的能力。有完整的软件支持，数据传输与记录信号处理方便。

(8) 该系统第一代产品在吉林扶余油田做了近百次试验，取得了一批有价值的实验记录。气体压裂过程环压测试系统的典型记录见图 4.65。

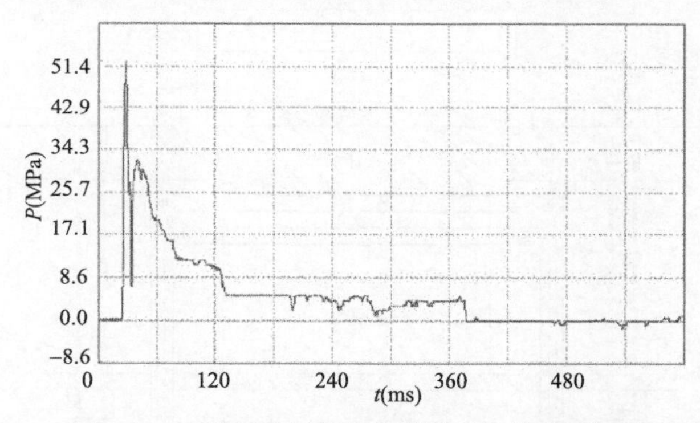

图 4.65　气体压裂过程环压测试系统的典型记录

4.7.3　炸药冲击起爆锰铜压阻一维拉格朗日测量

PBX 炸药是在单质炸药中加入各种添加剂制备而成，因此其感度降低，成为现代钝感高能弹药的首选，它的冲击起爆性能也成为当前研究的热点。隔板、平板撞击等冲击起爆实验是获得评估炸药性能参数以及炸药冲击起爆信息的重要手段，20 世纪 70 年代以来发展的嵌入式 Lagrange 量计技术可以测量到反应冲击波后反应流场的变化，提供冲击波转变为爆轰过程中的压力或粒子速度历程，为深入研究炸药的冲击波起爆机理提供必要的数据，对冲击起爆反应速率模型的发展有重要意义。

PBX 炸药的冲击起爆性能受到温度、加载压力、颗粒度、孔隙度以及添加剂强度和含量等多种因素的影响。PBXC03 炸药是一种以 HMX 基为主、含少量 TATB 的 PBX 炸药。这里介绍通过 Lagrange 实验测量了三种不同颗粒尺寸 PBXC03 炸药在一维平面爆轰冲击加载下反应冲击波后反应流场的变化，深入分析了炸药颗粒尺寸对其冲击起爆过程的影响规律，为确定冲击起爆反应速率模型参数提供依据。

1. 冲击起爆拉格朗日实验分析测试系统

冲击起爆一维拉格朗日实验分析测试系统如图 4.66 所示。测试系统的加载部分采用了炸药平面透镜爆轰加载及空气与隔板综合衰减技术，炸药平面透镜和加载 TNT 药柱的直径为 Φ60 mm，并采用大直径隔板阻挡爆轰产物，防止在传感器还未记录到压力信号前或者还未记录完信号，传感器引线就被冲击波或爆轰产物切断。

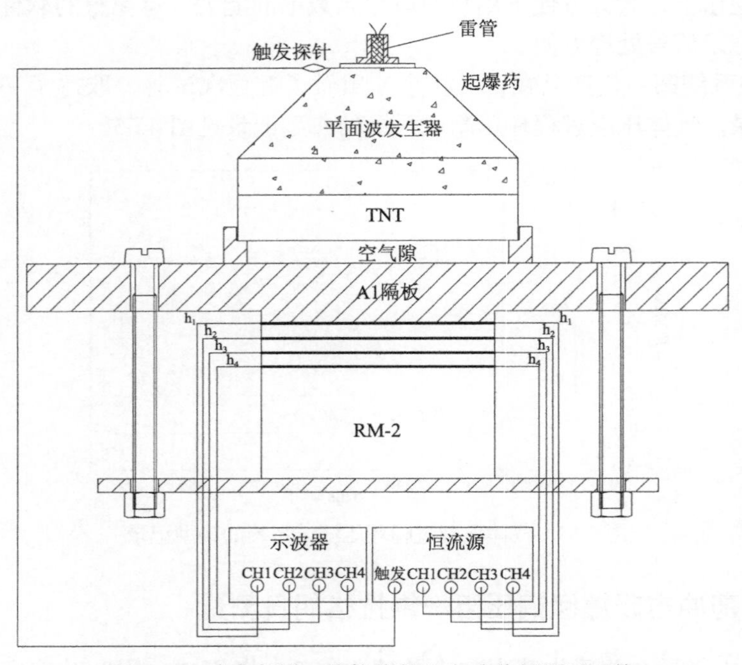

图 4.66 冲击起爆一维拉格朗日实验分析测试系统

炸药样品直径为 Φ50 mm，1 发试验采用 4 个锰铜压阻传感器，所以每组试验样品由 3 块薄片炸药和一块 25 mm 厚的炸药相叠组合，方便传感器嵌入，图 4.67 为实验所用的一组 PBXC03 炸药样品。

实验使用 H 型锰铜压阻传感器，传感器电阻 R_0=0.1～0.2 Ω，为维持爆轰压力测量时间，每个传感器的两面用聚四氟乙烯薄膜包覆，第一个位置采用 0.2 mm 厚的聚四氟乙烯薄膜，其余三个位置采用 0.1 mm 厚的聚四氟乙烯薄膜，均采用 3 号真空脂封装，经过隔板的螺栓紧固后，会进一步赶走气泡。图 4.68 为封装后的锰铜压阻传感器，图 4.69 是传感器与炸药试件安装效果。

实验原理是雷管引爆起爆药，同时导通触发探针，脉冲恒流源开始工作，冲击波经炸药平面透镜进行波形调整后形成平面爆轰波，起爆 TNT 加载炸药，产生的平面爆轰波经空气隙和隔板衰减后得到的冲击波对待测试的 PBXC03 炸药进行加载，埋在炸药中 4 个不同位置（h_1, h_2, h_3, h_4）的锰铜压阻传感器测得当地的压力信号，并通过示波器记录。

图 4.67 实验所用的一组 PBX 炸药样品

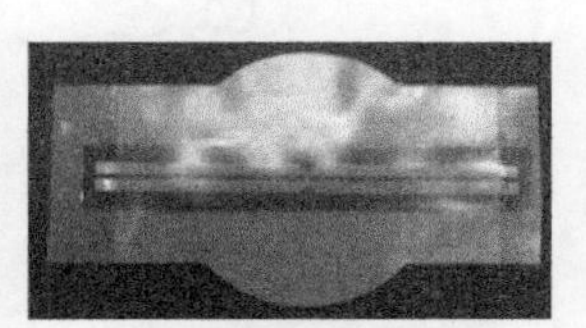

图 4.68 封装后的锰铜压阻传感器

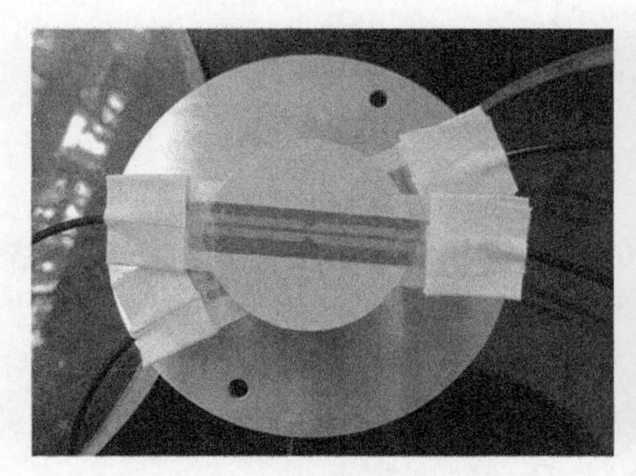

图 4.69 传感器与炸药试件安装图

图 4.70 试验装置

2. 实验测试安排

首先通过调整空气隙和隔板的厚度改变输出的冲击波压力，根据传感器测量到的 PBXC03 炸药中的起爆情况确定达到 PBXC03 炸药临界起爆压力的爆轰加载装置。经过一系列调试实验确定，$\Phi 60\times 20$ mm 的 TNT 加载炸药产生的爆轰波经 8 mm 空气隙和 13 mm 铝隔板衰减后产生的冲击波压力接近于 PBXC03 炸药的临界起爆压力，大约 3 GPa。

保持试验的输入条件一致，对三种不同颗粒度的 PBXC03 炸药进行起爆试验，三种 PBXC03 炸药的密度均为 1.855 g/cm^3，其中基体 HMX 的平均颗粒尺寸分别为 25 μm、80 μm 和 115 μm，对应称为细颗粒、级配颗粒和粗颗粒 PBXC03 炸药。

测量采用脉冲同步恒流源对锰铜压阻传感器供电，传感器与恒流源组成串联电路，当爆轰波作用到传感器时，传感器电阻 R_0 由于压阻效应有一个增量ΔR。恒流条件下，$\Delta R/R_0=\Delta V/V_0$，$V_0$ 为爆轰波未达传感器前示波器记录的电压值，ΔV 为爆轰波作用到传感器后由于压阻效应产生的电压增量。图 4.71 为示波器记录到的典型实验信号，每条曲线代表一个拉格朗日位置的压力变化过程。

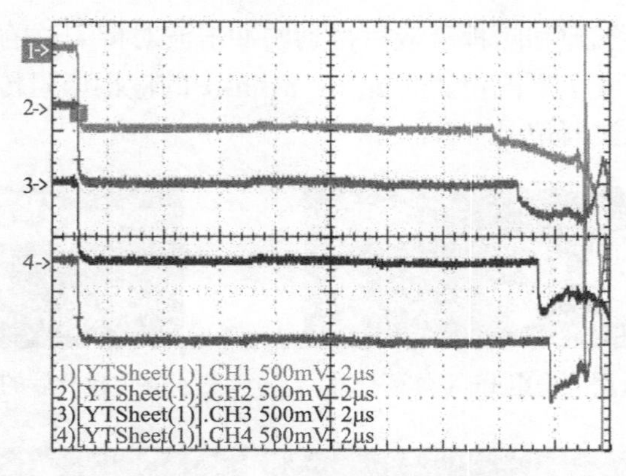

图 4.71　示波器记录到的典型信号

3. 实验结果

根据标定曲线可由示波器记录到的电压信号计算得到炸药内不同拉格朗日位置的压力变化历史。图 4.72 为计算得到的 PBXC03 炸药中不同拉格朗日位置的压力变化历史，图 4.73 为三种不同颗粒度炸药前导冲击波到达的时程曲线图。可以看出，细颗粒 PBXC03 炸药到爆轰距离最短，感度最高，其次是级配颗粒炸药，最后是粗颗粒炸药，级配颗粒和粗颗粒炸药的区别较小。

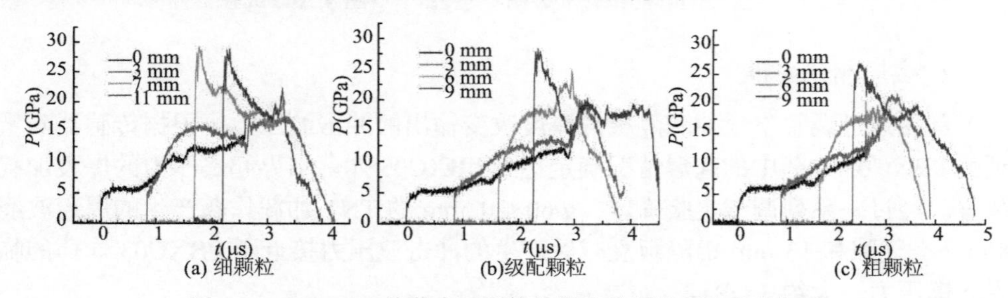

图 4.72　PBXC03 炸药中不同拉格朗日位置的压力变化历史

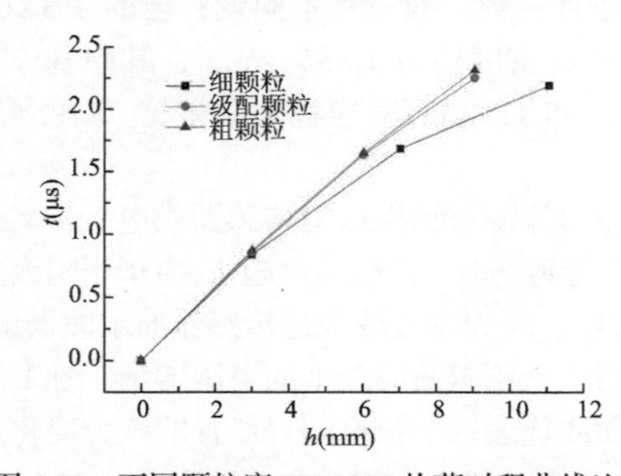

图 4.73　不同颗粒度 PBXC03 炸药时程曲线比较

4. 两种不同 PBX 炸药冲击起爆特性对比

PBXC03 以 HMX 为主，仅含少量的 TATB，PBXC10 以 TATB 为主，含有部分 HMX。为对比两种炸药的冲击起爆特性，采用锰铜压阻冲击起爆一维拉格朗日实验分析测试系统对 PBXC10 炸药冲击起爆爆轰成长过程进行测试，图 4.74 为PBXC10炸药的典型冲击起爆过程压力历史剖面，图4.75为PBXC03和PBXC10炸药前导冲击波阵面压力增长过程的比较。可以看出二者的爆轰成长过程有明显区别：首先，PBXC03 在较低的起爆压力(3.13 GPa)下爆轰波增长比 PBXC10 在较高的起爆压力(7.78 GPa)下爆轰波增长快，PBXC03 冲击起爆到爆轰距离比 PBXC10 的到爆轰距离短；其次，PBXC03 炸药中前导冲击波过后有明显的压力增长过程，而 PBXC10 炸药中前导冲击波过后，未能看到明显的压力增长过程。

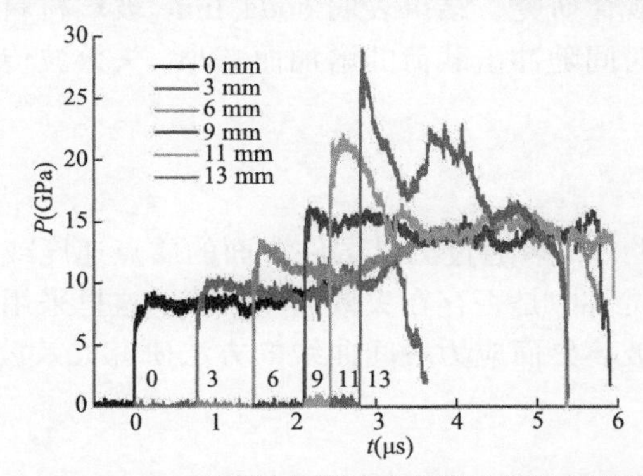

图 4.74　PBXC10 炸药的典型冲击起爆过程压力历史剖面

上述爆轰成长过程的明显差别反映了两种炸药不同的冲击起爆机制，这一现象支持了 Grebenkin 对 HMX 基和 TATB 基 PBX 炸药冲击起爆物理机制的解释：HMX 基 PBX 炸药的化学反应动力学受到热点密度的控制，而 TATB 基 PBX 炸药的宏观反应受微观热点燃烧波传播速度的控制。

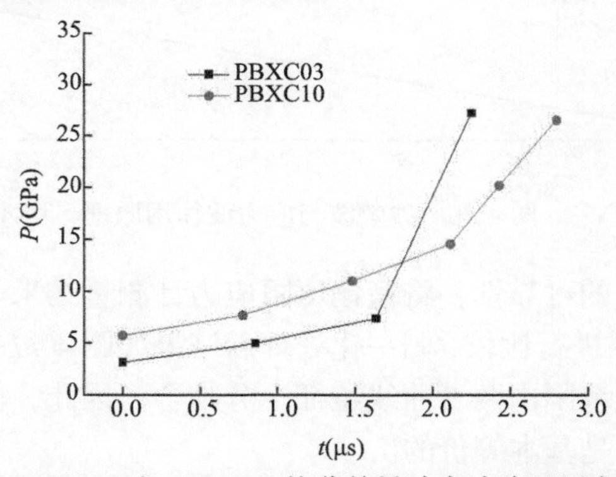

图 4.75　PBXC03 和 PBXC10 炸药前导冲击波阵面压力增长比较

上述对 HMX 基和 TATB 基 PBX 冲击起爆热点机制的认识，将为后续构建新的多元（HMX 和 TATB 混合基）PBX 炸药的冲击起爆热点模型及其细观反应速率方程提供重要的理论依据和实验数据。

4.7.4　玻璃材料中失效波传播速度测量

为了研究冲击载荷作用下 soda lime 玻璃材料中失效波（Fail Wave，FW）的形成和传播特性，利用 Φ152 mm 一级轻气炮加载平板撞击实验，采用双螺旋锰铜压阻传感器，在一发实验中同时测量四种不同厚度试件背面与有机玻璃（PMMA，聚甲基丙烯酸甲酯）背板间界面处的纵向应力时程曲线，根据测量结果得到试件中失效波的传播轨迹。通过改变碰撞速度进行不同加载条件下的失效波形成和传播规律研究，结果表明 soda lime 玻璃材料在冲击作用下产生失效波所需的延迟时间随冲击载荷的增加而减小，失效波传播速度随冲击载荷的增加而增加。

1. 测量原理

在平板冲击实验中，可通过测量试件背面的质点速度或纵向应力时程曲线判断在玻璃等脆性材料中是否存在失效波（FW）。这里采用锰铜压阻应力计测量试件背面与有机玻璃界面应力时间曲线的方法研究失效波在 soda lime 玻璃材料中的传播规律。

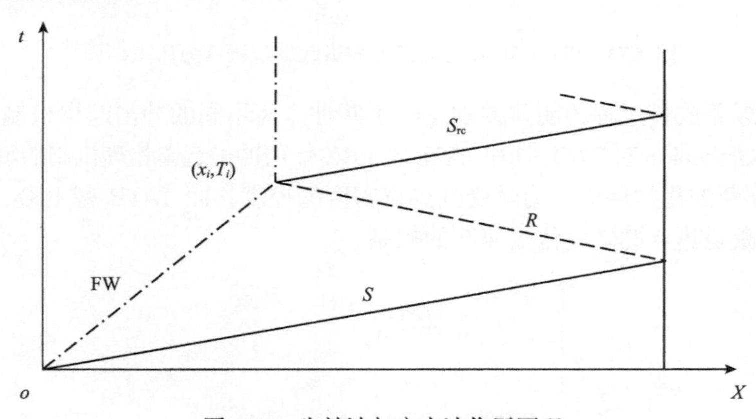

图 4.76　失效波与应力波作用原理

为了验证该方法的可靠性，将锰铜压阻应力计测量结果与相同实验条件下的 VISAR 技术实测结果进行比较，归一化处理后结果如图 4.77 所示。从图中可以看出，在整个测量时间范围内两者曲线特征十分吻合。因此，就失效波传播规律的实验研究而言，二者是基本等价的。

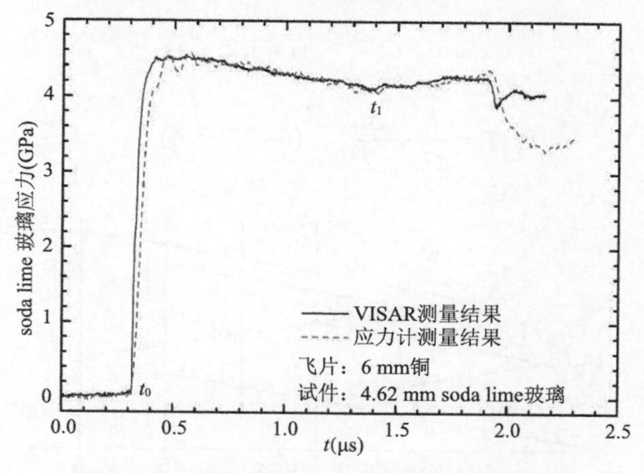

图 4.77　锰铜压阻计与 VISAR 测量结果比较

根据图 4.77 中 soda lime 背面粒子速度/应力时间曲线的特征点时间 t_0、t_1，可由图 4.76 中材料的应力波传播时程关系确定厚度为 l 时的 soda lime 中破坏波到达的位置和时间。

为在单次实验中获得失效波的传播轨迹，作者提出了多厚度靶实验方法，如图 4.78 所示。四种不同厚度的 soda lime 子靶粘贴有机玻璃背板后置于主靶环中，并使子靶和主靶环的碰撞面在同一平面内。四片锰铜压阻计分别粘贴在子靶与 PMMA 背板间的界面上，用于测量试件背面的纵向应力时程曲线。易知由每一子靶的实验测量可确定失效波传播轨迹上的一点，四个子靶测量可得到失效波传播轨迹上的四点，如图 4.79 所示，即一发试验得到失效波传播规律（速度）。

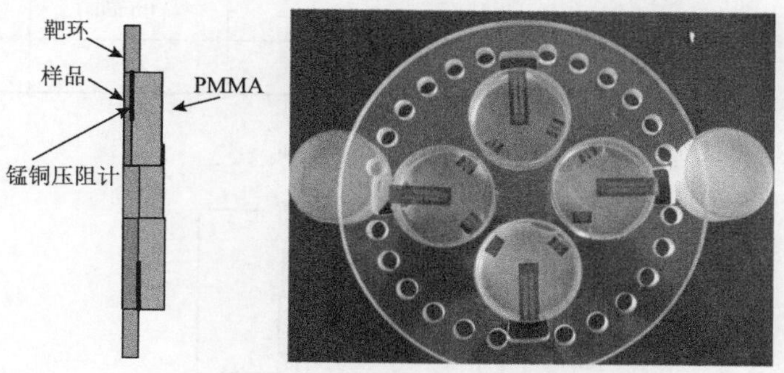

图 4.78　靶板装置示意图和实物照片

设逐渐增加的四片玻璃试件的厚度分别为 l_1, l_2, l_3 和 l_4，而由实测子靶背面应力时程曲线计算得到的冲击波到达子靶背面时刻与出现再压缩信号时刻的时间差分别为 Δt_1, Δt_2, Δt_3 和 Δt_4，并假设子靶的纵波声速 C_l 为常数。于是，可以给出图 4.79 所示厚度为 l_i 的子靶中失效波的传播轨迹为：

$$x_i = l_i - C_l \frac{\Delta t_i}{2} \quad (i = 1, 2, 3, 4) \tag{4.50}$$

$$T_i = \frac{l_i}{C_l} + \frac{\Delta t_i}{2} \quad (i = 1, 2, 3, 4) \tag{4.51}$$

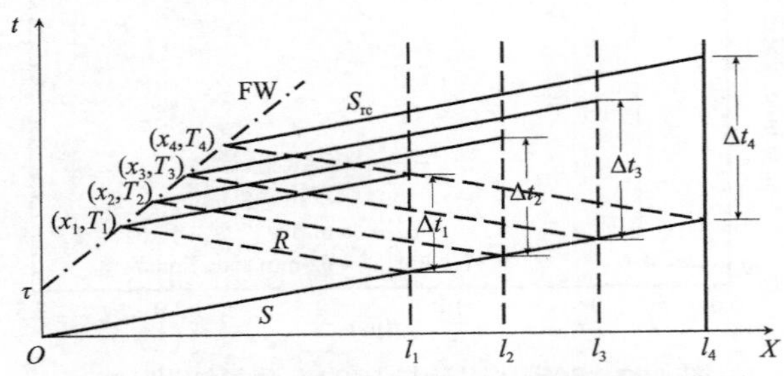

图 4.79 多厚度靶失效波传播轨迹测量原理示意图

2. 实验测试

多厚度靶平板撞击实验在Φ152 mm 一级轻气炮上进行，测试系统如图 4.80 所示。soda lime 玻璃子靶直径为 Φ55 mm，其材料参数如表 4.7 所示。飞片材料为紫铜，直径为 Φ147.8 mm，厚度为 10 mm。飞片与子靶的设计满足一维应变条件，并使子靶背面反射的稀疏波早于飞片背面反射的稀疏波到达碰撞界面，而且测试完成前侧向稀疏波未达到测试点。实验采用探针法测量弹速。

表 4.7 soda lime 玻璃力学参数

材料	ρ_0 (g/cm^3)	E (GPa)	ν	C_l (mm/μs)	σ_{HEL} (GPa)
soda lime 玻璃	2.49	73.3	0.23	5.84	6.0

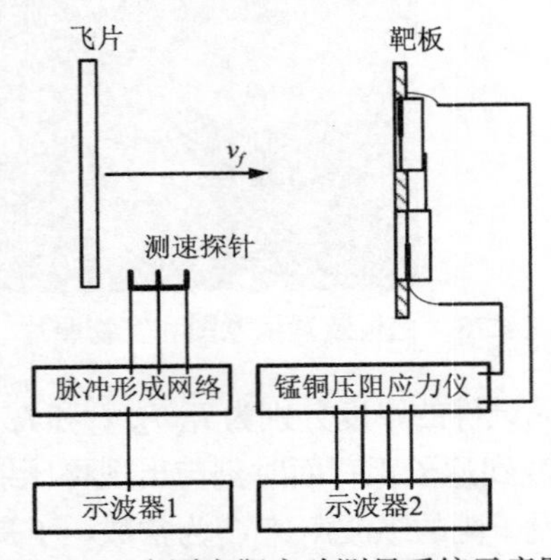

图 4.80 多厚度靶实验测量系统示意图

3. 结果与分析

多厚度靶平板撞击实验参数如表 4.8 所示，碰撞速度范围为 419～525 m/s。由示波器记录的电压时程曲线及锰铜压阻计的压阻关系可得应力时程曲线，典型的实验结果如图 4.81 所示。图中，t_{01}, t_{02}, t_{03}, t_{04} 分别表示冲击波到达不同厚度子靶背面的时刻，t_1, t_2, t_3, t_4 分别表示实测应力时程曲线上出现再压缩信号的时刻。由子靶与 PMMA 的阻抗匹配关系得：

$$\sigma_{S} = \frac{Z_{S} + Z_{PMMA}}{2Z_{PMMA}} \sigma_{PMMA} \tag{4.52}$$

式中，σ_S、σ_{PMMA} 分别表示子靶与 PMMA 背板中的纵向应力，Z_S 和 Z_{PMMA} 分别代表子靶与 PMMA 材料的冲击阻抗。根据式(4.55)计算得到实验冲击载荷范围为 4.3～5.2 GPa，高于 soda lime 玻璃产生失效波的门槛值 4 GPa。

表 4.8　实验条件

序号	飞片/尺寸	冲击速度(m/s)	玻璃样品厚度(mm)			
			l_1	l_2	l_3	l_4
1	铜 (Φ147.8×10 mm)	419	3.01	5.08	7.00	9.01
2		440	2.95	5.07	7.01	8.92
3		476	2.97	5.07	7.02	8.93
4		525	2.96	5.08	6.97	8.93

由式(4.53)和式(4.54)给出的不同载荷作用下失效波的传播轨迹实测结果如图 4.82 所示。从图中可以看出，相应于每一载荷作用下的实测结果近似呈直线分布，进而可通过线性拟合得到失效波传播轨迹方程。由失效波轨迹方程在时间轴上的截距可知失效波在碰撞面上初始延迟时间τ为 0.627～0.180 μs，由斜率可得

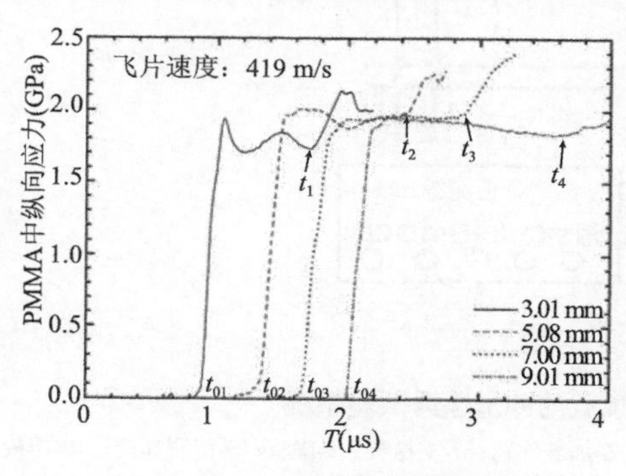

图 4.81　典型的实验所得应力时间曲线

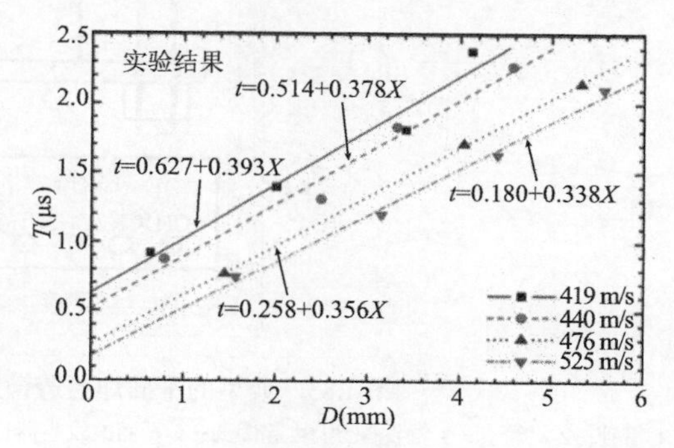

图 4.82　不同加载条件下失效波传播速度

相应条件下失效波传播速度为 2.54～2.96 km/s。可以看出，随着冲击载荷的增加，碰撞面上产生失效波的初始延迟时间逐渐减小，而失效波传播速度逐渐增大。

4.8 高压力量程锰铜压阻传感器测试中的常见问题

4.8.1 传感器提前剪断失效

在采用多个（一般 4 个）高压锰铜压阻传感器进行冲击起爆一维拉格朗日测量时，如果一个传感器发生失效，其产生的突变信号会对其他位置的传感器产生干扰，特别是第 1 个位置的传感器失效，严重时会使试验失败。习惯上为使作用在被测试件上的一维冲击波覆盖整个试件面积，一般采用较大直径的爆轰加载平面炸药透镜，而试件则设计得相对较小。

图 4.83 是试件直径为 $\Phi 50$，而加载炸药为 $\Phi 100$ 的平面炸药透镜和 $\Phi 100 \times 15$ mm 的压装 TNT 炸药，与 $\Phi 100 \times 10$ mm 的铝隔板及 5 mm 左右的空气隙一起组成加载系统，第 1 个锰铜压阻传感器设置在隔板与炸药试件之间，图 4.84 和图 4.85 是传感器提前失效时示波器记录的信号。

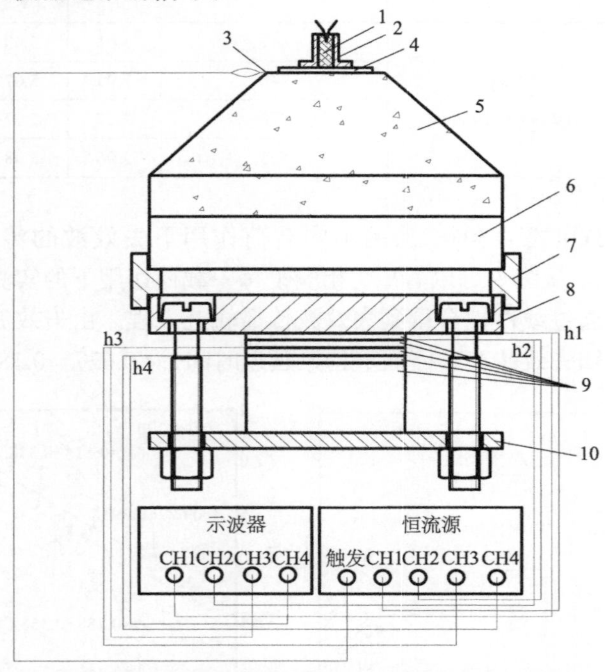

图 4.83 典型的平面炸药透镜加载的冲击起爆试验系统

1-雷管；2-雷管套；3-触发探针；4-起爆药；5-平面波发生器；6-加载炸药；7-支撑架；8-隔板；9-待测炸药；10-挡板

从图 4.84 可以看出，第一个传感器断裂比较早，影响了后面 3 个传感器的测试，尤其是第二个传感器，分析原因，是处于较大尺寸铝隔板与较小尺寸炸药试件之间的传感器（图 4.83 中 h1 位置）在冲击波的剪切作用下提前断开或者导通而失效。

为了防止炸药上端面 h1 位置的传感器与大隔板直接接触，造成冲击波刚到达炸药表面时传感器还未记录完整的压力信号就很快被剪断。在炸药上面加一块直径与炸药样品相同、厚 2mm 的铝片，如图 4.86 和图 4.87 所示，这样可解决第 1 个位置传感器提前失效的问题。为了进一步保证第一个传感器有足够长的记录时间，防止对后面几个位置传感器测量造成干扰，第一个传感器用 0.2 mm 厚的聚四氟乙烯薄膜包覆，后面几个位置的传感器均采用 0.1 mm 厚的聚四氟乙烯薄膜包覆。图 4.88 和图 4.89 是改进后得到的典型冲击起爆过程记录波形信号。

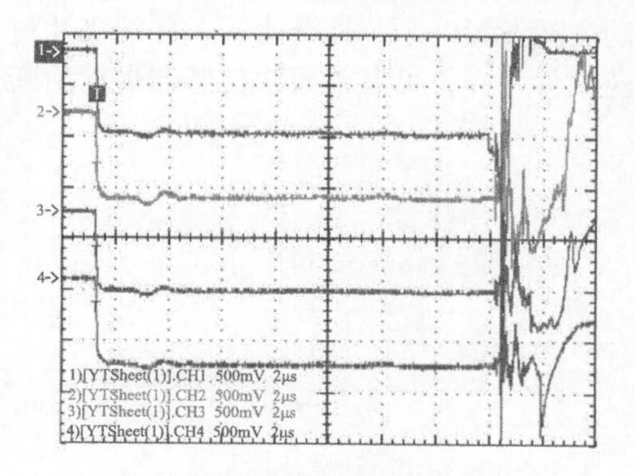

图 4.84　传感器提前失效的示波器记录信号

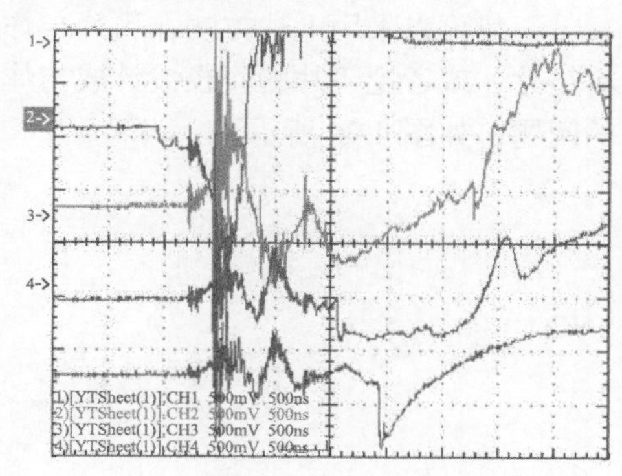

图 4.85　局部放大压力变化信号

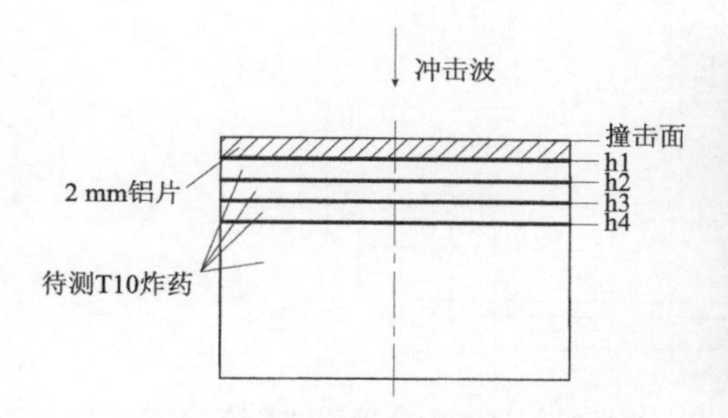

图 4.86　改进的传感器安装示意图

图 4.87　炸药拉氏分析装置实物图

在应用轻气炮驱动飞片的一维冲击起爆试验中，特别是在飞片速度较高的情况下，若飞片直径比试件直径大，同样会使第一个位置的锰铜压阻传感器提前剪断，造成测试失败，因此在设计试验装置时要考虑到这个问题。

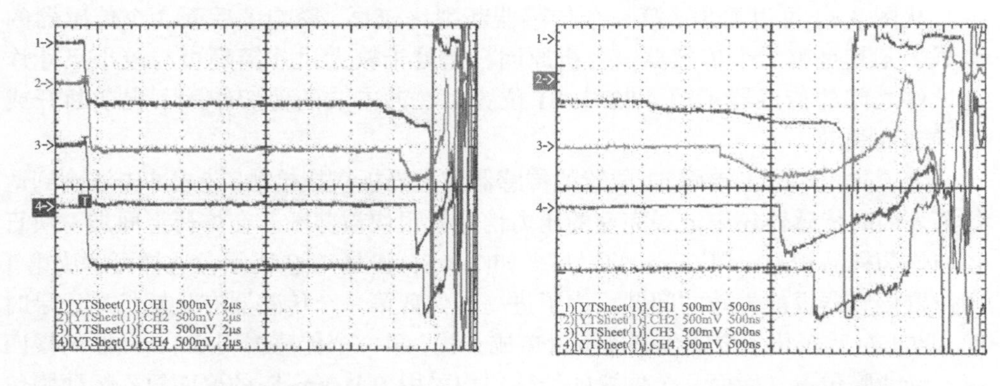

图 4.88　示波器记录到的信号　　　　图 4.89　局部放大压力变化信号

一般可以采用上述方法在飞片与炸药之间设置一个与炸药直径一样的飞片材料垫片，或者把飞片的直径设计成与炸药试件一样，可有效解决传感器提前剪断的问题，如图 4.90 所示。

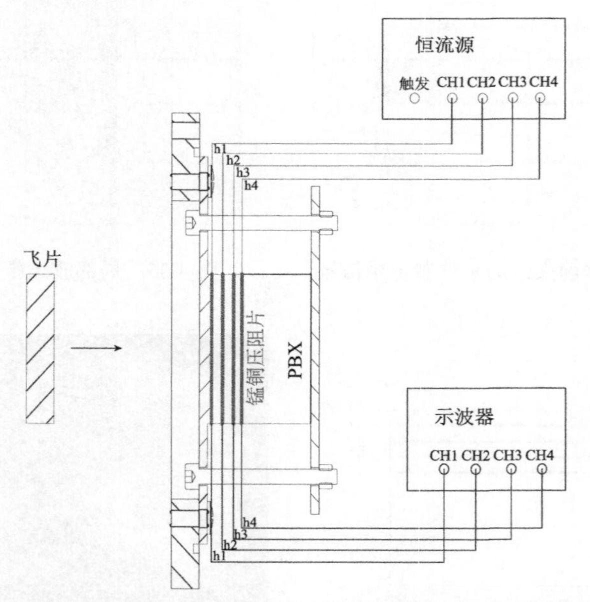

图 4.90　轻气炮加载飞片冲击起爆一维拉格朗日实验分析测试系统

4.8.2　错误接地问题

正常情况下，采用脉冲恒流源的测试系统中传感器与恒流源和数字存储示波器的连接线路，如图 4.91 所示。

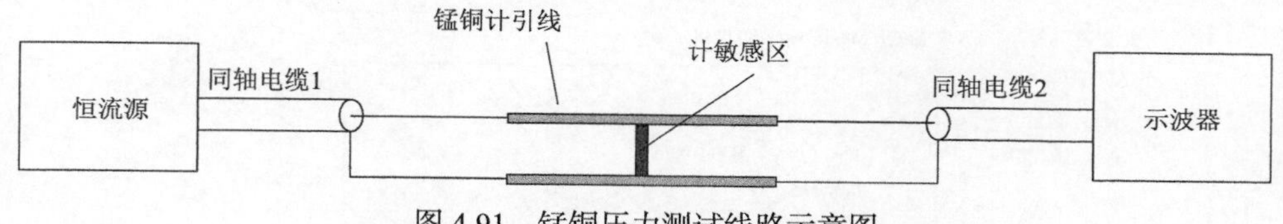

图 4.91　锰铜压力测试线路示意图

由于锰铜压阻信号幅度相对较小（数十毫伏量级），为防止干扰信号，提高实验测试精度，在图 4.91 所示的测量系统中需采取“接地”措施。但是许多实验者发现测试系统“接地”后经常出现异常和畸变的信号波形，甚至造成实验失败，这实际上是不恰当的“接地”造成的。

图 4.91 所示的测试线路可以给出如图 4.92 所示的等效电路图，其中 $R_1=R_2=R_3=R_4$ 是压力计的四根锰铜引线电阻，约 1 Ω 左右，压力计敏感区电阻 R_g 约为 0.1 Ω，示波器输入阻抗 R_L 为 50 Ω，I_0 为恒流源输出的脉冲电流，V_0 是示波器记录到的信号电压。正常情况下，测量时仅将图 4.91 所示的测量线路中示波器端接地，而恒流供电端悬浮。

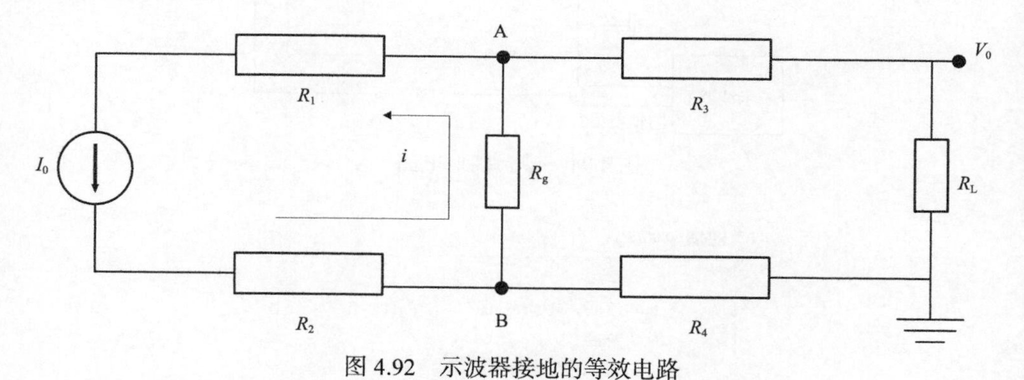

图 4.92　示波器接地的等效电路

当恒流源工作时，电流经 R_2、R_g、R_1 返回电源，则示波器测得的信号 V_0 为：

$$V_0 = i \cdot R_g \tag{4.53}$$

图 4.93 为示波器记录的脉冲恒流源的恒流信号，一般来说，恒流源的脉冲电流约 10 A，通过 0.1 Ω 传感器电压降约为 1 V，若手动触发恒流源，示波器得到大约 1 V 的电压信号，说明系统接地正确。

若将压力计信号电缆与恒流源供电电缆的外皮线短路，并且将电缆皮线接地，如图 4.94 所示，手动触发恒流源，示波器得到大约 12 V 的电压信号，正常地恒流输出约为 1 V，说明系统接地异常。

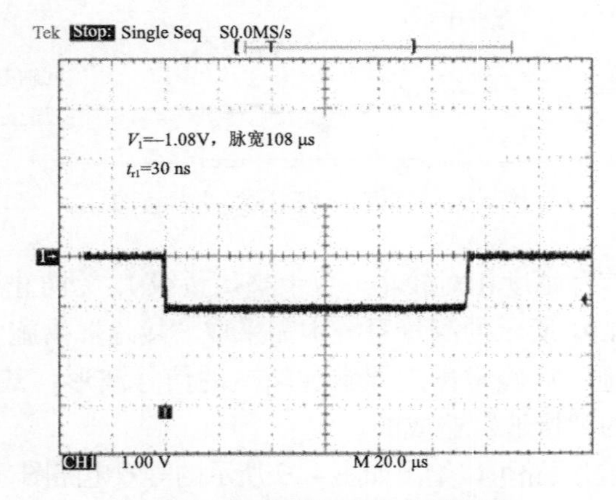

图 4.93　示波器记录的信号波形

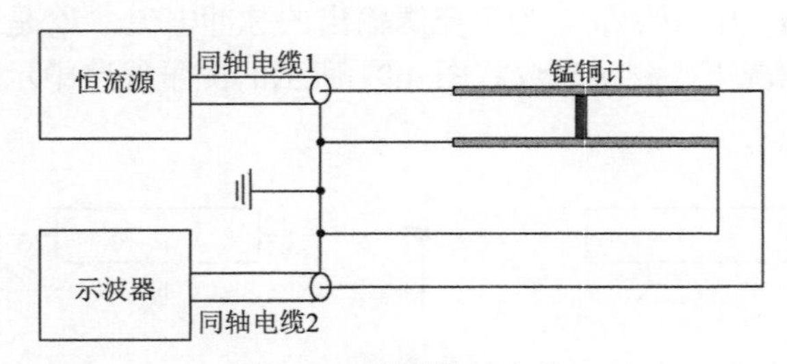

图 4.94　错误接地电路

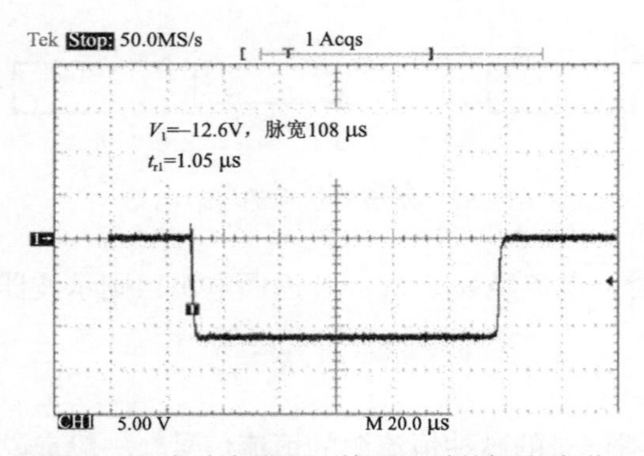

图 4.95　实验中错误“接地”时的恒流波形

4.8.3　错误接地恒流源误触发

在某火炸药企业的爆炸洞进行平面炸药透镜加载的 B 炸药冲击起爆一维锰铜压阻拉格朗日分析试验，采用 8 号电雷管起爆，试验装置和测试系统与第 4.7.3 小节一致，恒流源的触发设计是通过安置在平面波炸药透镜上的探针实现的，恒流源的脉宽设置为 100 μs，该系统已在多地多个炸药的冲击起爆试验中得到成功应用。

手动触发恒流源，四个通道恒流源基线电压正常，说明传感器与恒流源及示波器的线路连接正确。但正式试验时，第 1 发起爆后示波器只记录到恒流源基线电压信号，没有记录到有效的压力信号，如图 4.96 所示，分析原因可能是提前误触发了。

第 2 发调整恒流源脉宽至 200 μs，起爆后恒流源均有恒流输出，压力信号在触发后 170 μs 时出现，如图 4.97 所示，图 4.98 为图 4.97 的局部放大图，可以看出 4 个通道的压力信号基本正常，只是出现的时间与预想的差别较大。

若探针正常触发，根据起爆装置炸药的爆速可以估计，压力信号应在恒流源触发后 10 μs 左右时出现。由 2 发试验结果分析可以看出，恒流源不是触发探针作用触发的，应该在触发探针作用前恒流源就触发输出恒流电流了。8 号电雷管属毫秒起爆时间精度的雷管，给它供电后，雷管中起爆药爆炸需要毫秒的时间作用，从第 2 发记录的压力信号发生的时间 170 μs 来看，两者具有较高的关联度，即给出雷管起爆电压的同时，恒流源就触发输出电流了。

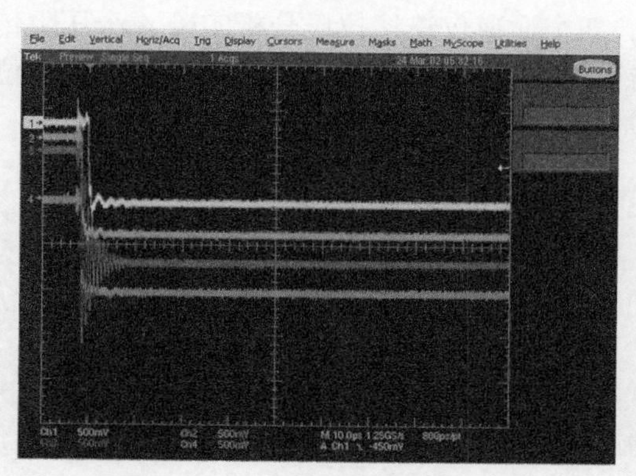

图 4.96　恒流源脉宽为 100 μs 时示波器记录波形（未抓到有用信号）

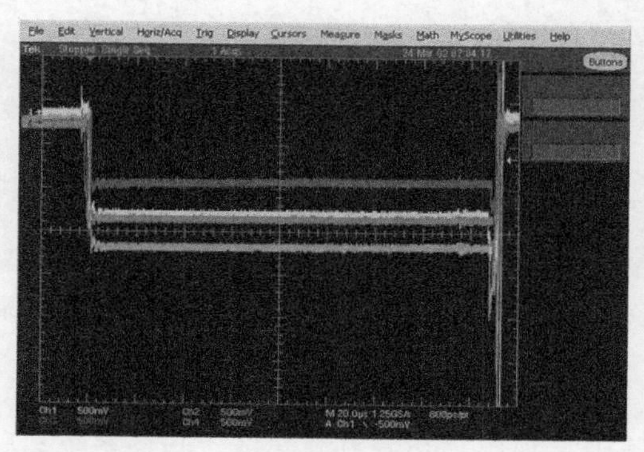

图 4.97　恒流源脉宽为 200 μs 时示波器记录波形（压力信号在 170 μs 出现）

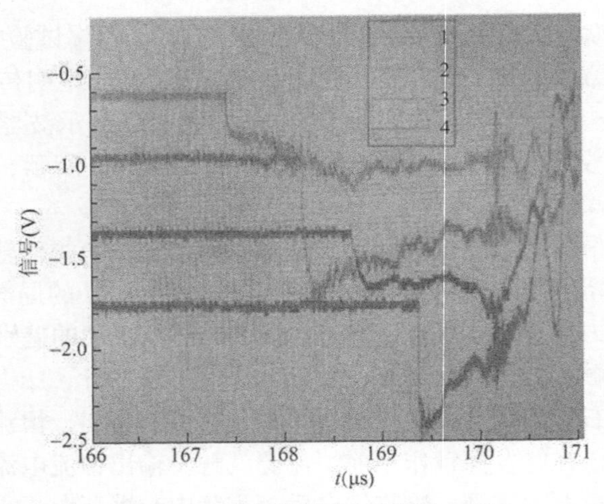

图 4.98　示波器波形的局部放大图

为进一步证实上述分析，专门设计了一发雷管空爆试验。试验系统传感器连接与原来完全一样，四个通道仅连接拉氏分析实验 4 个压阻传感器，未装实验药柱，不设置触发探针，仅起爆雷管，雷管放置在一个安全的位置，防止对测试系统作用。起爆后，示波器记录如图 4.99 所示。

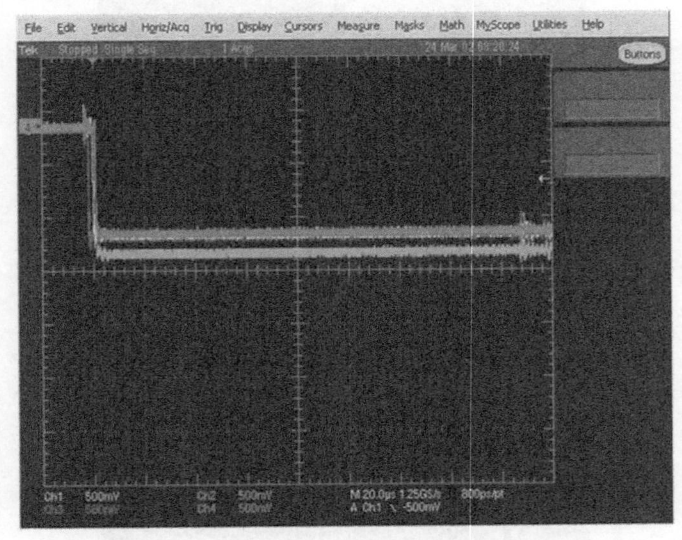

图 4.99　压力信号出现在非正常时刻的示波器记录

由图可以看出，四个通道的恒流源均正常输出恒流信号，证明起爆操作就触发了恒流源。分析原因是采用了交流电源起爆，起爆系统与测试设备供电系统共

"地"，企业的爆炸洞测试供电与起爆供电属一个电源系统引起的。由于 8 号电雷管起爆时间偏差是毫秒精度的，而测试过程是微秒量级的，所以可靠性无法保证。

通常情况，测试系统电源应与起爆系统隔离，应为两套独立的供电电源，采用独立的起爆器可解决此问题。

4.8.4　电雷管起爆电源对恒流源的干扰和抑制

炸药冲击起爆及爆轰试验一般采用电雷管起爆来控制试验的时序，如图 4.83 所示。根据试验对起爆时间的控制要求，可采用 8 号电雷管或者高压电雷管如 LD-1 型电雷管，前者是通过电流起爆，电流大于 2 A 即可起爆 8 号电雷管，后者是高压放电起爆机制，需采用上千伏的电压起爆。通常依靠探针触发的测试系统可采用 8 号电雷管起爆，探针通过炸药爆轰产物的导电性质导通，给出短路信号触发测试系统，这样通过探针把 8 号雷管的毫秒时间精度的系统转换成由触发探针控制的微秒时间精度测试，即从爆轰产物导通探针给出触发信号，到测试结束时间控制在 10 μs 左右，以利于示波器采用高的采样速率来提高信号的时间分辨力。

但是若采用高压电雷管起爆爆炸装置，也与 8 号雷管一样采用触发探针来控制恒流源输出脉冲恒流信号，试验时虽然爆轰正常，但恒流源经常不触发，没有脉冲恒流信号输出，示波器记录不到信号。原因是恒流源的触发接口短路时才会有脉冲电流输出，通常情况下爆轰产物是导电的，爆轰产物会使触发探针短路导通，但是由于使用了高压电雷管，几千伏甚至上万伏的起爆电压会附加在爆轰产物上，在探针两极形成较高的电压降，相当于探针两极间连接了一个较大的"电阻"，若该电阻大于恒流源设计的触发阈值，恒流源将不输出电流。实际上，由于高压电雷管起爆精度属微秒量级，因此在使用高压电雷管进行起爆过程测试时，不需要采用在爆炸装置上设置触发探针的方式，可采用高精度同步机实现起爆和测试系统同步。试验测试系统如图 4.100 所示。

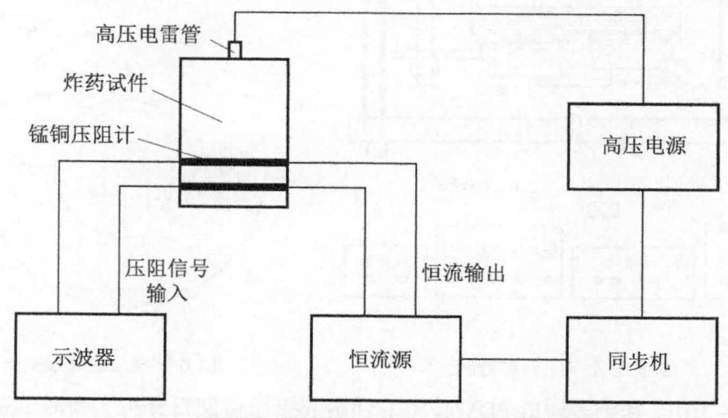

图 4.100　同步机实现恒流源触发与高压雷管起爆同步方案

4.8.5 多系统触发产生干扰

随着冲击起爆与爆轰研究的进一步深入和对参数测量需求越来越高，一次试验中采用多套测试系统的状态逐渐增多。为了使测量数据之间具有强烈的关联性，多套测试系统的同步测量涉及统一的时间零点问题。为此，多套测试系统均利用相同的物理过程和机制来触发测试系统，如杀爆战斗部静爆威力测试通常包括空气冲击波超压测试和破片速度测试，为使两套测试系统具有统一的时间零时，一般各系统均在战斗部设置系统触发探针，战斗部爆炸时，使原探针的导通状态变为断开状态，触发系统给出断路信号分别触发各个测试系统。若系统电路连接设置不合理，将会产生干扰信号叠加在测试信号上，影响正常信号的判读，严重时将使信号失真无法处理。下面介绍有关多系统触发对锰铜压阻测试系统的干扰及应对方法。

基于多通道 PDV 技术的多台阶炸药样品冲击起爆拉格朗日分析实验测试系统如图 4.101 所示，该系统包括锰铜压阻压力测试系统、PDV 速度测试系统和触发系统。其中锰铜压阻测试的触发系统由恒流源触发探针和连接电缆组成；PDV 速度测试的触发系统由探针电缆和脉冲形成网络组成，脉冲形成网络输出端通过电缆与 PDV 系统的示波器外触发端口连接。两套探针均设置在平面波炸药透镜上，如图 4.102 所示。

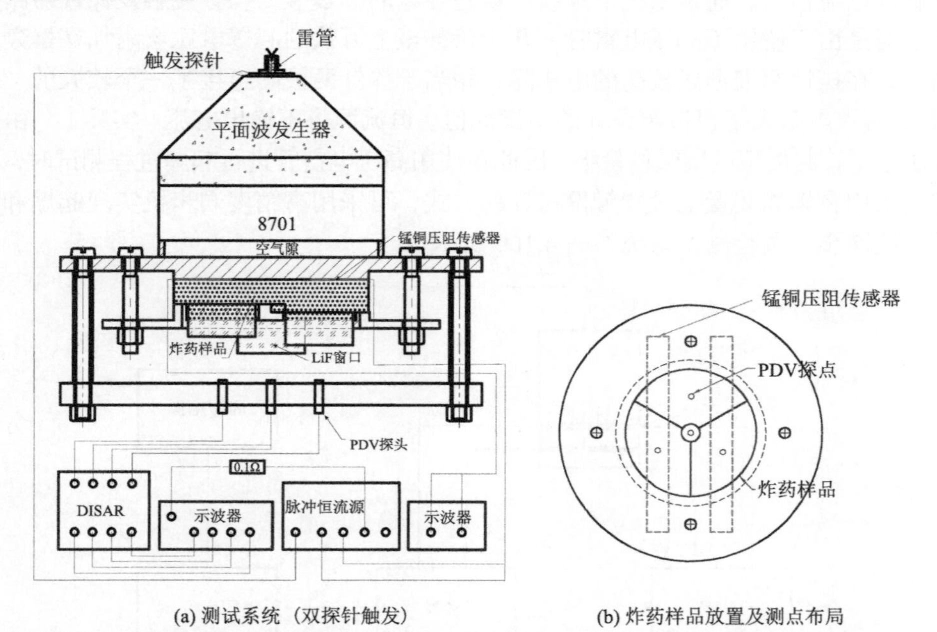

(a) 测试系统（双探针触发） (b) 炸药样品放置及测点布局

图 4.101 基于多通道 PDV 技术的冲击起爆拉格朗日分析实验测试系统

图 4.102　两套探针布置图（均在平面波炸药透镜斜面上）

雷管引爆平面波炸药透镜，炸药爆轰产物导通两套触发探针，脉冲恒流源在探针短路时开始给锰铜压阻传感器供电，同时脉冲形成网络在短路时输出 10 V 左右的脉冲电压，触发 PDV 测试系统的示波器开始采集记录信号。冲击波经炸药平面透镜进行波形调整后形成平面爆轰波，起爆 JH-2 加载炸药，产生的平面爆轰波经空气隙衰减后传入金属隔板，金属隔板中产生平面冲击波，通过锰铜压阻传感器测量加载压力后继续传入待测 R2 炸药，从而实现对炸药的平面冲击加载。通过有机玻璃上安装的 PDV 探头测量炸药样品 LiF 窗口界面粒子速度-时间历史及隔板撞击速度。

图 4.103 是实验得到的示波器记录的锰铜压阻传感器输出信号，与正常的信号相比，可以看出，干扰信号对恒流源基线和压力信号均造成了较大影响，已经无法对恒流源基线和压力信号进行判读，也就无法得到正确的压力历史了。

分析原因，应该是 PDV 测试触发系统的脉冲形成网络使该系统的探针带有一定的电压，该电压使爆轰产物形成了电场，该电场通过锰铜压阻测试系统的探针对恒流源进行干扰。改进措施为取消设置在平面波炸药透镜上的 PDV 测试系统的触发探针，增加一路与锰铜压阻计一样的负载（0.1 Ω 电阻，为提高触发可靠性，可采用 0.5 Ω 电阻的负载），该负载不通过爆炸装置加载，系统触发后，恒流源对该负载输出恒流电流，负载输出脉冲电压，该负载输出端直接连接到 PDV 系统示波器的外触发输入端，利用锰铜压阻测试系统的负载信号来触发 PDV 测试系统的示波器，系统如图 4.104 所示。

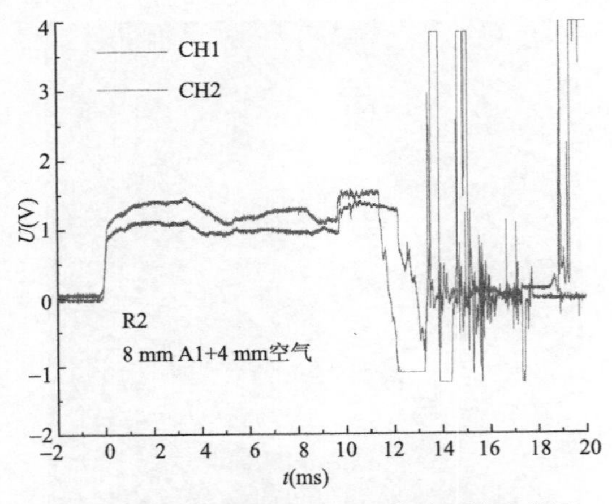

图 4.103　被干扰的锰铜压阻传感器输出信号

图 4.105 为改进后采用单探针的锰铜压阻和 PDV 速度联合同步测试的示波器记录波形，可以看出，在传感器失效前恒流源基线和压力信号均无干扰，是非常标准的压力测试信号。

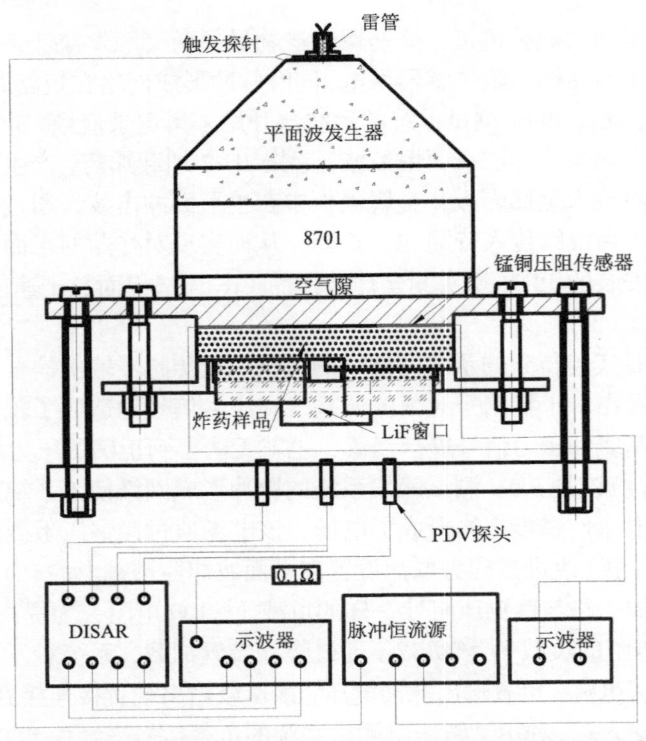

图 4.104　单探针触发锰铜压阻和 PDV 速度联合同步测试系统

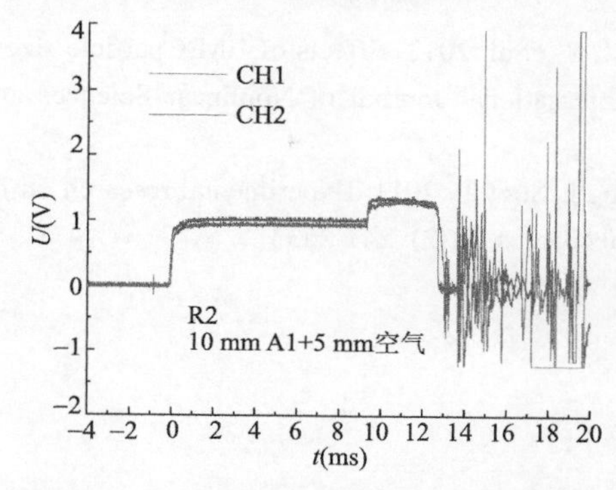

图 4.105　示波器记录的正常压力测试信号

参 考 文 献

白志玲, 段卓平, 景莉,等. 2016. 飞片冲击起爆高能钝感高聚物粘结炸药的实验研究[J]. 兵工学报, 37(8): 1464-1468.

段卓平, 关智勇. 2002. 冲击波中横向、纵向应力计响应初步研究[J]. 高压物理学报, 16(4): 265-270.

段卓平, 关智勇. 2003. 冲击载荷下锰铜计的动态屈服强度[J]. 兵工学报, 24(3): 408-411.

段卓平, 关智勇, 黄风雷. 2003. 冲击载荷下 Al_2O_3 抗弹陶瓷的力学性能实验研究[J]. 高压物理学报, 17(1): 29-34.

段卓平, 关智勇, 黄正平. 2002. 箔式高阻值低压锰铜压阻应力计的设计及动态标定[J]. 爆炸与冲击, 22(2): 169-173.

段卓平, 李丹. 2001. 雷管内部爆轰波压力测量技术[J]. 中国安全科学学报, 11(6): 75-78.

黄正平. 2006. 爆炸与冲击电测技术[M]. 北京：国防工业出版社.

温丽晶, 段卓平, 张震宇, 等. 2013. HMX 基和 TATB 基 PBX 炸药爆轰成长差别的实验研究[J]. 爆炸与冲击, （增刊）: 135-139.

Bai Z L, Duan Z P, Wen L J, et al. 2019. Shock initiation of multi-component insensitive PBX explosives: Experiments and MC-DZK mesoscopic reaction rate model [J]. Journal of Hazardous Materials, 369: 62-69.

Duan Z P, Ou Z C, Cai S J, et al. 2010a. Dynamic shear stress measurements of PMMA[J]. Journal of Beijing Institute of Technology, 19(4): 382-385.

Duan Z P, Ou Z C, Cai S J, et al. 2010 b. Strain effect of manganin transverse piezoresistive gauge and measurement of dynamic transverse stresses[J]. Journal of Beijing Institute of Technology (English Edition), 19: 253-258.

Li S R, Duan Z P, Gao T Y, et al. 2020. Size effect of explosive particle on shock initiation of aluminized 2,4-dinitroanisole (DNAN)-based melt-cast explosive[J]. Journal of Applied Physics, 128: 125903.

Li S R, Duan Z P, Zhang L S, et al. 2021. A melt-cast Duan-Zhang-Kim mesoscopic reaction rate model and experiment for shock initiation of melt-cast explosives [J]. Defence Technology, 17: 1753-1763.

Wen L J, Duan Z P, Zhang L S, et al. 2012. Effects of HMX particle size on the shock initiation of PBXC03 explosive[J]. International Journal of Nonlinear Sciences and Numerical Simulation, 13:189-194.

Zhang Y G, Duan Z P, Zhang L S, et al. 2011. Experimental research on failure waves in soda-lime glass[J]. Experimental Mechanics, 51(2): 247-253.

第5章　压电压力测试技术

广义的压电测压技术不仅是指利用压电晶体传感器测量压力，也应包括利用非压电晶体的压电效应测量压力。凡由绝缘体或半导体制成的压力敏感元件，在外界压力的作用下产生电荷效应，并使负载元件获得有用的电流或电压信号，这种效应统称为压电效应，利用这种效应制成的传感器称为压电传感器。

用于高压（$P \geqslant 1$ GPa）测量的有压电电流法和固体的冲击极化效应法；用于低压测量的有压杆式压电压力传感器、膜片式压电压力传感器或自由场压电压力传感器的测量方法；利用 PVDF 压电薄膜制作的压力传感器既可测量低压，又可测量高压。本章介绍常用的传感器工作原理与结构，压电压力测量系统的配置及其应用等。

5.1　压电电流法

有些瞬态的高压测量中，要求传感器具有很高的响应速率，但其有效工作时间不必很长。在这种情况下，利用压电传感器或利用冲击极化效应传感器测量被测介质中的峰值压力及其邻域压力是比较有效的方法。

5.1.1　Sandia 石英传感器

Goranson 等 1955 年首次利用压电材料去测量强冲击波压力。他们所应用的压电材料是电气石，并测量到爆炸载荷作用下铁中的应力达 32.4 GPa，其中还包含了一个 1.57 GPa 的弹性先驱波，Heart 等 1965 年完成了对于冲击强度达 2.1 GPa 的电气石压电响应曲线的研究。随着人造石英的出现，在冲击测量中，第一种被应用的压电材料电气石退居为次要地位。其原因是人们可以制成无缺陷的人造石英压电材料，其性能在许多方面优于电气石，它的最主要的优点是石英的压电温度系数很小，适用于不同温度下的压力测量。20 世纪 60 年代，Sandia 石英传感器得到了迅速发展。

1. Sandia *石英传感器的结构*

传感器敏感元件是 x 切割的人造石英圆板，传感器敏感元件应正向设置，即使应力波从 $-x$ 极向 $+x$ 极传播。为了保证它在一维应变状态下工作，石英圆板具有较大的直径厚度比。通常无校正环的全电极石英传感器的直径与厚度之比为 5 左右，以保证在应力剖面测量期间使传感器处在一维应力状态。若 1.5 英寸直径的传感器，其厚度为 1/4 英寸，有效工作时间约 1 μs。

图 5.1 是带有校正环的 Sandia 石英传感器的基本原理结构。图中显示了传感器的使用方式，其中低值电阻 R_1 为分流电阻；电阻 R_2 为平衡环形电极电压的分流电阻。这种传感器的允许厚度大于同直径全电极传感器的允许厚度；若厚度相同时，也就相当于增加了有效记录时间。有短路校正环的传感器是图 5.1 结构的一种特例，即 R_1=0。实验证明后两种传感器之间的差别是不明显的。

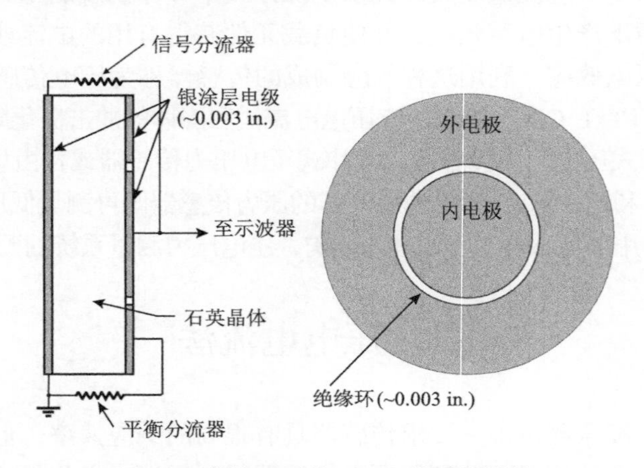

图 5.1　带校正环的 Sandia 传感器结构

2. Sandia 石英传感器的工作原理

在冲击波量测中，Sandia 传感器与许多传统的传感器相比，在工作方式上有一个根本的差异。Sandia 传感器相当于在“短路方式”下工作，短路压电电流正比于试样-传感器界面上的压力，传感器工作时间小于或等于冲击波通过传感器的时间。前面介绍的锰铜压力计记录时间远大于冲击波通过传感器的时间，敏感部分两侧基本上达到应力平衡，输出电压与敏感元件中的平均应力相关。Sandia 传感器显著的特点是具有很高的响应速率，利用 Sandia 传感器的测试系统频响主要取决于仪器的高频率响应，以及冲击波可能出现的倾斜程度等。

当时间 t 小于冲击波通过传感器的时间，且当应力 σ 小于 2.5 GPa 时，短路压电电流 $i(t)$与传感器试样界面上的瞬时应力 $\sigma(t)$关系为：

$$i(t)=\frac{AKC}{h}[\sigma_{xq}(0,t)-\sigma_{xq}(h,t)] \tag{5.1}$$

式中，x 为右传冲击波波阵面离石英试样左界面的距离（注意此处是采用拉格朗日坐标）；C 为石英晶体中弹性纵波波速；A 和 h 分别是石英晶体圆端面面积和石英晶体的厚度；σ_{xq} 为石英中 x 方向的应力分量（一维应变状态）；K 为一维应变状态下的压电系数。

当 $t<h/C$，且 $\sigma_{xq}(h,t)=0$ 时，则

$$\sigma_{xq}(0,t)=\frac{hi(t)}{AKC} \tag{5.2}$$

Ingram 和 Graham 等给出的 K 值为：$K=(2.011\times10^{-7}\pm1.07\times10^{-9})[\mathrm{C/(cm\cdot GPa)}]$。其中，C 为电荷单位“库仑”；$\sigma$ 为应力，其单位为“GPa”。K 值由实验标定而得：用一个石英飞片打击石英传感器就可以进行 Sandia 传感器的标定。

式(5.1)和式(5.2)是根据线性理论求出，详细证明可参见黄正平早期专著《爆炸与冲击电测技术》。式(5.1)的物理意义是明显的：当 $\tau_0/\theta\ll1$ 及 $t/\tau_0\gg1$ 时，压电电流正比于压电晶体两端面上的应力值，故这种压电传感器实质上就是应力差史传感器。

正向设置的 x 切割石英传感器已经有了相当多的应用，在 2.5 GPa 以下，精度可达 2.5%。

3. Sandia 传感器的应用方法

石英传感器可以应用于爆炸载荷和轻气炮的碰撞载荷的测量。在碰撞实验中有多种石英传感器的应用方法。

1）测量碰撞靶板背面应力

传感器安装在被碰撞靶的背面。这种结构可以确定（得到）试样传感器界面上的应力时间剖面。图 5.2 所示为石英传感器贴在[100]切割的 NaCl 单晶上，单晶受冲击载荷直接作用所得到的应力（电压）时间剖面，即应力、时间和拉格朗日位置的三维空间中的应力时间剖面，图中有一个弹性先驱波。利用应力波理论，试样中的应力与拉格朗日坐标关系可以从实测的界面上的应力时间剖面推出。

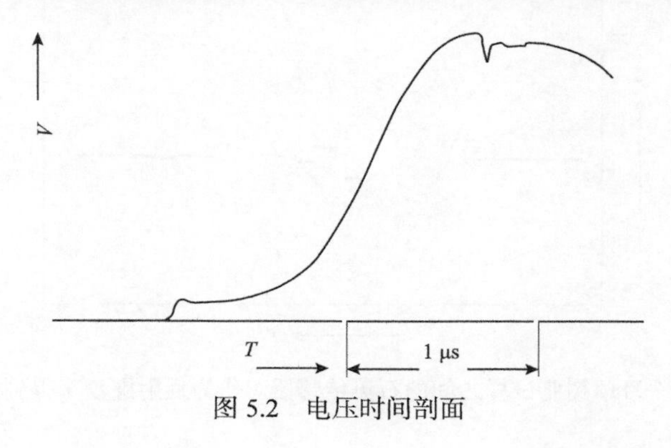

图 5.2　电压时间剖面

2）石英传感器作为飞片应用

石英晶体作为飞片直接去碰撞试样。由界面连续条件得知，这种碰撞机构主要优点是传感器所测量的应力也就是靶试样中的应力。另外，这种结构允许对靶进热和冷却，对石英传感器不会产生干扰，适用于不同温度条件下的碰撞试验。当然，也有比较大的缺点：传感器安装在高速运动的抛体上，如何确保有良好的电接触，这是一个较大的问题，处理不好是得不到压电电流正常输出信号的。

在正常使用条件下，石英传感器的极限应力不超过 2.5 GPa。然而，这个极限是可以设法扩大的。其方法是在抛体头部、石英传感器之前加一个高阻抗衬片，例如蓝宝石或钨。因为在阻抗失配的条件下碰撞界面的应力高于石英传感器中的应力，应用阻抗匹配技术，根据石英的冲击绝热方程、高阻抗材料的冲击绝热方程和等熵方程等可以计算靶试样中的应力，也就是相当于扩大了石英传感器的测压范围。

3）石英传感器作为被碰撞靶使用

被研究的材料作为飞片去碰撞石英传感器靶。若利用 x 切割的石英作飞片，许多人利用这种结构去研究石英的压电响应特性。

4）多种方式综合应用

当一个石英传感器放在抛体上，另一个放在靶背面上，即应用 2）和 1）的结合，可以测量靶前靶后的两个应力时间剖面。Halpin 和 Graham 利用这种联合结构去比较有机玻璃的碰撞面应力和传播应力剖面。Lysne 等除利用情况 1）和 2）中的传感器外，还利用石英传感器作为碰撞过程的多层飞片或靶的反射圆盘。利用这种方法可以得到飞片材料卸载绝热线或二次的冲击绝热线。试验证明，在相当长的时间内石英传感器可以被连续地加载和卸载而不失效。

图 5.3 表明环氧树脂-石英-环氧树脂系统碰撞后的记录结果，也就是采用环氧树脂飞片去撞击石英传感器反射圆盘，此圆盘的背面还是环氧树脂。传感器的输出电压始终正比于石英晶体两表面上的应力差。在传感器中，每通过一次反射，

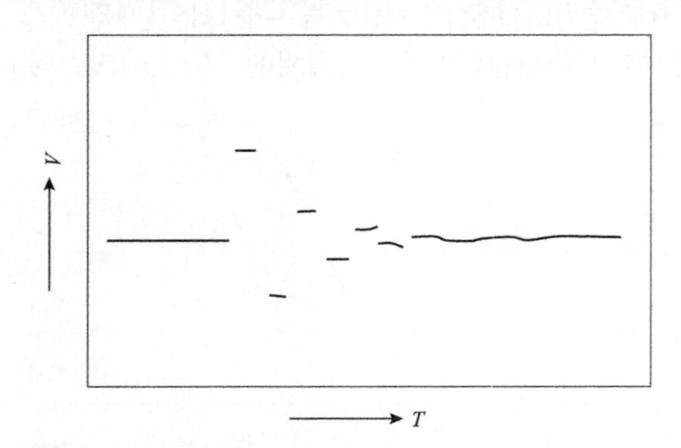

图 5.3　从两个环氧树脂试样之间的石英传感器（作为反射圆盘）得到的输出信号

应力波传播方向翻转，应力波的幅值正负号也翻转，于是应力波在不断地反射过程中，幅值在衰减、符号在交替，相应地输出电流的极性在交替变换，幅度越来越小，最后应力差趋向于零，即环氧树脂-石英-环氧树脂系统的应力达到平衡。

Sandia 石英传感器主要是用来测量应力波的峰值或峰值邻域的应力差史，也有人用这种传感器记录脉冲激光照射薄靶引起热激波应力脉冲宽度。在这种情况下，应力波脉冲宽度有可能小于应力波通过传感器所需要的时间。

综上所述，石英传感器主要的优点是具有很高的响应速率和它的结构简单性；它的主要缺点是有效记录时间短。

5.1.2　固体冲击极化效应传感器

许多电介质具有冲击极化效应。所谓冲击极化就是当冲击波从电介质的一个界面向另一个界面传播时，在电介质的两个界面上形成电荷的过程。图 5.4 示意地表示了一种有机材料的极化电流 I 与应力 σ 的关系。图中 σ_0 为阈值压力，一般都在零点几 GPa 到几十 GPa。

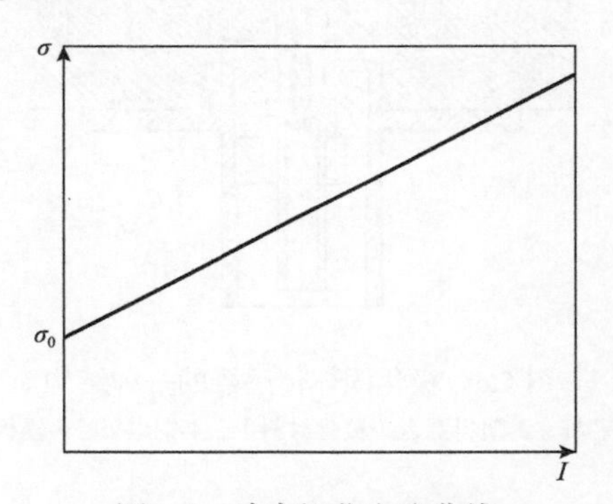

图 5.4　冲击极化电流曲线

具有冲击极化效应的材料很多，如石英、铁电体材料碱金属卤化物、驻极体、半导体和一些有机绝缘材料等，但它们的冲击极化性能有很大差异。研究绝缘材料的冲击极化效应实验装置如图 5.5 所示，极化效应试件结构类似 Sandia 传感器；极化效应传感器的另一种典型结构如图 5.6 所示。

Champion 对 Al_2O_3 的极化效应进行了比较完整的研究。当已阳极化的铝氧化层受到冲击波的压缩时将会产生一个快速上升的信号，阳极化层厚度为 0.05 mm，可以测量 0.5～22.0 GPa 的压力。极化电流信号的方向与铝基上的阳极化层安装的方向相关。0.5～7.5 GPa 时，极化信号峰值电压（或电流）与应力之间呈线性关系；达到 15.0 GPa 时，记录中已出现了明显的散布；到 22.0 GPa 时输出信号接近零。若把铝的阳极化层视为“驻极体”（或永电体），许多实验现象都可解释。实验证明，铝的阳极氧化层中大约有 1 pC/cm^2 的静电电荷，可以保持 3 个月。

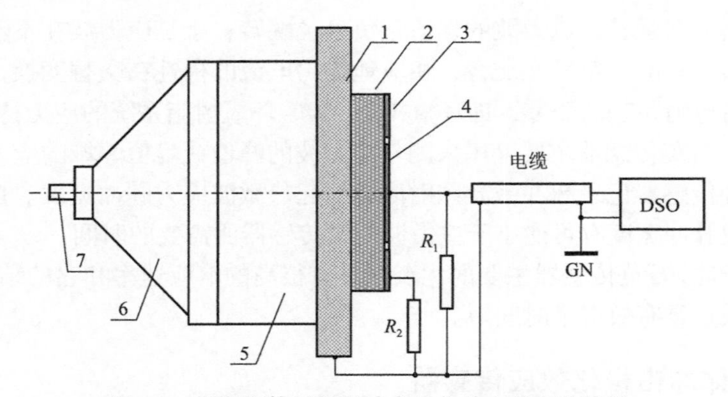

图 5.5 研究固体材料的冲击极化效应的实验装置

1-铝板；2-塑料或固体绝缘材料；3，4-金属涂层；5-加载药柱；6-炸药平面波透镜；7-雷管

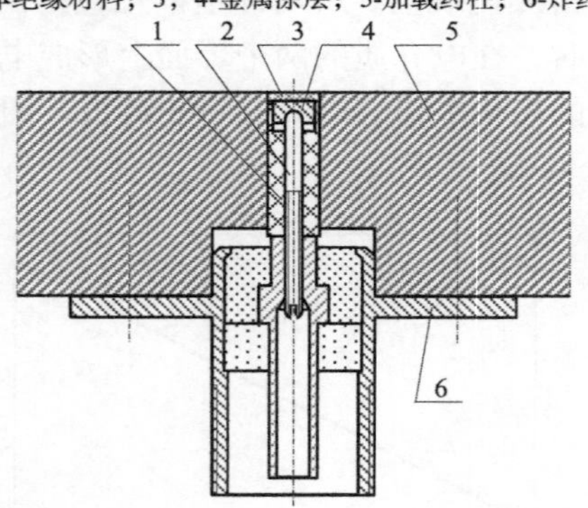

图 5.6 极化固体传感器的一种结构

1-绝缘套；2-芯杆；3-塑料圆盘（极化材料）；4-铜电极；5-镁板；6-电缆插座

5.2 压杆式压电压力传感器

这种传感器适用于化爆的中、远距离的爆炸波压力的测量。压杆式压电传感器具有较宽的压力量程 1～1000 MPa，较长的有效记录时间 10～10^4μs，较短的响应时间 10～20 μs。为了正确地设计和使用压杆式压电压力传感器，本节将对这种传感器的结构和工作原理等作一个简单的介绍。

5.2.1 压杆式压电压力传感器的几种基本结构

图 5.7 示意地表示了压杆式压电压力传感器的一种基本结构。压杆-压电晶体-支撑杆系统与外壳之间必须留有间隙，以保证压杆处在一维应力状态。为了使压杆晶体片系统固定在中心，采用橡皮圈作为杆的支座。橡皮圈的弹性必须选择恰当，

太硬时声绝缘不好，不能保证杆工作的一维性；太软时杆在中心的稳定性不好，很容易引入低频干扰。

图 5.8 示意地表示了带波色散杆的压电压力传感器。波色散杆是由铅芯和铝套组成，铝套杆的内锥度为 10°，铅芯是浇铸而成的。由于铅和铝的声阻抗十分接近，所以锥形界面上反射极小，几乎全部透射。但铝的声速约为铅声速的 5 倍，故弹性应力波在杆中传播时，在铝套中和铜芯中有较大的声速的速度差，相当于存在一个“色散”作用，使应力波强度迅速衰减，从而减少应力波的反射作用。图 5.10 示意地表示了另一种结构的带波色散杆的压电压力传感器。

图 5.9 是一种带声吸收杆的压电压力传感器的结构图。此传感器中压电晶体采用偏铌酸铅，它不仅灵敏度高，且横向灵敏度远小于纵向灵敏度；它与锡有良好的声匹配，而且这两种材料的内阻尼较大，应力波在压杆中通过时，产生较大的吸收衰减作用，有效地控制了反射作用，大大地延长了可测量时间。另外，吸收杆还可以用其他细观不均匀的材料，如铸黄铜和掺钨粉的环氧树脂棒等。这类材料中有无数不规则的细观界面，当应力波进入其中时发生强烈的散射衰减等，实现对应力波的“吸收”，从而控制了反射作用。

图 5.11 是高量程压杆式压电压力传感器结构示意图。这种传感器是利用波阻抗失配方法扩大石英压电晶体的压力量程。其中钨杆（压杆 a）为高阻抗材料，石英和铝杆（压杆 b）为低阻抗材料。当应力波经钨杆到达钨-石英界面时，入射于石英的应力波比入射于钨杆的应力波小许多倍。为了增加可测时间，传感器总长可以达 1～2 m。

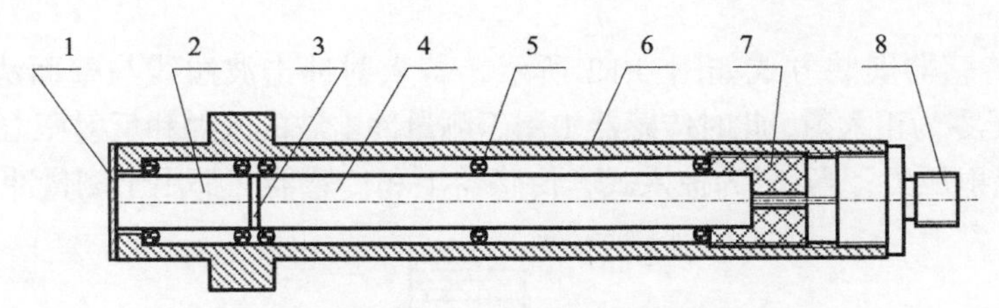

图 5.7　压杆式压电压力传感器结构示意图

1-保护膜；2-压杆；3-压电晶体；4-支撑杆；5-O 形橡圈；6-外壳；7-绝缘件；8-电缆插座

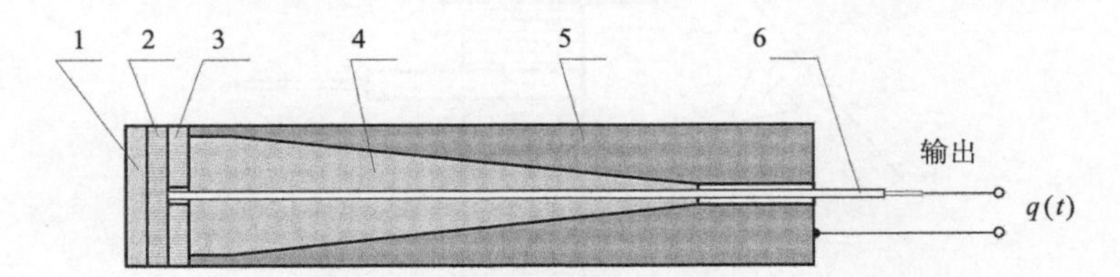

图 5.8　带波色散杆式压电压力传感器结构示意图

1-保护片；2，3-压电晶体；4-铅芯压杆；5-铝套；6-引线

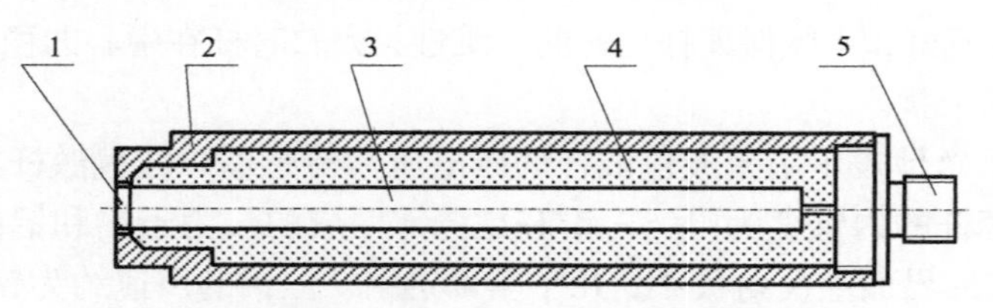

图 5.9　带声吸收杆的压电压力传感器结构示意图

1-偏铌酸铅；2-铜外壳；3-压杆；4-硅橡胶；5-电缆插座

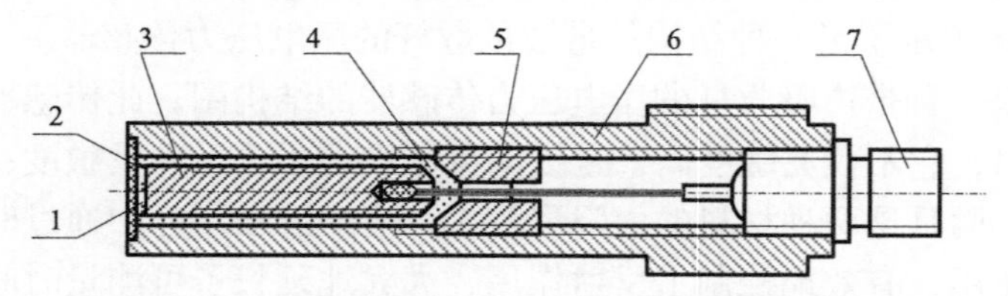

图 5.10　声波色散杆式压电压力传感器结构示意图

1-保护层 r；2-压电晶体；3-声波色散杆；4-绝缘件；5-支承件；6-外壳 l；7-插座

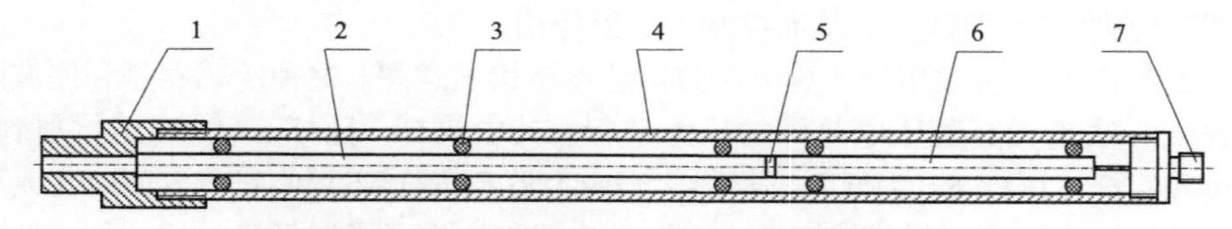

图 5.11　高压力量程压杆式压电压力传感器结构示意图

1-钢壳 a；2-压杆 a；3-压电晶体；4-钢壳 b；5-压电晶体；6-压杆 b；　7-插座

压杆传感器安装方式如图 5.12 所示，若入射冲击波法线与壁面法线之间的夹角 θ 等于零为正入射，此时传感器 1 用于测量冲击波的入射和反射压力，传感器 2 用于测量反射压力；当 时为掠入式，传感器 1 和传感器 2 都用于测量冲击波压力。

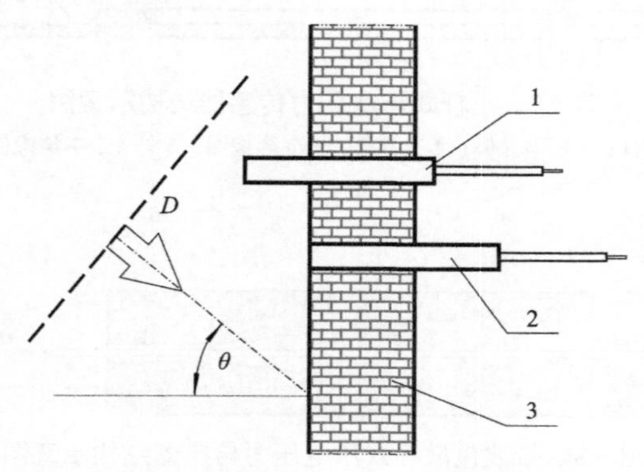

图 5.12　压杆式压电压力传感器的安装

1-测量近壁面压力的传感器；2-测量壁面压力的传感器；3-墙壁或地面

5.2.2　压杆式压电压力传感器工作原理

伴有压电效应的应力波理论可以较好地描述压杆式压电压力传感器的工作原理。本节中所应用的应力波理论也是属于初等理论，仅作定性的解释。在介绍压杆中的应力波作用过程之前，先对压电晶体和压电方程作一些说明。

1. 压电晶体和压电方程

某些种类的单晶体和极化多晶铁电体（如压电陶瓷），在机械应力或温度应变的影响下，晶体表面会产生电荷，这种效应称为正向压电效应；这些单晶体和多晶铁电体在外电场的作用下会产生形变，这一效应称为逆压电效应（或称电致伸缩）。极化了的铁电体，其压电机理与一般压电单晶体的压电机理是不同的，但可以近似与一般压电单晶同样处理，统称为压电晶体。天然压电晶体有石英、电气石和闪锌矿石等。由于天然压电晶体获得不易，因此制造了许多人造压电晶体，如人造石英、酒石酸钠、磷酸二氢铵、磷酸二氢钾、酒石酸乙烯二铵、酒石酸二钾、硫酸锂、锗酸铋、钛酸钡、铌酸铅、钛酸铅和锆酸铅等。

压电晶体除了有压电特性以外，还和一般的电介质一样具有介电性，与一般固体一样具有弹性。这三种物理性质之间的关系由下列压电方程表示：

$$\begin{cases} \xi_h = S_{hk}^E \sigma_k + d_{hj} E_j \\ D_i = d_{ik} \sigma_k + \varepsilon_{ij}^0 E_j \end{cases} \quad (h,i,j,k=1,2,3) \tag{5.3}$$

式中，ξ_h 为应变；σ_k 为应力；D_i 为电位移；E_j 为电磁场强度；S_{hk}^E 为在电场 E 不变条件下的柔性系数（即弹性模量之倒数）。ε_{ij}^0 为应力不变时的介电常数，d_{ik} 或 d_{hj} 为压电系数；上式中采用了“同下标相加”代替“$\sum$”相加符号。式(5.3)属于张量形式方程，其中 ξ_h、D_i、σ_k 和 E_j 为一阶张量，S_{hk}^E、ε_{ij}^0 和 d_{hj} 或 d_{ik} 为二阶张量。这种表达方式体现了压电晶体的各向异性。在线性理论中所有二阶张量均为常量；在非线性理论中，二阶张量应当是压力、温度和电场强度等状态量的函数。4 个一阶张量中任取两个为因变量，则有 6 种组合形式，所以式(5.3)还有 5 种表达形式。

在压杆式传感器中工作的压电晶体，可以近似地认为处在一维应力状态。因此可以设：

$$\begin{cases} \sigma_1 = \sigma_2 = 0 \\ \sigma_3 \neq 0 \end{cases} \tag{5.4}$$

有些压电晶体是轴对称的，仅在一方向被极化和产生电荷。这种特殊情况下可以假设：

$$\begin{cases} E_1 = E_2 = 0, & E_3 \neq 0 \\ D_1 = D_2 = 0, & D_3 \neq 0 \end{cases} \tag{5.5}$$

式(5.3)、式(5.4)和式(5.5)中有 12 个等式组成的一套方程组；若式(5.3)是线性方程组，则比较容易解出 4 个张量中的 12 个参量；但必须注意到 D_1 方程和 D_2 方程是线性相关的，故 12 个方程中只有 11 个是独立的，也就是 12 个变量中只有一个是独立的。因此压电方程(5.3)总可以简写为：

$$E_3 = g_{33}\sigma_3 \tag{5.6}$$

式中，g_{33} 为一维应力状态下的压电系数。

2. 压杆式传感器的响应

压杆式传感器的响应包括压电晶体的厚度响应和压杆的直径与长度响应。关于传感器敏感部分的厚度响应在“电磁法”部分已有介绍，此处不再重复。本章着重讨论压杆的直径和长度响应。

当应力波在杆中传播时，必定存在“色散”和“吸收”，波形的畸变总是不可避免的。对于传感器的设计者或使用者必须控制这种畸变，使它不超过期望值。在初等理论中不考虑杆的横向惯性，也就不存在应力波中不同频率分量有不同传播速度的“色散”现象，也不存在弹性波的畸变问题。

弹性波在轴对称无限长均质杆中传播的精确理论早已由 Pochhanmer 和 Chree 提出，对正在杆中传播的应力波作傅里叶变换之后，应力波在杆中传播的问题变成无限多个正弦波系列沿杆长方向传播，并假设各点的位移和应变等是简单的调和函数。则波赫哈默尔-屈里方程可以分解成三个独立的方程组，它们分别对应于杆中的纵波、弯曲波和扭转波。对于表面应力为零的圆杆，各个方程可以进一步简化，得到一个单一的方程：频率方程。频率方程的根给出三个无量纲参量 C/C_0、a/λ 和 μ 之间的关系，其中 C 是波长为 λ 的正弦波相速度：$C_0=\sqrt{E/\rho}$；a 是杆的半径；μ 是杆材料的泊松比。给定一个 μ 的数值，求频率方程的数值解，可得出一组表示 C/C_0、a/λ 之间关系的曲线，叫做色散曲线。频率方程有许多根，每个根对应于杆的一种振动方式，也相应于色散曲线的一个分支。图 5.13 是 μ=0.29（钢的泊松比）时的色散曲线第一分支，图中虚线表示初等理论的结果。从图 5.13 中可以得出三个推论：

（1）傅里叶频谱上不同频率分量的相速度不等。若频率中高频分量较丰富，则色散作用影响较大，应力波畸变也较大。

（2）只有当应力波的频谱中的“下限”波长相应于应力波频谱中的上限频率满足下式时，初等理论的结果比较准确，杆中应力波以 C_0 的速度传播。否则初等理论的结果误差较大。

$$0 < a / \lambda_{\mathrm{m}} \leqslant 0.1 \tag{5.7}$$

（3）当 $a/\lambda \gg 1$ 时，杆中波速 C 渐近于半无限大介质中的瑞利表面波速度 C_{S}。

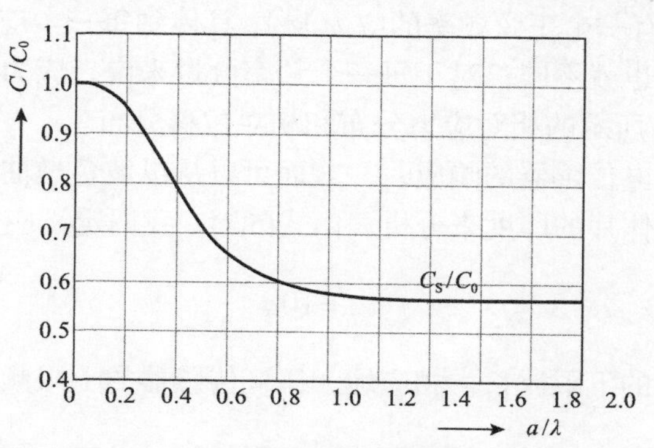

图 5.13　μ=0.29 时纵波的色散曲线的第一分支

初等理论认为，应力波传播过程中纵向位移和纵向应力是均匀地分布在横截面上的，这个结论的正确性也是有条件的。由于压杆传感器反映的是杆的横截面上的平均正压力，所以有必要分析纵向位移和纵向应力在横截面上的分布。当 μ=0.29、a/λ=0.196 和 a/λ=0.935 时，根据精确理论对色散曲线的第一分支进行计算，得到的杆的横截面上应力和位移的分布如图 5.14 所示。图中取 r/a 为横坐标，r 为径向位置，下标 0 表示 r=0 处的值。当 a/λ 很小时，应力 σ_x 和位移 W 在横截

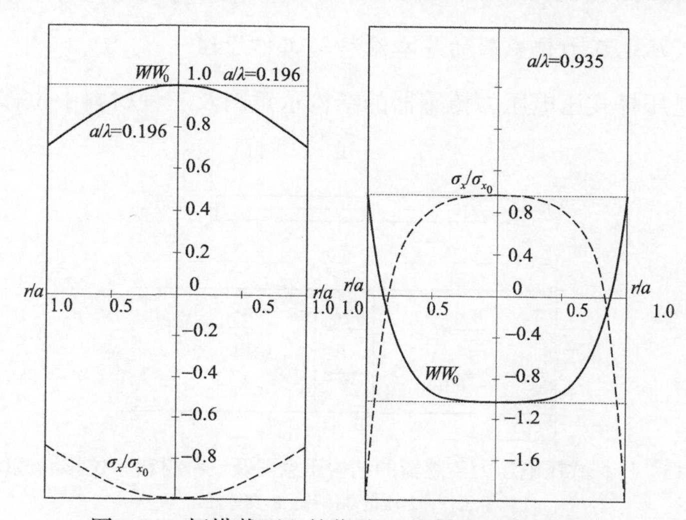

图 5.14　杆横截面上的位移 W 和轴向应力 σ_x 分布

面上是均匀分布的，相应的 σ_x/σ_{x0} 和 W/W_0 曲线是±1 的水平线。当 a/λ=0.196 时，圆杆的表面应力和位移只有中心值的 70%左右。当 a/λ=0.935 时，位移在 0.85 a 半径上为零，应力和位移都发生符号的改变。可见，根据精确理论，纵向应力在横截面上分布是不均匀的。注意到图 5.14 中的曲线是单色应力波的应力和位移分布（所谓“单色”就是仅有一个正弦频率的应力波）。具体到每一个应力波，它的频谱不同，应力轴向分布也就不同；对于每一个频率分量来说，应力值是极小的，但还是可以作出图 5.14 所示的相对应力分布和相对位移分布。

关于压杆式压电传感器的响应，一方面可以从纵波色散曲线来分析，另一方面也可以从压电晶体片的厚度来分析。由式(5.7)，我们定义应力波的下限波长：

$$\lambda_{\mathrm{m}}^{*}=10a \tag{5.8}$$

为压杆传感器的下限波长。相应地，压杆传感器的上限频率：

$$f_{\mathrm{m}}^{*}=C_0/\lambda_{\mathrm{m}}=C_0/10a \tag{5.9}$$

式中，C_0 为应力波在压杆中的波速。

例如，已知钨杆的声速 C_0=4320 m/s，杆的直径 1 cm，则 $f_{\mathrm{m}}^{*}\leqslant 4320/(10\times5\times10^{-3})$=86.4 kHz。

从压电晶体片的厚度来考虑，晶体片两侧压力要达到基本平衡也有一个响应过程。由这个响应过程也能够确定压杆传感器的上限频率 f_{m}^{**}。f_{m}^{**} 与式(5.9)中的 f_{m}^{*} 对比，应选取较小的作为压杆式传感器的上限频率。

3. 压杆式压电压力传感器的基本结构与工作原理

图 5.15 是压杆式压电压力传感器的结构示意图及三种材料中位移波透反射。

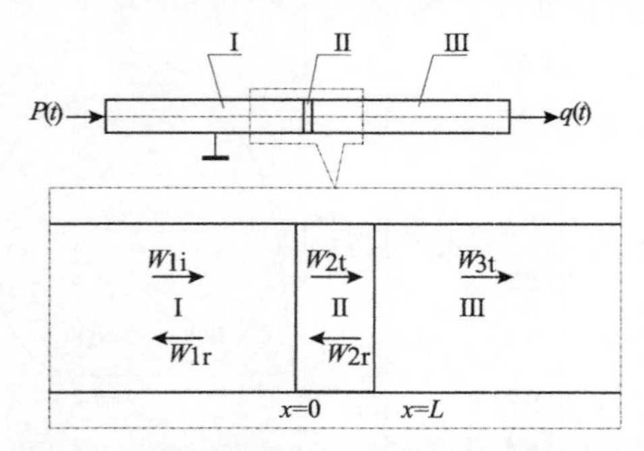

图 5.15　压杆式压电压力传感器的结构示意图及三种材料中位移波透反射

1-压杆；2-压电晶体片；3-支撑杆

压电晶体片 2 粘贴在两根圆杆 1 和 3 之间。一般称 1 为压杆，3 为支撑杆。外加

的载荷 $P(t)$作用在 1 杆的承压面，压杆内产生一个沿杆传播的应力波。当应力波通过压电晶体片时，出现压电信号，经放大器后再送到记录仪器。由于压杆式传感器是由几种不同材料黏结而成的，弹性波必然要在界面上发生透射和反射。爆炸力学中已经讨论了杆中应力波的透射和反射问题，本节用应力波的频谱来讨论压杆传感器中的透射问题。

图中位移波 W 的下标 1，2 和 3 与材料编号 I（压杆）、II（压电晶体）和III（支撑杆）相应；下标 i、r、t 与入射、反射和透射相应。又令 K_0 、W_0 、σ_0 、ρ_0 和 E_0 分别表示某介质 n（n=1,2,3）的波数、位移、应力、密度和弹性模量；A_0 为位移分量的振幅；ω 为位移波分量的频率，则各位移波余弦分量的复数表达式为：

$$\begin{cases} W_{1i} = A_{1i}\mathrm{e}^{j(k_1x-\omega t)} \\ W_{1r} = A_{1r}\mathrm{e}^{j(-k_1x-\omega t)} \\ W_{2t} = A_{2t}\mathrm{e}^{j(k_2x-\omega t)} \\ W_{2r} = A_{2r}\mathrm{e}^{j(-k_2x-\omega t)} \\ W_{3t} = A_{3t}\mathrm{e}^{j(k_3x-\omega t)} \end{cases} \tag{5.10}$$

式中，$j=\sqrt{-1}$，并约定取复数的实部为相应的余弦分量。由应力和位移关系（压为正）：

$$\begin{cases} \sigma_n = \dfrac{\partial W_n}{\partial x} \\ \sigma_{1i} = -jK_1E_1A_{1i}\mathrm{e}^{j(K_1x-\omega t)} \\ \sigma_{1r} = jK_1E_1A_{1r}\mathrm{e}^{j(-K_1x-\omega t)} \\ \sigma_{2t} = -jK_2E_2A_{2t}\mathrm{e}^{j(K_2x-\omega t)} \\ \sigma_{2r} = jK_2E_2A_{2r}\mathrm{e}^{j(-K_2x-\omega t)} \\ \sigma_{3t} = -jK_3E_3A_{3t}\mathrm{e}^{j(K_3x-\omega t)} \end{cases} \tag{5.11}$$

令声阻抗

$$Z_n = \rho_{0n}C_n = \rho_{0n}\omega_n / K_n = \sqrt{\rho_{0n}E} \tag{5.12}$$

或

$$E_nK_n = E_n\omega_n \tag{5.13}$$

在边界上位移和应力必须相等，故 x=0 处的边界条件是：

$$\begin{cases} A_{1i} + A_{1r} = A_{2t} + A_{2r} \\ Z_1(A_{1i} - A_{2r}) = Z_2(A_{2t} - A_{2r}) \end{cases} \tag{5.14}$$

$x=L$ 处的边界条件是：

$$\begin{cases} A_{2t}e^{jK_2L} + A_{2r}e^{-jK_2L} = A_{3t}e^{jK_3L} \\ Z_2(A_{2t}e^{jK_2L} - A_{2r}e^{-jK_2L}) = Z_3A_{3t}e^{jK_{3t}L} \end{cases} \tag{5.15}$$

由式(5.10)至式(5.15)可以推得输出应力与输入应力之比 σ_{3t}/σ_{1t}，然后取其实部的模为：

$$\left|\frac{\sigma_{3t}}{\sigma_{1i}}\right| = \frac{2}{\sqrt{\left(1+\frac{Z_1}{Z_3}\right)^2 \cos^2 K_2L + \left(\frac{Z_1}{Z_2}+\frac{Z_2}{Z_3}\right)^2 \sin^2 K_2L}} \tag{5.16}$$

式中，L 为压电晶体的厚度。显然，当 $Z_1=Z_2=Z_3$，$|\sigma_{3t}|=|\sigma_{1i}|$，也就是说三种材料完全匹配，全透射，没有反射。事实上总是不可能做到完全匹配的，但是 $Z_1=Z_3$ 是比较容易实现的。假如压电晶体片很薄，其厚度 L 大大地小于波长，即：

$$K_2L \ll 1 或 (2\pi L/\lambda) \ll 1 \tag{5.17}$$

上式中已利用了 $K_2=2\pi/\lambda$。这样式(5.16)可以简化为：

$$\left|\frac{\sigma_{3t}}{\sigma_{1i}}\right| = 1 - \frac{1}{8}\left(\frac{Z_1}{Z_2}-\frac{Z_2}{Z_1}\right)^2 (K_2L)^2 \tag{5.18}$$

则由于阻抗不匹配引起的应力偏差：

$$\Delta S \approx \frac{|\sigma_{1i}| - \frac{|\sigma_{1i}|+|\sigma_{3t}|}{2}}{|\sigma_{1i}|} = \frac{|\sigma_{1i}|-|\sigma_{3t}|}{2|\sigma_{1i}|} \tag{5.19}$$

$$\Delta S \approx \frac{1}{4}\left(\frac{Z_1}{Z_2}-\frac{Z_2}{Z_1}\right)^2 \left(\frac{\pi L}{\lambda_2}\right)^2 \tag{5.20}$$

上式也利用了不匹配引起的偏差与频率分量的波长相关。实际上式(5.20)是无法直接计算应力波的偏差的，爆炸力学中已经介绍了这种偏差的特征线法计算。尽管这样，式(5.20)作为定性的对比，还是相当直观的。例如取应力偏差 $\Delta S=0.02$，$Z_1=Z_3=1.52375\times10^6[g/(cm^2\cdot s)]$（压杆与支撑杆的阻抗，见本章之后的附表），$Z_2=$

$0.193\times10^6[\mathrm{g/(cm^2\cdot s)}]$（相当于环氧树脂的声阻抗），或 $Z_2=41.5[\mathrm{g/(cm^2\cdot s)}]$（空气的声阻抗）。压杆半径为 a=0.6 cm，求 L 的最大允许值。根据式(5.7)知道下限波长 $\lambda\geqslant10\,a$=6 cm，再利用式(5.20)就可以计算出夹层厚度的最大允许值 L_m。对于环氧树脂层的最大允许值厚度：

$$L_\mathrm{m}=\frac{2\lambda_2\sqrt{\Delta z}}{\left(\dfrac{z_1}{z_2}-\dfrac{z_2}{z_1}\right)\pi}=0.695\mathrm{mm} \tag{5.21}$$

对空气层的最大允许值厚度：

$$L_\mathrm{m}=1.47\times10^{-9}\,\mathrm{mm} \tag{5.22}$$

可见，具有合理厚度的黏结层并不影响应力波的透射，但是黏结层中若混入空气泡将严重干扰应力波的透射，这一点也是黏结工艺中需要特别注意的。

因为电场 $E=\dfrac{\mathrm{d}U}{\mathrm{d}x}$，利用式(5.6)就可以求出Ⅱ区中的 d$x$ 微元两侧的电压：

$$\mathrm{d}U=g_{33}\sigma\mathrm{d}x=-g_{33}E_2\frac{\partial W_2}{\partial x}\mathrm{d}x \tag{5.23}$$

其中位移 $W_2=W_{2\mathrm{t}}+W_{2\mathrm{r}}$，因此：

$$U=-g_{33}E_2\int_0^L\left(\frac{\partial W_{2\mathrm{t}}}{\partial x}+\frac{\partial W_{2\mathrm{r}}}{\partial x}\right)\mathrm{d}x=-g_{33}E_2(W_{2\mathrm{t}}+W_{2\mathrm{r}})\Big|_0^L \tag{5.24}$$

根据式(5.10)、式(5.14)和式(5.15)，上式可以演变为：

$$\frac{U}{\sigma_{1\mathrm{i}}}=\frac{-2g_{33}E_2}{K_1E_1}\times\frac{\cos K_2L-j\dfrac{Z_3}{Z_2}\sin K_2L-1}{\left(1+\dfrac{Z_3}{Z_1}\right)\cos K_2L-j\left(\dfrac{Z_2}{Z_1}+\dfrac{Z_3}{Z_2}\right)\sin K_2L} \tag{5.25}$$

所以压电晶体的输出电压也是角频率 ω 的函数。然而，如果压电晶体片足够薄，即 $K_2L\ll1$，则

$$\frac{U}{\sigma_{1\mathrm{i}}}=\frac{2g_{33}LZ_3}{Z_1+Z_3} \tag{5.26}$$

由上式可知，①当 $K_2L\ll1$ 时，即应力波中下限波长 λ_m 大大地大于压电晶体

片的厚度 L 时，晶体输出电压 U 正比于输入应力 σ_{1i}，比例系数（即压杆传感器的电压灵敏度）不仅与晶体的本性 g_{22} 相关，而且与晶体片的厚度、压杆的阻抗和支撑杆的阻抗等相关；②增大晶体片的厚度，尽管可以增加输出电压，但会严重地降低输出电压的响应速率；③增大 Z_1/Z_3 值会减小输出电压，反之增加输出电压，可以用此特性来扩大或缩小量程。

5.2.3 改善压杆传感器性能的一些方法

压杆式压力传感器受阶跃压力脉冲作用时的典型输出曲线如图 5.16 所示。

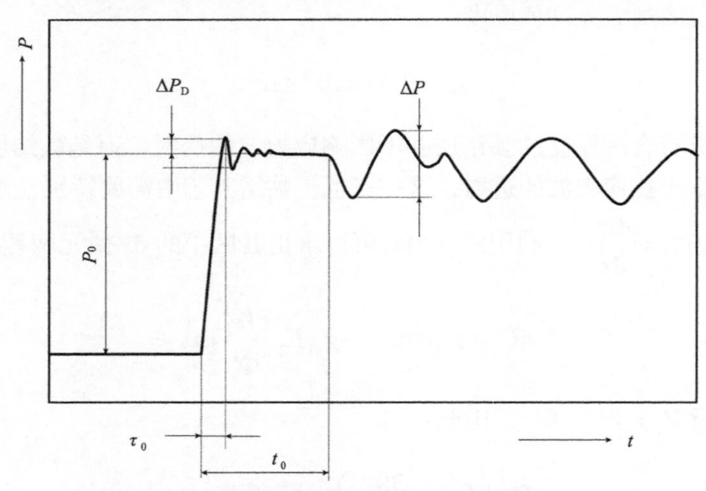

图 5.16　受阶跃压力作用时压杆式压力传感器的输出

对于压杆传感器输出的阶梯形冲击波压力模拟信号，通常用上升时间 τ_0、平台时间 t_0、噪声比 r_D 和平台值 P_0 等特征量来描述其性能。

1）上升时间 τ_0

压杆传感器的上升时间应包括应力波通过压杆 1 时同色散作用相关的上升时间 τ_{01} 以及压电晶体片厚度相关的上升时间 τ_{02}，总上升时间可以处理为

$$\tau_0 = \sqrt{\tau_{01}^2+\tau_{02}^2} \tag{5.27}$$

其中

$$\tau_{01} = \sqrt[3]{\mu^2 x/(2a)}(2a/C_0) \quad 当\ x/2a>20 \tag{5.28}$$

上式是根据理论分析得到的。实验证明，即使 $x/a<40$，τ_{01} 还是接近正比于 $\sqrt[3]{x}$。减小 τ_0 比较有效的办法是选择泊松比 μ 较小的材料及弹性波速较大的材料。最理

想的材料是铍，铍的 μ=0.05，C_0=12870 m/s。资料中介绍了铍压杆压电压力传感器，它由两根 $\Phi3\times100$ 的铍杆中间粘一块厚 0.5 mm PZT-4 锆钛酸铅晶片而成。用它测量激波管的反射激波得到了 0.54 μs 的前沿上升时间。使用铍杆必须注意其剧毒性。

由式(5.28)还可以知道，当取 x=0 时，τ_{01}=0，τ_0=τ_{02}。上升时间将近似地等于应力波通过晶体片时间的 7 或 9 倍。例如，晶体片厚度为 L=0.2 mm，波速为 4 mm/μs，则 τ_0=τ_{02}≈0.35～0.45 μs。另一方面，随着压杆长度的减小，严重过冲及振荡可能淹没了信号的平台部分，甚至无法测量。

2）噪声比 r_D

一般认为，紧接着前沿上升之后产生的高频衰减振荡的原因是：当受到阶跃压力作用时，在压杆的纵向压缩与伸长的同时还伴随着横向膨胀与收缩，横向变形也以波的形式沿径向传播激起径向振动。径向振动的频率为：

$$f_D = C_1 / (4a) \tag{5.29}$$

式中，C_1 为体波速度。定义径向振动噪声比为：

$$r_D = \pm\Delta P_D / \left(2P_0\right) \tag{5.30}$$

式中，ΔP_D 为噪声峰峰值，P_0 为压力信号值，噪声比是衡量压杆传感器的一个重要特征量，要求尽量减少 r_D。

减小 r_D 的方法大致有：①加长压杆的长度；②加厚晶体片的厚度，实验证明是有效的，但对上升时间减小不利；③压杆、支撑杆与压电晶体的声速差或泊松比差较大时，实验证明能比较显著地减小 r_D。

3）平台时间 t_0：压杆传感器测量冲击波的有效时间

平台时间一般可以用下式表示：

$$t_0 = 2L / C_0 \tag{5.31}$$

式中，L 是压杆或支撑杆的长度；C_0 为压杆或支撑杆的声速。为了增加平台时间 t_0，有些压杆传感器达几米长，这样的传感器当然比较笨重了。采用波速色散杆的压杆传感器如图 5.8，相当于减小声速 C_0 来增加平台时间 t_0。采用带声吸收杆的压杆传感器如图 5.9 也相当于减小声速 C_0 来增加平台时间 t_0。

4）量程

压杆式压力传感器所能测量的最大压力取决于所选压杆材料的屈服极限和压电晶体的屈服应力。例如，铝-铅组合压杆的测压上限受铅的屈服应力限制，约 30 MPa；又如铝-石英-铝压杆受石英的屈服应力的限制。

在一般情况下，只要压杆的声阻抗取高值，即支撑杆的声抗接近压电材料的声抗，就可以扩大量程。图 5.10 表示了一种高量程的压杆式压力传感器。

5）声绝缘

任何压杆式压力传感器与壳体之间留有一定间隙，使压杆处在一维应力状态。

6）保护片

主要是为了防止温度脉冲干扰和防止砂石碎片等的机械伤害。保护片的声阻抗必须与压杆或晶体片的声阻抗接近，否则会带来不必要的干扰信号。

5.2.4 压杆传感器的标定

在使用压杆传感器之前必须进行标定。动态与静态标定要一起进行。在低压下由于杆子的横向惯性效应不明显，动静标定基本一致，这一点在许多实验中已经证实。在较高压下，由于压杆的横向惯性效应加剧，动静标定之间必然有某种程度的差异，因此较高压下的动标更为重要。一般的激波管很难实现 100 MPa 以上的压力标定，必须采用爆炸式水激波管才可能实现较高压力的动态标定。对于压杆传感器也可以采用霍布金森杆实验来做动态标定。

5.3 自由场压电压力传感器

空中（或水中）爆炸形成的冲击波的测量方式可分两类：一种是测量没有任何物体干扰的自由场（free field）的压力；另一种是测量爆炸冲击波的地面、壁面和结构物上的扫射压力或反射压力。后一种测量可将传感器埋入被爆炸波作用的物体之内，相应的传感器结构应适应埋入方式。前一种测量需把传感器安装于被测流场之中的某个测点位置，若传感器外形不佳，对原流场会产生较强的反射和绕流干扰，因此自由场压力传感器应设计成对流场干扰较小的流线型外形结构，这样的传感器称为自由场压力传感器。

5.3.1 自由场压力传感器的一般结构

图 5.17 是美国弹道研究所（BRL）研制的弹性膜片式压电压力传感器；图 5.18 是国内制作的 YY2 自由场压力传感器；图 5.19 是作者研制的 HZP2 自由场压力传感器，外形类似于 BRL 研制的传感器；图 5.20 的 HZP2 笔杆形自由场压力传感器也是由作者研制的。很明显，这些传感器中大多数都有较大的导流片或导流杆，其中 YY2 型传感器无导流片。尽管这些传感器都采用压电晶体或压电陶瓷作为敏感元件，但其几何尺寸不同，安装结构也有较大差异，相应地传感器的主要性能上也有相当大的差异。对于自由场压电压力传感器来说，敏感元件的几何尺寸越小响应速率越快，但也降低了其电荷灵敏度。

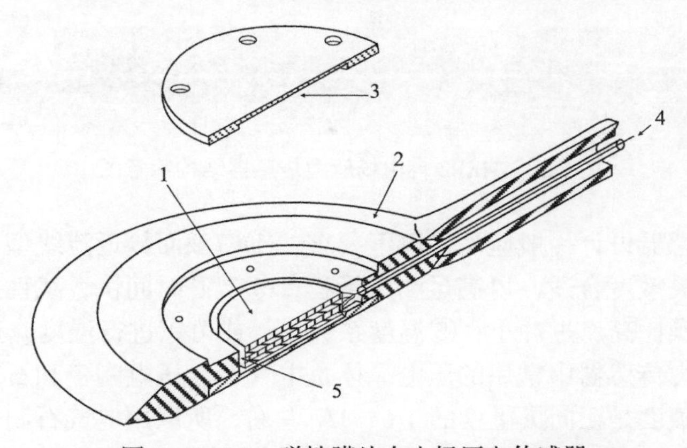

图 5.17　BRL 弹性膜片自由场压电传感器

1-四块电器石晶体；2-导流片；3-约 0.5 mm 厚隔膜；4-连接电缆插座；5-用硅润滑脂充满的空腔

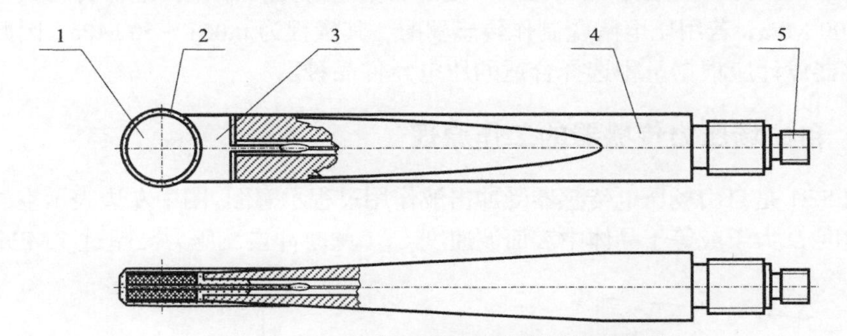

图 5.18　YY2 自由场压力传感器结构示意图

1-压电晶体片 $\Phi10\times0.5$ 两片；2-绝缘层；3-中心电极板兼作加强片；4-支撑杆；5-电缆接头

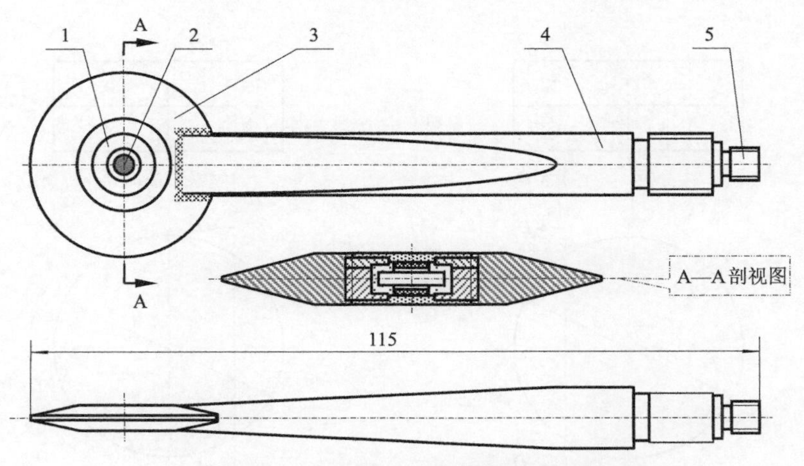

图 5.19　HZP2 自由场压力传感器结构示意图

1-定位圈；2-压电晶体片 $\Phi3\times0.5$ 两片；3-导流片；4-支撑杆；5-电缆接头

图 5.20 HZP2 自由场压力传感器结构示意图

自由场传感器设计一般应满足以下要求：①横截面接近流线型，保证对流程场干扰小；②灵敏度合适，以满足测压量程；③上升时间快，线性好，以满足精度要求；④信噪比高，过冲小；⑤温度系数小，或可以进行温度修正。

自由场压力传感器中常用的压电晶体是电气石、压电陶瓷和石英等。其中电气石的侧向灵敏度是正向灵敏度的 1/6～1/7 左右，所以用电气石制作压力传感器时不需要侧向保护，可以取消导流板，使结构大大简化；这种传感器量程较宽，下限为 0.1 MPa，上限为 200 MPa；使用石英敏感元件制作传感器时，其量程为 0.2～400 MPa；若用压电陶瓷制作传感器时，其量程为 0.001～50 MPa。因此自由场传感器设计应根据量程选择合适的压电元件品种。

5.3.2 自由场压力传感器的工作原理

图 5.21 是自由场压电传感器受冲击波作用过程示意图。图中左边表示空气中冲击波速度 D 大于或等于晶体中表面波速度 C_1（此时冲击波压力已超过 5 MPa 左右

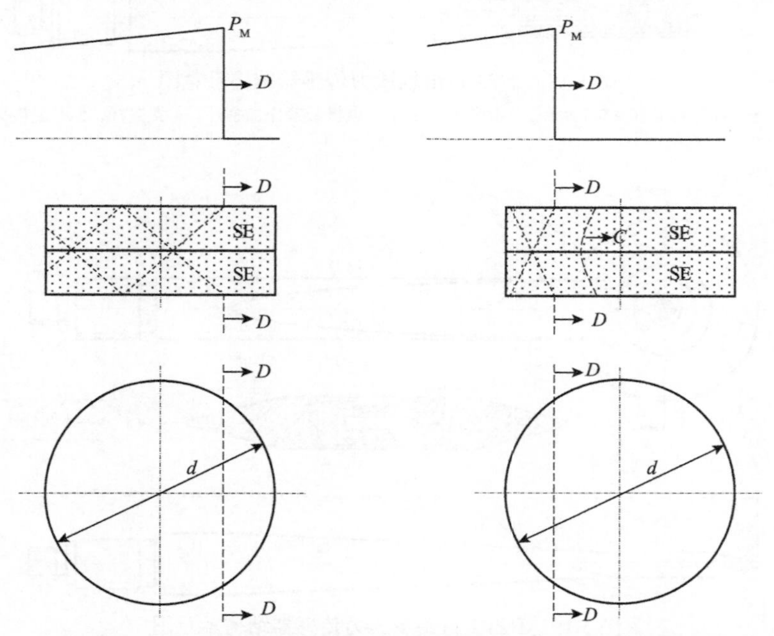

图 5.21 冲击波与自由场压力传感器敏感元件相互作用过程示意图

了）；图中右边表示 $D<C_1$。为了讨论方便，按等效阻抗方法把保护片或保护膜等折算为晶体片的厚度；图 5.21 中，敏感部分的等效厚度近似取成晶体片厚度的 2 倍。

自由场压力传感器总是反映某一时刻压电敏感元件中平均轴向应力或平均静压力。当一个衰减缓慢的冲击波（或爆炸波）掠过自由场压力传感器敏感部分的承压表面时，如果其峰值邻域的衰减时间常数>>冲击波（或爆炸波）掠过敏感部分的承压表面的时间，则冲击波与敏感元件的作用是一种不定常的瞬态耦合过程；当冲击波掠过敏感部分的承压表面之后，波后流动介质对敏感元件的作用可以近似为一个准定常的稳态耦合过程。这样处理，不论对于 $D \geqslant C_1$ 时，还是 $D<C_1$ 时，都是适用的。

在冲击波掠过传感器敏感部分的承压表面时，晶体中冲击波将出现多次反射和相互作用。实际上，敏感元件中应力波的反射作用是相当复杂的三维问题。图中仅示意地表达了冲击波的一种反射的图像。冲击波给予传感器的全部弹性能量不会很快消失，总以弹性波的形式来回反射，形成许多锯齿形的波。晶体中这种振动干扰称为自振干扰。它的基波频率大体上与敏感元件的纵向振动频率或横向振动频率一致。压电传感器的纵波振动干扰基波频率 f_{01} 估算公式为：

$$f_{01} \approx \frac{C_1}{2\delta} = \frac{1}{\sum \frac{2\delta_i}{C_{1i}}} \tag{5.32}$$

式中，δ_i 为压电晶体片、保护片和膜片等的厚度；2δ 为敏感部分的等效厚度；C_{1i} 为压电晶体片、保护片和膜片等的弹性纵波声速；C_1 为敏感元件等效弹性波声速。传感器的横波振动干扰基波频率为

$$f_{02} \approx \frac{C_2}{2r} \tag{5.33}$$

式中，r 为压电晶体片半径；C_2 为敏感元件的等效横波速度。

例如：当 δ=3 mm，r=5 mm，C_1=3000 m/s 和 C_2=1500 m/s 时，则 f_{01}=50 kHz，f_{02}=30 kHz。许多实验证明，式(5.32)和式(5.33)的估算在数量上是正确的。

对于电器石，因为纵、横压电效应的极性相同，而对于每一个振动微元的横波振动和纵波振动的符号总是相同，因此电器石的自振干扰信号较小。相反，对于压电陶瓷，因为纵、横压电效应的极性相反，而对于每一个振动微元的横振动和纵振动的符号总是相反，因此压电陶瓷的自振干扰信号较大。振动干扰信号还来自敏感元件中不同介质界面上的相互作用，另外，冲击波阵面附近强电场也会对压力模拟信号产生干扰。

在正常使用条件下，自由场压力传感器压电晶体承压表面的法线必须与被测

的冲击波阵面法线正交，否则不可能测到正确的压力值。在正交条件下，传感器的输出始终与压电晶体承压表面上所受到的平均压力值相关。自由场压电压力传感器的灵敏度有两种定义：

(1)电荷灵敏度 K_q 等于压力传感器的输出电荷量 q 与输入超压 ΔP 值之比：

$$K_q = q / \Delta P \tag{5.34}$$

(2)电压灵敏度 K_V 等于压力传感器的输出电荷量 V 与输入超压 ΔP 值之比：

$$K_V = V / \Delta P \tag{5.35}$$

电压灵敏度与电荷灵敏度之间关系由下式表示：

$$\begin{cases} K_V = K_q / \Sigma C \\ \Sigma C = C_1 + C_2 + C_3 \end{cases} \tag{5.36}$$

式中，C_1、C_2 和 C_3 分别表示传感器的固有电容、电缆电容和放大器输入电容，三种电容都可实测得到。上式表明电压灵敏度值与并接在传感器输出端的电容量总值相关，所以电压灵敏度是条件值，而电荷灵敏度是自由场压电压力传感器的特征值，它与并接在传感器输出端的电容量总值无关。当然式(5.34)为灵敏度定义公式，而式(5.35)为灵敏度关系公式。电压灵敏度与电荷灵敏度的大小都必须由静态标定和动态标定来确定。在低压下，压电传感器灵敏度的动、静标定值是一致的；在高压下，压电传感器灵敏度的动、静标定值有一定差距。因此动态标定是不可缺少的。

除了灵敏度外，自由场压力传感器还有一个极为重要的参量是输出信号的上升时间。这个上升时间原则上包括两部分。一部分是冲击波扫掠压电晶体工作表面的时间：

$$\tau_r = 2r / D \tag{5.37}$$

式中，D 为冲击波的平均速度，它是超压的函数；另一部分是冲击波从表面传播到对称面的时间 τ_δ，由(5.32)式得：

$$\tau_\delta = \frac{1}{2f_{01}} = \sum \frac{\delta_i}{C_i} \tag{5.38}$$

一般地，τ_δ 约等于 1～5 μs；τ_r 约等于 2～20 μs。但随着压电晶体片的直径和厚度的减少，传感器的灵敏度也相应地减少（厚度对于灵敏度的关系是一阶的，直径对于灵敏度的关系是二阶的）。

传感器总的上升时间为$\tau_{r\delta}$：

$$\tau_{r\delta}=\sqrt{\tau_{2r}^2+\tau_{\delta}^2} \tag{5.39}$$

式中，τ_r和τ_δ大小取决于传感器的结构。

5.3.3　自由场压力传感器的动、静态标定

传感器的静态标定是在活塞式压力计上进行，见图 5.22。当被标定传感器安装到该装置上之后，使油路的压力水平缓慢升至某个水平，在判读压力值的同时记录传感器给出的电荷量。在不同压力水平下做多次重复实验就能比较精确地确定传感器的灵敏度值。

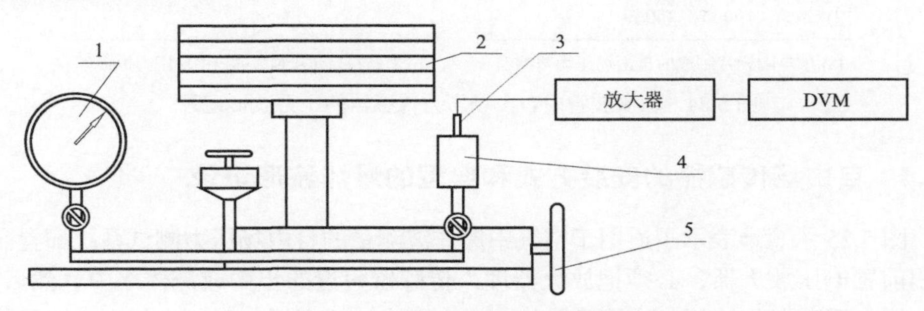

图 5.22　静态标定系统示意图

1-0.25 级压力表；2-砝码；3-被标定的传感器；4-适配器；5-手摇泵

传感器的动态标定一般是在空气激波管中进行，见图 5.23。当被标定传感器安装到该装置上之后，启动空气激波管；当空气激波管中的冲击波达到测量段后，测速探头输出“冲击波通过已知间距的时间间隔信号”，传感器输出“压力模拟信号”；然后利用标定实验的后处理软件计算压力传感器的电荷灵敏度值。

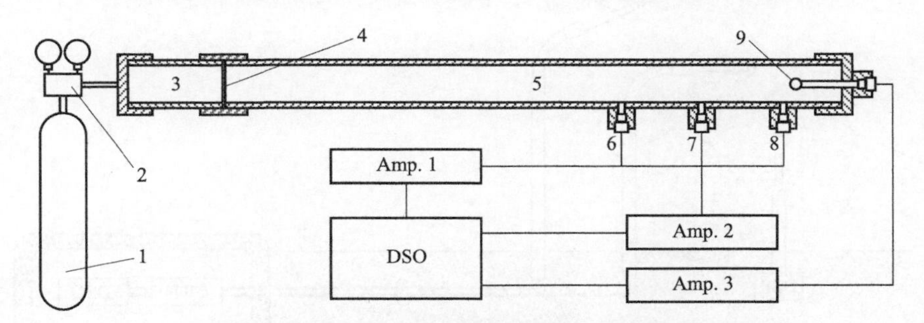

图 5.23　压力传感器的空气激波管动态标定系统

1-压缩空气及气瓶；2-减压阀；3-高压室；4-金属膜片；5-低压室；6,8-测速传感器；7,9-待标定传感器

动态标定典型记录如图 5.24 所示。图中(a)为用压电陶瓷片制作的压力传感器的动态标定实验典型记录，过冲小于 20%；(b)为用电器石片制作的压力传感器的动态标定实验典型记录，过冲小于 10%。显然，电器石制成的传感器性能较好，压电陶瓷制成的传感器性能稍差。

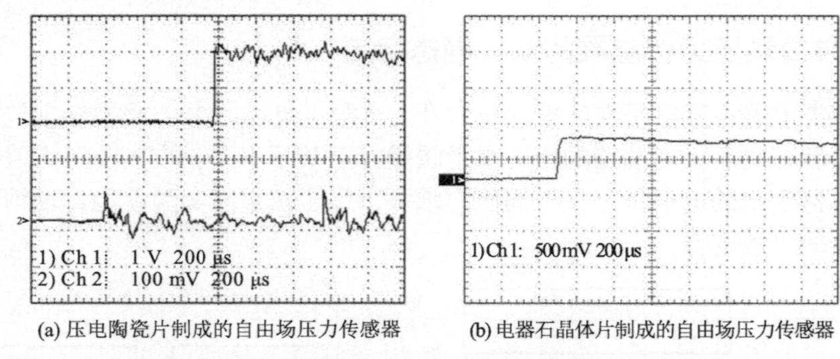

(a) 压电陶瓷片制成的自由场压力传感器　(b) 电器石晶体片制成的自由场压力传感器

图 5.24　在激波管中自由场压力传感器的压力波形记录

5.3.4　自由场传感器的安装方式和典型的爆炸波形记录

图 5.25 示意地表示了适用于空气中爆炸波测量的自由场压力测试系统配置。若采用前置电压放大器，必须把放大器埋入传感器附近的土中或掩体之中，然后用长电缆与示波器相连接。除传感器外，二次仪表（放大器）和三次仪表（记录仪）必须在现场进行系统标定。利用 HZP-2 型自由场压力传感器测量冲击波压力的典型记录如图 5.26 所示，图中的冲击波后压力波形的干扰信号振幅小于 5%，这表明传感器的性能很好。

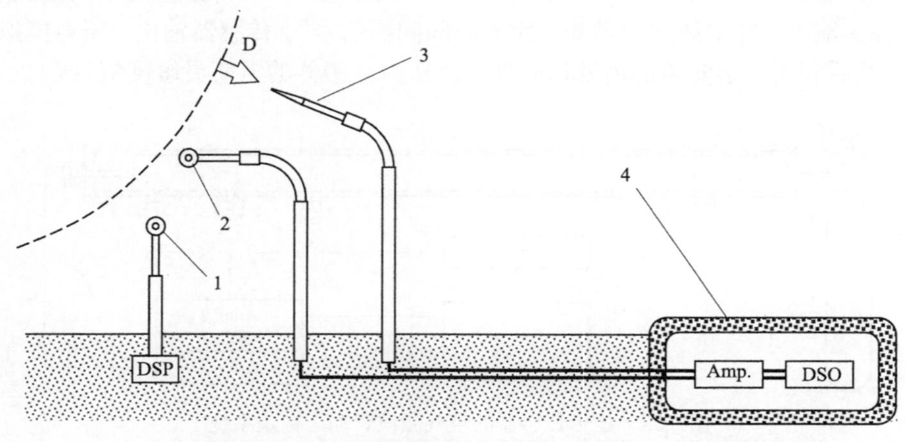

图 5.25　用于测量空气中爆炸波的自由场压力测试系统配置示意图

1，2，3-压电传感器 PEPT；4-防爆半地下室

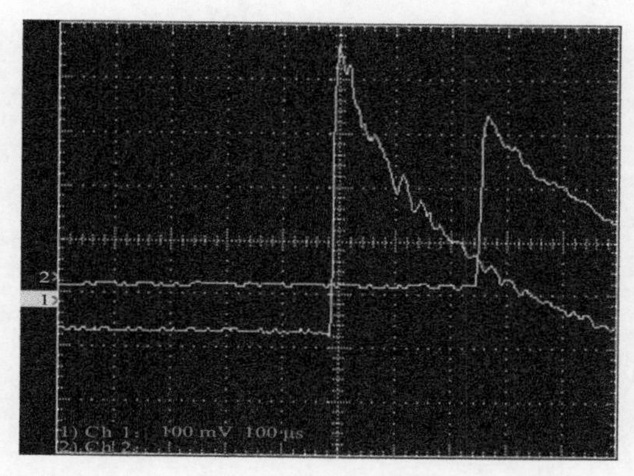

图 5.26　利用 HZP-2 型自由场压力传感器测量冲击波压力的典型记录

5.3.5　自由场压力传感器测压精度分析

一般情况下，自由场压力测量系统中压力传感器的上限频率约为 50～500 kHz，放大器的上限频率约为 50～4000 kHz，而数字记录仪的频宽约为 100～10000 kHz。当利用采样速率 1～10 MS/s 的数字存储器记录爆炸冲击波压力模拟信号时，记录仪的频宽是足够的，这种情况下压力测量系统的优劣主要取决于传感器和前置电压放大器或电荷放大器。通常弹药爆炸威力测量关心的测点冲击波压力不太高，爆心的药量相对较大，测点距离较远，压力测量系统的频宽或上限频率响应易满足测压精度的要求。在测量小药量或大药量近距离的爆炸冲击波压力时，对压力测量系统的频宽要求相对较高。

1. 传感器有限直径带来的偏差 Δd

当有限直径的自由场压力传感器在爆炸冲击波流场中测压时，由于压力敏感元件的直径 $2r$ 远小于测点的爆心距 R，因此可以作如下简化：

(1)当冲击波扫过压电晶体工作面时，掠过的空间距离较小，掠过的时间很短，可以把压力与波速等参量视为常量；

(2)同理，也就许可在冲击波峰值压力附近作一阶泰勒展开，可以把冲击波峰值附近的波后压力近视为线性衰减的压力场；

(3)流场与传感器敏感元件之间的相关作用可以简化为传感器以冲击波速度 D 正交地插入波后流动呈线性衰减的定常冲击波中，插入过程如图 5.27 所示。也可以理解为压力场静止不动，而传感器以冲击波速度 D 正交地插入压力场。

令这个“相对静止”压力场的空间分布规律为

$$P = P(R_g, x / D) = P_m - Bx / D \tag{5.40}$$

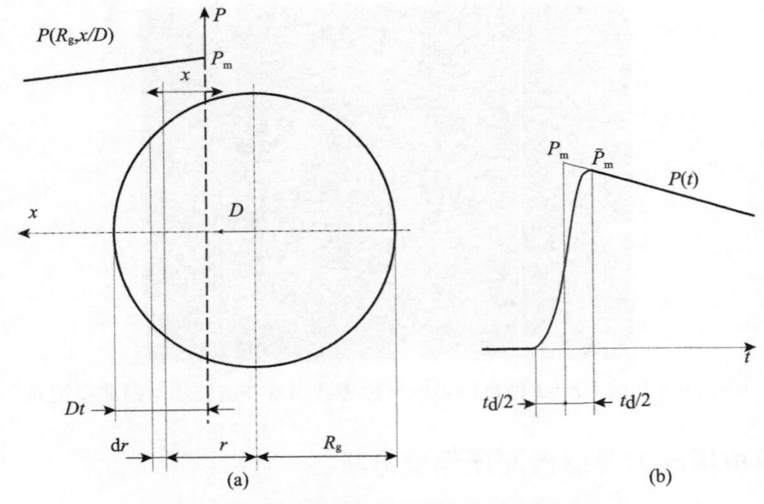

图 5.27　自由场压力传感器进入定常压力场

由图 5.27 中的几何关系得到下式：

$$x = r + Dt - R_{\mathrm{g}} \tag{5.41}$$

仅仅在冲击波阵面上满足：

$$t = x/D \tag{5.42}$$

式中，t 为时间，并令 t 的零时为晶体片刚接触爆炸波的时刻；B 为冲击波的线性衰减因子；P 为冲击波压力。也就是：

$$\begin{cases} t=0, & x=0, & r=R_{\mathrm{g}} \\ 0\leqslant t\leqslant 2R_{\mathrm{g}}/D, & 0\leqslant x\leqslant Dt, & R_{\mathrm{g}}\geqslant r\geqslant R_{\mathrm{g}}-Dt \\ t=2R_{\mathrm{g}}/D, & 0\leqslant x\leqslant 2R_{\mathrm{g}}, & -R_{\mathrm{g}}\leqslant r\leqslant R_{\mathrm{g}} \end{cases} \tag{5.43}$$

t 时刻，r 处的冲击波压力 P_r 为：

$$P_r = P_{\mathrm{m}} - B\left(r + Dt - R_{\mathrm{g}}\right)/D \tag{5.44}$$

作用在整个压电晶体片上的平均压力为：

$$\tilde{P} = \frac{2}{\pi R^2}\int_{R=Dt}^{R} P_r\sqrt{R^2 - r^2}\,\mathrm{d}r \tag{5.45}$$

将式(5.41)和式(5.44)代入上式后积分可得：

$$\tilde{P}=\left[P_{\mathrm{m}}+\frac{B}{D}(R_{\mathrm{g}}-Dt)\right]\times\left[\frac{1}{2}-\frac{R_{\mathrm{g}}-Dt}{\pi R_{\mathrm{g}}^{2}}\sqrt{(2R_{\mathrm{g}}-Dt)Dt}-\frac{1}{\pi}\sin^{-1}\left(\frac{R_{\mathrm{g}}-Dt}{R_{\mathrm{g}}}\right)\right]-\frac{2B}{3\pi DR_{\mathrm{g}}^{2}}\left[Dt(2R_{\mathrm{g}}-Dt)\right]^{3/2} \tag{5.46}$$

上式为线性衰减冲击波扫过圆形压电敏感元件的响应函数。当 $\mathrm{d}\tilde{P}/\mathrm{d}t=0$ 时，可求出响应函数的峰值 P_{M}，但这样做是比较麻烦的。为了估算方便，取 $t=2R_{\mathrm{g}}/D=t_{\mathrm{d}}$ 时，$\tilde{P}$ 有一个峰值的近似值 $\tilde{P}_{\mathrm{m}}$：

$$\tilde{P}_{\mathrm{m}}\approx P_{\mathrm{m}}-\frac{BR_{\mathrm{g}}}{D}=P_{\mathrm{m}}-\frac{Bt_{\mathrm{d}}}{2} \tag{5.47}$$

或

$$P_{\mathrm{m}}\approx\tilde{P}_{\mathrm{m}}+\frac{Bt_{\mathrm{d}}}{2}\ \text{或}\ P_{\mathrm{m}}-\tilde{P}_{\mathrm{m}}=\frac{Bt_{\mathrm{d}}}{2} \tag{5.48}$$

上式表明，有限直径传感器测压偏差 $(P_{\mathrm{m}}-\tilde{P}_{\mathrm{m}})$ 近似等于峰值压力的衰减系数乘以上升时间之半，见图 5.27。所以式(5.47)提供了有限直径传感器带来偏差的修正办法。

若把爆炸波的峰压附近的衰减规律近似为指数函数：

$$P=P_{\mathrm{m}}\mathrm{e}^{-t/\theta} \tag{5.49}$$

其中，θ 为峰值附近的指数衰减时间常数；P_{m} 为欲求的峰值压力。

在 $P=P_{\mathrm{m}}$ 处的拟线性衰减系数

$$B=-\left(\frac{\mathrm{d}P}{\mathrm{d}t}\right)_{P=P_{\mathrm{m}}}=\frac{P_{\mathrm{m}}}{\theta} \tag{5.50}$$

故相对偏差

$$\Delta d=\frac{P_{\mathrm{m}}-\tilde{P}_{\mathrm{m}}}{P_{\mathrm{m}}}=\frac{t_{\mathrm{d}}}{2\theta}=\frac{R_{\mathrm{g}}}{\theta D} \tag{5.51}$$

式中，D 为空气冲击波速度，D 与 P_{m} 之间关系是唯一确定的。式中的 θ 只能实测。

2. 压电晶体的机械阻抗带来的偏差 ΔZ

这里用一种比较粗略的近似方法，把压电晶体传感器简化为二阶线性系统。考虑到应变 ξ、应力 σ 和输出电荷 q 之间呈线性关系，故讨论简化系统的变形运动相当于讨论了应力变化和电荷量 q 的变化，这个简化系统的变形运动方程为

$$M\ddot{\xi}+R\dot{\xi}+\frac{\xi}{C}=P_{\mathrm{m}}\exp(-t/\theta) \tag{5.52}$$

初始条件：t=0，ξ=0，$\dot{\xi}$=0，微分方程之通解为

$$\xi=\frac{\theta P_{\mathrm{m}}}{Z}\left[\exp(-t/\theta)-\exp(-t\zeta/T_0)\sin(\Phi+t/T)/\sin\Phi\right] \tag{5.53}$$

式中，M 为单位面积上的质量；R 为黏性阻力系数；C 为柔顺性系数，它是弹性模量 E 之倒数；$T_0=\sqrt{CM}$ 、$\omega_0=1/T_0$ 为自振周期和频率；$T_R=RC$ 为时间常数；$\zeta=T_R/(2T_0)$；$\zeta<1$为欠阻尼系统，$\zeta>1$为过阻尼系统；$T=\sqrt{\dfrac{T_0^2}{1-\zeta^2}}$ 为阻尼振动周期；$Z=\dfrac{\theta}{C}-R+\dfrac{M}{\theta}$ 为机械阻抗；$\dfrac{\theta}{C}$ 为柔抗，$\dfrac{M}{\theta}$ 为扭抗；$\Phi=\mathrm{tg}^{-1}\dfrac{\theta\sqrt{1-\zeta^2}}{\theta\zeta-T_0}$ 为相角；

$$\sin\Phi=\frac{1}{\sqrt{1+(\zeta-T_0/\theta)^2/(1-\zeta^2)}} \tag{5.54}$$

令

$$\xi_1=\frac{\theta P_{\mathrm{m}}}{Z}\mathrm{e}^{-t/\theta} \tag{5.55}$$

$$\xi_2=-\frac{\theta P_{\mathrm{m}}}{Z}\mathrm{e}^{-t\zeta/T_0}\frac{\sin\left(\dfrac{t}{T}+\Phi\right)}{\sin\Phi} \tag{5.56}$$

称 ξ_1 为稳态解，ξ_2 为瞬态解，则通解 $\xi=\xi_1+\xi_2$，故通解相对于稳态解的偏差为

$$\overline{\xi}=\frac{\xi-\xi_1}{\xi_1}=\frac{\xi_2}{\xi_1}=-\frac{\sin\left(\dfrac{t}{T}+\Phi\right)}{\sin\Phi}\exp\left(\frac{t}{\theta}-\frac{t\varsigma}{T_0}\right) \tag{5.57}$$

此偏差 $\overline{\xi}$ 的最大值定义为过冲 $\overline{\xi}_{\mathrm{M}}$ 。也就是，当 $\mathrm{d}\overline{\xi}/\mathrm{d}t=0$ 时，$t=t_{\mathrm{M}}=\pi T$，相应的偏差 $\overline{\xi}$ 值为过冲 $\overline{\xi}_{\mathrm{M}}$ ：

$$\overline{\xi}_{\mathrm{M}} = \exp\left[\left(\frac{T}{\theta} - \frac{T\varsigma}{T_0}\right)\pi\right] \tag{5.58}$$

例1：当$R \to 0$，$\varsigma = 0$，$T = T_0$；又当$\theta = 100T$，则$\overline{\xi}_{\mathrm{M}} = \exp(\pi/100) = 1.03$；

例2：当$R \to 0$，$\varsigma = 0$，$T = T_0$；又当$\theta = 10T$，则$\overline{\xi}_{\mathrm{M}} = \exp(\pi/10) = 1.36$；

例3：当$R \neq 0$，$\varsigma \neq 0$，$T \neq T_0$；又当$\theta = 100T$，$\varsigma = 0.6$，则$\overline{\xi}_{\mathrm{M}} \approx \exp(-\varsigma\pi T/T_0)$ $= \exp(-3\pi/4) = 0.095$。

以上三例的计算结果表明：

(1)当压电压力传感器的阻尼参数$\varsigma = 0$时，响应函数的过冲达到或超过 100%，这对冲击波压力测量来说是不许可的；

(2)当压电压力传感器的阻尼参数$\varsigma = 0.6$时，响应函数的过冲接近 10%，这对冲击波压力测量来说是可以接受的。因此对于性能良好的压电压力传感器来说，其阻尼参数$\varsigma \geqslant 0.6$。

对于单调衰减的冲击波压力波形的测量，由式(5.53)可知，只要取其中的稳态解就可以得到欲求的压力波形。在真实的压力记录中往往包含有较大的过冲和振荡，可以取振荡中值来逼近稳态解，然后再求峰值压力及其衰减速率。下面将讨论这种处理方法产生的峰值压力测量的相对误差。首先取二阶微分方程中

$$\xi = CP^* \tag{5.59}$$

作为传感器的输入函数，式中$P^* = P_{\mathrm{m}}\mathrm{e}^{-t/\theta}$，然后与稳态解$\xi_1$相比，就可以确定峰值压力测量的相对偏差：

$$\Delta S = 1 - \frac{\xi_1}{CP^*} = 1 - \frac{1}{1 - \dfrac{T_R}{\theta} + \left(\dfrac{T_0}{\theta}\right)^2} \tag{5.60}$$

例如，当压力信号的峰值衰减时间常数 $\theta = 1$ ms，记录中的干扰振荡周期 $T = 25$ μs，$\zeta < 1$，即$T_R < 2T_0$，$T \geqslant T_0$，$T_R/\theta \ll 1$，

故
$$|\Delta S| \approx T_R/\theta < 2T_0/\theta \leqslant 0.005 \tag{5.61}$$

因此，在冲击波压力场测量中，若压力传感器记录中包含有较大的过冲和振荡，尽管对记录的判读与处理增加了困难，但此记录的振中渐近线能较好地趋近欲测的压力波形，测压的置信度还是比较高的，因此合理地控制传感器的机械阻抗可以有效地减小峰值压力测量的相对偏差。

3. 前置放大器和记录仪的频响所引起的超压测量偏差 Δf

在一般情况下，超压测量系统中都配置了较高频宽的数字化电子记录仪，对全系统来说电子记录仪的频响总是绰绰有余的；但这些超压测量系统中也都配置了较窄频宽的前置放大器，如上限频率为 100 kHz 电荷放大器。为此必须考虑全系统频响所带来的超压测量偏差 Δf。

若传感器送给电荷放大器的电荷量为

$$q = q_{\mathrm{m}} \mathrm{e}^{-t/\theta} \tag{5.62}$$

式中，θ 为冲击波超压衰减时间常数。

为简便起见，不妨将电缆、电荷放大器和示波器近似为一个一阶线性系统，即：

$$\tau \frac{\mathrm{d}q}{\mathrm{d}t} + q = q_{\mathrm{m}} \mathrm{e}^{-t/\theta} \tag{5.63}$$

及 t=0，q=0，此处 τ 为一阶系统的时间常数，q 为记录仪上所显示的电荷量（模拟值），上式的解为：

$$q = q_{\mathrm{m}} \left(\frac{\mathrm{e}^{-t/\theta} - \mathrm{e}^{-t/\tau}}{1 - \tau/\theta} \right) \tag{5.64}$$

故峰值电荷为：

$$q_P = q_{\mathrm{m}} \left(\frac{\tau}{\theta} \right)^{\tau/(\theta - t)} \tag{5.65}$$

峰值出现的时间：

$$t_P = \frac{\theta \tau}{\theta - \tau} \ln\left(\frac{\theta}{\tau} \right) \tag{5.66}$$

峰值的相对偏差：

$$\Delta f = \frac{\Delta q}{q_{\mathrm{m}}} = 1 - \left(\frac{\tau}{\theta} \right)^{\tau/(\theta - \tau)} = 1 - \mathrm{e}^{-t_P/\theta} \tag{5.67}$$

式中，θ、τ 和 t_P 都可以从记录的波形中测量到。因为当 t=θ 时，又当 $\tau \ll \theta$ 时，q_θ=q_{m}/e；同样，当 t=τ 时，又当 $\tau \ll \theta$ 时，q_τ=q_{m}(1−1/e)。图 5.28 示意地表示了图解求 θ、τ 和 t_P 的方法。

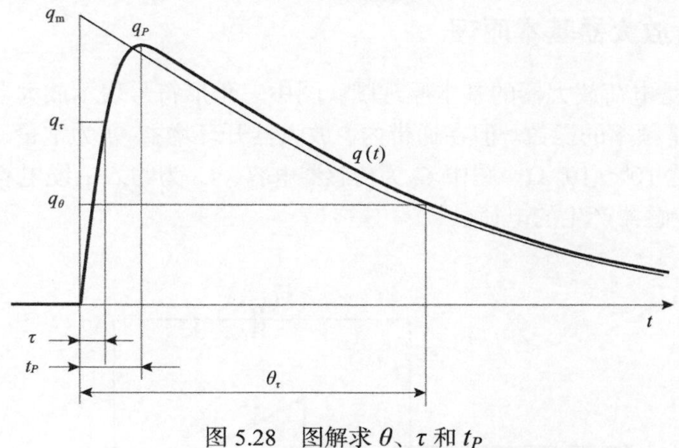

图 5.28　图解求 θ、τ 和 t_P

5.4　电压法测试系统

压杆式压电传感器和自由场压电传感器都可以用电压放大器或电荷放大器作为测压系统中的二次仪表，相应的测量系统被称为电压放大测压系统和电荷放大测压系统。

5.4.1　两种测压系统对比

电压放大测压系统的方框图由图 5.29 所示。电荷放大测压系统的方框图由图 5.30 所示。对比两图，很容易发现，除了二次仪表不同之外，放大器前后的电缆长短不同。电压放大器应当靠近传感器，电荷放大器输入电缆的长度对放大器增益影响很小，电压放大器增益对输入电缆长度的影响比较敏感。但是电荷放大器中有强烈的电容反馈，使放大器的上限频率大大下降。电压放大系统没有这个问题，所以电压放大器测量系统的频宽可以做得较大，但全系统的频宽值受到输入电缆长度值和传感器的频宽值等参数的限制。

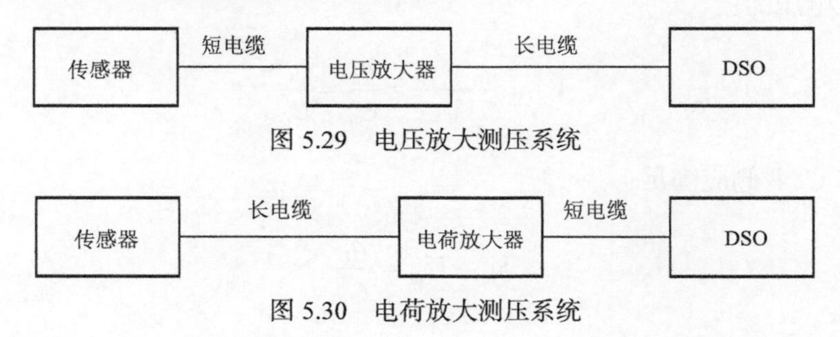

图 5.29　电压放大测压系统

图 5.30　电荷放大测压系统

5.4.2　电荷放大器基本原理

图 5.31 是电荷放大器的基本原理图，图中三角形符号表示放大器，其开环增益为$-A$，它是频率的函数。但在通带内，放大器开环增益$-A$ 为常量，开环输入阻抗很高，可达 $10^8 \sim 10^{12}\Omega$。图中 C_0 为传感器电容，C_1 为输入电缆电容，C_f 为反馈电容，q 为传感器产生的电荷。

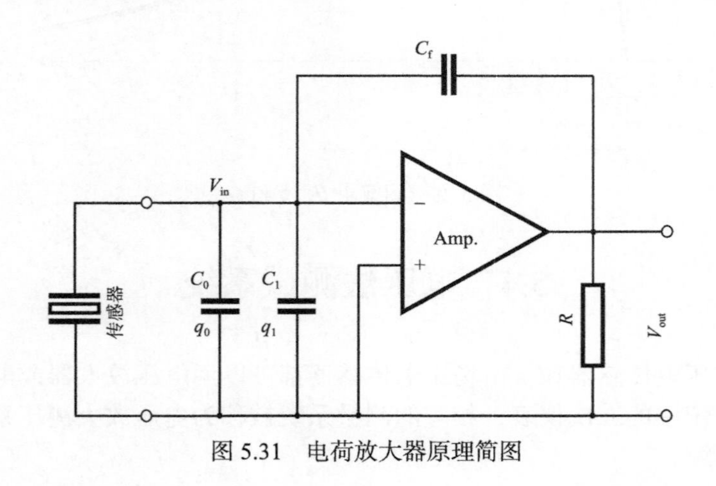

图 5.31　电荷放大器原理简图

在 t 时刻，电容 C_0、C_1 和 C_f 上的电荷分别为 q_0、q_1 和 q_f，V_{in} 为放大器 Amp.的输入电压，V_{out} 为放大器 Amp.的输出电压。

一般开环增益 20 log$A \geqslant 60$ db，即 $A \geqslant 10^3$。由放大器开环增益的定义：

$$-A = V_{out} / V_{in} \tag{5.68}$$

由电荷守恒关系：

$$q = q_0 + q_1 + q_f \tag{5.69}$$

输入电压为：

$$V_{in} = \frac{q_0 + q_1}{C_0 + C_1} = \frac{q_0}{C_0} = \frac{q_1}{C_1} \tag{5.70}$$

电容 C_1 两侧应满足：

$$V_{in} - V_{out} = \frac{q_f}{C_f} \tag{5.71}$$

联立式(5.68)～式(5.71)解得：

$$V_{\text{out}} = \frac{-Aq}{C_0 + C_1 + C_{\text{f}}(1+A)} \tag{5.72}$$

上式分母中，$AC_{\text{f}} \gg (C_0+C_1+C_{\text{f}})$。这就表明电缆电容 C_1 影响很小，也就是电缆长度对电荷放大器输出 V_{out} 影响极小。在这种情况下：

$$V_{\text{out}} = -q/C_{\text{f}} \tag{5.73}$$

故放大器的电荷灵敏度：

$$S_q = \frac{V_{\text{out}}}{-q} = \frac{1}{C_{\text{f}}} \quad [\text{mV/pc}] \tag{5.74}$$

由式(5.68)及式(5.72)可以得到输入电压表达式：

$$V_{\text{in}} = \frac{q}{C_0 + C_1 + C_{\text{f}}(1+A)} \tag{5.75}$$

利用 $AC_{\text{f}} \gg (C_0+C_1+C_{\text{f}})$条件，则：

$$V_{\text{in}} \approx q/(C_{\text{f}} A) \tag{5.76}$$

输入电容为：

$$C_{\text{in}} = q / V_{\text{in}} = C_{\text{f}}(1+A) + C_0 + C_1 \tag{5.77}$$

也可以近似为：

$$C_{\text{in}} = AC_{\text{f}} \tag{5.78}$$

由式(5.76)和式(5.78)可知，电荷放大器的输入电压相当小，而输入电容很大，也说明输入交流阻抗 $1/(jC_{\text{in}}\omega)$很小，而电荷放大器的直流阻抗是很高的。

电荷放大器的增益可以按式(5.74)来计算。例如反馈电容 C_1=100 pF，则 S_q=1/(100 pF)=10 mV/pc。

习惯上称电荷放大器增益 S_q 为“10 倍”，实质上为 10 mV/pc。由于电子元件的老化，电荷放大器增益要定期检查。一般可以采用图 5.32 所示的配置对电荷放大器增益重新进行标定。例如，当耦合电容 C=1 nF，输入脉冲电压 V_{in}=−0.2[V]，电荷放大器增益为 S_q=10[mV/pc]，则电荷放大器的输出电压 $V_{\text{out}} = -qS_q = -CV_{\text{in}}S_q$=1000×0.2×10[mV]=2[V]。

在这种配置情况下，我们可以把电容 C 和电荷放大器合在一起看作电压放大器，但这样配置的电压放大器频响较低。

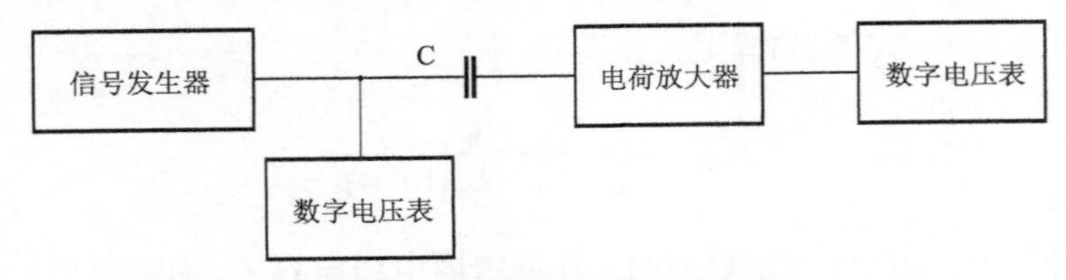

图 5.32　电荷放大器增益的标定

5.4.3　电压放大器工作原理

现代的高速运算放大器集成元件种类很多，单位增益频宽高达 1 GHz，放大器的开环增益不小于 10^6。运算放大器闭环增益大小和频宽的确定取决于压电压力传感器的灵敏度和欲测的压力量程。图 5.33(a)传感器的电压放大器原理图，图中传感器为压电压力传感器或压电加速度传感器；C_0 为传感器及其引线（电缆）电容；C_1 为放大器输入端电容；R_1 为放大器输入端电阻；R_2 为放大器反馈电阻；Amp.为运算放大器，它有“+”、“−”两个输入口，开环增益为$-A$；R_3 为放大器负载电阻，对于高速运放为 50 Ω；E_+、E_-为放大器供电端；V_0 为运算放大器输入电压；V_1 为放大器输入电压；V_2 为放大器输出电压。

不难证明图 5.33(a)中的运算放大器闭环增益：

$$\begin{cases} G = V_2 / V_0 = AR_2 / (AR_1 + R_1 + R_2) \approx R_2 / R_1 \\ AR_1 \gg R_1 + R_2 \end{cases} \tag{5.79}$$

图 5.33(a)中绘制的电压放大器电路原理图，该电路的输入阻抗很难做得很高。图 5.33(b)中绘制了一种实用电压放大器的电路原理图。该电路具有很高的输入阻抗，

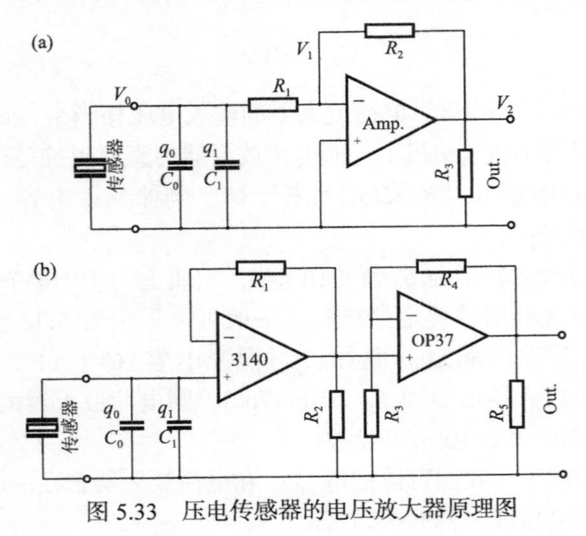

图 5.33　压电传感器的电压放大器原理图

如 10^{10}～$10^{14}\Omega$。图 5.33(b)中的 OP37 高速运算放大器的单位增益频宽 BW_0=40 MHz，若放大器闭环增益 G=10、100、1000，则相应的上限频率为 BW=4 MHz、0.4 MHz、0.04 MHz。如果选用更高性能的运算放大器来取代电路中的 OP37，若高速运算放大器的单位增益频宽 BW_0=750 MHz，放大器闭环增益 G=10、100、1000，则相应的上限频率为 BW=75 MHz、7.5 MHz、0.75 MHz。所以电压放大器的上限频率远高于电荷放大器的上限频率。

设压电传感器的电荷灵敏度为 K_q [pC/Unit]，其中 Unit 为 MPa 或 m/s^2，当传感器敏感元件上无压力 P 作用时，V_0=0，经调整也可以使运算放大器的输入和输出电压也为零：

$$V_0 = V_1 = V_2 = 0 \tag{5.80}$$

又当传感器敏感元件上受压力 P 作用时，

$$V_0 = K_q P / (C_0 + C_1) \tag{5.81}$$

相应地，放大器输出电压：

$$V_2 = GV_0 = GK_q P / (C_0 + C_1) \tag{5.82}$$

对于由传感器和放大器组合的系统，其系统增益：

$$K_S = V_2 / P = GK_q / (C_0 + C_1) \tag{5.83}$$

现代的数字电容表或万用表都可以直接测量放大器输入端的总电容 $(C_0 + C_1)$，因此对于用电压放大器来配置的冲击波压力测量系统，使用起来也是相当方便的。

5.5　压电法应用实例

5.5.1　爆炸容器的内部载荷和壳体响应实验测试

壳体对爆炸载荷响应的基本理论对于爆炸容器的设计是十分重要的，但是理论不可能完全包罗实际情况中的所有问题，如边界条件的影响、壳体非均匀性及爆炸载荷的非均匀性等，因此实验研究就显得意义重大。这里进行壳体内壁冲击波压力测量和壳体的动态应变测量，为评价抗爆容器的安全性和使用寿命提供依据。

1. 爆炸容器及传感器布置

近似球壳的爆炸容器主体直径 Φ1.6 m，长 1.8 m，壁厚 h=0.03 m，中间增加了 1.0 m 宽，0.01 m 厚的加强板；壳体材料选用 16 MnR，弹性模量 E=208 GPa，泊松比 ν=0.29，屈服强度 σ_s=325 MPa。该爆炸容器的许用炸药量为 1.0 kg TNT 当量，属长期重复使用的设备。

采用北京理工大学黄正平教授设计壁面压力传感器如图 5.34 所示，测压范围为 0.1～20 MPa。应变片为康铜箔式应变计，箔厚度为 10 μm，敏感丝宽度为 100 μm，被封装在两层聚四氟乙烯中。应变片厚度为 0.1 mm，阻值为 120 Ω，敏感部分尺寸为 3 mm×8 mm，如图 5.35 所示。

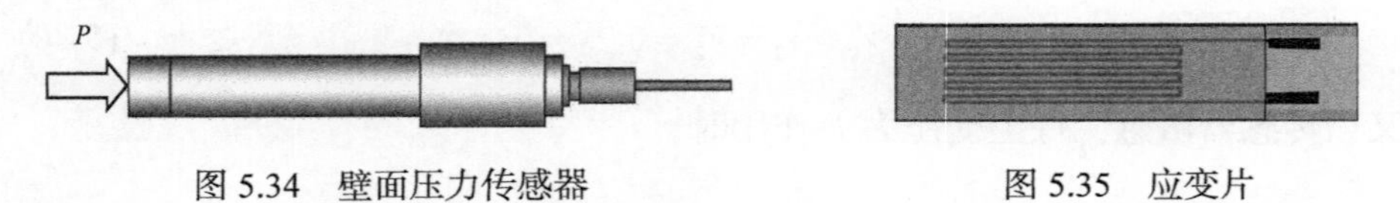

图 5.34　壁面压力传感器　　　　图 5.35　应变片

一个壁面压力传感器通过专门设计的传感器堵螺安装在爆炸容器壳体上，用于测量炸药爆炸时壳体内壁面上的冲击载荷压力历史，两个应变片通过环氧树脂分别粘贴在距离支撑中心外圆 13 cm、30 cm 处的容器壳体外表面上，如图 5.36 所示，安装结构如图 5.37 所示。

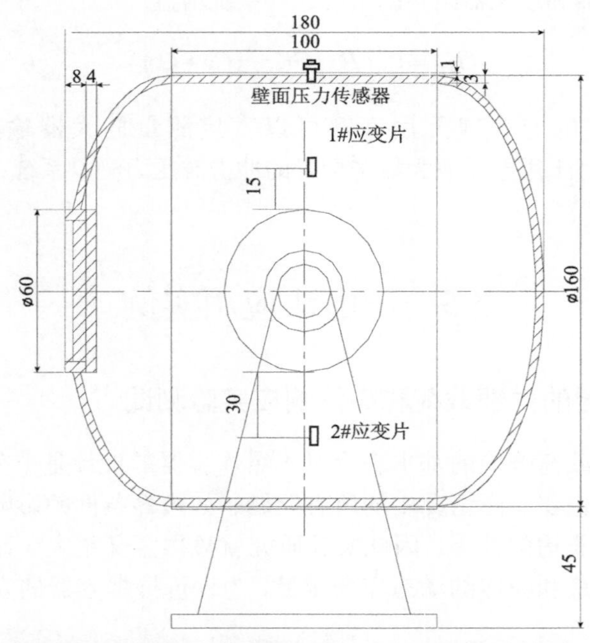

图 5.36　爆炸容器及测试壁面压力传感器和应变计布置示意图（图中尺寸单位：cm）

图 5.37　传感器及应变片安装图

2. 测试系统

压力、应变测试系统如图 5.38 所示。壁面压力传感器与电荷放大器的输入相连，电荷放大器输出与示波器 TDS540 相连；应变片与应力应变仪输入连接，应力应变仪输出也与示波器 TDS540 相连，同时记录壁面冲击载荷和壳体应变信号的波形。

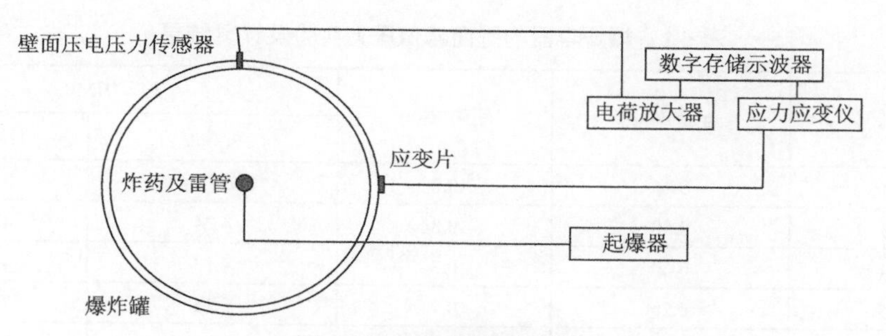

图 5.38　测试系统布置图

3. 实验结果

压装 TNT 球形药包，$\rho_{ex} = 1.58\ \text{g/cm}^3$，放在容器的对称轴中心上。分别做了 250、460、500（2 次）、710 克 TNT 的实验，图 5.39 是实验记录波形。图中 1 通

道为压力波形，2、3 通道为应变波形，这里只介绍壁面压力测量结果。

把峰值压力实验结果和经验公式计算的数据进行归纳比较，如表 5.1 和图 5.40，图中方点为实验数据，曲线为经验公式计算结果。

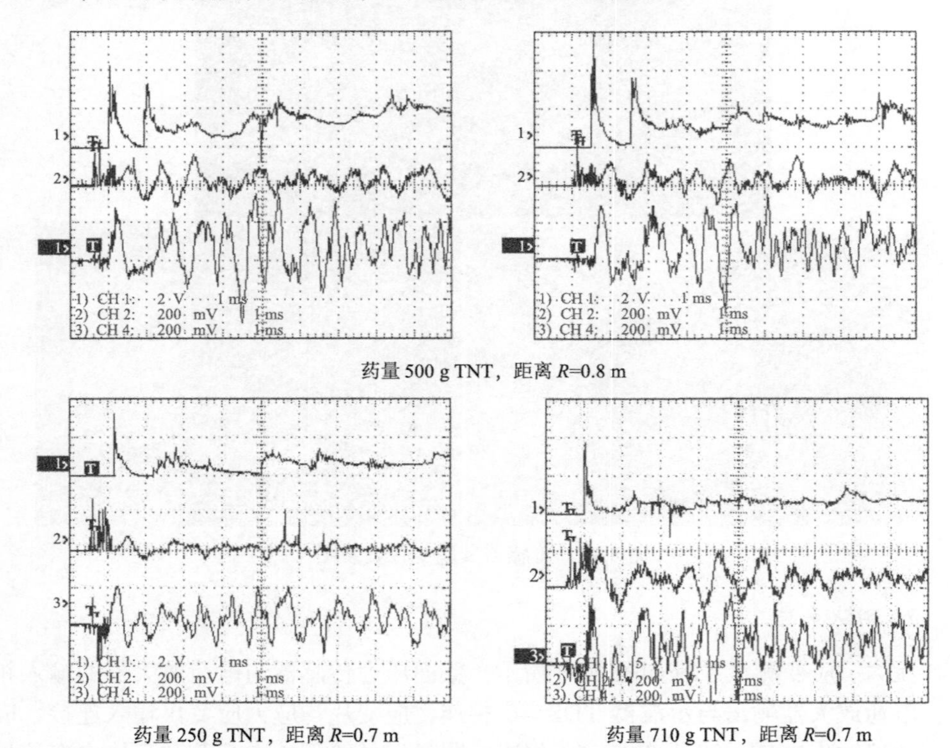

图 5.39 实验记录波形

表 5.1 爆炸容器内壁面峰值压力实验及计算结果

实验号	药量 W(kg)	距离 R(m)	峰值压力(MPa)	
			实验值	计算值
1	0.46	0.8	2.93, 3.63	3.71
3	0.50	0.8	4.24	4.05
4	0.50	0.8	4.13	4.05
5	0.25	0.7	3.16	2.98
6	0.71	0.7	9.40	8.89

由表 5.1 或图 5.40 可以看出，峰值压力实验值与计算的数据十分接近，说明本文压力测试系统是可行的，数据是可靠的。测量的压力波形是典型的冲击波形，第 2 峰值压力随药量的增加而增大。

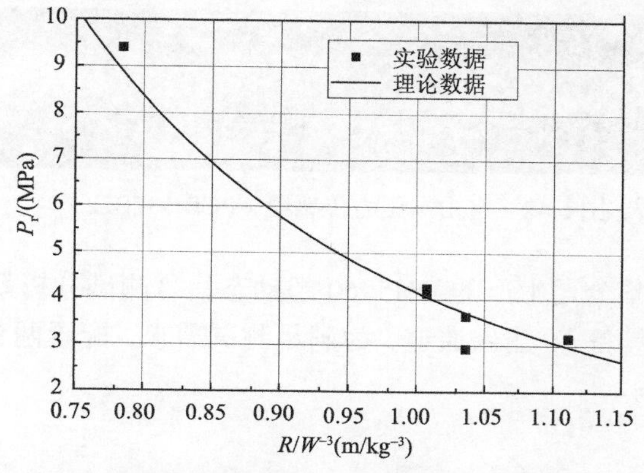

图 5.40　反射超压随药量（或比例距离 R/W^{-3}）变化曲线

5.5.2　杀爆战斗部爆炸空气冲击波超压测量

杀爆战斗部爆炸产生大量高速破片，对自由场空气冲击波超压测量系统构成严重威胁。这里介绍作为比测试验第三方完成两发杀爆战斗部爆炸自由场空气冲击波超压测试的情况。根据要求，测量距爆心 16 m 处的自由场冲击波超压，在 16 m 处半径上，每 15°布置 1 个测点，共 24 个测点，保证每发试验均有 24 个状态良好的进口自由场传感器，测试要求是每发试验有效数据不少于 3 个。

1. 测试系统设计与器材

测试系统主要由冲击波压力传感器、传感器适配器、数据采集系统、笔记本电脑和同轴电缆等组成，如图 5.41 所示。

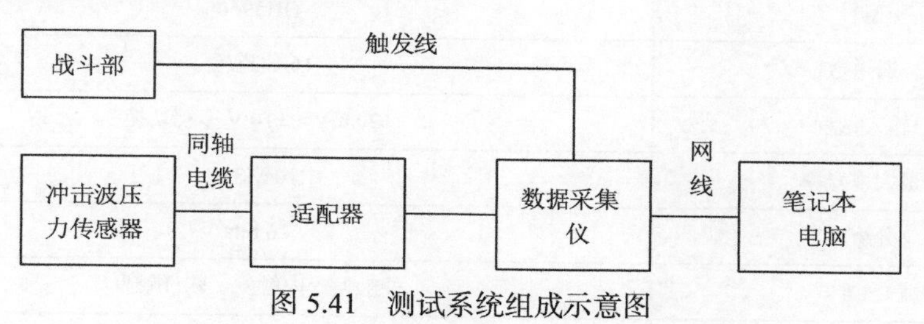

图 5.41　测试系统组成示意图

冲击波压力传感器安装于传感器固定支架上，尖端指向爆心。传感器通过低噪声同轴电缆与适配器和数据采集系统相连；适配器完成 ICP 传感器信号的调理后由数据采集仪完成数据采集；笔记本电脑作为采集系统上位机完成数据的存储与展示。

选用 PCB 公司 137B22 型自由场压力传感器（如图 5.42 所示），该传感器属 ICP 型，目前国内外爆炸场压力测量中应用广泛。适配器选用 PCB 公司信号调理适配器。

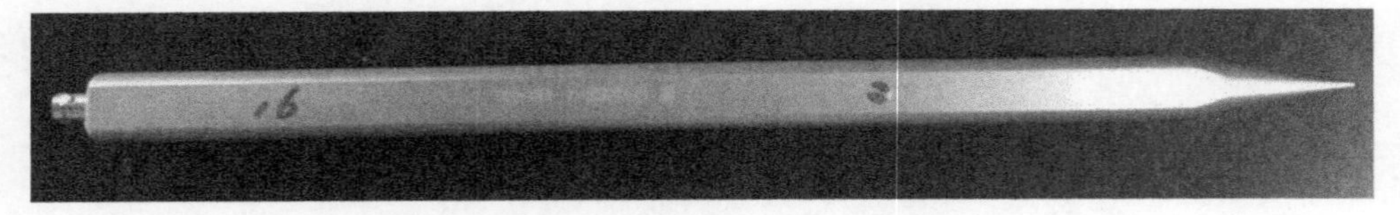

图 5.42 自由场压力传感器（PCB 137B22）

采集仪选用东华公司生产的 DH5960 超动态信号测试分析系统，如图 5.43 所示。单台采集系统具备 16 输入通道，为满足测试需求，配置两台 DH5960 超动态信号测试分析系统。

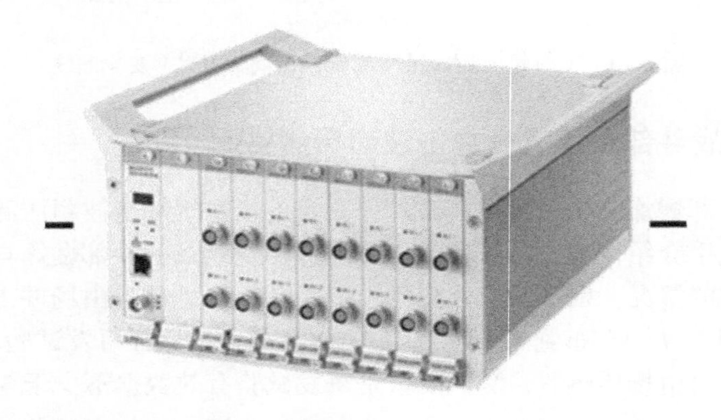

图 5.43 DH5960 超动态信号测试分析系统（16 通道）

表 5.2 数据采集系统技术参数

型号	DH5960
通道数	16 通道/台
输入量程	±20 mV～±10 V 多档切换
最大采样率	10 MS/s
分辨率	16 bits
触发方式	外触发、内触发、软件触发
频响范围	DC～1 MHz(+0.5～−3dB)(300 kHz 平坦)
输入噪声（1 MS/s）	< 8 uVrms

2. 测试布局方案

测试系统的布局示意图如图 5.44 所示。在距爆心 16 m 处的圆上均匀布置 24 个自由场冲击波压力传感器（图 5.44 浅色点所示）。传感器固定在特制的支架上，如图 5.45 所示，传感器水平放置，尖端指向爆心，敏感点与爆心等高，距地面高度 1.5 m。传感器固定支架底端使用沙袋固定。

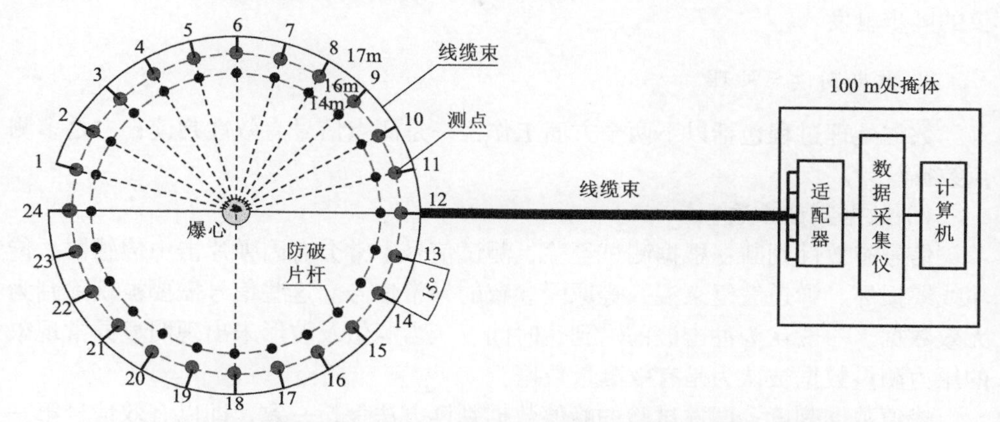

图 5.44　测试系统布局示意图（浅色点为测点，深色点为防破片杆）

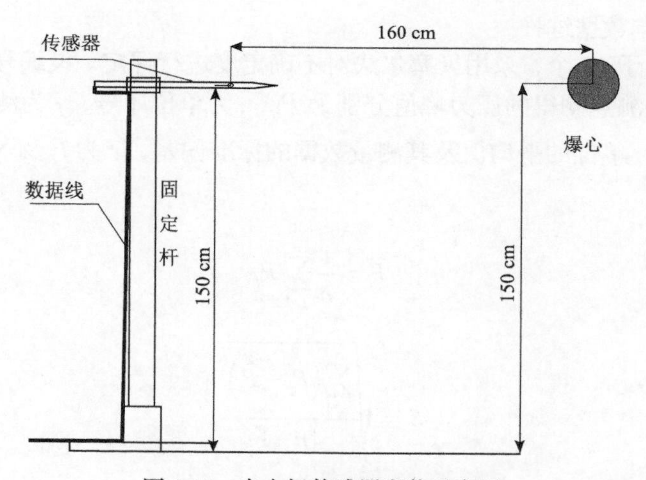

图 5.45　自由场传感器安装示意图

每个传感器通过同轴线缆与距爆心 100 m 处的数据采集系统相连。由于试验是在北方 12 月的冬季进行，白天气温零下 20～25℃，地面冻结无法挖沟埋线。所以设计在距爆心 17 m 处的圆上设置一圈沙袋，将传感器连接线布置于沙袋之下进行防护，具体位置如图 5.44 中线缆束走向所示。另外，在每一个传感器前 2 m 处，布置一个防破片杆，位置如图 5.44 中黑色点所示。防破片杆直径 89 mm，厚度 10 mm，地面以上高度 1.6 m。

在距爆心 100 m 处布置掩体，将传感器适配器、数据采集仪、笔记本电脑和线缆附件放置其中。系统采用通断触发，从爆心位置到数据采集系统布置一条触发线，其中一端缠绕在战斗部上，另一端连接数据采集仪，实现对两台数据采集仪的同步触发。

3. 数据判读与处理

数据处理过程包括以下两个方面工作：一是测点信号有效性判读；二是多测点数据统计。

1）数据判读方法

信号有效性判断：根据测试经验，测试信号中常会有因弹片击中传感器、传输线缆损坏、弹道波复杂混入等原因导致的异常信号。这些信号需要被剔除判为无效数据。一般认为冲击波前沿到达时间、压力峰值及波形未出现明显异常现象的压力测量数据被认为是有效测量数据。

峰值数据判读：两发试验的峰值数据判读方法保持一致，即以有效信号第一次突跃的起跳峰值与起跳基值之差作为冲击波超压的峰值数据。

2）多测点数据统计

若数据大于 10 个，采用贝塞尔法对不确定度进行评定。设编号为 i 的单位某半径方向上各测点测得的压力峰值分别为 P_{ij}，i 为单位序号，j 为测点号。

首先统计 i 单位的平均值及其测量数据的标准偏差，记为 $\overline{P}_i$ 及 S_i，计算公式如下：

$$\overline{P}_i = \frac{1}{n}\sum_{j=1}^{n} P_{ij} \tag{5.84}$$

$$S_i = \sqrt{\frac{\sum_{j=1}^{\mathrm{n}}\left(P_{ij} - \overline{P}_i\right)^2}{n-1}} \tag{5.85}$$

采用格拉布斯准则进行对粗大数据的判读：

(1) 将 P_{ij} 从小到大进行排列 $P_{i1}, P_{i2}, \cdots, P_{in}$；

(2) 计算统计量：$G_1 = \dfrac{\overline{P}_i - P_{i1}}{S_i}$，$G_n = \dfrac{\overline{P}_i - P_{in}}{S_i}$；

(3) 按给定显著性水平 a，查格拉布斯临界值 $G(a,n)$（值见表 5.3），取 G_1、G_n 最大值，并与 $G(a,n)$ 进行比较，若 $G_n > G(a,n)$，则 P_{in} 为粗大误差，进行剔除；

(4) 剔除粗大误差后再重新计算 $\overline{P}_i$、S_i、G_1、G_n。

说明：显著性水平 a 根据置信概率为 95%查表 5.3 获得。

表 5.3　格拉布斯检验的临界值表（GB/T 4883－2008）

n	0.90	0.95	0.975	0.99	0.995	*n*	0.90	0.95	0.0975	0.99	0.995
1	1.148	1.153	1.155	1.155	1.155	25	2.519	2.698	2.859	3.049	3.178
2	1.425	1.463	1.481	1.492	1.496	26	2.534	2.714	2.876	3.068	3.199
3	1.602	1.672	1.715	1.749	1.764	27	2.549	2.730	2.893	3.085	3.218
4	1.729	1.822	1.887	1.944	1.973	28	2.563	2.745	2.908	3.103	3.236
5	1.828	1.938	2.020	2.097	2.139	29	2.577	2.759	2.924	3.119	3.253
6	1.909	2.032	2.126	2.221	2.274	30	2.591	2.773	2.938	3.135	3.270
7	1.977	2.110	2.215	2.323	2.387	31	2.604	2.786	2.952	3.150	3.286
8	2.036	2.176	2.290	2.410	2.482	32	2.616	2.799	2.965	3.164	3.301
9	2.088	2.234	2.355	2.485	2.564	33	2.628	2.811	2.979	3.178	3.316
10	2.134	2.285	2.412	2.550	2.636	34	2.639	2.823	2.991	3.191	3.330
11	2.175	2.331	2.462	2.607	2.699	35	2.650	2.835	3.003	3.204	3.343
12	2.213	2.371	2.507	2.659	2.755	36	2.661	2.846	3.014	3.216	3.356
13	2.247	2.409	2.549	2.705	2.806	37	2.671	2.857	3.025	3.228	3.369
14	2.279	2.443	2.585	2.747	2.852	38	2.682	2.866	3.036	3.240	3.381
15	2.309	2.475	2.620	2.785	2.894	39	2.692	2.877	3.046	3.251	3.393
16	2.335	2.504	2.651	2.821	2.932	40	2.700	2.887	3.057	3.261	3.404
17	2.361	2.532	2.681	2.854	2.968	41	2.710	2.896	3.067	3.271	3.415
18	2.385	2.557	2.709	2.884	3.001	42	2.719	2.905	3.075	3.282	3.425
19	2.408	2.580	2.733	2.912	3.031	43	2.727	2.914	3.085	3.292	3.435
20	2.429	2.603	2.758	2.939	3.060	44	2.736	2.923	3.094	3.302	3.445
21	2.448	2.624	2.781	2.963	3.087	45	2.744	2.931	3.103	3.310	3.455
22	2.467	2.644	2.802	2.987	3.112	46	2.753	2.940	3.111	3.319	3.464
23	2.486	2.663	2.822	3.009	3.135	47	2.760	2.948	3.120	3.329	3.474
24	2.502	2.681	2.841	3.029	3.157	48	2.768	2.956	3.128	3.336	3.483

4. 测试结果

两发 24 个测点均记录到测试信号，说明测试系统仪器设备、测试线路连接正常，触发设置可靠。

从第 1 发获得测试信号波形来看，有 18 个测点的信号均为基线一段时间之后突发跳跃溢出，没有得到空气冲击波波形信号，典型记录曲线如图 5.46 所示。经试验后现场观察，发现大多数传感器信号电缆均被战斗部的破片切断，所以判断这 18 个测点的信号为引线切断的信号。另外 6 个测点均为空气冲击波波形特征信号，但仔细放大波形后发现，有 2 个波形叠加了低频振荡信号，无法获得超压峰值，典型波形如图 5.48 所示。

由于第 1 发引线被切断的通道太多，因此第 2 发在原沙袋的基础上采用槽钢对引线加强防护。即使这样，第 2 发同样也有 12 个测点引线在空气冲击波到达之前被破片提前切断，信号均为基线一段时间之后突发跳跃溢出。其余 12 测点的信号具有显著空气冲击波波形特征，典型波形如图 5.49 所示；其中个别波形为基线受干扰的正常冲击波超压信号，如图 5.50 所示，应该是破片弹道波与支撑杆振动耦合干扰作用的结果，但不影响数据判读，这 12 个测点为有效信号。

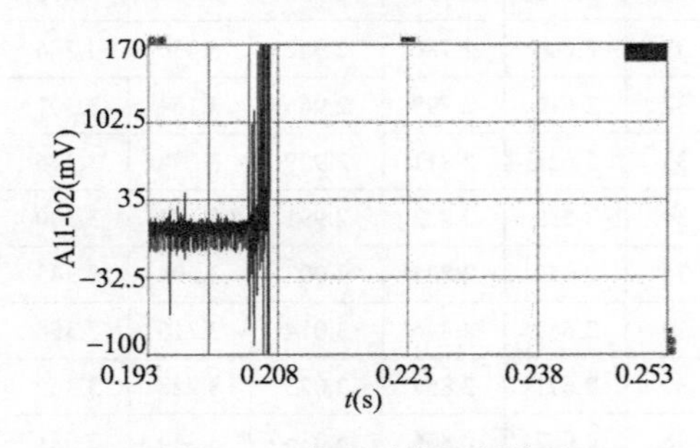

图 5.46　典型引线切断信号

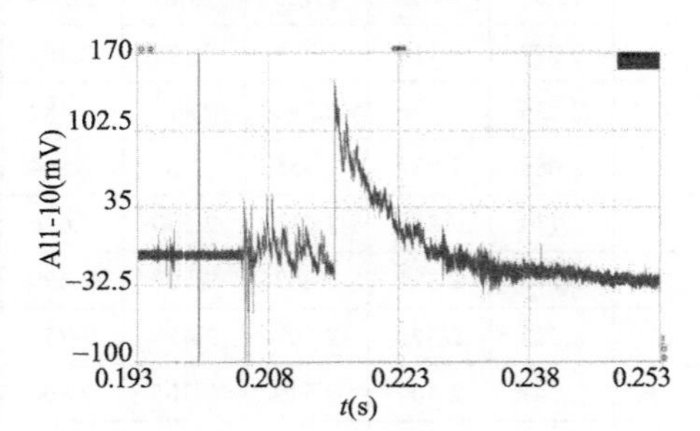

图 5.47　典型冲击波信号

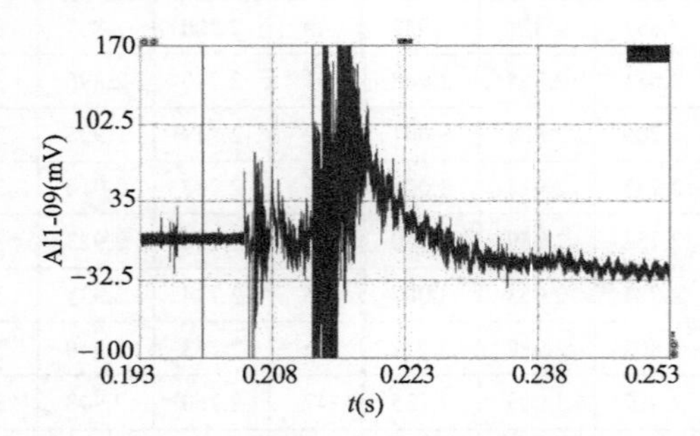

图 5.48　典型的干扰信号叠加的冲击波波形

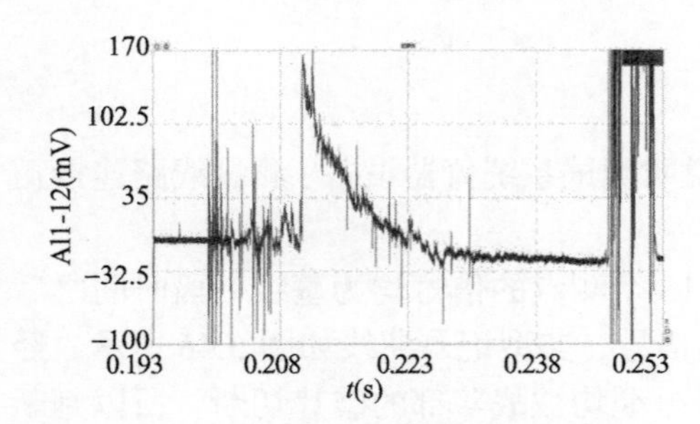

图 5.49　典型的冲击波超压信号

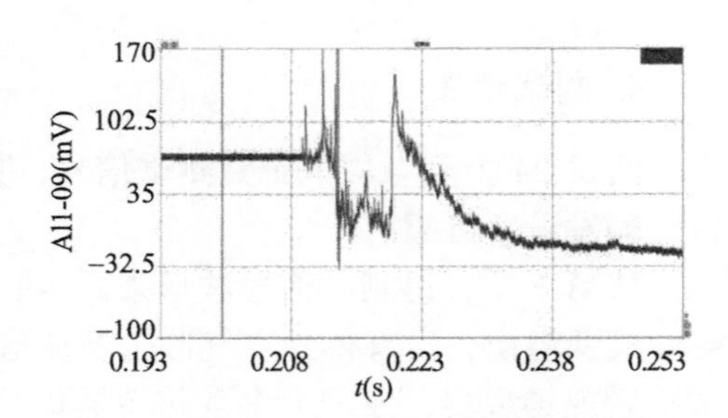

图 5.50　基线受干扰的正常冲击波超压信号

所有正常冲击波超压信号可以看出，在空气冲击波超压到达之前均有破片群的弹道波作用。最终第一发试验获得 4 个有效数据，第二发试验获得 12 个有效数据，满足比测试验要求。

5.5.3 圆饼型自由场压力传感器与 PCB 137B22 型对比

圆饼型自由场压力传感器是北京理工大学研制的电荷式压电压力传感器，为加强推广应用，设计炸药爆炸空气冲击波超压测试实验，对比美国 PCB 137B22 型自由场压力传感器的波形，检验研制的圆饼型自由场压力传感器在爆炸测试环境中的可靠性，同时验证圆饼型传感器对不同入射角冲击波测量的适应性。

1. 检测对象及设备

1）传感器

在研制的同一批圆饼型自由场压力传感器中随机选取 8 支传感器作为检测对象，传感器如图 5.51 所示。同时，选取两支美国 PCB 137B22 型笔杆型自由场压电压力传感器，如图 5.52 所示，作为比较对象，对测试结果进行对比分析。

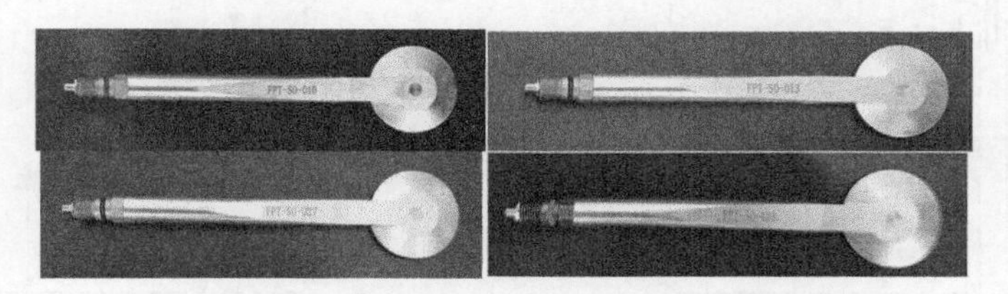

图 5.51 圆饼型自由场压电压力传感器

图 5.52 美国 PCB 137B22 型笔杆型自由场传感器

2）检测设备

采用东华测试 16 通道 DH5960 型数据采集仪，圆饼型自由场压电压力传感器配备 SINOCERA 公司 YE5853 型电荷放大器（两台），PCB137B22 型传感器配备 PCB482C 型适配器进行信号调理。

2. 实验检测方案

采用 500 g 压制 TNT 圆柱形药柱爆炸产生空气冲击波，爆心距地面高度 180 cm；8 个圆饼型自由场传感器分为 4 组，分别固定在 8 根直立的杆上，传感器敏感部位的高度均为 180 cm，传感器敏感部分距离爆心距离均为 300 cm，并且使冲击波入射方向与各组传感器轴线方向的夹角分别为 0°、45°、90°和 120°，如图 5.53 所示。

两个 PCB137B22 型自由场传感器固定分别在立杆上，笔杆尖端水平指向爆心，敏感部位同样距离爆心距离 300 cm，如图 5.54 所示。将装有传感器的立杆围绕爆心均布。

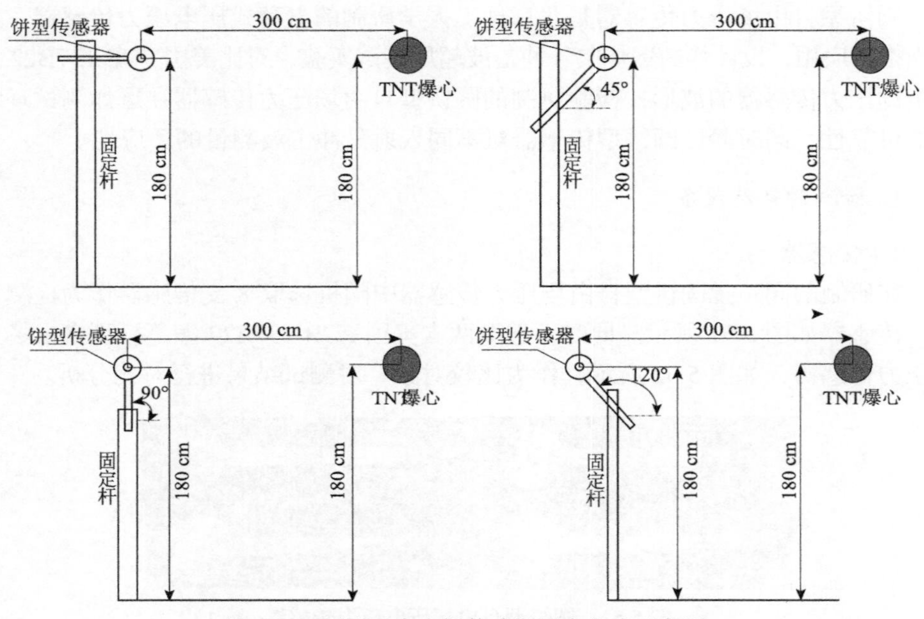

图 5.53 圆饼型自由场传感器固定方式示意图

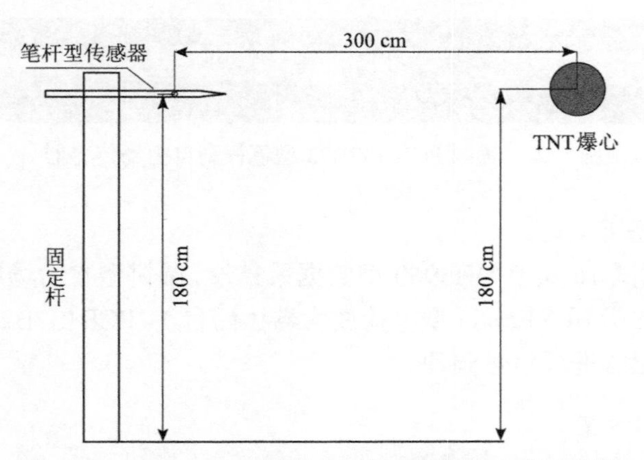

图 5.54 PCB137B22 型自由场传感器固定方式示意图

进行 3 发重复试验，比较相同测试位置的冲击波波形特征和峰值超压。

3. 场地布置及检测结果

图 5.55 为现场布置图。试验后，数据采集仪中存储冲击波电压数字信号，根据电荷放大器增益和每个传感器的灵敏度，处理判读得到冲击波的超压波形和峰值。

对比两种传感器冲击波入射方向与传感器的轴线夹角为 0°状态的波形，如图 5.56 所示。可以看出两者特性基本一致，说明研制的圆饼型自由场压力传感器性能与美国 PCB137B22 型自由场压力传感器相当。

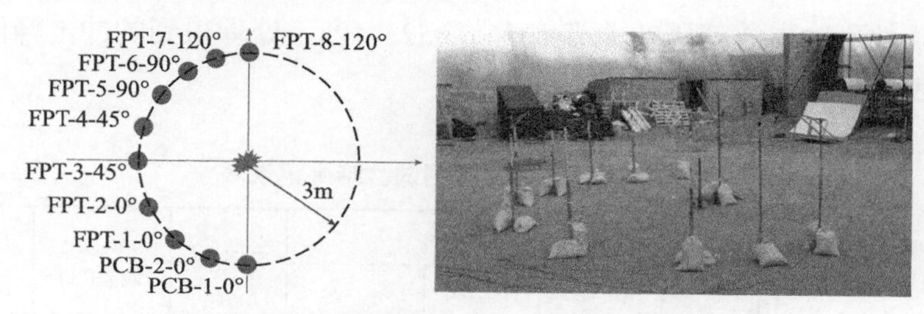

图 5.55　爆炸检测试验布置图及现场照片

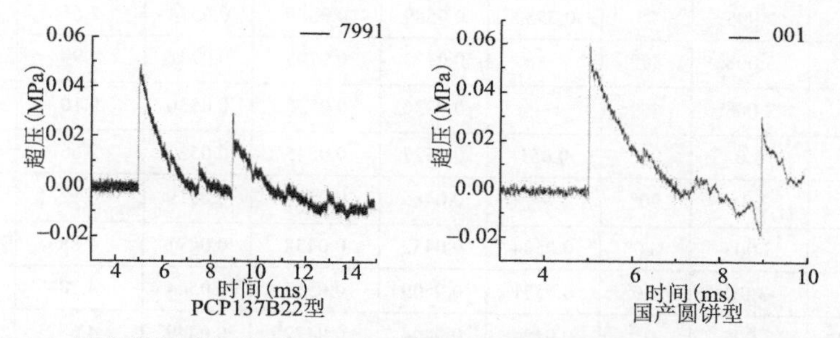

图 5.56　国产圆饼型与美国 PCB 自由场传感器测量波形对比（水平 0°放置）

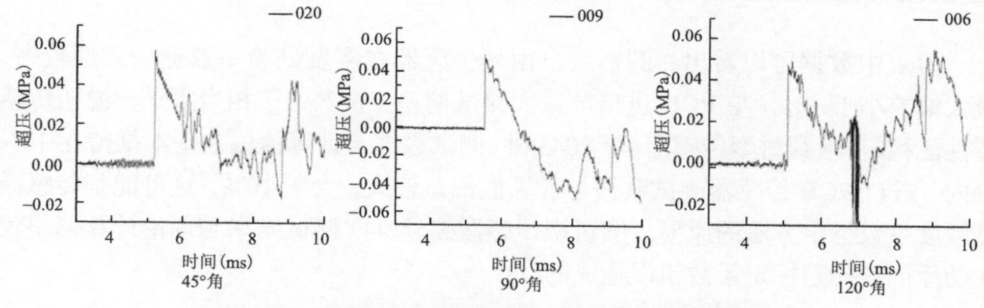

图 5.57　国产圆饼型不同倾角放置下冲击波波形对比

对比圆饼型不同冲击波入射角度的测试结果（图 5.57），45°角时冲击波波形与 0°相比，前期波形基本一致，后期存在一定的失真；大于 90°的与 0°相比，除冲击波上升沿一致外，之后的波形均存在失真现象。因此国产圆饼型自由场在小于 90°范围内测试冲击峰值是可行的。

在自由场爆炸时，如果炸药的 TNT 当量为 w，爆心到测点的距离为 r，空气冲击波入射压力的计算 Henrych 公式为：

$$\Delta P_1 = 0.065\frac{\sqrt[3]{w}}{r} + 0.397\left(\frac{\sqrt[3]{w}}{r}\right)^2 + 0.322\left(\frac{\sqrt[3]{w}}{r}\right)^3 \text{（MPa）} \quad 1 \leqslant \frac{r}{\sqrt[3]{w}} \leqslant 10 \tag{5.86}$$

试验条件下冲击波超压的计算值为 0.052 MPa，处理得到的冲击峰值超压测量数据如表 5.4 所示。

表 5.4　传感器爆炸检测试验结果记录表

序号	传感器编号	距爆心距离(m)	偏转角度	超压/MPa			平均值	最大偏差(%)	与理论相比偏差(%)
				第一发	第二发	第三发			
1	001	3.01	0°	—	0.0543	0.0558	0.0551	1.27	5.6
2	007	2.995	0°	0.0553	0.0589	0.0580	0.0574	2.61	9.49
3	043	3.008	45°	—	0.0779	0.0705	0.0742	4.99	42.7
4	020	3.008	45°	—	0.0536	0.0535	0.0536	0.10	2.99
5	009	3.0	90°	0.051	0.0527	0.0545	0.0527	2.66	1.49
6	048	3.01	90°	—	0.0486	0.0551	0.0519	6.17	0.19
7	006	3.005	120°	0.0504	0.0452	0.0458	0.0471	4.88	10.22
8	082	3.01	120°	0.0571	0.0509	0.0553	0.0544	4.78	4.56
9	7989	3.005	0°	0.0425	0.0444	0.0477	0.0449	4.68	15.79
10	7991	2.995	0°	0.0470	0.0489	0.0449	0.0469	3.41	10.69

由表中数据可以看出，圆饼型自由场传感器在多发试验中数据一致性较高，最大偏差小于 5%，与 PCB 进口的最大测试偏差 4.68%处于相当水平，说明传感器性能稳定；除圆饼型传感器编号 043 外，测试数据与计算值偏差基本维持在 10%以内，进口 PCB 传感器测试数据与计算值偏差较大，大于 10%，这可能是传感器灵敏度系数标定方法的原因。圆饼型传感器编号 043 测试结果与理论计算偏差较大的原因可能是标定系数错误造成的。

5.5.4　含铝云爆剂/含铝炸药爆炸空气冲击波超压测试

1. 云爆剂爆炸空气冲击波超压测试

为评估云爆剂和含能材料的爆炸威力，特开展近地面爆炸试验，测量爆炸地面空气冲击波超压值。

1）场地布置及试验安排

药柱放在爆心位置处的试验架上，装药质心距地面高度 H=1 m，用北京理工大学数字存储压力记录仪（DPR）进行地面压力测试，每发试验布置 8 个测点，分两路摆放，夹角约 30°，具体试验场地布置、DPR 编号及实际测点位置如图 5.58 所示。8 台 DPR 均设置为内外触发模式，并通过同步线组成一个网络，只要 1 台 DPR 触发，网路中的所有 DPR 均同步触发，记录存储压力信号，有关 DPR 的介绍将在后续章节详细叙述。

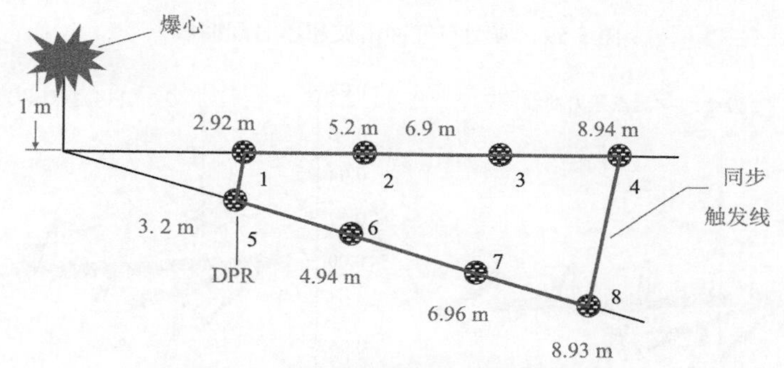

图 5.58　试验场地爆心与测点布置图

本次试验共进行 7 发，具体试验顺序以及药柱编号如表 5.5 所示。

表 5.5　试验顺序及药柱

试验顺序	1	2	3	4	5	6	7
药柱编号	035(D04)	1-1#	2-1#（含铝）	2-2#	3-1#（含铝）	011	010

2）试验结果

7 发试验共有 5 发测得冲击波压力数据，其中第 2 发和第 4 发由于压力太低未能触发 DPR 测试系统。图 5.59 和图 5.60 为各种炸药爆炸典型空气冲击波超压时间曲线。

值得注意的是，图 5.60 中的空气冲击波超压曲线基线向下发生了明显的线性倾斜，且各个位置测点的基线倾斜几乎同时发生，只是距爆心近的倾斜角度大，远离爆心位置的倾斜角度小。在超压测试的时间尺度下，倾斜“同时”发生，说明该效应比空气冲击波速度快得多，进一步分析表明，引起传感器产生倾斜响应的不是冲击波压力，而是爆炸的光电效应，在空气中以光速传播。但并不是所有含能材料爆炸会产生使压电压力传感器发生明显响应的，图 5.59 记录的波形就几乎没有倾斜效应。对爆炸物的组成特性分析发现，发生倾斜效应的云爆剂均含有金属粉铝粉。

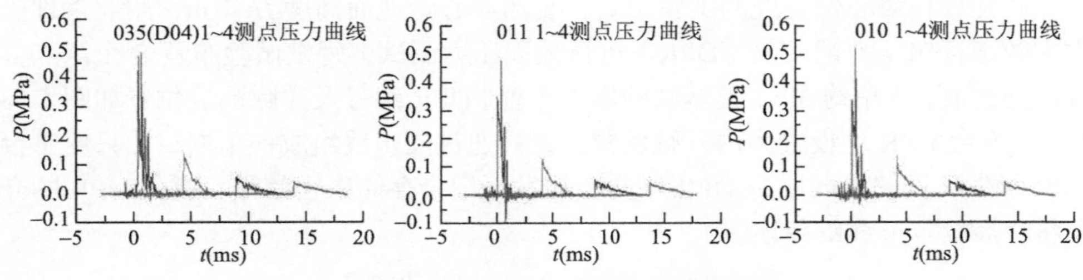

图 5.59　典型空气冲击波超压时间曲线

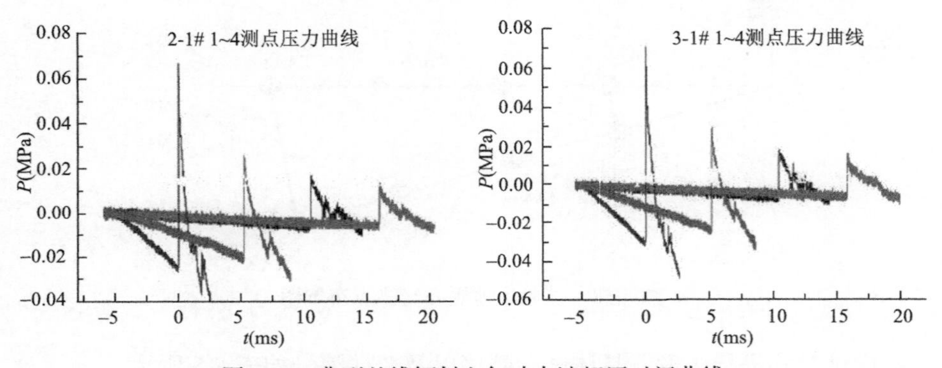

图 5.60　典型基线倾斜空气冲击波超压时间曲线

需要说明，测试信号发生基线倾斜效应的前提是爆炸发光能照射到传感器敏感元件上，所以采用壁面传感器测量离地一定高度战斗部爆炸的地面空气冲击波超压，传感器易受爆炸发光照射，易发生倾斜效应。

对 2-1#炸药和 3-1#炸药爆炸冲击波信号判读和处理需考虑基线及整个过程的倾斜效应，即干扰是随时间线性增加的，基于该干扰特性，就容易对倾斜信号进行修正，得到正常的冲击波时间曲线。若只需得到冲击波超压峰值，可读起跳点与峰值之差，此即超压峰值。

2. 温压炸药等体积爆炸威力对比测试

试验的目的是通过地面静爆试验，测试不同距离地面空气冲击波超压，对比等体积 PBX-1、PBX-2 和 PBX-3 装药的爆炸威力，为后续的研制工作提供技术依据和试验数据支持。

1）试验内容

体积相同 PBX-1、PBX-2、PBX-3 炸药和对比炸药 TNT 各进行两次试验，共进行 8 发。实际试验参数见表 5.6。

表 5.6　试验药柱参数

试验次数	药品	密度(g/cm^3)	质量(kg)	药柱直径(mm)	药柱高度(mm)
2	TNT	1.53	5.2	130	260
2	PBX-1	1.65	5.3	130	242
2	PBX-2	1.848	5.95	130	243
2	PBX-3	1.853	5.95	130	242

2）试验场地布置

每发受试品的装药质心与地面距离均为 1.5 m，采用数字存储压力记录仪（DPR）进行地面压力测试，14 个测点分三路布置，每路夹角为 45°，水平距离最近为 4 m，最远为 14 m，每隔 2 m 放置一个测点，具体场地布置如图 5.61 所示。

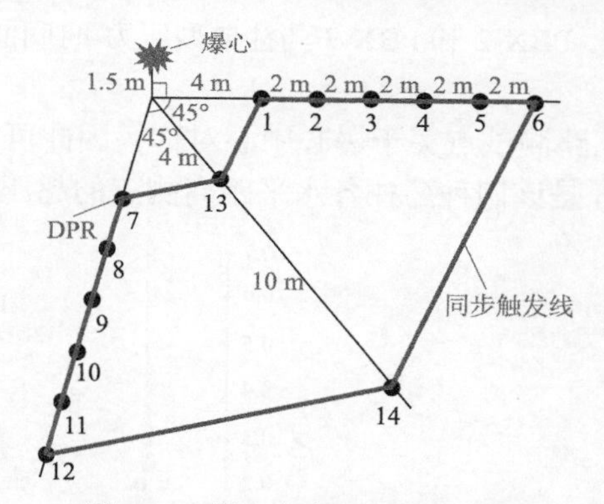

图 5.61　爆心与超压测点布置图

3）试验测试结果及分析

两发试验测得的 TNT 药柱典型的压力-时间曲线如图 5.62 所示，超压峰值是爆炸空气冲击波最重要的参数，表 5.7 列出了每发试验各个测点处的超压峰值。

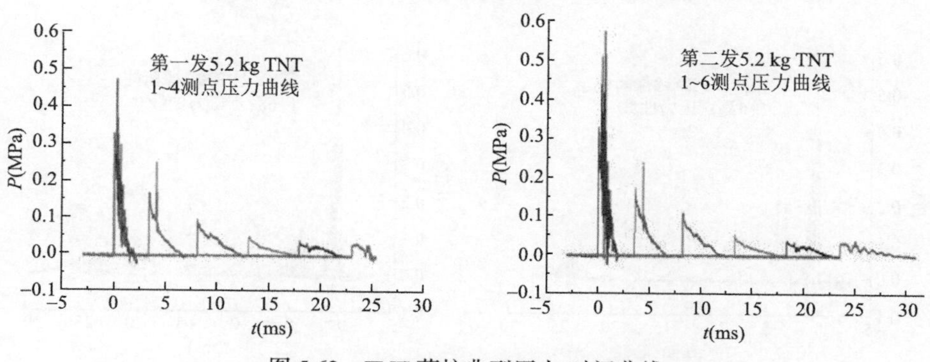

图 5.62　TNT 药柱典型压力-时间曲线

表 5.7　TNT 药柱各测点超压峰值

药柱	水平距离(m)	超压峰值/MPa					
		第一发			第二发		
		1～6 测点	7～12 测点	13、14 测点	1～6 测点	7～12 测点	13、14 测点
TNT 裸药柱	4	0.329	0.396	0.386	0.28	0.348	0.348
	6	0.163	0.134	—	0.159	0.123	—
	8	0.092	0.108		0.088	0.110	
	10	0.051	0.051		0.045	0.049	
	12	0.038	0.043		0.035	0.043	
	14	0.034	0.029	0.029	0.032	0.027	0.033

试验测得的 PBX-1、PBX-2 和 PBX-3 药柱典型压力-时间曲线如图 5.63、图 5.64 和图 5.65 所示。

由于每次试验的三路测试点关于爆心中心对称，因此可以取相同距离点的平均值以作分析。图 5.66 是该四种药柱各水平距离测点的超压峰值对比曲线，由图

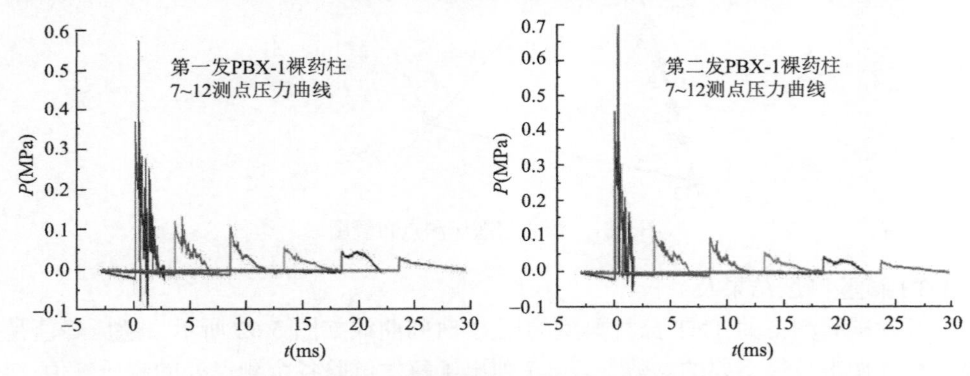

图 5.63　PBX-1 裸药柱典型压力-时间曲线

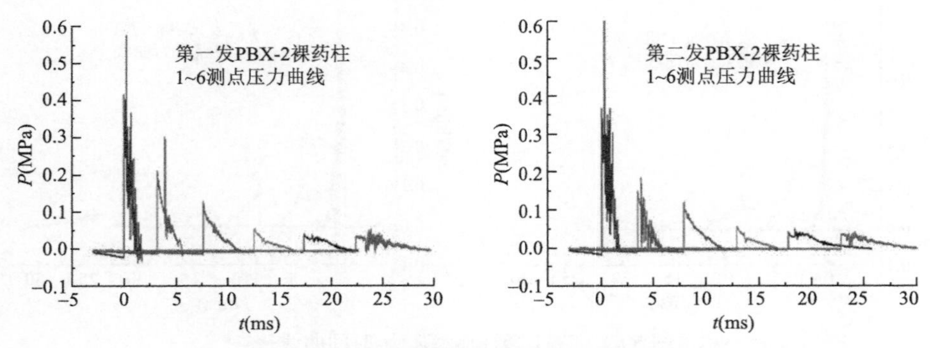

图 5.64　PBX-2 药柱各测点压力-时间曲线

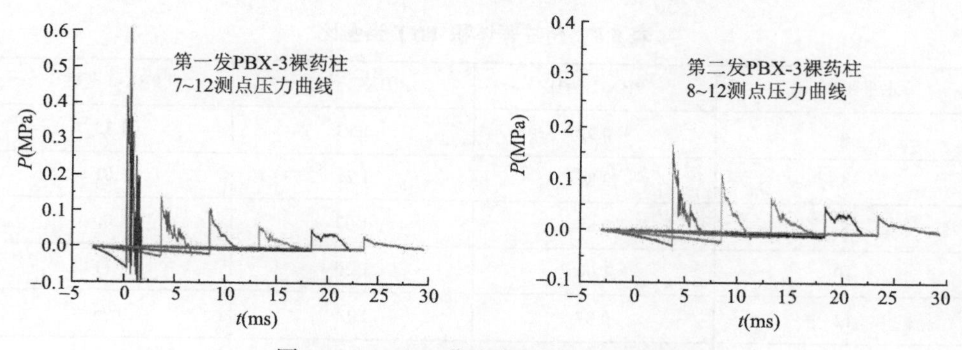

图 5.65　PBX-3 药柱典型压力-时间曲线

可以看出，在小于约 5 m 的近场处，四种药柱超压峰值由强到弱顺序为 PBX-3>PBX-2>TNT>PBX-1；而在 5～8 m 的范围，PBX-2 最大，PBX-1 最小；说明 PBX-3 的冲击波超压随着距离的衰减比 PBX-2 快。在大于 8 m 的远场，四种药柱产生的冲击波超压几乎相同。

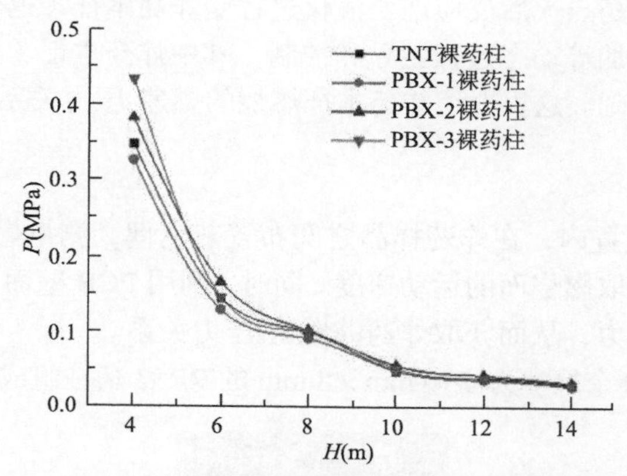

图 5.66　四种裸药柱超压峰值-水平距离曲线

表 5.8 是计算出的 PBX-1、PBX-2 和 PBX-3 的各水平距离测点处的等体积 TNT 当量比，并给出了它们各自的平均值。由表可以看出，整体上药柱 PBX-1 比 TNT 当量小，PBX-2 和 PBX-3 比 TNT 当量大，并且 PBX-3 在近距离范围最大，但是在远场比 PBX-2 小。综合来看，PBX-2 的等体积 TNT 当量比最大。

除 TNT 外，PBX-1、PBX-2 和 PBX-3 等三种温压炸药均含有铝粉，由图 5.62 至图 5.65 可以看出，它们爆炸时均对地面的压电压力传感器产生光电照射，与上一节含铝云爆剂爆炸一样，记录的空气冲击波超压时间曲线的均存在明显倾斜效应。而图 5.62 中 TNT 炸药爆炸冲击波超压曲线只是近爆心的测点有轻微的倾斜效应，其他位置测点几乎看不出来。

表 5.8　药柱等体积 TNT 当量比

水平距离(m)	PBX-1 药柱	PBX-2 药柱	PBX-3 药柱
4	0.92	1.13	1.33
6	0.84	1.21	1.01
8	0.87	1.03	1.00
10	1.00	1.26	1.11
12	0.87	1.14	0.95
14	0.89	1.12	0.94
平均值	0.90	1.15	1.06

5.5.5　炸药燃速-压力关系测量

强约束密实炸药点火后反应增长演化过程受炸药本征（退化）燃烧、裂纹扩展、燃烧表面积增加等动态过程主导和控制，其中炸药本征（退化）燃烧特性是反应增长研究的基础。这里介绍炸药本征燃烧的燃速-压力关系的测试方法。

1. 试验系统

在密闭燃烧装置内，在炸药样品之间布置热电偶，测量燃烧面的到达时刻，再通过信号时序获取燃烧面的运动速度。同时，利用 PCB 壁面压力传感器同步测量装置内的反应压力，从而获取炸药的燃速-压力关系。

试验样品由 10 个尺寸为 Φ10 mm × 8 mm 的 RR33 药柱组成，如图 5.67 所示。

图 5.67　试验样品

试验中布置 8 根热电偶当作位置传感器使用，用于测量炸药燃烧面的传播走时。热电偶编号从上往下依次为 1#～8#，热电偶 1#位于引燃药片与第一枚试验样品之间。采用 PCB 109C12 壁面压力传感器测量装置内反应压力历程。试验中以激光出光时刻为零时刻，热电偶与压力传感器同步。试验系统如图 5.68 所示，包括燃速试验装置、同步机、激光器、示波器、热电偶系统、压力测试系统、激光反射镜等。

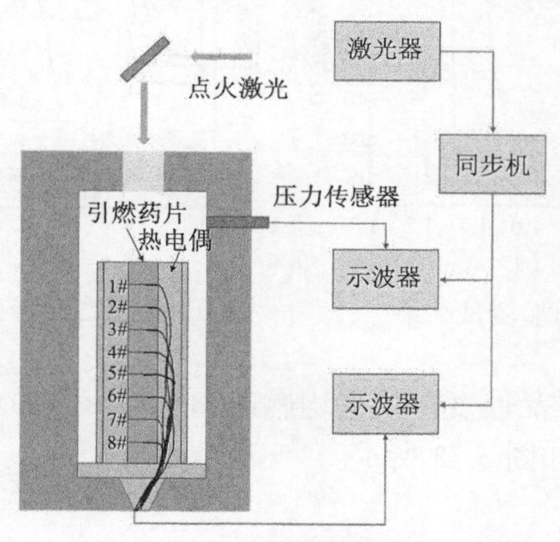

图 5.68　试验系统组成

2. 试验结果

图 5.69 是样品灌胶封装效果图，图 5.70 是试验装置现场照片。开展了两发燃速—压力关系试验，均正常获取炸药层流燃烧速率随压力的变化关系，其中最大压力为 140 MPa。试验测试结果如图 5.71 和图 5.72 所示。

以热电偶信号起跳时刻 t_i 为燃烧面到达时刻，根据相邻热电偶信号起跳的时间间隔 Δt_{i-1}，得到该炸药样品厚度 h（h=8 mm）上的燃烧面运动的平均速度 v_{i-1}。同时，在反应压力历程曲线上截取该时间段内的平均压力 p_{i-1}，从而获得该压力下炸药样品的燃烧速率。

图 5.69　样品灌胶封装

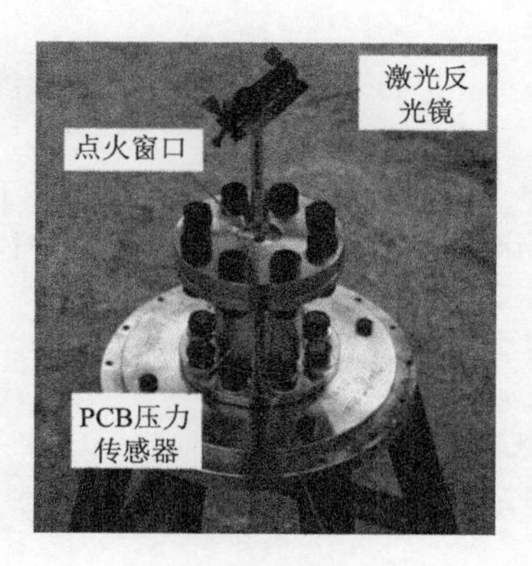

图 5.70　现场试验装置

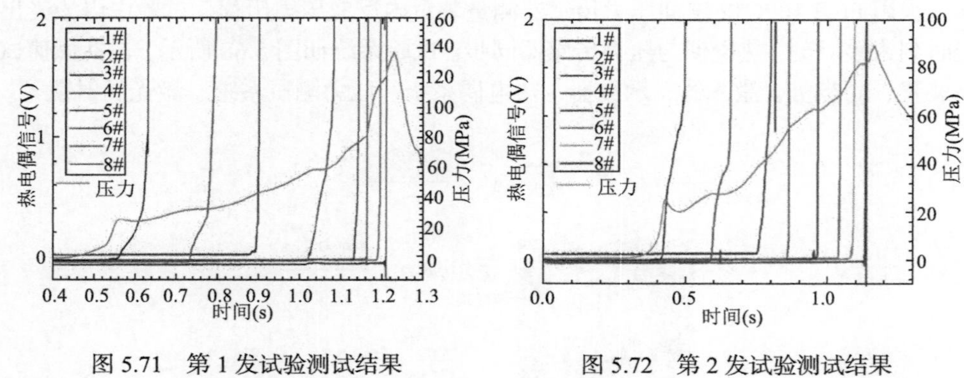

图 5.71　第 1 发试验测试结果　　图 5.72　第 2 发试验测试结果

根据每一段炸药样品厚度内的平均燃速和平均压力的对应关系，获得炸药样品的燃速-压力关系，如图 5.73 所示。

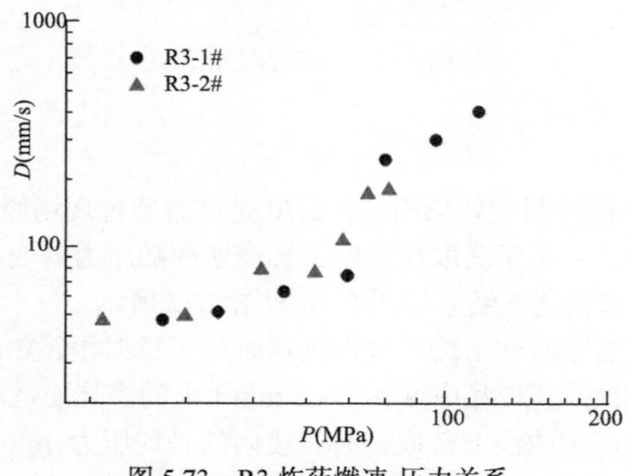

图 5.73　R3 炸药燃速-压力关系

参 考 文 献

黄正平. 2006. 爆炸与冲击电测技术[M]. 北京：国防工业出版社.
GB/T 4883—2008. 数据的统计处理和解释 正态样本离群值的判断和处理[S].

第6章　热电偶温度测试技术

温度是爆炸与冲击过程十分重要的物理参量，温度对武器弹药中的含能材料的安全性影响很大，所以温度测量一直是爆炸与冲击过程研究和弹药安全性评估的重要手段。

按照测量方法来归类，根据测量时检温元件与温度场的关系分为接触式和非接触式测温。接触式测温是指我们直接把感温装置置于被测温度场中，非接触式是指感温装置不置于温度场中的测试方法。目前国内外的非接触式测量方法主要有成像法、激光光谱法、辐射法和声波法等。非接触测温法在测量炸药爆炸等动态温度时虽然还存在这样或那样的问题，但已经在武器弹药特别是温压和云爆弹药的威力评估中发挥了重要作用。

对于接触法测温方面，目前分类很多，归纳起来主要有压力式测温、光纤测温以及热电式测温法等，其中热电式通常包括热电阻和热电偶两种，是目前应用比较多的方法。由于热电偶具有测温范围宽、性能比较稳定；与被测对象直接接触，不受中间介质的影响，测量精度高；热响应时间快，对温度变化反应灵活；结构牢靠耐腐蚀，机械强度好等优点，目前广泛应用于兵器、航天、航空、能源、石化等行业。

非接触测温技术在本书的其他章节中介绍，这里重点介绍接触式测温技术，包括热电效应及工作原理、热电偶结构及分类、测试电路及测试系统以及在武器研究中的应用等。

6.1　热电效应及工作原理

6.1.1　热电效应

将两种不同性质的导体 A，B 组成闭合回路，如图 6.1 所示。若节点 1，2 处

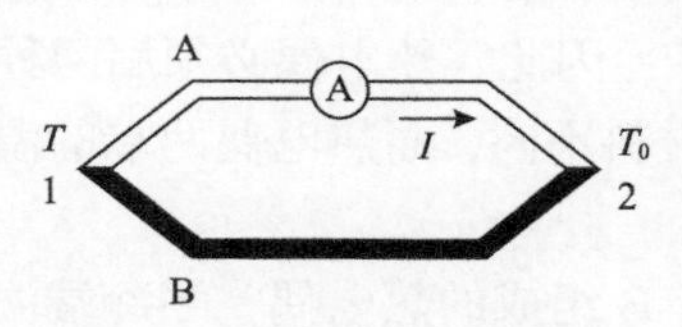

图 6.1　热电效应示意图

于不同的温度（$T \neq T_0$）时，两者之间将产生热电势，在回路中形成一定大小的电流，这种现象称为热电效应或塞贝克效应。分析表明，热电效应产生的热电势由接触电势（珀尔帖电势）和温差电势（汤姆逊电势）两部分组成。

当两种金属接触在一起时，由于不同导体的自由电子密度不同，在结点处就会发生电子迁移扩散。失去自由电子的金属呈正电位，得到自由电子的金属呈负电位。当扩散达到平衡时，在两种金属的接触处形成电势，称为接触电势。其大小除与两种金属的性质有关外，还与结点温度有关，可表示为：

$$E_{AB}(T)=\frac{kT}{e}\ln\frac{N_A}{N_B} \tag{6.1}$$

式中，$E_{AB}(T)$为 A，B 两种金属在温度 T 时的接触电势；k 为玻尔兹曼常数，$k=1.38\times10^{-23}$J/K；e 为电子电荷，$e=1.6\times10^{-19}$C；N_A，N_B 为金属 A，B 的自由电子密度；T 为结点处的热力学温度。

对于单一金属，如果两端的温度不同，则温度高端的自由电子向低端迁移，使单一金属两端产生不同的电位，形成电势，称为温差电势。其大小与金属材料的性质和两端的温差有关，可表示为：

$$E_A\left(T,T_0\right)=\int_{T_c}^{T}\sigma_A\mathrm{d}T \tag{6.2}$$

式中，$E_A(T,T_0)$为金属 A 两端温度分别为 T 和 T_0 时的温差电势；σ_A 为温差系数；T,T_0 为热端和冷端的热力学温度。

对于图 6.1 所示 A，B 两种导体构成的闭合回路，总的温差电势为：

$$E_A\left(T,T_0\right)-E_B\left(T,T_0\right)=\int_{T_0}^{T}\left(\sigma_A-\sigma_B\right)\mathrm{d}T \tag{6.3}$$

于是，回路的总热电势为

$$E_{AB}\left(T,T_0\right)=E_{AB}(T)-E_{AB}\left(T_0\right)+\int_{T_0}^{T}\left(\sigma_A-\sigma_B\right)\mathrm{d}T \tag{6.4}$$

由此可以得出如下结论：

(1)如果热电偶两电极的材料相同，即 $N_A=N_B$，$\sigma_A=\sigma_B$ 虽然两端温度不同，但闭合回路的总热电势仍为零。因此，热电偶必须用两种不同材料作热电极。

(2)如果热电偶两电极材料不同，而热电偶两端的温度相同，即 $T=T_0$，闭合回路中也不产生热电势。

(3)由不同电极材料 A，B 组成的热电偶，当冷端温度恒定时，产生的热电势在一定的温度范围内是热端温度 T 的单值函数。

6.1.2　工作定律

1. 匀质导体定律

由同一种匀质（电子密度处处相同）导体或半导体组成的闭合回路中，不论其截面积和长度如何，不论其各处的温度分布如何，将不产生接触电势，温差电势相抵消，回路中总电势为零，这就是匀质导体定律。

热电偶必须由两种不同的匀质材料制成，热电势的大小只与热电极材料及两个结点的温度有关，而与热电极的截面及温度分布无关，此定律可用来检验热电极材料是否为匀质。

2. 中间导体定律

设在图 6.1 的 T_0 处断开，接入第三种导体 C，如图 6.2 所示。

若三个结点温度均为 T_0，则回路中的总热电势为：

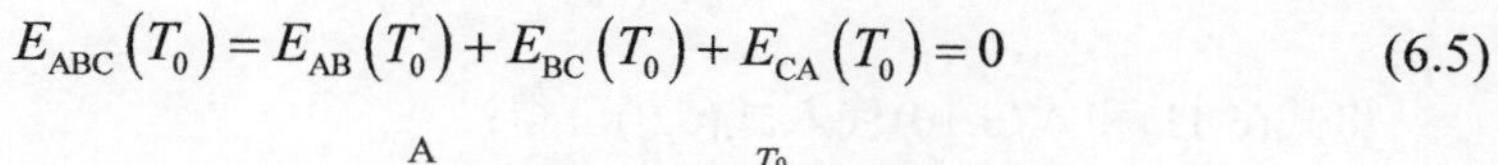

$$E_{ABC}\left(T_0\right)=E_{AB}\left(T_0\right)+E_{BC}\left(T_0\right)+E_{CA}\left(T_0\right)=0 \tag{6.5}$$

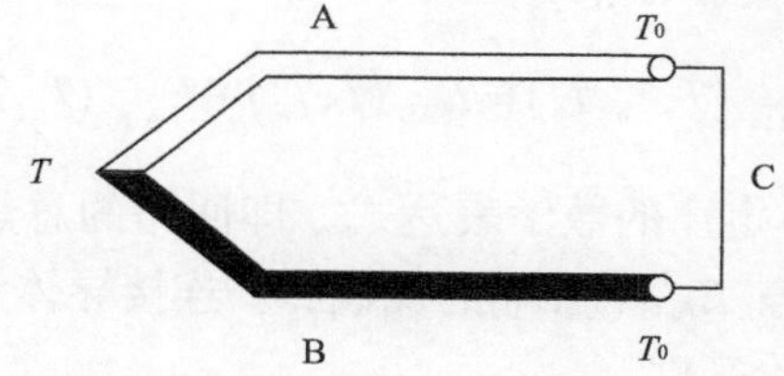

图 6.2　三导体热电偶回路

若 A，B 结点温度为 T，其余结点温度为 T_0，而且 $T>T_0$，则回路中的总热电势为：

$$E_{ABC}\left(T,T_0\right)=E_{AB}(T)+E_{BC}\left(T_0\right)+E_{CA}\left(T_0\right) \tag{6.6}$$

由式(6.5)可得：

$$E_{AB}\left(T_0\right)=-\left[E_{BC}\left(T_0\right)+E_{CA}\left(T_0\right)\right] \tag{6.7}$$

将式(6.7)代入式(6.6)可得：

$$E_{ABC}\left(T,T_0\right)=E_{AB}(T)-E_{AB}\left(T_0\right)=E_{AB}\left(T,T_0\right) \tag{6.8}$$

由此得出结论：导体 A，B 组成的热电偶，当引入第三导体时，只要保持其两端温度相同，则对回路总热电势无影响，这就是中间导体定律。

此定律具有特别重要的实用意义，因为用热电偶测温时必须接入仪表（第三种材料），根据此定律，只要仪表两接入点的温度保持一致，仪表的接入就不会影响热电势。

3. 连接导体定律和中间温度定律

在热电偶回路中，若导体 A，B 分别与连接导线 A′，B′相接，接点温度分别为 T，T_n ，T_0，如图 6.3 所示，则回路的总热电势为：

$$
\begin{aligned}
E_{ABB'A'}(T,T_n,T_0) &= E_{AB}(T) + E_{BB'}(T_n) + E_{B'A'}(T_0) + E_{A'A}(T_n) \\
&+ \int_{T_n}^{T} \sigma_A \, dT + \int_{T_0}^{T_n} \sigma_{A'} \, dT - \int_{T_0}^{T_n} \sigma_{B'} \, dT - \int_{T_n}^{T} \sigma_B \, dT
\end{aligned} \tag{6.9}
$$

$$
\begin{aligned}
E_{BB'}(T_n) + E_{A'A}(T_n) &= \frac{kT_n}{e} \ln\left(\frac{N_B}{N_{B'}} \cdot \frac{N_{A'}}{N_A} \right) = \frac{kT_n}{e} \left(\ln \frac{N_{A'}}{N_{B'}} - \ln \frac{N_A}{N_B} \right) \\
&= E_{A'B'}(T_n) - E_{AB}(T_n)
\end{aligned} \tag{6.10}
$$

$$
E_{B'A'}(T_0) = -E_{A'B'}(T_0) \tag{6.11}
$$

将式(6.11)和式(6.10)代入式(6.9)可得：

$$
E_{ABB'A'}(T,T_n,T_0) = E_{AB}(T,T_n) + E_{A'B'}(T_n,T_0) \tag{6.12}
$$

式(6.12)为连接导体定律的数学表达式，即回路的总热电势等于热电偶电势 $E_{AB}(T,T_n)$和连接导线电势 $E_{A'B'}(T_n,T_0)$的代数和。连接导体定律是工业上运用补偿导线进行温度测量的理论基础。

当导体 A 与 A′,B 与 B′材料分别相同时，则式(6.12)可写为：

$$
E_{AB}(T,T_n,T_0) = E_{AB}(T,T_n) + E_{AB}(T_n,T_0) \tag{6.13}
$$

式(6.13)为中间温度定律的数学表达式，即回路的总热电势等于 $E_{AB}(T,T_n)$和 $E_{AB}(T_n,T_0)$的代数和，T_n称为中间温度。中间温度定律为制定分度表奠定了理论基础，只要求得参考端温度为 0°C时的“热电势-温度”关系，就可以根据式(6.13)求出参考温度不等于 0°C时的热电势。

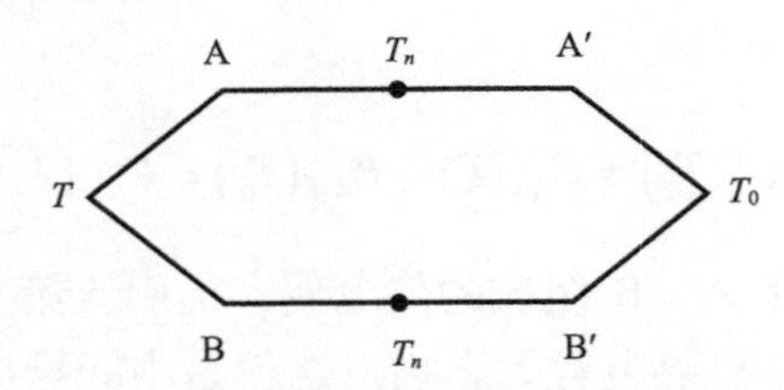

图 6.3　热电偶连接导线示意图

4. 参考电极定律

图 6.4 为参考电极定律示意图。图中 C 为参考电极，接在热电偶 A，B 之间，形成三个热电偶组成的回路。

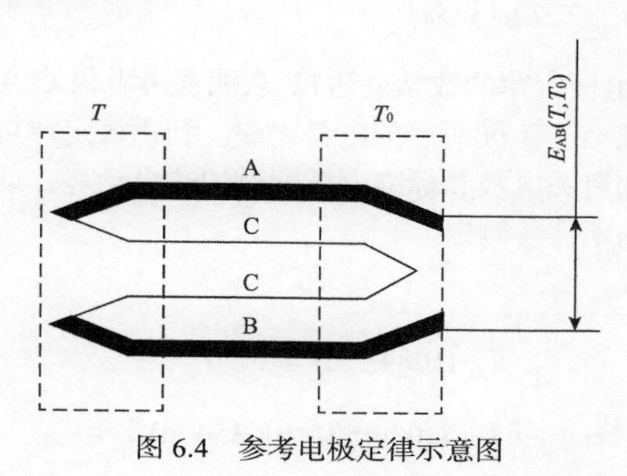

图 6.4　参考电极定律示意图

因为

$$E_{AC}(T,T_0)=E_{AC}(T)-E_{AC}(T_0)+\int_{T_0}^{T}(\sigma_A-\sigma_C)dT \tag{6.14}$$

$$E_{BC}(T,T_0)=E_{BC}(T)-E_{BC}(T_0)+\int_{T_0}^{T}(\sigma_B-\sigma_C)dT \tag{6.15}$$

于是

$$\begin{aligned}E_{AC}(T,T_0)-E_{BC}(T,T_0)&=E_{AC}(T)-E_{AC}(T_0)-E_{BC}(T)+E_{BC}(T_0)\\&\quad+\int_{T_0}^{T}(\sigma_A-\sigma_C)dT-\int_{T_0}^{T}(\sigma_B-\sigma_C)dT\end{aligned} \tag{6.16}$$

式中

$$\begin{aligned}E_{AC}(T)-E_{BC}(T)&=\frac{kT}{e}\ln\left(\frac{N_A}{N_C}\cdot\frac{N_C}{N_B}\right)\\&=E_{AB}(T)-E_{AC}(T_0)+E_{BC}(T_0)\\&=-\frac{kT}{e}\ln\left(\frac{N_A}{N_C}\cdot\frac{N_C}{N_B}\right)=-E_{AB}(T_0)\end{aligned} \tag{6.17}$$

$$\int_{T_0}^{T}(\sigma_A-\sigma_C)dT-\int_{T_0}^{T}(\sigma_B-\sigma_C)dT=\int_{T_0}^{T}(\sigma_A-\sigma_B)dT \tag{6.18}$$

因此

$$\begin{aligned}
&E_{AC}(T,T_0)-E_{BC}(T,T_0)\\
&=E_{AB}(T)-E_{AB}(T_0)+\int_{T_0}^{T}(\sigma_A-\sigma_B)dT \qquad (6.19)\\
&=E_{AB}(T,T_0)
\end{aligned}$$

式(6.19)为参考电极定律的数学表达式。表明参考电极 C 与各种电极配对时的总热电动势为两电极 A，B 配对后的电势之差。利用该定律可大大简化热电偶的选配工作，只要已知有关电极和标准电极配对的热电动势，即可求出任何两种热电极配对的热电势而不需要测定。

例　已知

$$E_{AC}(1084.5,0)=13.967\ \text{mV}$$

$$E_{BC}(1084.5,0)=8.354\ \text{mV}$$

则

$$E_{AB}(1084.5,0)=13.967\ \text{mV}-8.354\ \text{mV}=5.613\ \text{mV}$$

6.2　热电偶结构及分类

6.2.1　热电偶结构

1. 普通热电偶

工业上常用的普通热电偶的结构由热电偶丝、绝缘套管、保护套管以及接线盒等部分组成，如图 6.5 所示。

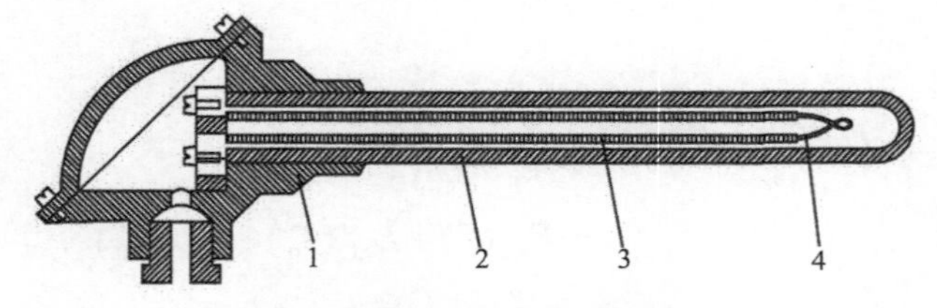

图 6.5　普通热电偶结构示意

1-接线盒；2-保险套管；3-绝缘套管；4-热电偶丝

热电偶主要用于测量气体、蒸气和液体等介质的温度。这类热电偶已做成标准型式，可根据测温范围和环境条件来选择合适的热电极材料和保护套管。

2. 铠装热电偶

图6.6为铠装热电偶的结构示意图，根据测量端的型式，可分为碰底型(a)、不碰底型(b)、露头型(c)、帽型(d)等。铠装（又称缆式）热电偶的主要特点是：动态响应快，测量端热容量小，挠性好，强度高，种类多（可制成双芯、单芯和四芯等）。

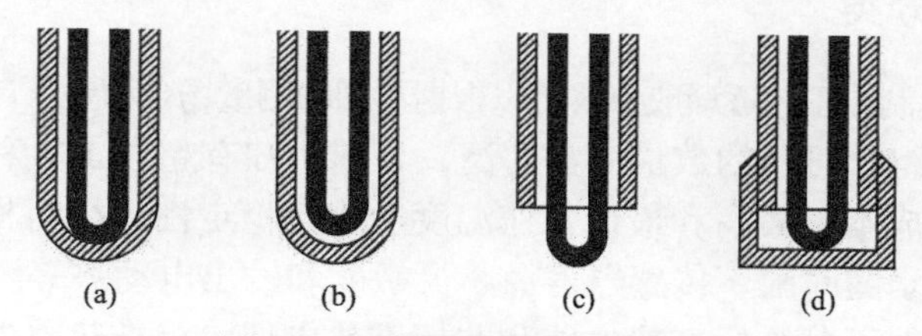

图6.6　铠装热电偶结构示意图

3. 薄膜热电偶

薄膜热电偶的结构可分为片状、针状等，图6.7为片状薄膜热电偶结构示意图。薄膜热电偶的主要特点是：热容量小，动态响应快，适宜测量微小面积和瞬时变化的温度。

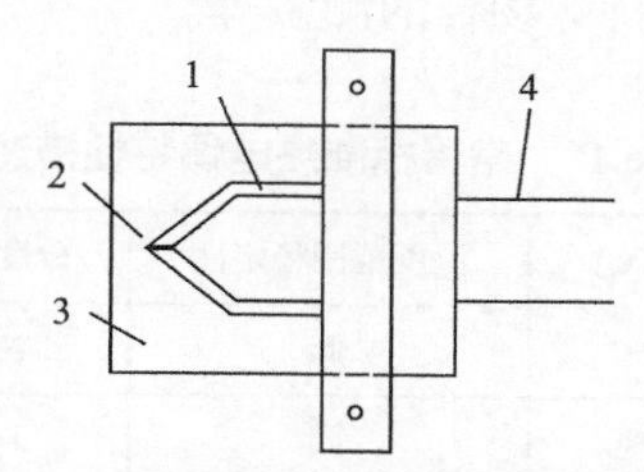

图6.7　片状薄膜热电偶结构示意图

1-热电极；2-热接点；3-绝缘基板；4-引出线

4. 表面热电偶

表面热电偶有永久性安装和非永久性安装两种。这种热电偶主要用来测量金属块、炉壁、橡胶筒、涡轮叶片、轧辊等固体的表面温度。

5. 浸入式热电偶

浸入式热电偶主要用来测量钢水、铜水、铝水以及熔融合金的温度。浸入式热电偶的主要特点是可以直接插入液态金属中进行测量。

6. 特殊热电偶

例如测量火箭固态推进剂燃烧波温度分布、燃烧表面温度及温度梯度的一次性热电偶；测量火炮内壁温度的针状热电偶等。

7. 热电堆

它由多对热电偶串联而成，其热电势与被测对象的温度的四次方成正比。这种薄膜热电堆常制成星形及梳形结构，用于辐射温度计进行非接触式测温。

6.2.2 热电偶分类

现如今热电偶制作工艺逐渐成熟，可以根据不同的测量场合和要求自由选择热电偶。

热电偶材料组合可用的数量非常广泛，目前所知有超过 150 种组合，热电偶选择的标准包括成本、最高和最低工作温度、化学稳定性、材料相容性、大气保护、机械限制、暴露时限、传感器寿命、灵敏度和输出电动势等。

常用的热电偶可分为标准热电偶和非标准热电偶。标准热电偶指国家标准规定了其热电势与温度的关系、允许误差并有统一的标准分度表的热电偶，我国统一参照国际给出的七种型号（S、B、E、K、R、J、T）标准型热电偶，标准热电偶具有与其配套的显示仪表可供选用，市场上热电偶的生产和设计也统一按此规范来定义，表 6.1 中给出了各种常用标准热电偶的描述。而非标准热电偶是指不满足标准热电偶条件的热电偶，在使用范围或数量级上均不及标准热电偶，没有统一分度表，主要用于某些特殊场合的测量等。

表 6.1　常用标准热电偶特性描述

温度范围(°C)	输出热电势(pV/°C)	湿度范围稳定性	分度值及误差	名称
−262～850	15/(−200～350)°C	低	T ±0.75%	铜-铜镍合金
−196～700	26/(−190～800)°C	低	J ±0.75%	铁-铜镍合金
−268～800	68/100°C	低～中	E ±0.75%	镍铬-铜镍合金
	81/500°C			
	7/900°C			
−250～1100	40/(250～1000)°C	低	K ±0.75%	镍铬-镍硅合金
	35/1300°C			
0～1250	37/1000°C	中～高	N ±0.75%	镍铬硅-镍硅合金
100～1750	5/1000°C	高	B ±0.25%	铂铑 30-铂铑 6
0～1500	6/(0～100)°C	高	S ±0.25%	铂铑 10-铂
0～1600	10/1000°C	高	R ±0.25%	铂铑 13-铂

1. 铜-铜镍（康铜）合金热电偶（T 型）

T 型热电偶是在低温状态下应用的热电偶，温度测量范围为−250～350°C，在高于400℃时铜会迅速氧化，因此需小心避免高导热率的铜电极所产生的问题。由于这种热电偶的一个引线是铜，所以不需要特殊补偿电缆。值得注意的是，用于与铜镍合金的热电偶铜的含量在35%～50%范围，每个合金的热电特性将根据合金化比例而有所不同。尽管用铜镍合金用于T、J和E型热电偶，但每种材料的实际情况却略有不同。T型热电偶灵敏度好，稳定性高，响应速度快，且价格低廉，偶丝具有良好的均匀性，可以作得很细长，复杂条件下可根据测量实际的需要任意弯曲，且机械强度高，耐压性能好，在工业测量中有很好的适用性。

2. 铁-铜镍合金热电偶（J型）

J型热电偶因其高的塞贝克系数和较低的价格很受欢迎。在氧化气体中连续运行的最高温度可达800℃，在0～550℃的还原气体中可以很好应用，但高于550℃会降解迅速。多用于耐氢气和一氧化碳气体腐蚀等的炼油及化工场合。

3. 镍铬-铜镍（康铜）合金热电偶（E型）

E型热电偶在−250～900℃提供高输出，它结合了K型和T型热电偶的优点，具有塞贝克系数大、灵敏度度好、导热系数低、耐腐蚀强等优点。

4. 镍铬-镍硅合金热电偶（K型）

K型是最常用的热电偶，专在氧化环境中使用。最大连续使用温度为1100℃，虽然800℃以上存在氧化引起的漂移和精度降低。值得注意的是，K型热电偶在300～600℃范围存在滞后不稳定现象，这可能会导致不同程度的误差。

5. 镍铬硅-镍硅合金（N型）

N型热电偶在最高1300℃高温下抗氧化能力强，热电动势的长期稳定性和短期热循环的复现性好，耐核辐射和耐低温性能也较好。由于改进了线性响应稳定性及热电动势与温度之间的转换算法有效解决了K型的不稳定性。N型热电偶的电压-温度曲线略低于K型热电偶。

6. 铂铑30-铂硅6（B型）

B型热电偶最高可连续使用在1600℃和间歇适用到1800℃。然而其热电动势存在局部最小值，具体表现在0～42℃存在双值模糊。它可在氧化和中性气体环境中长期使用，也可在真空中短期使用。

7. 铂铑10-铂（S型）

S热电偶物理化学性能稳定，测量精度高，常用于精密测量和作为基准温度计使用，在氧化或惰性气体环境中连续测温最高可达1400℃，短暂测量最高可达1650℃。

8. 铂铑 13-铂（R 型）

R 型热电偶类似的 S 型性能，但输出略高，稳定性提高。

6.3　测试电路及测试系统

6.3.1　测试电路

典型的热电偶的测试电路主要由热电偶、冷端温度补偿、前置放大器、模拟/数字（A/D）转换器等组成，如图 6.8 所示。A/D 转换器的作用是将模拟量转换成数字量。对于热电偶而言，由于测试电路的输出都是电压，所以模数转换器主要是进行电压-数字转换。

被测物体的温度会使热电偶产生热电动势，在经过冷端的温度补偿后，进入高精度前置放大器，放大后的信号再经过 A/D 转换，在微机和逻辑控制器作用下可以输出 LED 显示，同时和数码设定器所设定的信号相比较，从而实现报警和控制功能。

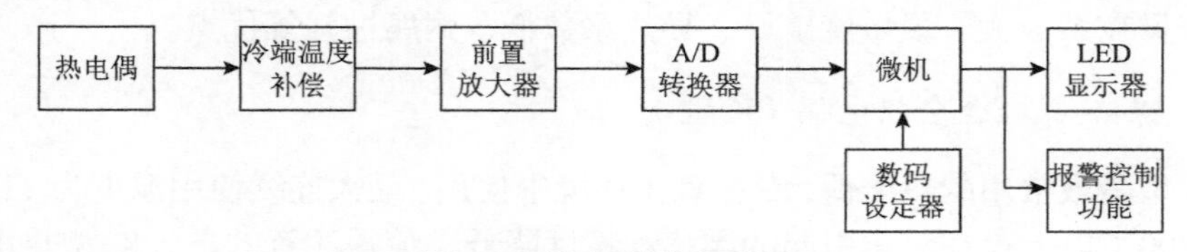

图 6.8　热电偶测试系统

6.3.2　热电偶的温度补偿

热电偶输出的电势是两结点温度差的函数。为了使输出的电势是被测温度的单一函数，一般将 T 作为被测温度端，T_0 作为固定冷端（参考温度端）。通常要求保持 T_0 为 0℃，但是在实际使用中要做到这一点比较困难，因而产生了热电偶冷端温度补偿问题。

1. 0℃恒温法

在实验室及精密测量中，在标准大气压下把参考端放入装满纯净冰水混合物的保温容器中，使参考端温度保持在 0℃，这种方法又称为冰浴法。

2. 补偿导线法

热电偶长度一般一米左右，在实际测量中需要通过补偿导线来将热电偶的冷端延长到温度相对稳定的地方，因为只有冷端温度恒定时，产生的热电势才是热端温度的单值函数。一般选用直径粗、导电系数大的材料制作延伸导线，以减少热电偶回路的电阻。图 6.9 为补偿导线法示意图。具体使用时，补偿导线型号应和热电偶材料相对应并且满足工作范围。

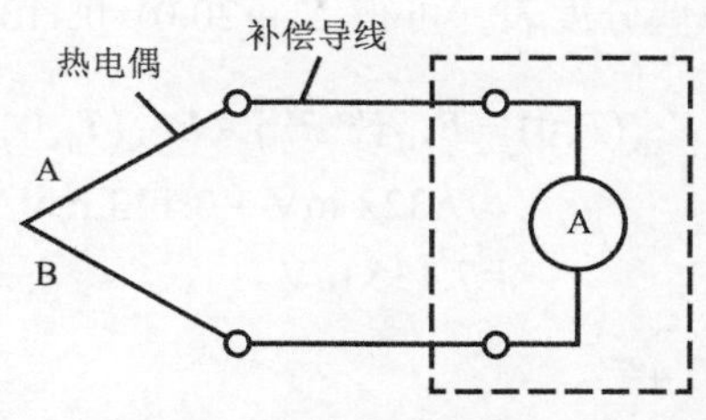

图 6.9　补偿导线法示意图

3. 补偿电桥法

该法利用不平衡电桥产生的电压来补偿热电偶参考端温度变化引起的电势变化。图 6.10 为补偿电桥法示意图，电桥四个臂与冷端处于同一温度，其中 $R_1=R_2=R_3$ 为锰铜线绕制的电阻，R_4 为铜导线绕制的补偿电阻，E 是电桥的电源，R 为限流电阻，阻值取决于热电偶材料。

使用时选择 R_4 的阻值使电桥保持平衡，电桥输出 $U_{ab}=0$。当冷端温度升高时，R_4 阻值随之增大，电桥失去平衡，U_{ab} 相应增大，此时热电偶电势 E_x 由于冷端温度升高而减小。若 U_{ab} 的增量等于热电偶电势 E_x 的减小量，回路总的电势 U_{AB} 的值就不会随热电偶冷端温度变化而变化，即：

$$U_{AB} = E_x + U_{ab} \tag{6.20}$$

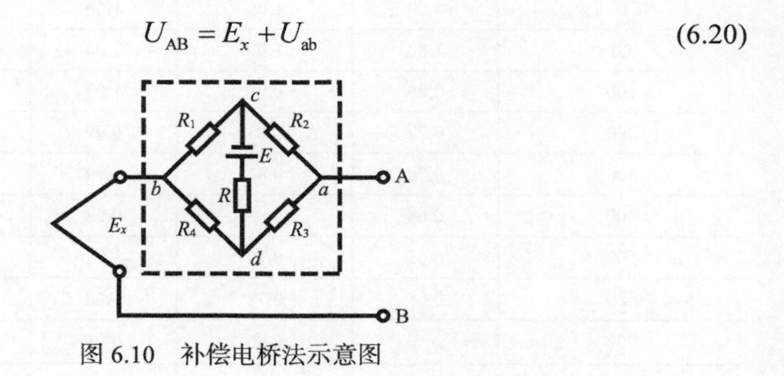

图 6.10　补偿电桥法示意图

4. 计算修正法

当热电偶冷端温度 $T_0\neq0$ 时，所测热电势还需要进行计算修正才能得到正确的热端温度。为此通过公式(6.21)可以计算。

$$E_{AB}(T,0) = E_{AB}\left(T,T_0\right) + E_{AB}\left(T_0,0\right) \tag{6.21}$$

例　利用铂铑-铂热电偶（S 型）测温时，设测量得到 T_0=20°C，$E_{AB}(T,T_0)$=7.322mV，求 T。

解　查 PtRh-Pt 热电偶分度表，可得 $E_{AB}(20,0)$=0.113 mV，有：

$$
\begin{aligned}
E_{AB}(T,0) &= E_{AB}(T,T_0) + E_{AB}(T_0,0) \\
&= 7.322\ \text{mV} + 0.113\ \text{mV} \\
&= 7.435\ \text{mV}
\end{aligned}
$$

反查分度表，可得 T=810.4℃。

5. 补正系数修正法

工程上为了计算方便同时也满足工程精度需求，常用补正系数修正法来实现补偿。设冷端温度为 t_n，此时测得温度为 t_1，其实际温度为：

$$t = t_1 + kt_n \tag{6.22}$$

式中，k 为补正系数（表 6.2）。

表 6.2　热电偶补正系数

工作端温度(℃)	热电偶种类				
	铜-康铜	镍铬-康铜	铁-康铜	镍铬-镍硅	铂铑-铂
0	1.00	1.00	1.00	1.00	1.00
20	1.00	1.00	1.00	1.00	1.00
100	0.86	0.90	1.00	1.00	0.82
200	0.77	0.83	0.99	1.00	0.72
300	0.70	0.81	0.99	0.98	0.69
400	0.68	0.83	0.98	0.98	0.66
500	0.65	0.79	1.02	1.00	0.63
600	0.65	0.78	1.00	0.96	0.62
700	—	0.80	0.91	1.00	0.60
800	—	0.80	0.82	1.00	0.59
900	—	—	0.84	1.00	0.56
1000	—	—	—	1.07	0.55
1100	—	—	—	1.11	0.53
1200	—	—	—	—	0.53
1300	—	—	—	—	0.52
1400	—	—	—	—	0.52

续表

工作端温度(℃)	热电偶种类				
	铜-康铜	镍铬-康铜	铁-康铜	镍铬-镍硅	铂铑-铂
1500	—	—	—	—	0.52
1600	—	—	—	—	0.52

例　用镍铬-康铜热电偶测得介质温度为 600℃，此时参考端温度为 30℃，则通过表 6.2 查 k 值为 0.78，所以介质的实际温度为

$$T=600℃+0.78\times30℃=623.4℃$$

6.3.3　热电偶的使用误差

1. 分度误差

热电偶的分度是指将热电偶置于给定温度下测定其热电势，以确定热电势与温度的对应关系。方法有标准分度表分度和单独分度两种。工业上常用的标准热电偶采用标准分度表分度，而对于一些特殊用途的非标准热电偶，则采用单独分度。这两种分度方法均有自己的分度误差。在使用时应注意热电偶的种类，以免引起不应有的误差。

标准分度表对同一型号热电偶的电势起统一作用，这对工业用标准热电偶和与其相配套的显示、记录仪表的生产和使用，都具有重要意义。以前我国工业上用铂铑 10-铂热电偶的分度表，1968 年实行国际实用温标后，我国工业用标准热电偶均采用新的分度表。在使用不同时期生产的标准热电偶时，应注意其分度号，以免混淆。

2. 仪器误差

工业上使用的标准热电偶，一般均与自动平衡式电子电位差计、动圈式仪表配套使用，仪表引入误差 δ 为：

$$\delta=\left(T_{\max}-T_{\min}\right)K \tag{6.23}$$

式中，$T_{\max}$，$T_{\min}$ 为仪表量程上、下限；K 为仪表的精度等级。

由式(6.23)求得的为仪表的基础误差，当其工作条件超出额定范围时还存在附加误差。为了减小仪表引入误差，应选用精度恰当的显示、记录仪表。

3. 延伸导线误差

这类误差有两种：一种是由延伸导线的热特性与配用的热电偶不一致引起

的；另一种是由延伸导线与热电偶参考端的两点温度不一致引起的。这种误差应尽量避免。

4. 动态误差

由于测温元件的质量和热惯性，用接触法测量快速变化的温度时，会产生一定的滞后，即指示的温度值始终跟不上被测介质温度的变化值，两者之间会产生一定的差值。这种测量瞬变温度时由于滞后而引起的误差称为动态误差。

动态误差的大小与热电偶的时间常数有关。减小热电偶直径可以改善动态响应、减小动态误差，但会带来制造困难、机械强度低、使用寿命短、安装工艺复杂等问题。较为实用的办法是：在热电偶测量系统中引入与热电偶传递函数倒数近似的 RC 或 RL 网络，实现动态误差实时修正。

5. 漏电误差

不少无机绝缘材料的绝缘电阻会随着温度升高而减小（例如 $Al_2O_3$3%-$SiO_2$65%材料在常温下电阻率为 1. 37×10^6 Ω•m，当温度上升到 1000℃和 1500℃时，电阻率下降到 1.08×10^2Ω•m）。因而随着温度升高（特别在高温）时，绝缘效果明显变坏，使热电势输出分流，造成漏电误差。一般均采用绝缘性能较好的材料来减少漏电误差。

6.4 热电偶测试技术在武器研究中的应用

在炸药爆炸过程中，爆热是直接评价炸药做功性能的重要参数。爆热测量一般通过标准量热弹来测试，其中热电偶测温在是其核心的测试参量。在弹药热刺激响应和武器热安全性研究方面，热电偶同样是一种主要的可靠测试方法，它优秀的快速热响应能力以及耐高温耐腐蚀的特性，能够准确测量温度，从而为炸药的燃烧特性以及安全性研究提供依据。因此，热电偶温度测量技术在武器弹药研究中应用十分广泛。

6.4.1 炸药慢速热刺激响应

炸药在热刺激下的响应特性通常采用小型炸药烤燃试验测量获得，测量得到的装药外部加热温度曲线和炸药内部确定位置的温度响应曲线，是检验数值模拟用炸药反应动力学模型参数合理性的依据。

小型炸药烤燃实验测试系统如图 6.11 所示，主要由炸药、壳体、端盖、热电偶、环形加热器和控温/记录系统组成。

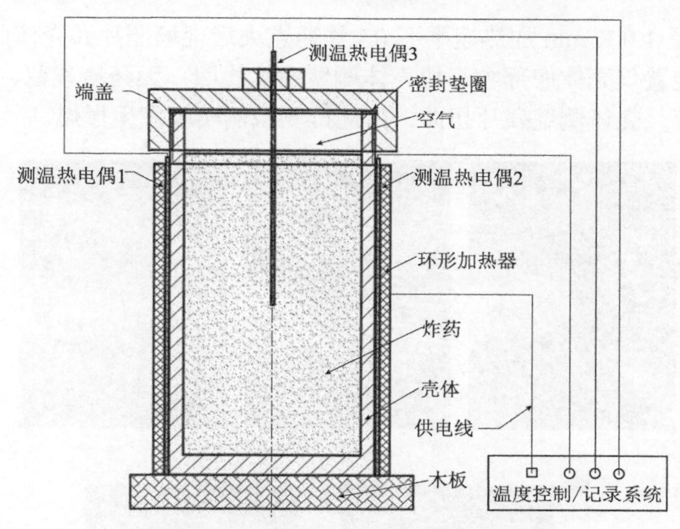

图 6.11　小型炸药烤燃实验测试系统

烤燃弹壳体是厚度为 4 mm 的钢壳，外径为 Φ58 mm、长为 106 mm，药柱直径为 Φ50 mm、长为 88 mm，装配后药柱上表面与端盖之间有 12 mm 的空气隙，用以缓解炸药反应后产生的高温高压对钢壳的压力，并防止炸药熔化后部分药液流出壳体。壳体外侧包裹环形加热器，实验设定加热速率分别为 1 K/min 和 1.5 K/min，加热器外部用岩棉包裹进行保温。实验时在烤燃弹内部中心位置放置了 1 根 K 型热电偶，测量炸药中心位置的温度变化，使用耐高温密封胶封住端盖上的热电偶通孔；在壳体与环形加热器间隙放置 2 根 K 型热电偶，分别用来控制加热速率、记录壳体外壁面的温度变化。

采用该试验测试系统，对 R3 炸药（由 DNAN、HMX、Al、Binder 组成）进行了 1.0 K/min、1.5 K/min 加热速率下的烤燃实验。图 6.12 为实验装置及装配示意图。使用高温密封胶对端盖与壳体螺纹连接处和端盖顶部热电偶小孔进行密封。实验设定先进行加热保温阶段，使炸药整体温度稳定在 30℃，保温 45 分钟，再进行匀速加热阶段，开始匀速加热阶段的时刻记为 0 时刻。

图 6.12　R3 炸药装置实物图（1.0 K/min）

图 6.13 是 1.0 K/min 加热速率下 R3 炸药点火后现场照片和壳体照片。从图中可以看出，装置仅壳体底部和小块壳体侧壁残片找回，无药渣残留，壳体底部均发生膨胀形变，壳体侧壁残片扭曲，由此推测该例实验发生爆燃。

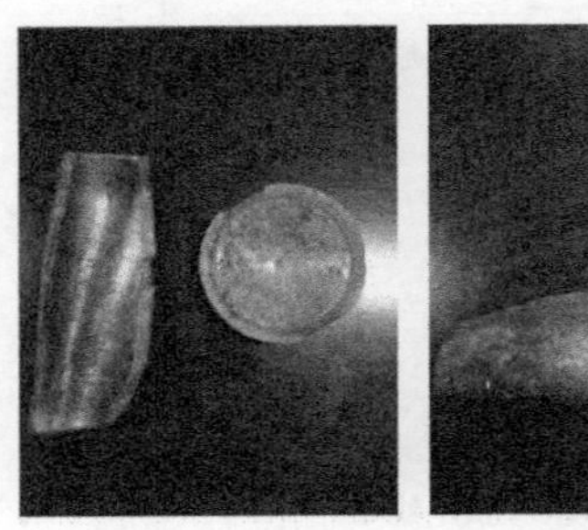

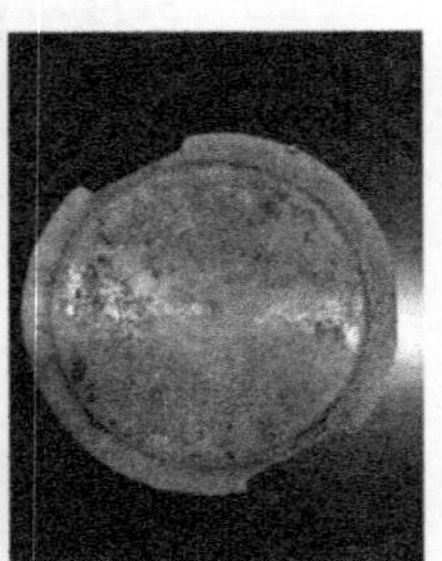

(a) 1.0 K/min加热速率

(b) 1.5 K/min加热速率

图 6.13　R3 炸药点火后残留壳体图片

图 6.14(a)为 R3 炸药中心和加热温度随时间变化曲线图。从图中可以看出，在加热开始前壳体与炸药的温度已经稳定保持在 30℃左右。加热初始阶段，炸药中心温度上升稳定。约 7629 s（2 小时 7 分 9 秒）时，上升趋势变缓，温度平台为 89℃左右，该阶段 DNAN 炸药开始吸热并发生熔化，之后，炸药中心温度短暂快速上升。约 9648 s（2 小时 24 分 8 秒）时，炸药中心温度有一次极速温度降低，随后立刻恢复正常，持续时长 4 s。约 11673 s（3 小时 14 分 33 秒）时，炸药中心温度再次出现缓慢平台，温度为 164℃左右，这是由于 HMX 炸药发生相变吸热导致。约 14853 s（4 小时 7 分 33 秒）时，炸药内部热量大量积累，热量的吸收与散失失衡，于是发生点火。点火时，炸药中心温度为 218.7℃。

图 6.14(b)为 1.5℃/min 加热速率下 R3 炸药中心和加热温度随时间变化曲线图。加热初始阶段，炸药中心温度上升稳定。约 6408 s（1 小时 46 分 48 秒）时，上升趋势变缓，温度平台为 89℃左右，该阶段 DNAN 炸药开始吸热并发生熔化，之后炸药中心温度短暂快速上升。约 9293 s（2 小时 34 分 53 秒）时，炸药中心

温度再次出现缓慢平台，温度为 165℃左右，这是由于 HMX 炸药发生相变吸热导致。约 11011 s（3 小时 3 分 31 秒）时，炸药内部热量大量积累，热量的吸收与散失失衡，于是发生点火。点火时，炸药中心温度为 202.3℃。

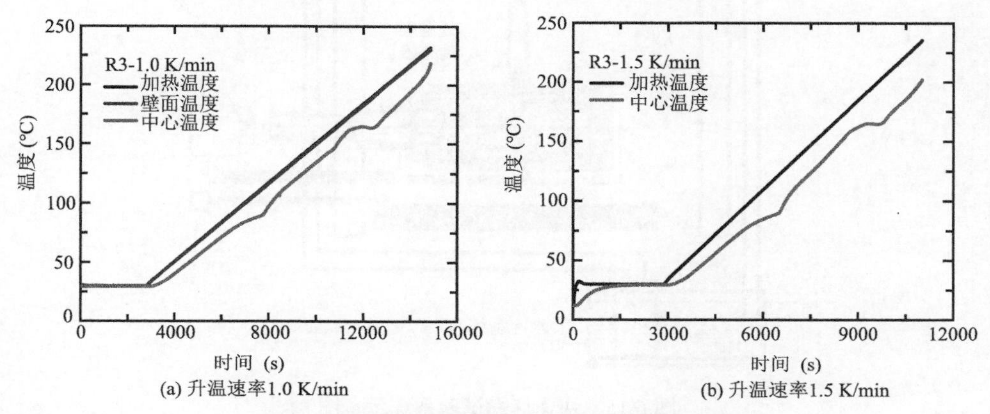

图 6.14　炸药壁面控温、测温和中心温升曲线

通过试验得到炸药内部中心位置的温度变化及炸药点火时间，观测炸药反应的剧烈程度，分析炸药热反应状态。随后可建立炸药烤燃实验三维计算模型，根据烤燃实验温度时间曲线，标定炸药反应动力学参数，对不同加热速率下炸药的烤燃过程进行数值模拟计算，并对炸药热安全性进行分析。

6.4.2　弹药隔热效应试验

弹药的隔热效应通常是通过火烧试验进行测试或检验。这里介绍对涂覆 HGN、GTXL-1 两种隔热材料的样件弹体进行快速烤燃试验，对比不同涂覆材料和不同涂覆厚度下弹体的反应时间和弹内炸药温度的上升情况，比较 HGN、GTXL-1 材料隔热能力的强弱，验证样件弹体能否满足快速烤燃试验考核要求。

1. 火烧试验系统布置

在高温烧蚀环境下，热电偶同样能够很好地发挥功能。在弹药进行快速烤燃试验时，采用耐高温热电偶对弹体外侧和内部温度进行监控，从而获得快速烤燃实验过程火焰温度和装药内部温度变化曲线，为隔热材料、炸药响应等模型参数的验证提供依据，也为弹药结构设计提供实验基础。

快速烤燃试验系统主要由烤燃系统、装药温度测量系统、火焰温度测量系统、监控录像系统构成，如图 6.15 所示。烤燃系统中，燃油池内填入足量燃烧 30 min 的航空煤油，装药弹体通过支架悬挂在燃油池上方，液面与装药弹体底部最低点的距离为 300 mm，支架接入水循环系统降温。实验装置实物图如图 6.16 所示。

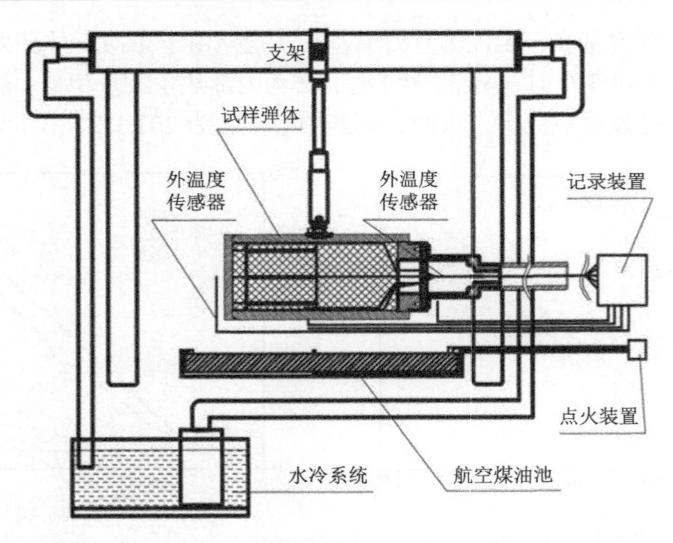

图 6.15　快速烤燃试验系统示意图

图 6.16　实验装置实物图

2. 测试系统

为了测量装药的温度变化和点火响应时间，需要在装药内部预埋热电偶。装药温度测量系统包含 4～5 支定制热电偶，选用 WRNKH-1031H-G-B500-S30000 型号 K 型热电偶，直径 1 mm，预埋在装药弹体内指定位置。热电偶尾部引线穿过装药弹体头部连接的保护管引出，通过保护管和包覆的岩棉获得防护。

火焰温度测量系统包含 4 支靠近装药弹体的定制热电偶，型号为 HCRKK-1016K600CS20M。热电偶由支架和岩棉定位安装在装药弹体外距尾部、侧面、上部壁面 50 mm 处。

所有热电偶引线与数据记录仪连接，数据记录仪为定制非标设备，可以实时显示并存储数据。系统中使用 FP93PID 调节器对热电偶信号进行处理，实现信号实时冷端补偿功能，直接输出补偿后温度数据，记录频率为 1 次/s。仪器显示面板用于实时显示测点处温度，设备存储的数据可以使用 U 盘导出至电脑做后处理与分析。

3. 试验设计

装药弹体取某不敏感弹药的一段，弹体由壳体、体接套、保护管、内外隔热涂层、装药组成。壳体材质为经过热处理的 35CrMnSiA 低合金超高强度钢。装药内部一共设置 5 个测温点，如图 6.17 所示。

为对比隔热材料的隔热性能，探索满足火烧条件 5 分钟不反应的隔热涂层结构，设计了 4 发不同隔热结构的试验弹。4 发试验弹隔热涂层的涂敷位置、材料及厚度等数据，见表 6.3。

表 6.3　试验内容

试验序号	隔热涂层材料与厚度				测试项目
	外涂层材料	涂层厚度	内涂层材料	涂层厚度	
1	—	—	HGN	0.90 mm	1）炸药温度 2）弹身周围区域的温度 3）从火焰包覆弹体到反应的时间
2	—	—	GXTL-1	1.33 mm	
3	HGN	1.00 mm	GXTL-1	1.32 mm	
4	HGN	0.87 mm	GXTL-1	0.78 mm	

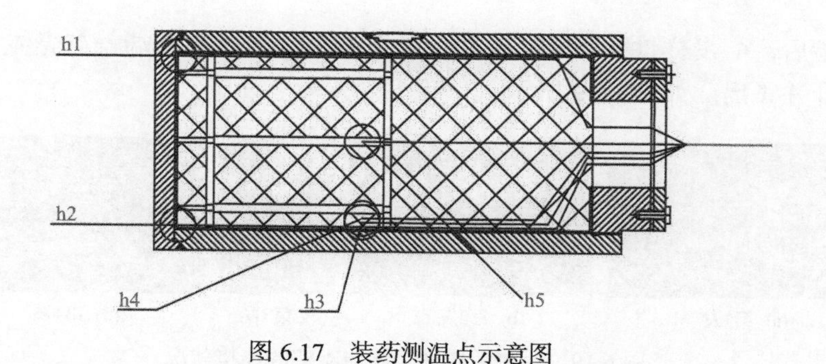

图 6.17　装药测温点示意图

4. 试验结果

参考 MII-STD-2105D、STANAG 4439 标准规定进行装药弹体快速烤燃实验，火焰温度在 30 s 内达到 550℃并且到达 550℃后的平均温度大于 800℃。

1）拍摄结果和试验现象

通过监控录像判定试验正常进行，各系统正常工作。从录像中看出点火后火焰立即包覆住试样弹体，4 发试验在发生反应时伴随着明显的声响、火焰喷发和突发气体膨胀现象，判读弹体发生明显反应的时间，第 1～4 发的反应时间分别为 150 s、195 s、325 s、288 s。

典型快速烤燃试验从点火到反应过程如图 6.18 所示。

(a) 点火前　(b) 点火瞬间　(c) 火焰包覆、持续燃烧　(d) 弹体装药反应瞬间

图 6.18　快速烤燃试验全过程（图示为第 4 发试验录像截图）

试验后，4 发样件弹体壳体无明显鼓胀变形；弹体底部端盖与壳体在焊接处分离断开并飞出。如图 6.19 所示。

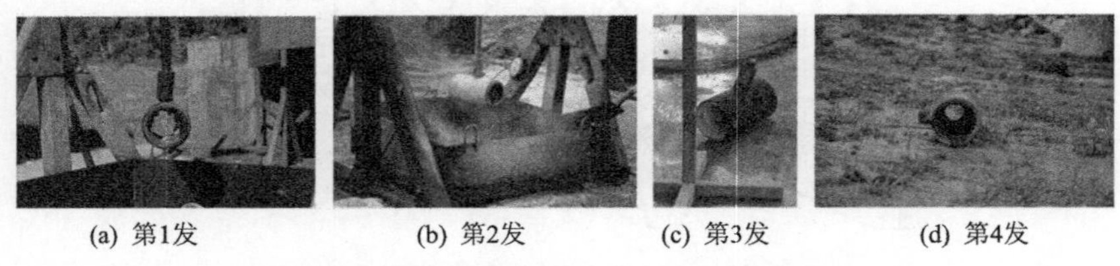

(a) 第1发　(b) 第2发　(c) 第3发　(d) 第4发

图 6.19　反应后样件弹体与支架的连接状况

在试验后，现场回收到残药大块残药，最大药块直径略小于弹身内径，如图 6.20 所示。

(a) 第1发残药

(b) 第3发残药

图 6.20　试验后现场大块残药

从残药状态可以判断，弹内炸药有相当一部分未参与反应，仅是外层最接近壳体部分的炸药发生反应，引起气体膨胀、试样弹体结构损毁。综合判定 4 发试验弹体反应等级皆为爆燃。

2）火焰区域和装药内部温度测量结果

试验中火焰区域和装药中温度测量的变化典型曲线如图 6.21 和图 6.22 所示。火焰温度随时间的变化可以分为两个阶段：第一个阶段为火焰快速成长阶段，在这个阶段中火焰近似线性升温；第二个阶段火焰温度升高速度变慢直至温度趋于稳定。

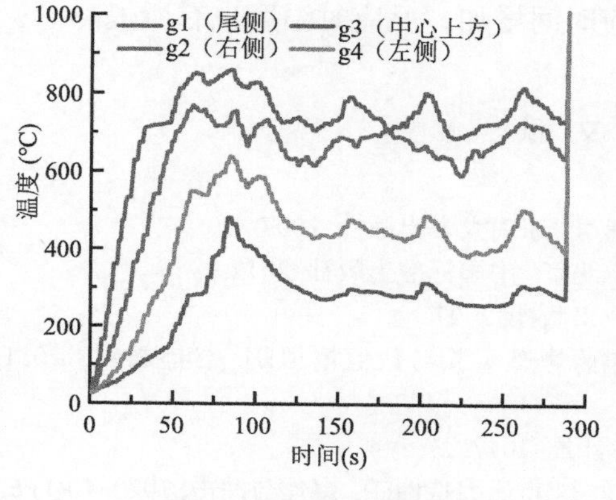

图 6.21　火焰区温度-时间曲线

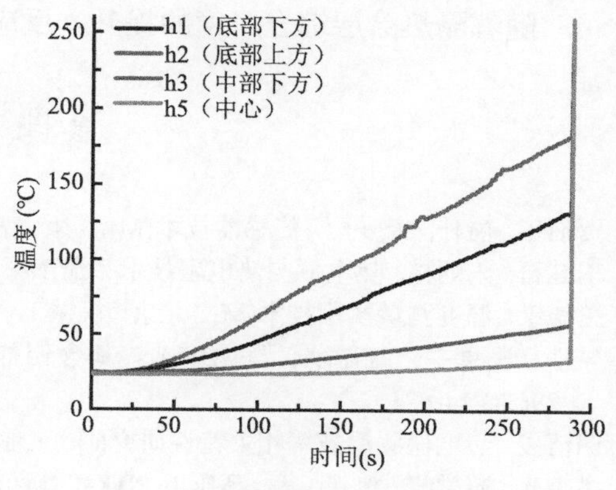

图 6.22　炸药内温度-时间曲线

对装药内部热电偶采集的数据可以看出，越接近壳体表面装药温度越高，越靠近弹体底部位置温度越高，装药中心位置温度最低。当反应发生时，热电偶断裂失效。同时由装药的温度曲线也可以看出，快速烤燃点火是从装药与弹体界面处附近开始的，装药中心温度变化不明显。第 1 发由于测试系统出现故障，未获到正常信号，其余 3 发试验点火反应时各测点温度统计如表 6.4 所示。

表 6.4　反应时各测点温度

序号	反应时间(s)	测点温度(°C)				
		h1	h2	h3	h4	h5
第 2 发	195	106	89	97	49	25
第 3 发	323	225	123	125	—	26
第 4 发	286	185	135	56	35	29

装药弹体快速烤燃反应时间定义为油池点火后火焰达到 550℃后直至装药点火响应时间，综合监控录像、火焰和装药温度曲线可以得到反应时间，如表 6.5 所示。

表 6.5　试验弹隔热涂层结构与反应时间汇总

序号	第 1 发	第 2 发	第 3 发	第 4 发
反应时间	150 s	135 s	305 s	218 s
内涂层	0.90mmHGN	1.33mmGXTL-1	1.32mmGXTL-1	0.78mmGXTL-1
外涂层	—	—	1mmHNG	0.87mmHGN

随着隔热涂层综合厚度的提升，反应时间增加，反应时温度也有所提高。

参 考 文 献

贾伯年，俞朴，宋爱国. 传感器技术[M]. 3 版. 南京：东南大学出版社, 2007.

王健石，朱炳林. 热电偶与热电阻技术手册[M]. 北京：中国标准出版社, 2012.

王魁汉. 温度测量实用技术[M]. 北京：机械工业出版社, 2007.

吴浩，段卓平，白孟璟，等. DNAN 基含铝炸药烤燃实验与数值模拟[J]. 含能材料，2021, 29(5):414-421.

谢清俊. 热电偶测温技术相关特性研究[J]. 工业计量, 2017, 27(5):4.

姚奎光，赵学峰，樊星，等. 高压下 PBX-1 炸药的燃速-压力特性[J]. 爆炸与冲击, 2020, 40(1):6.

第7章　现代数字存储测试技术

现代数字存储测试技术是近年来发展起来的一项新技术。存储测试系统是为完成测试目的而设计的物理系统，是指在对被测对象无影响或影响在允许范围内的条件下，在被测体内置入微型数据采集与存储测试仪，现场实时完成信息的快速采集与记录，事后回收记录仪，由计算机处理和再现测试信息的一种动态测试技术。现代数字存储测试技术可广泛应用于高温、高压、强冲击振动、高过载等恶劣环境下的各种物理量的测试，具有其他测试技术无法比拟的显著优势。

这里重点介绍近几年快速发展的数字存储压力测试技术、弹载过载测试技术及其典型应用实例。

7.1　数字存储压力测试技术

随着科学技术的发展，爆炸与冲击过程的各种压力测试技术已趋于成熟，但现有的这些压力测试技术大都局限于静爆测试。随着武器弹药性能考核指标的实战化评估要求，动态打靶条件下的威力参数测量已经提上了议事日程，传统的有线测试系统已经不能满足动态威力测试的要求。

在测量弹药爆炸的空气冲击波峰值超压时，采用常规有线测试系统来测量运动战斗部爆炸冲击波压力场，在方案设计和技术实现上有相当多的困难：由于炮弹落点的不确定性，测试系统同步触发方案设计困难，同步触发很难实现；其次由于炮弹落点的不确定性，冲击波对某测点的作用大小是随机的，在量程选择上存在着困难；另一方面，常规有线测试系统野外大规模、大范围测量，现场线路布设工作量大，干扰问题突出。所以，对于上述的测量问题，近年来发展了一种新颖的冲击波压力场测试存储仪器——数字存储压力记录仪。这种圆柱形仪器埋入地下，可以对所处位置的空气冲击波进行独立的精确测量，而不需要任何辅助工具。此外，在爆炸区域还可以把多个仪器用同轴电缆连接成方阵形式，进行多方位同步测量，不仅可以得到多点的空气冲击波压力历史，还可以得到冲击波到达各测点的时间数据，为弹药的爆炸威力评估提供更多有效测量数据，极大地提升了系统的使用价值。

7.1.1　数字存储压力记录仪

1. 数字存储压力记录仪组成及工作原理

DPR 数字压力记录仪（简称 DPR）中包含有 1 个壁面压力传感器（QH 型或 PCB 112A05）、1 个高输入阻抗电压放大器、1 个运算放大器、1 个 A/D 变换器、1 个采集存储器和 1 个 CPU 处理器，还包含操作面板、信号传输电路、供电电路、触发电路和不锈钢抗爆壳体等。DPR 的系统配置如图 7.1 所示。

图 7.1 系统结构图显示了整个系统的工作流程。首先由压电传感器把空气压力场的压力值转化为电压信号，此电压信号经过高输入阻抗电压运放变成电压信号，然后运算放大器对电压信号进行电压放大，放大后信号再分别经过模数转变及存储，送到系统的主控芯片 FPGA 和 CPU，由主控芯片对信号进行实时检测，一旦有符合预定条件的信号，仪器自动把数据进行存储，并停止采样（其中采样信号的触发电平、触发方式、触发相位及采样速率都可以在采样前通过 PC 机对仪器进行设定）。采集后可通过 USB 传输方式把 PC 机和仪器相连，读取采集到的数据。

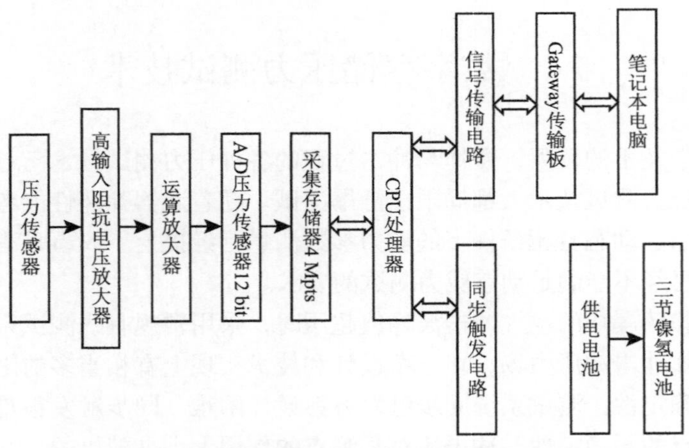

图 7.1　DPR 数字压力记录仪的系统组成

在由中枢控制系统 FPGA 和 CPU 组成的系统中，由 FPGA 来控制对 SRAM 的访问，即 CPU 必须通过 FPGA 来访问 SRAM。触发信号由 FPGA 来生成，FPGA 在为 A/D 和 SRAM 传递数据的同时，对数据进行监测，发现满足触发条件时，生成触发信号；同时还要对来自其他设备的触发信号进行监测，若可以触发，则设置本设备的触发信号（对于来自数据和外部的触发条件，FPGA 要进行滤波，防止噪声引起的误触发）。FPGA 和 CPU 的 PWM 来生成 A/D 的采样时序，并同时生成对 SRAM 的 DMA 操作的地址信号和控制信号。

因为系统是测量爆炸冲击波压力场的，其运用场所多在野外，仪器上端的操作面板可以很方便地在野外对仪器进行开启、复位等工作。系统的供电电源是 3 节可充电的镍氢电池或 5 号电池，所以各芯片的电源端都是由供电电路提供。下面介绍典型型号 DPRB 的技术参数和特点。图 7.2 是 DPRB 结构示意图。

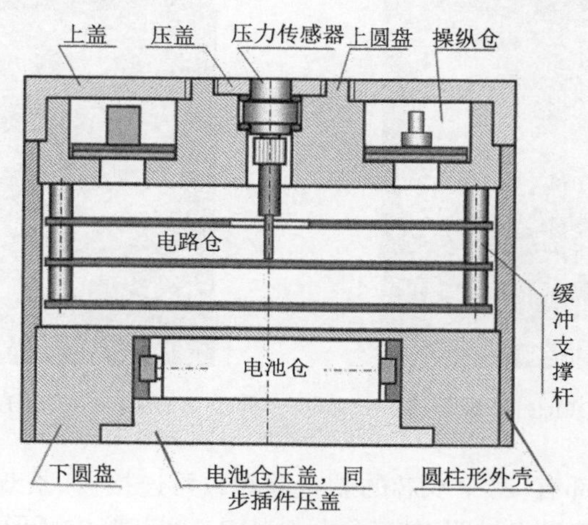

图 7.2　DPRB 结构示意图

2. DPRB 数字压力记录仪主要性能

(1) 内置 QH 型壁面压力传感器数	1
(2) 名义压力量程	2.5 MPa
(3) 压力分辨率	0.5～5 kPa
(4) 垂直分辨率	12 bit
(5) 采样速率	1 MS/s /2MS/s
(6) 记录长度	4 Mpts
(7) 采样和记录通道数	1
(8) 基线电平	最大值的 1/10
(9) 触发方式	内、外、内和外
(10) 触发位置	1/32、1/16 或 1/8 等
(11) 电源	3 节 5 号电池
(12) 开机后待机时间	0.1～12 h
(13) 工作温度	–30～+70℃
(14) 记录信号传输接口	USB
(15) 传输速率	200 kB/s
(16) 外形尺寸	直径 110 mm，高 110 mm

(17) 质量　　<3 kg

(18) 附件：每台 DPRB 数字压力记录仪配置 1 条 10 m 长的专用外触发电缆；DPRB 数字压力记录仪的设置软件和信号传输软件。

图 7.3　DPRB 外观

图 7.4　DPRB 操作面板

DPRB 的圆柱部有 2 个双芯的航空插座，可连接 2 条双芯的同步触发电缆（SEYV-115）。一个 DPRB 方阵中有多台 DPRB，可连接成环形触发电路，如图 7.5 所示，图中的环形触发电路由 48 台 DPRB 组成。外触发电缆选用双芯电缆是为了实现差动输入、输出方式，提高触发电路的抗干扰能力，确保全系统触发的可靠性。

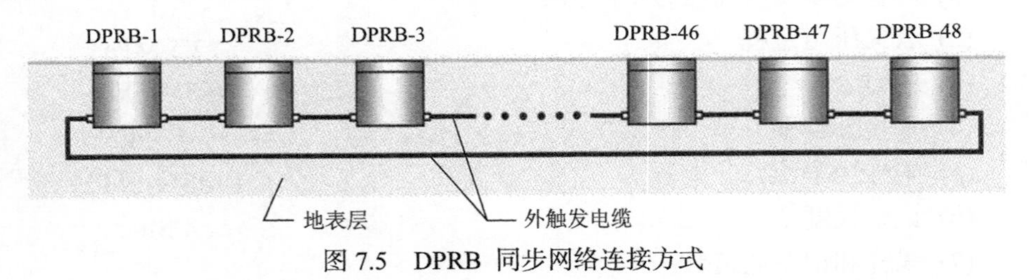

图 7.5　DPRB 同步网络连接方式

3. 技术特色

(1) 低温度漂移的 QH 型压电压力传感器使 DPRB 具有较高的温度稳定性；升级产品 DPR10 采用了进口壁面压力传感器，显著提高了 DPRB 的温度稳定性及测试精度。

(2) 记录长度可达到 4 Mpts。当采样速率为 500 kS/s 时，总记录时间为 8 s。

(3) 供电方式：为适应低温条件下运行 DPR 的需要，DPR10 数字压力记录仪采用 3 节镍氢电池供电，并且电池盒中镍氢电池可装卸，镍氢电池可用市售充电器充电，方便快捷。

(4) 埋设地面独立使用，不需要其他辅助设施，可得到地面冲击波超压时间曲线。

(5) 组网使用，各测点具有统一的零时，同时可获得冲击波传播位置时间信息，方便超压场数据重构。

(6) 可适应低温零下 25℃的野外环境测试。

(7) DPRB 可进入两种工作状态：①当进入调试状态时，等待 2～3 s 后系统进入待触发状态，方便系统调试；②当进入正常测量状态时，系统首先进入低功耗的休眠状态，等待时间 5～120 min 可设定，之后系统进入待触发状态；当系统进入低功耗的休眠状态，压力传感器敏感部分受到意外压力扰动作用时，DPRB 不会触发，这个功能特别适合野外恶劣环境大规模试验和多单位交叉作业。

图 7.6　场地布置示意图

4. DPR 整体标定方法

为标定 DPR 的灵敏度系数，采用北京理工大学设计的落锤油缸式加载系统，利用瑞典奇石乐（Kistler）公司的 6213B 型标准壁面压力传感器为参考，如图 7.7 所示。对比两者的压力波形，确定 DPR 的灵敏度系数。DPR10 动态标定系统如图 7.8 所示。

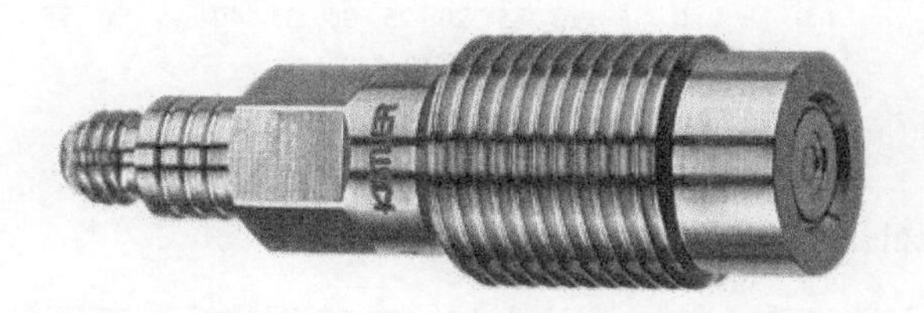

图 7.7　Kistler 6213B 型标准壁面压力传感器

实验数据包括 DPR10 编号，标准传感器压力值，DPR10 系统测得的压力峰值以及标准值与测量值之间的相对误差：

$$相对误差=\frac{标准传感器压力值-DPR10系统测得的压力值}{标准传感器压力值}\times 100\% \tag{7.1}$$

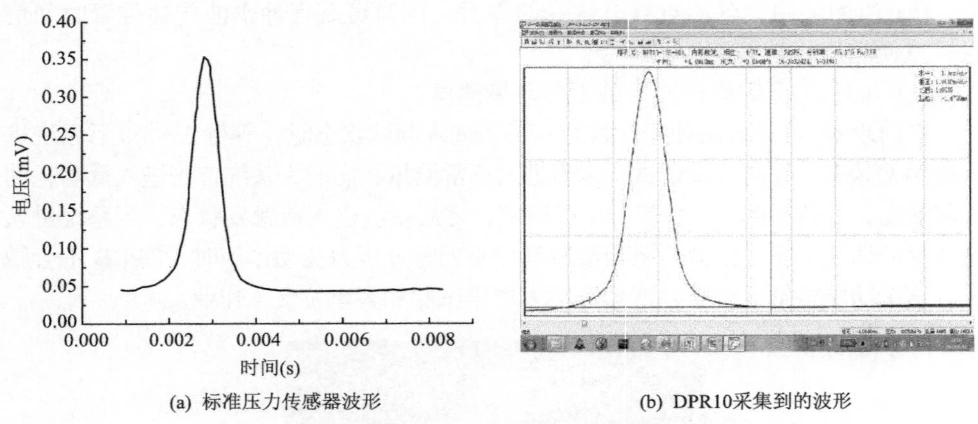

(a) 标准压力传感器波形　　(b) DPR10采集到的波形

图 7.8　DPR10 动态标定典型波形

各产品误差统计如图 7.9 所示，DPR10 系统所采集的数据与标准压力传感器所测得的数据之间误差在 5%以内。

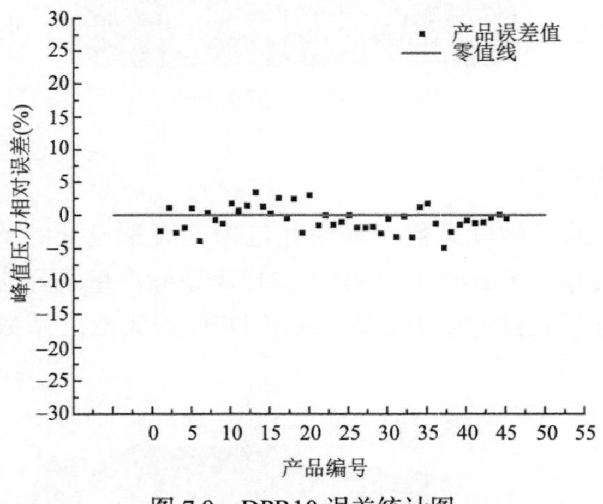

图 7.9　DPR10 误差统计图

5. DPR 爆炸测试检验

应用数字压力记录仪（DPR）测量 1 kg TNT 爆炸后，不同位置处空气冲击波在地面、壁面上的扫射压力或反射压力历史，为数字压力记录仪所测得的数据的一致性评价提供依据。

使用时，数字压力记录仪需放入专用埋设罐体，安装在预先挖好的坑内，数字压力记录仪的工作表面、埋设罐体的上表面和地表面应当设置在同一平面上，以防止冲击波掠过传感器的工作表面时产生的不规则绕流的影响，如图 7.10 所示。

图 7.10　数字压力记录仪

测量值与计算值的相对误差 δ_1 为：

$$\delta_1=\frac{|测量值-计算值|}{计算值}\times 100\% \tag{7.2}$$

第一组数据（测量值 1）与第二组数据（测量值 2）之间的相对误差 δ_2 为：

$$\delta_1=\frac{|测量值1-测量值2|}{平均值}\times 100\% \tag{7.3}$$

炸药离地面 1.4 m 高，在距爆心地面投影半径为 3 m 以内的区域布置了数字压力记录仪，试验场地布置示意图如图 7.11 所示。测试点总数为 4 个，以爆点为圆心，在 2 m 和 3 m 半径上分别布置两个数字压力记录仪，编号为 1～4。

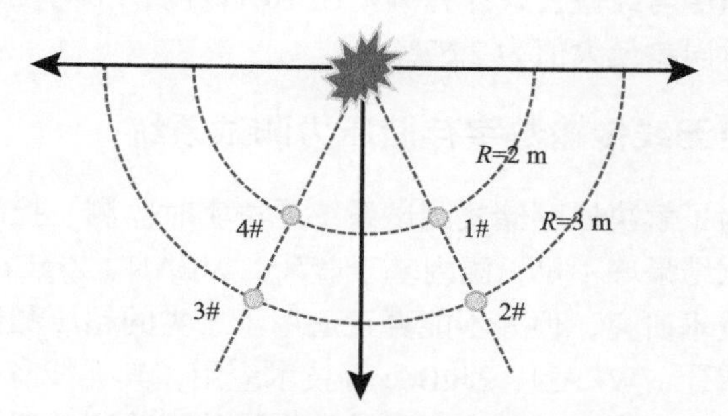

图 7.11　试验场地布置示意图

共进行两发 1 kg TNT 装药的爆炸试验，图 7.12 为典型的冲击波波形曲线，冲击波超压峰值实测与计算结果对比如图 7.13 所示。

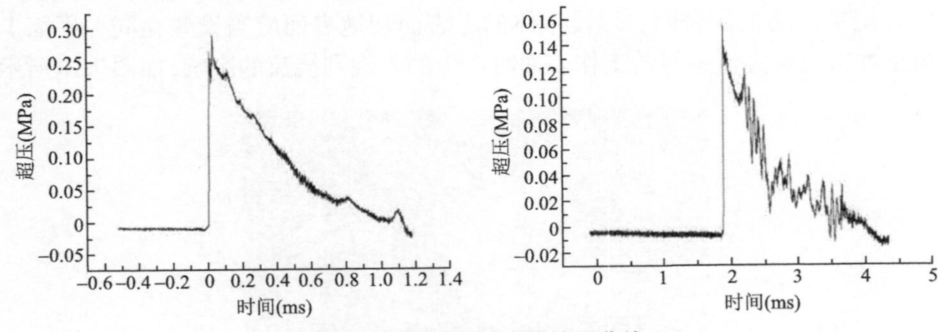

图 7.12　典型的冲击波波形曲线

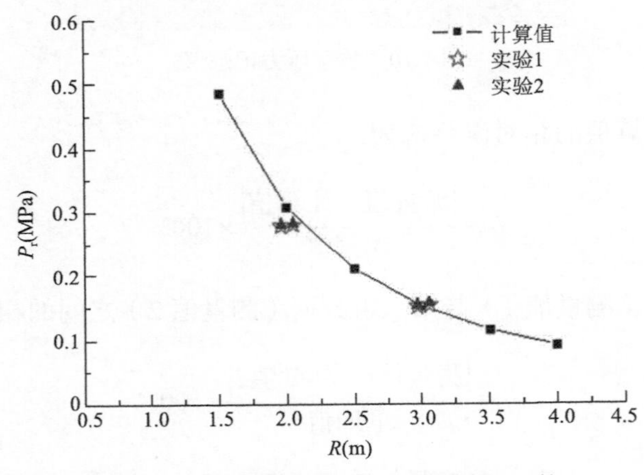

图 7.13　各个测点计算值与测量值的比较

通过对 1 kg TNT 爆炸产生的冲击波超压的测试，检验 DPR 的综合性能。测量的冲击波峰值超压与经验公式计算偏差在 10%以内，相同位置峰值超压两次测量结果之间的相对误差最大值为 2.67%。

7.1.2　远程监控无线传输数字存储压力测试系统

近些年来，为了解决原存储式测试系统无法实时监测、控制系统状态，不能第一时间获取测试结果等不足，国内基于蓝牙、WLAN、ZigBee 等通信技术开展了无线存储测试技术研究，但并不能真正适用于恶劣的超压测试环境和长距离数据传输。比如，蓝牙、WLAN、ZigBee 等技术应用，其无线有效距离均在 200 m 以内，无法满足大型试验尤其是大当量动静爆野外试验测试现场对无线距离的应用要求；现有研究中，测试终端的天线大都独立竖直固定于测试点附近，在恶劣的试验环境中，极易被破片或冲击波损坏，从而丧失传输功能。

为解决上述问题，北京理工大学在数字存储压力记录仪系统的基础上，开发了一套野外动/静爆试验适用的远程监控无线传输数字存储压力测试系统（简称无线数字存储压力测试系统），采用无线专网通信与分布式超压存储测试方法，实现系统无线配置和监控、大范围动态爆炸场冲击波超压测试、数据无线传输等。

1. 系统工作原理及组成

无线数字存储压力测试系统主要由分布式超压测试分系统和便携监控分系统组成，如图 7.14 所示。分布式超压测试分系统（核心为数字压力记录仪）完成超压信号的采集、存储后，通过专网通信模块实现指令和数据的收发功能，便携监控分系统通过基站天线与分布式超压测试分系统通信，实现指令传达、状态监控、参数设置和数据传输等功能。

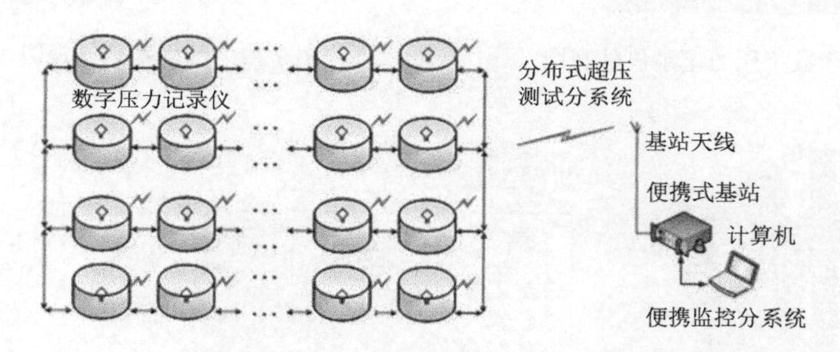

图 7.14　无线数字存储压力测试系统工作原理

分布式超压测试分系统主要由数字压力记录仪、同步电缆、配置管理计算机及管理软件组成；便携监控分系统由便携式基站（含天线）系统、便携计算机及管理软件组成。无线数字存储压力测试系统组成框图如图 7.15 所示。

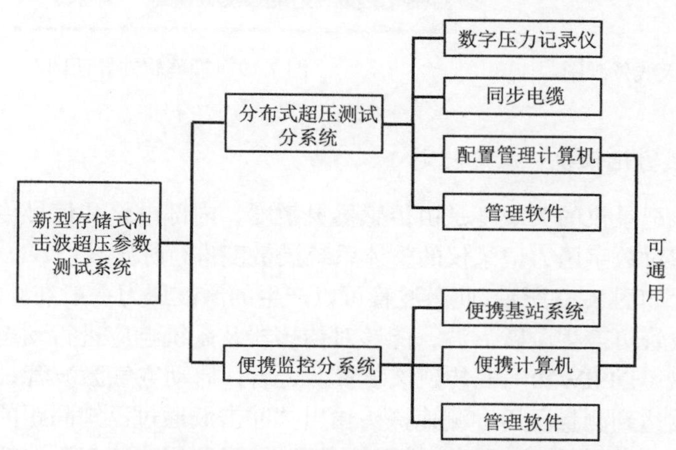

图 7.15　无线数字存储压力测试系统组成框图

系统中重要组件的外观图如图 7.16 至图 7.18 所示。其中图 7.16 为数字压力记录仪（DPRW20）的外观图，图 7.17 是 4G 基站外观图，图 7.18 是天线外观图，图 7.19 是管理软件界面图。

图 7.16　数字压力记录仪外观图

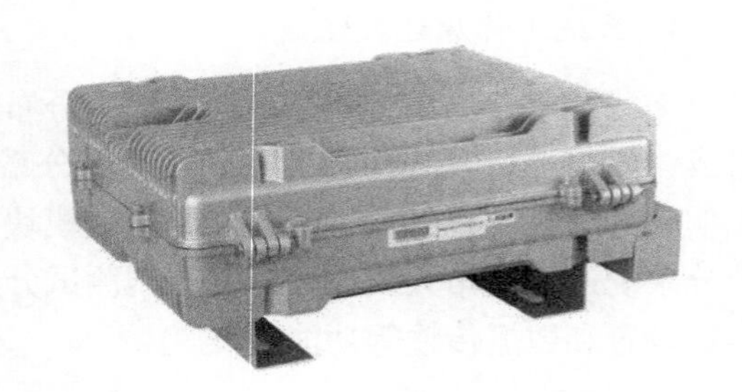

图 7.17　便携基站外观图

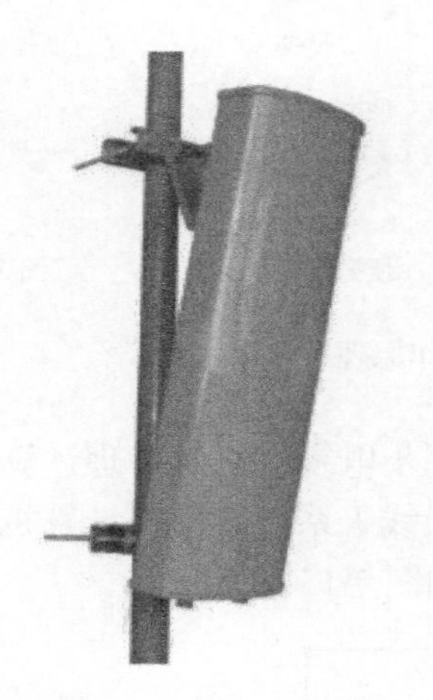

图 7.18　天线外观图

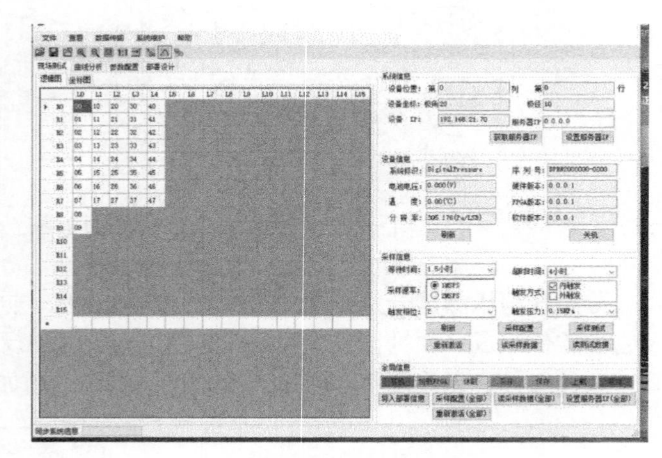

图 7.19　管理软件界面图

2. 数字压力记录仪灵敏度标定

数字压力记录仪的灵敏度是由传感器灵敏度、内部电路和信号传输线共同决定的，所以需对数字压力记录仪的整体系统灵敏度进行标定。

试验装置如图 7.20 所示，此激波管可以产生的激波压力一般在 0.2 MPa 以内。应用空气激波管可产生阶跃方波，能够对传感器及系统响应进行动态标定。当数字压力记录仪（DPRW20）安装到该装置上之后，启动空气激波管；当空气激波管中的冲击波达到测量段后，测速探头输出“冲击波通过已知间距的时间间隔信号”，数字压力记录仪输出“压力模拟信号”；然后利用波速与激波超压关系的经验公式和数字压力记录仪的相关参数计算出数字压力记录仪的灵敏度。

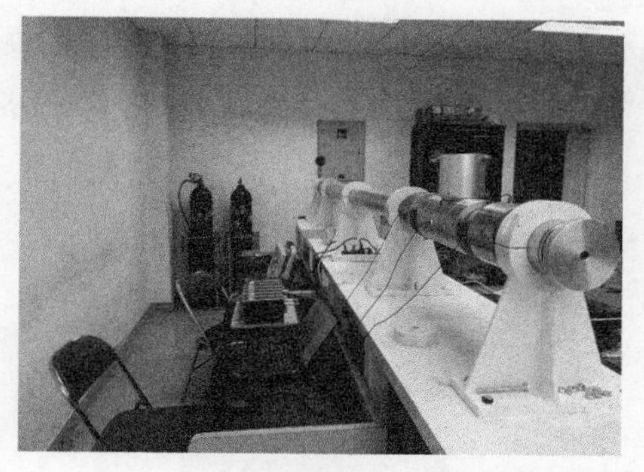

图 7.20　激波管标定系统实物图

空气波速与激波超压关系的经验公式如下：

$$\Delta P=\frac{7}{6}(M^2-1)P_0 \tag{7.4}$$

式中，ΔP 为冲击波超压，Pa；P_0 为低压室大气压强，Pa；M 为激波波速马赫数。

激波管标定实验中，数字压力记录仪输出的典型波形如图 7.21 所示。

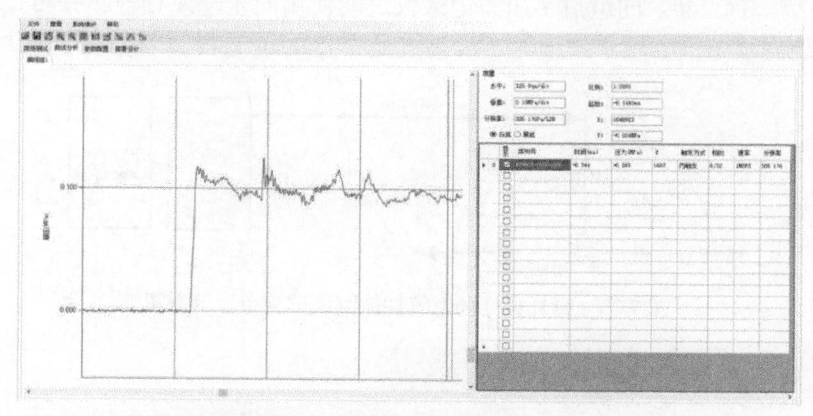

图 7.21　激波管标定实验中数字压力记录仪输出的典型波形（局部放大）

3. 野外爆炸场系统性能测试

无线数字存储压力测试系统主要用于野外爆炸威力测试，爆炸场系统性能测试包括数字压力记录仪的布设、便携式基站搭建布设、部署文件设置、测试系统远程功能检测、爆炸试验实施、数据远程提取、毁伤情况检测等步骤。

1）现场布置

选取条件满足便携式基站与爆炸试验场地之间地势平坦，无明显地形阻碍，确保便携式基站发送频率与设备接收频率不受干扰且无线通信距离≥1 km。

布置便携式基站和基站天线，使用网线连接计算机与便携式基站，使用馈线连接便携式基站与基站天线，基站天线高度 3 m，基站天线面向数字压力记录仪布设场地。

图 7.22　便携式监控分系统搭建图

如图 7.23 所示，四台数字压力记录仪分别置于距爆心地面投影圆心半径约为 2 m 和 3 m 处，组成两组测试网络，两组测试网络夹角约为 90°，对应测点编号为 1#、2#、3#、4#。同组数字压力记录仪之间使用同步电缆相连，分布式超压测试分系统完成布设。在距地面约 1 m 高度处布置 1 kg TNT 炸药。

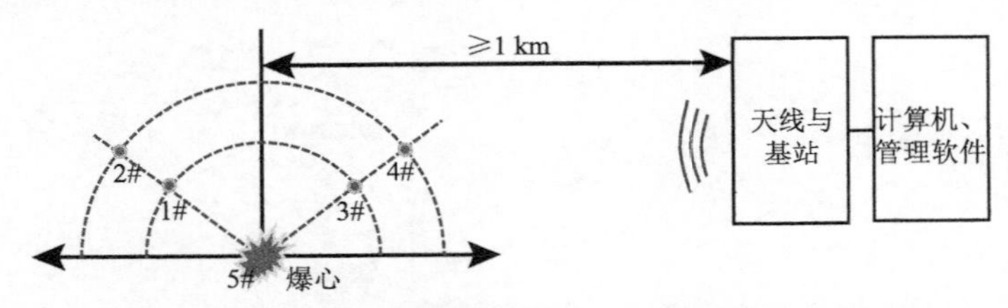

图 7.23　野外爆炸场系统性能测试试验布置示意图

图 7.24　爆炸试验现场图

2）部署文件设置

使用部署设计模块将位于 1#、2#、3#、4#点位上的 4 台数字压力记录仪进行部署设计，然后将部署文件导入现场测试模块，完成管理软件与节点设备的通信连接，搭建起有效的系统。

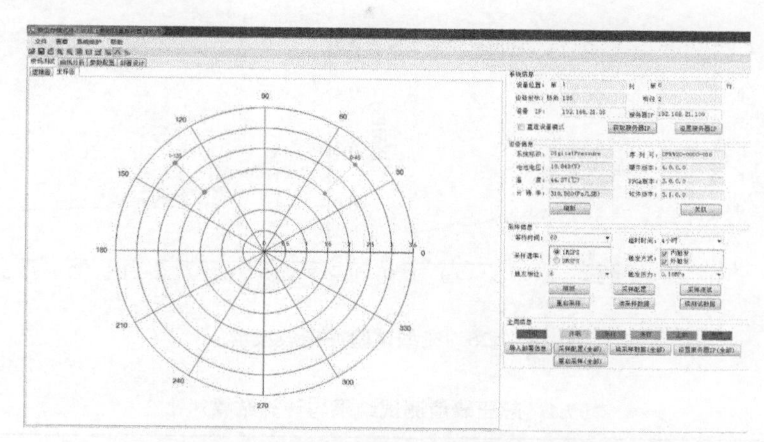

图 7.25　管理软件与节点设备的通信连接系统

3）测试系统远程功能检测

在启动和待触发状态之间有低功耗休眠功能，可远程进行唤醒或重新进入休眠状态；依次进行启动休眠、休眠唤醒、参数与模式设定、测试状态与电源容量检测、数据远程提取等功能。

4）数据远程提取

炸药爆炸后通过无线通信读数字压力记录仪中的数据，每一个测点数据有 4 M 个采样点，每个采样点 2 个字节，每个字节 8 bit，每个采样点 64 Mbit，4 个测点共 256 Mbit。记录数据的上传时间(s)，使用数据量除以相应上传时间即可得出数据无线传输速率；将计算机与单个节点设备通过数据线进行本地有线连接，读取测试数据，记录上传时间(s)，使用单个数据比特数（64 Mbit）除以上传时间(s)即可得出数据有线传输速率。

5）试验检测结果

2 发试验 1#、2#、3#、4#四台数字压力记录仪均记录到地面冲击波超压-时间曲线。图 7.26 是通过无线通信传输到计算中的数字压力记录仪典型冲击波波形。

试验现场实测得到的各台数字压力记录仪距爆心地面投影处的距离与读取的超压峰值等数据汇总见表 7.1。

将试验现场实测的超压峰值与计算值进行对比，如表 7.1 所示，超压峰值实测值与超压峰值计算值偏差在 10%以内。

通过计算得到 4 台数字压力记录仪在有线模式情况下数据读取时，上传速率为 44.723 Mbps。通过远程无线通信同时读取数字压力记录仪中的数据，平均无线传输速率为 1.73 Mbps。

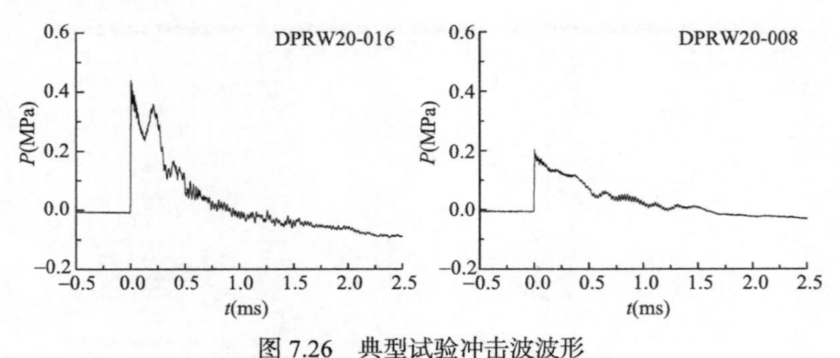

图 7.26 典型试验冲击波波形

表 7.1 超压峰值测试结果与计算结果对比

试验编号	药柱高度(m)	位置	距爆心地面投影距离(m)	超压峰值 P(MPa)		相对误差(%)
				测量	计算	
1	1.05	1#	1.956	0.400	0.395	+1.27
		2#	2.855	0.174	0.180	−3.33
		3#	1.895	0.447	0.422	+5.92
		4#	2.905	0.156	0.173	−9.83
2	0.95	1#	1.956	0.439	0.404	+8.66
		2#	2.855	0.192	0.180	+6.67
		3#	1.895	0.412	0.432	−4.63
		4#	2.905	0.188	0.174	+8.05

4. 无线数字存储压力测试系统总体技术参数

(1) 超压量程：≥2.5 MPa。

(2) 测试节点数量：数字存储测试仪数量不小于 24。

(3) 最大无线通信距离：≥1 km。

(4) 数据提取方式：①本地数据提取：本地有线数据接口，接口数据速率≥10 Mbps；②远程无线数据提取：上行接口数据速率≥1 Mbps。

(5) 远程监控：启动休眠、休眠唤醒、参数与模式设定、测试状态与电源容量检测、数据远程提取等。

(6) 无线通信数据安全性：具有军密接口，无线通信数据具有加密功能。

(7) 测试数据存储安全性：在测试完成后，断电和重复上电不影响已存储数据。

5. 系统技术特点

1）使用方法灵活

本测试系统主要支持以下三种工作模式：①当测试需要各节点数据有统一零时时，DPRW20 配合监控系统组网使用。批量组网布放 DPRW20，基于 4G 专网进行配置和监控，以有线同步触发方式完成超压场测试，同步误差≤1μs。测试完成后，由基站与各测试仪间通过专网通信方式实现多机并行批量提取数据。②当测试对各节点零时没有要求或要求不高时，DPRW20 配合监控系统独立使用。DPRW20 批量独立布放，独立内触发（阈值触发）。测试完成后，由基站与各测试仪间通过专网通信方式实现多机并行批量提取数据。③当测试工作没有无线监控与传输需求时，DPRW20 可独立或组网使用，完成超压场测试，通过本地数据接口对测试数据进行现场提取。

2）爆炸后远距离数据可靠通信

选用 4G 专网通信方式则解决了远距离数据传输问题，在大型试验场应用环境中具有明显的优势。另外，共形天线的设计在保证传输速率的基础上，大大地提高了终端天线的抗爆性能。

3）测试网络可快速重构

采用正交频分多址（OFDM 多址）通信方式，现场分布式节点与主控计算机可以直接连通，试验完成后，可以对各节点的存活情况进行快速收集，瞬间实现网络重构，不存在单一节点破坏后导致网络连接路径被破坏的情况。

4）可实现网络化的测试节点管理

基于正交频分多址专网通信的测试节点网络，可使节点长时间处于休眠状态，并定时上报工作状况，也可通过网络下达唤醒指令，快速恢复全速工作状态，从而实现节点的多态工况管理。

7.1.3　数字存储压力测试技术应用

1. 大型野外云爆战斗部爆炸空气冲击波测试

进行云爆战斗部静爆试验，考察云爆战斗部爆炸空气冲击超压衰减规律，与装填 B 炸药的战斗部比较，验证云爆战斗部的冲击威力优势。共进行三发试验，弹总重均为 200 kg，壳体材料为钢，厚 3 mm。第一发和第三发为云爆战斗部，云爆剂装填质量约 130 kg，装填密度为 1.80～1.84 g/cm^3。第二发为对比试验弹，装填 121 kg 的 B 炸药。采用 DPRB 数字压力记录仪联网测试系统来测量战斗部爆炸的空气冲击波压力场。

1）试验布置

战斗部质心（爆心）距离地面约 8 m，地面共布置 16 个测试位置，与爆心的水平距离依次为：10 m，15 m，23 m，30 m，38 m，46 m，55 m，测点布置及组网方案如图 7.27 所示。在布置 DPR 时，预先埋设 DPR 保护罐，保护罐开有电缆孔，同步线可通过电缆孔与其他 DPR 连接，如图 7.28 所示。DPR 之间的连线需埋设在地下，以免被破片击断。

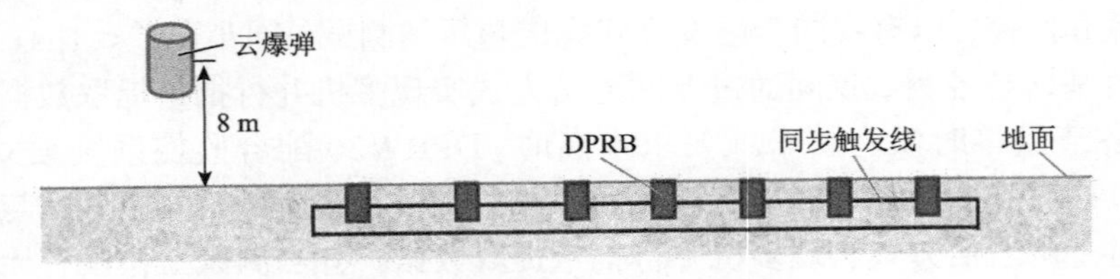

图 7.27 试验布置方案示意图

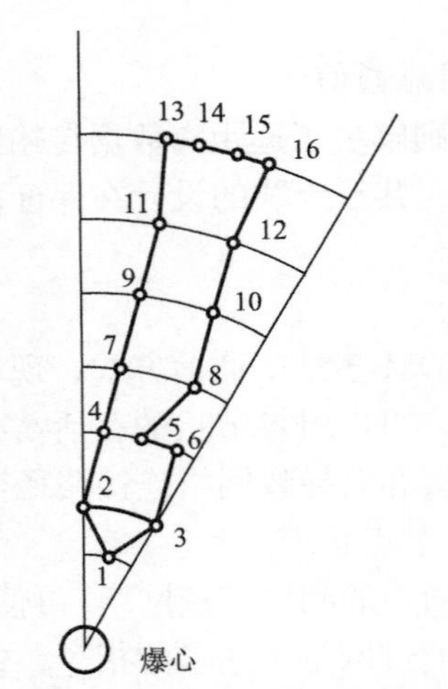

图 7.28　测点布置及组网平面图

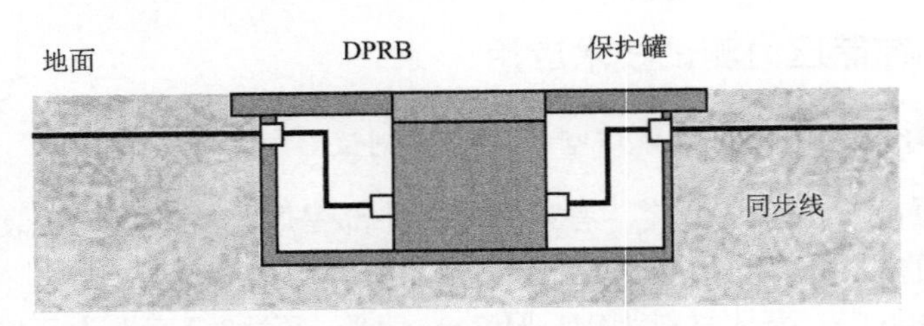

图 7.29　DPR 安装示意图

设置 DPRB 的采样速率为 2 MSPS，触发相位为 1/8，触发压力为 0.12 MPa，等待时间为 30 分钟，超时时间为 2 小时，均允许内外触发。

2）试验结果

三发试验测点布置相同，每个测点在三发试验中均采用同一个 DPBR 数字压

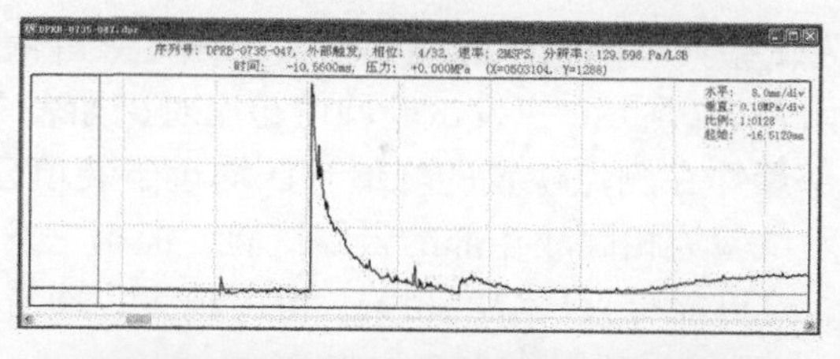

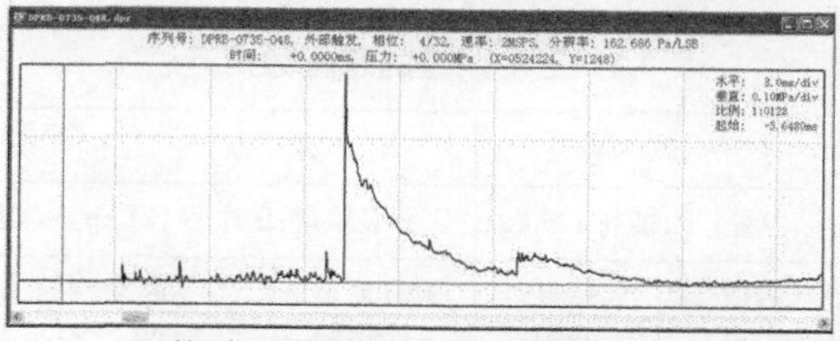

第1发云爆战斗部3、4位置超压曲线

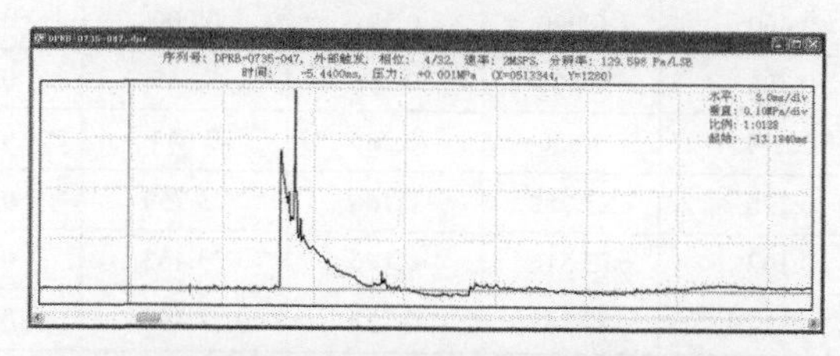

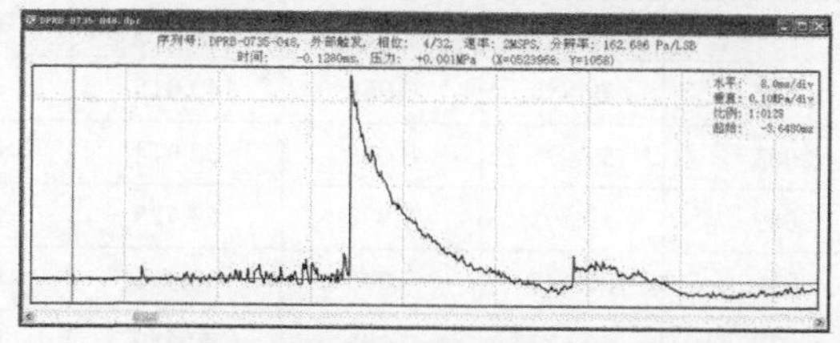

第2发B炸药战斗部爆炸3、4位置超压曲线

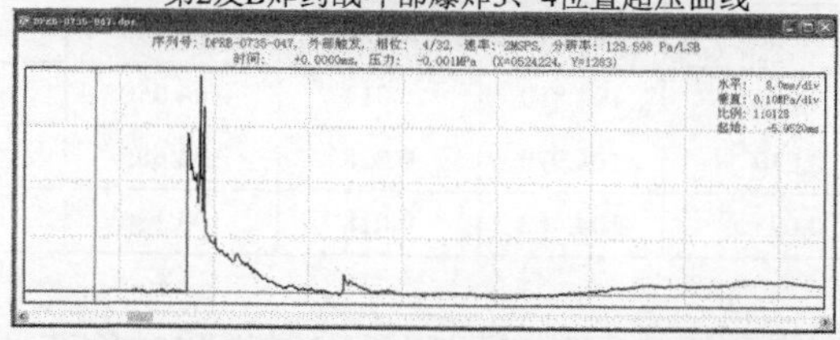

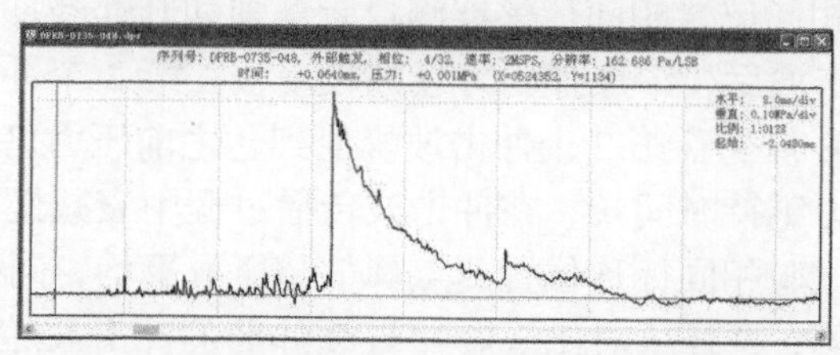

第3发云爆战斗部爆炸3、4位置冲击波超压曲线

图 7.30　典型冲击波超压曲线

力记录仪。测得三发试验典型的超压曲线如图 7.30 所示，峰值超压和冲击波到达测点时间数据汇总如表 7.2 所示。三发试验峰值超压对比如表 7.2 所示。可以看出装填B炸药的战斗部爆炸在测点位置的峰值超压均小于装填云爆剂产生的超压。第一发试验和第三发试验为相同战斗部的云爆试验，但第三发试验得到的超压均略小于第一发试验，这可能与天气湿度相关，湿度越大，冲击波衰减越慢。

表 7.2　三发试验的超压数据汇总

测点位置	实际测点到爆心距离 R(m)	第一发		第二发		第三发	
		实际装填量：云爆剂 127 kg		实际装填量：B 炸药 121 kg		实际装填量：云爆剂 126 kg	
		超压峰值 ΔP(MPa)	到达时间 t(ms)	超压峰值 ΔP(MPa)	到达时间 t(ms)	超压峰值 ΔP(MPa)	到达时间 t(ms)
1	10.05	0.660	0.000	0.592	0.000	0.521	0.000
2	15.02	0.306	7.863	0.286	7.869	0.294	7.833
3	15.00	0.290	7.820	0.265	7.844	0.275	7.788
4	23.05	0.126	23.758	0.106	23.759	0.101	23.737
5	22.93	0.102	23.516	0.126	23.463	0.111	23.495
6	22.80	0.122	23.162	0.128	23.199	0.126	23.042
7	29.50	0.067	39.699	0.058	39.664	0.060	39.720
8	30.00	0.073	39.855	0.058	40.015	0.071	39.830
9	38.00	0.063	59.921	0.048	60.014	0.050	59.846
10	37.93	0.049	59.801	0.038	59.725	0.049	59.537
11	45.91	0.050	80.749	0.040	80.761	0.041	80.600
12	45.88	0.037	80.672	0.028	80.587	0.034	80.409
13	54.87	0.028	104.773	0.023	104.608	0.033	104.307
14	54.95	0.020	104.810	0.014	104.650	0.025	104.191
15	54.96	0.030	104.970	0.028	104.685	0.027	104.369
16	54.85	0.023	104.482	0.018	104.180	0.025	104.100

由图 7.30 两个相同位置相同传感器测量云爆弹和B炸药冲击超压的曲线特征可以看出，前导冲击波后，云爆弹压力衰减较慢，在第 2 个冲击波峰值到达之前压力均为正值，而 B 炸药在第 2 个冲击波峰值到达之前压力已经为负，说明云爆弹反应时间长，压力维持时间长，在冲击波传播过程中衰减慢。

把 2 发云爆弹试验相同标称位置测点峰值超压取平均，同样 B 炸药弹标称位置相同的测点取平均，这样可对比云爆弹与 B 炸药的冲击波随传播距离的变化规律，如图 7.31 所示。

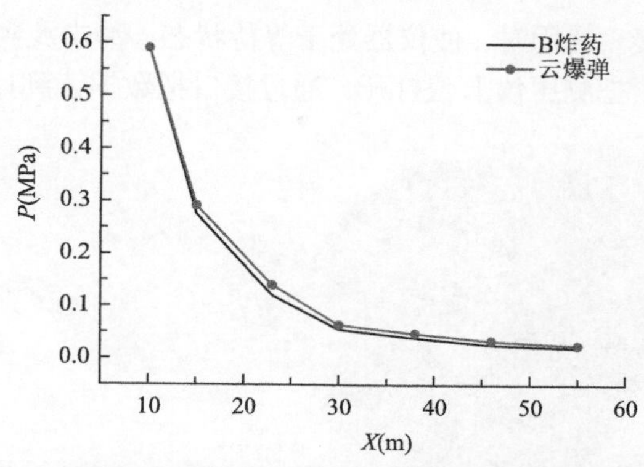

图 7.31　云爆弹与 B 炸药弹爆炸空气冲击波随距离衰减规律对比

由图 7.31 可以看出，在该试验条件下云爆弹与 B 炸药在近场冲击波峰值超压基本相当，但随着距离的增加，在中远场云爆弹冲击波峰值超压比 B 炸药的高，该试验测试结果反映了这两种弹爆炸威力的差异。

2. 空投打靶动态超压测试

针对某反硬目标武器性能检验，开展飞机空投打靶试验，测量战斗部侵彻靶板后爆炸威力，得到靶后不同位置（测点）空气冲击波超压历史，为导弹战斗部毁伤威力评估提供依据。靶为 10 m×10 m×1.0 m 的钢筋混凝土，试验在空军某基地实施。

1）试验测试方法

试验同时采用自由场压力传感器和地面压电压力传感器测量冲击波超压。对于地面压力测量采用数字存贮压力记录仪 DSPM04 组成方阵完成压力测量任务；对于自由场超压测量采用有线方式。

自由场压力传感器大部分布置在中远爆心距上，在离爆心不同距离处使用多个笔杆形自由场压力传感器测量爆炸冲击波压力时，全部笔杆形传感器的轴线都必须指向爆心，保证作用于传感器的冲击波方向平行于传感器的轴线，动态打靶试验不能准确知道爆点位置，只能假定瞄准中心为爆心。

2）主要仪器设备及测试系统

使用 16 个 DSPM04 数字存贮压力记录仪组成压力测量方阵，该数字存贮压力记录仪有 2 种超压量程和 2 个数字存储记录器，解决每个测点上压力水平未知的困难。

方阵中的数字存贮压力记录仪实行同步触发，即当任意一个测点的数字存贮压力记录仪被触发之后，其他测点的数字存贮压力记录仪也被同步触发，不仅解决了全系统触发的可靠性，也有利于全部冲击波压力模拟信号记录的时程分析。

该数字存贮压力记录仪（图 7.32 和图 7.33）埋入地面，上表面与地面齐平，仪器之间用同步线连接。使用时，使仪器处于等待状态，冲击波到达时，可自动采集记录。试验完成后，把测压仪上盖打开，通过接口把数据读到计算机中进行处理。

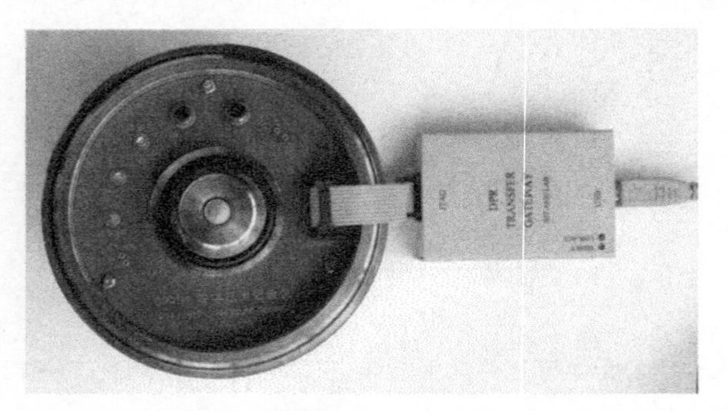

图 7.32　接入 DPR04 数字压力记录仪的 GATEWAY 传输板顶视图

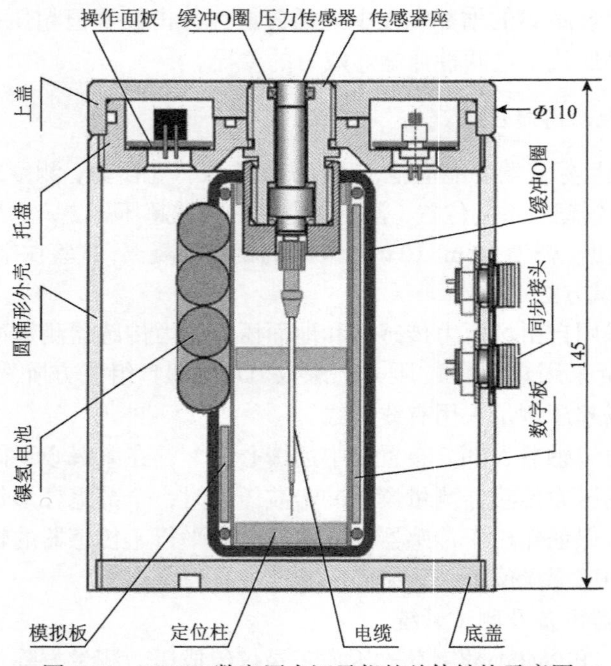

图 7.33　DPR04 数字压力记录仪的总体结构示意图

3）自由场压力测试系统

测量系统由自由场传感器、传感器支架、低噪声电缆、电荷放大器、信号传输线和记录仪组成；供电系统由发电机、电缆和接线板组成，如图 7.34 所示。采集仪采用美国 Nicolet 公司的 Sigma 90-8 型，电荷放大器采用国产 DHF-4 型，分别如图 7.35 和图 7.36 所示。采用的 HZP2 型自由场压力传感器如图 7.37 所示。

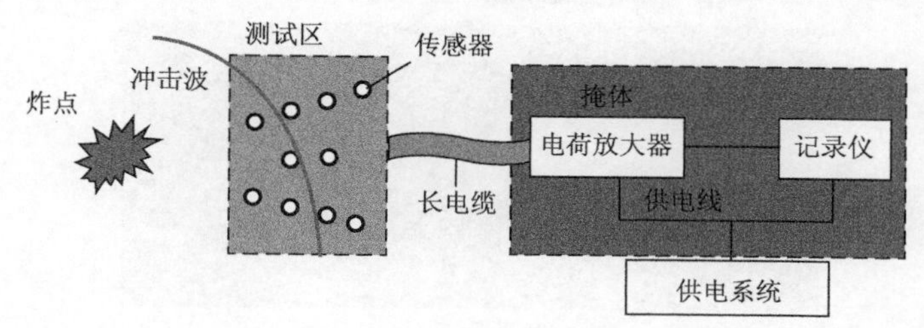

图 7.34　实验及测试系统

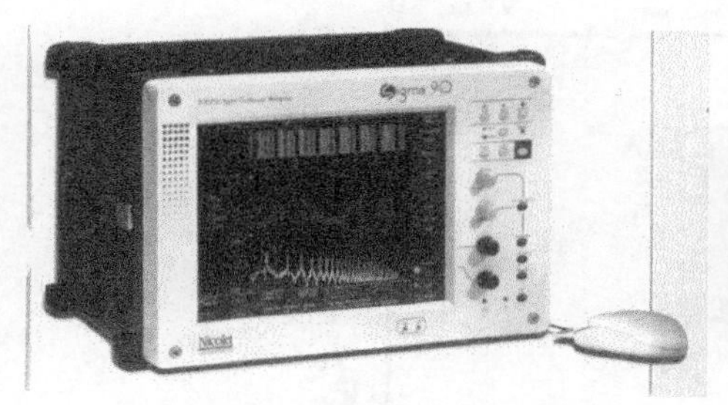

图 7.35　8 路数字存储仪(美国 Nicolet，Sigma 90-8)

图 7.36　6 通道 DHF-4 电荷放大器

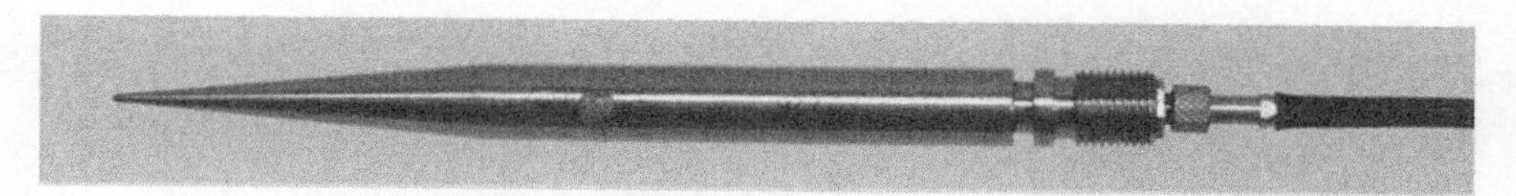

图 7.37　HZP2 型自由场压力传感器（外观）

4）实验布置

共布置 16 个地面压力传感器和 10 个自由场压力传感器。地面压力传感器与自由场压力传感器是两套相互独立的测量系统，现场布置照片如图 7.38 所示，传感器分布如图 7.39 所示。以靶的后表面中心为坐标 0 点，建立(X,Y)坐标系，炸点离地面高度为 Z。DPR04 数字压力记录仪之间由同步线连接，组成测量网络；自由场压力传感器布局分布在以爆心（预计点）为圆心，距爆心 15 m、25 m、35 m 三条弧线上，自由场压力传感器放置高度取 4.5 m。图中黑线为数字压力记录仪触发网络布线，(n)为地面 DPR04 测点编号。图中蓝线为自由场测试系统布线，n# 为自由场传感器测点编号。

对于地面传感器网络启动，设置离靶标最近两个数字压力记录仪为自触发状态，其他的设置为外触发状态；同样，对于自由场压力测试系统，把离靶最近的自由场压力传感器通道设置成触发通道，当冲击波压力值大于该通道设置的压力产生的电压值，记录仪器工作并记录信号。

图 7.38 现场照片

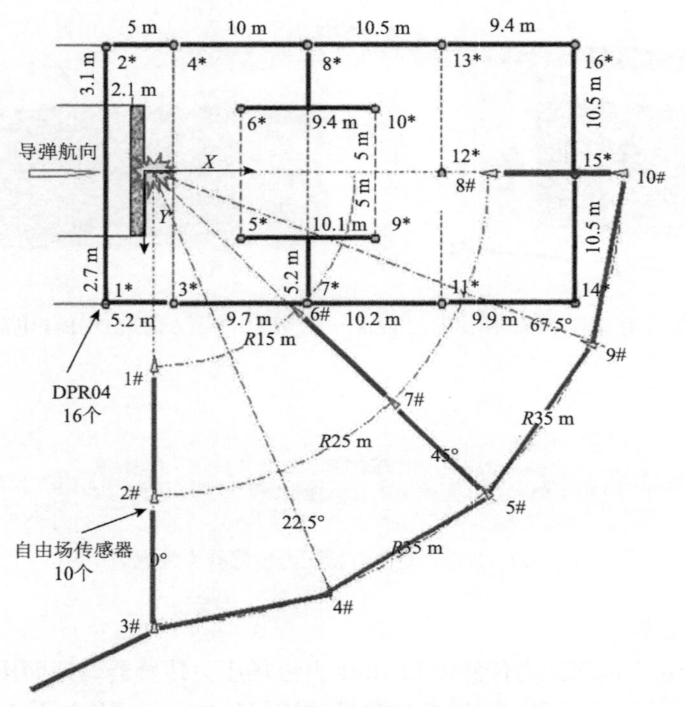

图 7.39 测点传感器布置图

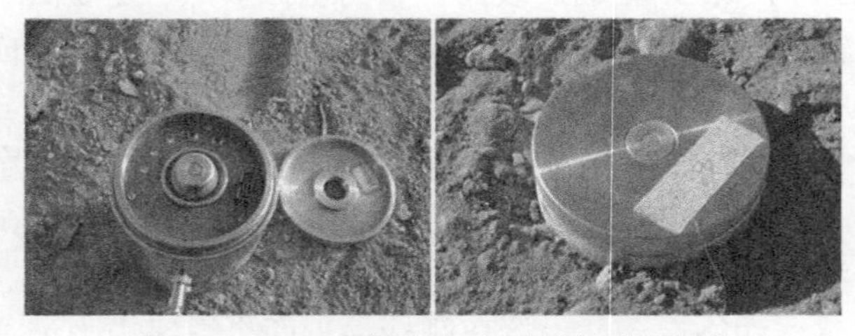

图 7.40 DPR04 数字压力记录仪现场照片

5）实验实施及测量结果

飞机空投后，导弹飞行接近目标，瞄准锁定后直接飞向靶标，直至撞击目标，侵彻爆炸。图 7.41 是导弹接近靶标过程。图 7.42 是导弹侵彻爆炸后靶板正面照片。

由于低温和破片对系统的损坏，地面压力测试系统最终有 9 个 DPR 单元正常工作，得到 9 个有效数据；对于自由场测试系统，共布置了 10 个传感器，打靶测试前系统所有仪器状态正常，靶试后，由于提前关闭了供电系统，全部测试数据丢失。这也说明了数字存储测试技术在野外测试的优势。

对应图中地面压力各测点（图 7.39 所示）的有效测试数据见表 7.3，DPR04 记录的典型波形如图 7.43 所示。

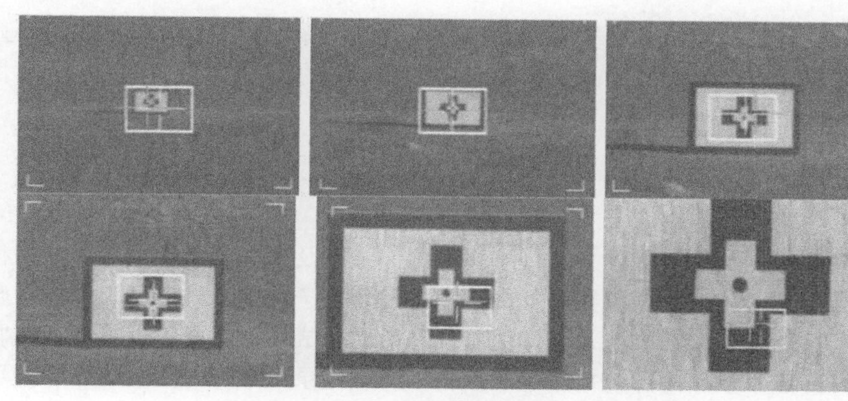

图 7.41　导弹接近靶标过程

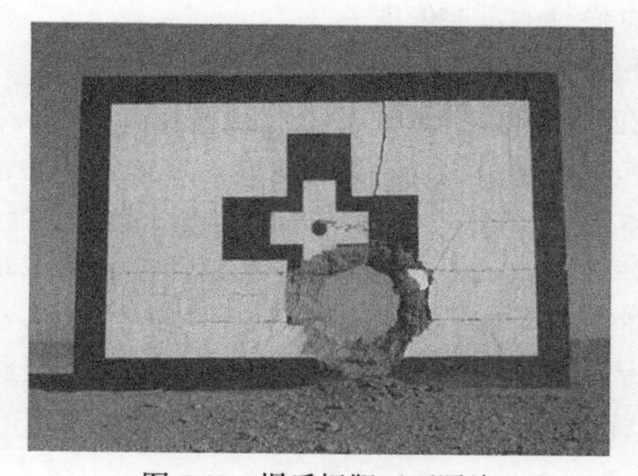

图 7.42　爆后标靶正面照片

表 7.3　DPR04 数字压力记录仪记录地面超压有效数据

DPR04 测点号	1*	3*	5*	6*	7*	9*	13*	14*	16*
坐标(*X*,*Y*)(m)	(10,−3)	(10,−2)	(5,7)	(5,−7)	(10, 12)	(5,17)	(−10,−22)	(10,32)	(−10,32)
起跳时间(ms)	9.194	6.042	0	15.796	10.732	16.768	34.468	53.406	50.862
峰值超压(MPa)	0.134	0.137	0.775	0.136	0.218	0.148	0.067	0.040	0.067

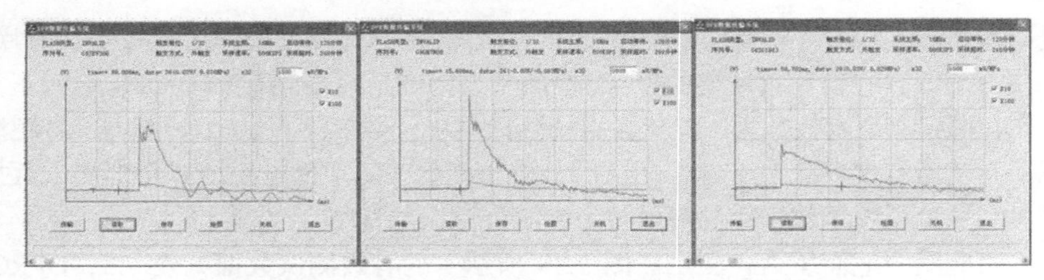

图 7.43　DPR04 数字压力记录仪记录的典型波形

实验后现场的情况说明实弹动态打靶，战斗部爆炸后能量分布不均匀，且存在明显的强、弱区域，强冲击波区域在战斗部运动的正前方。

7.2　弹载过载测试技术

弹载存储测试是获取弹丸飞行过程中工作状态及工况信息的最主要的途径之一。弹载记录仪是一种安装在弹丸内部的小型化电子装置，该装置可以记录弹丸在发射前后及飞行中的环境及工作信号，在弹体完成飞行任务后，将弹丸回收后再通过特殊接口读出内部数据的电子设备。弹载记录仪在弹丸武器研制和使用中具有重要的地位，是实现弹丸性能检验与优化设计的重要手段，其测试结果可以作为验证和修改弹丸设计的重要依据。

弹体在侵彻过程中的运动规律是指弹体侵彻靶体加速度、速度和位移随时间的变化规律。弹体在侵彻靶体过程中，由于受到靶体的阻力作用而具有的负向加速度，通常被称为侵彻过载。该加速度随时间的变化规律又通常被称为侵彻过载特性，它蕴涵着弹体在侵彻靶体过程中的受力过程，是研究弹体对材料侵彻机理、确定靶体材料动力学模型参数的基础，是硬目标侵彻武器战斗部设计最重要的参数之一，也是当前防护工程如单机掩蔽库、地下防护工程等结构设计的重要依据。弹载过载测试技术是获得弹体侵彻过载唯一有效的手段，因此引起动力学测试技术研究人员的广泛兴趣。

7.2.1　弹载过载测试系统

本节以北京理工大学为大飞机撞击载荷测试开发的弹载过载测试系统为例，介绍系统组成及特性。

弹载过载测试系统主要由信号采集存储测试系统和上位机界面两部分构成，其中信号采集存储测试系统的电路设计属于硬件设计，控制芯片编程及上位机界面属于软件设计。

信号采集存储系统是整个测试系统的核心部分，主要负责高速冲击环境下的过载信号采集、调理、存储和与上位机通信等功能。上位机软件的主要功能是通过串口通信方式接收存储在存储芯片中的实验数据，并对实验数据进行整合、数字滤波、图像绘制等处理。系统的组成示意图如图 7.44 所示。关于电路设计与前面的数字压力测试技术相近，这里就不在作介绍。这里重点介绍抗高过载设计有关问题。

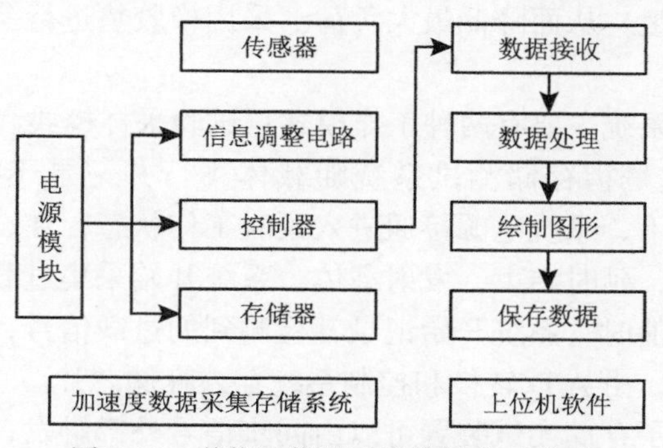

图 7.44　弹载过载测试系统组成示意图

整个测试系统设计围绕着适用于记录高冲击下过载信号进行。机械抗冲击是保护电路安全的一种手段，需要设计存储测试壳体，合理安排传感器、电路系统和电源之间的空间结构关系，保证系统能够在极端环境下可靠工作，设计存储测试系统的装配图如图 7.45。系统的机械结构为圆柱状，包括电路仓和电池仓，电路仓内装有传感器和电路板，铝环起到支撑作用，可以防止出现端盖变形挤压回读导线的情况。

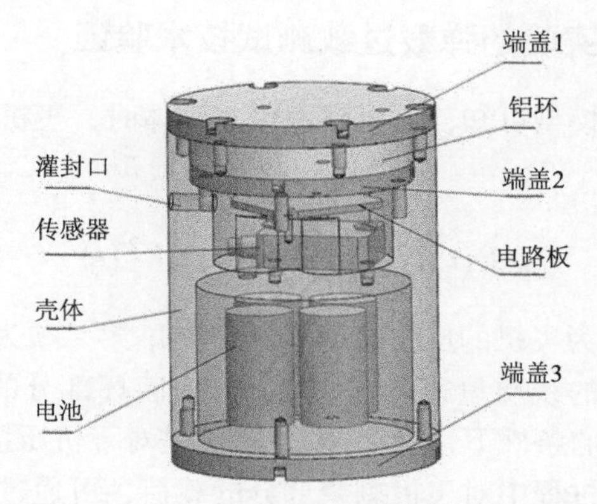

图 7.45　弹载过载测试系统装配图

高速冲击作用下的动载荷十分复杂，可能导致电路板变形导致实验失败。为降低瞬态过载的冲击效应，这里采用灌封手段来提高存储测试装置的抗过载能力。灌封技术是对电子设备的一种无孔整体封装，使之固化成整体模块的技术。电路板整体灌封后，其抗冲击性能得到大幅提高，可避免元器件、连接线等在过载冲击下产生相对位移造成电路失效。

缓冲保护技术抗高过载的另一种方式，是利用缓冲体的弹塑变形以及阻尼作用，减弱外力对物体产生损坏作用的技术措施。缓冲的目的就是把冲击能量转化为缓冲体的变形能量，从而降低最大负荷。采用橡胶垫进行缓冲保护，同时橡胶垫也有滤波的作用。

弹载过载测试系统主要有两种工作模式：试验采样模式和数据回读模式。

试验采样模式是指存储测试系统随载体飞行并记录飞行过程中过载的情况。在此工作模式下，系统电源接通进入延时工作状态，在设定延时时间内完成实验装置准备工作，延时结束，发射载体，系统开始采集过载信号，当过载信号超过预设的触发阈值时，系统开始记录其检测到的过载信号，传感器采集的模拟信号通过调节电路，由 A/D 转换和控制系统存入存储芯片。

采样模式下，子存储测试装置可以由同步信号外部触发，也可以通过传感器采集的数据内触发，内触发时子存储装置会连续两次判断其采集的加速度信号是否达到触发阈值，若两次采集的数据点都超过阈值，则系统触发记录数据，两次判断的好处是可以避免误触发。为记录全弹道数据，一般将触发阈值的大小设置为 300 g 左右。

数据回读模式即试验结束后，回收存储测试装置，采用指定软件通过串口读取存储芯片中的数据。在回读模式下，只能进行数据读取，无法进行擦除、写入，确保数据保护。

7.2.2　基于轻气炮实验的弹载过载测试技术验证

根据 Riera 理论模型可知，飞机高速撞击靶体时，飞机与靶体表面的撞击载荷 F 可表示为：

$$F(t)=P_c[x(t)]+\mu[x(t)]V^2(t) \tag{7.5}$$

式中，右边第一项 P_c 为飞机的压损载荷（静载项）；第二项为惯性力项（动载项）；μ 为飞机沿轴线分布的线质量密度；V 为飞机未破坏部分的速度。在撞击速度、飞机线质量密度已知的条件下，确定 F 的关键是对飞机压损载荷 P_c 的确定。P_c 也就是飞机撞击破坏过程中对飞机剩余部分的载荷，可通过飞机剩余部分的减加速度测量计算得到。

1. 基于 152 m 轻气炮的模拟飞机撞击实验设计

飞机模拟结构载荷特性实验技术研究基于北京理工大学的 Φ152 mm 轻气炮加载试验平台开展。飞机模拟结构由发射机构驱动后在发射管内加速飞行，飞出炮管后撞击放置在靶室轨道上的靶体，飞机模拟结构发生压溃破坏，压溃载荷对剩余部分作用使之产生减加速度，在飞机模拟结构尾部的弹托中安置弹载过载测试仪，得到飞机模拟结构的过载特性，验证弹载过载测试仪设计的合理性。

1）飞机模拟结构

为方便理论计算，飞机模拟结构简化为薄壁圆筒结构，如图 7.46 右半部分所示。为了适应 Φ152 mm 轻气炮发射试验，设计了与之配套的弹托，弹载存储过载测试装置放置于弹托中，见图 7.46 左半部分。因此，撞击结构包含飞机模拟结构（含薄壁圆筒和配重）、弹托和弹载存储过载测试装置三部分。Φ152 mm 轻气炮发射试验平台如图 7.47 所示。

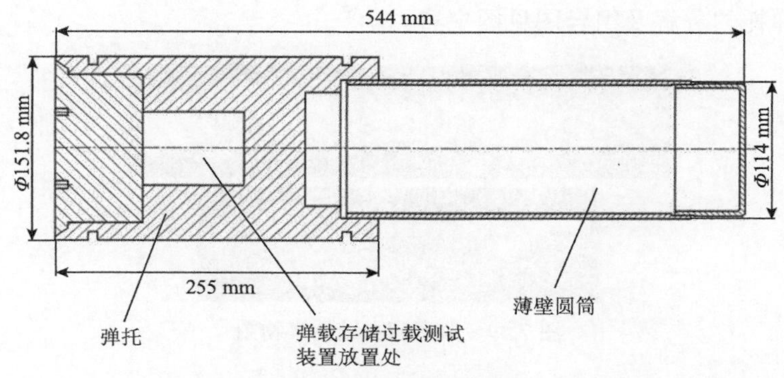

图 7.46　撞击结构示意图

图 7.47　实验室 Φ152 mm 轻气炮试验平台

飞机模拟结构（简称铝筒）采用铝-12 材料。设计的三种铝筒直径尺寸分别为 114 mm、80 mm 和 60 mm，壁厚均为 4 mm。由于飞机在碰撞中机身基本破坏成碎片，所以为了更好地模拟机身的破坏特性，在铝筒的外表面设置宽度 2 mm、深度 2 mm 的轴向槽和径向槽，如图 7.48 所示。

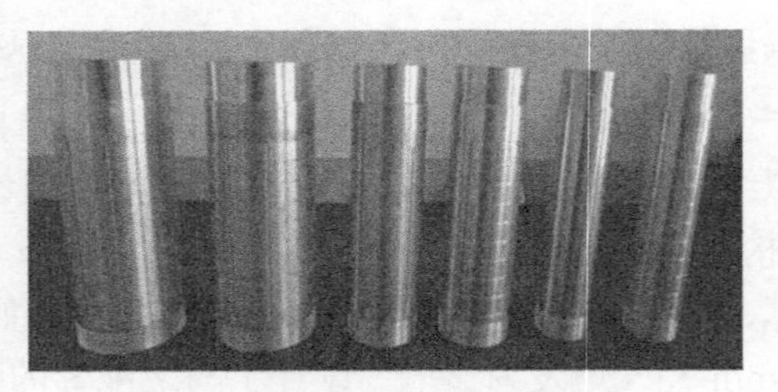

图 7.48 飞机模拟结构（铝筒）

弹托采用尼龙-6 材料，外径为 151.8 mm，略小于轻气炮炮管内部直径；为了与三种不同直径飞机模拟结构相匹配，设计了三种内径的弹托，典型的铝筒、配重支架与弹托的分解及组合图见图 7.49。

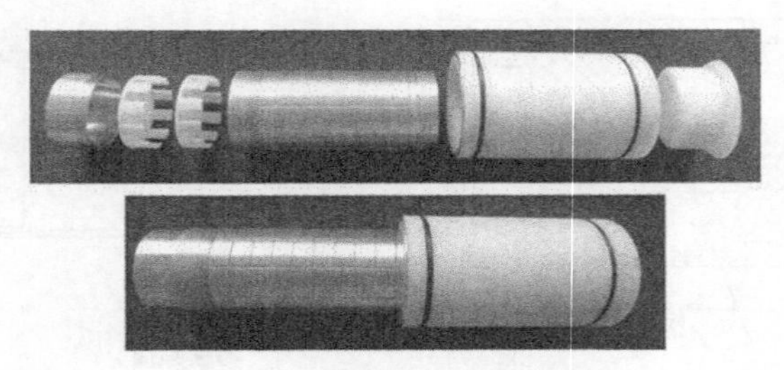

图 7.49 典型撞击结构实物图

2）靶体结构设计

靶体结构包含运动靶车和测试承力支板组两部分，总质量为 256 kg，大约为撞击结构的 40 倍；设计的撞击速度约为 200 m/s，根据动量守恒定律，撞击结束后运动靶车的速度不到 5 m/s，通过缓冲设备很容易停下来，不会发生损坏，可以重复多次试验。实验设计的运动靶车如图 7.50。

图 7.50 靶体结构实物图

3）试验测试系统

试验共设计了 6 套测试系统：载荷测试系统、靶体加速度测试系统、靶体速度测试系统、靶体位移测试系统、弹载存储过载测试系统和高速摄影系统，如图 7.51 所示。这里只介绍与本章相关的弹载存储过载测试系统和高速摄影系统。

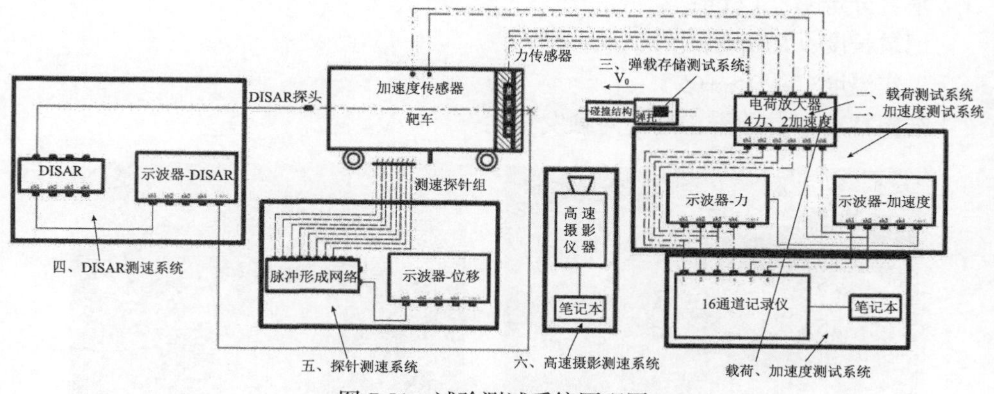

图 7.51　试验测试系统原理图

A. 高速摄影系统

高速摄影系统观测飞机模拟结构正撞击刚性运动靶体过程中飞机模型撞击运动靶体的速度、形态变化以及破坏的全过程，该系统由高速摄影仪和笔记本电脑组成。高速摄影仪放置在靶室的钢化玻璃窗口处，如图 7.52。采用脉冲氙灯光源照明，高速摄影机以 15000 帧/秒的速度进行高分辨率图像记录，快门速度为 20000 次/秒。

图 7.52　高速摄影系统

B. 弹载存储过载测试系统

弹载存储过载测试系统将加速度传感器、信号调理模块、控制器模块（单片机）、存储器模块和电源管理模块集为一体，装置实物见图 7.53。测试装置在 152 mm 轻气炮加速下随撞击结构一起飞行并撞击运动靶体，实验后回收并由计算机处理再现加速度时程曲线。

撞击过载测试系统主要技术指标为：

量程：10000 g；

最大采样率：1 MS/s；

垂直分辨率：12 bit；

记录长度：1 Mpts；

工作温度：−20～+65℃；

结构特点：抗冲击，具备内触发功能。

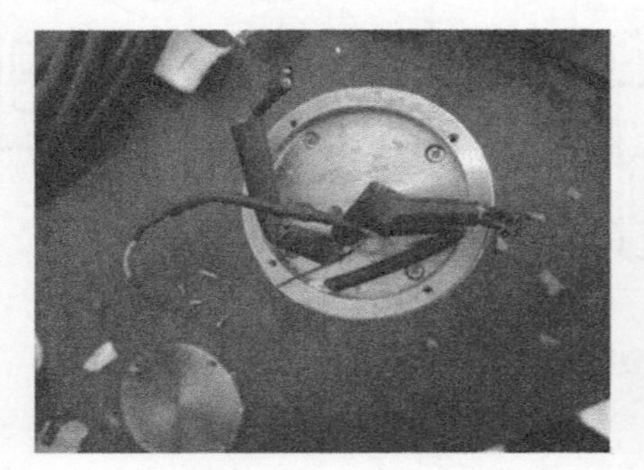

图 7.53　撞击过载测试系统

2. 模拟结构撞击实验结果

结合模拟结构撞击实验，对撞击过载测试系统共进行了 4 发的性能测试。

图 7.54 为高速摄影拍摄到的典型碰撞过程，在铝筒刚接触靶体表面时产生火光，而后铝筒前端的连接处会发生凸起膨胀，后端未撞击靶板铝筒产生屈曲；连接处以后的破坏形式为铝筒先在刻槽处撕裂成条状，向外翻转并随机断裂为块状或屈曲，接触以后的破坏形式为铝筒屈曲并在刻槽处断裂，当撞击到尼龙托时，产生强烈的亮光；末端尼龙块未撞击靶体时先碎裂为几大块，而后再撞击靶体成为细小的碎块。

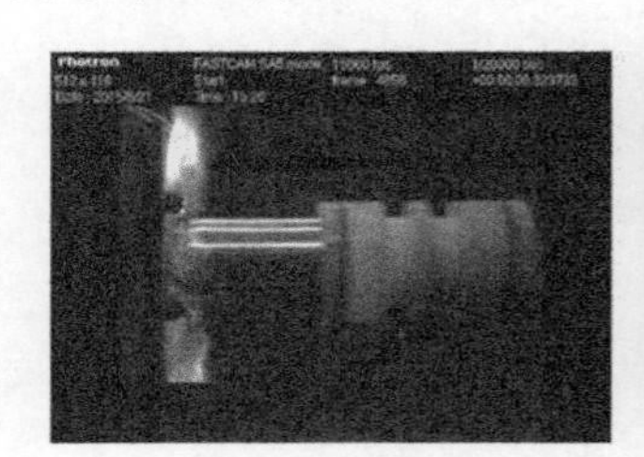
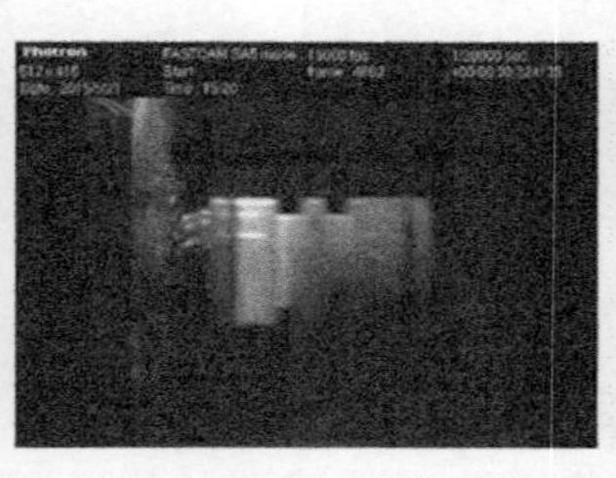
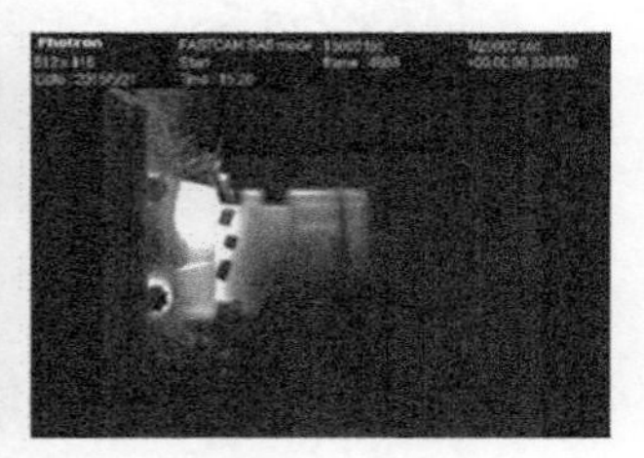

图 7.54　轻气炮加压至 3.0 MPa 时模型的碰撞过程高速摄影

图 7.55 为典型运动靶体在试验结束后的状态，可以看出撞击后受力分配面板表明留下了飞机模拟结构撞击的痕迹，但结构完好，能够重复使用。图 7.56 为典型试验结束回收到的飞机模拟结构碎片，飞机模拟结构基本按照预制的轴向和径

向沟槽破碎为均匀的碎片，部分发生屈曲。另外，观测高速摄影拍摄的撞击过程录像，可以发现飞机模拟结构在与靶接触的截面依次发生破坏，现象与 Riera 撞击模型的假设一致。

图 7.55　撞击后运动靶体状态

图 7.56　回收到的飞机模拟结构碎片

分析高速摄影数据，可得到铝筒段破坏时间，碰靶前速度及碰撞过程中的平均速度等重要参数，表 7.4 给出了四次对比实验的实验条件和高速摄影数据。

表 7.4　高速摄影得到的各次实验数据

模型类别	铝筒直径(mm)	模型质量(kg)	气炮加压(MPa)	碰撞时间(ms)	碰撞度(v/s)
B-纵槽	114	5.960	2.4	1.333	189.67
B-纵槽	114	6.114	3.0	1.220	240.54
C-横纵槽	114	6.038	2.3	1.466	200.32
A-纵槽	60	4.838	2.2	1.334	208.95

为检验弹载存储过载测试系统的准确性，特设计相同飞机模拟结构的撞击靶车试验，对比相同模拟结构的撞击载荷曲线，为评估弹载存储过载测试系统的可靠性和准确性。下文给出 2 发相同飞机模拟结构发射与撞击过程弹载存储过载测试系统获得的载荷（加速度）曲线及处理结果。图 7.57 为模拟结构典型的全弹道加速度载荷曲线，记录薄壁圆筒结构模型从发射到碰撞结束的整个过程，主要分为加速段和碰撞减速段。曲线的横坐标单位为 ms，纵坐标单位为重力加速度 g。

对加速段数据积分得到模型碰撞靶体前速度 V_1，可与高速摄影测得初速 V_2 对比来衡量记录数据是否准确，进行积分时应注意消除传感器的零漂，积分后的速度曲线如图 7.58 所示，速度与高速摄影对比见表 7.5。数据分析显示本文设计的子存储测试装置能够可靠准确记录加速度数据。

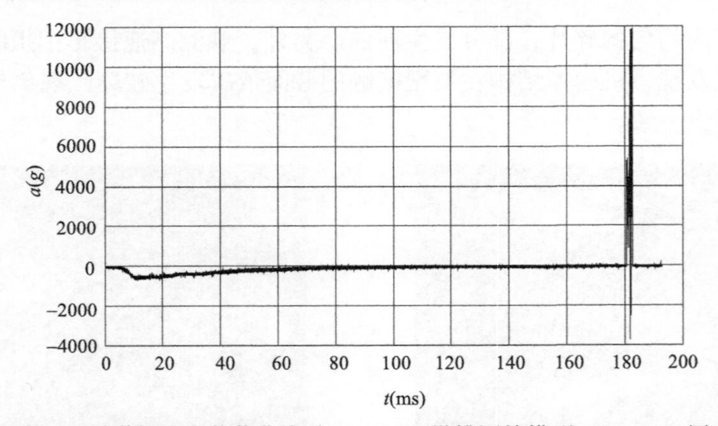

图 7.57　典型全弹道加速度载荷曲线（Φ114 mm 纵槽圆筒模型，2.4 MPa 压力发射）

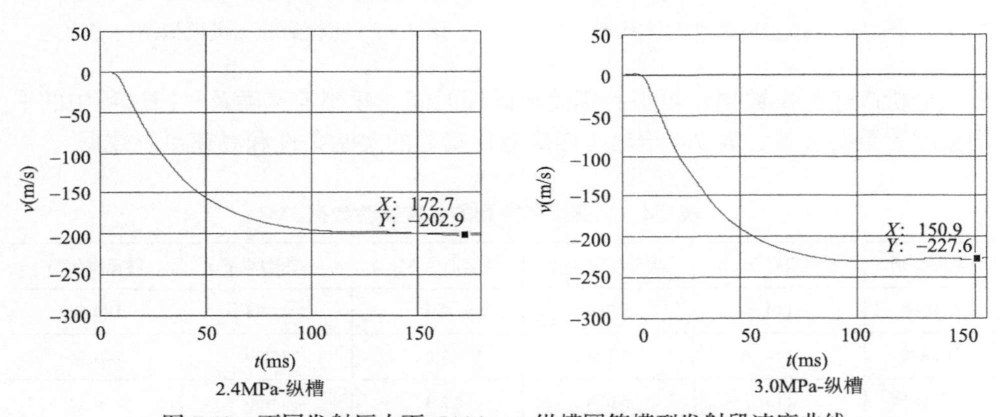

图 7.58　不同发射压力下 Φ114 mm 纵槽圆筒模型发射段速度曲线

表 7.5　积分初速与高速摄影初速对比

发射压力(MPa)	V_1-积分速度(m/s)	V_2-高速摄影(m/s)
2.4	202.9	189.7
3.0	227.6	209.0

图 7.59 为不同发射压力下 Φ114 mm 纵槽圆筒模型撞击过程加速度载荷曲线。获得碰撞减速段的加速度数据后可计算压损力。对碰撞过程做理想化处理，根据牛顿第二定律采用微分方法计算压损力。

$$F = M \times a \tag{7.6}$$

$$M = m_1 + m_2 - uvt \tag{7.7}$$

式中，M 为圆筒结构模型在碰撞过程中的剩余质量；m_1 为尼龙弹托和存储测试装置的质量；m_2 为铝筒结构质量；u 为圆筒沿轴线分布的线质量密度；v 为撞击速度；t 为铝筒碰撞时间；a 为瞬态加速度。

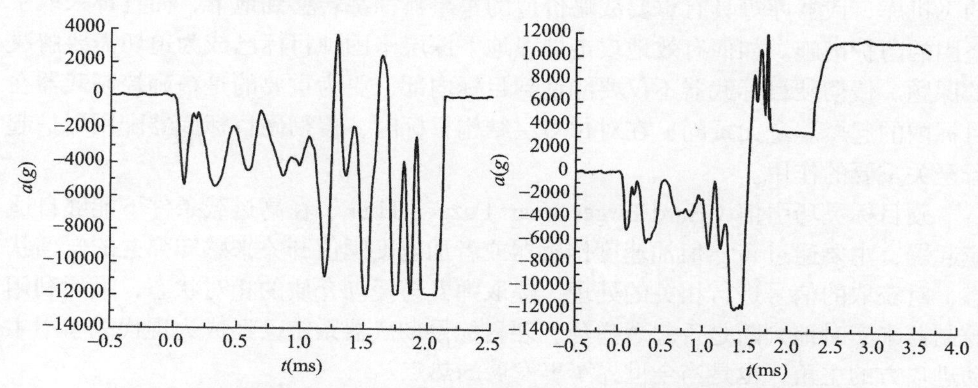

图 7.59　不同发射压力下 Φ114 mm 纵槽圆筒模型撞击过程加速度载荷曲线

图 7.60 为相同结构铝筒的在 2.4 MPa 和 3.0 MPa 发射压力下的压损力对比，发现 190～240 m/s 碰撞条件下，压损力与撞击速度无关，证明压损力体现的是模拟结构的强度特性。

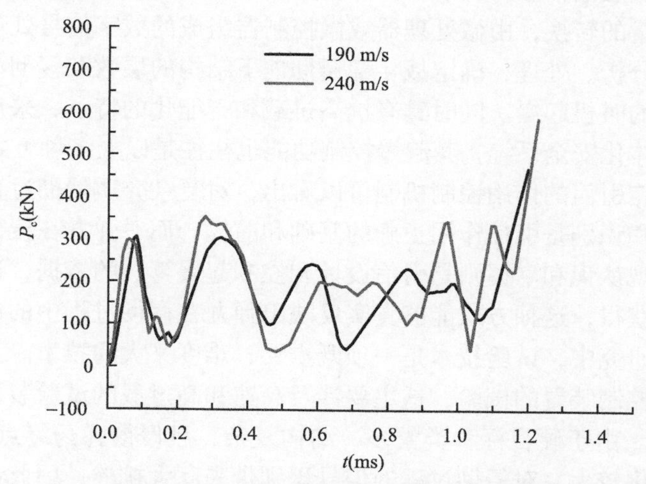

图 7.60　不同发射压力（撞击速度）下相同结构压损力曲线对比

从图中可知，190 m/s 撞击速度下模拟结构压溃作用时间为 1.10 ms，平均压损力为 160.9 kN；240 m/s 撞击速度下模拟结构压溃作用时间为 1.16 ms，平均压损力为 168.3 kN。平均压损力相差 4.4%，可认为两者一致，说明撞击过载测试系统测量结果具有足够的精度和可靠性。

7.2.3 弹载过载测试技术在硬目标智能引信研究中的应用

目前，许多国家的军事指挥中心、通信控制中心、洲际导弹发射井、高价值的飞机库、武器库等具有重要战略价值的军事目标都转移到地下，而且都采取了坚固的防护措施。如何有效地攻击摧毁地下深层坚固硬目标已成为迫切需要解决的课题。侵彻硬目标武器不仅要能钻到目标内部，更为重要的是精确控制武器在目标内的起爆。毫无疑问，在对付多层结构目标时，侵彻硬目标武器配用引信起着至关重要的作用。

硬目标灵巧引信（Hard Target Smart Fuze，HTSF）在高过载条件下能够自适应起爆，主要通过高 g 值加速度传感器或者加速度阈值开关来感知弹丸的侵彻状态，对获取的信号进行相关的处理，提取弹丸与侵彻介质的相对状态，最后利用控制器来实时地判断是否起爆弹药。硬目标侵彻武器系统已经成为现代战争中主动进攻方的主角，也是当今世界军事发展的热点。

1. 侵彻引信终点弹道环境的实验设计

硬目标智能引信的起爆控制方法有定时起爆、计层起爆、计行程起爆、目标介质识别与感知起爆等。它们大都采用了加速度传感器将侵彻目标过程中感测到的加速度值转换成电信号，完成目标介质信息的提取，信号调理、采集电路完成模拟量到数字量的转换，由微处理器或微控制器组成的数字信号处理电路实时完成目标信息的分析、处理，确定战斗部侵彻地下结构的层数和侵彻深度，以便使战斗部在特定的时机起爆。同时具有抗高过载和智能化的特点，采用全电子安全系统或机电一体化安全系统，其起爆控制功能也往往是以上多种方式的组合。

由上述智能引信的作用控制机制可以看出，对复杂介质侵彻过程的加速度信号的准确感知和识别是引信作用正确的基础和前提，而对弹丸在侵彻过程中的动力学特性的客观认识和掌握则是引信设计和控制起爆算法的依据，这可以通过实弹打靶试验来获得，这种方式能够真实反映出弹丸在侵彻过程中的动力学特性。在侵彻引信的研究中，试验技术是一项既重要、难度又大的技术。其难点在于目标探测与起爆控制装置的试验，这主要涉及高速和高过载的试验装置设计和弹载过载测试技术。由于硬目标种类繁多、结构复杂，且侵彻弹药终点落速、落角、攻角姿态等变化较大，对侵彻过程的信号识别带来巨大挑战，因此侵彻过程中的动力学特性研究需考虑这些因素。下面介绍弹载过载测试技术在美军深侵彻引信的环境试验与模拟中的应用。

1）深侵彻引信的环境试验目的

深侵彻引信的环境试验目的是要收集在高速侵彻多层、多种材料介质中的高质量减加速度时程数据，包括：①由多种混凝土层厚度如 0.2、0.8 和 1.5 弹体长度，多种土层厚度，多种靶体之间的空隙距离构成的多种靶标组合形式；②弹靶作用具有横向载荷和攻角条件（用着角模拟）；③考虑碰撞反转角度等。

试验数据可用于校准高保真计算模型，验证横向载荷下侵彻简化分析模型 SAMPLL（Simplified Analytical Model of Penetration with Lateral Loading）代码，用于预测试验和靶标设计。此外，通过试验数据还可以得到过载峰“g”与着靶速度的关系，确定以口径为码尺的最小可检测混凝土厚度，明确横向载荷对计层检测算法的影响规律。

对于引信来说，研制既能耐冲击、可靠性高，又能在最佳时机起爆钻地武器系统的智能引信成为未来的发展方向。在硬目标侵彻弹药的研制过程中，对于引信的设计，需要了解弹丸在侵彻过程中的动力学特性(如弹丸以不同速度、不同入射角侵彻目标时的侵彻/穿透深度、侵彻时间、侵彻过载，以及跳弹等基本信息)，为引信探测系统中的加速度传感器选取与信号处理方法的确定、引信机构强度校核与抗高过载防护、引信计时起爆时间的设计等提供基本依据。

2）试验方法和试验弹靶设计

弹体侵彻贯穿硬目标靶试验采用水平放置的 203 mm 火炮进行发射加速弹体至预定速度，对炮口前一定距离的靶标结构进行侵彻，侵彻弹体中设置弹载存储过载测试系统，试验后回收弹体，读取弹载存储过载测试系统数据，获得侵彻过程的减加速度曲线，进一步分析得到引信在侵彻环境中的信号特性。图 7.61 是试验布置示意图，图 7.62 是试验火炮装置现场照片，图 7.63 是靶标布置现场照片。

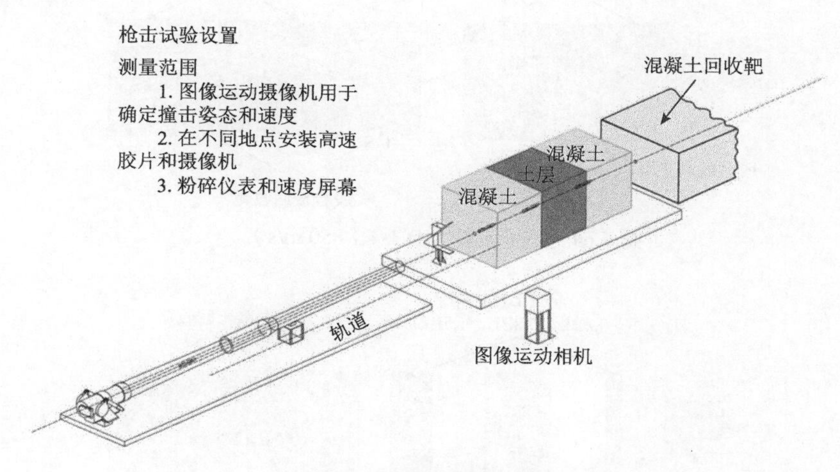

图 7.61　试验布置示意图

靶场仪器包括用于确定撞击姿态和速度的图像运动摄像机、不同位置的高速胶片和摄像机、冲压传感器和速度屏幕（天幕靶）等。

图 7.62　试验火炮装置现场照片

图 7.63　典型靶标布置现场照片

为模拟不同结构靶标的侵彻环境，设计了多种厚度、间隔、夹层的靶标结构，共四类，如图 7.64 至图 7.67 所示。

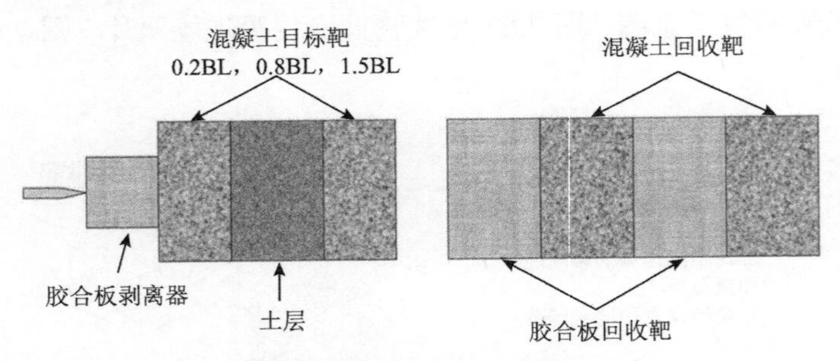

图 7.64　靶标设计 MD 1-4（850 m/s）

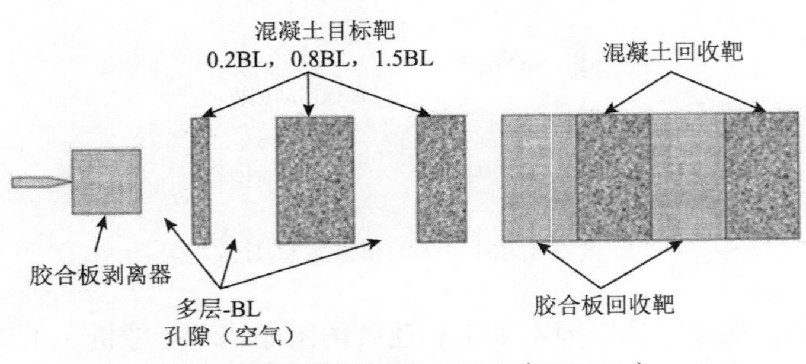

图 7.65　靶标设计 MD A&B（715 m/s）

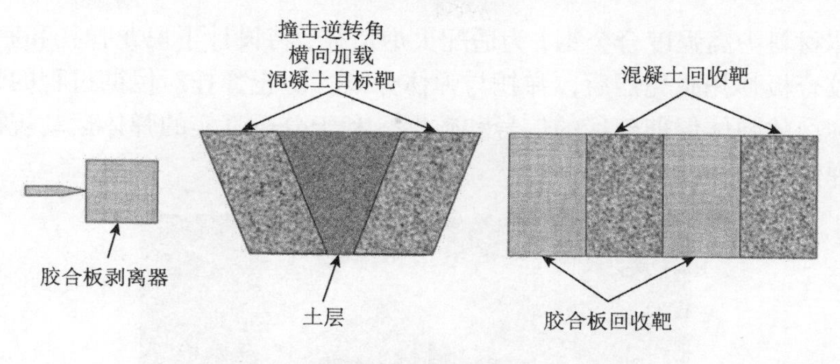

图 7.66　靶标设计 MD C（715 m/s）

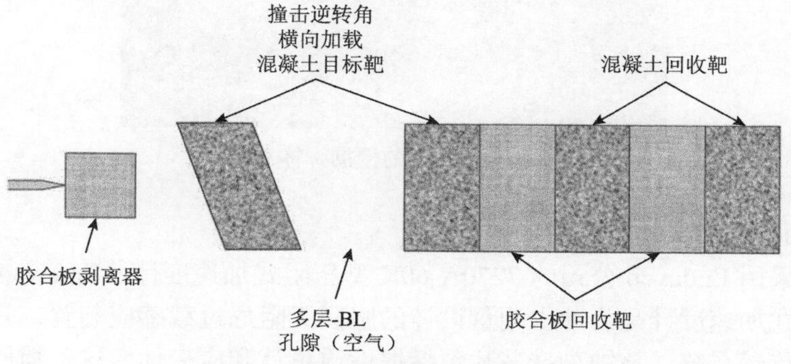

图 7.67　靶标设计 MD D（715 m/s）

试验弹体如图 7.68 所示，直径 127 mm，长度 1016 mm，质量约 70 kg，卵型头部，尾部扩尾，在侵彻弹体内部前端和尾部均装有独立的弹载过载加速度测试装置，包括加速度传感器模块、电池模块、数据采集记录模块、缩紧环等，两个加速度测试装置由固体棒隔离。

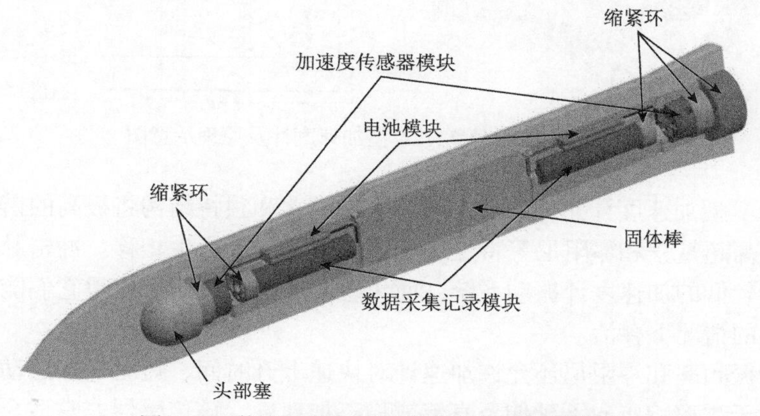

图 7.68　装有 X 轴加速计的弹载加速测试装置

弹体材料为高强度合金钢，为适配火炮口径，特设计了尼龙弹托和底推装置，在侵彻胶合板弹托脱壳器后，弹托与弹体分离，防止弹托对侵彻过程的干扰，以便获得纯净的弹体侵彻靶标的信号和数据，利于分析真实的弹体运动规律。典型的发射弹体结构如图 7.69 所示。

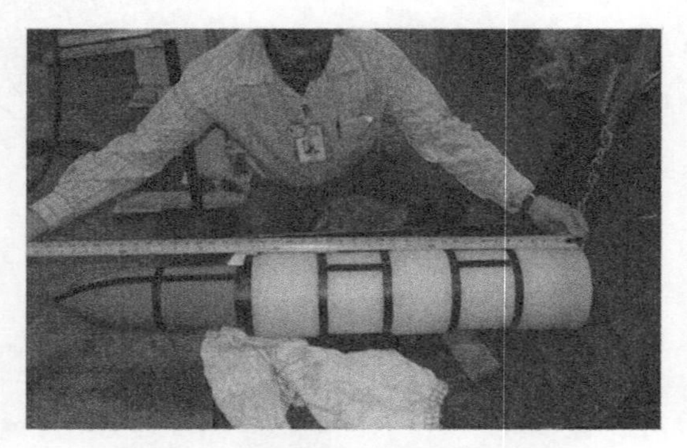

图 7.69　装配好的侵彻弹体和弹托

3）加速度传感器及安装

试验采用 Endevco 公司的 7270A-60K 型压阻式加速度计。Endevco 7270A 型系列压阻式加速度计是为冲击测量设计的坚固无阻尼过载感应装置，是用一片硅微加工的传感系统。该蚀刻硅芯片包括惯性质量计和应变计，这些惯性质量计和应变计布置在有源四臂惠斯通电桥电路中，并配有一个新颖的片上零平衡网络，如图 7.70 所示。

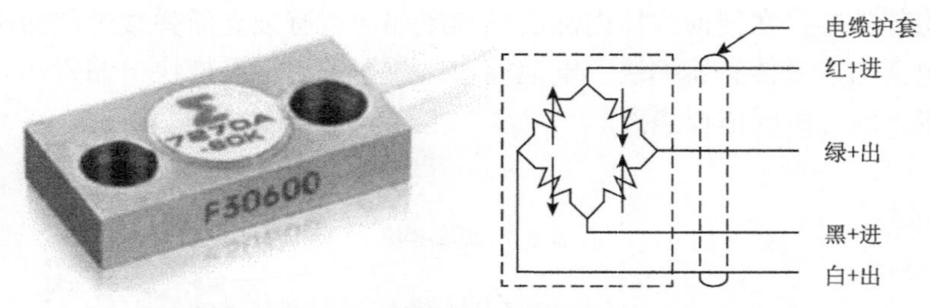

图 7.70　高 g 值 7270A 型加速度计及原理示意图

7270A 型加速度计元件的低质量、极小尺寸和独特结构将极高的谐振频率与低阻抗、高超量程和零阻尼等特性结合在一起，不会产生相移。冲击脉冲可能会破坏共振较低的加速度计振动系统，而传感器的高共振频率使得它们能够在高频冲击脉冲的情况下存活。

高谐振频率和零阻尼还允许加速计对快速上升时间、短时冲击运动做出准确响应。由于频率响应向下延伸至直流或稳态加速度，该传感器非常适合测量长时间瞬态过程。

7270A 型系列压阻式加速度计具有以下特性：

•2000～200000 g 高量程；

•高谐振频率；

•长时间瞬态的直流响应；

•冲击后最小零漂移。

为测量多种弹靶姿态弹体侵彻各类硬目标靶体结构的三轴方向过载特性，并防止其他结构对传感器的直接作用，设计了专门的加速度计安装模块，加速计在“L”型结构中。如图 7.71 所示。图 7.72 为三个 X 轴加速度计的安装结构。

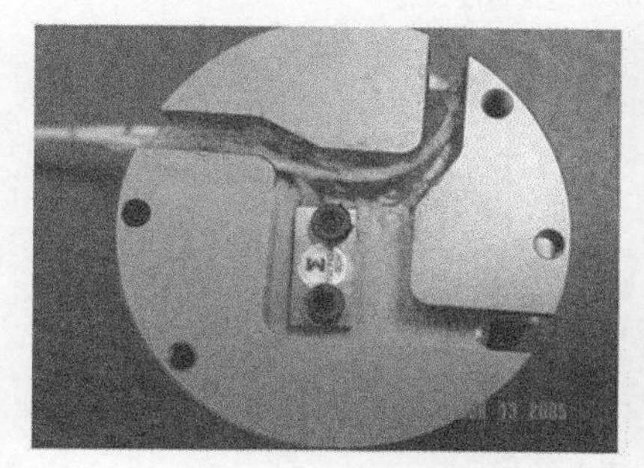

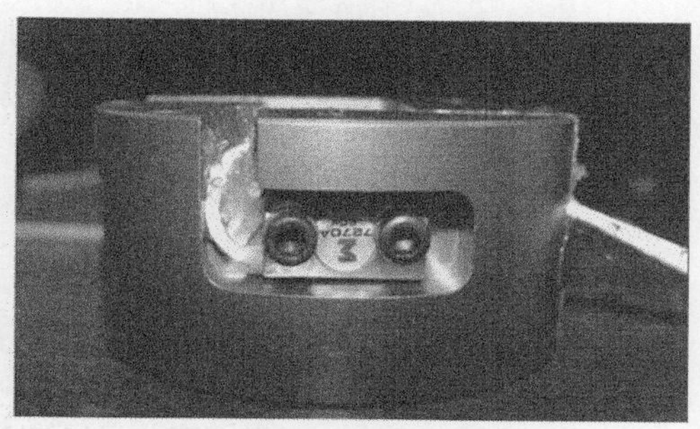

图 7.71　安装有 X 轴、Y 轴（或 Z 轴）加速计的安装模块

图 7.72　三个 X 轴加速度计的安装结构

2. 侵彻引信终点弹道环境实验结果

最高以 850 m/s 的速度对多层目标进行 9 次弹载过载加速度测试，最大着角约 70°，最大攻角约 1.5°，并配备多位置高速摄影测量。这里仅介绍弹载过载加速度测试结果。

图 7.73 是典型的弹体侵彻混凝土靶的减加速度时间曲线，图中蓝色曲线为 1.25 kHz 采样的曲线，红色的为 500 Hz 低通滤波的曲线。图中 3 个减加速度峰值

为侵彻 3 块混凝土靶的值，2 个波谷反映的是靶之间的缝隙作用。图 7.74 是典型 3 个 X 轴传感器测量结果，3 条波形曲线基本重合，说明弹载过载加速度测试系统稳定可靠，测量结果可信。由此可见，对于智能侵彻引信的加速度传感器信号的处理，为了提高辨识度，应采用物理滤波和低通滤波的方式去掉传感器结构中高频信号，凸显侵彻过程靶体结构参数和性质对动力学特性响应的影响，提高引信的作用可靠性。

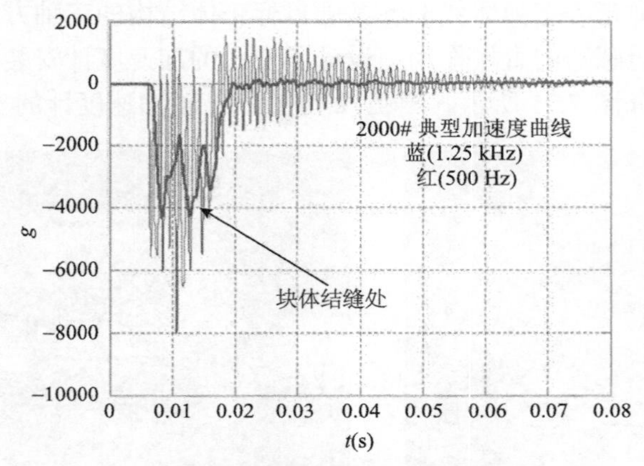

图 7.73　典型的减加速度波形

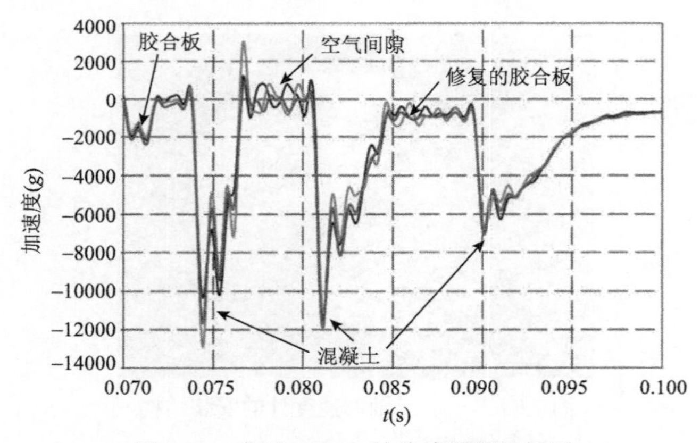

图 7.74　典型 3 个 X 轴传感器测量结果

图 7.75 是典型的发射至侵彻全过程加速度和速度曲线，图中曲线上标出了发射过程、弹道线上经历的胶合板脱壳器、混凝土靶、沙层、空气间隙、胶合板层等。这些数据特征对智能引信目标识别具有重要的参考价值。

图 7.76 是典型的侵彻过程加速度和速度曲线与靶标结构的对应关系，由此可建立引信检测规则和计算方法，为识别目标特性提供依据。

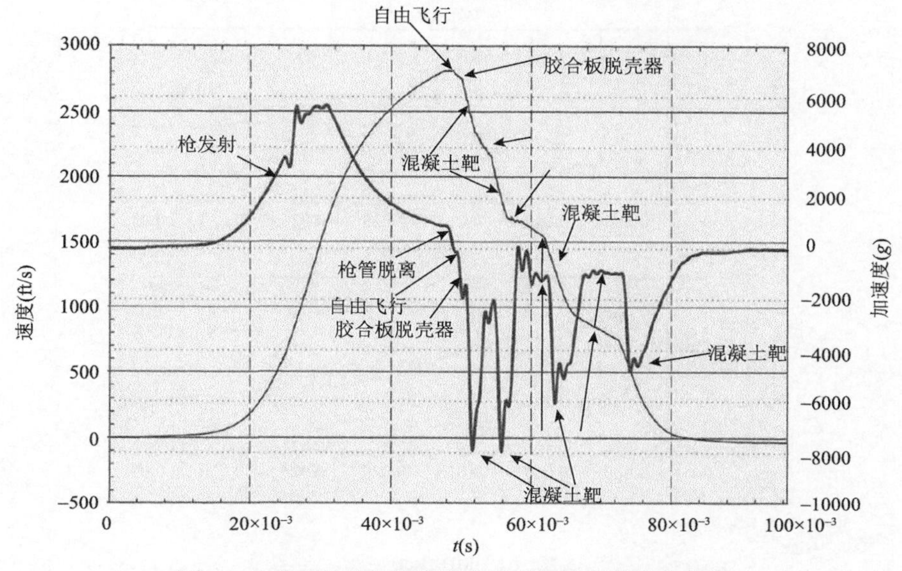

图 7.75　典型的发射至侵彻全过程加速度和速度曲线

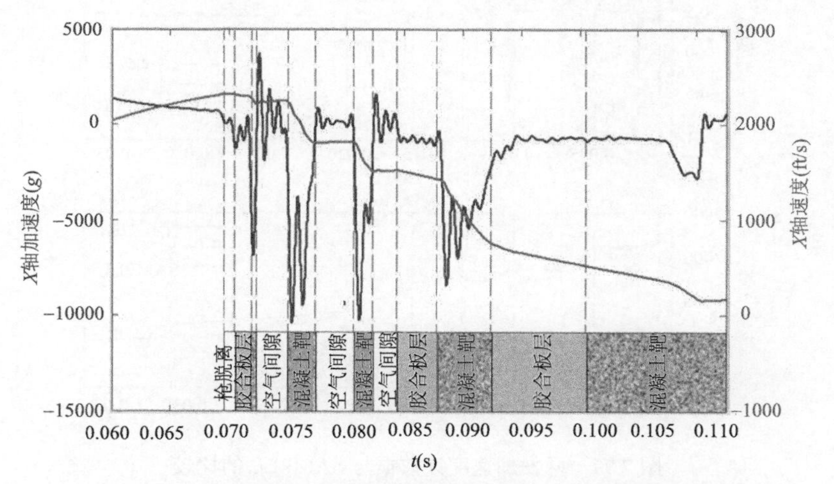

图 7.76　典型侵彻过程加速度和速度曲线与靶标结构对应图

图 7.77 是横向载荷下侵彻简化分析模型（SAMPLL）计算结果与试验测量结果包括加速度、速度曲线的对比，两者关键特征一致性较好，验证了简化分析模型的合理性。

引信的自相关算法最小可检测 1/3 口径的厚度的混凝土靶，在正常撞击条件下，轴向信号的横向干扰不会影响检测算法。差分技术可以测量角加速度、速度和位移，根据加速度曲线可以计算弹丸侵彻贯穿硬目标过程中的位置和时间。

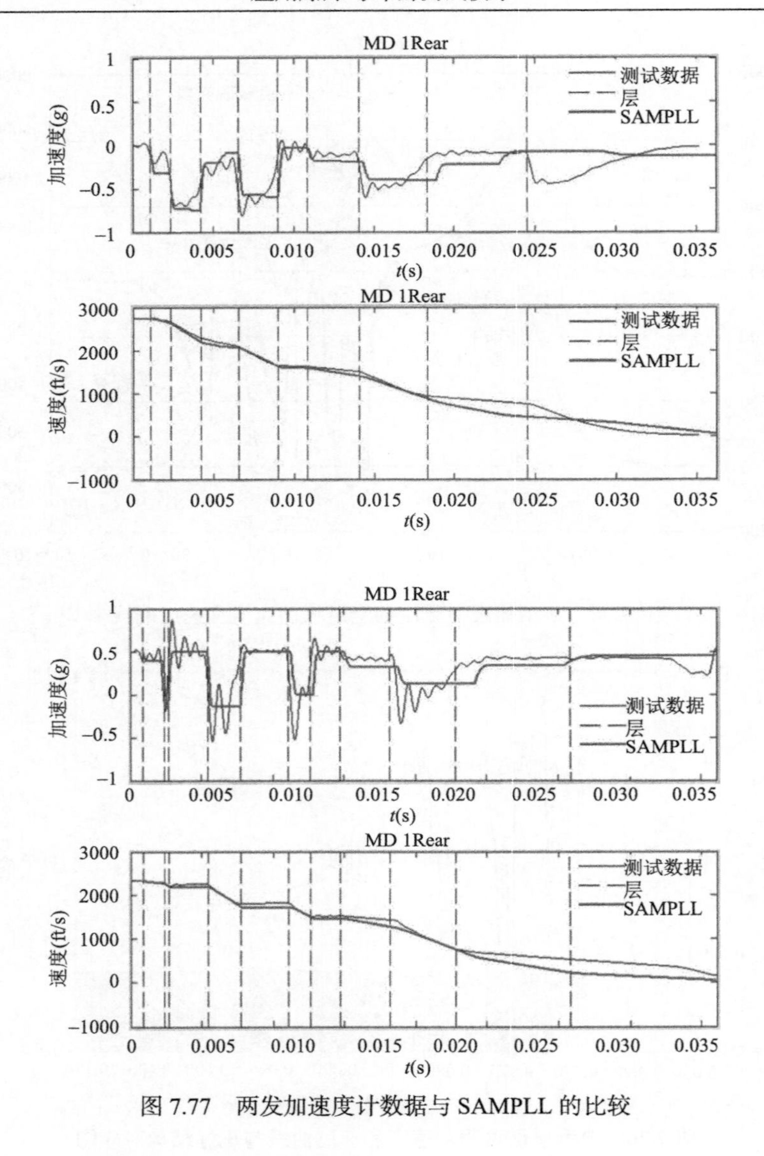

图 7.77 两发加速度计数据与 SAMPLL 的比较

参 考 文 献

爆炸科学与技术国家重点实验室(北京理工大学)编. 2009. DPRB 数字压力记录仪用户手册[DB/CD].

段卓平. 2007. 一种新颖的可重构数据存储压力仪[J]. 北京理工大学学报, 27(9): 769-773.

侯超. 2012. 侵彻硬目标武器及其智能引信关键技术研究[J]. 航空兵器, 2: 44-48.

周玉霜. 2016. 薄壁圆筒结构压损力测试研究及数值模拟[J]. 兵工学报, 37(Suppl.1): 86-90.

Craig Doolittle. 2007. Mid-Scale Testing and Simulation of Fuze Terminal Ballistic Environments[C]. 51st Annual Fuze Conference.

Craig Doolittle. 2007. Dynamic Measurements of Multi-Layer Target Perforation at Enhanced Velocities[C]. 51st Annual Fuze Conference.

Helmut Hederer. 2002. PIMPF - The German Hard Target Fuze is ready[C]. The 46th Annual Fuze Conference.

第8章 激光干涉测速技术

紧随激光和激光技术的出现而发展起来的激光干涉测速技术，是近三十年来波剖面测试技术的最重要进步。它在原理上是利用光学多普勒（Doppler）效应，当一束激光入射至样品表面，表面在冲击波作用下运动时，反射激光的频率将随样品表面运动速度变化而变化。采用外差检测技术（光混频）或分光光谱技术追踪频率变化过程，就可得到自由面速度变化过程。这种测量原理决定了激光干涉测速技术有如下特点：①非接触测量，不干扰目标运动；②直接测速，得到真实速度和速度变化值；③测定值是一个点的真实运动，激光干涉测速技术可用于测量小样品，节省贵重的样品材料。因为激光干涉测速技术有上述优点，经过三十多年的发展，仪器本身及其应用技术、应用领域都有很大的进步，已经成为标准的波剖面测试技术手段。

激光干涉测速技术可广泛用于冲击波物理和爆轰物理研究，如材料动态力学性能、炸药反应区特性参数、炸药起爆爆轰成长、爆轰产物做功特性、意外刺激下弹药的不敏感特性等物理过程测试和研究。本章主要介绍激光干涉测试仪器的基本原理、典型的激光干涉测试系统组成和信号处理等相关测试技术的基础知识，以及激光干涉测速技术应用实例等。

8.1 激光干涉原理

8.1.1 光学多普勒效应

声学多普勒效应是很早经过验证的一种物理现象：人站在月台上，监听开近火车的汽笛或车厢内演奏的音乐时，其音调会变高；当火车远离时，音调会变低。光作为一种波动，也具有相同的变频效应。光源发射一束光入射到运动物体表面（图 8.1），运动物体对于光源来说相当于接收器，按多普勒原理，接收到的

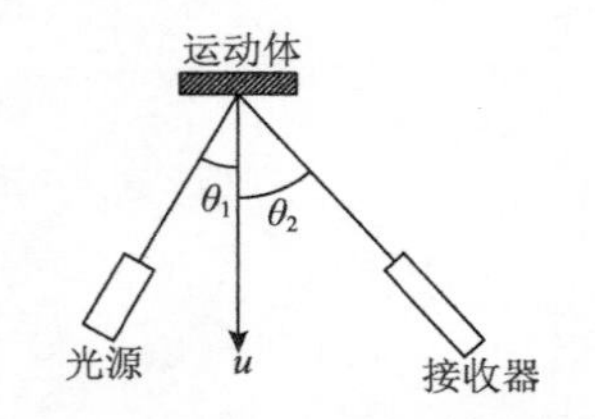

图 8.1 运动体的多普勒效应

频率会随运动体速度而增加。

$$\nu_{\mathrm{m}} = \nu_0 \left(1 + \frac{u\cos\theta_1}{c}\right) \tag{8.1}$$

式中，ν_0为光源辐射频率；u为运动物体表面速度；θ_1为入射光和运动方向的夹角；c为真空中光速。

运动体又相当于一个发射天线，把接收到的辐射波发射出来，在θ_2方向的接收器也因多普勒效应，收到频率增高的光波信号。

$$\nu = \frac{\nu_{\mathrm{m}}}{\left(1 - \frac{u\cos\theta_2}{c}\right)} = \nu_0 \frac{1+\frac{u\cos\theta_1}{c}}{1-\frac{u\cos\theta_2}{c}} \tag{8.2}$$

式中，

$$\left(1-\frac{u}{c}\cos\theta_2\right)^{-1} = 1+\frac{u}{c}\cos\theta_2+\left(\frac{u}{c}\cos\theta_2\right)^2+\left(\frac{u}{c}\cos\theta_2\right)^3+\cdots$$

因为在关心的速度范围内$\frac{u}{c} \ll 1$，对上面展开式取值一级近似$\left(1-\frac{u}{c}\cos\theta_2\right)^{-1} \approx 1+\frac{u}{c}\cos\theta_2$，带入式(8.2)，并忽略高次项，得到：

$$\nu = \nu_0[1+\frac{u}{c}(\cos\theta_1+\cos\theta_2)] \tag{8.3}$$

所以速度为u的运动体产生的多普勒频移为：

$$\mathrm{d}\nu = \nu - \nu_0 = \frac{u}{c}\nu_0(\cos\theta_1+\cos\theta_2) = \frac{u}{\lambda_0}(\cos\theta_1+\cos\theta_2) \tag{8.4}$$

用同样方式，可得到：

$$\mathrm{d}\lambda = -\frac{u}{\nu_0}(\cos\theta_1+\cos\theta_2) \tag{8.5}$$

即当光源和接收器都在运动方向一侧，并且运动物体与接收器做相向运动时，接收器接收的光频率增加，波长减小。

讨论几种特殊情况：

(1)入射光方向及接收方向与运动方向的夹角相等。$\theta_1=\theta_2=\theta$，则：

$$\mathrm{d}\nu = \frac{2u}{\lambda_0}\cos\theta \tag{8.6}$$

$$\mathrm{d}\lambda = -\frac{2u}{\nu_0}\cos\theta \tag{8.7}$$

(2)在正向入射并接收回波信号情况下，$\theta_1 = \theta_2 = 0$：

$$\mathrm{d}\nu = \frac{2u}{c}\nu_0 = \frac{2u}{\lambda_0} \tag{8.8}$$

$$\mathrm{d}\lambda = -\frac{2u}{c}\lambda_0 = -\frac{2u}{\nu_0} \tag{8.9}$$

(3)在激光干涉测速技术中，我们常常采用图 8.2 的方式，用一个前置透镜将激光聚焦于样品表面，并用同一前置透镜收集表面散射光送回干涉仪。进入干涉仪的光不是只有正向回波，而是一个光锥，光锥中心频率是 $\nu_0 + 2u\nu_0/c$，θ 角方向的频率是 $\nu_\theta = \nu_0[1 + u(1+\cos\theta)/c]$，并且是透镜孔径角 θ 的函数。

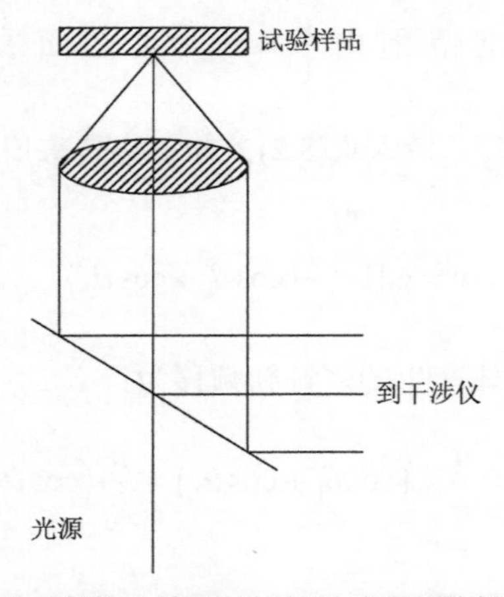

图 8.2　用带孔反射镜和前置透镜把样品表面散射光送入干涉仪

即在这种情况下，我们可认为多普勒频移 $\mathrm{d}\nu = 2u\nu_0/c$，而它的带宽为：

$$\Delta\nu = \frac{2u}{c}\nu_0(1-\cos\theta) \tag{8.10}$$

在激光干涉测速技术中，一般用小于 $f/5$ 的前置透镜来收集回波信号。这样，透镜边缘 $\cos\theta = 0.995$，$\Delta\nu = 0.005\mathrm{d}\nu$。所以，一般不计光锥引入的频移差别，而只用式(8.8)和式(8.9)来表示多普勒效应引起的频移和波长变动。

以上分析可以看到，光学多普勒频移量与样品速度呈线性相关，所谓激光干涉测速技术就是用某些方法检测激光多普勒频移，进而获得样品速度的技术。

棱镜摄谱仪和光栅摄谱仪都是古老而成熟的分析多普勒频移的技术。棱镜偏向角和光栅衍射的主极大值位置，都与波长相关。因此，按谱线位置变化可以换算出波长变化。这一技术通常用来辨认波长和波长位移，研究物质的化学组分或结构变化。在波长变化与样品速度相关的情况下，也就可以得到速度变化。

但是，采用棱镜或光栅作色散原件的摄谱仪能否检测到样品速度引起的波长变化，取决于它们的分辨率。

例如光栅的分辨率：

$$A_{光栅} = \frac{\lambda}{\Delta\lambda} = kN \tag{8.11}$$

式中，λ 为激光波长；$\Delta\lambda$ 为可以分辨的最小波长变化；k 为光谱级次；N 为光栅刻线总数。

因此，具有超精细光谱分辨本领的法布里-珀罗标准具才是适用的分光元件。经过近三十年的发展和改进，法布里-珀罗干涉仪已成为最重要的激光测速仪器之一。

8.1.2　位移干涉仪原理

光混频技术即相干检测技术，或称为频率调制技术，是无线电超外差技术的推广。收音机就是用超外差技术检测无线电信号的。无线接收信号同收音机内部的本机振荡信号混合，一同加到平方律检测器上，得到的输出信号频率等于外来信号与本机振荡频率之差。合成波的振幅为：

$$E = E_s\cos(\omega_s t + \varphi_s) + E_l\cos(\omega_l t + \varphi_l) \tag{8.12}$$

式中，E_s，E_l 为两入射波的振幅；ω_s，ω_l 为它们的角频率；φ_s，φ_l 为两振荡波的初位相。

两列波叠加输出表现为驻波列，驻波的频率是两叠加波频率之差，相当于在载波上施加了一个调制信号。当这一叠加波输入到平方律检测器时，检测器只能响应合成电磁波的强度，它由上式的平方给出：

$$\begin{aligned} E^2 = {} & E_s^2\cos^2(\omega_s t + \varphi_s) + E_l^2\cos^2(\omega_l t + \varphi_l) + E_s E_l\cos[(\omega_s + \omega_l)t \\ & + (\varphi_s + \varphi_l)] + E_s E_l\cos[(\omega_s - \omega_l)t + (\varphi_s - \varphi_l)] \end{aligned} \tag{8.13}$$

在收音机内，上述信号又经过一个具有高频截止功能的滤波器，使频率高于

$\omega_s-\omega_l$ 的信号不能通过。这样，上式的前三项都只输出其平均值。$\cos^2\omega t$ 的平均值是 1/2，$\cos(\omega_l+\omega_s)t$ 的平均值为 0，因此式(8.13)成为：

$$E^2=\frac{E_s^2+E_l^2}{2}+E_sE_l\cos[(\omega_s-\omega_l)t+(\varphi_s-\varphi_l)] \tag{8.14}$$

即外来无线电信号和收音机内的本机振荡信号混频并经过一个滤波器后，将输出调制在两波频率之差的电信号。

这种超外差技术显然可以推广到光频信号。因为现在所有的光检测器都是平方律检测器，对光强敏感。而光强是光波振幅的平方，并且所有的光检测器，例如光电倍增管都是高频截止的器件。当两个光波在空间相重叠时，放在合成波路径中的光电检测器，也不能响应式(8.13)中的前三项频率振荡，也将产生调制在差拍频率上的电信号。检测器的输出用示波器或波形数字化仪器进行记录，得到电压幅度调制信号，用波数 $F(t)\times 2\pi$ 代替角频率 $\cos(\omega_s-\omega_l)t$，并用 φ 表示两光波初相位差，式(8.14)可写成：

$$V(t)=rE^2=A+B\cos[2\pi F(t)+\varphi] \tag{8.15}$$

式中，$V(t)$ 为输出电压；r 为放大率系数，取决于光电倍增管和记录仪器的灵敏度及输出阻抗等因素；A 是输出的直流部分。

不过，要得到理想的输出波形，两光波强度必须相等，如果不相等，例如 $E_l^2=\gamma E_S^2/\sqrt{\beta}$，理想信号会变成在直流信号上叠加交流信号，直流信号幅度 $A=\gamma E_S^2(1+1/\beta)/2$，而交流信号振幅 $B=\gamma E_S^2/\sqrt{\beta}$，这样信号的最大幅度 V_{max}：$A+B$，最小幅度 V_{min}：$A-B$。

我们把

$$M=\frac{V_{max}-V_{min}}{V_{max}+V_{min}} \tag{8.16}$$

定义为调制深度。在两束光强相等时，调制深度为 1。强度不相等，调制深度：

$$M=\frac{B}{A}=\frac{2\sqrt{\beta}}{1+\beta} \tag{8.17}$$

表 8.1 列出一束光强度是另一束的 1/5～1/2 时，理想信号的调制深度。它实际上表示这种幅度调制信号的对比度，是信号质量的重要标志。在研制仪器时，总是努力保持两束光强度相等，以获得最好的调制深度。

表 8.1　典型调制深度

β	1	2	3	4	5
M	1.00	0.943	0.866	0.800	0.745

光学混频技术也是一种光干涉技术。两束光相交后，以波动的振幅相加，而不是在叠加界面上强度相加，所以相加的两列波必须满足时间相干性和空间相干性要求，偏振方向要一致，并且初相位差必须是稳定的。

混频技术不是两列频率相同的光波叠加，不在干涉场上产生稳定的干涉条纹，而是与平方律检测器组成系统，输出差拍信号。但是，在静态调试时，差拍混频仪器的光学系统又都是一台普通的光学干涉仪，这时被测样品不动，参入混频的两列波频率相同，在光束行进的任一界面上（例如光电倍增管阴面）都产生稳定的干涉花样。当两束光平行面共线，并且波面重合时，会发生全场干涉，出现全亮或全暗的干涉场。一般情况下波面不可能完全重合，将出现“牛眼”状干涉环纹。而当两光束间有夹角时，就出现平行干涉条纹。使用混频技术，应当尽量避免后一种情况。因为平行条纹就意味着两光束在叠加的不同位置有不同的初相位，如果几个条纹同时输入光电倍增管，在动态测试情况下任意时刻都有不同相位的波，即不同的光强度作用于光电阴极，使得输出幅度相抵消，会大大影响输出信号的调制深度。使两束光平行且共线，产生清晰、均匀的干涉环，是设计和调整光学混频装置的重要技术工作。

图 8.3 是最初采用光学混频法检测自由面速度的激光干涉测量装置，实际上是一台迈克耳孙干涉仪，是古老的迈克耳孙干涉仪和激光技术结合的成功设计。

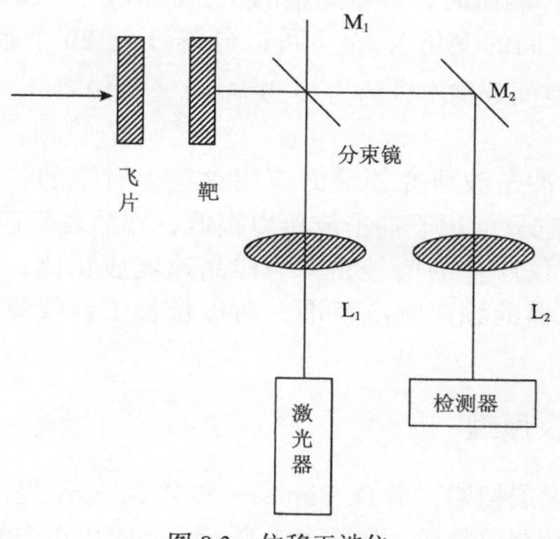

图 8.3　位移干涉仪

激光经前置透镜 L_1 和分束镜聚焦在靶表面和反射镜 M_1 表面，并由准直镜 L_2 收集从两表面返回的光束，使他们平行、共线地输入检测器。检测器输出频率等于两光束差频的电信号。来自靶面的光束称为信号光束，当飞片高速撞击产生的冲击波使靶面运动时，因多普勒效应，反射光的频率成为 $v_0+2u(t)/\lambda_0$。来自 M_1 的光束为参考光束，它的频率就是激光器的本机振荡 v_0。信号光束和参考光束再次通过分束器之后进行混频。它们的各一半能量返回激光输入方向，没有被利用，另一半则经过反射镜 M_2 和透镜 L_2 送入检测器，由检测器输出差拍信号，该信号由示波器扫描后输出正弦波形，我们通常称之为条纹。

显然条纹频率就是信号光频率和本机振荡频率之差：

$$v_{\mathrm{m}}(t)=\frac{2u(t)}{\lambda_0} \tag{8.18}$$

$$u(t)=\frac{\lambda_0 v_{\mathrm{m}}(t)}{2} \tag{8.19}$$

速度积分是靶自由面的位移 $S(t)$，频率积分是条纹数 $F(t)$。

$$S(t)=\frac{\lambda}{2}F(t) \tag{8.20}$$

此式表示，示波图上每个条纹相应于自由面移动 $\lambda/2$。由此可以知道，运动物体的速度与条纹变化率成正比。因为得到的是位移随时间变化的规律，所以称为位移干涉仪。实际测试时，一个完整的正弦波信号，按其幅度随时间的变化（或即正弦信号随时间的变化），至少可以分辨 10～20 个幅度值。因此，可以认为位移干涉仪的空间分辨本领约为 $\lambda/20\sim\lambda/40$，即10^{-8} m，远远高于其他位移测试系统。

位移干涉仪在冲击波研究领域的应用是极为有限的，因为样品表面必须加工成镜反射面，它只能用于冲击波压力很低，样品表面速度很低的试验。另外，因为位移干涉仪产生的信号频率与样品速度成正比，信号频率很容易就会超出现有监测仪器的频率响应范围，所以位移干涉仪只能用于测量速度较低的样品运动。

8.1.3　速度干涉仪原理

在激光测速仪发展初期，由 D. Simpson 和 P. R. Smy 提出的差分混频测速仪是另外一种光学混频测速装置。如图 8.4 所示，当时用在击波管实验中测量冲击波到达某点的瞬时速度。

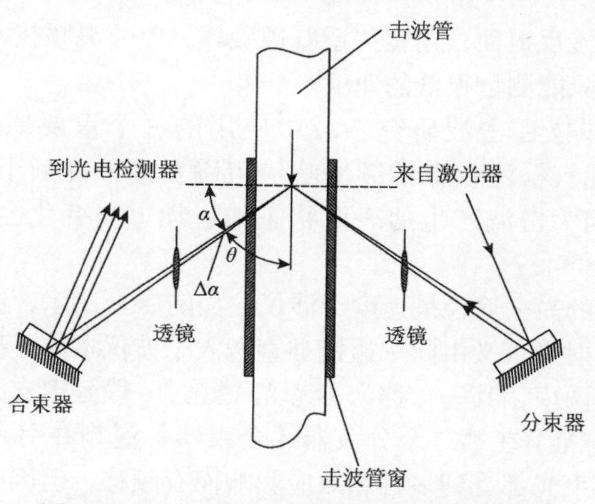

图 8.4　用于击波管测试实验的差分混频装置

其中分束器是一块平面平行平晶。与透镜一起形成有一定夹角的两束光入射到冲击波表面，然后又用一个透镜和一块平面平行平晶作为合束器使两束反射光实现光学混频。转动分束器可以很方便地改变两光束之间的夹角。不过经后来实践证明，因为击波不平度影响很大，其实际应用是有限的。

曾调试了如图 8.5 所示的装置，检验差分混频测速仪能否用于测试冲击波作用下样品表面的速度。这种情况下，样品表面有较强的反光能力，不必采用掠入射方式。$\cos\alpha$ 和 $\Delta\alpha$ 可以配合产生适当的条纹频率。这个装置的问题是景深较小，面误差较大，因为 $\Delta\alpha$ 角很小，难以控制精度，而它的误差会直接引起速度测试误差，该技术要求样品在测试过程中保持为镜面。在强击波情况下，冲击波

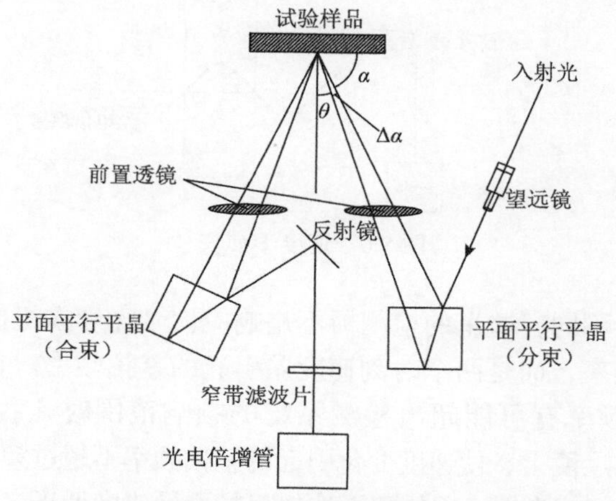

图 8.5　用于测试样品表面速度的差分混频装置

到达会使表面成为漫反射面，角度关系既遭破坏，差分混频技术不复存在。所以实际上这一技术也只能测量很低的速度。

影响位移干涉仪在击波研究领域中应用的一个重要原因是条纹频率太高，很容易超出现有检测仪器的频率响应范围。差分混频干涉仪虽然能解决频响问题，但是因为击波产生的表面状态和运动方向变化会带来较大的测试误差，所以未能推广。

解决频响问题的另一途径是速度干涉仪，如图 8.6 所示，激光经前置透镜聚焦于样品表面，反射光束又由同一透镜准直送入干涉仪本体。携带多普勒信息的光束由分束器分成两束，其一（称为参考光）经过一段延迟支路后，再与另一部分光束（成为信号光）在第二个分束器（合束器）混频并引入光电倍增管来检测。参与混频的两束光都受到多普勒效应影响而有频移，但因两光束到达倍增管时对应于不同时刻的信号光，当样品速度变化时，就对应于不同的速度。在任一指定时刻 t，信号光束的频率为 $v(t)$，而参考光束的频率则是此前一小段时间 τ，即 $t-\tau$ 时刻的信号光频率。因此通过检测器后也产生差拍，差拍频率为：

$$v_{\mathrm{m}}(t)=[v_0+\mathrm{d}v(t)]-[v_0+\mathrm{d}v(t-\tau)]=\frac{2}{\lambda_0}[u(t)-u(t-\tau)] \tag{8.21}$$

式中，τ 为光在参考支路中多走的时间。

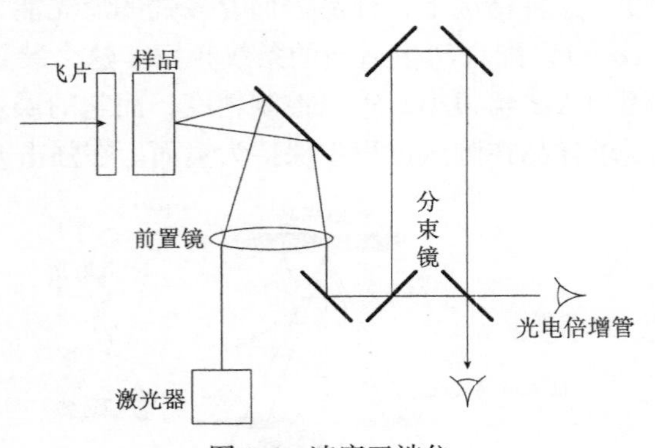

图 8.6　速度干涉仪

与位移干涉仪不同，这里的检测器不是响应信号光和本机振荡（激光的输出光）之间的差拍频率，而是两个时刻速度差引起的差拍频率。在速度变化特别快而使得这个差拍频率有可能超出检测系统的频响范围时，我们可以减小时间 τ，在更短的时间尺度上，使速度变化引起的差拍频率不超过频响限制。如仍以系统响应频率 200 MHz 为例，用位移干涉仪只能测量速度低于 63 m/s 的样品运动（所用激光波长为 633 nm 时），而用速度干涉仪只要任一时刻 t 的速度和在它之前

$(t-\tau)$时刻的速度差不超过 63 m/s，检测器都能响应。所以从系统频响的角度来看，速度干涉仪测量样品高速运动的能力是不受限制的。

式(8.21)右边的 $v_m(t)$的积分是条纹数随时间的变化，右边表示速度变化，其积分即是速度，推导出的速度干涉仪测速公式为：

$$F(t)=\frac{2\tau}{\lambda}u(t) \tag{8.22}$$

$$u(t)=\frac{\lambda}{2\tau}F(t) \tag{8.23}$$

式中，λ 为所用激光波长；τ 为参考支路相对于信号支路的延迟时间；$F(t)$ 为在示波图上计算的条纹数。

与以往的测试技术不同，这里样品速度与示波图上的条纹数成正比，人们不需要先计算出位移随时间变化的过程，再微分位移曲线来获得速度，所以称为速度干涉仪。速度干涉仪对冲击波研究领域作出了很多贡献，包括测试冲击波作用下样品自由表面速度和样品-窗材料的界面速度，应用范围大大超过了位移干涉仪。速度干涉仪很好地解决了记录系统频响问题，从原理上讲可测速度的上限不受限制。

应用速度干涉仪和位移干涉仪测量自由面速度时都需将样品研磨抛光至镜反射程度，这增加了工艺难度和实验成本，也限制了可测材料的品种，例如疏松材料、岩石之类的样品不可能抛光成镜面。更为重要的问题是在冲击波作用下不能保持镜面反射。另外，速度干涉仪不能鉴别加速减速，在冲击波研究中也是较大的缺点。VISAR 激光干涉技术的发展解决了上述问题，既可测任意反射表面速度，又能分辨加减速度变化过程，因而逐渐成为冲击波爆轰波研究领域的标准测试手段。

8.2　激光干涉测试系统

8.2.1　VISAR

VISAR 的英文全名为 Velocity Interferometer System for Any Reflector，意为可以测量任意反射面的速度干涉仪。它的主要优点是既可以测量镜面反射样品，也可以测量漫反射的样品。不仅可以用于研究金属材料，还可以研究非金属材料及反光度不是特别好的材料。对加载装置的平面性以及样品在运动过程中的倾斜程度要求都大大降低了，因而在冲击波研究领域，它可以用于研究更高压力范围内的材料的动态性能。其系统结构如图 8.7 所示。

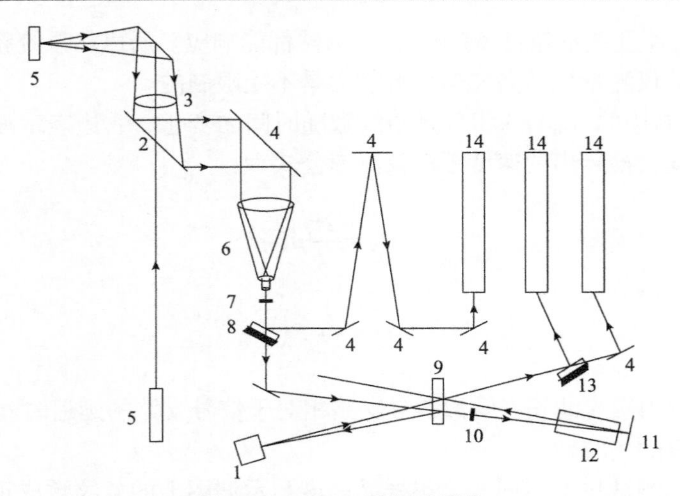

图 8.7　VISAR 系统原理图

1-激光器；2-带孔反射镜；3-前置透镜；4-反射镜；5-靶面；6-望远镜；7-起偏器；8-分束器；9-主分束器；10- $\lambda/4$ 器；11-端反射镜；12-延迟标准具；13-偏振分束器；14-光电倍增管

激光器发出的激光穿过带孔的反射镜，并通过前置透镜和反射镜聚焦于靶体上。反射回来的光通过反射镜和望远镜进入干涉部分。进入干涉部分的光，通过起偏器变成线偏振光，再通过一个分束器，分出 1/3 的光并通过三个反射镜进入光电倍增光，这一路主要是为了监控光强的变化。另外 2/3 的光通过分束器 9 再次分成两束，一路小角度反射到反射镜 11，另外一路通过分束器后，通过 1/4 玻片和标准具，产生 $\pi/2$ 的相位差，标准具产生一个时间迟延 τ ，到达反射镜后反射回来。两路光在主分束器上重合后，继续向右传播，利用偏振分束器，将正交的信号分开，分别送到两个光电倍增光中。两个光电倍增管分别记录相位正交的条纹信号，这样可以避免接近条纹最大值和最小值的低解析区域。

采用标准具来形成两支路之间的延迟时间，使普通速度干涉仪变成了可以测量任意反射面的速度干涉仪，大大改善了测试的精度，并且能够解决加速度的鉴别问题，但 VISAR 系统仍然光路系统复杂，调试精细烦琐，对使用环境要求高。目前该系统虽然具有相当高的仪器化水平，但需安置在试验室内具有减震功能的光学平台上，无法在野外环境使用，阻碍了系统的推广应用。

8.2.2　FVISAR

20 世纪 80 年代以来，光纤为传播介质的相关技术得到了迅速的发展。光纤具有体积小，质量轻，抗电磁干扰能力强，可以弯曲，可以在某些特殊环境下工作，并可以实现遥测等优势。光纤在通信领域的地位已经显得无可替代，在传感检测领域也发挥着越来越重要的作用。用光纤器件代替离散的光学器件，用无源的光耦合器代替离散的分束器，用低相干长度的光源（如 LD 激光器）代替高相干长度的激光器（气体激光器），不仅克服了原有测速系统的缺点，而且易于调试，灵敏度高，动态范围大。相比于传统的 VISAR 系统，FVISAR（Fiber Velocity Interferometer System for Any Reflector，任意反射面的光纤速度测量系统）由于具有这样的优势，因而备受研究人员的青睐，纷纷致力于这方面的研究，FVISAR 也将测速系统推向了一个新的时代。

1996 年，以色列科学家 L. Levin 用光纤替代传统 VISAR 的光学器件，通过光纤耦合器使两路激光实现相干，在测量喇叭膜片的振动实验中实现了清晰的干涉条纹，这是最早将 FVISAR 用于速度测量的实验。1997 年，Larry Fabiny 等提出了大动态范围的光纤速度干涉仪，测速范围达到 1 mm/s～1000 m/s，由于使用了载波相位调制 PGC 来解调相位，所以具有很高的灵敏度和较大的动态范围。该系统对光源的利用效率相对较高，要求光源的相干长度较长，因而只能采用特殊激光器（如 ND：YAG 激光器），但是此类激光器价格较高，加大了实验成本。

目前光纤的测速系统，研究较多的是基于光纤延迟线的一种探测结构，结构如图 8.8 所示。

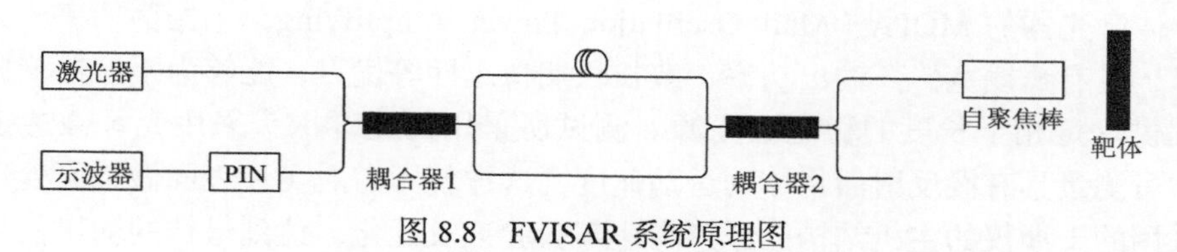

图 8.8　FVISAR 系统原理图

激光器发出的激光，经过耦合器 1 被分成两路，一路通过直通臂到达耦合器 2，一路通过延迟臂到达耦合器 2。自聚焦棒是检测系统的探头，光通过自聚焦棒打到靶体上反射回来。反射回来的光经过耦合器 2 也被分成两路到达耦合器 1，一路通过直通臂，一路通过延迟臂。这样光就被分成了四路：①入射光通过直通臂，反射光通过直通臂；②入射光通过直通臂，反射光通过延迟臂；③入射光通过延迟臂，反射光通过直通臂；④入射光通过延迟臂，反射光通过延迟臂。激光的相干时间 $t_0 < \tau$，τ 是光纤的延迟时间。因为先通过直通臂的光和先通过延迟臂的光之间是有时间间隔 τ 的，在 τ 时间内靶体的运动速度是不一样的。因而只有②、③两路光相干，能够发生干涉，利用干涉原理和多普勒效应就可以测出物体的运动速度。基于延迟线的此测速系统，两路光的光程相等，这样降低了系统对激光器的相干长度的要求，另外条纹数的变化率只和前后两个时刻的时间间隔 τ 有关系，而时间 τ 可以通过改变延迟臂光纤的长度来改变，降低了探测器的带宽要求。

但是，该系统也有弊端，如第二个耦合器有 3 dB 的损耗，从另一个侧面也对光源光功率的要求提高。此外，该系统的偏振稳定性不好，而且系统极容易受外界环境的影响，限制了该系统的进一步发展。

8.2.3　DISAR

DISAR 是国内近年来发展的一种飞片测速工具，全称为 All Fiber Displacement Interferometer System for Any Reflector，即任意面全光纤位移干涉系统。同时国外也发展了原理与之相同的全光纤测速系统，称之为光子多普勒速度测量系统（photonic doppler velocimetry，PDV）。因此，国内也把任意面全光纤位移干涉系统 DISAR 称为 PDV。DISAR 的工作原理是借助光学效应实现位移或速度的测量，激光发射器会发出激光由光纤传导至探头，将激光发出；然后激光探头会收集光的反射信号传递回干涉系统进行分析，即可得到速度或位移变化曲线。

DISAR 激光干涉测速仪兼具 VISAR 传统激光干涉测速技术和全光纤激光干涉测速技术的优点，具有独特的设计思想，采用多普勒原理测量材料在纳秒级别的变化过程。由于整个系统均采用光纤连接，不仅能够提高系统的稳定性，减少体积，而且由于采用了高性能的单模光纤，使系统的响应时间不受限于光纤色散，最高可实现 10 ps 量级时间分辨率的速度测量。系统采用的光纤激光器基于半导体激光器的 MOPA（Mail Oscillation Power Amplifying，主振荡功率放大）技术，具有窄线宽、高输出功率、波长长期稳定性等优点，能够为干涉器测速系统提供一定相干长度的稳定激光源。测试所采用的光纤探头采用光纤微透镜结构，可测量具有漫反射面物体的运动速度，这样就无需对飞片表面做镜面处理。所采用的干涉仪的主机结构已经过高速实验验证及优化，达到最佳的输出信号信噪比，有效地降低了测量误差。在数据后处理上，其数据处理软件不仅可以由采集的数据计算得到速度曲线，而且还能计算出位移曲线、加速度曲线和位移-速度曲线。同时，程序具有滤波功能，可对计算结果进行光滑处理。

光纤位移干涉仪的原理如图 8.9 所示。激光器射出的激光经过光纤耦合器 1 被分成两束，一束通过光纤耦合器 2 接入射到探测器，另一束光经过探头入射到靶面。从靶面反射和散射的已发生多普勒频移的光线被探头收集，经过耦合器入射到探测器，参考光和信号光产生差拍信号被探测器记录，然后通过示波器显示，通过信号处理可以得到靶面运动的速度信息。

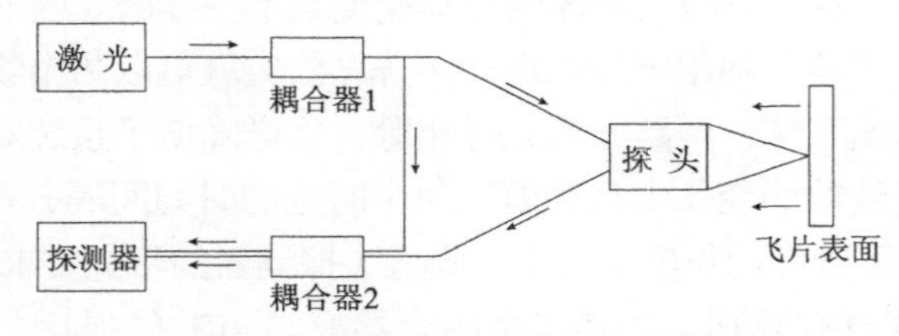

图 8.9　DISAR 测试原理示意图

DISAR 性能稳定可靠、测试信号强、操作简单、运行成本低、实验准备周期短，在冲击波物理、航空航天、工业检测以及冲击实验研究中广泛应用，DISAR 实物图如图 8.10 所示。到目前为止，DISAR 系统时间分辨率已达 50 ps，空间分辨率能够达到 80 ns，对速度的测量精度高达 1%，位移分辨率最高可达 300 nm，测量景深大于 0.5 mm，可适用于速度 0.1 m/s～8 km/s 范围内的瞬态速度连续测量。

应该指出的是，DISAR 系统的速度测量上限与数字存储示波器的性能密切相关，系统配置的数字存储示波器采用速率越高，测量的速度上限也越高。如示波器带宽 4 GHz，采样速率 25 Gs/s，系统速度测试上限约为 3500 m/s；示波器（DPO71254C）带宽 12.5 GHz，采样速率 50 Gs/s 时，系统速度测试上限大于为 7500 m/s。

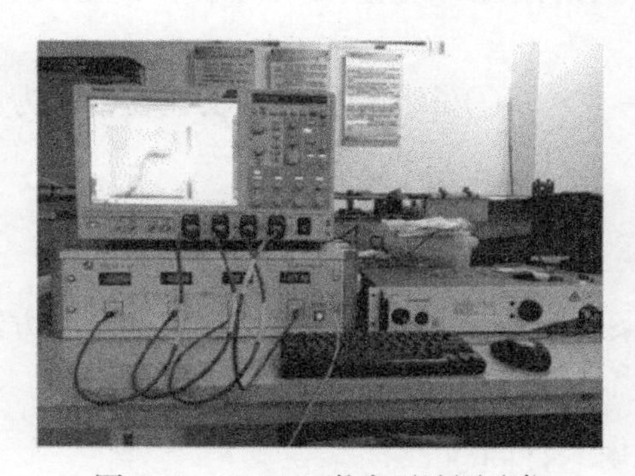

图 8.10　DISAR 激光干涉测速仪

8.2.4　信号处理

传统的激光干涉测速系统通常由多普勒全光纤干涉光路、光探测器、滤波放大电路及数字示波器组成。传统仪器中将差拍信号保存在示波器中，然后用 U 盘将示波器采集到的拷入计算机，使用 Matlab 软件进行处理，得到相应速度曲线。

多普勒速度测量系统获取的是端面反射的参考光与物体运动面漫反射的调制传感光差拍干涉的信号，由于物体的运动，根据多普勒原理，传感光的频率将受到调制，随着物体速度的变换而变换，差拍干涉后是一个变频信号，且由于是漫反射信号，光功率也不稳定，是一类典型的非平稳信号。针对此类信号提取物体运动速度的最基本方法是条纹法，也可以利用处理非平稳信号常用的时频分析理论，即时频联合域分析（Joint Time-Frequency Analysis），先获取 DISAR 信号的差频频率，进而求解物体运动的速度。典型的时频分析方法有：短时傅里叶变换、Gabor 变换、小波变换及维格纳-威利分布等。

时频分析的优点在于描述了信号的频谱分量随时间变化的情况，并有一定的数学和物理上意义。时频分析通过建立一个函数，来同时描述信号在时间和频率的能量密度情况，从而方便我们对各种信号进行分析处理和特征识别。为了对任意有效的非平稳信号进行分析，描述信号能量密度分布情况，时频分析必须具有实性、能量特性、边缘特性和有限支持特性。

1. 条纹法（FM）

根据公式 $f_{\text{beat}} = f_2 - f_1 = 2u(t)/\lambda$，只要测量出差频频率 f_{beat}，即可计算出被测物体的运动速度。

差频信号的每一个周期对应一个条纹。找到条纹的相邻极大值（或极小值）对应的时间后，其时间差即差频周期 $T_{\text{beat}}(t)$ 和差频频率 $f_{\text{beat}} = 1/T_{\text{beat}}(t)$ 就得到了。

利用式 $f_{\text{beat}} = f_2 - f_1 = 2u(t)/\lambda$，物体的运动速度可写为：

$$u(t) = \frac{\lambda}{2}\frac{1}{T_{\text{beat}}(t)} \tag{8.24}$$

上式是通过计算条纹周期求速度的，故这种求速度的方法称为条纹法。条纹法的关键是要精确求出每个信号极值点所对应的时间。

2. 短时傅里叶变换（STFT）

短时傅里叶变换的基本思想是通过选取一个固定宽度的滑动窗口，将非平稳信号 $V(t)$截取为一段段近似平稳的信号，然后分别对截得的信号进行傅里叶变换，得到每段中的频谱，那么此段频谱模极大值所对应的频率就是这个时间段中的 f_{beat}。再利用 $f_{\text{beat}} = 2u(t)/\lambda$ 得到这一时间段的平均速度。短时傅里叶变换的基本定义式为：

$$\text{STET}(t,f) = \int V(\tau)h(\tau - t)\mathrm{e}^{-j2\pi f\tau}\mathrm{d}\tau \tag{8.25}$$

式中，$h(\tau - t)$ 为窗口函数。从定义式我们可以看出短时傅里叶变换是一种线性变换，具有时移性、频移性、卷积性等数学性质。

其时间分辨率 Δt 和频率分辨率 Δf 满足不确定性关系，即：

$$\Delta f \cdot \Delta t \leqslant \frac{1}{4\pi} \tag{8.26}$$

当窗函数取高斯函数窗口时，就是 Gabor 变换的表达式：

$$a_{mn}=\int_{-\infty}^{+\infty}\varphi(t)\gamma^{*}(t-mT)\mathrm{e}^{-jn\Omega t}\mathrm{d}t \tag{8.27}$$

由于采用高斯函数窗口，其时间分辨率 Δt 和频率分辨率 Δf 满足：

$$\Delta f\cdot\Delta t=1 \tag{8.28}$$

对于离散的信号，当采样频率为 f_{s}，窗口宽度为 N 时，短时傅里叶变换的频率分辨率为：

$$\Delta f=\frac{f_{\mathrm{s}}/2}{N/2-1} \tag{8.29}$$

当信号变化剧烈时，时间周期相对变小，时间窗口应该变窄一些，当信号变化平稳时，时间周期相对较大，时间窗口应该变宽一些。但由于短时傅里叶变换使用的是固定窗口宽度，对变化剧烈信号和平稳信号都得不到最优分辨率，考虑到不确定性原理，短时傅里叶变换法不能同时提高时间分辨率和速度分辨率，只能取一个合适的窗口宽度兼顾上述两种情况。Gabor 变换与之类似，由于加窗的特点，使得其时间分辨率和速度分别率有所提高，具有很好时频聚集性，体现在时频图上表现为能量谱分布更加紧凑，随之带来的缺点为，其抗干扰性差，随着信号信噪比的降低，效果急剧下降。

3. 小波变换（CW）

小波变换是近年来发展起来的一种新型时频分析方法，它在时域和频域都是局域化的。小波变换通过自动调整加窗的宽度，克服了短时傅里叶变换使用固定窗口宽度的缺点，在低频时使用较宽的窗口，在高频时使用较窄的窗口，因而在时域和频域上都有较好的分辨率，能很好地分析非平稳信号 $V(t)$的时频特性。小波变换定义式为：

$$W_{v}(a,b)=\left\langle V,\varphi_{a,b}\right\rangle=\frac{1}{\sqrt{|a|}}\int_{-\infty}^{+\infty}V(t)\psi^{*}(\frac{t-b}{a})\mathrm{d}\tau \tag{8.30}$$

式中，$\frac{1}{\sqrt{|a|}}\psi(\frac{t-b}{a})$ 为小波函数，即小波基；a 为尺度因子，表示与频率相关的伸缩；b 为时间平移因子，与时间有关。小波函数需满足允许条件：

$$\int_{-\infty}^{+\infty}\frac{\left|\widehat{\psi}(\omega)\right|^{2}}{\omega}\mathrm{d}\omega<\infty \tag{8.31}$$

式中，$\widehat{\psi}(\omega)$ 为 $\psi(\omega)$ 的傅里叶变换。

小波函数通常还要求具有有限支撑性、正则性、对称性。

小波变换后的系数表示该部分信号与小波的近似程度。系数值越高表示信号与小波基越相似，因此小波系数可以反映这种波形的相关程度，即信号的频率与此时波形的频率越接近。

时频变换常用的小波基为修正的 morlet 小波或者修正的高斯小波，其时频窗口满足：

$$\Delta f \cdot \Delta t = \frac{1}{4\pi} \tag{8.32}$$

对于离散信号有，由于小波变换具有可变的时频分辨率，i 时刻的时间和频率分辨率满足：

$$\Delta t_i = \frac{f_c}{f_i}\frac{\sqrt{f_b}}{2} \tag{8.33}$$

$$\Delta f_i = \frac{f_i}{f_c}\frac{1}{2\pi\sqrt{f_b}} \tag{8.34}$$

式中，f_b 为小波基带宽；f_c 为小波基中心频率；f_i 为 i 时刻对应的小波频率。

因此小波变换除了具有可变的窗口外，其时频分辨率也高于一般的短时傅里叶变换。通过 a 的调节来实现窗口的伸缩，在高频时，采用窄时窗，在低频时，采用宽时窗，从而实现小波分析的多分辨率特性，具有“数学显微镜”的美名。

4. 维格纳-威利分布（WVD）

信号的维格纳-威利分布定义式为：

$$\mathrm{WVD}(t,f) = \int_{-\infty}^{+\infty} s(t+\frac{\tau}{2})s^*(t-\frac{\tau}{2})\mathrm{e}^{-j2\pi\tau f}\,\mathrm{d}\tau \tag{8.35}$$

由上式可知维格纳-威利分布是一种二次型时频表示，从数学的角度出发，它具有时移性、频移性、对称性、可逆性、归一性，是描述信号更加直观和合理表达。其时频分辨率较好，但对多分量信号的分析，维格纳-威利分布会出现交叉项干扰，主要有属于同一个信号分量的不同部分之间相互作用造成的位于信号支撑区之外自交叉项以及由不同的信号分量之间相互作用造成的外部交叉项。为此提出了各种各样的新型分布。典型的有伪 WVD 定义式为：

$$\mathrm{PWVD_S}(t,f)=\int_{-\infty}^{+\infty}h(\tau)s\left(t+\frac{\tau}{2}\right)s^*\left(t-\frac{\tau}{2}\right)\mathrm{e}^{-j2\pi\tau f}\mathrm{d}\tau \tag{8.36}$$

8.3　激光干涉测试应用实例

8.3.1　金属材料层裂强度测量

当物体中的两个稀疏波相互作用，产生足以使材料发生断裂的拉伸应力时，物体内部就会出现层裂现象。层裂问题是冲击工程、防御工程的重要研究课题，涉及各种材料的动态本构关系及断裂特性。通常采用平面冲击波致层裂试验，使用飞板以一定的速度冲击靶板，从飞板-靶板界面向飞板及靶板分别传入冲击波，这两冲击波在飞板及靶板背面分别反射为稀疏波，当此两稀疏波在靶板中相互作用时，就可能在靶板中产生层裂。对于层裂现象的研究，除了对回收试件进行细观观测，取得损伤度与应力历史的关系外，实验测定材料的层裂强度是至关重要的研究内容。就平面冲击波致层裂试验而言，传统的测定层裂强度的方法是采用光学或电子学方法记录靶板自由面的速度历史，或者在靶板背面置一低阻抗材料板，并在此界面上置应力传感器，记录此界面的应力历史。这里介绍采用 VISAR 测试靶板背面自由面速度历史，确定材料的层裂强度的方法。

运用 Φ57 mm 轻气炮加载紫铜平面飞片，在约 280 m/s 撞击速度下，撞击 10 mm 厚 30CrMnSi 靶板材料产生层裂，采用 VISAR 测试系统对靶板背面自由表速度进行测试。图 8.11 是试验系统设置图，图 8.12 是炮口靶环、靶板及 VISAR 探头

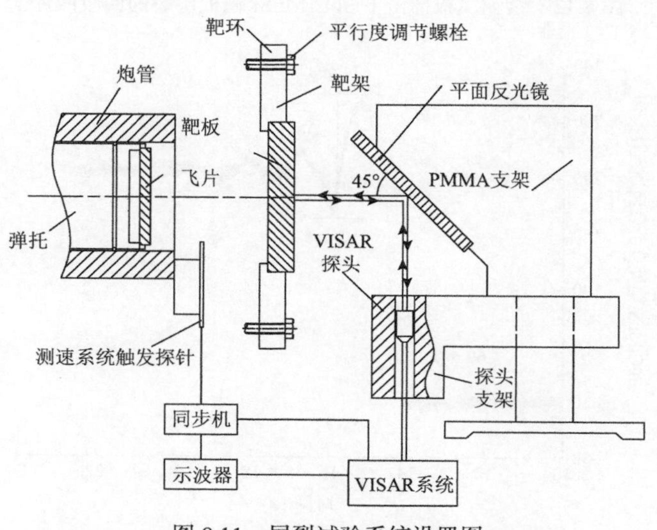

图 8.11　层裂试验系统设置图

布置现场照片。轻气炮快开阀门开启，高压气体驱动带有 Φ45 mm 厚 3 mm 的紫铜飞片，当飞片运动至炮口时，导通触发探针，同步机接收到触发信号后发出两路同步信号，一路启动 VISAR 系统的激光器出光开关，发出激光并通过光纤和激光探头照射至靶板背面，同时激光探头接收反射信号；另一路触发示波器进行信号采集和存储，记录飞片撞击靶板过程的 VISAR 信号，图 8.13 是紫铜飞板撞击下 30CrMnSi 靶板层裂的回收照片，图 8.14 是处理得到的典型层裂时撞击过程靶板背面自由面速度时间曲线。

图 8.12　炮口靶环、靶板及 VISAR 探头布置现场照片

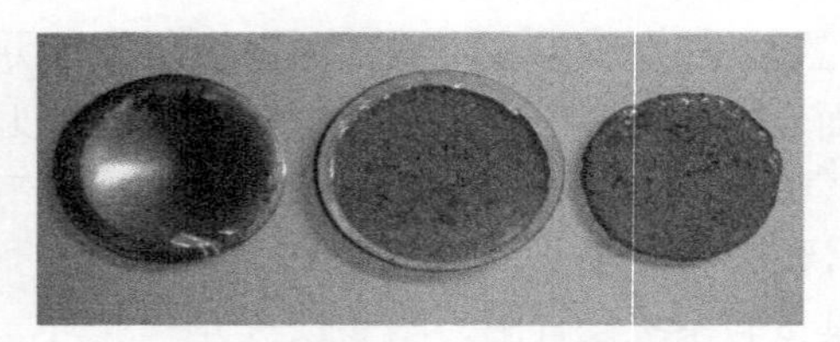

图 8.13　紫铜飞板撞击下 30CrMnSi 靶板层裂的回收照片

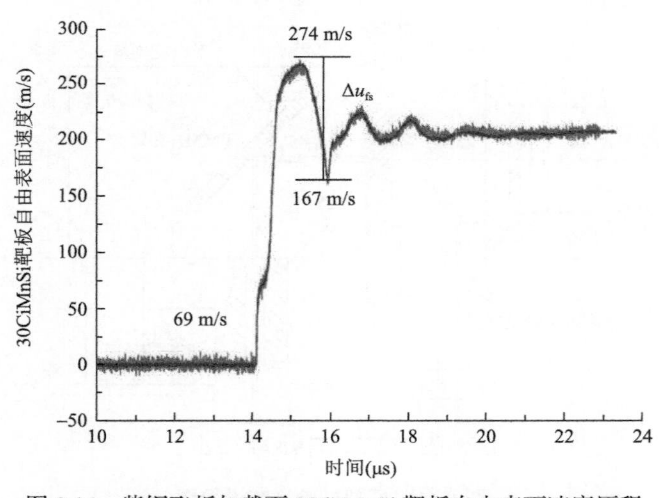

图 8.14　紫铜飞板加载下 30CrMnSi 靶板自由表面速度历程

试验采用的是双精度 VISAR 测试系统，由图 8.14 可以看出，两路信号处理后的速度历史完全重合，说明测试结果是可靠的。速度历史的第一个平台是弹性波产生的，平台值 69 m/s 用于计算 Hugoniot 弹性限，按照式(8.37)计算：

$$\mathrm{HEL}=\frac{1}{2}\rho_0 C_1 u_{\mathrm{fs}} \tag{8.37}$$

图 8.14 中曲线的速度峰值和第一个下降值之差 Δu_{fs} 反映的是层裂强度信息，层裂强度按照式(8.38)计算：

$$\sigma_{\mathrm{spall}}=\rho_0\frac{C_1 C_{\mathrm{b}}}{C_1+C_{\mathrm{b}}}\Delta u_{\mathrm{fs}} \tag{8.38}$$

式中，C_1，C_{b} 分别为材料的弹性纵波声速和体波声速。由此可以得到 30CrMnSi 的 Hugoniot 弹性限位 1.58 GPa，层裂强度为 2.13 GPa。

8.3.2 玻璃中的失效波传播研究

失效波现象是在冲击压缩载荷作用下，脆性材料中表现出的一种特有的破坏过程，该现象源于 Rasorenov 等在玻璃试件自由面粒子速度时间曲线发现的反常再压缩信号。失效波的概念给出了一种新的材料破坏方式，研究其形成及演化机理对揭示脆性材料的破坏模式和破坏机理有着重要的科学研究意义，对指导工程实践有着广泛的应用价值。研究失效波现象的实验方法以高速碰撞实验为主，包括平板撞击实验、杆撞击实验等，加载手段主要是平面波发生器或轻气炮等装置来提供冲击载荷，然后通过 VISAR 测试技术测量试件背面粒子速度，获得材料中失效波特性。这里介绍采用 VISAR 实验技术测量冲击载荷下 soda lime 玻璃试件背面粒子速度时间曲线，并根据实验结果研究失效波在试件中的传播轨迹。

1. 实验装置

平板撞击实验在 Φ57 mm 一级气体炮上进行，图 8.15 和图 8.16 分别为实验系统示意图和靶室布置实物图。飞片和弹托黏结在一起形成弹丸，在高压气体的作用下以一定的速度撞击固定在靶环内的靶板试件，采用 VISAR 测量技术测量试件与窗口界面处粒子速度时间历程。靶板材料为 soda lime 玻璃，直径为 50 mm，厚度分别为 3.35 mm，4.62 mm，5.81 mm，6.77 mm 和 7.58 mm，材料主要组成为：71%～72%SiO_2，14%Na_2O，8%CaO，4.5%MgO，1%Al_2O_3，0.5%～1.5%其他组分。soda lime 玻璃密度 ρ_0=2.5 g/cm^3，一维纵向波速 C_1=5.84 km/s。飞片材料为紫铜，尺寸为 Φ53×6 mm。窗口材料为熔融石英，激光反射面为真空镀铝膜。飞片与试件的设计满足一维应变条件，并且确保试件与窗口界面处反射回的稀疏波早于飞片背面的反射稀疏波到达碰撞界面，同时，保证测试完成前侧向稀疏波未达到测试点。实验采用探针法测量弹速，在炮管端面处黏结触发探针来触发示波器。

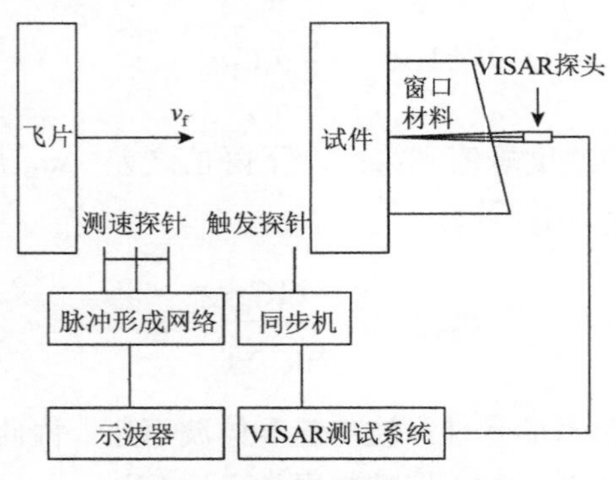

图 8.15　实验系统示意图

图 8.16　实验靶室布置实物图

2. 实验结果与分析

前人研究表明，在一维应变条件下，冲击载荷达到 0.5 σ_{HEL} 时，玻璃等脆性材料内部产生失效波的破坏现象，Kanel 通过实验得到了 soda lime 玻璃材料产生失效波的门槛值为 4 GPa。5 发试验加载速度为 450～454 m/s，可以近似看作同一冲击载荷，产生的压力约为 4.7 GPa，高于产生失效波的门槛值。典型的 VISAR 测量结果如图 8.17 所示，图中纵轴表示试件与窗口界面处粒子速度。从图中可以明显看到该实验条件下得到的曲线出现了表征失效波现象的再压缩信号。

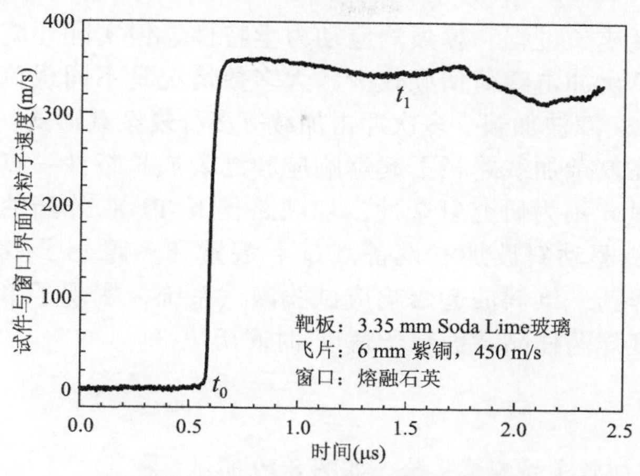

图 8.17　典型的 VISAR 测量结果

依据实验得到五个厚度 soda lime 玻璃的 VISAR 测量结果，根据第 4 章 4.7.4 小节中介绍的失效波测量原理，处理得到实验加载条件下的失效波传播轨迹，如图 8.18 所示，五个试验点近似在一条直线上，说明 soda lime 玻璃中失效波以稳定速度传播。拟合得到的线性方程为 t=0.694+0.395x，直线没有通过原点，碰撞面 x=0 处 τ=0.694 μs，说明在冲击载荷作用下，碰撞表面上产生失效波并驱动其传播存在一定的孕育时间延迟 τ，由直线斜率得到失效波传播速度为 2.53 km/s。

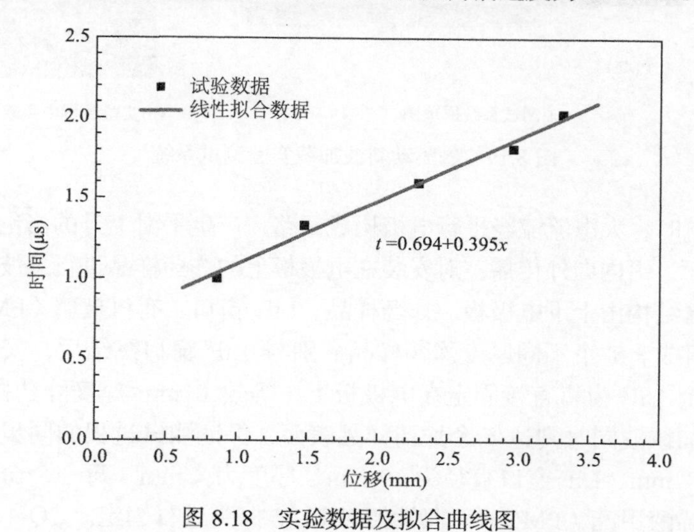

图 8.18　实验数据及拟合曲线图

8.3.3　斜波冲击加载下 PBX 炸药的响应及起爆

平面飞片的单次一维冲击加载，作为较成熟的加载方式，一直被广泛用来研究炸药起爆爆轰成长过程和爆轰响应动力学特性，但实际环境中炸药受到理想（方波）的单次冲击载荷情况较少，大多数情况是不同载荷形式的复合加载，如斜波加载、双波加载、多次冲击加载等多种复杂载形式。多年以来，非均质固体炸药在复杂加载路径下起爆响应和爆轰成长特性一直是爆轰研究关注的热点。这里介绍为研究复杂冲击加载路径下 PBX 炸药的动态行为和起爆特性，利用磁驱动斜波加载设备 CQ-4 装置和多路光子多普勒测速技术 PDV，建立的炸药一维斜波起爆响应试验测试系统，实现了单次实验同时测量多个不同厚度炸药样品背面粒子速度-时间历史。

1. 实验设计

磁驱动斜波加载实验测试系统，如图 8.19 所示。

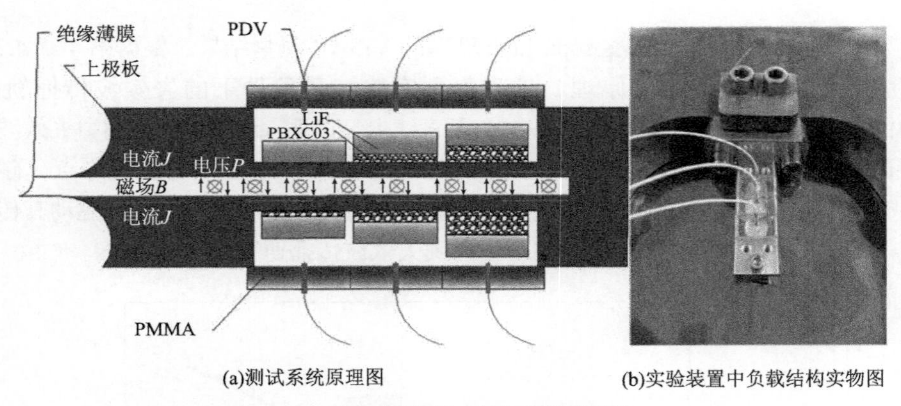

(a)测试系统原理图　(b)实验装置中负载结构实物图

图 8.19　磁驱动斜波加载实验测试系统

装置放电时，大电流流经平行电极构成回路，产生平滑上升的洛伦兹力作用于电极的内表面，由内向外传播，对安装在电极板上的炸药样品进行斜波压缩。平行条片式负载区结构由上下电极板、炸药样品、LiF 窗口、有机玻璃（PMMA）探针架和 PDV 组成。5 个不同厚度炸药样品分别与 LiF 窗口黏结后，安装在电极板上，还有一个 LiF 窗口直接固定在电极板上（等效 0 mm 厚度炸药样品）。在一次实验中，加载波同时到达 5 个炸药样品表面，保证测试过程的同步性。铝电极板的厚度为 1 mm，LiF 窗口直径为 10 mm，厚度为 4 mm。每一个窗口位置，均用聚甲基丙烯酸甲酯（PMMA）探针架对 PDV 探头进行固定。CQ-4 装置总电容的存储可以达到 32 μF，充电电压可从 0 kV 到 100 kV 进行精确调节，输入到铝电极的磁压力也可进行精确控制。

实验用的 PBXC03 样品是由 HMX 和 TATB 两种基质组成，炸药理论密度为 1.874 g/cm^3，样品密度为 1.840 g/cm^3，炸药样品的孔隙度是 0.01087，HMX、TATB 平均颗粒度分别为 45 μm 和 15 μm。样品厚度分别为 1 mm，1.5 mm，2 mm，3 mm 和 4 mm，直径均为 10 mm。为保证测量精度，炸药样品表面需抛光，以确保样品平面度在 10 μm 内。

此外，为提高 LiF 窗口表面与样品接触面的反射强度，与样品接触的 LiF 窗口表面上镀一层 300 nm 铝膜，窗口另一面镀 1550 nm 增透膜，以加强 PDV 对信号噪声比（SNR）的接收强度。强加载下 LiF 窗口材料折射率变化，将引入附加多普勒频移，最终的速度结果需要引入一个修正：

$$u_{\mathrm{p}} = \frac{u_{\mathrm{a}} + 11.581}{1.2817} \tag{8.39}$$

式中，u_{a} 为实验测得的样品-窗口界面的粒子速度；u_{p} 为样品-窗口真实粒子速度。

2. 实验结果和分析

实验共计进行了 6 发斜波加载实验，如表 8.2 所示。不同加载压力下，不同厚度 PBXC03 炸药背面的粒子速度历史，如图 8.20 所示，其中为验证实验可靠性和重复性，shot-669 与 shot-670，shot-672 与 shot-674 分别施加相同的载荷曲线，如图 8.20(b)(c)所示，不同次实验的测试结果完全一致，说明实验系统稳定可靠，实验具有良好的可重复性。

如图 8.20(a)所示，第一条黑线表示铝电极板与 LiF 窗口接触界面的粒子速度历史，其余 5 条线表示不同厚度炸药与 LiF 窗口接触界面的粒子速度历史。在峰值压力为 5.4 GPa 的斜波加载下，随着炸药厚度的增加，粒子速度曲线陡度快速增大，说明斜波发生了追赶与汇聚，并在较厚的炸药中形成了一定强度的冲击波，此时炸药受冲击波与后续斜波共同作用；此外，在 5.4 GPa 峰值压力下，随着炸药厚度增加，粒子速度峰值呈下降趋势，这是由稀疏波引起，同时也说明炸药几乎没有发生化学反应。在 7.9 GPa 峰值压力加载下，如图 8.20(b)所示，波的追赶现象更加明显，在较薄的炸药中形成了冲击波；随着炸药厚度增加，峰值粒子速度明显增大，说明炸药内部发生了化学反应。进一步提高加载压力，如图 8.20(c)(d)所示，波的追赶与汇聚现象更明显，较早地形成一定强度冲击波后，炸药发生了明显的化学反应，最后形成了典型的爆轰波。可见，在斜波加载下炸药起爆过程分为三个阶段，初期主要为炸药中斜波的追赶与汇聚，形成冲击波；随后炸药受到冲击波与后续斜波复合加载；形成一定强度冲击波后为冲击起爆阶段，炸药响应表现为起爆增长直至爆轰。

表 8.2　实验条件和 PBXC03 炸药尺寸记录

实验序号	炸药样品厚度(mm)					炸药样品直径(mm)	峰值压力(GPa)
Shot-669	0.994	1.500	1.989	2.995	3.979	10	10.5
Shot-670	0.989	1.502	1.988	2.999	3.994	10	10.4
Shot-672	0.993	1.501	1.988	2.999	3.944	10	7.9
Shot-673	0.989	1.500	1.994	2.998	3.981	10	5.4
Shot-674	0.985	1.495	1.994	2.996	3.990	10	7.7
Shot-675	0.992	1.498	1.998	2.992	3.998	10	12.4

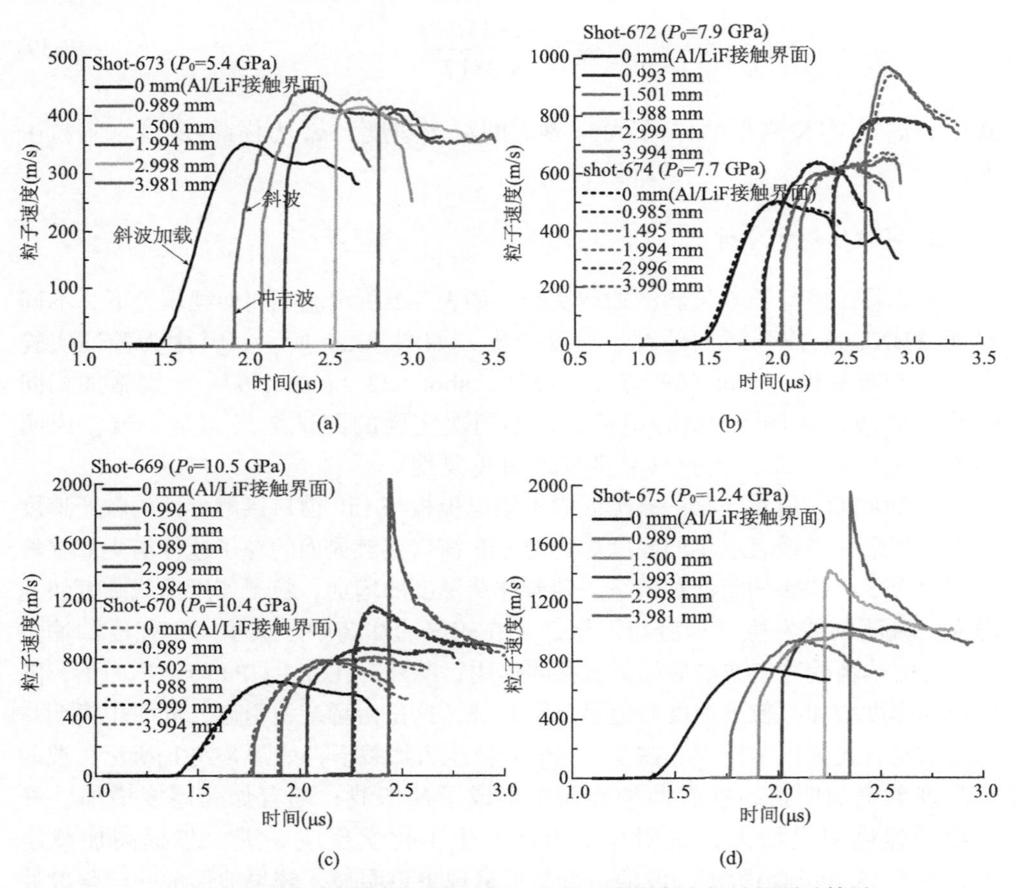

图 8.20　在不同斜波加载下 PBXC03 炸药起爆爆轰成长过程测试结果

利用磁驱动加载设备 CQ-4 装置和多通道光子多普勒测速技术 PDV，建立炸药一维斜波加载起爆响应测试系统，每次实验可同时测量多个不同厚度炸药背面的粒子速度-时间历史。相比于气炮和炸药加载，该方法作为一种复杂冲击加载下炸药响应和起爆研究的新手段，具备载荷大小精密可控，非接触测量对流场无干扰，测量精度高等优势，可广泛应用于炸药的动力学响应和起爆特性研究。

8.3.4　含铝炸药爆轰驱动平板实验

炸药爆炸驱动金属实验是研究含铝炸药作功能力和爆轰反应的有效方法。在小装药驱动实验中，利用激光干涉测速技术，能观测到不同配方下含铝炸药爆轰驱动的细节，且通过测量得到的金属平板粒子速度-时间曲线，还可以用于确定炸药爆轰产物状态方程参数。这为研究含铝炸药爆轰提供了较为简单、经济的方法。

炸药驱动金属平板实验装置如图 8.21 所示。实验时，雷管起爆炸药平面波透镜，平面波透镜和起爆药爆炸后产生平面冲击波直接起爆被测炸药，被测炸药驱动金属平板运动，采用 DISAR 测量金属平板自由表面中心位置处的粒子速度。平面波透镜的直径为 80 mm，为研究起爆压力对炸药做功能力的影响，起爆药分别采用 TNT 和 8701 药柱，尺寸为 $\Phi 80\times 10$ mm。被测炸药 R1 和 R2 的尺寸均为 $\Phi 80\times 50$ mm，金属平板飞片为 $\Phi 40\times 1.5$ mm 的紫铜。铜板外是有机玻璃套，用于遮挡爆轰产物，避免对激光信号造成干扰。安装时在铜板表面涂抹适量真空硅脂后将铜板与炸药紧密按压在一起，确保两者接触面间没有空气隙。图 8.22 是现场实验装置图。

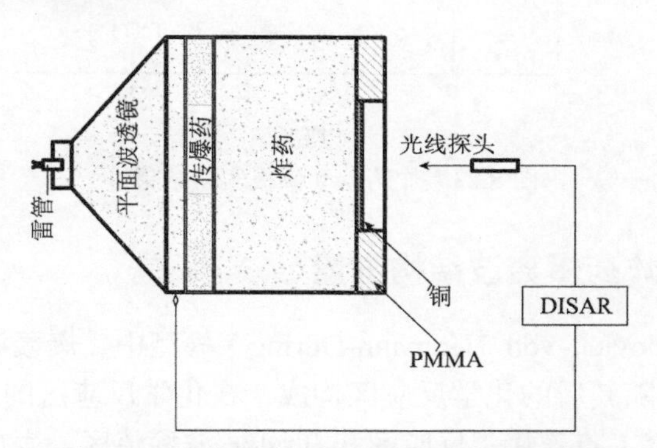

图 8.21　炸药驱动金属平板实验装置示意图

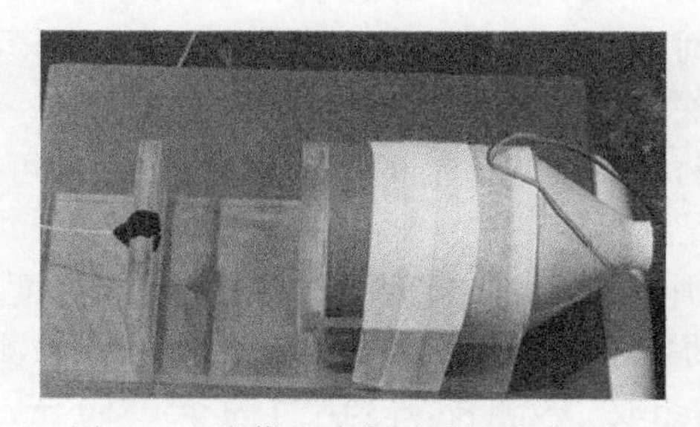

图 8.22　炸药驱动金属平板实验现场

对两种炸药分别进行了两发平板驱动实验，测量得到 R1 炸药和 R2 炸药分别在 8701 和 TNT 起爆下爆轰驱动铜板自由表面速度-时间曲线，如图 8.23 所示。铜板的最大运动速度 v_{max} 或最大比动能 $e_{max} = v_{max}^2/2$ 可以用于评定炸药的做功能力。从图 8.23 可知，对于 R2 炸药，TNT 起爆时驱动铜板的最大速度为 3179 m/s，而 8701 起爆时则为 3275 m/s，比 TNT 高 3%，铜板获得的比动能比 TNT 起爆时高 6%；对于 R2 炸药，TNT 起爆时驱动铜板的最大速度为 2864 m/s，而 8701 起爆时则为 2960 m/s，比 TNT 高出 3.4%，铜板获得的比动能比 TNT 起爆时高 7%。铜板在 R1 炸药驱动下的最大速度明显高于在 R2 炸药驱动下的速度，表明 R1 炸药比 R2 炸药具有更高的做功能力。

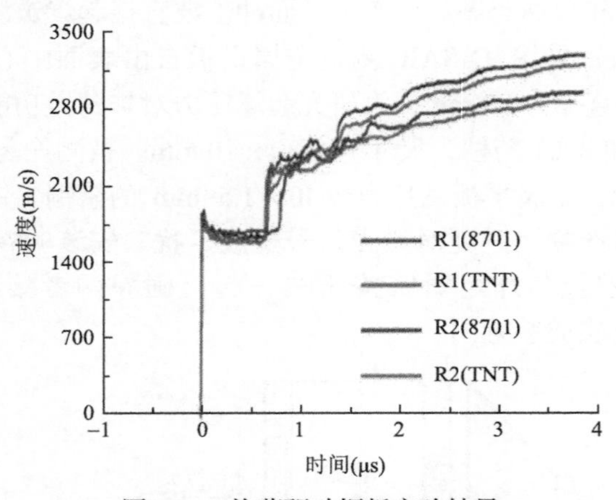

图 8.23　炸药驱动铜板实验结果

8.3.5　钝感含铝炸药爆轰波结构测量

在 ZND（Zeldovich-Von Neumann-Doring）模型中，爆轰波反应区由无反应的前导冲击波和紧随其后的化学反应区构成，在化学反应区的末端是 Chapman-Jouguet（CJ）点，CJ 点连接了反应区和 Taylor 波稀疏区。表征炸药的爆轰反应区结构，一般包含 CJ 点处的压力（爆压），Von Neumann（下文称 V_N）峰压力，反应区宽度（时间）等参数，这些参数是确定反应流模型参数的前提。针对反应区测量的各种方法，激光干涉法的物理机制最为明确，且时间分辨率最高，通过测量爆轰端面炸药与窗口材料界面粒子速度曲线，即可得到反应区结构，进一步处理得到反应区结构参数。

采用 DISAR 测量炸药爆轰端面与窗口材料界面粒子速度实验装置如图 8.24 所示，主要由雷管、炸药平面波透镜、主发药柱、金属板、被测炸药、LiF 窗口、有机玻璃环和安装组件等组成。被测 R1 炸药尺寸为 $\Phi 50\times 50$ mm，采用 $\Phi 50$ mm 的平

面波炸药透镜和 $\Phi50\times10$ mm 的 8701 药柱起爆；被测 R2 炸药尺寸为 $\Phi80\times50$ mm，采用直径为 $\Phi80$ mm 的平面波炸药透镜和 $\Phi80\times10$ mm 的 8701 药柱起爆。安装组件的铝隔板厚 3 mm，LiF 窗口尺寸为 $\Phi24\times12$ mm，窗口材料与炸药接触面端镀有约 0.7 μm 厚的铝膜作为激光信号的反射面。安装时采用有机玻璃环固定窗口材料，并在炸药表面涂抹适量真空硅脂后将窗口材料与炸药紧密按压在一起，确保两者接触面间没有空气隙。图 8.25 是现场实验装置图。

在冲击波的作用下，LiF 窗口的折射率会发生变化，导致 DISAR 测得的界面粒子速度与其真实值存在一定差异，因此，需要对实验结果进行修正，修正关系为：

$$u_p = u_a/1.2678 \tag{8.40}$$

式中，u_p 为真实粒子速度；u_a 为实验测量值。如无特别说明，本书给出的粒子速度均为修正后的真实粒子速度。

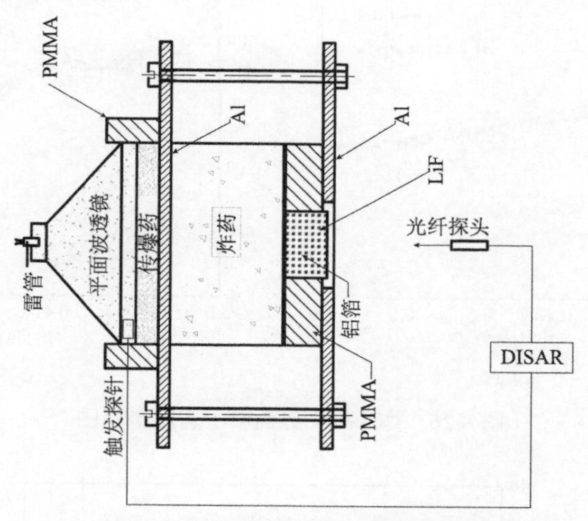

图 8.24　界面粒子速度实验示意图

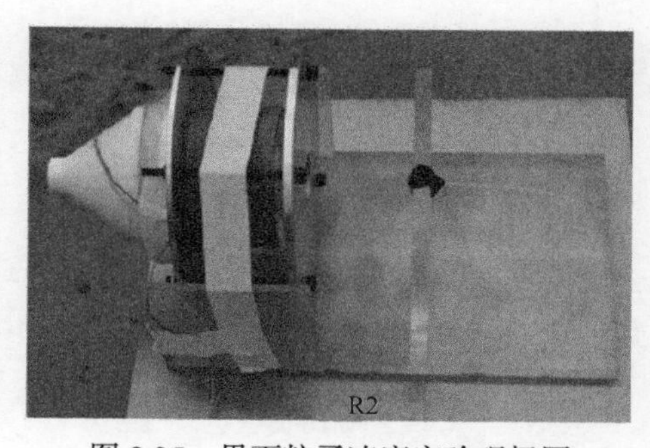

图 8.25　界面粒子速度实验现场图

在冲击波的作用下，LiF 窗口的折射率会发生变化，导致 DISAR 测得的界面粒子速度与其真实值存在一定差异，因此，需要对实验结果进行修正，修正关系为：

$$u_{\mathrm{p}} = u_{\mathrm{a}} / 1.2678 \tag{8.41}$$

式中，u_{p} 为真实粒子速度；u_{a} 为实验测量值。如无特别说明，本书给出的粒子速度均为修正后的真实粒子速度。

图 8.26 是修正后的界面粒子速度-时间曲线。每种炸药进行了两发试验，从图中可以看出，2 发试验的速度-时间曲线几乎重叠，说明实验具有较好的重复性。由于被测炸药均为含铝炸药，粒子速度-时间曲线上拐点（对应 CJ 点）不明显，为了确定该点的具体位置，对光滑后的界面粒子速度进行一阶求导并取相反数。图 8.27 给出了 R1 炸药界面粒子速度加速度曲线，由图可知，$-\mathrm{d}u_{\mathrm{p}}/\mathrm{d}t$ 曲线在

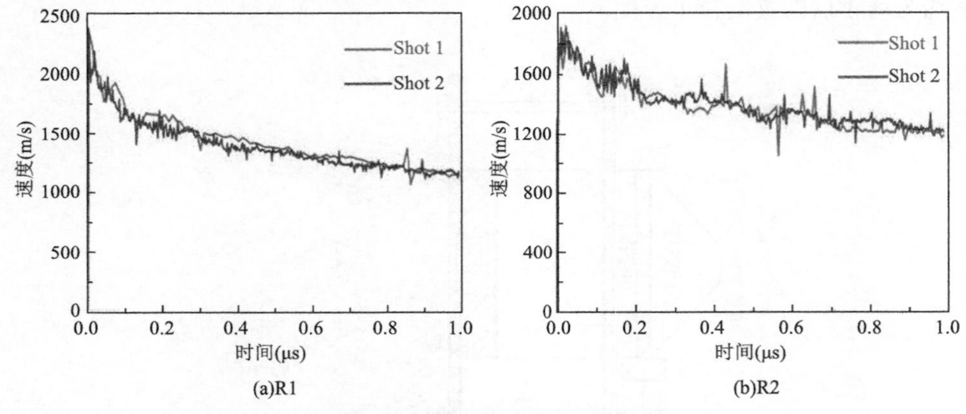

图 8.26　炸药/LiF 界面粒子速度历程图

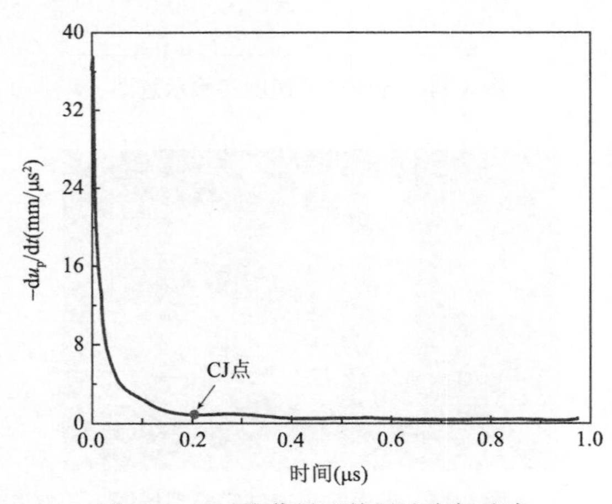

图 8.27　R1 炸药界面粒子速度加速度

初始阶段下降较快，对应炸药的快反应阶段，炸药化学反应主要的能量释放发生在这一阶段，随后曲线缓慢下降直至到达接近 0 的平台，该过程对应炸药的慢反应。$-\mathrm{d}u_\mathrm{p}/\mathrm{d}t$ 曲线达到平台的拐点为炸药化学反应结束点，即 CJ 点。

利用冲击波阻抗匹配关系式(8.42)可以计算炸药反应区内的压力：

$$p=\frac{1}{2}u_\mathrm{p}\left[\rho_\mathrm{m0}\left(C_0+\lambda u_\mathrm{p}\right)+\rho_0 D_\mathrm{CJ}\right] \tag{8.42}$$

式中，p 为窗口材料与炸药界面处的压力，GPa；u_p 为界面粒子速度，km^{-1}；ρ_m0 为窗口材料初始密度，$\mathrm{g/cm^3}$；C_0 和 λ 为窗口材料的冲击绝热线常数；ρ_0 为炸药初始密度，$\mathrm{g/cm^3}$；D_CJ 为炸药爆速，km/s。LiF 的密度 ρ_m0 为 2.641 $\mathrm{g/cm^3}$，冲击绝热关系为：

$$D=(5.176\pm0.023)+(1.353\pm0.010)u \tag{8.43}$$

炸药的反应区宽度为：

$$x_0=\int_0^\tau (D_\mathrm{CJ}-u_\mathrm{p})\mathrm{d}t \tag{8.44}$$

式中，τ 为炸药化学反应持续时间。实验测得的两种炸药爆轰反应区参数如表 8.3 所示。

表 8.3　两种炸药爆轰反应区结构参数测量结果

炸药	u_VN(m/s)	u_CJ(m/s)	p_VN (GPa)	p_CJ (GPa)	τ (ns)	x_0(mm)
R1	2340	1564	41.27	25.42	202±20	1.073±0.111
R2	1771	1393	27.69	20.84	338±20	1.559±0.094

8.3.6　钝感高能炸药冲击起爆拉氏分析实验

钝感高能炸药（insensitive high explosive，IHE）的冲击起爆感度特性是弹药安全性能设计的依据，拉格朗日（Lagrange）实验是研究炸药冲击起爆感度特性的有效手段，可以获得炸药冲击起爆爆轰成长过程反应流场数据，不仅可以研究炸药冲击起爆条件，更重要的是可以为炸药冲击起爆反应模型建立和参数确定提供依据。这里介绍采用激光干涉测速技术进行一维 Lagrange 冲击起爆爆轰成长过程测试的实验方法。北京理工大学白志玲等建立的基于多通道光子多普勒测速（PDV）技术的多炸药样品冲击起爆一维 Lagrange 分析实验及测试系统，如图 8.28 所示。

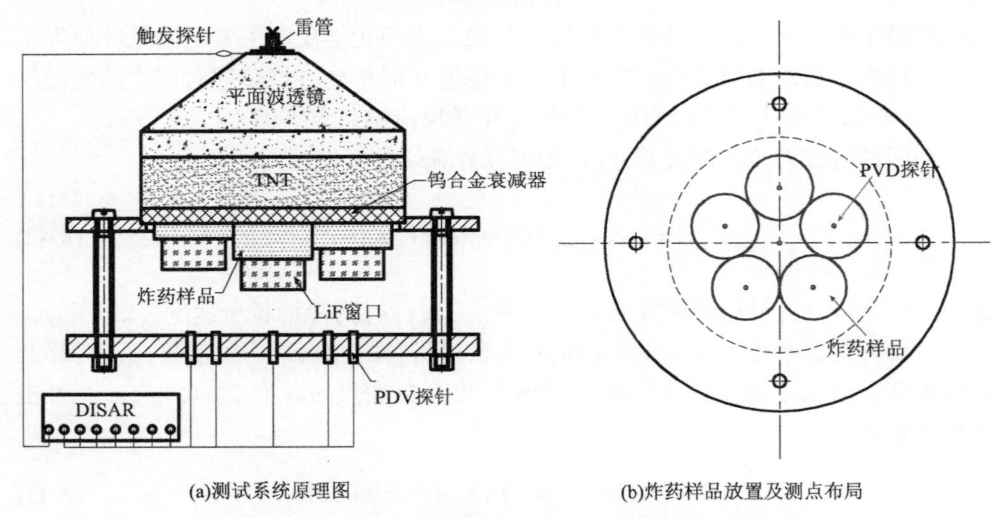

(a)测试系统原理图　　(b)炸药样品放置及测点布局

图 8.28　基于多通道 PDV 技术的冲击起爆实验测试系统

采用多通道 PDV 测速技术，实现单次实验同步测量多个厚度炸药样品 LiF 窗口界面粒子速度-时间历史。相比埋入式 Lagrange 量计如锰铜压阻传感器和电磁粒子速度计测试技术，非接触式 PDV 测速技术对反应流场无干扰作用，具有响应快、测试精度高等显著优势。利用炸药平面透镜加载技术和金属隔板衰减技术，实现对待测炸药样品的平面冲击压力调控，获得不同载荷压力下 G7 炸药冲击起爆爆轰成长过程中不同 Lagrange 位置的界面粒子速度-时间曲线，如图 8.29 所示。

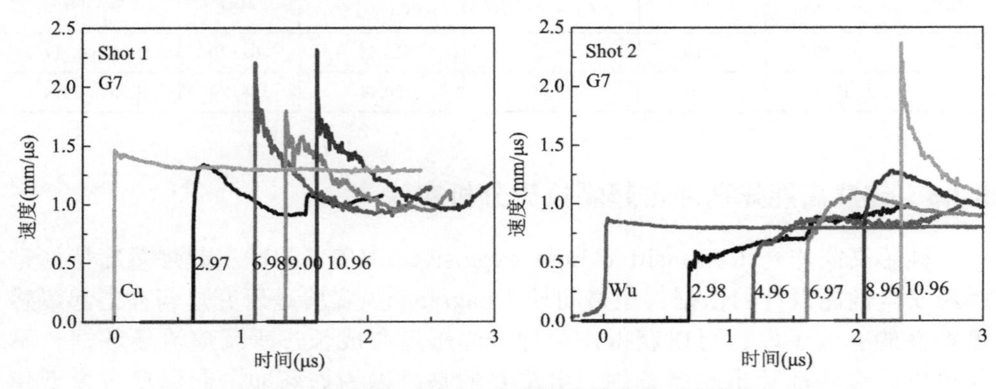

图 8.29　不同 Lagrange 位置的粒子速度-时间曲线

利用不同 Lagrange 位置的粒子速度-时间曲线并结合阻抗匹配关系和冲击波阵面前后守恒关系，可确定 G7 炸药冲击 Hugoniot 关系和未反应炸药状态方程参数；实验数据还可用于标定 G7 炸药反应速率模型参数。

8.3.7　含铝炸药圆筒实验研究

圆筒实验是评估炸药爆轰产物驱动做功能力的标准方法之一，实验获得的炸药爆轰产物作用下金属圆筒壁的径向膨胀历程，可用于评价炸药爆轰产物的做功能力，以及确定炸药的爆轰产物状态方程参数。传统的圆筒实验主要采用高速扫描相机记录不同时刻圆筒壁的位置，从而得到圆筒壁的径向膨胀距离随时间的变化历程，但该方法存在圆筒壁膨胀起始点难以准确判读的缺点，同时在炸药爆轰驱动的初期阶段，通过拟合求导获得的圆筒膨胀速度历程存在一定的失真和信息缺失的情况。近年来快速发展的激光干涉测速技术，具有响应速度快、测试精度高等优点，可直接精确测得包括爆轰驱动初期阶段细节在内的金属圆筒膨胀速度历史，逐渐成为圆筒实验的主要测试手段。

北京理工大学李淑睿等利用 PDV 光子多普勒速度测试技术，对 RA1 和 RF1 炸药分别开展圆筒实验，测试这两种炸药的爆速及其爆轰产物驱动圆筒壁的运动过程。RA1 是一种含铝混合炸药，RF1 是与 RA1 组分一致，但其中的铝粉用 LiF 粉替代的一种混合炸药。

建立的圆筒实验测试系统如图 8.30 所示，实验装置实物图如图 8.31 所示，其中金属圆筒材料为 TU1 无氧铜，圆筒内径为 Φ50 mm，长度为 500 mm。实验过程中在圆筒的顶端和底端分别布置两个电探针，用于测量圆筒内炸药的平均爆速。为确保圆筒顶端炸药发生爆轰、减小爆速测量的不确定度，在传爆药与圆筒顶端之间放置尺寸为 Φ50×50 mm 的过渡药柱，其与圆筒内炸药为同种炸药。

PDV 光纤探头用支架固定，如图 8.30 所示，在距圆筒顶端 280 mm 处布置一个 PDV 探头（编号为 1 号），在 300 mm 处布置三个方向不同的探头（编号分别为 2 号、3 号、4 号），探头均与圆筒表面垂直，距离圆筒外壁均为 100 mm。因此，一发实验可获得 4 个测点处的圆筒壁膨胀速度历史，通过对比 280 mm 和 300 mm 两测点处的速度曲线，可以确定在测试区域炸药是否形成了稳定爆轰，从而验证实验结果的可靠性，而通过对比 300 mm 三个测点处的速度曲线，可验证实验系统的一致性和稳定性。测试所用 PDV 探头的直径为 3.2 mm，探头输出激光的焦斑直径小于 0.3 mm，采用窗口傅里叶变换方法将探头测得的原始频域干涉信号进行处理，变换为时域信号，即可获得相应的圆筒壁面膨胀速度历史，速度时间分辨率为 15 ns。1 发试验可获得 4 个测点处的圆筒壁膨胀速度，通过对比 280 mm 和 300 mm 两测点处的速度曲线，可以确定在测试区域炸药是否形成了稳定爆轰，从而验证试验结果的可靠性，而通过对比 300 mm 处 3 个测点处的速度曲线，可验证试验系统的一致性和稳定性。

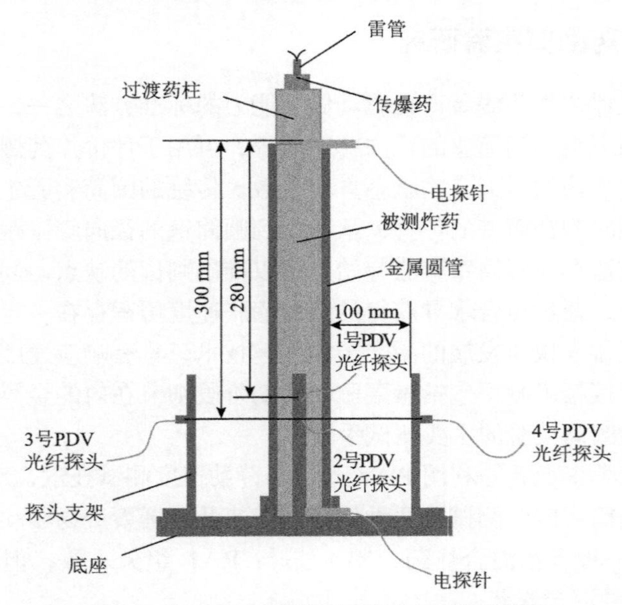

图 8.30　Φ50 mm 圆筒实验测试系统示意图

图 8.31　圆筒实验装置实物图

RA1 和 RF1 两种炸药圆筒膨胀速度试验结果如图 8.32 所示，试验曲线第 1 个起跳峰值点对应的圆筒壁面膨胀速度与测点处爆轰波阵面上的压力相关，由于 280 mm 处测点与 300 mm 处测点测得曲线的第 1 个起跳峰值点重合度较高，表明炸药内部的爆轰波传播稳定，圆筒内炸药已形成稳定爆轰，因此所得试验结果可用于确定 RA1 和 RF1 炸药的爆轰产物状态方程参数。

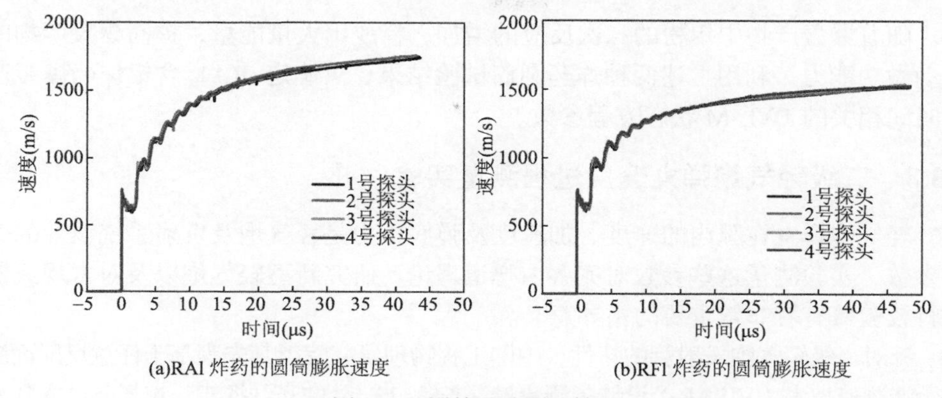

(a)RA1 炸药的圆筒膨胀速度　　(b)RF1 炸药的圆筒膨胀速度

图 8.32　圆筒试验测试结果

分别对 RA1 和 RF1 炸药的试验曲线取平均，则 RA1 和 RF1 炸药圆筒膨胀速度试验结果的对比如图 8.33(a)所示，RA1 和 RF1 炸药圆筒膨胀速度比值 v_{RA1}/v_{RF1} 变化曲线如图 8.33(b)所示。由图 8.33(a)可知，RA1 和 RF1 炸药的圆筒膨胀速度曲线在初始阶段（0～4.6 μs）几乎重合，而在 4.6 μs 时刻，两条曲线开始分离，RA1 炸药的圆筒膨胀速度开始超过 RF1 炸药，最终在 RA1 炸药作用下圆筒壁达到的最大膨胀速度（1738 m/s）比 RF1 炸药作用下圆筒壁的最大膨胀速度（1523 m/s）高约 14%，可知铝粉的添加显著提高了含铝炸药爆轰产物的金属加速做功能力。

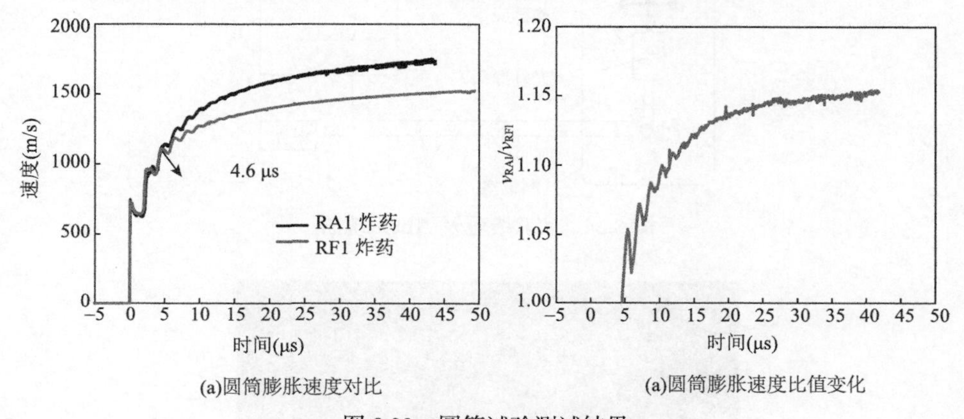

(a)圆筒膨胀速度对比　　(a)圆筒膨胀速度比值变化

图 8.33　圆筒试验测试结果

由于 RF1 炸药中的 LiF 是化学惰性的，其爆轰产物仅为炸药组分化学反应产生的气体产物。RA1 和 RF1 炸药圆筒膨胀速度曲线在初始阶段（0～4.6 μs）的高度重合表明，在爆轰驱动初期阶段，RA1 含铝炸药中铝粉反应可以忽略，此时爆轰产物主要由炸药组分反应产生，其产物的组成、物理状态与驱动做功能力等性质均与 RF1 炸药爆轰产物相近，其爆轰产物可等同于 RF1 炸药的爆轰产物。随着爆轰产物中铝粉的二次反应的增加，释放出大量能量，提高爆轰产物的驱动做功能力。利用上述两种炸药圆筒试验结果，可确定 RA1 含铝炸药爆轰产物时间相关的 JWL-M 状态方程参数。

8.3.8 二级轻气炮弹丸速度过程测量实验

轻气炮弹丸在膛内的速度、加速度及弹底压力是轻气炮及发射系统设计的关键参数，实验测量这些参数对完善内弹道理论、研究新型轻气炮以及对常规武器进行校验等有着非常重要的指导意义。

针对二级轻气炮发射管的特性，中国工程物理研究院彭其先等基于任意反射面激光干涉测速技术（VISAR）设计了测量景深长达 13 m 的光纤探头，选择条纹常数为 100 m/s 的高灵敏度激光干涉测速仪，试验测试系统如图 8.34 所示，炮口光纤探头安装照片如图 8.35 所示。利用该系统测量了发射口径 Φ32 mm、长度 12 m 的二级轻气炮弹丸发射过程。为了对比，采用磁测速技术测量了弹丸出炮口时的速度。

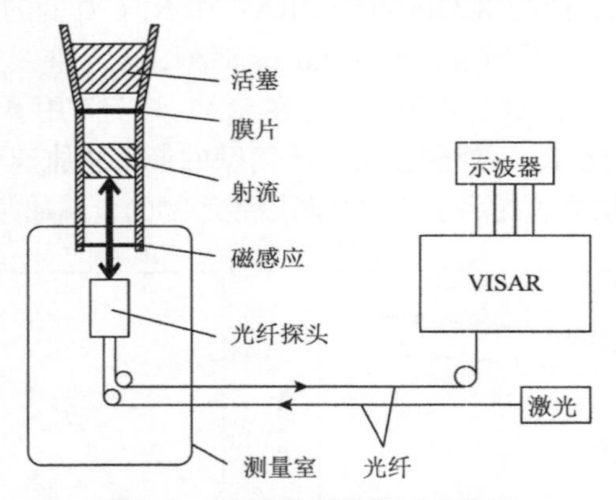

图 8.34 实验装置及测试系统图

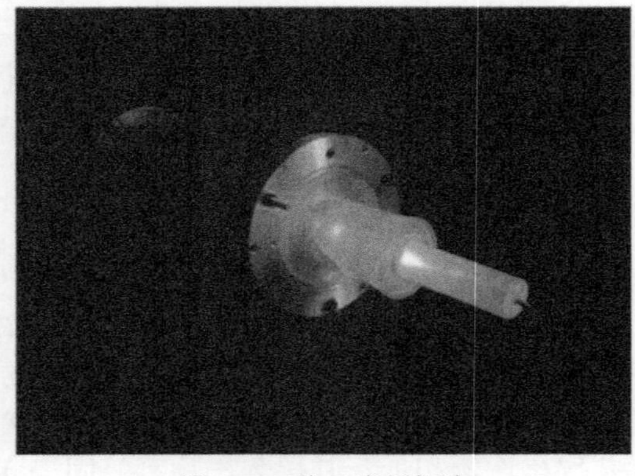

图 8.35 炮口光纤探头

图 8.36 是实验中记录到的速度原始干涉信号，图 8.37 是磁测速系统记录到的时间关联信号，磁测速系统测量得到的速度为 4 km/s（0.5%）。图 8.38 是由 VISAR 原始干涉信号经处理后得到的弹丸在发射膛内的速度历程。该速度过程没有记录到磁测速位置处的弹丸速度，但按照速度连续性进行外推，在磁测速位置处的弹丸速度为 4004 m/s 与磁测速系统测量结果吻合。

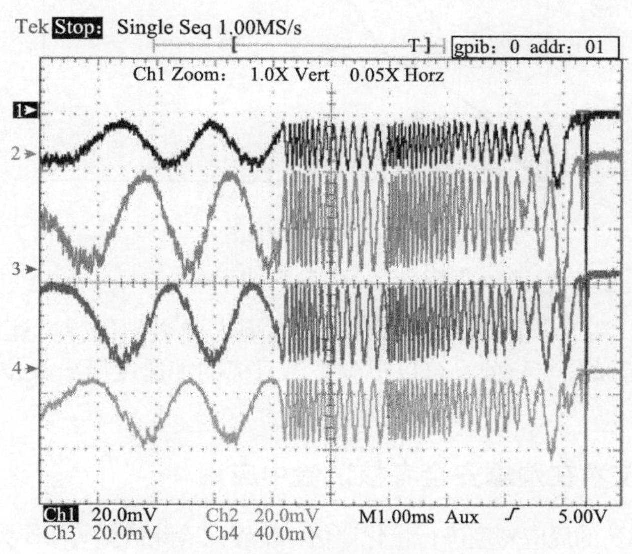

图 8.36　VISAR 速度干涉信号

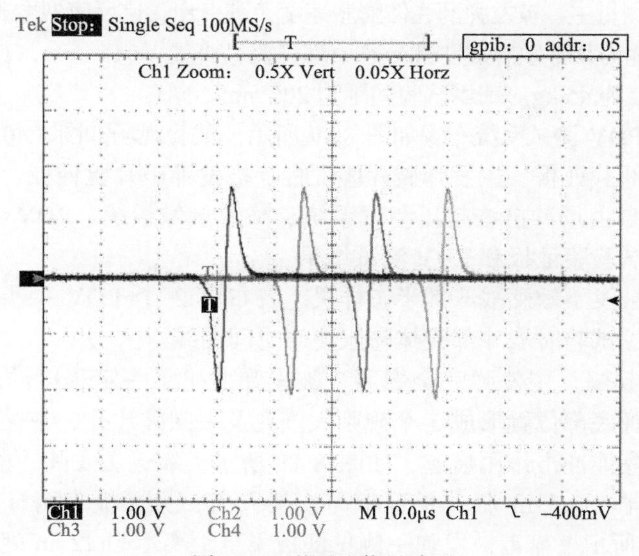

图 8.37　磁测速信号波形

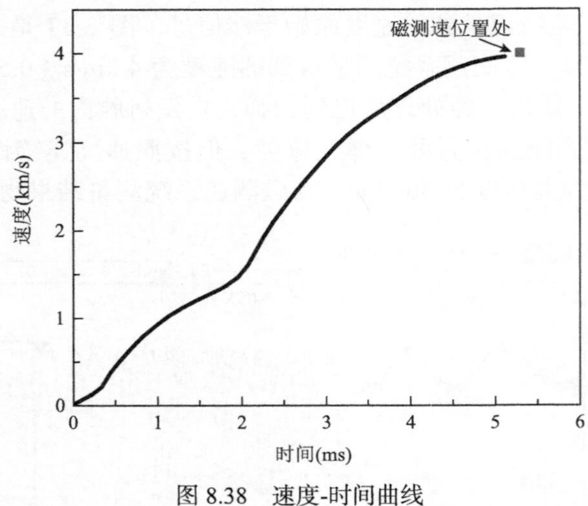

图 8.38　速度-时间曲线

结果表明，激光干涉测试技术用于轻气炮内弹道中的弹丸速度测量是可行的。对速度进行微分与积分，可以得到被测目标的加速度历史及位移历史，进而得到弹底压力。

8.3.9　PDV 技术在殉爆安全考核试验中应用

为对殉爆弹药的反应烈度进行量化评估，殉爆试验除依据《海军弹药安全性试验与评估规范第 3 部分：不敏感安全性试验》要求布置和设置测试项目外，还应用了 PDV 测试系统测量主、被发弹药壳体膨胀速度，进一步量化反应烈度表征参量。

殉爆试验弹为某不敏感战斗部半态原理样机，直径 Φ315 mm，长度 680 mm，质量 210 kg，装药 45 kg。殉爆试验间距为 200 mm。

殉爆试验 PDV 测试系统布置如图 8.39 所示，试验现场如图 8.40 照片所示。殉爆试验布置底部验证板、主发弹破片验证板、被发弹破片验证板、地面冲击波超压测试系统、自由场冲击波超压测试系统、高速录像系统、PDV 测试系统。这里只介绍试验试验验证板和 PDV 测试结果。

在主发和被发不敏感战斗部半态样机上各布置 2 个 PDV 探头，分别测量主发和被发弹殉爆试验时战斗部壳体膨胀速度时间曲线。

试验正常起爆，主发弹完全爆轰，被发弹发生了一定程度的反应。弹底部见证板上主发弹底部位置形成 1 个规则大圆孔及一圈破片孔，在被发弹底部位置未发现明显的爆炸冲击作用痕迹，如图 8.41 所示。靠近主发弹一侧 6 m 处见证板飞至距离爆心 33.5 m 处，见证板与支架分离，见证板表面有一些破片贯穿孔，如图 8.42 所示。靠近被发弹一侧见证板飞至距离爆心 22 m 处，见证板及支架完整，表面无破片打击痕迹，如图 8.43 所示。

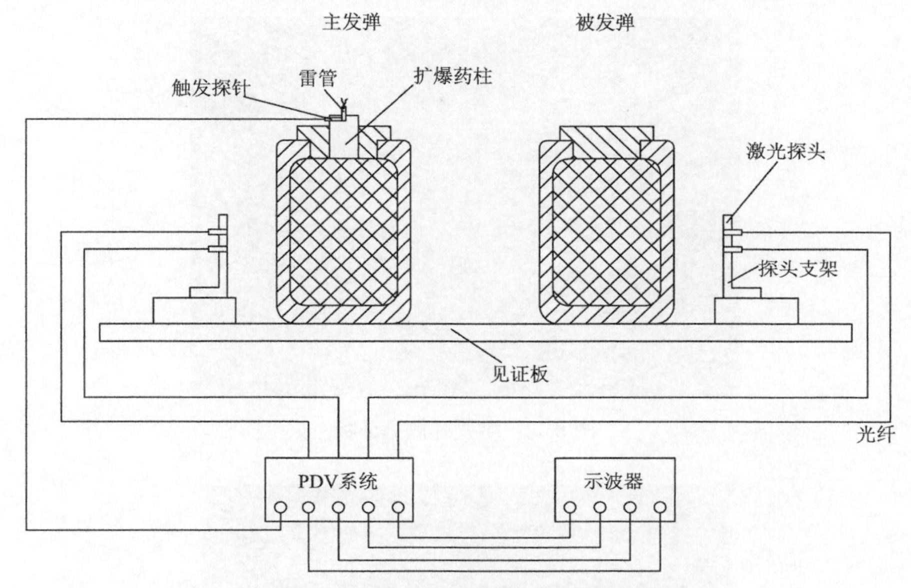

图 8.39　殉爆试验及 PDV 测试系统布置

图 8.40　无隔爆结构殉爆试验

图 8.41　底部见证板

图 8.42　主发弹侧见证板

图 8.43　被发弹侧见证板

在距离爆心 108.5 m 处发现完整原弹体长度的大块破片，如图 8.44 所示。战斗部爆轰或者爆炸是不可能留下完整的全弹长大破片的，说明被发弹反应烈度不高。

图 8.44　试验被发弹残片

获得的 4 个测点的 PDV 速度时间曲线如图 8.45 所示。主发战斗部壳体膨胀 PDV 速度时间曲线开始为陡峭的阶跃上升到达 800～900 m/s 的速度，上升时间小于 1 μs，表现为典型的爆轰驱动特征；被发战斗部壳体速度曲线开始不是阶跃上升，而是以一定的速度缓慢上升，从 0 到 380 m/s 用时约 20 μs，为非爆轰驱动特征的速度曲线。

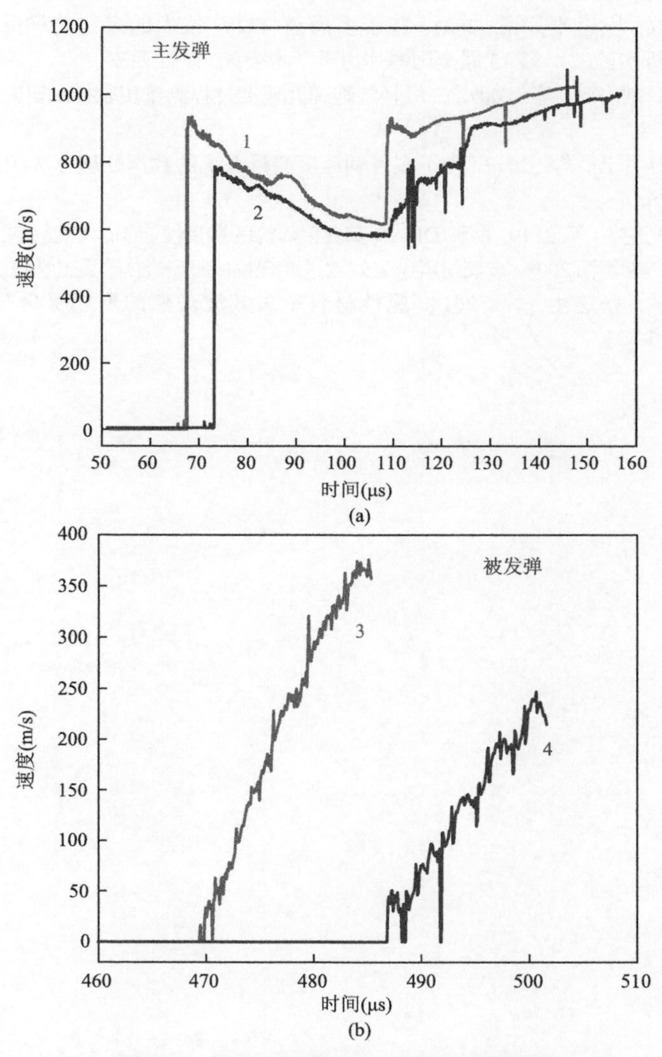

图 8.45　主发、被发弹 PDV 速度测试曲线

综合上述破片特征、验证板结果和 PDV 测试结果，可以判定被发不敏感战斗部半态样机反应等级为爆燃，满足不敏感弹药殉爆反应等级评判要求。

参 考 文 献

胡绍楼. 2001. 激光干涉测速技术[M]. 北京: 国防工业出版社.

贾波, 胡力. 1999. 全光纤速度测量仪的研究[J]. 应用光学,20(6):19-22.

李淑睿, 段卓平, 郑保辉, 等. 2021. 2,4-二硝基苯甲醚基熔铸含铝炸药圆筒试验及爆轰产物状态方程[J]. 兵工学报,42(7):1424-1430.

李振宇, 白志玲, 段卓平, 等. 2021. 基于多通道 PDV 技术的多炸药样品冲击起爆一维 Lagrange 分析实验[C]. 第 13 届全国爆炸力学学术会议, 陕西西安.

彭其先, 蒙建华, 刘寿先, 等. 2007. 二级轻气炮弹丸速度过程测量实验技术研究[J]. 高压物理学报,21(4):383-387.

项红亮, 王健, 毕重连, 等. 2012. 光子多普勒速度测量系统的数据处理方法[J]. 光学与光电技术,10(2):52-56.

杨洋, 段卓平, 张连生, 等. 2019. 两种 DNAN 基含铝炸药的爆轰性能[J]. 含能材料,27(8):679-684.

张连生, 黄风雷, 段卓平. 2009. 玻璃材料中失效波过冲现象试验研究[J]. 兵工学报,30(S2):296-300.

郑志嘉, 段卓平, 张连生, 等. 2014. 脆性材料中失效波现象的形成机理分析[J]. 兵工学报,35(S2):316-321.

第9章　瞬态光谱及光纤传感测试技术

辐射光谱、拉曼光谱及荧光光谱等测试技术是研究高能炸药及特种材料的微观结构、物理特性变化机理的主要手段，统称为瞬态光谱测试技术。精密光纤探针及光纤传感器利用了光纤在强冲击作用下其内部温度迅速升高而发光的特性，由于时间响应快、抗干扰能力强，在冲击波物理与爆轰物理研究中得到广泛应用。本章主要介绍瞬态光谱计、光纤传感有关的典型测试系统的测试原理、系统构成及应用实例。

9.1　瞬态光学高温计

瞬态光学高温计是冲击波物理、爆轰物理研究的重要手段，主要用于动载荷下瞬态高温测量（2000～10000 K），如炸药爆轰温度、火药燃烧温度、材料的冲击温度、卸载温度、残余温度等的测量，也可用于其他瞬态光源温度的测量，还可测量高压下材料的其他参数，如测量冲击波或稀疏波到达物质界面的时间，以确定其冲击波速度及高压卸载声速。

9.1.1　多波长辐射测温原理

瞬态光学高温计是以普朗克热辐射理论为基础，将不同波长下待测光源的辐亮度与标准光源的辐射亮度进行比较，从而测得待测光源的温度。瞬态光学高温计采用多波长辐射测温法，即利用多个光谱下的物体辐射亮度测量信息，经过最小二乘法数据处理得到物体的真实温度及光谱发射率。

1. 普朗克定律

普朗克（Planck）定律描述了黑体辐射的光谱分布规律，揭示了辐射与物质相互作用过程中和辐射波长及黑体温度的依赖关系，普朗克公式如下：

$$L_0(\lambda,T)=\frac{c_1}{\lambda^5}\frac{1}{e^{\frac{c_2}{\lambda T}}-1} \tag{9.1}$$

式中，λ 为辐射波长；T 为黑体的热力学温度；$L_0(\lambda,T)$表示温度为 T 的黑体辐射体在单位面积和单位时间内向单位立体角内辐射的单位波长间隔内的能量，称为光谱辐射亮度。

c_1 是黑体的第一辐射常数：

$$c_1 = 2\pi hc^2 = 3.7418\times10^{-16}\,\mathrm{W\cdot m^2} \tag{9.2}$$

c_2 是黑体的第二辐射常数：

$$c_2 = \frac{hc}{k} = 1.4388\times10^{-2}\,\mathrm{m\cdot K} \tag{9.3}$$

式中，c 是真空光速，c=2.998×10^8 m/s；h 是普朗克常数，h=6.626176×10^{-34}J·s。

由式(9.1)可以看出，光谱辐亮度随波长连续变化，对应某一个温度就有固定的一条曲线。一旦温度确定，则在某波长处有唯一的固定值。每条曲线只有一个极大值，随着温度 T 的升高，光谱辐亮度的峰值波长向短波方向移动。

2. 灰体模型

黑体是物理学家们为了研究不依赖于物质具体物性的热辐射规律，定义的一种作为热辐射研究的标准物体，只有在黑体光谱辐射量和温度之间存在精确的定量关系。

黑体能完全吸收入射在它上面的辐射能，既没有反射，也没有透射。但是，自然界中并不存绝对黑体，为了描述非黑体的辐射，引入“辐射发射率 ε_λ”的概念，定义为在相同温度下，辐射体的辐射出射度与黑体的辐射出射度之比：

$$\varepsilon_\lambda = \frac{M_\lambda}{M_{0\lambda}} = \frac{L_\lambda}{L_{0\lambda}} \tag{9.4}$$

式中，ε_λ 为温度和波长的函数，也与辐射体的表面性质有关，数值在 0～1 之间变化。按照 ε_λ 的不同，一般将辐射体分为三类：

(1) 黑体，ε_λ=1；

(2) 灰体，ε_λ=ε<1，与波长无关；

(3) 选择体，ε_λ<1，且随波长和温度变化。

一般地，对于任意的辐射体，可以表示为：

$$L_\lambda(\lambda,T) = \varepsilon_\lambda(T)\cdot L_0(\lambda,T) \tag{9.5}$$

式中，$L_\lambda(\lambda,T)$ 为真实物体的光谱辐亮度。

在冲击波和爆轰波温度测量中的辐射体大都可看作灰体，因此式(9.5)可简化为：

$$L_{\lambda}\left(\lambda,T\right)=\varepsilon\cdot L_{0}\left(\lambda,T\right) \tag{9.6}$$

我们将实验得到的光谱辐射亮度数据用式(9.6)按照最小二乘法拟合，即可同时得到真实物体的温度 T 和发射率 ε 。

9.1.2　六通道瞬态光学高温计系统

六通道瞬态光学高温计是以普朗克热辐射理论为基础，将待测光源的辐亮度与标准光源的辐射亮度进行比较，从而测得待测光源温度的一种光学仪器。它是在可见光和近红外光谱范围内，把光源的热辐射取出 6 个波段进行测量，每个波段信号通过光纤传输、光电倍增管探测和记录仪器记录。图 9.1 为六通道瞬态光学高温计工作流程图。

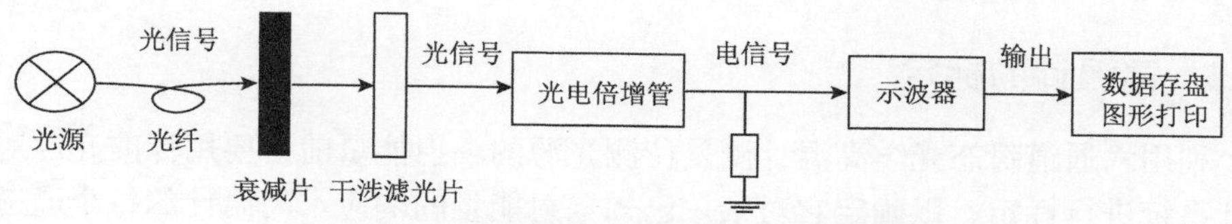

图 9.1　六通道瞬态光学高温计工作流程图

图 9.2 为由中国工程物理研究院流体物理研究所研制的六通道瞬态光学高温计实物图。6 个通道的工作波长分别为 420 nm、500 nm、600 nm、700 nm、800 nm、900 nm，测量温度范围是 3000～8000 K，温度测量误差≤5%，响应时间≤25 ns。

系统采用自聚焦型石英光纤作光能采集和传输器件，工艺简单，使用方便，环境适应性强；采用多通道测量，波长覆盖范围宽，可对待测光源的光辐射特性进行光谱展开、时间分辨测量，测量精度高，时间响应快，测量范围宽；可同时测量待测光源的温度和发射率，也可描绘温度随时间的变化曲线。

图 9.2　六通道瞬态光学高温计实物图

实际测量时，六通道瞬态高温计的 6 个通道分别测量与其工作波长对应的光谱辐亮度 $L(\lambda_i,T)$，简写为 L_i。由式(9.6)列出条件方程为：

$$\varepsilon L_0\left(\lambda_i,T\right)-L_i\left(\varepsilon,\lambda_i,T\right)+v_i=0\left(i=1\sim 6\right) \tag{9.7}$$

式中，v_i 为光谱辐亮度的残余误差。

根据综合测量法的条件，拟合出最佳 T 和 ε 的条件是使残余误差的平方和取极小值，即：

$$\chi=\sum_{i=1}^{6}\left[\varepsilon L_0\left(\lambda_i,T\right)-L_i\left(\varepsilon,\lambda_i,T\right)\right]^2 \tag{9.8}$$

取最小值。

六通道瞬态光学高温计测量系统主要由高温计主体、同步机、特制传光光纤、采光光纤、示波器和校准系统（钨灯标定系统）组成。技术指标如下：①响应波长范围：0.40～1.06 μm；②测量温度范围：3 000～8 000 K；③温度测量误差：≤5%；④响应时间：≤10 ns；⑤工作温度：−10～+35 ℃。

9.1.3　高温计的标定

利用六通道瞬态光学高温计测量待测光源的辐射能量前，要用标准光源对高温计系统进行标定，以确定它对某一已知辐射能量的响应。高温计的每个通道相当于工作于不同波长下的一个辐射能量计，都需要进行标定。

标准钨灯本身要由国家计量局对它进行标定，并给出了在规定的工作条件下钨带灯丝上某一固定位置的色温度和发射率，或者钨灯的 $N_r(\lambda)$值，它的定义为：钨灯在单位时间内辐射到距离它 l_0 处的单位面积（1 cm^2）上的、波长在 λ～λ+1（nm）范围内的辐射能量，即单位波长间隔内的辐射能量。

1. 标准光源钨灯与光纤直接耦合标定

图 9.3 为标准光源钨灯与光纤直接耦合标定系统方框图。标定时，钨灯发出的光辐射经光纤探头采集，由光纤传给光学高温计，高温计将光信号转为电信号，再经传输电缆到达示波器。

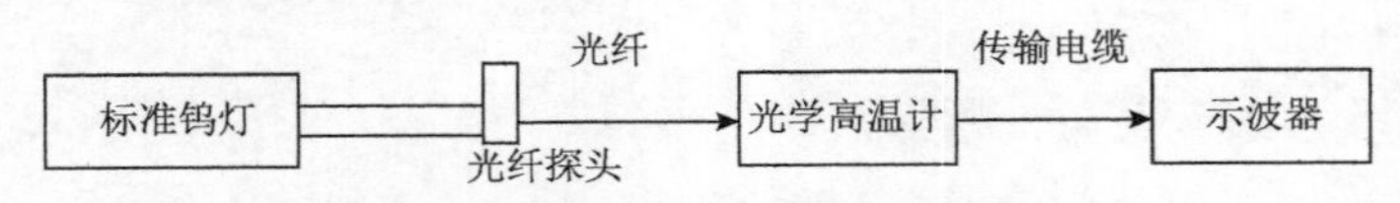

图 9.3　标准光源钨灯与光纤直接耦合标定系统方框图

在高温计的线性工作区内，它的输出信号正比于它接收到的能量，将高温计的探头放置在距离标准灯 l_0 处，则它的单位面积上的入射能量为：

$$E_{\mathrm{op}}\left(\lambda\right)=N_{\mathrm{r}}\left(\lambda\right)\eta\left(\lambda\right) \tag{9.9}$$

式中，$\eta(\lambda)$是光能传输系统的几何因子，入射辐射能量经过高温计的光电转换系统变成电信号并用示波器记录，信号幅度 h_0 正比于 $E_{op}(\lambda)$，即 $h_0 \sim E_{op}(\lambda)$。

对高温计标定完成以后，假设待测样品放置在钨灯的位置上。设待测样品的有效发光面积为 S_0，温度为 T，如图 9.4 所示，则它辐射到高温计探头单位面积上的能量为：

$$E_{\exp}(\varepsilon,\lambda,T)=\varepsilon\cdot L_0(\lambda,T)\cdot S_0\cdot\omega_0\cdot\eta(\lambda) \tag{9.10}$$

或

$$E_{\exp}(\varepsilon,\lambda,T)=L_{\exp}(\varepsilon,\lambda,T)\cdot S_0\cdot\omega_0\cdot\eta(\lambda) \tag{9.11}$$

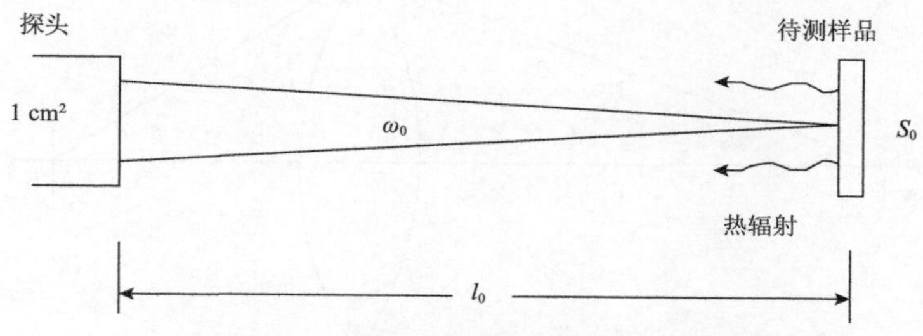

图 9.4　高温计探头接收到的能量

式中，$\omega_0=\frac{1}{l_0^2}$为单位面积探头所张的立体角，$L_{\exp}(\varepsilon,\lambda,T)=\varepsilon\cdot L_0(\lambda,T)$为被观测样品每单位面积在单位时间内向单位立体角内辐射的、波长在 $\lambda\sim\lambda+1$（nm）范围内的辐射能量。实验观测到的信号幅度 h 正比于高温计探头单位面积上的入射能量 $E_{\exp}$，即 $h\sim E_{\exp}(\varepsilon,\lambda,T)$。

$$\frac{h}{h_0}=\frac{L_{\exp}(\varepsilon,\lambda,T)\cdot S_0\cdot\omega_0}{N_r(\lambda)} \tag{9.12}$$

式(9.12)表明，实验信号幅度 h 正比于待测样品的有效发光面积 S_0，当温度很高时，辐射能量 $E_{\exp}$ 可能超出光学高温计的线性工作区，此时可采用中性滤光片对接收信号进行衰减，使光学高温计在线性区工作。

因此，界面的光谱辐亮度为：

$$L_{\exp}(\varepsilon,\lambda,T)=N_r(\lambda)\cdot\frac{h}{h_0}\cdot\frac{l_0^2}{S_0} \tag{9.13}$$

将 $L_{\exp}(\varepsilon,\lambda,T)$用式(9.12)进行拟合，就得到相应的界面温度 T 和发射率 ε。

2. 标准光源钨灯与光纤经透镜耦合标定

用钨灯作标准光源时，局限性比较大。一方面钨灯的钨带不是一个均匀的发光面，只有钨带上某个特定位置附近的一个很小区域才能作为标准光源的发光面，钨带宽不足 2 mm，加上钨灯结构的限制，当直接耦合时，不能使这样一个小区域充满光纤的全部孔径角，也无法使光纤高温计给出有意义的标定讯号。为此在标准光源钨灯与接受光纤之间加入一个耦合透镜，如图 9.5 所示，将光纤置于标准光源发光面的像的位置上，根据透镜成像原理，可以避开标准光源其余不均匀发光部分的影响。

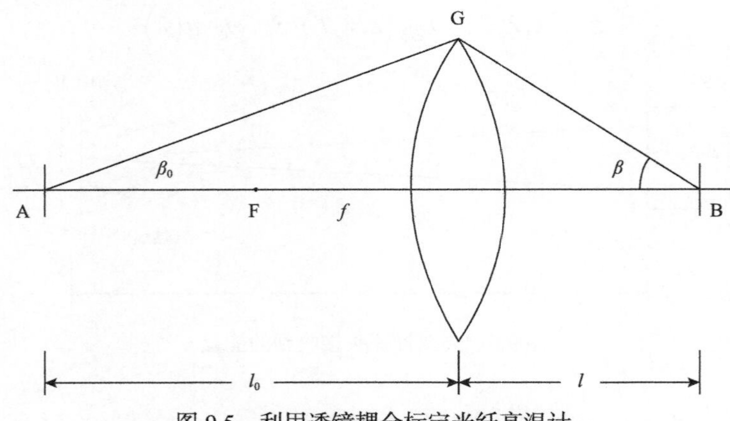

图 9.5 利用透镜耦合标定光纤高温计

图 9.6 为标准光源钨灯与光纤经透镜耦合标定系统方框图。标定时，钨灯发出的光辐射经过光学透镜成像于光纤探头处，光调制器将连续光束变为间断光信号，光纤将采集的光能传给光学高温计，高温计将光信号转为电信号，再经传输电缆到示波器。

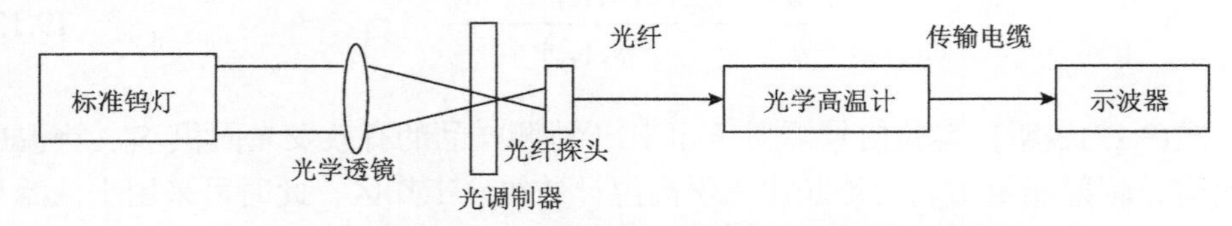

图 9.6 标准光源钨灯与光纤经透镜耦合标定系统方框图

利用几何光学的关系，可以得到入射到光纤端面积 a_0 的能量为：

$$E_{\text{of}} = \varepsilon_0 \cdot L_0 \cdot \tau \cdot \omega_0 \left[\frac{l_0 - f}{f} \right]^2 \cdot a_0 \tag{9.14}$$

式中，ε_0 为标准光源的发射率；L_0 为标准光源的 Planck 辐射亮度 $L_0(\lambda,T)=\dfrac{c_1}{\lambda^5}\dfrac{1}{e^{\frac{c_2}{\lambda T}}-1}$；$\tau$ 是透镜的透过率；ω_0 是 G 对标准光源的立体张角（图 9.4），$\omega_0=2\pi\left(1-\cos\beta_0\right)$；当 $\dfrac{D}{l_0}\ll 1$ 时，可简化为：$\omega_0=\dfrac{S_G}{l_0^2}=\dfrac{\pi\left(\dfrac{D}{2}\right)^2}{l_0^2}=\dfrac{\pi}{4}\cdot\dfrac{D^2}{l_0^2}$，$l_0$ 为物距；f，D 为透镜 G 的焦距和直径。

3. 用硝基甲烷液体炸药的平面爆轰波阵面作为标准光源标定

除了钨灯，还可以用硝基甲烷液体炸药的平面爆轰波阵面作为标准光源，这种光源的面积大、温度高，发光均匀，可以得到较高的标定讯号，根据图 9.7 可以计算出爆轰波阵面直接入射到光纤端面的总能量 E_{ofx}：

$$E_{\text{ofx}}=L_{\text{x}}\cdot 2\pi\left(1-\cos\alpha_0\right)\cdot a_0 \tag{9.15}$$

式中，a_0 为光纤的孔径角，L_{x} 为爆轰波阵面的辐射亮度。

式(9.15)表明只要光源充满光纤的孔径角，则入射能量 E_{ofx} 与光源离开光纤的距离无关。

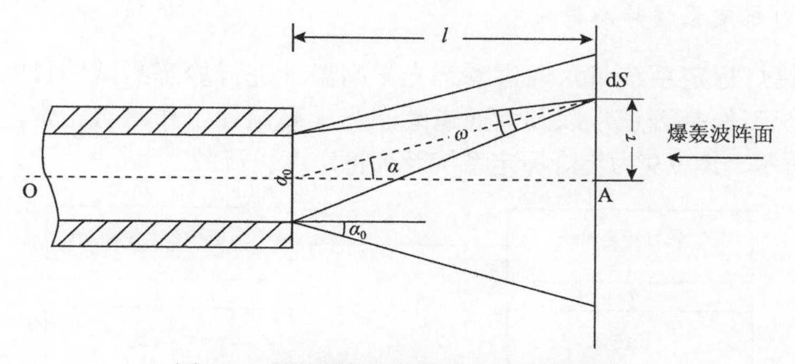

图 9.7　利用爆轰波阵面标定光纤高温计

实际测量中界面光谱辐亮度的确定：

1) 当标准光源钨灯与光纤之间以透镜耦合时

在冲击波和爆轰波温度的实验测量中，光纤被安置在离样品的发光面很近的位置上，待测样品的发光面积足以充满光纤的孔径角。因此，根据式(9.15)，在冲击波实验测量中，入射到光纤端面的能量 $E_{\exp}(\lambda)$ 为：

$$E_{\exp}=L_{\exp}\cdot a_0\cdot 2\pi\left(1-\cos\alpha_0\right) \tag{9.16}$$

$$\frac{h}{h_0}=\frac{L_{\exp}\cdot 2\pi a_0\left(1-\cos\alpha_0\right)}{\varepsilon_0\cdot L_0\cdot\tau\cdot\omega_0\left[\dfrac{l_0-f}{f}\right]^2\cdot a_0}=\frac{L_{\exp}}{L_0}\cdot\frac{2\pi\left(1-\cos\alpha_0\right)}{\varepsilon_0\cdot\tau\cdot\omega_0}\left[\frac{f}{l_0-f}\right]^2 \tag{9.17}$$

界面的光谱辐射亮度为：

$$L_{\exp}\left(\varepsilon,\lambda,T\right)=\frac{h}{h_0}\left[\frac{l_0-f}{f}\right]^2\cdot\frac{\varepsilon_0\cdot\tau\cdot\omega_0}{2\pi\left(1-\cos\alpha_0\right)}\cdot L_0 \tag{9.18}$$

2) 当用硝基甲烷液体炸药的平面爆轰波阵面作为标准光源标定时

$$\frac{h}{h_0}=\frac{L_{\exp}\cdot a_0\cdot 2\pi\left(1-\cos\alpha_0\right)}{L_{\mathrm{x}}\cdot a_0\cdot 2\pi\left(1-\cos\alpha_0\right)}=\frac{L_{\exp}}{L_{\mathrm{x}}} \tag{9.19}$$

界面的光谱辐射亮度为：

$$L_{\exp}\left(\varepsilon,\lambda,T\right)=\frac{h}{h_0}\cdot L_{\mathrm{x}}\left(\varepsilon,\lambda,T\right) \tag{9.20}$$

将 $L_{\exp}(\varepsilon,\lambda,T)$用式(9.6)进行拟合，就得到相应的界面温度 T 和发射率 ε。

4. 钨灯标定系统静态考核

利用钨灯标定系统对六通道瞬态光学高温计进行静态测试，目的是考察钨灯标定系统工作是否正常以及六通道瞬态光学高温计工作是否正常。实验框图如图 9.8 所示，图 9.9 为钨灯标定系统及高稳定度恒流源。

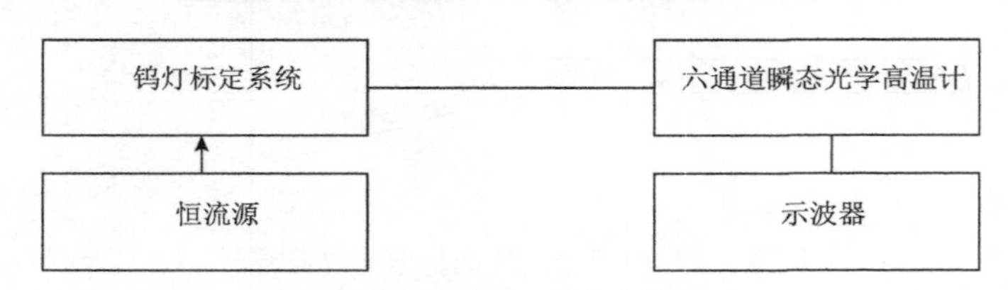

图 9.8　静态测试实验框图

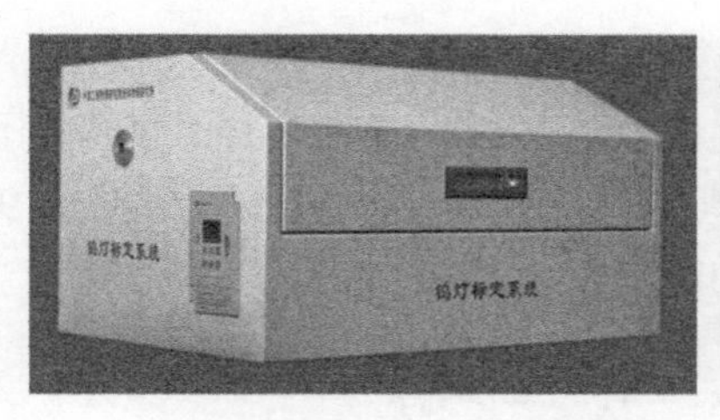
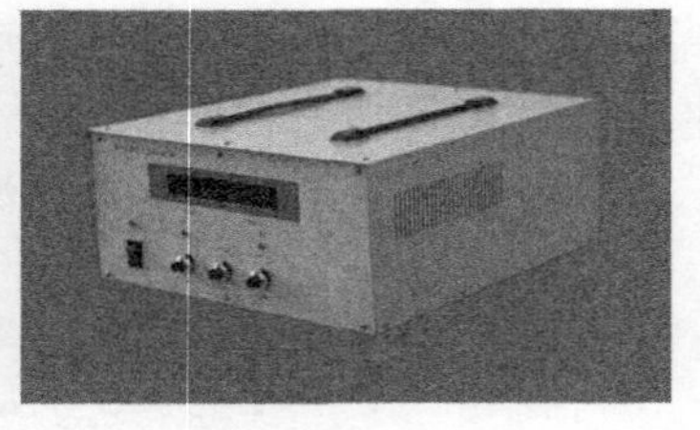

图 9.9　钨灯标定系统及高稳定度恒流源照片

实验中钨灯灯丝电流为 17.4 A，对应钨带灯亮度温度为 2000 ℃，斩波器转速设置为 200 Hz。经过在此温度点的反复考察，示波器输出的信号幅度很稳定，这说明钨灯标定系统工作正常、稳定，六通道瞬态光学高温计工作正常。

9.1.4　应用实例

1. 冲击作用下 NaI 的温度测量

实验装置如图 9.10 所示，加载炸药为Φ80 mm×37°的 RDX 平面炸药透镜和Φ80 mm×20 mm 的 RDX 药柱，飞片为Φ80 mm×2 mm 的 LY12 铝，样品为Φ30 mm×3 mm 的 LY12 铝和Φ26 mm×5 mm 的 NAI 晶体。实验中以同步机触发时刻为示波器记录的零时刻。

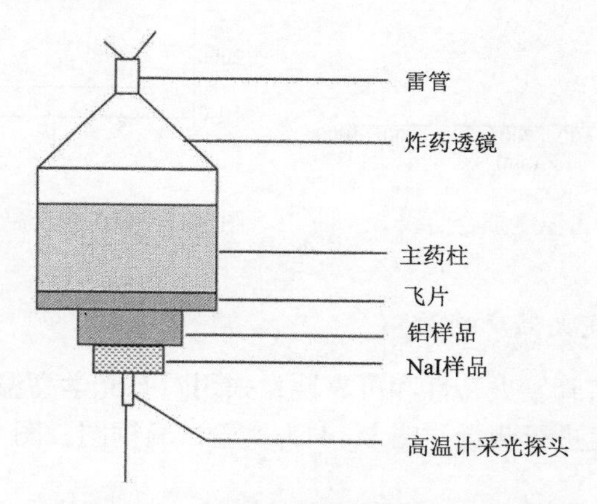

图 9.10　NaI 冲击温度测量实验装置示意图

图 9.11 为 1 发试验示波器记录 6 个不同波长的 NaI 冲击温度信号。由于 1 台示波器只有 4 个通道，6 路信号采用两台示波器记录。示波器记录的高温计 6 个通道的信号幅度分别为 114 mV，1962 mV，2376 mV，868 mV，596 mV，364 mV。

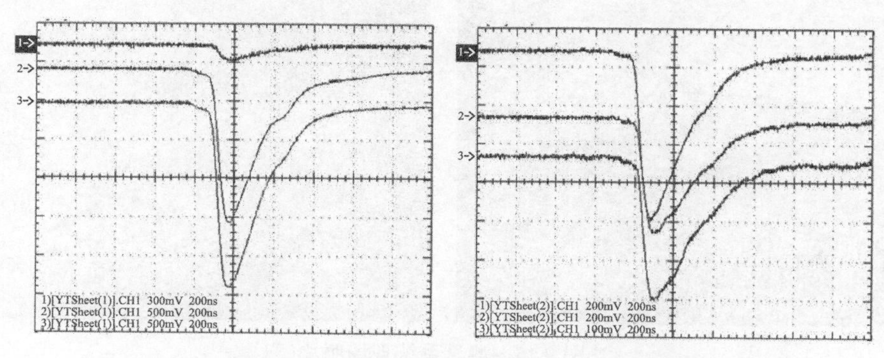

图 9.11　1 发试验记录的 6 路不同波长的 NaI 冲击温度信号

利用这 6 个信号计算出的本次实验中 NaI 样品的冲击温度为 3133 K，图 9.12 为 NaI 冲击温度拟合曲线。

同样利用这 6 个信号，可以用温度计数据处理软件计算出实验中连续的温度随时间变化的曲线，图 9.13 为 0～25 μs 内温度随时间变化的曲线。从图中可以读出，在 18.3 μs 时温度达到最大，最高温度为 4278 K。

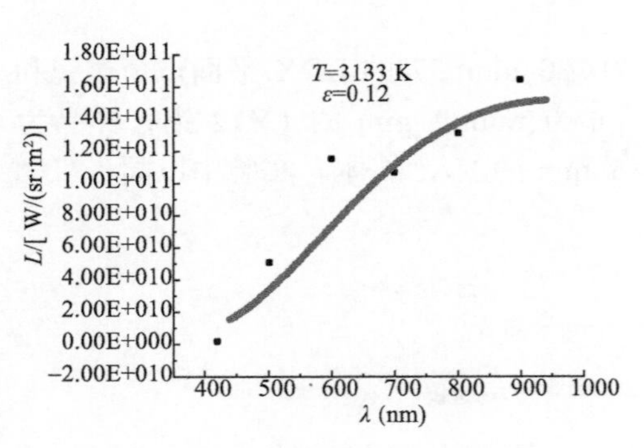

图 9.12　NaI 冲击温度拟合曲线

图 9.13　NaI 冲击温度随时间变化曲线

2. 半导体雷管发火温度测量

为研究半导体雷管发火特性和可靠性，采用瞬态光学高温计对同一批 25 发半导体雷管发火温度进行测量，图 9.14 为实验试验框图，图 9.15 为测试系统现场照片。

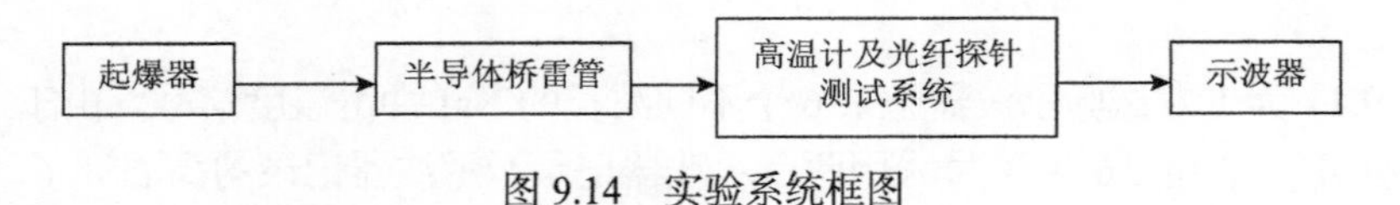

图 9.14　实验系统框图

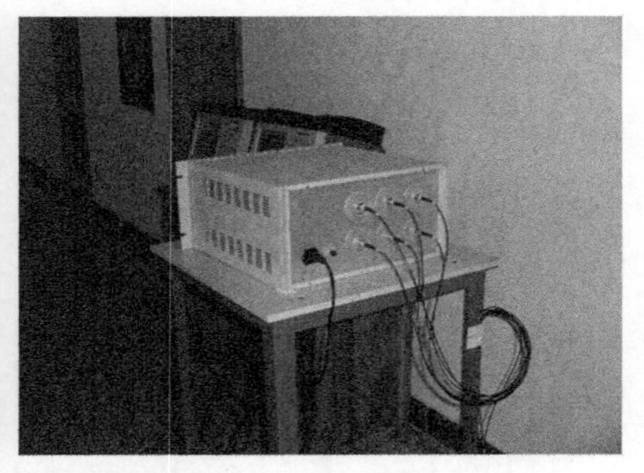

图 9.15　测试系统现场照片

图 9.16 为典型的 1 发雷管实验示波器记录的 6 个通道的测试信号，信号幅度分别为：724 mV，442 mV，274 mV，38.8 mV，36.4 mV，50 mV。

利用这 6 个信号计算出该发实验所测得的半导体桥雷管的发火温度为 6368 K。图 9.17 为半导体雷管发火温度拟合曲线。根据示波器记录的 6 个通道的信号曲线，可以用温度计数据处理软件计算出实验中连续的温度随时间变化的曲线，图 9.18 为 0～20 μs 内温度随时间变化的曲线。从图中可以读出，在 15.2 μs 时温度达到最大，最高温度为 6669 K。

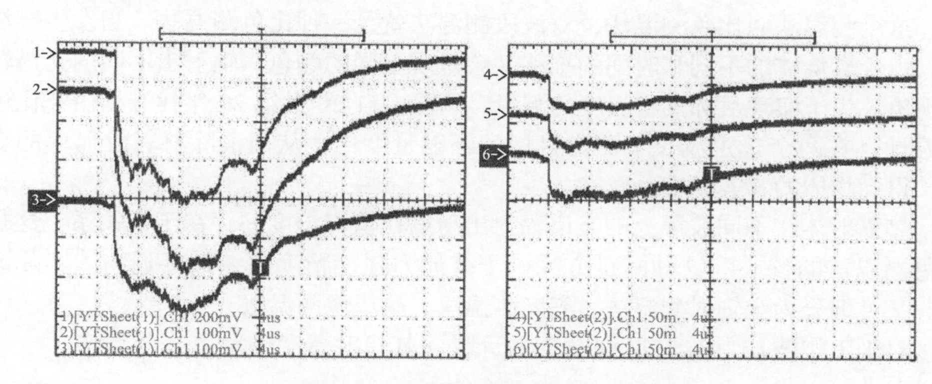

图 9.16　半导体雷管发火温度信号

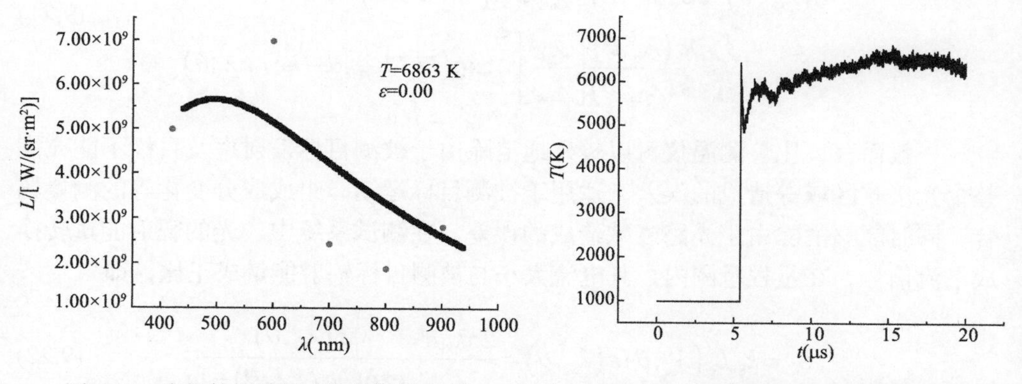

图 9.17　半导体雷管发火温度拟合曲线　　图 9.18　半导体雷管发火温度随时间变化曲线

9.2　比色测温仪

目前，人们经常使用的是单波长光学（电）高温计及全波长（或带宽）辐射高温计等，它们测得的不是物体的真实温度，而分别是颜色温度、亮度温度等，必须知道目标的另一个参数——材料发射率（黑度系数），才可求得目标的真实温度。发射率不仅与物体的成分、表面状态及波长有关，还与其温度有关，一般不宜在线测量，且易随表面状态的改变而改变。因此用辐射法测量物体的真实温度是辐射测温领域中重要而困难的课题。

9.2.1　比色测温法原理

众所周知，火焰燃烧是有颜色的，可以通过检测颜色的不同对比出温度的数值，这个测温法叫比色测温法，双波段测温法就是一种比色测温法。当发生燃烧时，由于燃烧体的不同和时间的推移，会呈现不同的颜色，辐射出不同的光谱辐射现象。为了实现目标真实温度的测量，国际上自 20 世纪 20 年代开始研究比色高温计，在两个选定波长下测定目标的辐射量度比，从而消除材料发射率的影响，得到物体的真实温度。

热辐射体在不同波段上的光谱辐射出射度比值与温度间存在函数关系，这是比色测温法的核心。这种测量方法抗干扰能力强、精度高，最接近物体实际温度。又可细分为全辐射测温法、亮度测温法、热成像测温法。

对于工作波长为 λ_{Si}、λ_{Ge} 的光接收元件，其辐射亮度比为：

$$\begin{aligned}\frac{L(\lambda_{Si},\theta)}{L(\lambda_{Ge},\theta)}&=\frac{\varepsilon(\lambda_{Si},\theta)}{\varepsilon(\lambda_{Ge},\theta)}\frac{\lambda_{Si}^{-5}}{\lambda_{Ge}^{-5}}\frac{\exp(hc/k\lambda_{Ge}\theta)-1}{\exp(hc/k\lambda_{Si}\theta)-1}\\&\approx\frac{\varepsilon(\lambda_{Si},\theta)}{\varepsilon(\lambda_{Ge},\theta)}\left[\frac{\lambda_{Si}}{\lambda_{Ge}}\right]^{-5}\exp(hc/k\lambda_{Ge}\theta-hc/k\lambda_{Si}\theta)\end{aligned}\tag{9.21}$$

一般而言，比色测温仪可以较好地消除由于被测目标发射率及目标不能充满整个光接收区域等造成的误差，适用于被测目标运动、组成成分变化等的测量场合，同时能够消除由于光路衰减造成的误差。在测试系统中，光的辐射能量转换成电流信号，在量程范围内，其电流大小与被测目标辐射能量成正比，即

$$I_{Si}=k_{Si}L_e(\lambda_{Si},\theta)\varepsilon(\lambda_{Si},\theta)=\frac{2\pi k_{Si}c^2}{\lambda_{Si}^5}\frac{\varepsilon(\lambda_{Si},\theta)}{\exp(hc/k\lambda_{Si}\theta)-1}\tag{9.22}$$

$$I_{Ge}=k_{Ge}L_e(\lambda_{Ge},\theta)\varepsilon(\lambda_{Ge},\theta)=\frac{2\pi k_{Si}c^2}{\lambda_{Ge}^5}\frac{\varepsilon(\lambda_{Ge},\theta)}{\exp(hc/k\lambda_{Ge}\theta)-1}\tag{9.23}$$

式中，k_{Si}、k_{Ge} 为电流放大系数。由式(9.22)和式(9.23)可见，光探测器的输出电流大小随温度变化非常剧烈，放大系数 k_{Si}、k_{Ge} 的选取应使光电流的变化控制在一定范围内，若 k_{Si}、k_{Ge} 值过大，则高温时电流输出过大，会超出量程上限；若

k_{Si}、k_{Ge} 值过小，则低温时电流输出过小，分辨率太低，信噪比太小。考虑到实际测试需要，700 ℃黑体辐射能量在 Si 光探测器上产生的输出电流约为 4 μA，在 Ge 光探测器上产生的电流输出约为 110 μA；2500 ℃黑体辐射能量在 Si 光探测器上产生的输出电流约为 32000 μA，在 Ge 光探测器上产生的输出电流约为 25000 μA。两种波长光接收器的辐射亮度比为：

$$
\begin{aligned}
\frac{L_{Si}(\lambda_{Si},\theta)}{L_{Ge}(\lambda_{Ge},\theta)} &= \frac{I_{Si}}{I_{Ge}} = \frac{k_{Si}}{k_{Ge}} \frac{L_e(\lambda_{Si},\theta)\varepsilon(\lambda_{Si},\theta)}{L_e(\lambda_{Ge},\theta)\varepsilon(\lambda_{Ge},\theta)} \\
&\approx \frac{\varepsilon(\lambda_{Si},\theta)}{\varepsilon(\lambda_{Ge},\theta)} \frac{k_{Si}}{k_{Ge}} \left[\frac{\lambda_{Si}}{\lambda_{Ge}}\right]^{-5} \exp\left(hc / k\lambda_{Ge}\theta - hc / k\lambda_{Si}\theta\right) \\
&\approx \frac{k_{Si}}{k_{Ge}} \left[\frac{\lambda_{Si}}{\lambda_{Ge}}\right]^{-5} \exp\left(hc / k\lambda_{Ge}\theta - hc / k\lambda_{Si}\theta\right)
\end{aligned} \tag{9.24}
$$

式(9.24)表明了测温仪辐射能量比与被测目标的温度、光接收器件工作波长、电流放大倍数之间的关系，是比色测温的基础。为了精确确定光接收元件的工作波长及电流放大系数，用高温黑体炉对红外测温系统进行标定。标定原理为：在两个不同的标定温度 θ_1、θ_2 条件下，测量红外测温仪的输出电流 I_{Si}、I_{Ge}，由式(9.22)和式(9.23)可确定 k_{Si}、λ_{Si} 和 k_{Ge}、λ_{Ge}。这里第一标定温度为 1000 ℃，第二标定温度为 1300 ℃，由此得到的比色测温仪的工作波长为 λ_{Si}=1.06 μm，λ_{Ge}=1.55 μm。

图 9.19 所示为标定的硅、锗合成光探测器的输出电流和电流比随温度变化曲线。该曲线可用于将实验得到的电流比值数据转换为温度数据。

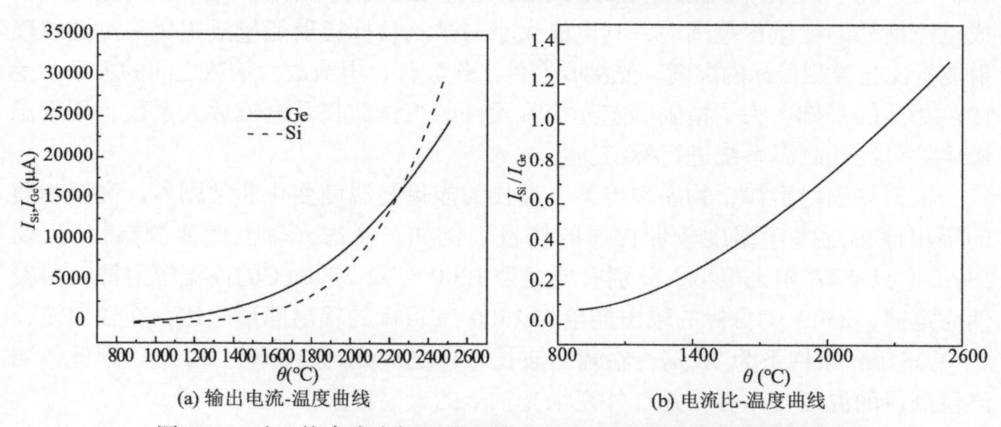

图 9.19　硅、锗合成光探测器的输出电流和电流比随温度变化曲线

大气中的 O_2、N_2 等对称分子的气体组分不会对红外辐射产生衰减，而大气及其爆轰产物中的非对称分子如水雾、CO_2 等会对红外辐射产生衰减作用。红外

辐射的能量随着传播距离的增加呈指数衰减，衰减的程度与衰减物质云雾如 CO_2、H_2O 的浓度、波长及传播距离有关。如此由单色红外辐射探测器得到的能量就会减少，因而不能反映目标的真实温度。但在利用比色红外测温技术进行测量时，用的不是单色辐射亮度，而是两种颜色温度的比值。因为两种探测器工作波长接近，两种波长的光路相同，则衰减的程度也相同，这样通过比色值确定的温度不会因单色亮度的衰减而变化。

9.2.2 红外比色测温系统的组成

爆炸过程温度测试系统如图 9.20 所示。该测温系统由被测目标、凸透镜、合成双色传感器、信号放大输出电路、高速数据采集系统组成。系统的工作波长分别为 1.06 μm 和 1.55 μm，量程范围为 700～2500 ℃，响应时间 2 μs。

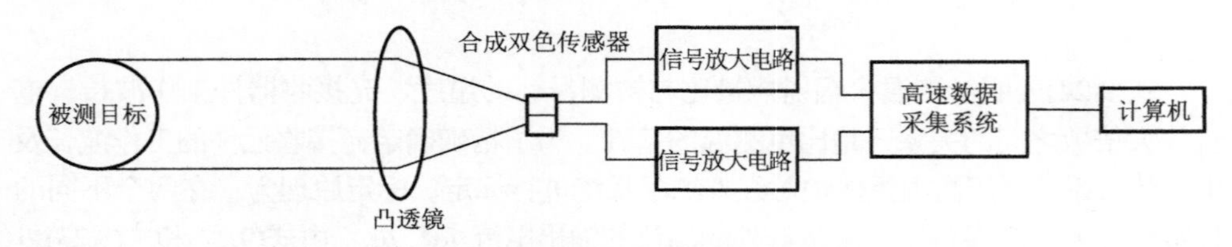

图 9.20 温度测试系统组成

一般而言，比色测温仪可以较好地消除由于被测目标发射率及目标不能充满整个光接收区域等造成的误差，适用于被测目标运动、组成成分变化等的测量场合，同时能够消除由于光路衰减造成的误差。在测试系统中，光的辐射能量转换成电流信号，在量程范围内，其电流大小与被测目标辐射能量成正比。测温仪辐射能量比与被测目标的温度、光接收器件工作波长、电流放大倍数之间的关系，是比色测温的基础。为了精确确定光接收元件的工作波长及电流放大系数，用高温黑体炉对红外测温系统进行标定。

根据热辐射定律，物质辐出某一波长的能量随温度变化非常剧烈，高温物质的辐出能量远大于温度较低物质的能量。例如，考虑光轴上距离测温仪 L 及 $L+\Delta L$（ΔL 与 L 相比很小）分别有温度为 1200 ℃及 2500 ℃的高温辐射源，由普朗克定律，2500 ℃目标的辐出能量与 1500 ℃目标的辐出能量之比，在辐出波长 λ_{Si}=1.06 μm 条件下为 76 倍，在辐出波长 λ_{Si}=1.55 μm 条件下为 20 倍。因此，测温仪测得的温度可以看作是红外视场光轴上的最高温度。

9.2.3 燃料空气炸药爆炸作用过程中的温度响应及其分析

燃料空气炸药爆轰时会形成体积爆轰和大火球，不仅火球表面的辐射能量能够进入比色测温仪，其内部光辐射也可透过火焰进入测温仪。因此，测温仪测得辐射温度反映了红外视场中的物质辐射能量。对以固态铝粉、液态碳氢燃料以及高能炸药、敏化剂等组成的燃料空气炸药爆炸过程中的温度响应进行测试。实验现场布置如图 9.21 所示，燃料空气炸药云雾为近似圆柱形，圆柱直径 20 m，高度 3 m，测温仪距云雾中心 L=100 m，测点与云雾中心的距离 H=5 m，测点距地面高度 2.0 m。目标与测温仪间的距离 L 与最小可测目标直径 D 之比 $L:D$ 为测温仪的距离系数，这里为 250∶1。在本实验中，L=100 m，则最小可测目标直径 D=0.4 m。

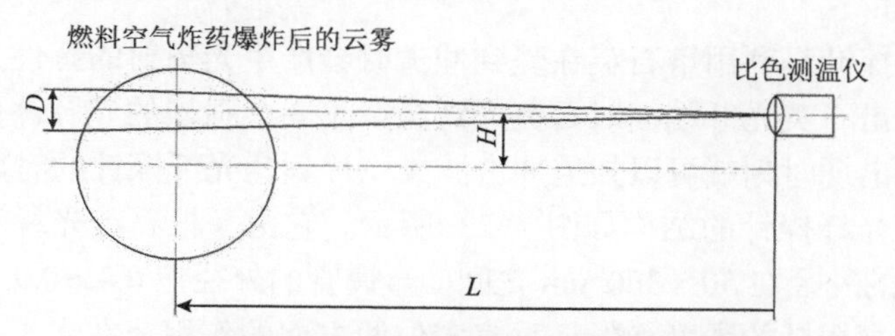

图 9.21　燃料空气炸药爆炸温度测试现场布置图

测温仪测得的是图中光路形成的扇形区域（红外视场）内所有物质的最高辐射温度。在该光路上，除燃料空气炸药爆轰产物外，没有其他高温物质，因此，测温仪得到的就是燃料空气炸药爆炸时的最高辐射温度。

图 9.22(a)为以高能炸药、铝粉及液态碳氢燃料为主要组分的一次引爆型燃料空气炸药作用时，波长为 λ_{Si} 和 λ_{Ge} 的光探测器输出的时间历程曲线。通过不同探测器输出进行运算，可得不同波长的输出能量比随时间的变化规律，再将辐射能量比值转化为温度数据，如图 9.22(b)曲线所示。可见，在云雾区内距离云雾中心 5 m、距离地面 2 m 处，最高辐射温度约为 2050 ℃，在 0.5 s 时的温度约为 1200 ℃，高温持续时间大于 0.5 s。

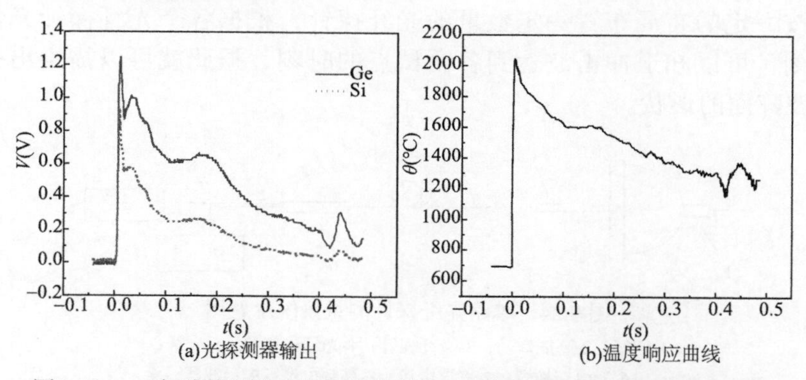

图 9.22　一次引爆型燃料空气炸药爆炸时光探测器输出及温度响应曲线

9.3　无源光纤探针测试系统

无源光纤探针响应快（≤1 ns）、抗电磁干扰、无需外加信号源、芯线细，可对非金属材料进行直接测量。光纤探针的这些特点使其在冲击波物理和爆轰物理实验中得到了广泛的应用。无源光纤探针系统可用于测量冲击波速度、飞片速度、冲击波形、飞片平面性、炸药爆速和炸药爆轰波形等。

9.3.1　测量原理及系统构成

石英光纤探针是利用熔石英在受到冲击时会产生光辐射的特性工作的，当冲击波或飞片撞击石英光纤端面时石英光纤会产生一个强烈的光脉冲信号，通过检测该光脉冲的出现时刻就可以知道冲击波或飞片到达光纤探针的时刻。

典型石英光纤探针的结构如图 9.23 所示。它由一根石英光纤和一根金属套管构成，光纤的外径在 50～300 μm 之间，金属管的外径在 0.4～0.9 mm 之间。金属管主要起提高探针的强度和保证垂直定位两方面的作用。在光干扰较强的实验中，光纤端面需要镀金属膜，金属膜的厚度在 120～150 nm。

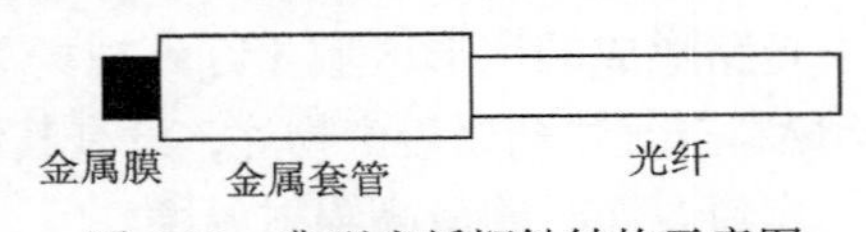

图 9.23　典型光纤探针结构示意图

图 9.24 给出了石英光纤探针测量炸药爆轰波到达时刻的单通道测试系统组成示意图。由图可知，该系统由光纤探针、传输光纤、光电倍增管、高频电缆和示波器组成。当冲击波到达光纤探针端面时光纤探针会产生一个强烈的光脉冲信号，该光脉冲信号经光纤传输到光电探测器转换为电信号再由示波器记录，通过判读就可以知道冲击波到达光纤探针的时刻。在待测炸药的底面上按一定的布局布置一定数量的光纤探针，根据各个光纤探针光信号的起始时刻，可以知道冲击波达到各测试点的时刻，据此就可以描绘出待测炸药爆轰波阵面的形状。

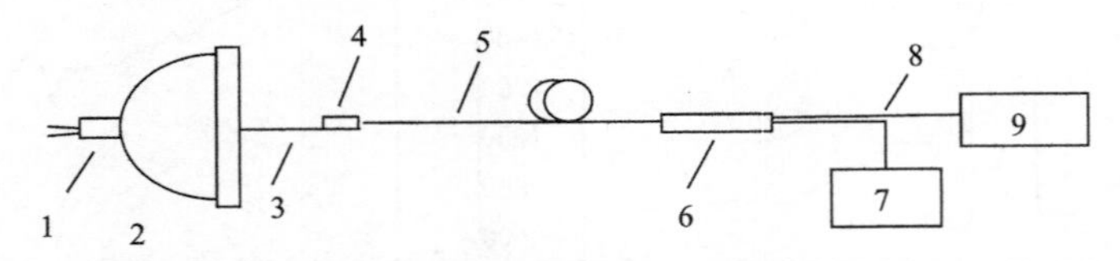

图 9.24　单路光纤探针测量系统示意图

1-雷管；2-高能炸药；3-光纤探针；4-光纤连接器；5-光纤；
6-光电转换器；7-直流电源；8-高频电缆；9-示波器

把多个单路光纤探针测量系统集成为典型仪器设备，图 9.25 和图 9.26 分别是 20 路无源光纤探针实验测量系统和光纤探头的实物照片。其技术性能指标：①系统响应时间：≤1 ns；②测量通道数：20 路；③各通道同步性：≤2.5 ns；④最大信号幅度：≥500 mV；⑤信号传输距离：25 m。

图 9.25　无源光纤探针实验测量系统

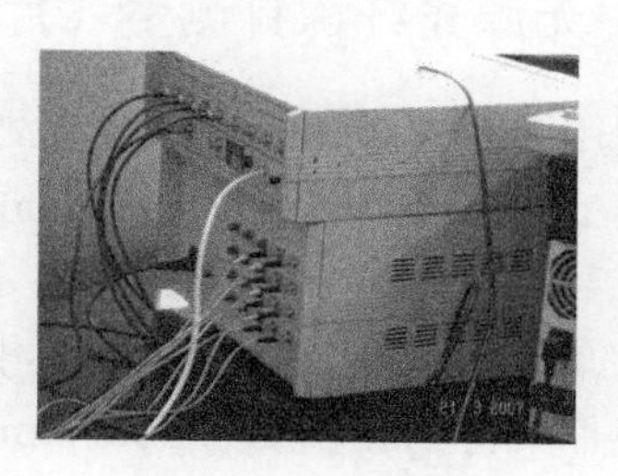

图 9.26　光纤探头

典型测量的探针布置方式：

1）炸药爆轰波阵面的形状测试

在待测炸药的底面上按一定的布局布置一定数量的光纤探针，根据各个光纤探针光信号的起始时刻，可以知道冲击波到达各测试点的时刻，据此就可以描绘出待测炸药爆轰波阵面的形状。

2）样品中的冲击波速度测试

在基板和样品的下表面各布置一定数量的光纤探针，就可以测出冲击波在样品中传播的时间，再利用已知的样品厚度就可以计算出样品中的冲击波速度。

3）飞片在某区间的平均速度及其平面度测试

在飞片行进的方向上安排给定间距的两组探针，通过测量两组光纤探针的信号时间间隔，就可以计算出飞片在此区间的平均速度。在飞片行进方向上的同一测试平面内安装大量的光纤探针，根据各个光纤探针光信号的时刻，就可以测量出飞片的平面性。

图 9.27 所示是典型的无源光纤探针实验应用测量系统示意图。当冲击波到达

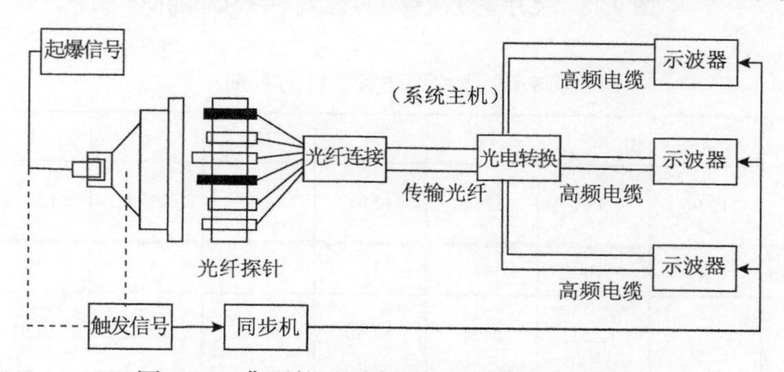

图 9.27　典型的无源光纤探针系统应用示意图

光纤探针端面时会产生一个强烈的光脉冲信号，该光脉冲信号经光纤传输到光电探测器并转换为电信号，然后由示波器记录。通过对示波器记录信号的判读就可以得到冲击波到达光纤探针的时间。

9.3.2　无源光纤探针测量飞片速度

利用无源光纤探针测试系统测量化爆加载下铝飞片的平均速度。实验装置如图 9.28(a)所示。实验使用Φ80 mm 的平面波炸药透镜作为加载装置，飞片材料为 LY12 铝，飞片尺寸Φ80 mm×1.5 mm，衰减片材料为有机玻璃，厚度 2 mm。实验探针布局如图 9.28(b)所示。其中 1～8 号探针为 1 台阶，9～16 号探针为 2 台阶。飞片飞行空腔长度为 30.6 mm，台阶高度为(2.14±0.02) mm。

实验中示波器记录的飞片到达各探针的信号如图 9.29 所示。飞片到达各探针的时刻列于表 9.1 中，据此利用不确定度评定的方法，计算出本次实验测得的飞片速度为 5.095 km/s，测量不确定度为 0.087 km/s。

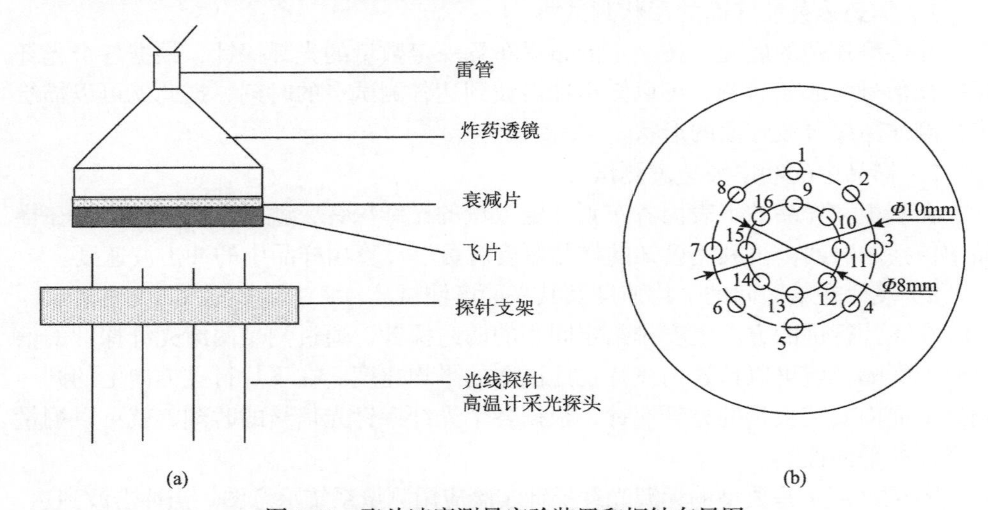

图 9.28　飞片速度测量实验装置和探针布局图

表 **9.1**　飞片到达各探针的时刻

探针号	1	2	3	4	5	6	7	8
飞片到达时刻(μs)	12.96	13.01	12.95	12.94	12.95	12.95	12.95	12.96
探针号	9	10	11	12	13	14	15	16
飞片到达时刻(μs)		12.51	12.50	12.50	12.51	12.52	12.51	12.60

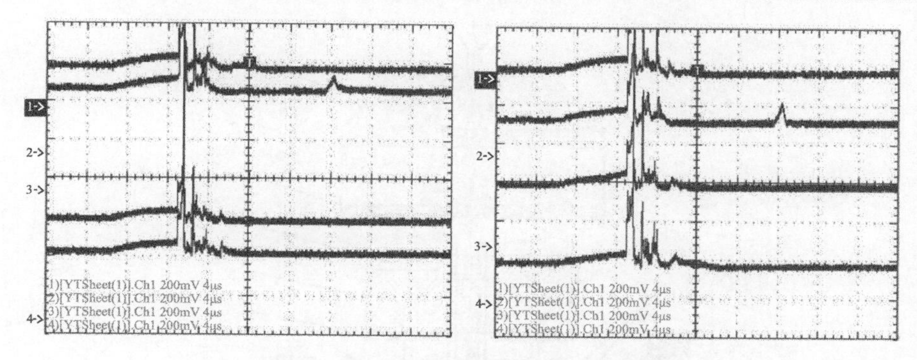

图 9.29　典型的飞片到达各探针的信号图

9.3.3　炸药超压爆轰产物的声速的测量

Fritz 等提出了通过测量声速和超压爆轰 Hugoniot 数据的组合确定 CJ 压力的新方法，通过声速流体动力学条件，即在 CJ 点，爆速等于声速与粒子速度之和（$D=c+u$），则在冲击波速度-粒子速度平面上 $c+u$ 曲线和超压爆轰 Hugoniot 相交处即为“热力学”CJ 点。超压爆轰声速也是非常有用的数据，P. K. Tang 通过拟合超压爆轰 Hugoniot 和声速数据，得到了修正的超压爆轰产物状态方程及其参数，得到的状态方程能够很好地符合实验结果。下面介绍利用稀疏波追赶技术，通过光纤探针监测在三氯甲烷中稀疏波追赶向前冲击波的过程，测量不同压力点下 JB-9014 炸药超压爆轰产物的声速。

1. 试验方法与设计

实验装置如图 9.30 所示。用炸药驱动 1 mm 厚铜飞片直接冲击炸药试样，在炸药试样受冲击一端布置两列光纤探针测量飞片的速度以及飞片的平面性，两列光纤探针垂直落差为 1.5 mm，探针布置如图 9.31 所示。在炸药试样的另一端放置三氯甲烷。当爆轰波到达炸药-三氯甲烷界面时，发出强光，并且当冲击波在三氯甲烷中传播时，冲击波阵面仍会发出强光，当背面入射的稀疏波赶上冲击波时，冲击波阵面压力下降，光强度减弱。用光纤探针和光电倍增管测量三氯甲烷中稀疏波追赶上冲击波时的冲击波传播时间，所记录的光脉冲前沿很陡（对应冲击波到达界面时刻），顶部是一个平台（宽度为 Δt），稀疏波赶上冲击波后，光脉冲后沿迅速下降。稀疏波追赶冲击波的图像如图 9.32 所示。炸药试样做成台阶形，从而得到通过不同厚度炸药的追赶时间 Δt，炸药越厚，Δt 越小。当炸药厚度大到一定程度后，稀疏波在炸药中赶上冲击波，测得的光脉冲没有平顶部分，而呈尖脉冲波形。

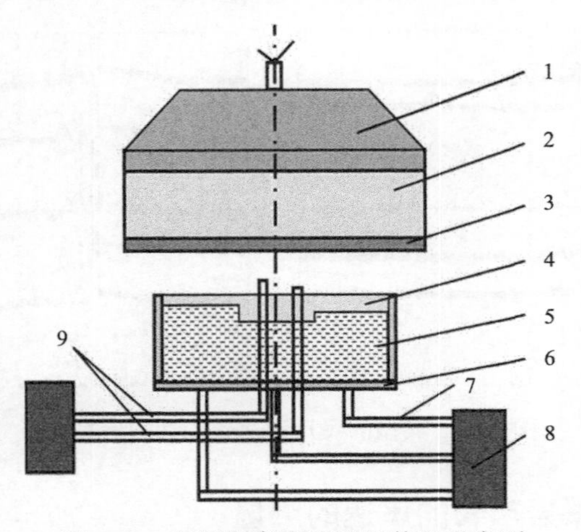

图 9.30　超压爆轰声速测量装置示意图

1-平面波透镜；2-JO-9159 药柱；3-铜飞片；4-JB-9014 炸药试样；5-三氯甲烷；6-有机玻璃外罩；7-光纤探针和传输光纤；8-光电倍增管；9-测速光纤探针

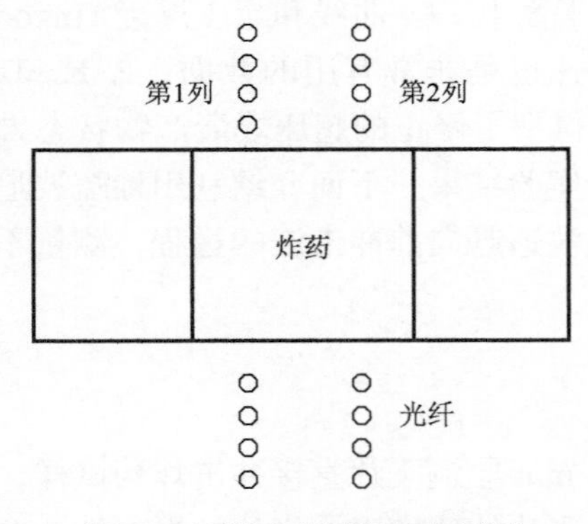

图 9.31　测速光纤探针布置图

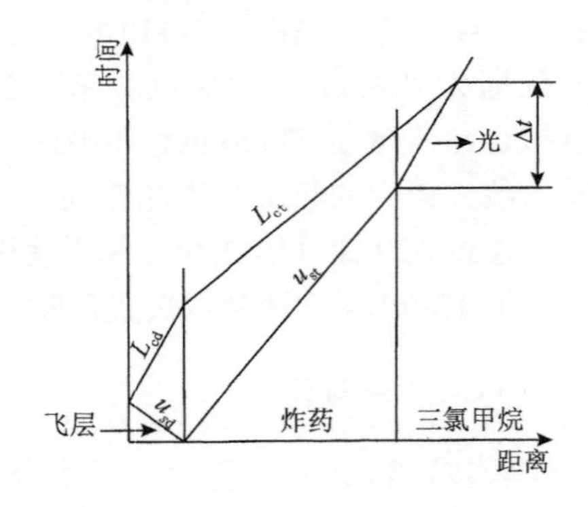

图 9.32　稀疏波追赶冲击波

将Δt随炸药厚度的变化连成一条直线，外推到Δt=0，得到稀疏波刚好在界面追赶上冲击波的炸药厚度 X_0。这时，有如下关系：

$$\frac{X_d}{u_{sd}}+\frac{X_d}{L_{cd}}+\frac{X_0}{L_{ct}}=\frac{X_0}{u_{st}} \tag{9.25}$$

式中，X_d 为飞片厚度；u_{sd} 为飞片中的冲击波速度；L_{cd} 为飞片中拉格朗日声速；L_{ct} 为炸药爆轰产物中拉格朗日声速；u_{st} 是炸药中冲击波速度（即超压爆速）。由于铜的 Hugoniot 关系是已知的，炸药的超压爆轰 Hugoniot 关系由其他实验给出，由飞片速度 u_d 可以计算出 u_{sd}、L_{cd} 和 u_{st}，因而通过式(9.25)可得到炸药超压爆轰的拉格朗日声速 L_{ct}。

2. 实验结果及分析

飞片在平面波透镜和炸药柱驱动下冲击炸药试样和测速光纤探针，光纤芯受冲击后产生光脉冲信号，经过传输光纤由光电倍增管捕获，光电倍增管输出的电信号通过高频电缆由示波器记录。图 9.33 是示波器记录的信号。图 9.34 是示波器记录的飞片到达各测速光纤探针的时间，可以看到，飞片是成锅底状，把两列时间求平均，然后二次拟合，把拟合的曲线减去该曲线的最低点，再乘以飞片的平均速度，就可以得到飞片的大致形状图如图 9.35，在半径为 40 mm 的地方，飞片上翘了 0.275 mm。对应光纤探针组的垂直落差除以时间差即为飞片的速度。图 9.36 是测试的速度结果，平均速度约为 4.133 km/s，标准偏差为：

$$\mathrm{SD}=\sqrt{\frac{1}{n-1}\sum_{i=1}^{n}\left(x_i-\bar{x}\right)^2}=0.06579\ \mathrm{km/s} \tag{9.26}$$

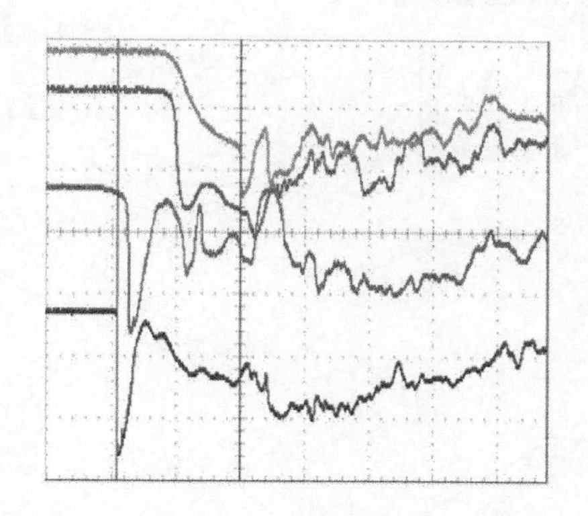

图 9.33　示波器记录的测速光纤探针信号

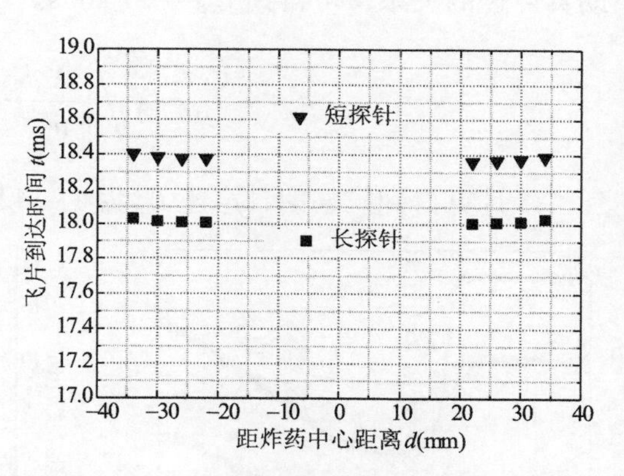

图 9.34　飞片到达各测速光纤探针的时间

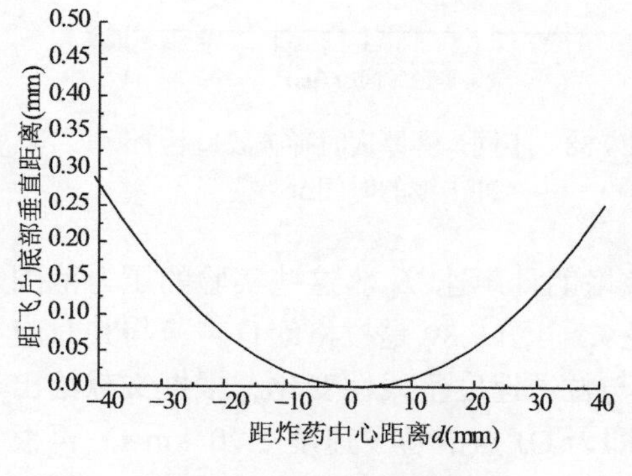

图 9.35　飞片的击靶形状

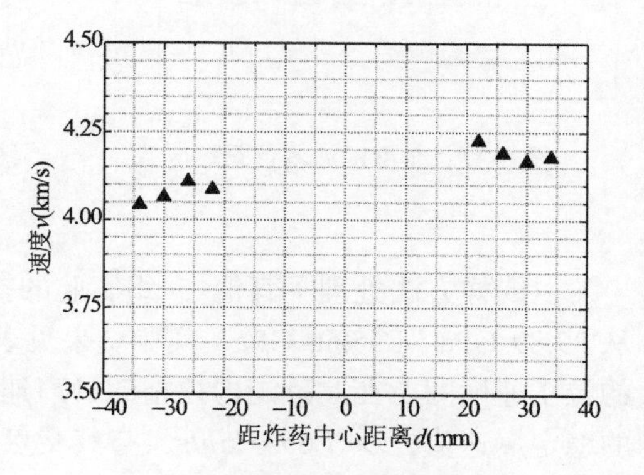

图 9.36　各组探针测试的速度

图 9.37 是示波器记录的三氯甲烷中稀疏波追赶上冲击波过程的信号，当爆轰波到达炸药-三氯甲烷界面(t_1)时，发出强光，起跳点斜率较陡，并且冲击波在三氯甲烷中传播时，冲击波阵面仍会发出强光，由于炸药背面有飞片维持，顶部出现一平台，当背面入射的稀疏波赶上冲击波(t_2)时，冲击波阵面压力下降，光强度减弱。平台时间 $\Delta t = t_2 - t_1$。图 9.38 是不同炸药厚度时稀疏波追赶上冲击波的时间 Δt，并一次拟合数据，外推到稀疏波刚好在炸药-三氯甲烷界面追赶上冲击波的炸药厚度 X_0=10.696 mm。只要知道飞片靶板 Hugoniot 和测得的飞片速度 u_d，可以计算 u_p、p、L_{cd}、u_{st} 和 u_{sd}。已知铜的 Hugoniot $u_{sd}=0.396+1.497u_{pd}$，我们在其他实验中测得炸药的 Hugoniot $u_{st}=1.32-3.72u_{pt}+7.08(u_{pt})^2$，注意在这里使用的单位是厘米、微秒。可求得 u_p=3.11 km/s；p=50.12 GPa；由不同炸药厚度爆轰波到达炸药-三氯甲烷界面的时间 t_1 之差，就可以算出 u_{st}=8.89 km/s，计算得到的 u_{sd}=5.49 km/s。由 Al'tshuler 等测得的铜的纵波声速，再根据纵波声速与拉格朗日声速的关系，可得到 L_{cd}=7.27 km/s。由式(9.25)得到：

$$L_{ct} = X_0 \Bigg/ \left[\frac{X_0}{u_{st}} - \left(\frac{X_d}{u_{sd}} + \frac{X_d}{L_{cd}} \right) \right] \tag{9.27}$$

经计算得到拉格朗日声速 L_{ct} 为 11.54 km/s。

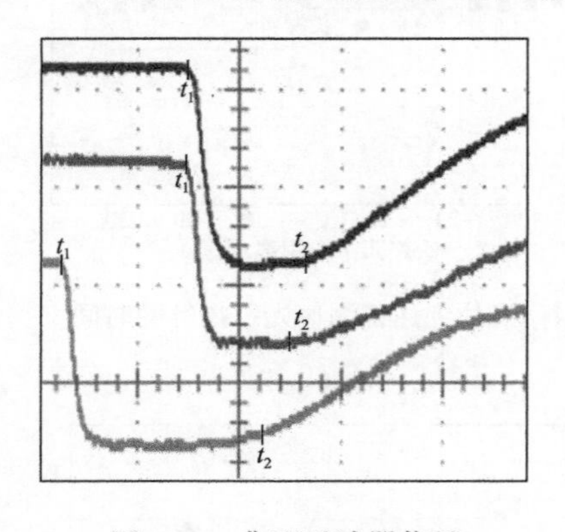

图 9.37　典型示波器信号

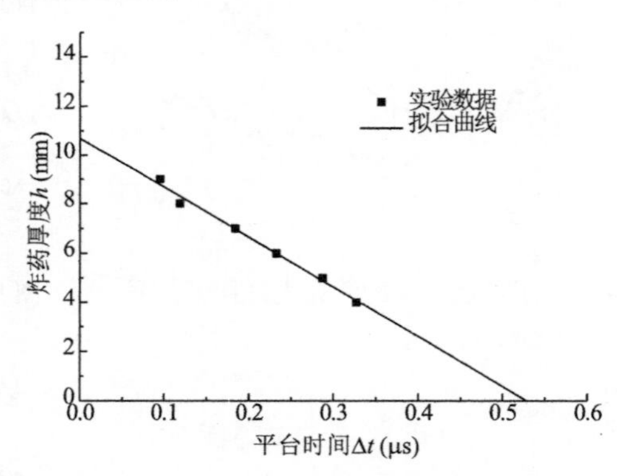

图 9.38　不同炸药厚度时稀疏波追赶上冲击波的时间Δt

以同样方法处理了其他 5 组实验的拉格朗日声速 L_{ct}。这些实验的压力范围从 39.89 GPa 到 55.60 GPa，实验结果见表 9.2。图 9.39 是拉格朗日声速与其对应的粒子速度图，在此范围内拉格朗日声速与粒子速度呈线性变化，根据文献给出的稳定爆速值，D=7.655 km/s，与其交点即为 CJ 点的粒子速度 1.70 km/s。再根据炸药 p-u 曲线，即可图解得到 p_{cj}=28.8 GPa，如图 9.40 所示，所得到的 p_{cj} 与通常测量值 28.5 GPa 符合。

表 **9.2**　超压爆轰产物声速测量实验结果

组号	飞片速度 (km/s)	压力 (Mbar)	粒子速度 (km/s)	拉格朗日声速 L_{ct} (km/s)
1	3.376	0.3989	2.521	10.14
2	3.691	0.4383	2.768	10.73
3	3.907	0.4677	2.935	11.40
4	4.137	0.5015	3.110	11.86
5	4.303	0.5275	3.235	12.26
6	4.475	0.5560	3.362	12.58

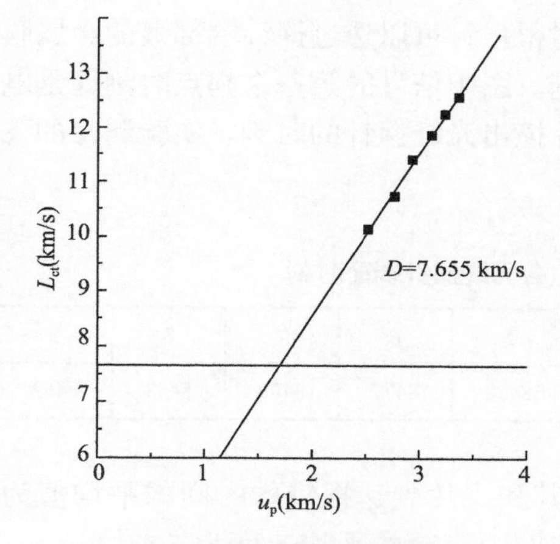

图 9.39　炸药中拉格朗日声速和粒子速度关系

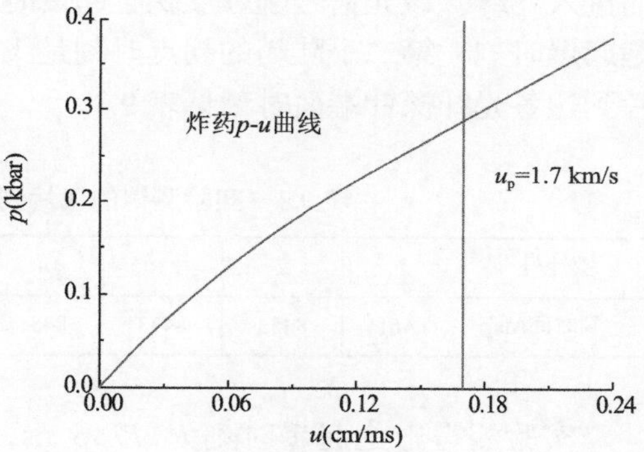

图 9.40　图解 CJ 压力

9.3.4　电炮加载的 Mylar 膜飞片的到达时间一致性及平均速度测量

Mylar 膜飞片在受到电炮冲击后飞出，并在加速腔中被加速到很高的速度。采用同步机来保证起爆和数据采集的同步，起爆系统由高压脉冲发生器和同步机组成；测试系统由光纤探针阵列、传输光纤、光电转换器和数字示波器组成；同步机的触发时刻为实验的零时，如图 9.41 所示。

光电转换器的脉冲上升时间为 0.8 ns，光纤测试通道之间的同步差小于 2 ns；数字示波器的模拟带宽为 1 GHz，采样率 2 GSa/s；同步触发器的同步差小于 1 ns。实验中使用的 Mylar 膜飞片的厚度为 75 μm，直径为 10 mm，加速腔长度为 4 mm。实验中使用了 9 根光纤探针，呈十字分布。

图 9.42 是典型的光电信号，从实验取得的信号来看，电炮加载时产生的强烈

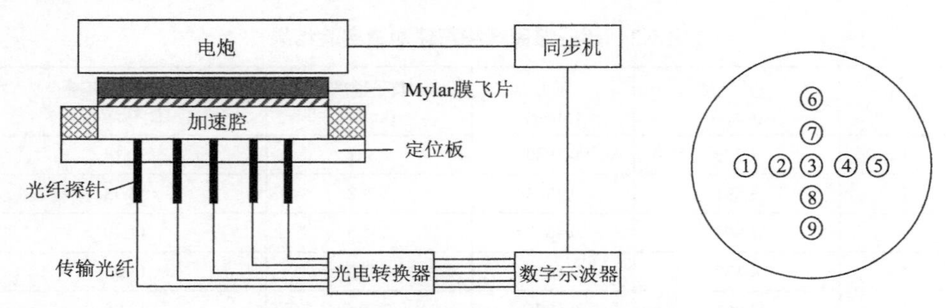

图 9.41　电炮实验装置及探针布局示意图

电磁干扰对光纤探针并未产生影响，这充分体现了光纤探针不受电磁干扰的优点。由于电炮加载时产生的等离子体光辐射很强，可以透过探针端部镀的金属膜而进入光纤，该光信号刚好反映了起爆时刻。图中信号的第一个拐点时刻即是电炮起爆时刻，第二个陡峭的拐点时刻是飞片撞击光纤探针的时刻。实验测得的飞片到达各光纤探针端面时刻见表 9.3。

表 9.3　实验测得的飞片到达各光纤探针端面时刻

探针号	1	2	3	4	5	6	7	8	9
达到时间(ns)	8461	8453	8433	8451	8472	8477	8450	8453	8462

实验测得电炮起爆时刻为 7746 ns，其和飞片到达探针的时间的平均值为 8453 ns，相差 707 ns，可得到飞片在加速腔内飞行的平均速度为 5.66 km/s。利用表 9.3 给出的数据可以绘制出飞片到达测试面的形状如图 9.43 所示，飞

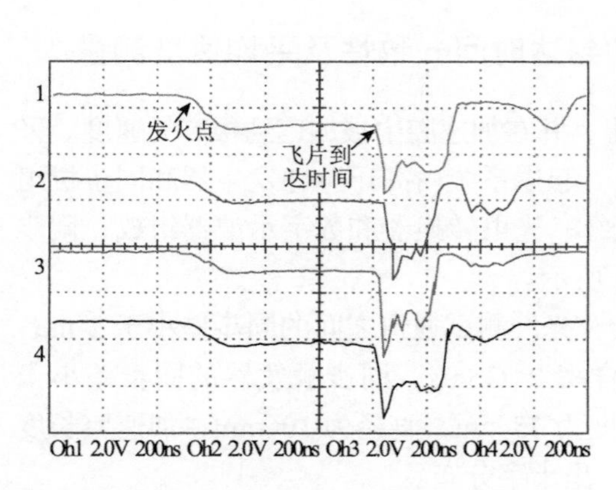

图 9.42　电炮飞片实验得到的部分信号

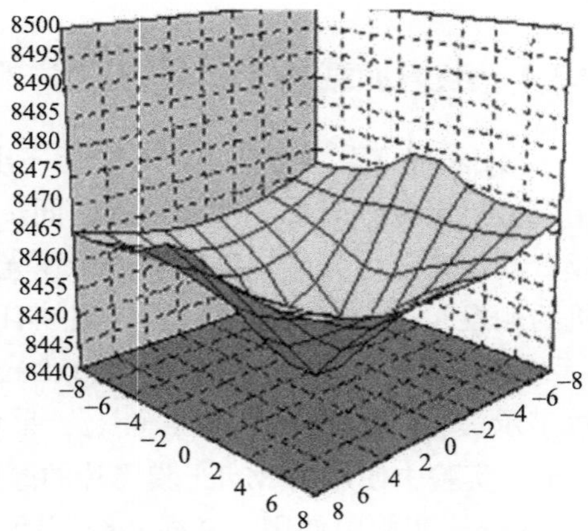

图 9.43　Mylar 膜飞片三维形状图

片呈“锅底”状，与理论分析的相吻合。据此可以确定在光纤探针覆盖的范围内（Φ8 mm），Mylar 膜飞片的到达时间一致性优于 44 ns。

9.3.5 炸药爆轰波阵面测量

用光纤探针阵列测量尺寸为 Φ32 mm×7 mm 的 GI-920 炸药的爆轰波阵面的实验布局如图 9.44 所示。光纤探针的布局如图 9.45 所示，在炸药中心和 Φ8 mm，Φ16 mm，Φ24 mm 三个测试环上共布置 37 个测试点。

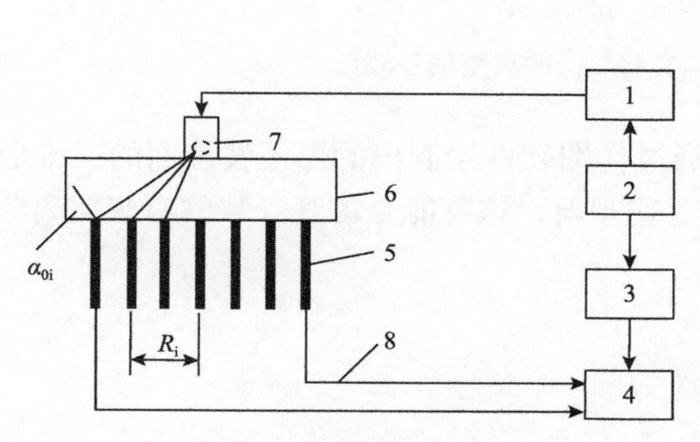

图 9.44　实验布局示意图

1-高压脉冲发生器；2-同步机；3-示波器；4-光电转换器；5-光线探针；6-GI-920 药柱；7-雷管；8-光纤

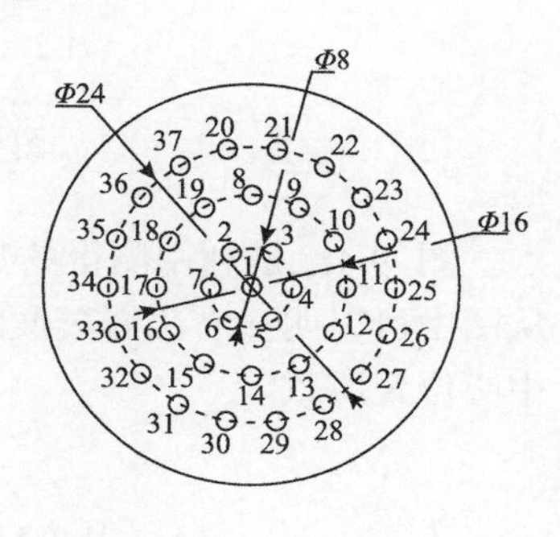

图 9.45　实验探针布局图

表 9.4 给出了实验测得的冲击到达中心探针的时刻和冲击到达测试环上各点时刻的均值及标准差。实验取得信号上升时间都在 2～4 ns。图 9.46 给出了一幅典型的示波器信号图，四个信号上升时间分别为 2.8 ns、3.6 ns、3.4 ns、3.2 ns，对应探针号为 5、1、11、14。

表 9.4　实验测得的冲击到达各测试环时刻的均值及标准差

探针安装半径(mm)	0	4	8	12
冲击到达时间均值(ns)	6697	6766	7018	7404
冲击到达时间标准差(ns)		1	8	12

根据测得的冲击到达各测试点的时刻可描出不同直径上的爆轰波形状，图 9.47 给出了三条不同直径上的测量结果。其中 A 为 23、10、3、1、6、16、32 七根光纤探针测得，B 为 26、12、4、1、7、8、35 七根光纤探针测得，C 为 20、8、2、1、5、14、29 七根光纤探针测得。从图中可以看出随着测试半径的增大，冲击到达时间的分散性也增大。

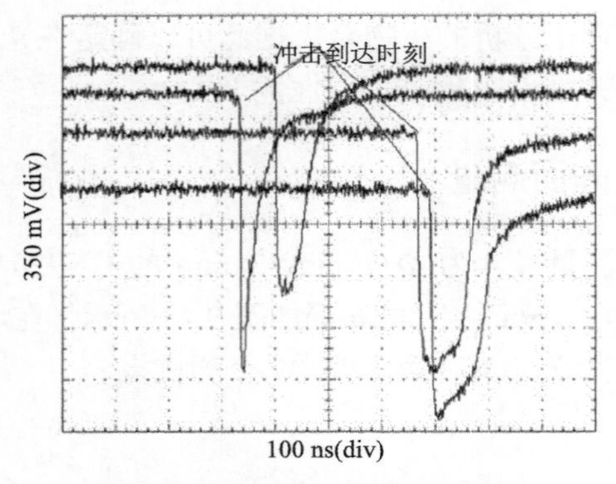

图 9.46　实验取得的典型信号波形

图 9.48 是利用测得的数据通过作图软件绘制出的爆轰波阵面的三维形状。从图中可以明显看出爆轰波阵面有些倾斜，这可能是雷管安装的有些偏离药柱的中心位置所致。

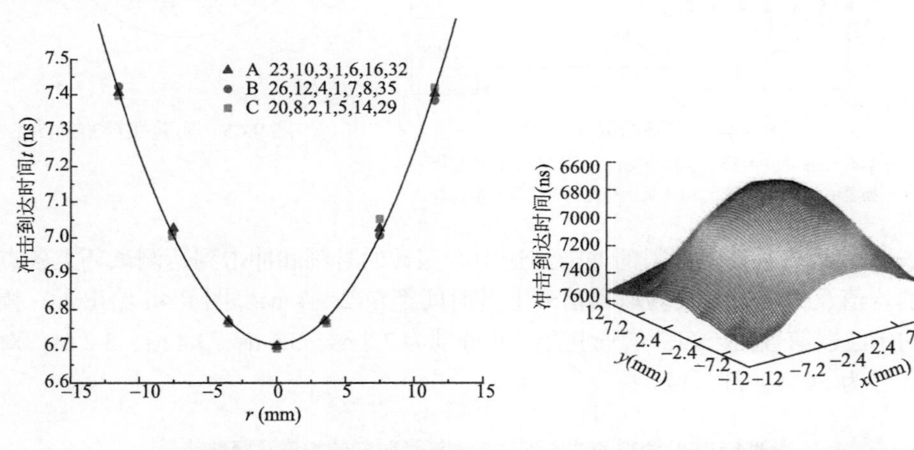

图 9.47　三条不同角度直径上的测量结果　　图 9.48　爆轰波阵面三维形状图

9.4　激光遮断式（OBB）测量火炮弹丸速度测量

气体炮冲击加载的动高压实验中，粘有飞片的弹丸速度是确定材料中冲击状态的重要参数之一，因此，精确测量弹速是十分重要的。随着光纤通信技术的迅猛发展，光纤及其无源器件、半导体激光器、光电探测器件及其应用技术的日臻完善，以及配套测试仪器性能的高速提高发展，光纤传感技术及其测量系统产生了新的发展时机。基于激光光束遮断原理的全光纤测速技术（OBB，All fiber

Optical Beam Breakout）继承了激光测速的非接触测量的优势，在炮口弹速测量中具有广泛的应用前景。

9.4.1　OBB 测试技术原理

OBB 测速原理示意图如图 9.49 所示。

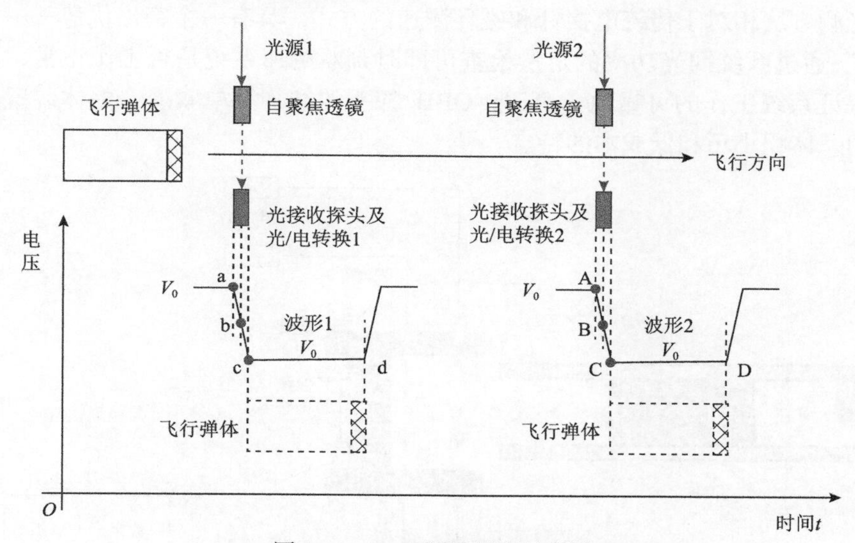

图 9.49　OBB 测速原理示意图

半导体激光器作为光源发出的激光通过准直形成平行光束 1、2，它们分别照射到对面两个光接收探头 1、2 的光敏面上，通过光/电转换器在示波器上得到光电信号波形 1、2 中的 V_{01} 和 V_{02} 的直流成分；随着弹体飞过 OBB 探头，并开始依次遮断 1、2 这两束激光，它们的接收探头 1、2 接收的两束光电流依次变为零，得到一个光电脉冲信号波形，两个波形下降前沿的部分 T_{ac} 和 T_{AC}，分别表示接收探头光敏面的直径带给弹体遮断这个光敏面的渡越时间。两个波形的谷底部分 T_{cd} 和 T_{CD}，分别表示弹体总长遮断接收探头光敏面需要的渡越时间。两个波形的上升后沿部分，同样分别表示接收探头光敏面的直径带给弹体飞过接收探头的渡越时间，只是在实际测量中，根据气体炮的实际实验特点，我们通常选择测量这两个光电脉冲信号波形的下降前沿某两个（如 $T_{b\text{-}B}$）指定的时间间隔，再结合已知的两接收探头的间距（如两探头的中心间距 L_{bB}），即可较高精度地计算出弹体的飞行速度。

9.4.2　火炮 OBB 测速系统结构设计

采用目前光通信领域较成熟的光纤及其无源器件组建 OBB 测速系统，

如图 9.50 所示。第一，光源采用通信领域常用的 1550 nm 波段光功率为 10 mW 的半导体激光器，可直接连接带有标准连接器的光纤；传输系统采用通信多模光纤；使用相应工作波长的光电探测器，其响应带宽与测试系统的带宽相匹配。第二，系统采用了全光纤结构和光纤无源器件，避免了传统分立式的分光镜等光学元件所固有的复杂对光调试问题，使得整个测试系统结构简单、可靠。第三，非接触光测方法相对于传统电探针和磁环测速的方式，具有一个突出优势——实验"零前"通过系统回光功率的定量检查可即时判断测速系统是否工作正常，从而有效保证系统工作的可靠性。第四，OBB 探头的结构简单紧凑，整体装置具有抗震动、体积小巧和低成本的特点。

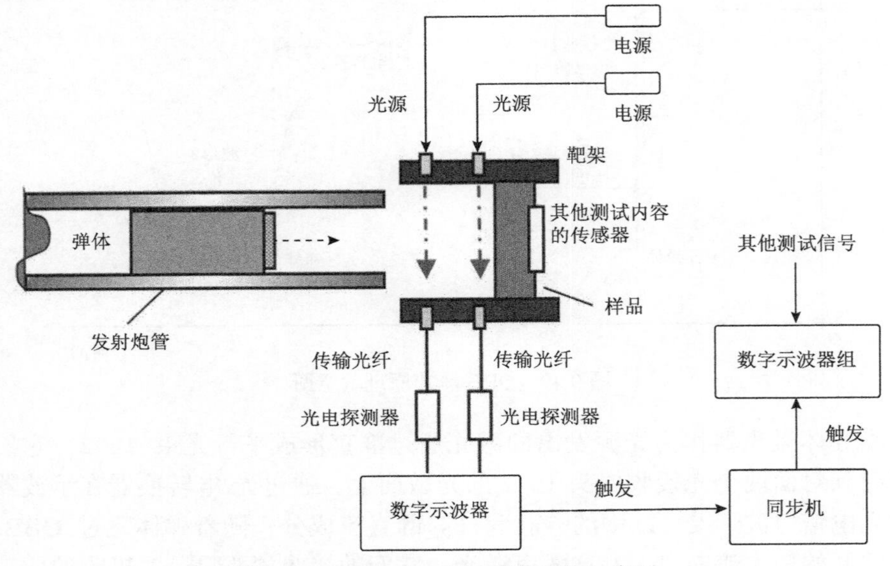

图 9.50 OBB 动态实验优化系统示意图

装置的安装方式，设计成与靶架组合成一体。这样，从根本上避免装置固定在发射炮管出口处时，由于弹体在炮管中运动引起的震动使得 OBB 信号波形变得复杂，从而增加信号的分析难度；装置的固定位置，设计在探头与炮口间距小于弹体总长的距离范围内。

9.4.3 实验结果

典型的 OBB 动态实验信号波形见图 9.51。当弹体飞行到达 OBB 发射探头测量区域时，会完成"开始遮断光路—完全遮断光路"的过程，由此引起一个 OBB 接收探头响应的光强的阶跃变化，通过光/电探测器输出最后得到电信号波形。

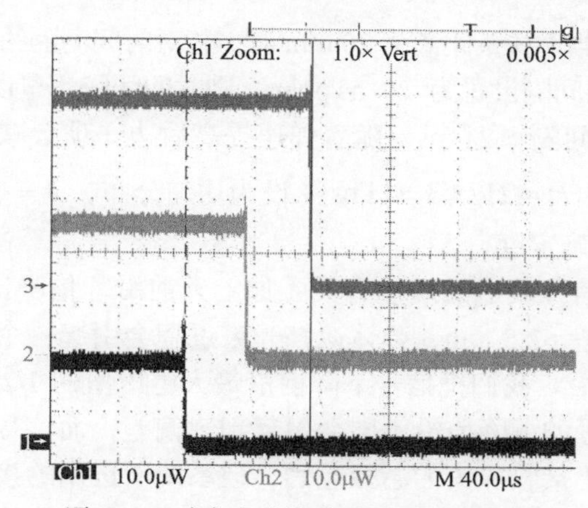

图 9.51　动态实验的典型测速信号波形

9.4.4　速度测量不确定度分析

遮断式激光测速方法的测速公式为：

$$V = l/t \tag{9.28}$$

因此，测量结果的不确定度主要有两大因素：接收光探头间距测量不确定度和时间判读及时间间隔测量不确定度。

1）接收光探头的间距测量不确定度

这包括接收光纤探头安装孔的定位不确定度、光纤探头与其安装孔之间的配合精度、光纤探头的接收孔芯与其陶瓷套管之间的同轴精度以及理论上光束倾斜引入的定位不确定度，这四点是带来光纤探头间距测量不确定度的主要因素。

安装孔在加工中心上完成定位与钻孔，安装孔之间的定位公差为±0.05 mm；光纤探头及其安装孔之间的同轴精度约为 Φ0.06 mm；光纤探头的接收孔芯与其陶瓷套管之间的同轴精度约为±Φ0.02 mm。

另外，本系统采用的弹丸直径接近炮管直径，且所以可以忽略激光束准直问题带来的实际定位不确定度的影响因素。

因此，合成的定位标准不确定度为：

$$u_{\mathrm{c}}(l) = \sqrt{0.05^2 + 0.06^2 + 0.02^2} = 0.07\ \mathrm{mm}$$

2）时间间隔测量不确定度

在保证各探头之间传输光纤长度一致（必要时可实际测量各传输光纤长度并进行修正）及放大器时间响应（10 ns）一致的条件下，可忽略电缆延时分散及放大器响应、延时分散造成的误差。时间间隔测量误差与弹速有关，对于火炮的最低弹速（300 m/s），当两探头距离为 20 mm 时，相对时间间隔约为 67 μs，用数字示波器记录信号，采样间隔设置为 20 ns/point，则时间间隔测量误差为±20 ns（不插值）±10 ppm×时间间隔=±21 ns，随着弹速提高后边一项会减小。故时间间隔测量的标准不确定度 $u(t)=21/\sqrt{3}\approx 11\,\text{ns}$（设为均匀分布，$k=\sqrt{3}$）。

3）时间判读不确定度

这主要与光电信号波形的质量有关（如上升前沿、信噪比等）。由于激光接收探头的接收芯径是 62.5 μm，弹体遮挡光束过程会引起一个飞越时间，形成脉冲信号的下降/上升沿。我们把信号下降前沿最大电压值的 1/2 处作为判读点，所以若两探头输出信号的下降前沿不同会引起判读偏差，而信号波形前沿飞越时间的分散性主要取决于接收探头的芯径差别，但系统所选用的接收探头是通信领域中的成熟产品，故由探头芯径之间的差别引入的不确定度是基本可忽略的。

光电探头安装过程中，光接收面与炮管轴线不平行也会造成光电信号前沿的不一致而引起判读系统不确定度。综上所述，弹体速度测量结果的相对扩展不确定度为：

$$U(V)=2\sqrt{\left(\frac{u_{\mathrm{c}}(l)}{l}\right)^2+\left(\frac{u(t)}{t}\right)^2}=0.7\% \tag{9.29}$$

9.5　太赫兹波干涉技术

9.5.1　太赫兹波的应用背景

动态加载下炸药发生燃烧或者由冲击波逐渐增长为爆轰波的反应过程，是冲击波与爆轰物理中重要的研究内容。这些研究需要实现炸药动态响应过程中的速度、位置、压力、温度等参量变化历程的测量，以实现对装药在外界刺激下发生点火以及反应演化的准确评估。目前，激光干涉测速技术已成为冲击波或爆轰波加载下材料速度剖面信息测量的标准技术，然而由于所使用的可见或红外激光无法有效穿透炸药，目前还无法实现对炸药反应过程的直接测量。

太赫兹波是二十一世纪逐渐发展起来的新兴技术。由于太赫兹波能够有效地穿透大多数炸药，因此，利用太赫兹波可以实现对炸药内部反应过程的非破坏式测试，具有其他测试技术不可替代的优势。基于太赫兹波的干涉测速技术测量炸药反应过程是近年来又一新兴的无损测试方法。

太赫兹波是频率为 0.1～10 THz（1 THz=10^{12} Hz）的电磁波，波长 0.1～3 mm，介于微波和红外之间，如图 9.52 所示。太赫兹波对非金属材料（如炸药、有机聚合物、LiF 晶体、蓝/红宝石等）等非极性物质，具有良好的穿透性，是一种非常好的无损检测源；其“指纹谱”和图谱合一特性可以有效识别材料成分与物体结构；太赫兹波的光子能量比可见光低 1000 倍，比 X 射线低一百万倍，其低能特性对样品没损伤。太赫兹波具有穿透性好、带宽高、光谱识别性强等特点，在军事、工业、科研及生产领域具有非常广泛的应用前景，是目前国际上研究的热点。

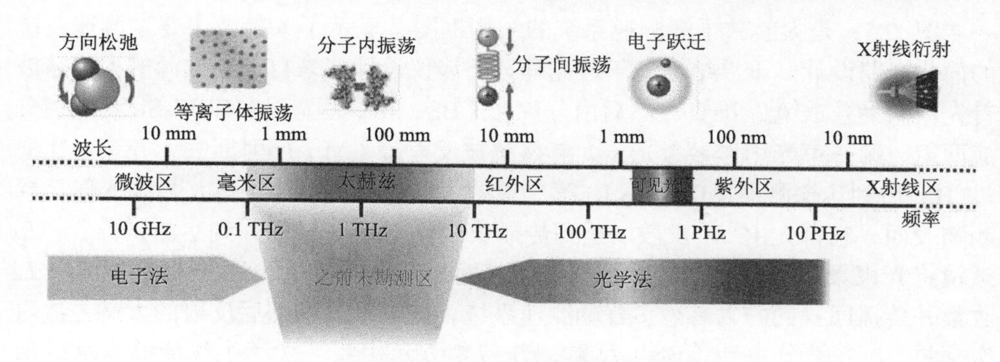

图 9.52　THz 波频谱位置

9.5.2　太赫兹干涉测试技术原理

采用太赫兹波进行干涉测速，其原理与位移型激光干涉测速技术相同。它们都是利用了多普勒效应，即通过测量运动物体反射电磁波的频率变化，获得物体运动速度及其连续变化过程。太赫兹波的独特之处在于，其能够穿透炸药，并被炸药内部的冲击波面、燃烧面或者爆轰波面反射，从而利用太赫兹波可实现对炸药反应过程的无损测试，获取反应面的位移推进历程和速度剖面历程。此外，由于太赫兹波频率较高，还能够穿透有机物（木材、燃油等）燃烧产生的火焰（等离子体）以及烟尘，是恶劣测试条件下（数千度高温、烟尘遮蔽等）为数不多的可用诊断手段之一。

另外，与激光干涉测速不同的是，太赫兹波频率比激光频率小 2～3 个量级，相同条件下目标靶产生的太赫兹波多普勒频移也比激光多普勒频移低 2～3 个量级，一般在 10～100 MHz。因此，太赫兹干涉测量技术对带宽的需求较低，不像激光干涉测速技术那样苛刻（爆轰物理中 PDV/DPS 技术通常需要带宽 10 GHz 以上的示波器）。反过来讲，太赫兹干涉测量技术可测目标靶的速度上限则很高，运动速度在 100 km/s 的目标靶产生的多普勒频移约 670 MHz（假设在 1 THz 下工作），完全能够被示波器记录下来。

太赫兹干涉测速的特点：

(1) 非侵入式探测；

(2) 同时、连续记录多个参数（爆速、冲击波速度/界面速度等）；

(3) 测速范围大（多普勒频移～15 MHz@10 km/s）；

(4) 穿透多种不透明材料（炸药、有机聚合物等）；

(5) 对反射面粗糙度不敏感，测量距离长。

9.5.3 太赫兹干涉测速系统组成

图 9.53 是太赫兹干涉测速系统的结构框图，显示了太赫兹多普勒测速系统的简化光路设计。干涉结构基于迈克耳孙干涉仪设计，来自太赫兹源的太赫兹波首先由太赫兹透镜L_1准直，然后由分束器（BS，由高阻硅片 HRFZ-Si 制成）分成两组，第一束光用作参考光，太赫兹波被反射镜（M）反射回去，并在再次通过 BS 后到达探测器（D_1，D_2）。第二束的太赫兹波将用作测试，最终入射至探测物表面，它首先由 L_3 发散以达到传播长距离（d_{34}）目的并到达测试位置，L_4 透镜将光束聚焦于目标。然后，在物体表面相互作用产生频移的太赫兹波被 L_4 收集并传播回我们的太赫兹多普勒测速系统，进入系统内部后反射的太赫兹波再次穿过 L_3 并被分束器（BS）反射，并与参考光相互干涉产生探测的太赫兹信号，最终的干涉太赫兹信号由太赫兹探测器记录。

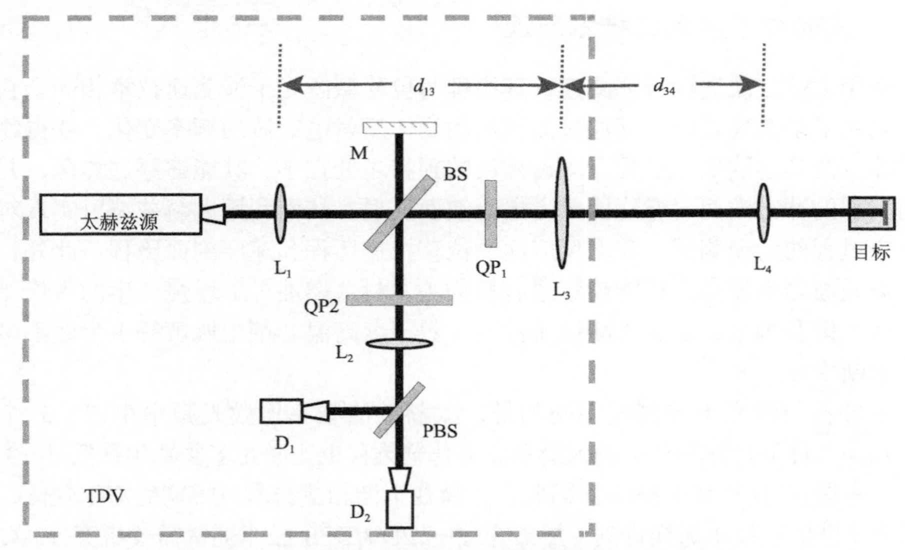

图 9.53　太赫兹多普勒干涉测速系统示意图

L_1，L_2，L_3，L_4 为太赫兹透镜；M 为反射镜；D_1，D_2 为太赫兹探测器；BS 代表分束器；PBS 为偏振分束器；QP_1，QP_2 为四分之一波片

国内 SZTU-TV-1 型太赫兹干涉测速系统由相干太赫兹源、太赫兹干涉仪主机、记录示波器和数据处理软件等组成，主要性能指标包括：①测速范围：50 m/s～4 km/s；②测速误差：≤2%；③记录系统时间分辨率：≤1.0 ns。

9.5.4　太赫兹干涉测速技术验证

2020 年，中国工程物理研究院流体物理研究所公开了一种太赫兹多普勒测速技术，首次提出将其用于炸药冲击与爆轰物理过程的高精度诊断。该技术采用自由空间准光传输太赫兹波的方案，建立了一套迈克耳孙结构的位移型干涉仪，并对自由空间传输太赫兹波的传输效率、到靶光斑直径及景深特性进行了详细建模分析。

利用太赫兹多普勒测速技术，对炸药冲击转爆轰过程的测量结果如图 9.54 所示。冲击波由 RDX 基传爆药柱产生，随后其经过 5 mm 厚隔板（聚乙烯）衰减后进入 20 mm 厚的 TATB 基钝感炸药。太赫兹波经聚焦后从后方入射到钝感炸药内，被冲击波或爆轰波面反射，从而实现对波阵面推进过程的干涉测量。图 9.54(b)给出了 I/Q 干涉信号。可以看到，在一发试验中太赫兹干涉测量技术获得了该过程各个时刻的丰富信息，包括 RDX 基传爆药柱爆轰、冲击波在隔板内衰减、钝感炸药内冲击波发展为爆轰波以及反应产物扩散的全部过程。其中 t_2、t_3、t_4 三个时刻分别对应着 RDX 基药柱爆轰结束、冲击波进入钝感炸药、钝感炸药爆轰结束三个特征时间，而在 t_4 时刻处，干涉信号强度明显由弱变强，反映了太赫兹波的反射率由弱突然变强，预示着此处为冲击波转变为爆轰波。

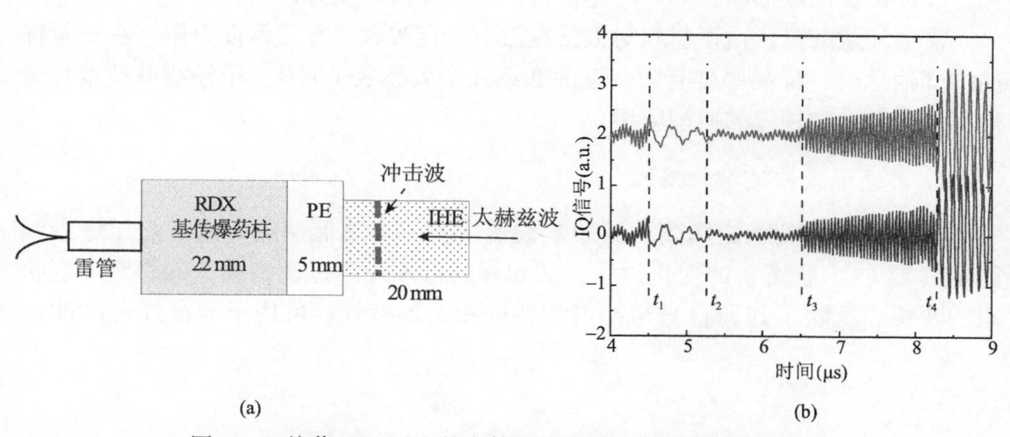

图 9.54　炸药 SDT 过程的太赫兹干涉测量示意图及干涉信号

为验证太赫兹干涉测速系统准确性，进行了与 PDV 测量的比对实验。采用炸药爆轰驱动铝制飞片（厚度 2 mm，直径 32 mm），在炸药和飞片之间设置有、无间隙两种状态。测量的速度结果如图 9.55 所示，插图展示了 TDV 与 PDV 的测量结果的原始干涉图像。可以看出有、无间隙时两种技术测量得到的速度时间曲线均吻合较好，这充分证明 TDV 的可用性和不俗的速度分辨率。

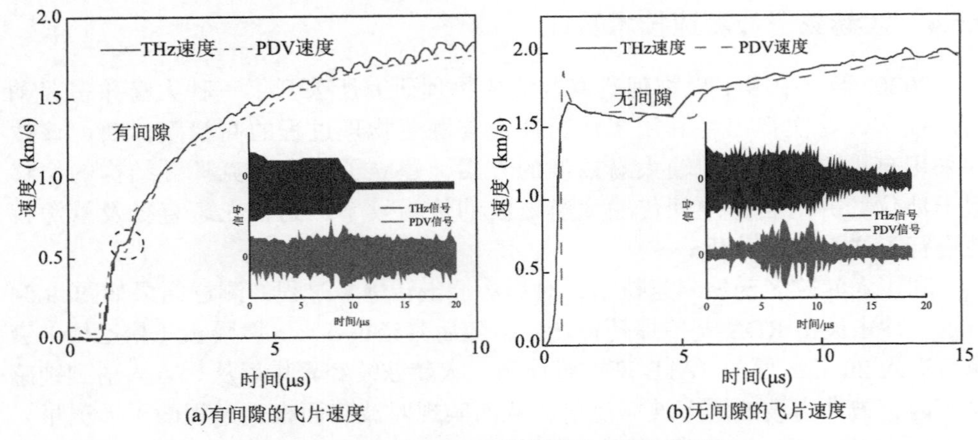

(a)有间隙的飞片速度　(b)无间隙的飞片速度

图 9.55　TDV 和 PDV 测速结果（含干涉图）

9.5.5　应用实例

太赫兹（THz）干涉测试技术的应用领域包括：①炸药冲击转爆轰、燃烧转爆轰过程诊断；②冲击加载下的惰性材料化学和结构变化、电离过程等诊断；③飞片/壳体的加速，用于评估炸药做功效率；④透明材料的动态压缩特性；⑤冲击波速度诊断；⑥炸药爆轰近区空气冲击波压力诊断。

需要注意的是，由于材料对太赫兹波有一定吸收，穿透深度有限，在测量样品内部信息时，样品厚度有限。下面介绍几个太赫兹（THz）干涉测试技术在爆炸与冲击动力学领域的典型应用。

1. 炸药爆轰波速增长测试

炸药从起爆到稳定爆轰，其爆轰波速度有一个从低速爆轰或者超压爆轰到稳定爆轰（CJ 状态）的变化过程，从起爆的低速爆轰过渡到高速的稳定爆轰状态的快慢，反映了炸药自身与冲击波感度相关的特性，可用于表征炸药的冲击

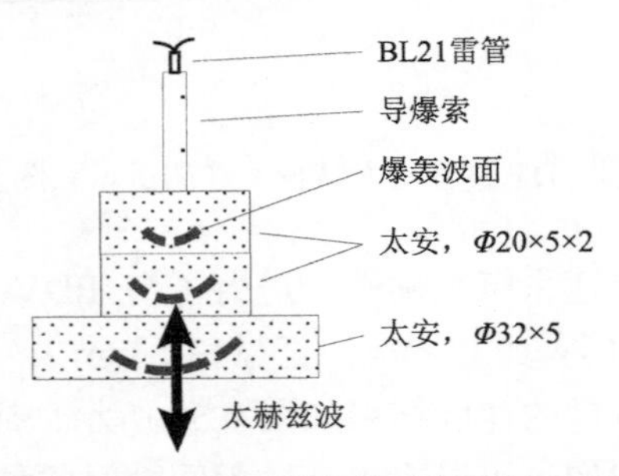

图 9.56　THz 测量爆轰波成长的试验设计

波感度。图 9.56 是雷管起爆炸药爆轰波成长过程的试验装置，雷管型号为 BL12 高压微秒电雷管，炸药试件厚度 15 mm，由 2 块 $\Phi20\times5$ 和 1 块 $\Phi35\times5$ 太安药柱组合而成，顶部点起爆炸药，爆轰波向下传播，THz 波从底部射入炸药进行诊断。

图 9.57 是典型的实验获得的 THz 干涉信号，信号处理与激光干涉测速技术的方法相似，得到爆轰波速度随传播距离的成长变化测试数据，爆速 D 从 7.6 km/s 增大到 7.9 km/s，按 $D=D_0(1-A/r)$ 拟合，r 为爆轰波行进距离。该实验条件下，稳定爆速 D_0 值 8.022 km/s，系数 A 为 0.3 mm，相关系数为 0.975。速度变化曲线如图 9.58 所示，拟合曲线得到的爆速与太安实际爆速一致，说明测试方法合理，数据可靠。由于测试方法是无损诊断，对炸药爆轰成长过程无干扰，因此具有较高的应用价值，特别适合炸药非理想爆轰过程的研究，试验数据可用于检验炸药冲击起爆反应速率模型的合理性，并为确定模型参数提供依据。

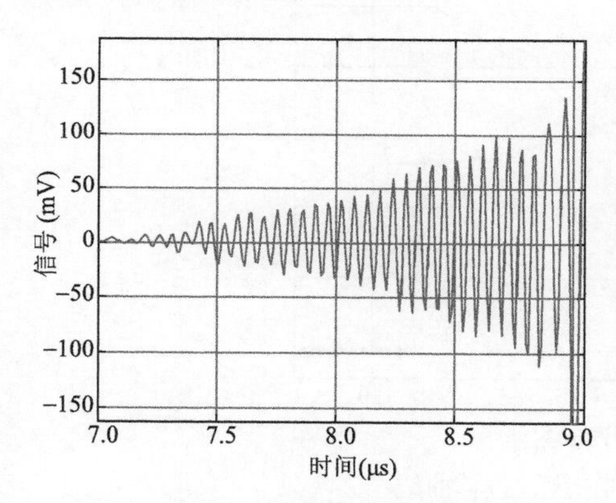

图 9.57　实验测得的干涉信号

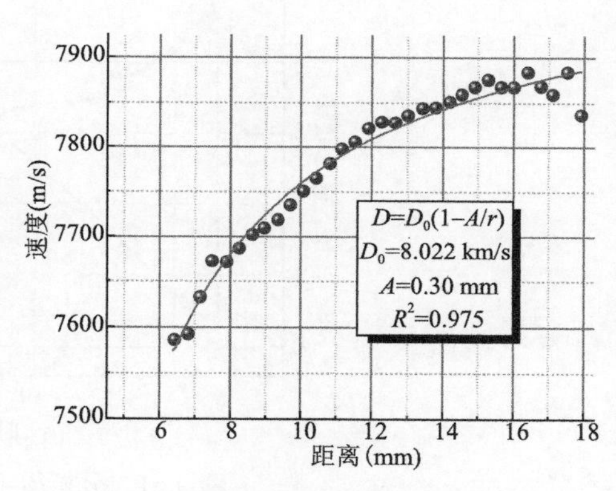

图 9.58　分析得到速度-位移曲线

2. 介质内冲击波测量

为研究冲击波在固体材料的衰减规律，设计如图 9.59 所示的试验装置，由雷管、太安炸药和 50 mm 厚的聚乙烯组成，THz 波从底部对冲击波的传播进行诊断。炸药爆轰在聚乙烯内产生强冲击波向下传播，冲击波使得密度增大，折射率改变，反射 THz 波发生频率变化，图 9.60 为典型的 THz 干涉信号。处理后得到冲击波在聚乙烯中传播的速度时间、位移时间曲线，如图 9.61 所示。

由图 9.61 可知，通过 50 mm 厚的聚乙烯，冲击波速度从 4.7 km/s 降低至 2.6 km/s，位移从 0 到 50 mm，历时约 15 μs。该技术实现了对材料内部冲击波的非破坏式诊断，并且是直接对材料内部冲击波速度变化进行原位测量，因此具有广泛的应用前景。

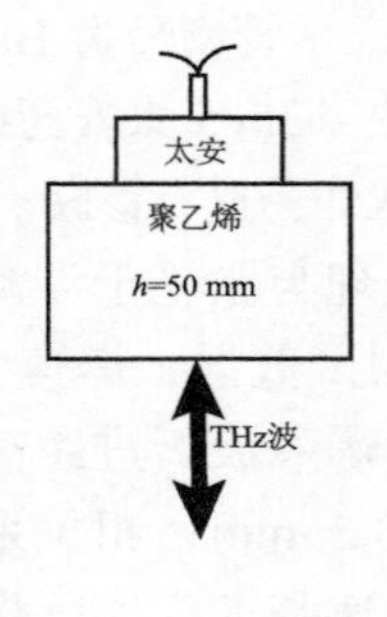

图 9.59　实验装置示意图

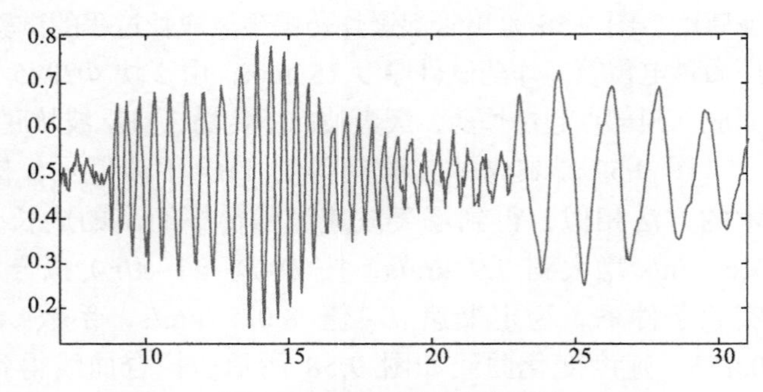

图 9.60　THz 测量干涉信号

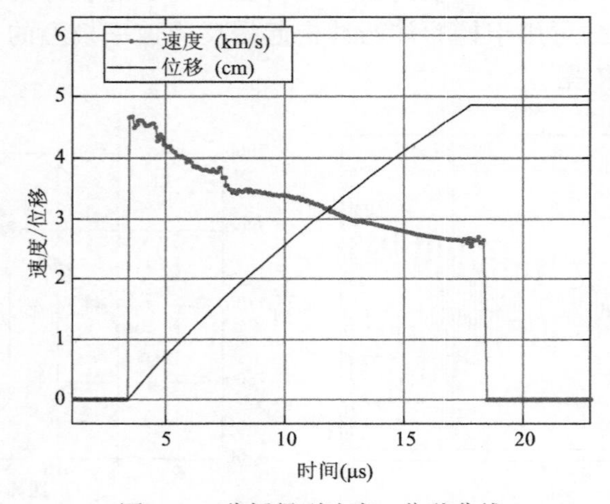

图 9.61　分析得到速度、位移曲线

参 考 文 献

李泽仁. 太赫兹（THz）干涉测试技术研究进展. 私人通讯.

刘庆明，白春华. 2009. 应用比色测温仪测量燃料空气炸药爆炸过程温度响应[J]. 兵工学报，30(4):425-430.

鲁建英，陈朗，伍俊英，等. 2009. 激光支持等离子体爆轰波温度的实验测量[J]. 高压物理学报，23(2): 123-129.

王桂吉，赵剑衡，唐小松，等. 2006. 电炮驱动 Mylar 膜飞片完整性实验研究[J]. 实验力学，21(4):454-458.

王为，王翔，鲜海峰，等. 2007. 激光遮断式 (OBB) 测量火炮弹丸速度的不确定度分析[C]. 第八届全国冲击动力学学术讨论会，中国力学学会.

曾代朋，陈军，谭多望，等. 2007. 超压爆轰产物声速的实验测量以及热力学 CJ 态的确定[C]. 第八届全国冲击动力学学术讨论会会议论文集.

第10章　高速摄影测试技术

高速摄像技术是综合利用光、机、电与计算机等技术，曝光时间在千分之一秒到千万分之一秒之间或者更快的特殊摄影，是一种记录高速运动过程一系列瞬态的有效技术手段。它具有超高的时间分辨率，能捕捉快速变化过程，目前已广泛应用于爆炸与冲击过程研究。

本章主要介绍转镜式光学高速相机，数字高速相机，高速阴影、纹影技术和激光照明摄影技术等。

10.1　转镜式光学高速相机

转镜式光学高速相机属于光学机械高速摄影设备，它的时间分辨本领从 10^{-6} 至 10^{-9}s。因此，人们往往称它为超高速摄影设备。这种摄影机广泛应用于爆炸力学和高压物理研究，如壳体膨胀断裂、炸药爆轰参数、波形、冲击波速度、自由面速度、射流大小及速度、波后粒子速度等的测量以及实验室等离子体、火花放电等快速过程的研究。

转镜式高速相机根据其与拍摄对象的关系分为等待式和同步式两种，按记录在胶片上的图像形式的不同又可以分为扫描式和分幅式。一般情况下，扫描摄影机多采用同步式，而分幅摄影机采用等待式。一台转镜式高速摄影机可以具有扫描和分幅两种功能，这种摄影机的特点是胶片固定不动，采用高速旋转反射镜使成像光束以极高速度沿胶片扫描成像。摄影频率的高低，主要取决于转镜的转速。用高速电动机或空气涡轮带动的转镜，摄影频率可达 10^6～10^9 幅/s。

10.1.1　转镜式高速扫描相机的光学原理

转镜式高速扫描摄影仪简称为扫描相机，它研究的是被测物体或反应过程沿某一特定方向的空间位置随时间变化的规律，以纳秒量级时间分辨本领，得到被观测目标在这一特定空间方向的发展过程。这种摄影仪适合运动速度、加速度，同步性、时间间隔等爆炸参数测量。

扫描相机结构及光学原理如图 10.1 所示。被摄对象 1 经第一物镜 2 成像在狭缝 3 上，狭缝很窄，一般宽度在 0.02 mm 左右，图像的大部分被狭缝面上不透光的区域所遮拦，只有一窄条光通过狭缝到达快门和投影镜第二物镜。狭缝宽度太窄，会产生衍射现象；太宽会使像点模糊，达不到扫描的效果。狭缝经第二物镜 6 和转镜 7 成像在相机最终像面 8 上。由于转镜的高速旋转，狭缝像在相机像面上沿 A－B 扫描，将被摄对象的时间信息沿扫描方向展开。控制台的驱动单元和测速单元测量控制转镜转速，延迟时间单元和高压单元控制被摄对象的启动和快关快门的关闭，电磁快门控制单元控制电磁快门的开、闭。扫描型摄影机记录在胶片上的不是一幅幅完整的独立照片，而是狭缝范围内被测目标的连续变化过程。

由于反射镜有一定厚度，旋转中心和镜面偏离，引起了一系列问题。首先，像点的运动轨迹不是圆周曲线，而是一条蜗线，造成了机械加工的困难。其次像面上各点速度不是常数，给数据处理增加了麻烦。

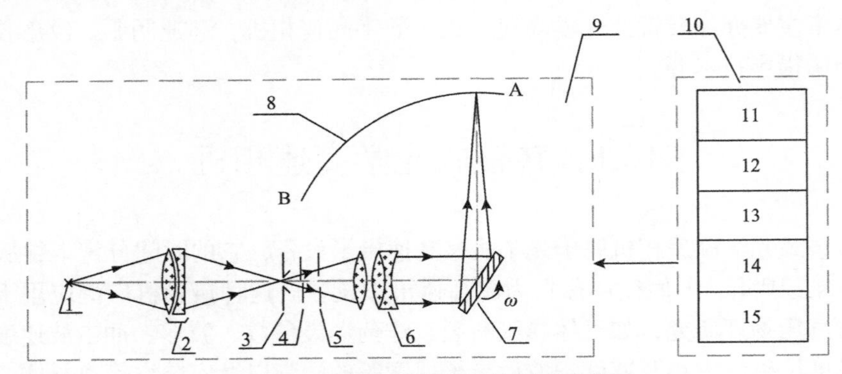

图 10.1　转镜扫描摄影系统原理示意图

1-被摄对象；2-第一物镜；3-狭缝；4-电磁快门；5-快关快门；6-第二物镜；7-转镜；8-相机像面；9-相机；10-控制台；11-测速单元；12-延迟时间单元；13-电磁快门控制单元；14-驱动单元；15-高压单元

扫描相机的主要技术性能数据有：扫描速度，时间分辨本领，光学系统对底片的相对孔径和成像质量。对这部分知识有兴趣的读者可查阅专门的高速摄影书籍，这里不再介绍。

10.1.2　转镜式高速分幅相机的光学原理

转镜式高速分幅摄影仪简称为分幅相机，是一种接近电影摄影的相机，具有亚微秒级时间分辨本领，可以观测快速变化目标的一系列间断的平面图像，用以研究燃烧爆炸、冲击过程的速度、加速度、对称性和一致性等物理参数。如果把拍摄的分幅照片以电影形式放映出来，可以低速重现事件的运动状态。分幅型摄影机可以形象地记录目标的完整发展过程，即二维空间信息随时间的变化情况。分幅摄影二维空间信息是连接的，时间信息却是间断的，即相邻两幅图像间有一定的时间间隔。

分幅相机的结构原理如图 10.2 所示。图中 1 为被摄对象；2 为第一物镜；3 为光栅；4 为第二物镜；5 为旋转反射镜；6 为排透镜；7 为胶片。从图中可知，被摄对象通过第一物镜成像在阶梯光栅平面上，由第二物镜二次成像到旋转反射镜的镜面，得到中间像。排透镜也称为分幅光栅，它与阶梯光通过场镜共轭，把中间像成像到胶片上。当反射镜旋转时，反射光线相继扫过一个个排透镜，胶片上就得到与排透镜数目相同的照片。这里，每个排透镜就像一部照相机，相互间以一定时间间隔依次拍摄。由于反射镜的高速旋转，使得来自目标的光线在每一个排透镜上一闪而过，起到光学快门的作用。这些照片在时间和空间上都是彼此独立的，每幅照片都反映了目标在某一瞬间的实际影像，相邻的照片反映了目标变化过程的细微差别。

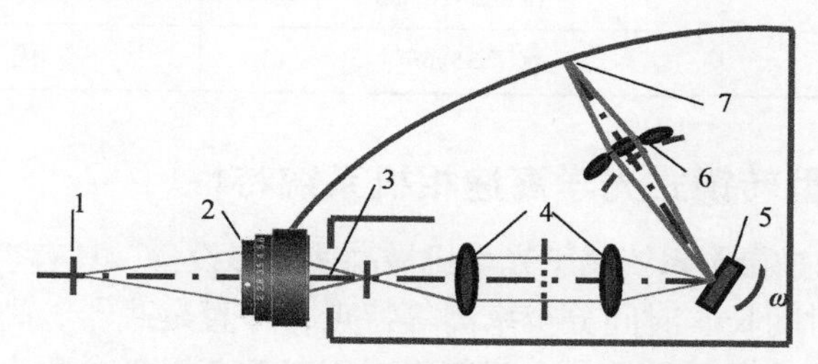

图 10.2　转镜式高速分幅相机光学成像系统图

为了进一步理解分幅的原理，通过图 10.3 中光栅与排透镜的对应关系，分析成像的特点。光栅是呈阶梯形的长方形孔，因此也称阶梯光栅，图 10.3(a)为双长方孔排列，(b)是四长方孔排列。排透镜的结构与光栅对应，双行排列的光栅对应双行透镜，四行排列的光栅对应四行透镜，以此类推。阶梯光栅要和排透镜共轭，排透镜也要和相纸共轭。场镜（聚光镜）将阶梯孔径光栅变为物体的空间视场光，以双长方孔光栅为例。如图 10.3(c)所示，当光的两个长方孔 1 和 2 落在排透镜上时，1 经小透镜成像在胶片上，2 出射在排透镜的间隙处，无法成像。物镜像经旋转反射镜以速度 v 扫描排透镜，当扫描到 1 落在下一列间隙内，无法成像，而 2 则成像在 1 相的下面底片上，这样，依次在胶片上拍摄出 $2\times n$ 个图片。每个小透镜的大小和形状与光栅、场镜的出射窗一致，排透镜就相当高速快门。

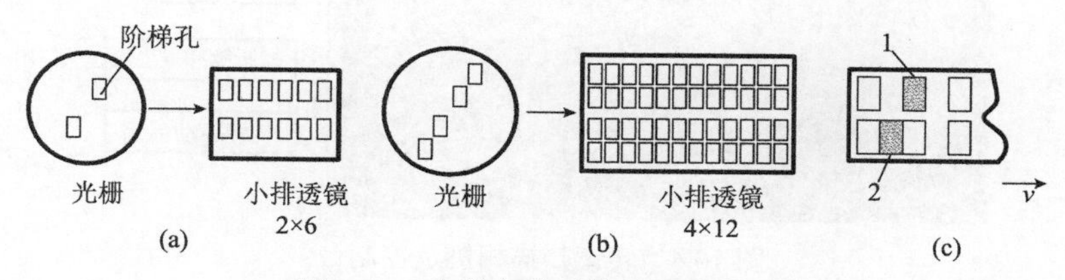

图 10.3　光栅和排透镜的对应关系

表 10.1 给出 FJZ-250 型同步式转镜高速分幅相机和 S-150 型等待式转镜高速分幅相机的主要性能指标

表 10.1　FJZ-250 型和 S-150 型高速分幅相机主要性能指标

主要性能指标	参数	
	FJZ-250 型	S-150 型
工作方式	同步式	等待式
摄影频率	25×10^4～250×10^4 幅/ s	5×10^4～1.4×10^6 幅/ s
画幅数量	40 幅	110 幅
画幅尺寸	15 mm×20 mm	14 mm×20 mm
静态目视分辨力	优于 35 mm^{-1}	优于 34 mm^{-1}

10.1.3　国内典型转镜式光学高速相机系统特性

超高速转镜扫描摄影系统属于光学机械高速摄影设备，具有空间分辨率高、画幅尺寸大、记录时间长、时间分辨率高等特点，一直是武器、高新技术武器及其他领域实验研究的重要手段之一，不仅广泛用于炸药爆轰参数、冲击波速度、武器战斗部的膨胀断裂、微物质喷射、飞片和破片的速度等测量，而且在弹道学、雷电及高压火花放电、物质的分解与合成、瞬态光谱分析、高速碰撞与安全防护等研究中应用广泛。

1. 同步式 SJZ-15 型扫描相机系统

1）设备组成

超高速转镜扫描摄影系统 SJZ-15 包括转镜式高速扫描相机、相机控制台（包括工控机、控制单元、气源驱动单元、高压脉冲发生器）和空气压缩机，如图 10.4 所示。

图 10.4　转镜扫描相机及控制台

2）性能指标

转镜扫描相机

工作方式：同步；

转镜驱动方式：气动；

扫描速度：0.75 mm/μs～7.5 m/μs（对应转镜转速 1.5×10^4～15×10^4 r/min）；

静态目视分辨率：≥80 lp/mm；

时间分辨力：≤3 ns；

狭缝：单狭缝，缝宽分别为 0.01 mm，0.02 mm，0.03 mm，0.05 mm，0.07 mm；

对底片相对孔径：1/10；

工作角度（相对于转镜）：9°～39.5°；

像面长度：255 mm；

总记录时间：34～340 μs；

接收介质：135 胶卷。

相机控制台

控制方式：单台气动控制；

控制转速：1.5×10^4 r/min～15×10^4 r/min，连续可调；

测速精度（相对于标准信号源）：±0.1%；

延时：一路 0 延时和三路 1.0～1000.0 μs 延时，步进 0.1 μs；延时精度±0.1 μs；延时输出信号幅度 10～15 V（1 MΩ），脉宽 10 μs，脉冲前沿 < 0.1 μs；

高压脉冲前沿：<0.1 μs；

高压脉冲幅值：8～12 kV。

空气压缩机

最大排气压力：3 MPa；

排气量：0.5 m^3/min；

贮气罐容积：0.17 m^3；

高压气管：16×1W-150 型钢丝编织高压胶管，内径 Φ16 mm。

3）典型应用

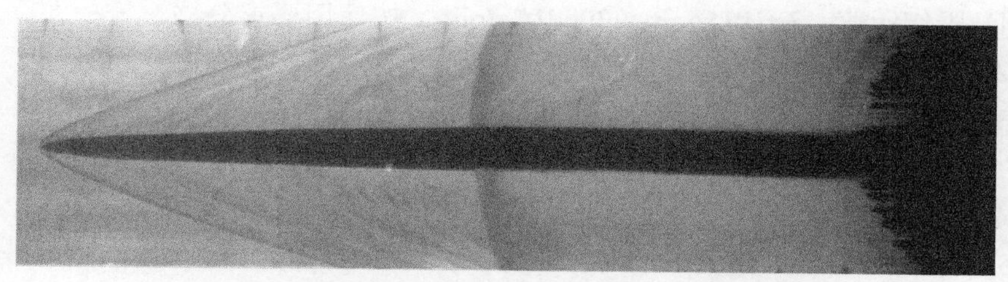

图 10.5　扫描相机同步弹道方法拍摄弹头运动过程

2. 同步式 FJZ-250 型分幅相机系统

转镜式高速分幅相机属于光学机械高速摄影设备，其时间分辨本领在 10^{-6} s 量级，广泛应用于爆炸力学和高压物理的研究，如圆柱膨胀断裂、炸药爆轰参数、波形、冲击波速度、自由面速度、射流大小及速度、波后粒子速度、飞片速度等的测量以及实验室等离子体、火花放电等快速过程的研究。

同步式 FJZ-250 型分幅相机系统是典型的转镜式高速分幅相机，由相机主体和控制系统两大部分组成。如图 10.6 所示。

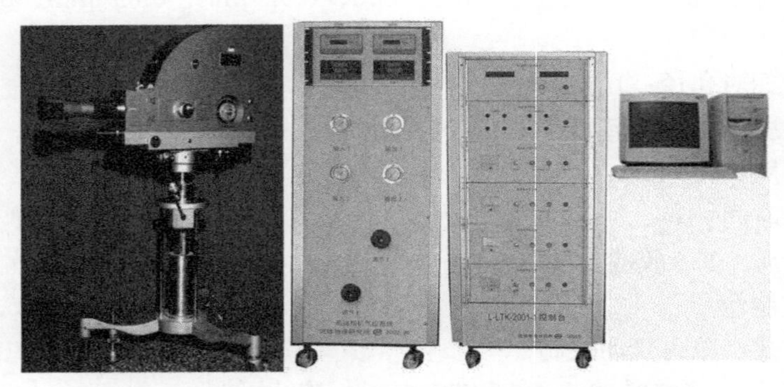

图 10.6　同步式 FJZ-250 型分幅相机和微机控制系统

1）相机主要技术指标

(1) 工作方式：同步；

(2) 摄影频率：25×10^4～250×10^4 fps；

(3) 画幅数量：40 幅；

(4) 画幅尺寸：15 mm×20 mm；

(5) 静态目视分辨力：>35 mm^{-1}；

(6) 总记录时间：16～160 μs。

2）微机控制系统主要技术指标

可控制转镜式高速分幅相机或扫描相机单台工作，也可控制两台相机同步工作。主要性能指标如下：

(1) 工作转速：3×10^4 r/min～30×10^4 r/min，按使用要求分档。

(2) 相对测速精度（相对于标准源）：±0.1%。

(3) 四路延时：一路 0 延时和三路 1.0～999.9 μs，以 0.1 μs 间隔可调；延时精度：±0.1 μs；延时输出信号幅度大于 10 V，脉宽约为 10 μs。

(4) 高压脉冲发生器：①脉冲幅值：10～11 kV；②脉冲前沿：< 0.1 μs。

(5) 气源控制柜：①减压阀：高压端压力 3 MPa；低压端压力 0～1.6 MPa；②电磁阀：供电电压～220 V；频率 50 Hz。

3）典型应用

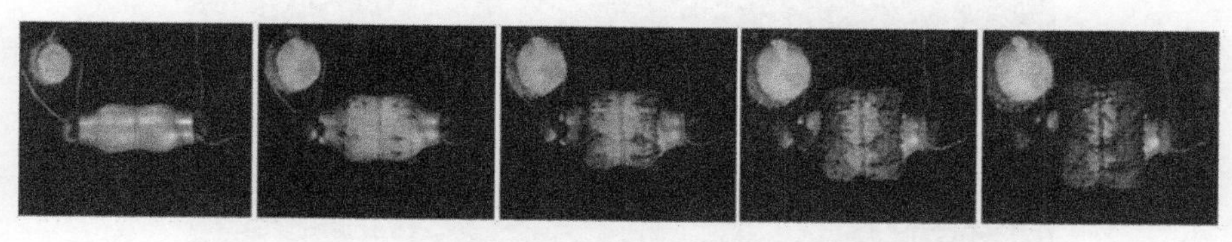

图 10.7　圆筒装药两点起爆爆炸膨胀过程图像

图 10.8　典型战斗部单点爆炸壳体膨胀过程

10.1.4　转镜式光学高速狭缝扫描技术应用

1. 冲击起爆楔形试验的高速扫描照相

为研究 TATB 为主装药的新型高能钝感炸药 JBO-9X 的冲击起爆特性，开展楔形试验，采用高速扫描相机获得 JBO-9X 炸药中的冲击波速度-位置的关系。

1）实验装置和测试方法

实验装置及测试系统分别如图 10.9 和图 10.10 所示，实验装置主要由雷管、平面波透镜、传爆药、主装药、金属衰减层、楔形受试炸药和观察窗口组成。测试系统由计算机控制程序、相机控制单元、电磁快门控制器及高速扫描相机组成。

高速扫描相机转速为 12×10^4 r /min，扫描速度为 6 mm/μs，时间分辨率是 8.3 ns，狭缝宽度设置为 0.05 mm，总记录时间为 12 μs。

实验过程中，相机控制单元向高压脉冲发生器输出起爆信号，起爆 26 号雷管，同时向电磁快门控制器输出一路启动信号，并向高速扫描相机输出转镜驱动信号启动相机。26 号雷管起爆平面波透镜产生平面冲击波，平面冲击波起爆传爆药继而起爆 JBO-9X 主装药，主装药与钨合金衰减层紧密接触，通过衰减后，冲击波进入 JBO-9X 楔形受试炸药，楔形受试炸药与观察窗口之间的预留空气隙在冲击波/爆轰波作用下发光，高速扫描相机记录冲击波/爆轰波传播距离与传播时间的迹线，通过迹线分析，可以得到冲击转爆轰时间，冲击起爆冲击段冲击波和稳定爆轰段爆轰波的传播速度等信息。

图 10.9　实验装置示意图

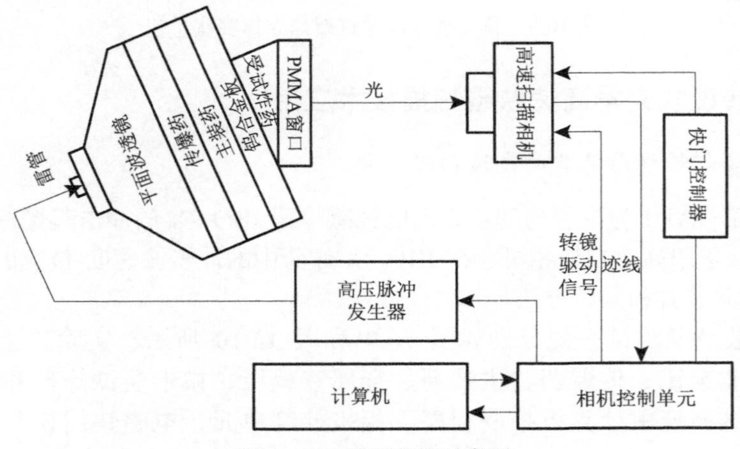

图 10.10　测试系统示意图

2）实验结果及分析

高速扫描相机的测试结果如图 10.11 所示，从图中可以看出，当入射冲击波进入受试楔形炸药后，空气隙开始发光，迹线线宽较窄，经过一段较为明显的加速段（图中迹线颜色较浅，宽度较窄），冲击波转化为爆轰波，因为有爆轰产物持续发光，所以迹线加粗，爆轰段的迹线斜率保持不变，也就是爆轰波传播速度保持恒定。对图 10.11 所示的测试结果进行数字化分析可以得到，冲击段的平均波速为 D_S=5.810 mm/μs，爆轰段爆轰波的速度 D_D=8.019 mm/μs。冲击转爆轰的时间为 1.5 μs，从冲击波进入受试楔形炸药到炸药爆轰，冲击波在传播方向运动的距离为 7.9 mm。

将图 10.11 高速扫描相机得到的结果对时间进行微分，可以得到图 10.12 所示的结果。从图中可以看出，进入楔形炸药的冲击波波速为 4.15 mm/μs，随着冲击波在炸药中传播，化学反应加快，支持冲击波速度加快，直至 1.5 μs 时形成 稳定爆轰。

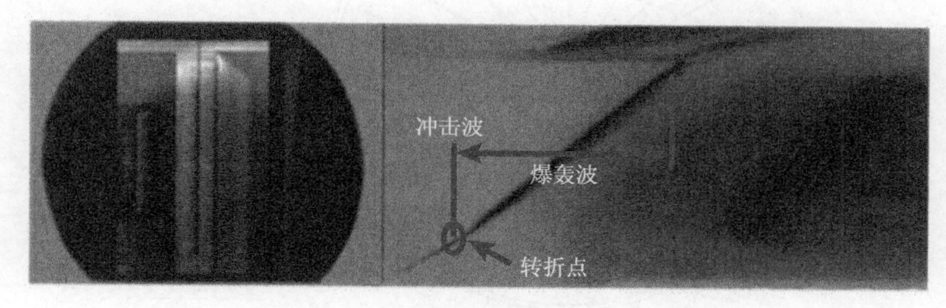

图 10.11　实验结果

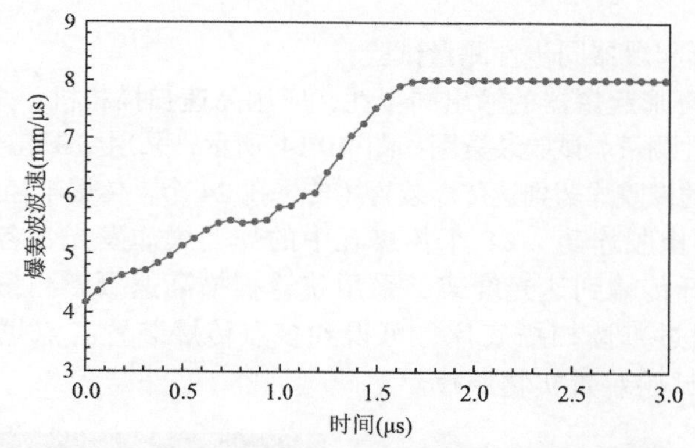

图 10.12　受试炸药中冲击波/爆轰波波速与时间关系

2. 多点环形起爆同步性及输出波形测试

1）多点环形起爆器

多点环形起爆是提高聚能装药侵彻能力的重要技术途径，前提是多点环形起爆具有高精度同步性。作者开发的多点环形起爆器由中心起爆装置和传爆装置组成，雷管引爆起爆装置里面的中心调整装药，然后经传爆装置的沟槽传到输出孔中，形成对主装药的多点起爆，最终形成环形起爆。多点环形起爆器金属件采用硬铝材料，传爆装药为 RDX 基的橡胶炸药 ρ=1.525 g/cm^3，D=7.8 km/s，P_{CJ}=20 GPa。为保证由中心起爆到各输出孔的同步性，要保证较高的加工精度。

针对装药口径为 Φ140 的聚能装药，设计的环形起爆点距对称中心为 55 mm；环形上的起爆点数为 24 个。典型的传爆装置如图 10.13 所示。

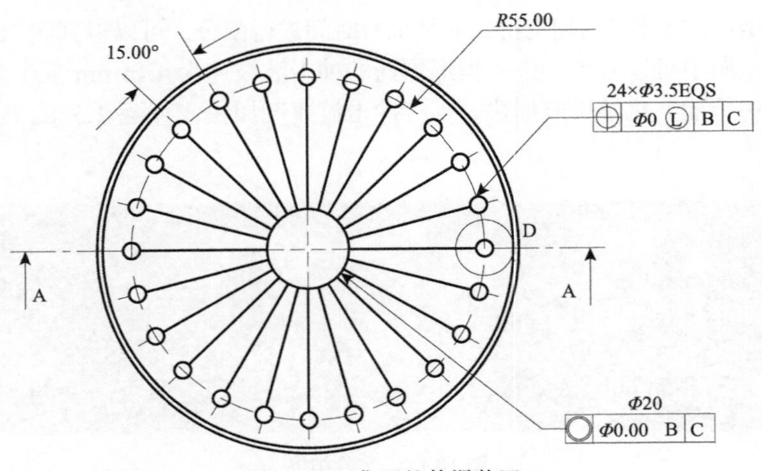

图 10.13　典型的传爆装置

2）多点环形起爆器同步性测量试验

为检验多点环形起爆器的输出同步性，应用高速扫描相机，采用光纤探针技术，进行了同步性测量。试验装置图如图 10.14 所示，采用 3D 雷管引爆起爆药泰安，经传爆器中的橡胶炸药到达传爆装置（传爆孔 24 个，传爆半径为 55 mm），引爆传爆装置中的橡胶炸药，24 个传爆孔中的炸药爆炸发光，各点发光分别经 24 根等长度光纤传输到达光纤架，采用狭缝扫描高速摄影测量技术，记录光到达的时间。通过判读扫描底片，可得到多点传爆装置各点爆轰波输出的时间。图 10.15 为试验装置实物照片。

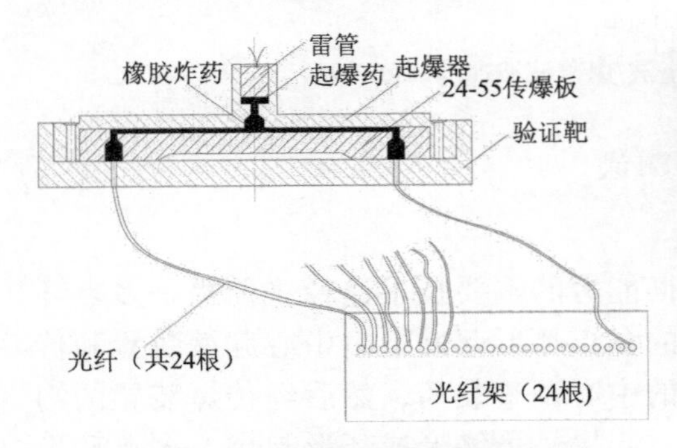

图 10.14　同步性测量试验装置图

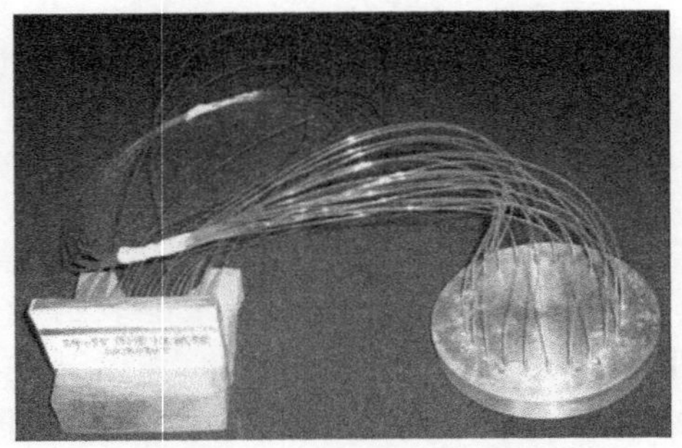

图 10.15　同步性测量试验装置照片

24 个传爆孔的装药完全被引爆、药槽末端装药完全爆轰，图 10.16 为高速摄影扫描得到的底片，扫描速度为 3 mm/μs。测试到的 24 点环形起爆输出最大时间差为 0.097 μs，同步性较好，满足设计要求。

图 10.16　同步性测量试验结果

3）环形起爆端面爆轰波输出波形测试

试验装置图如图 10.17 所示，采用多点环形起爆器，起爆 Φ129×70 mm 的 B 炸药，B 炸药性能参数为：TNT/RDX（质量分数 40/60），ρ=1.684 g/cm^3，D=7.786 km/s，P_{CJ}=27 GPa。采用狭缝扫描高速摄影测量 B 炸药爆轰端面输出波形。

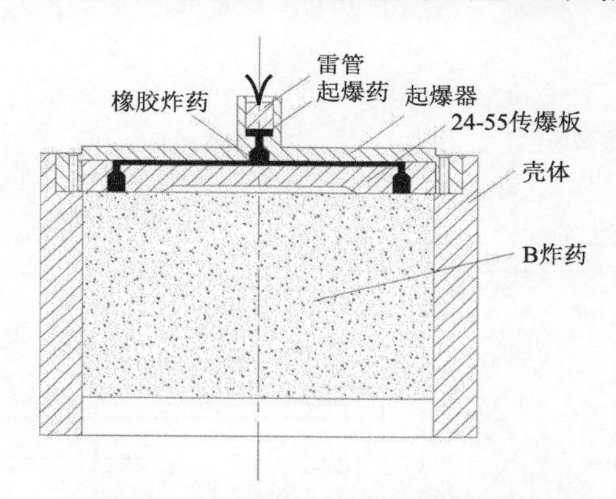

图 10.17　端面输出波形测试装置图

Φ129×70 mm 的 B 炸药完全爆轰，图 10.18 为高速摄影扫描得到的底片，扫描速度为 3 mm/μs。处理数据可以得到周边与中间到达的时间差约 1.8 μs，炸药装药中喇叭形爆轰波口部与底部空间位置相差 14 mm。

从图 10.18 中可以看出 B 炸药周边先起爆，从周边向中间汇聚，中间最后起爆，使能量集中在中间，达到了提高聚能装药侵彻体能量的目的。

图 10.18　端面输出波形测试底片

3. 药形罩压垮过程的高速扫描照相测试

1）二维拉氏速度观察试验原理及装置

获得杆式侵彻体装药结构的药型罩在爆轰波作用下的压垮运动参数，对聚能装药结构设计具有重要的应用价值，同时也为采用数值模拟技术深入研究杆式侵彻体成形提供了校验数据。

北京理工大学提出的立体扫描摄影二维拉氏速度观察实验技术成功解决了罩壁二维拉氏速度观察这个难题。原理如图 10.19、图 10.20 所示，应用光学测量中高速相机的狭缝扫描技术，设计专门的不同角度的双反射镜，通过一发实验把抛体表面的某个质点的空间运动，在两个不同方向的投影连续地扫描记录下来，从而得到两个速度分量，最后通过速度分量之间的几何关系获得该质点的运动速度和方向。

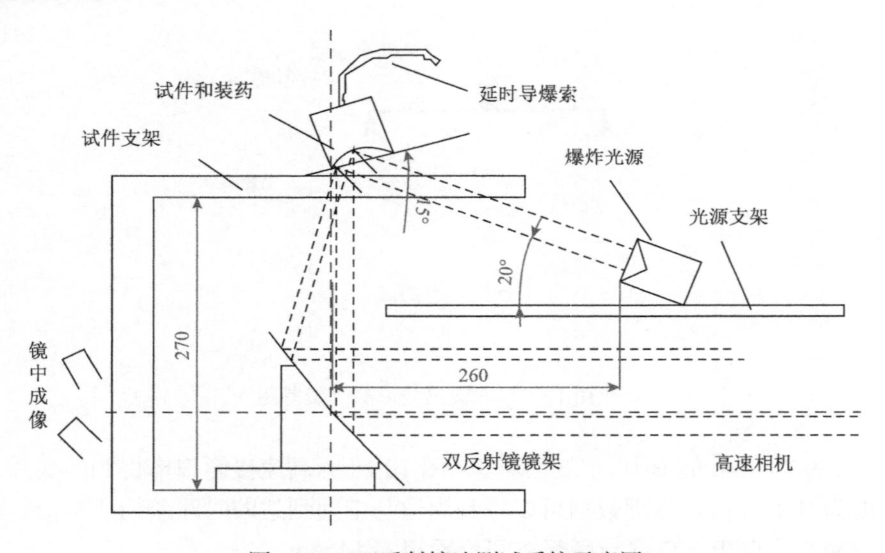

图 10.19　双反射镜法测试系统示意图

图 10.20 中曲线 S_1S_2 是被测物体的表面曲线，S 点是抛体表面上被选定的测试点，$\bar{n}$ 是初始时刻 S 点处抛体表面的法线方向，$\bar{\tau}$ 是初始时刻 S 点处抛体表面的切线方向，抛体与水平面的夹角为 θ，$\bar{V}$ 是 S 点的运动速度。$\bar{V}$ 的大小方向都是随时间连续变化的，所以是拉氏速度 $\bar{V}=\bar{V}(t)$。δ 是抛掷角，定义为任意时刻 $\bar{V}$ 的方向与初始 S 点抛体表面法线方向 $\bar{n}$ 的夹角。应用高速相机狭缝扫描技术，可以连续的记录 S 点在垂直方向的运动轨迹的投影。这样就有了 S 点运动速度矢量在两个不同方向的投影分量，应用矢量运算法则，可以得到 S 点速度矢量的大小和方向。

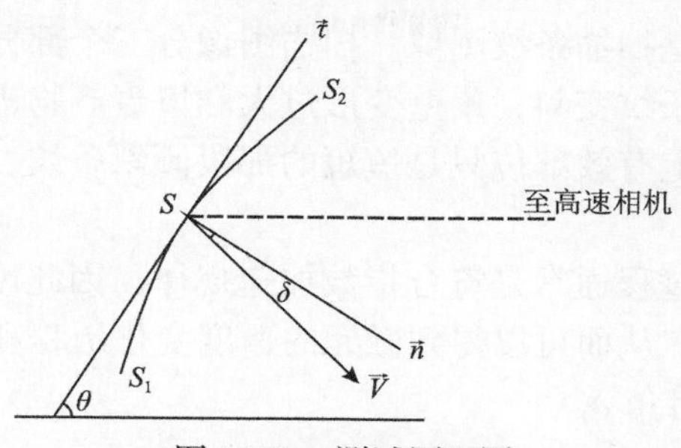

图 10.20　测试原理图

根据该项技术，可以得到药形罩不同位置处内壁速度的大小和方向变化历程，最终可以得到爆炸驱动极限速度 v 和极限台劳角 δ，从而为深入研究压垮过程提供有力的试验手段。

2）二维拉氏速度观察试验与结果

药型罩的标记点通常采用黑白相间条纹来得到，以其分界线为标记点的位置，有几个边界就能测出几个点的参数。如图 10.21 所示的黑白条纹。

图 10.21　被测试件

镜架采用 20 mm 厚机玻璃铣削加工而成，反射镜用胶水牢固粘贴在斜面上。高速相机采用 GSJ 高速扫描摄影机，相机参数选定如下：扫描速度 37500 r/min，底片扫描线速度 v=1.859 mm/s，前置角 180°，狭缝状态。

典型试验结果图片如图 10.22 所示。图中给出了 3 组典型的扫描照片，每组

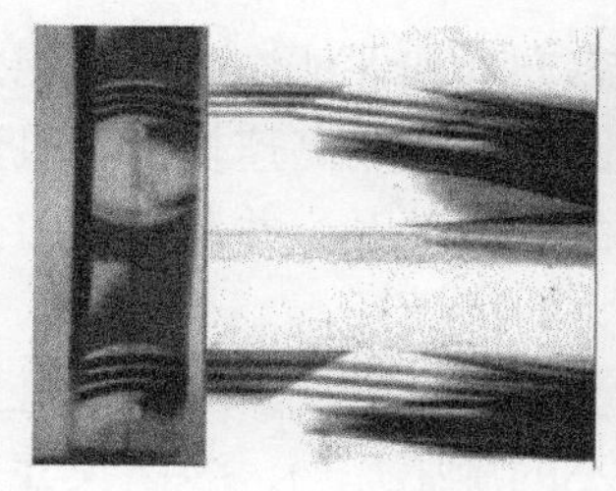
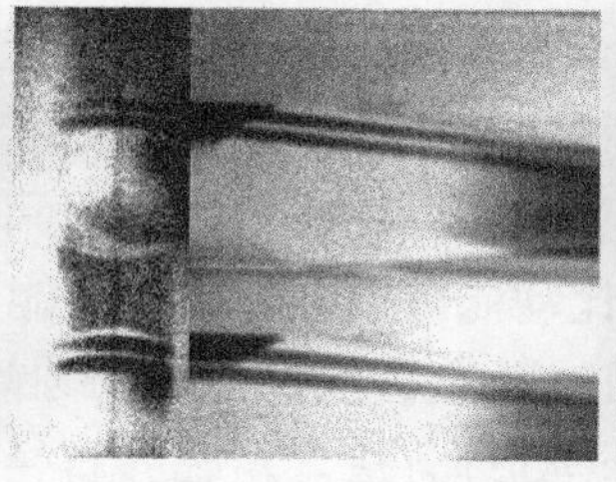
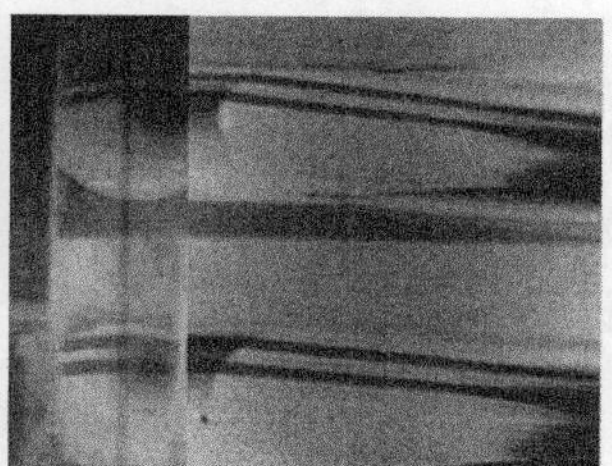

图 10.22　典型试件静止像与扫描条纹局部放大图

左边是静止像，右边是扫描条纹图像。扫描图像分三个部分：静止状态下条纹是平行的；开始运动后条纹变斜；罩壁变形过大和爆轰产物进入光路之后条纹开始模糊起来。所以底片上有效部位只是短短的那段倾斜条纹，其斜率是确定运动速度和方向的依据。

爆炸驱动的加速过程通常是符合指数加速规律，因此可以对所得数据应用指数加速模型进行拟合，从而可以得到微元的速度变化历程和极限速度 v_0、特征加速时间 τ 和最终的台劳角 δ_0。

$$v = v_0\left[1-\exp\left(-\frac{t-T}{\tau}\right)\right] \tag{10.1}$$

$$\sin\delta(t) = \sin\delta_0\left[1-\exp\left(-\frac{t-T}{\tau}\right)\right] \tag{10.2}$$

式中，时间 T 是爆轰波达到测点微元的时间，之后微元开始运动。图 10.23 是典型罩微元/位置压垮速度和台劳角数据与拟合结果。

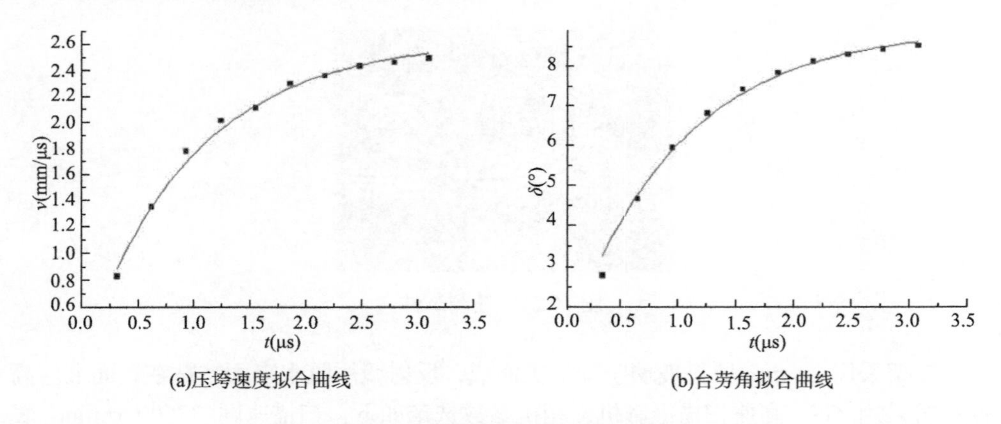

(a)压垮速度拟合曲线　　(b)台劳角拟合曲线

图 10.23　典型罩微元参数的拟合图

4. 圆筒试验的高速扫描照相技术

圆筒试验是专门用于确定炸药爆轰产物 JWL 状态方程和评估炸药做功能力的标准化实验，一般将炸药样品装在特定尺寸的标准圆筒内，用高速扫描相机记录定常滑移爆轰驱动下圆筒壁的径向膨胀距离与时间的变化关系，并利用经验公式计算圆筒壁的膨胀速度和比动能等表征炸药做功能力的特征量。

国内采用狭缝扫描和 VISAR 联合测试方法的圆筒试验布局见图 10.24，这里只介绍狭缝扫描的结果及数据处理方法。对临界直径小的敏感炸药，装药尺寸为 Φ25 mm×300 mm；圆筒内径 Φ25 mm，壁厚 2.5 mm，材料为紫铜。狭缝扫描采用平行光后照明技术，狭缝位置距起爆端 200 mm，相机转速 6×10^4 r/min，对应的扫描速度为 3 km/s。同时，在圆筒末端的定常滑移爆轰段采用电探针法测定炸药爆速。

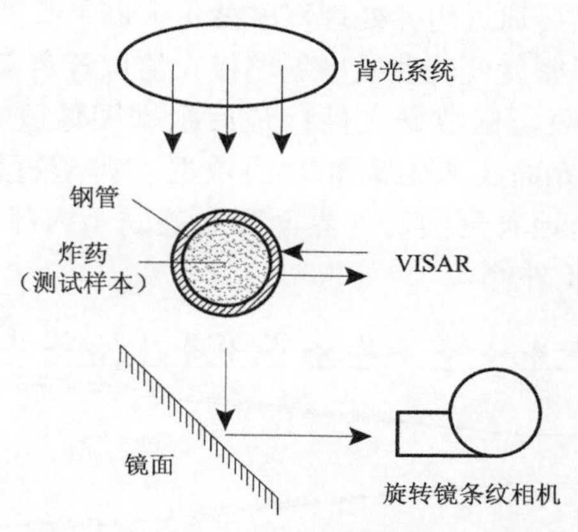

图 10.24　VISAR 与扫描测试布局图

1）照明技术

传统的氩气弹照明光源以及炸药加透镜等方法，属于非平行光后照明，无法克服底片上圆筒膨胀拐点和边界的模糊现象，参见图 10.25(a)。采用脉冲氙灯加平行光管的平行光照明系统，光线平行度高，拍摄到的圆筒膨胀拐点和边界清晰，且可以较清晰地拍摄到圆筒壁外空气冲击波的波头轨迹，参见图 10.25(b)；此外，后者可以通过静态照相方法检验照明效果，通过适当防护可以重复使用。

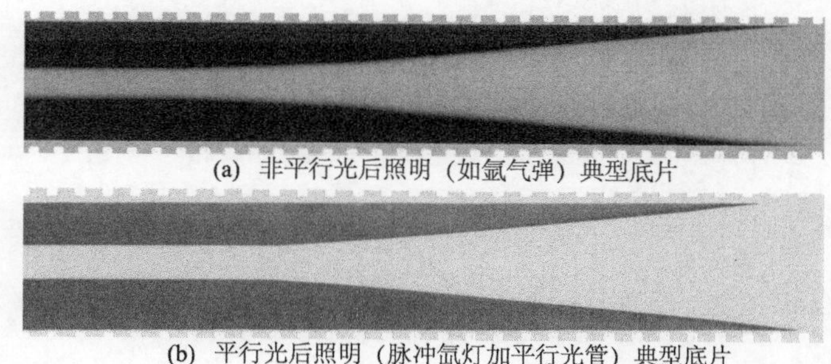

(a) 非平行光后照明（如氩气弹）典型底片

(b) 平行光后照明（脉冲氙灯加平行光管）典型底片

图 10.25　典型圆筒膨胀过程扫描照相底片

2）底片判读方法

传统的圆筒试验底片判读方法为使用工具显微镜，通过人工目测确定壁的起跳位置，然后沿膨胀迹线每隔一定径向距离读出边界点的纵坐标和横坐标，再根据图像放大率和扫描速度算出壁的膨胀距离$(R-R_0)$和对应的膨胀时间 t，从而得到一系列的$(R_j–R_0)–t_j$数据。这种底片判读方法工作量大，受人为因素影响，起跳点难于识别和判读，边界判读对准误差大。

新的底片判读方法为数值图像处理方法，即利用专业底片扫描仪扫描底片得到高精度扫描图像；然后通过边界处理程序沿 Y 方向寻找图形像素中黑密度发生显著变化的位置，将黑密度变化曲线中斜率极大值位置定义为边界，并给出圆筒外界面膨胀迹线和界面坐标数据文件；最后根据图像放大率和扫描速度处理数据文件得到圆筒外界面膨胀距离和时间数据。典型边界膨胀迹线处理结果见图 10.26，可以清晰地看到圆筒外界面膨胀迹线（内部）和圆筒壁前方空气冲击波波头运动迹线（外侧）。

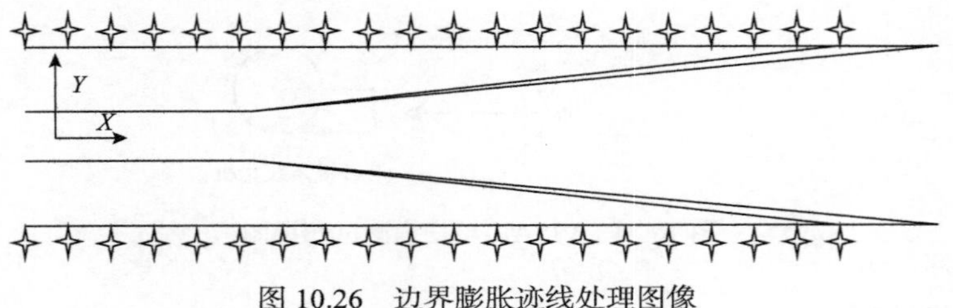

图 10.26　边界膨胀迹线处理图像

根据图像放大率处理 Y 轴方向数据得到迹线上各点的径向膨胀距离$(R_j–R_0)$，进而得到两侧边界径向膨胀距离的平均值。将 Y 方向数据开始增加的点取为起跳点，并将该时刻作为时间零点(t=0 μs)，得到与径向膨胀距离$(R_j–R_0)$相对应的时间 t_j 如图 10.27 所示。

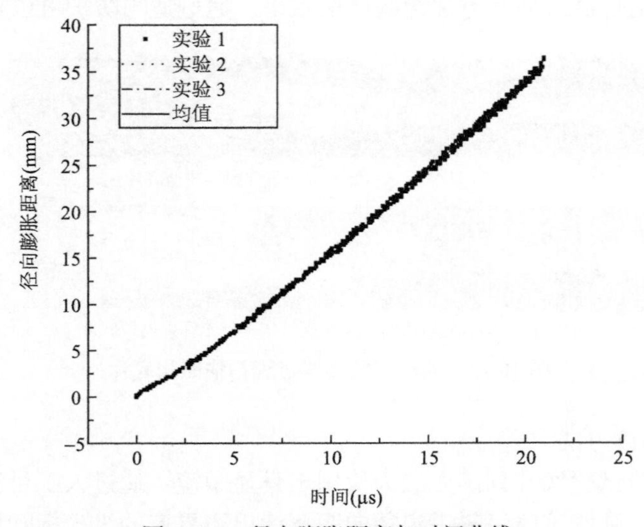

图 10.27　径向膨胀距离与时间曲线

3）数据处理方法

狭缝扫描实验直接得到的是圆筒壁外界面某空间位置处的径向壁位移-时间数据，为了衡量炸药做功能力，需要对数据进行处理，计算速度和比动能。

国军标《标准圆筒试验法》规定利用式(10.3)对实验数据进行拟合，式中 A、B、C、D 为拟合参数：

$$t = A + B\left(R - R_0\right) + C\exp\left[D\left(R - R_0\right)\right] \tag{10.3}$$

两侧对时间求导，得到外表面径向壁速度随径向壁位移变化的关系：

$$u = \frac{1}{B + CD\exp\left[D\left(R - R_0\right)\right]} \tag{10.4}$$

然后，按式(10.5)计算比动能：

$$E = \frac{1}{2}u^2 \tag{10.5}$$

4）速度修正

狭缝扫描实验得到的径向位移-时间数据，是固定空间位置处的值。为了得到真正与质点相联系的壁速度，必须对实验数据进行修正。这里从分析圆筒质点的膨胀轨迹入手，固定位移修正时间。圆筒质点的膨胀轨迹的如图 10.28 所示。

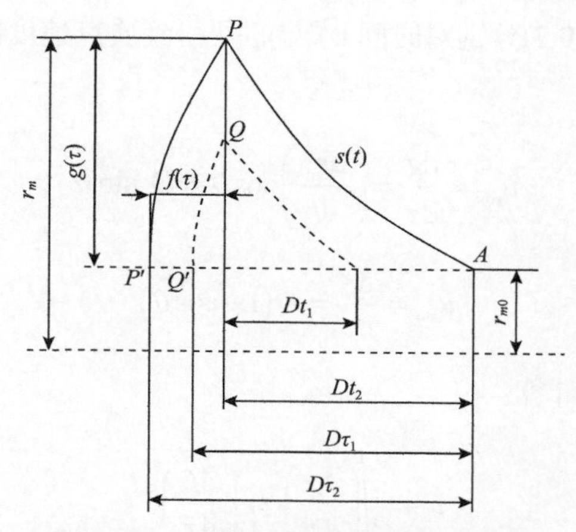

图 10.28　圆筒质点的膨胀轨迹示意图

用高速扫描相机记录圆筒膨胀，记下点 Q 和 P 在时刻 t_1 和 t_2 的位置。在圆筒膨胀之前，其起始位置在点 Q'和 P'处。经过 t_1 和 t_2 时间，爆轰波阵面走到了

新的位置 Dt_1 和 Dt_2。事实上，在被扫描相机记录以前，点 Q'和 P'已经开始膨胀了。因此，质点的运动时间，设为τ，要大于相机所测到的时间。若观察圆筒上 P 点，其坐标为：

$$g(\tau) = rm(t) - rm_0 \tag{10.6}$$

$$f(\tau) = D(\tau - t) \tag{10.7}$$

那么，假定壁材料是不可压缩的，考虑到弧长 $s(t)$等于爆轰波轨迹 AP'，则可得到微分关系：

$$\frac{\mathrm{d}\tau}{\mathrm{d}t} = \sqrt{1 + \left(\frac{1}{D}\frac{\mathrm{d}r_{\mathrm{m}}}{\mathrm{d}t}\right)^2} = \frac{1}{\cos\theta} \tag{10.8}$$

式中，θ为膨胀角，可根据式(10.9)计算：

$$\frac{\mathrm{d}r_{\mathrm{m}}}{\mathrm{d}t} = u_r = D\tan\theta$$

即为：

$$\tan\theta = \frac{u_{\mathrm{r}}}{D} \tag{10.9}$$

式中，u_{r} 为径向壁速度。

将式(10.6)和式(10.7)分别对时间τ求导，便得到质点速度的径向分量 u_{rm} 和轴向分量 u_{am}：

$$u_{\mathrm{rm}} = \frac{\mathrm{d}g}{\mathrm{d}\tau} = \left(\frac{\mathrm{d}r_{\mathrm{m}}}{\mathrm{d}t}\right)\cos\theta = D\ \sin\theta \tag{10.10}$$

$$u_{\mathrm{am}} = \frac{\mathrm{d}f}{\mathrm{d}\tau} = D(1 - \cos\theta) \tag{10.11}$$

质点速度按下式计算：

$$u_{\mathrm{s}} = \sqrt{\left(\frac{\mathrm{d}g}{\mathrm{d}\tau}\right)^2 + \left(\frac{\mathrm{d}f}{\mathrm{d}\tau}\right)^2} \tag{10.12}$$

比动能 E 按式(10.5)计算，只是将径向壁速度换成了质点速度。

结果表明：质点速度以径向分量为主，径向分量和质点速度相差不到 1%。

10.2　数字高速相机

20 世纪 90 年代末至 21 世纪初，随着电子技术、计算机技术、微加工技术以及固体图像传感器（CCD、CMOS）和大容量存储技术的发展，数字高速摄像机的性能已有大幅度提高，大量先进的数字高速相机、摄像机应运而生，出现了元数超过 1024×1024 的数字高速摄像系统，有些高速摄像系统的拍摄速率可达 10^6 帧/s。随着数字高速摄像机性能的进一步提高以及价格的进一步降低，发展到现在，其替代胶片式高速摄影机已经成为现实。

数字高速相机具有以下方面的优点：

(1) 使用简单，记录介质可反复使用，具有较高的性价比。图像处理不需要冲洗胶片，缩短实验时间。摄像机体积小、质量轻，便于携带和灵活布设，使测试变得方便和简捷。

(2) 没有复杂精密的光补偿及机械传动机构，属于常压小电流驱动方式。因而启动快，记录完善，测试成功率高。

(3) 同步性好。易于实现相机与拍摄对象、相机与相机间的同步。多个摄像机可以从不同的角度记录事件的发生过程，摄像机可同时触发，或按一定的时序进行触发。

(4) 即时重放。对试验过程可立即重放，使工程人员知道是否需要下一个试验，这样可以加快在整个过程中发现问题，并进行改正。

10.2.1　数字相机种类及技术特点

光学图像变成电信号这一过程的实现需要用到固态图像传感器，这是数字高速摄影中的关键器件。固态图像传感器是将布设在半导体衬底上许多能实现光-电信号转换的小单元，用所控制的时钟脉冲实现读取的一类功能器件。感光小单元简称为“像元”“像点”。它们本身在空间和电气上是彼此独立的。固态图像传感器具有体积小、质量轻、解析度高和可低电压驱动等优点，目前广泛应用于电视、图像处理、测量、自动控制和机器人等领域。

1. 高速 CCD 或 CMOS 相机

固态图像传感器主要有 CCD(电荷耦合器件)、CMOS(互补金属氧化物半导体器件)、CIS(CID 电荷注入器件)等类型，CCD 和 CMOS 两种固态图像传感器的基本共同点是在光探测方面都利用了硅在光照下的光电效应原理，而且都支持光敏二极管型和光栅型。基本不同点是像元里光生电荷的读出方式不同。CCD 是用时序电压输入邻近电容把电荷从积累处迁移到放大器里，因此这种电荷迁移过程导致一些根本缺点：必须一次性读出整行或整列的像素值，不能提供随机访问；需要复杂的时钟芯片来使时序电压同步，需要多种非标准化的高压时钟和申压偏置；而 CCD 的优点是分辨率高、一致性好、低噪声和像素面积小。在 CMOS 传感器中积累电荷不是转移读出，而是立即被像元里的放大器所检测，通过直接寻址方式读出。CMOS(APS)的主要优势是低成本低功耗、简单的数字接口、随机访问、运行简易、高速率、通过系统集成实现小型化，以及通过片上信号处理电路实现一些智能功能。

由电耦合传感器 CCD 或 CMOS 感光获得光电子，然后由高速读出电路迅速读出并数字化记录，通常称为数字相机。其特点是：

实时记录、实时传输、实时显示、实时分析和处理，记录图像多（时间长）；由于需要多次读出且读出速度不能太高（太高信号噪声很大），同时读出信号需要传输和存储，摄影频率一般不太大，在满格式记录时不超过 5×10^3 幅/s；近年采用就地存储后续传输、图像分割等技术，摄影频率达到 1×10^6 幅/s，但空间分辨率大大下降；曝光时间长，目前最短约 1 μs，高速成像时图像的动态模糊大；体积小、可实现动态过程的连续记录和实时显示，对于需要较长记录时间的动态过程，具有其他摄影系统无法比拟的优势。

2. 数字成像摄影系统

随着数字相机的发展，数字成像摄影系统应运而生。数字成像摄影系统根据实际应用需求，在软、硬件上进行人性化设计，配备计算系统后，使用者方便通过软件菜单很快即可掌握相机操作，极大地扩展了数字成像摄影系统的应用领域。图 10.29 是几款典型的数字成像摄影系统型号及主要性能指标。

日本HPV-2型（ISIS技术）在1×10^6幅/s下像素 312×260pixels　美国V70型（像面分解技术）在7530幅/s下像素280×800pixels 在1×10^6幅/s下像素128×16pixels　美国Kirana型（ISIS技术）在1×10^6幅/s下像素 924×768pixels

图 10.29　典型的数字成像摄影系统型号及主要性能指标

随着半导体和高速成像器件的快速发展，其替代中低段转镜式高速相机已初现端倪。数字成像摄影系统将向着更多画幅存储量、更短单幅曝光时间、更大的画幅像素、更快的幅频、数字化和集成化、更强图像处理功能方向发展。

3. 超高速光电分幅相机

超高速光电分幅相机由高速门控像增强器作为成像系统的曝光快门，每一个 CCD 相机或 CMOS 相机与一个门控像增强器配合（形成一个通道），只记录像增强器开启时的一幅图像。摄影频率由打开像增强器的同步控制频率和像增强器的开门时间确定，目前国际上最高可达 10^9 幅/s。摄影频率高，空间分辨率高（35 lp/mm 以上），实时显示，但图像记录少。成像原理如图 10.30 所示。

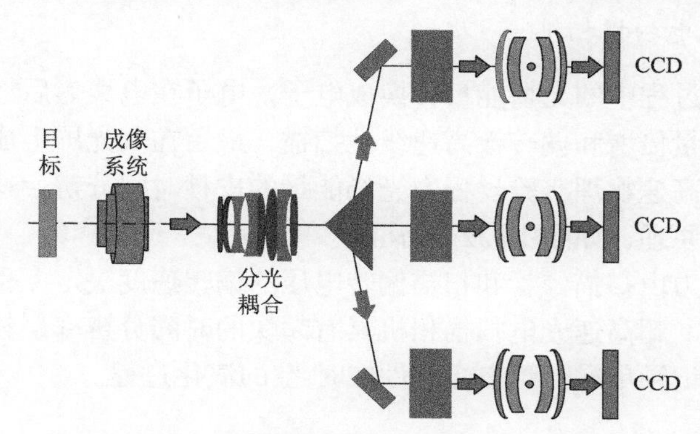

图 10.30　分幅成像原理

4. 有管高速摄像系统（光电分幅）

有管高速摄像系统（光电分幅）具有二维空间成像、时间分辨达纳秒到数十皮秒；数千倍以上的增益，可实现微光成像；利用不同光阴极，可实现宽光谱探测；图像的数字化接收，实时显示，方便后续处理等优点，在瞬态物理领域具有广泛的应用前景。图 10.31 是国际上典型的具有代表性的相机型号，表 10.2 是代表性相机的主要性能指标。

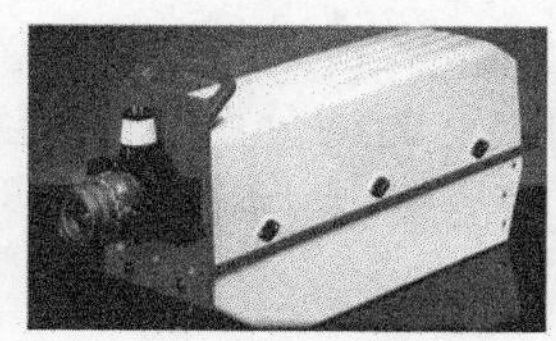

美国ULTRA型　　　　德国HSFC-PRO型

英国SID-8型

图 10.31　典型的有管高速摄像系统（光电分幅）

表 10.2　典型光电分幅相机性能参数

型号	美国 ULTRA 型	德国 HSFC-PRO 型	英国 SID-8 型
最高摄影频率	2×10^8 幅/s	3×10^8 幅/s	3×10^8 幅/s
记录幅数	8 幅	4 幅	8～16 幅
像素数	1280 × 1024	1280 × 1024	1280 × 1024

有管高速摄像系统向着更多画幅数（从 8 幅到 16 幅）、更短单幅曝光时间（从数纳秒到数十皮秒）、更高图像增益（从数千倍到数万倍）、更快的幅频（幅间隔从数纳秒到 100 ps）、更宽光谱范围（从近红外到软 X 射线）和更好空间分辨力（最高 50 lp/mm）发展。

5. 超高速光电扫描相机

将高速物理过程中的光场能量转换成电子，电子在电聚焦后经电场加速，然后经微通道板能量倍增和偏转板高速线性扫描，最后在荧光屏上成像，通过后续图像采集获得超高速物理实验过程中光场能量的皮秒时间分辨，这是超高速光电扫描相机的工作原理，如图 10.32 所示。

时间分辨能力由扫描像管和扫描偏转电压的偏转速度决定，目前国际上最高可达亚皮秒量级。超高速光电扫描相机具有超快的时间分辨率、较高的空间分辨率，用于诊断和记录单次、瞬态光事件在时-空的演化过程。

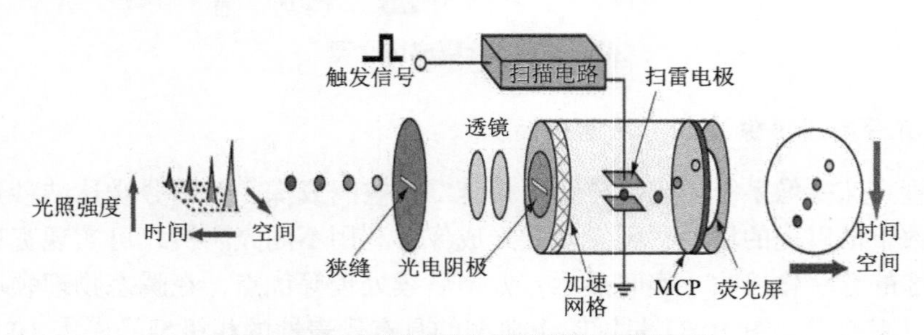

图 10.32　超高速光电扫描相机工作原理

6. 有管高速扫描成像系统

有管高速扫描成像系统具有以下优点：时间连续扫描；时间分辨达皮秒到 280 fs；具有数千倍以上的增益，可实现微光成像（荧光探测）；利用不同光阴极可实现宽光谱探测；图像的数字化接收，方便后续处理。

图 10.33 是国际上典型的有管高速扫描成像系统，图 10.34 是有管高速扫描成像系统的发展趋势和将达到的技术水平。

日本C5680型
最好时间分辨2 ps

德国SC-10型
最好时间分辨2 ps

加拿大AXIS-PV型
最好时间分辨1 ps

图 10.33　典型的有管高速扫描成像系统型号

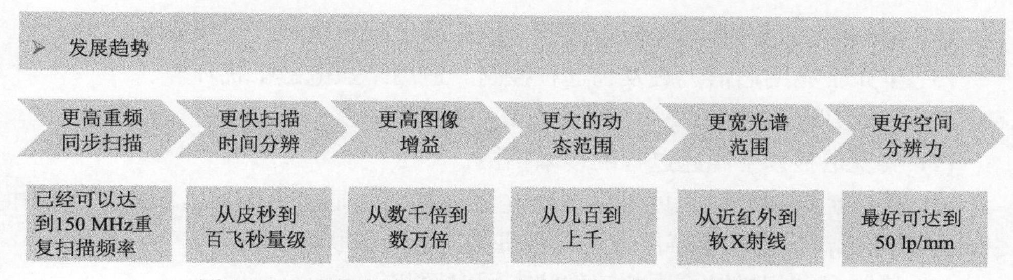

图 10.34　有管高速扫描成像系统发展趋势和预期技术水平

10.2.2　国产 SGCX-08 型超高速光电分幅相机系统

超高速光电分幅相机主要用于外弹道、终点弹道效应以及爆轰等领域研究，用来观测弹丸飞行姿态、飞行方向及飞行速度等参量，获得弹丸穿靶的图像和弹丸碰靶产生的二次碎片飞散图像，测量炸药爆速、爆轰波波形等参数。

国产的 SGCX-08 型超高速光电分幅相机通过成像与分光系统将拍摄的目标成像在门控像增强器的光阴极上，像增强器在高压窄脉冲控制下输出具有较短曝光时间的图像并由后续 CCD 接收和记录。系统曝光时间和摄影频率由像增强器驱动源以及精密同步模块控制。

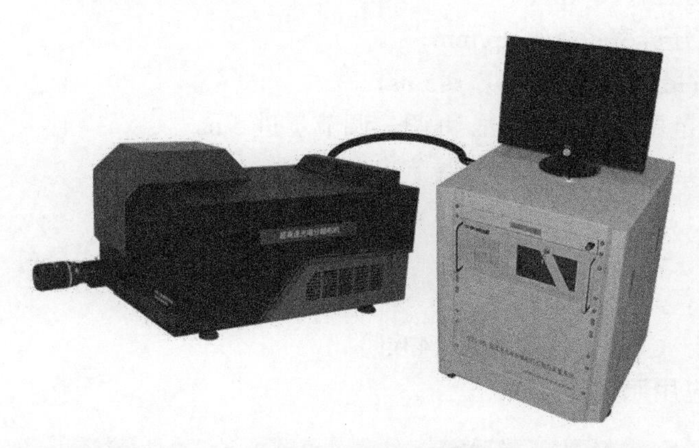

图 10.35　国产 SGCX-08 型超高速光电分幅相机系统实物

1）技术特点

(1) 最短曝光时间优于 5 ns（采用皮秒激光标定），具有纳秒时间分辨率和纳秒级触发精度；

(2) 高空间分辨二维空间成像，光学系统空间分辨≥80 lp/mm，整机实测像面空间分辨≥45 lp/mm；

(3) 具有数千倍增益，实现单光子能量的弱光探测；

(4) 多画幅之间时间间隔任意调节，最高摄影频率达到 2 亿幅频/s；

(5) 全光千兆网通信、触发和远程控制，适用于强电磁干扰环境。

2）主要功能及应用

(1) 实现纳秒以下高速过程的多幅拍摄；

(2) 提供扩展触发口，可工作在光/电触发模式，适时引爆冲击或爆炸装置和引发照明光源，精密控制事件过程与相机工作的同步联动；

(3) 控制多台相机以不同的工作状态同时照相；

(4) 广泛应用于爆炸物理、冲击波物理、激光与等离子体物理、加速器物理、常规武器及爆轰测试、材料特性研究、瞬态光谱分析等领域。

3）软件功能

基于计算机的上层控制界面，实现相机控制、图像编辑、图像处理与分析的一体化；支持多种图像存储格式，可根据用户需求提供特殊应用的图像处理算法包。

4）主要技术指标

光谱响应范围：380～860 nm（可扩展）；

幅数：8 幅；

摄影频率：2×10^8 fps；

系统空间分辨率：≥45 lp/mm；

时间分辨(最小曝光时间)：≤5 ns；

曝光时间范围：5 ns～1 ms 可调，调节步进 5 ns；

幅间隔：1 ns～1 ms 可调，调节步进 1 ns；

图像格式：≥1360×1024；

触发方式：外触发、内触发；

数据传输：千兆光纤网；

读出系统：CCD（灰度等级 14 bit）。

5）典型应用照片

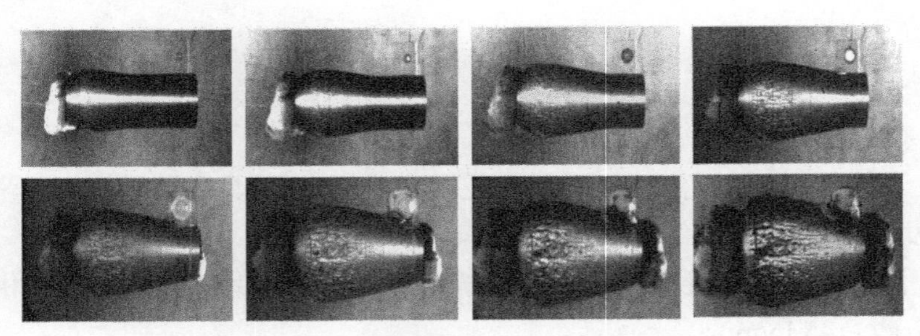

图 10.36　圆柱膨胀断裂（曝光时间 20 ns）

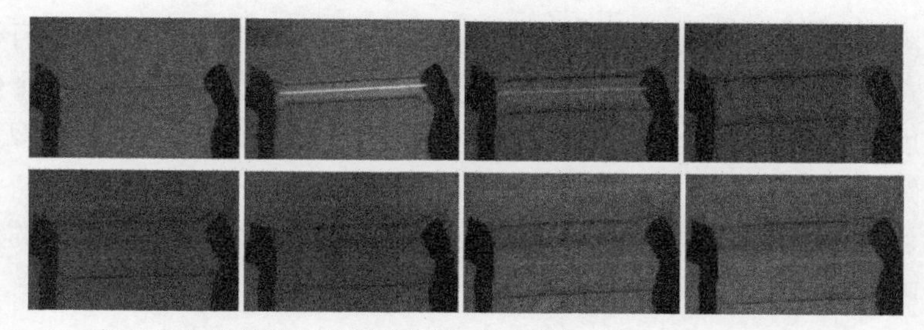

图 10.37　高压放电钨丝发光显微纹影实验（曝光时间 20 ns，视场 20×15 mm）

10.2.3　瞬态温度场光学分幅测量系统

针对持续时间极短的超快高温过程，目前一般采用瞬态光学高温计对瞬态高温进行测量，这种方法虽然可以达到 2 ns 的时间分辨率、覆盖 1500～20000 K 的测温范围，但其只能对目标上的一个点进行测量，或对目标上的一个区域的平均温度进行测量，无法给出待测高温源的高温分布情况。红外热像仪虽然可以对二维温度场进行测量，但其测量的为亮度温度，积分光谱范围宽，测量误差大，且积分时间长（目前最快为毫秒级）、响应慢，无法用于高速瞬态温度场的测量。瞬态温度场光学测量技术是近年发展起来的能够观测二维温度场高速瞬变现象有效的技术手段，因其响应快、具有二维空间温度场测量能力，对于冲击波物理、爆轰物理、惯性约束聚变及天体物理的研究具有重要的意义。

1）系统组成及工作原理

OPP-F8W4 型瞬态温度场光学分幅测量系统是中国工程物理研究院流体物理研究所近年开发的超高速瞬态二维光学温度测试系统，其工作原理是利用高速分幅成像技术和窄带滤波技术，获得目标的多个窄带光谱图像，再结合多光谱温度拟合技术，利用黑体光源标定得到的 CCD 相机输出灰度值（ADUs）与目标面元亮度的关系，通过数据分析消除图像本地噪声并对多幅图像进行空间关联，通过计算程序拟合多光谱数据或单光谱加发射率数据，计算出目标光源在多个时间点的空间温度分布。系统组成如图 10.38 所示。

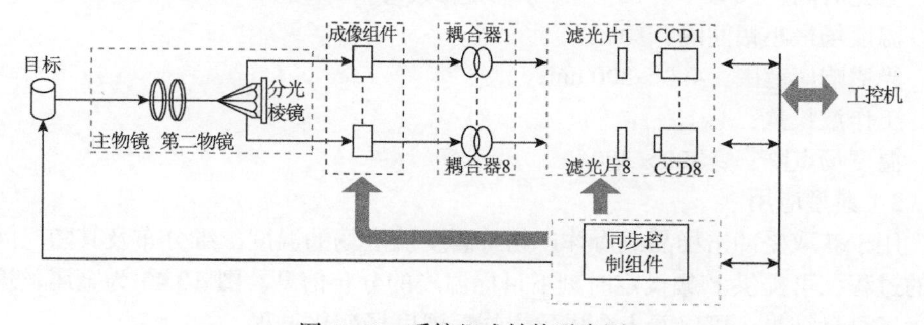

图 10.38　系统组成结构示意图

系统测量高温目标二维温度分布的方法是逐点计算 CCD 记录的目标图像上每个像素点所对应的温度，从而获得目标的温度分布。而目标图像每个像素点所对应的温度可利用多波长辐射高温测量理论计算出来。本系统中每个像素点的及其成像光路可等效为一台 4 波长辐射高温测量系统的一个工作通道。

待测目标上某点在波长λ_i下的辐亮度与其对应的 CCD 图像像素的灰度值成正比，可由式(10.13)给出：

$$j_i\left(\lambda_i, T\right) = K\left(\lambda_i\right) \times u_i \tag{10.13}$$

式中，$K(\lambda_i)$为波长为λ_i的光路上该目标点对应的 CCD 像素点的系统灵敏度常数，它由标定给出；u_i是 CCD 记录的图像像素灰度值。

图 10.39　OPP-F8W4 型系统实物

2）性能指标

OPP-F8W4 型瞬态温度场光学分幅测量系统的主要技术指标及描述如下：

温度测量范围：1500～10000 K；

温度分布力：15 K@2000 K；

物方空间分辨力：100 μm@1.5 m 物距；

温度场测量幅数：8 幅；

曝光时间：10 ns～1 ms 以 10 ns 步进调节；

温度场最小幅间隔：10 ns；

光谱响应范围：400～800 nm；

工作波长数：4；

温度场点阵：≥300 × 300。

3）典型应用

用于获取受冲击样品或爆炸产物等瞬变温度场的温度二维分布及其随时间变化的过程，可提供 8 幅设定时刻下目标温度的分布信息。图 10.40 为金属丝爆炸温度场测量结果，可以看出金属丝爆炸后温度场变化过程。

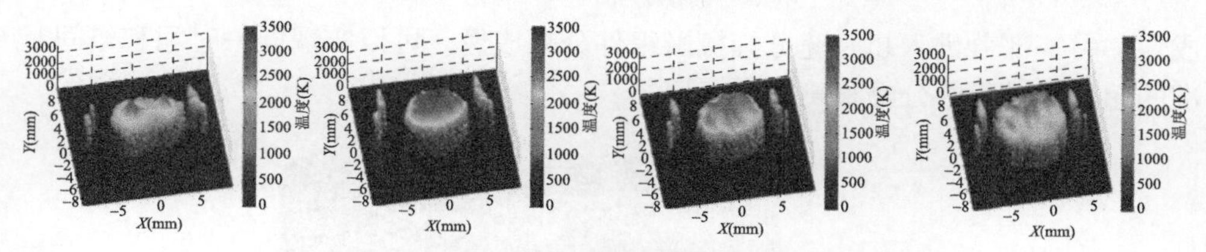

图 10.40　金属丝爆炸温度场测量结果

10.2.4　同时分幅扫描相机

同时分幅扫描超高速光电摄影系统可同时进行超高速分幅摄影和扫描摄影，且性能指标与单独使用时相同。可获得瞬变现象的同一时基、同一空基的分幅和扫描记录图像，提供高速瞬变过程的一维时间和二维空间、光强等信息；也可分幅或扫描摄影单独使用，应用范围更广。目前国外只有美国 DRS 公司研制的 IMACON200 型超高速光电摄影系统具有同时分幅和扫描摄像功能，其他公司未推出类似产品。同时分幅扫描超高速光电摄像系统 IMACON200 如图 10.41 所示。

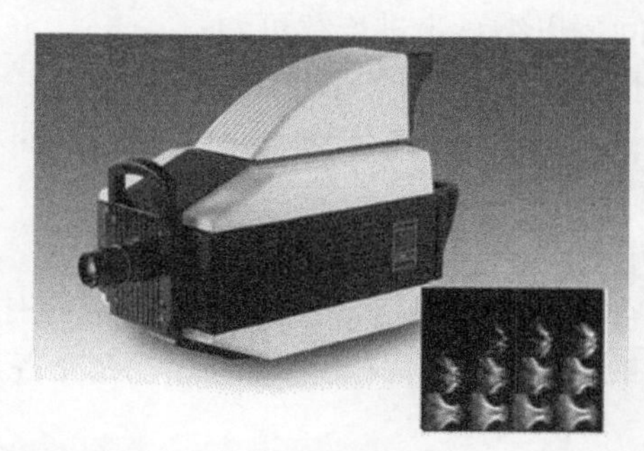

图 10.41　美国 DRS 公司生产的同时分幅扫描摄影系统 IMACON200

国内为打破西方技术封锁，中国工程物理研究院流体物理研究所近年突破了相应的关键技术，成功研制出同时分幅扫描超高速光电摄像系统，其摄像系统原理及实物图如图 10.42 及图 10.43 所示。超高速瞬态现象通过前端物镜成像到分光系统中，分光系统将物体像分成两部分，一部分进入超高速扫描摄影组件扫描

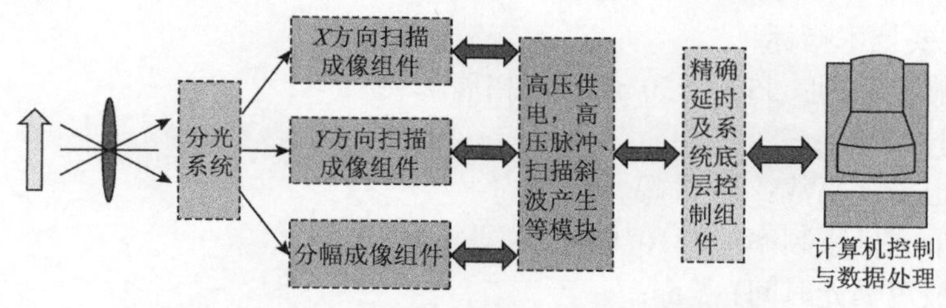

图 10.42　国内同时分幅扫描相机系统设计框图

成像，另一部分进入超高速分幅摄影组件分幅成像，可以实现同一时间和空间基准的超高速过程的分幅和扫描连续记录。

图 10.43　国内同时分幅扫描相机实物

1）技术特点

(1) 同时进行超高速分幅摄影和扫描摄影，获得同一时基、同一空基的图像，提供更丰富的实验信息；

(2) 曝光时间及幅间隔以纳秒步进连续可调；

(3) 记录时间范围长，从几十皮秒至几十微秒；

(4) 全光千兆网通讯、触发和远程计算机控制全自动照相，适用于强电磁干扰环境。

2）主要功能及应用

(1) 以同一时间和空间基准实现超高速过程的分幅和扫描连续记录；

(2) 适时引爆冲击或爆炸装置和引发照明光源，精密控制事件过程与相机工作的同步；

(3) 控制多台相机以不同的工作状态同时拍摄；

(4) 广泛应用于爆炸物理、冲击波物理、激光与等离子体物理、加速器物理、常规武器及爆轰测试、材料特性研究、生物荧光、瞬态光谱分析等领域。

3）软件功能

实现相机控制、图像编辑、图像处理与分析的一体化；支持多种图像存储格式。

4）主要技术指标

光谱响应范围：350～830 nm（可拓展）。

(1) 分幅特性：

- 记录画幅数：1～8 幅，可选；
- 最高摄影频率：2×10^8 幅/s；
- 最短曝光时间：5 ns；
- 最小画幅间隔：1 ns；

- 空间分辨率：45 lp/mm;
- 图像格式：≥1280×1024；
- 读出系统：CCD(14 bit)。

(2) 扫描特性：

- 水平、垂直同时双向扫描成像，可选；
- 时间分辨力：≤5 ps；
- 扫描记录时间：400 ps～500 μs 可调；
- 空间分辨率：≥30 lp/mm；
- 扫描非线性度：≤2%；
- 图像格式：≥1280×1024；
- 读出系统：CCD(14 bit)。

表 10.3 是国内外同时分幅扫描超高速光电相机主要性能参数的对比，可见主要指标与美国 DRS 公司 IMACON200 一致，部分指标优于美国 DRS 公司 IMACON200 指标。

表 10.3　国内外同时分幅扫描超高速光电相机性能参数对比

美国 DRS 公司 IMACON200	开发产品的技术指标
分幅特性：	分幅特性：
➢ 记录画幅数：1～7 幅，可选；	➢ 记录画幅数：1～6 幅，可选；
➢ 最高摄影频率：2×10^8 幅/s；	➢ 最高摄影频率：2×10^8 幅/s；
➢ 最短曝光时间：5 ns；	➢ 最短曝光时间：5 ns；
➢ 最小画幅间隔：5 ns；	➢ 最小画幅间隔：1 ns；
➢ 空间分辨率：30 lp/mm；	➢ 空间分辨率：35 lp/mm；
➢ 探测光谱范围：可见光。	➢ 探测光谱范围：350～930 nm。
扫描特性：	扫描特性：
➢ 水平或垂直单向扫描成像；	➢ 水平、垂直同时双向扫描成像；
➢ 时间分辨力：≤30 ps；	➢ 时间分辨力：≤5 ps；
➢ 记录长度：10 ns 到 1 ms，可调；	➢ 记录长度：1 ns 到 1 ms，可调；
➢ 空间分辨率：≥25 lp/mm。	➢ 空间分辨率：≥ 25 lp/mm。

5）典型应用

同时分幅扫描相机可应用于多种研究，典型应用如下：

(1) 钨丝发光（12 kV 脉冲电压，20 mm 长度钨丝），幅间隔 2 μs，曝光时间 10 ns，扫描记录时间 10 μs，典型照片如图 10.44 所示。

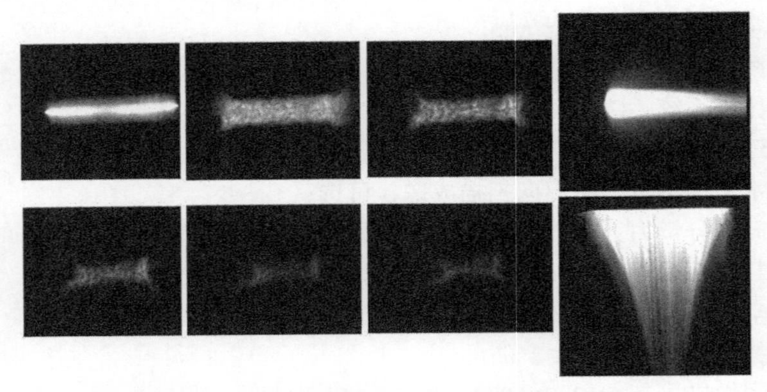

图 10.44　高压钨丝发光过程同时分幅和扫描图像

(2) 多点起爆同步测试。图 10.45 为典型的多点起爆试验样品，试验在西安近代化学研究所的爆炸容器中完成，测试仪器布置在爆炸容器外面，通过观测窗口拍摄，图 10.46 是典型的四点起爆同时分幅扫描图像，左边的六幅为高速分幅图像，右边的两幅分别是 X 方向和 Y 方向的高速扫描图像。

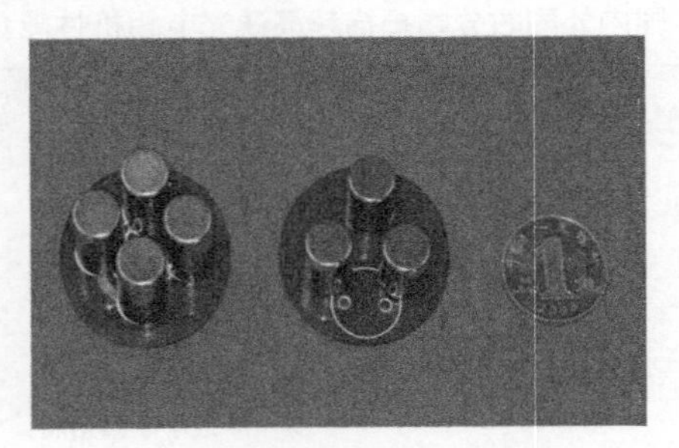

图 10.45　多点冲击片雷管起爆测试样品

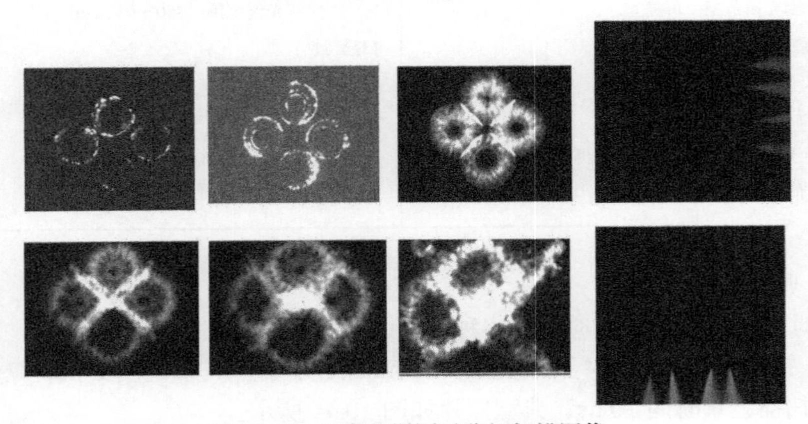

图 10.46　四点起爆同时分幅扫描图像

(3) 超高速碰撞及空间碎片防护研究。超高速碰撞及空间碎片防护试验在北京理工大学爆炸科学与技术国家重点试验室进行，利用二级轻气炮发射弹丸超高速撞击铝靶，图 10.47 是弹丸高速碰撞薄靶穿靶后的图像。由分幅照片可以看出碎片云形成、演化及与后面效应靶的作用过程，扫描图像得到设定位置和方向上碎片云运动随时间变化规律，可以直接得到碎片云位置时间曲线，处理后可得到碎片云运动速度时间曲线。结合分幅图像，可为碎片云演化理论模型建立和验证提供直接的数据支撑。

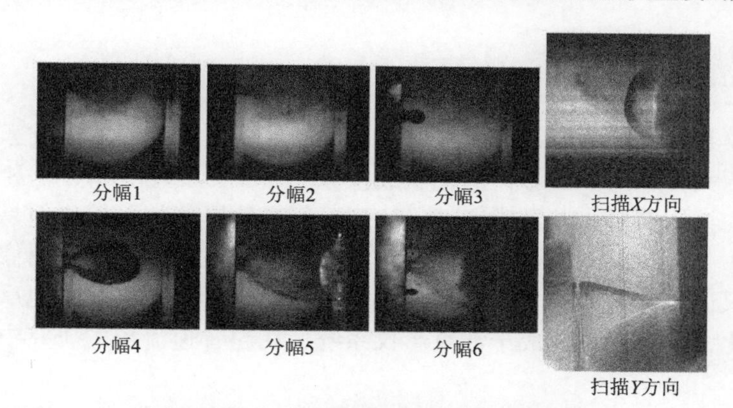

图 10.47　弹丸高速碰撞薄靶穿靶后的图像

10.3　高速阴影、纹影技术

10.3.1　纹影技术原理及光学系统

在工程实际使用中，为了避免对流场的干扰，一般需要采用光学非接触测量方式，如纹影技术、阴影技术和干涉技术 3 种。在一些领域研究时，也有配合采用粒子图像测速（PIV）的方式进行速度的融合测量。相对 PIV 而言，纹影技术进行流体结构显示时不需要单独的跟踪物质；相对干涉技术和阴影技术而言，纹影技术更容易使用和通常情况下敏感度更高。

1. 纹影技术的物理机制

纹影技术包括黑、白纹影法，彩色纹影法和干涉纹影法，是用纹影仪系统进行流场显示和测量的最常用的光学方法。该方法是利用光在被测流场中的折射率梯度正比于流场的气流密度的原理，将流场中密度梯度的变化转变为成像平面上相对光强的变化，使可压缩流场中的激波、压缩波等密度变化剧烈的区域成为可观察、可分辨的图像，广泛用于观测气流的边界层、燃烧、激波、气体内的冷热对流以及风洞或水洞流场。

纹影法测量的是纹影图片的照相密度量（图像的反差值），这种测量存在着比较严重的误差源。干涉纹影法测量的是干涉条纹的宽窄及其位移量，可以测量得比较准确。因此，纹影技术中的黑、白和彩色纹影法主要用于流场的定性显示，干涉纹影法才用于流场的定量研究。但是如果用气流密度计对纹影图的反差进行量化分级，或统计分析大量彩色纹影图片彩色的变化，仍可以得到气流的密度量。纹影技术最终是要显示被测流场的密度变化量，并求出气流的密度值。

2. 纹影仪光学系统

纹影仪系统，按照光线通过被测流场区的形状，分为平行光纹影仪和锥形光纹影仪两大类，两类纹影仪的光学成像原理及纹影图的分析方法相同。锥形光纹影仪的结构简单，其灵敏度可以达到平行光纹影仪的一倍。但是这种仪器由于是同一条光线反复经过被测量流场区后带来了被观测流场的图像失真，锥形光纹影仪适用于对低速气流场的显示。平行光纹影仪能够真实地反映气流场密度的变化，又便于改造成干涉纹影仪系统，在超音速流场的研究中得到了广泛的应用。

平行光纹影仪，又分为透射式和反射式两种。透射式的光学成像质量好，但要加工大口径的双球面透镜非常困难；反射式的光学成像虽然带有轴外光线成像造成的慧差和像散两类像差，但是只要在光路上采用"Z"形布置和在仪器使用时将光刀刀口面调整到系统的子午焦平面和径向焦平面上，就可以减少或消除两类像差，从而得到满意的结果。在分析纹影法成像时，常采用透射式系统，而在应用中则选用反射式系统。透射式和反射式纹影系统的组成如图 10.48 和图 10.49 所示。

光源经聚光镜汇聚在狭缝上，由狭缝限制照明光源的大小。狭缝置于准直透镜的焦面上，准直透镜出射平行光照明实验扰动区，再经纹影透镜将狭缝成像于位于纹影透镜焦平面的刀口上。与此同时，扰动区经纹影透镜及照相物镜成像在相机的像面上。在刀口处插入金属光刀，可得到黑、白纹影图；使用白光光源，在狭缝或刀口处插入彩色滤光片，可得到彩色纹影图。插入干涉部件，则可得到干涉纹影图（无限宽条纹干涉图）。

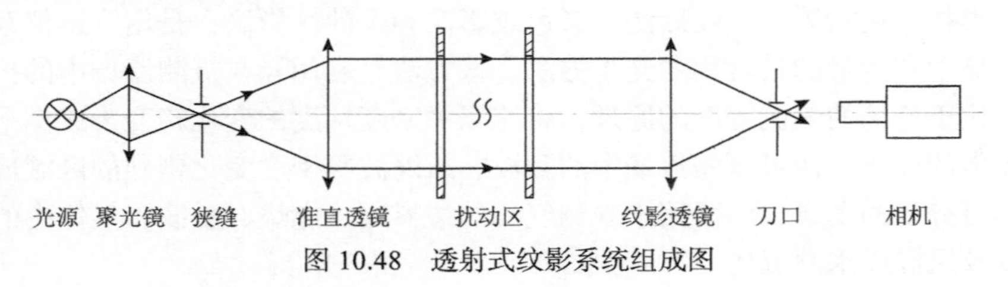

图 10.48　透射式纹影系统组成图

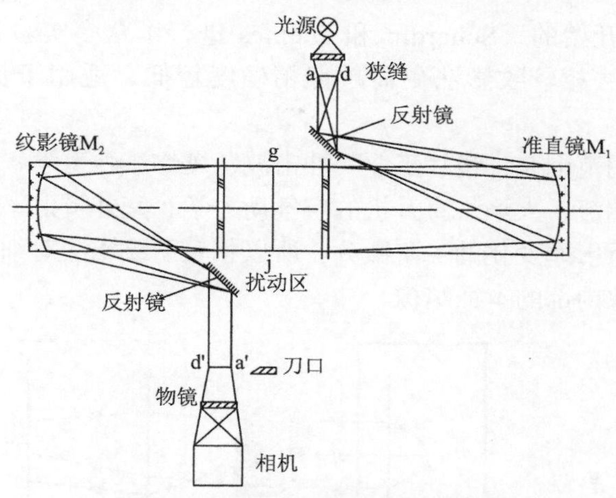

图 10.49　反射式纹影系统组成图

由以上可见，纹影系统有两个成像过程，一个是光源（狭缝）物空间子午面成像在仪器光刀刀口平面像空间共轭面上；另一个是被测扰动区幻物空间子午面成像在仪器的照相胶片（或观察屏）自像空间共轭面上，两组共轭面之间，经过纹影仪的准直镜和纹影镜以及照相物镜，光线构成了点和面的对应关系。

实际拍摄时，若实现了这两个成像关系，当扰动区某个部位产生了折射率变化，通过该部位的光线便会产生偏折，如果偏折光线已偏出刀口范围，那么像平面上扰动区该部位的像就会变暗。即像面上的照度变化反映了扰动区内相应部位的折射率变化，从而显示了扰动区内折射率的不均匀性。

目前我国纹影系统及图像处理系统的技术水平已达到国际领先水平，两种国产纹影系统的性能参数如表 10.4 所示

表 10.4　两种国产纹影系统的性能参数表

主要技术性能	参数	
	国产 ZRDB 型	国产 SGWY-300 型
照相范围	Φ300 mm	Φ800 mm、Φ600 mm、Φ400 mm、Φ240 mm
动态摄影分辨率	20 lp/mm	40 lp/mm
纹影系统焦距	1000 mm	1000 mm

10.3.2　阴影技术原理

阴影法是一个非常古老的方法，甚至在自然界中都有演化支撑：某些大洋捕食者通过侦测透明猎物的阴影进行捕食。而光学阴影法的研究最早是从

Wiese 和 Hooke 开始的，Schardin 和 Hannes 进行了众多实验并建立了完整的理论框架。阴影法相较纹影法更简单但精确度较低，适用于折射率发生巨大改变的场景。

阴影法的应用范围有：镜片工业，冲击波、爆炸、弹道学、超声波流场；液体及液体表面；湍流；火焰；直升机的空气动力学；室外折射率可视化等。正因为阴影法揭示了折射率变化的二阶微分，所以相较于纹影法对细节的展示，阴影法表征了复杂现象内部的本征结构。

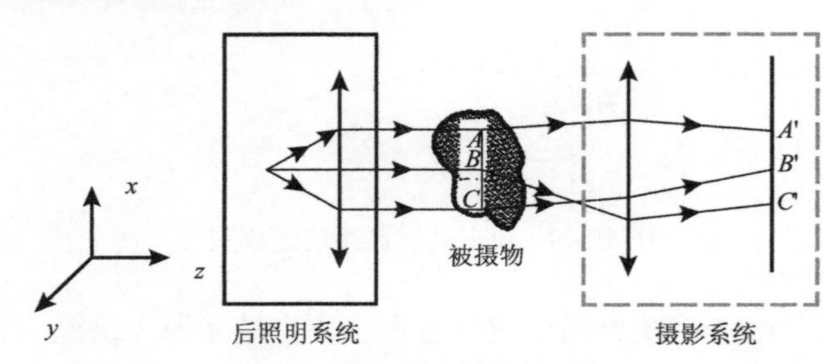

图 10.50 阴影技术原理图

阴影原理如图 10.50 所示。在照明系统中，点光源发出的光线经照明物镜穿过被研究区域。当被研究区域存在光学不均匀性时，光线将产生偏折。如果 A、B、C，3 点的折射率梯度不一致，B 点处的梯度 $\partial n/\partial y$ 大于 A 点和 C 点，则在 $A'C'$区域将会出现阴影区，在 $B'C'$区域将会出现明亮区（图 10.50 中未给出 C'）。阴影图像上的照度变化 ΔE 按式(10.14)计算：

$$\Delta E = K\int_{z_1}^{z_2}\left(\partial^2 n/\partial x^2 + \partial^2 n/\partial y^2\right)\mathrm{d}z \tag{10.14}$$

式中，K 为常数；n 为折射率；x、y 和 z 为图 10.50 所示的坐标方向。从上式可知，阴影法能够确定被研究区域折射率的二阶导数，对折射率的显著变化灵敏，而对于平滑缓慢的介质密度变化该方法不够灵敏。

通常情况下，纹影法较阴影法具有更高的探测灵敏度，不过对于一些特殊情况，阴影图反而更为精确。例如对于涉及激波的流体，其二阶梯度比一阶梯度还高，这类情况用阴影法能反映更多信息。

常用的阴影法照相技术有火花闪光阴影照相、脉冲 X 射线闪光阴影照相技术。火花闪光阴影照相的主要缺点是光源闪光持续时间较长，造成高速目标成像拖尾较长，模糊量较大。脉冲 X 射线闪光阴影照相技术穿透能力强，能应用于不透明介质内部的各种高速现象，如被火、烟、尘、雾锁笼罩的高速现象，然而脉冲 X 射线闪光阴影照相无法研究高速被测目标所形成流场状况。考虑到上述两种方法的不足，有人利用近年来发展迅速的 CCD 成像器件技术及脉冲激光光源，在纳秒级的脉冲宽度时间内“冻结”高速运动目标而得到清晰的图像，可用于有效研究获得爆轰产物、破片杀伤元飞散过程。

两型号阴影照相系统的主要性能如表 10.5。

表 10.5　两种国产阴影系统的性能参数表

主要技术性能	参数	
	国产 NIT-CCD 型	国产 SGTW-II型
照明面积	500 mm×1000 mm	500 mm×1000 mm
最大照明时间	900 μs	900 μs
出射平行光灯罩口径	最大 500 mm	最大 500 mm

阴影法和纹影法密切相关，但两者之间也有很多不同点：

(1) 阴影图不是聚焦的光学图像，只是阴影；而纹影图则是棱镜所成的像，与纹影物体呈光学共轭关系。

(2) 纹影法需要刀口或其他阻截点，阴影法不需要。

(3) 纹影图像的光强与折射率的一阶偏微分相关，而阴影图像与折射率的关系是二阶微分的。

(4) 纹影图像表现了光线偏转角 ε 而阴影图表现了光线偏转导致的位移。

10.3.3　高速阴影、纹影系统及应用

1. SGWY-300 型纹影系统

在爆轰领域，纹影-高速摄影系统用来记录激波在实验段中运动的形状以及位置，其工作原理决定了该系统可有效用于爆轰产物流场特征信息的精细测试。SGWY-300 型纹影系统是将具有高时间分辨本领的高速相机与纹影仪结合起来的高速纹影系统，主要用于研究空气中、气体介质中、液体中以及透明固体材料中由于火花放电、爆炸、流动、受力所引起的扰动。其组成和工作原理如图 10.51 和图 10.52 所示。

图 10.51　纹影系统组成图

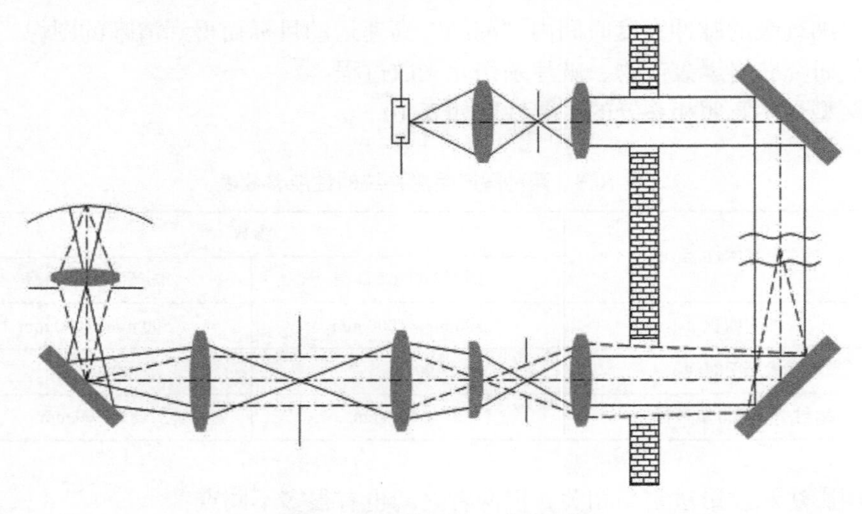

图 10.52　纹影系统工作原理图

表 10.6 给出其与国产 ZRDB 型纹影系统的技术性能对比分析

表 10.6　两种国产纹影系统的性能参数表

序号	主要技术性能	参数	
		国产 ZRDB 型	国产 SGWY-300 型
1	照相范围	Φ300 mm	Φ800 mm、Φ600 mm、Φ400 mm、Φ240 mm
2	动态摄影分辨率	20 lp/mm	40 lp/mm
3	纹影系统焦距	1000 mm	1000 mm

2. 纹影系统的其他应用

图 10.53　火焰流场

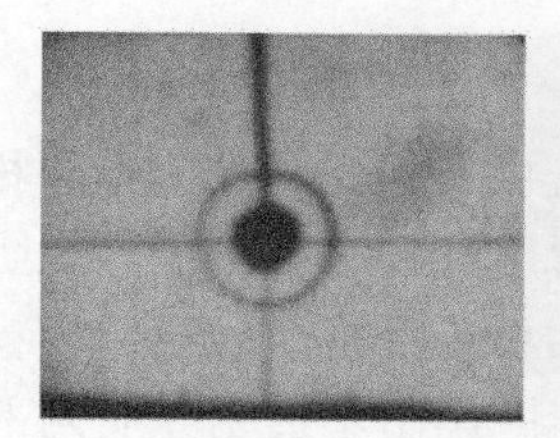
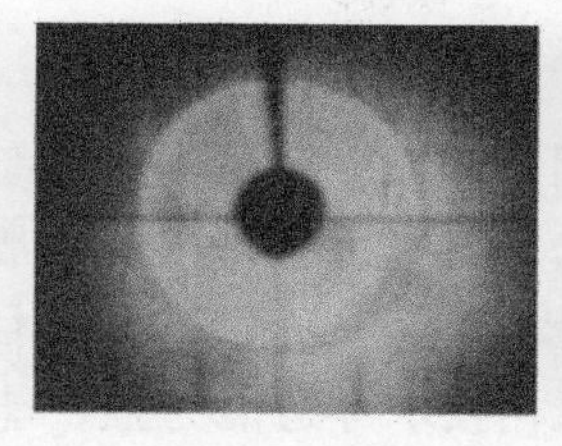
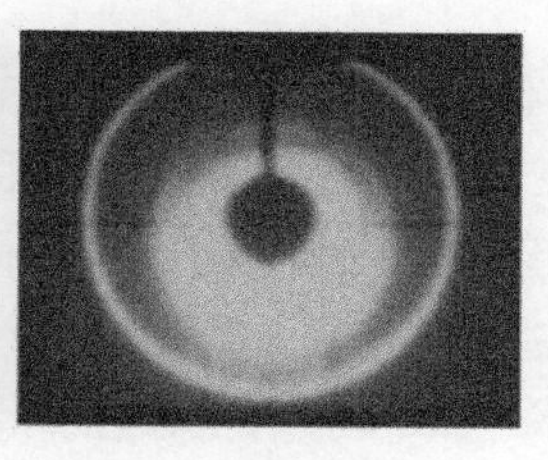

图 10.54　转镜分幅相机拍摄的炸药在水中的冲击波传播过程

图 10.55　分幅相机采用纹影技术拍摄高压下火花放电激起的空气冲击波

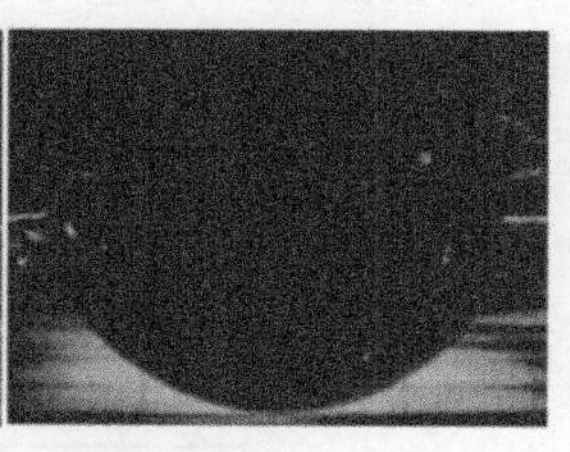

图 10.56　转镜分幅相机拍摄冲击波在有机玻璃中传播

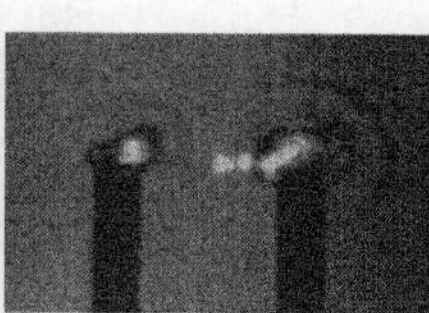
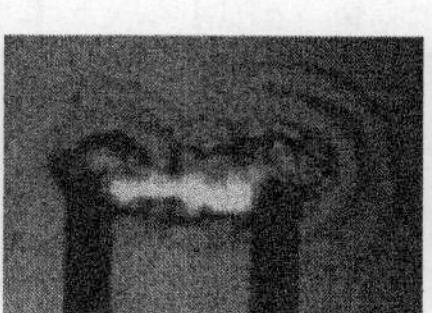
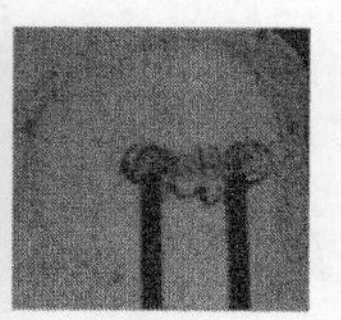
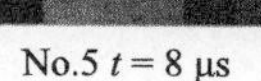

No.5 $t = 8$ μs　No.7 $t = 24$ μs　No.9 $t = 40$ μs　No.20 $t = 128$ μs

图 10.57　高速纹影系统拍摄高压下爆炸丝熔化过程显示

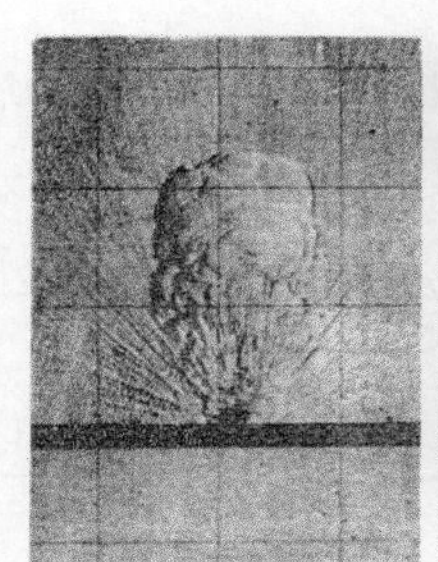
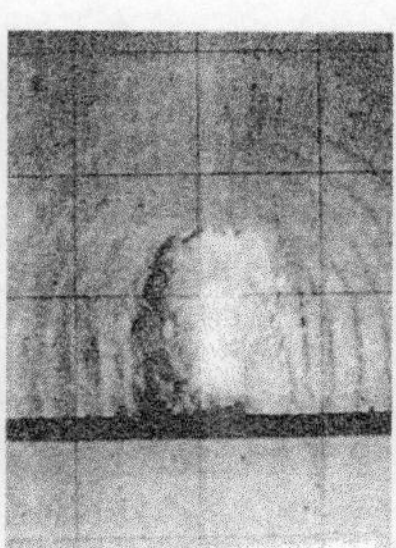
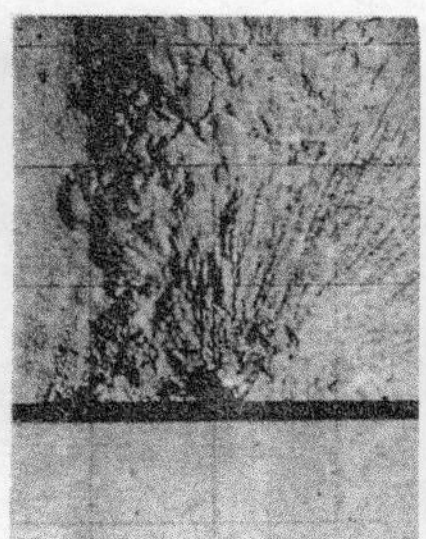
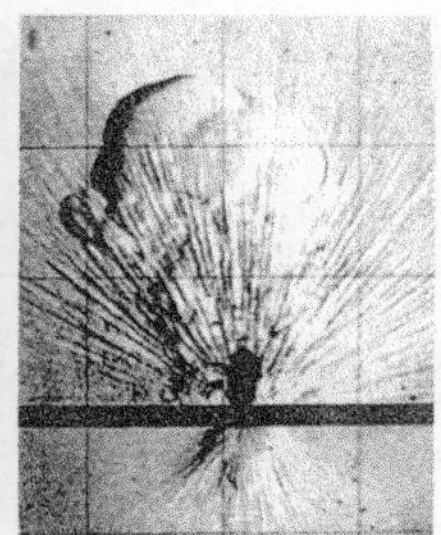

(a) 汽化与多波结构　(b) 初期喷溅　(c) 后期喷溅　(d) 穿靶

图 10.58　高速纹影系统拍摄激光辐照靶的汽化过程

3. SGTW-Ⅱ型阴影照相系统

在对高速或超高速运动目标可视化测量研究系统中，火花闪光阴影照相、脉冲 X 射线闪光阴影照相技术、高速摄影等技术是常用的方法。火花闪光阴影照相的主要缺点是光源闪光持续时间较长，造成高速目标成像拖尾较长，模糊量较大。脉冲 X 射线闪光阴影照相技术穿透能力强，能应用于不透明介质内部的各种高速现象，如被火、烟、尘、雾锁笼罩的高速现象，然而脉冲 X 射线闪光阴影照相无法研究高速被测目标所形成流场状况。高速摄影虽然摄像速度很高，但分辨率低，价格昂贵，无法满足对高速运动目标进行高分辨率单幅照相的要求。

如果利用近年来发展迅速的 CCD 成像器件技术及脉冲激光光源，可以在纳秒级的脉冲宽度时间内"冻结"高速运动目标而得到清晰的图像，SGTW-Ⅱ型阴影照相系统利用 CCD 成像器件技术及脉冲激光光源，可以产生高速阴影摄影所需的高亮度、大面积、长时间均匀照明光源，满足不同摄影频率高速相机阴影照相的需要，可用于研究获得爆轰产物、破片杀伤元飞散过程。其系统原理如图 10.59 所示。

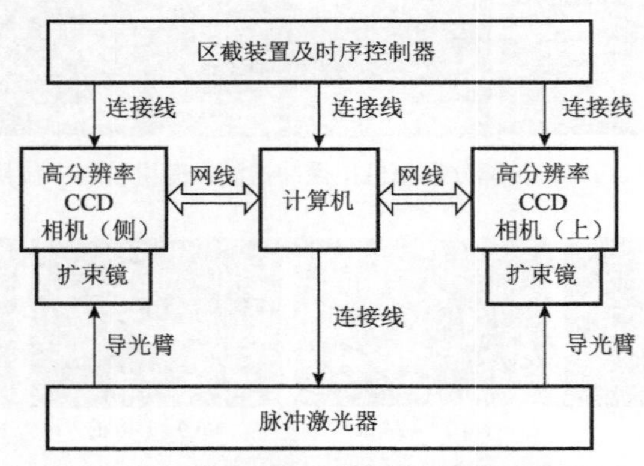

图 10.59　阴影照相系统原理框图

表 10.7 给出国产 SGTW-Ⅱ型与 NIT-CCD 型阴影系统的技术性能对比分析。

表 10.7　两种国产阴影系统的性能参数表

序号	主要技术性能	参数	
		国产 NIT-CCD 型	国产 SGTW-Ⅱ型
1	照明面积	500 mm×1000 mm	500 mm×1000 mm
2	最大照明时间	900 μs	900 μs
3	出射平行光灯罩口径	最大 500 mm	最大 500 mm

10.4　激光照明摄影技术

高速摄影在对目标进行拍摄过程中，由于拍摄速率高，曝光时间短，常常需要进行补充照明。目前常用的照明光源主要有氙灯光源、氩气弹、炸药爆炸发光等照明被测目标，虽然技术成熟且应用简单，但存在：

(1) 在单幅曝光时间内产生的图像模糊量（像移）较大，使得图像的空间分辨率远低于高速相机的空间分辨率。

(2) 由于光源的谱宽很大，使系统仍然存在一定的色像差。

(3) 无论使用氙灯、氩气弹还是炸药爆炸发光照明，使用成本都较高。

现代激光技术的发展，对提高传统高速分幅摄影的时间分辨率和空间分辨率奠定了重要基础。归纳起来，使用脉冲激光照明的高速摄影技术具有以下几个方面的优点：

(1) 利用单次序列脉冲激光作为高速摄影照明光源，与传统的准连续曝光模式相比，超短的脉冲激光对高速运动物体有“凝固”作用，可有效地减小摄影图像的动态模糊，大大提高图像的分辨率，从而可以观察到被测对象更多的物理细节。

(2) 由于激光良好的单色性，不但能够消除相机照相时的色差，而且还可以通过在光学系统中安置带通滤光片，使观测伴有强烈发光现象的超高速过程成为可能。

(3) 在强发光背景条件下也可以照相。对于存在冲击、燃烧发光等强发光背景时，用现有的照明方式照相很难获得图像。而用激光照明则可以滤除背景强光，获得很好的图像。

(4) 使用频率可变的 MHz 序列脉冲激光照明，不但可以实现每秒几十万幅至每秒百万幅、无动态模糊的高速摄影，满足实验研究的需要，而且实验成本（按激光器使用寿命 10 万次计算，照明 20 元/次）比目前使用氩气弹、炸药爆炸发光等照明方式低许多。

因此，激光照明技术在高速摄影系统中得到了广泛的应用，转镜式相机、数字高速相机等与激光照明技术结合后，借助激光的高亮度和高透过率在压缩曝光时间至微秒级的同时，具有足够的亮度满足拍摄需求。

10.4.1　激光照明摄影技术原理

1. 数字激光高速摄影系统

数字激光高速摄影系统主要由激光器、扩束镜、场镜和高速数字相机等组成，如图 10.60 所示。激光束、扩束镜、场镜的主轴和高速相机均位于同一水平线上，扩束镜位于场镜 1 的左焦点处，高速相机位于场镜 2 的右焦点处。激光器发出的激光束经扩束镜变为发散光，再经场镜 1 变成平行光束，该平行光束经场镜 2 汇聚成像在高速相机镜头中，高速相机对平行光场内的某一平面（事件发生平面）进行聚焦拍摄。场镜 1、场镜 2 为凸透镜，其镜面直径越大，产生的平行光场越大，即实验可观测的视野越大；该凸透镜的焦距宜与相机镜头焦距、光圈等参数相配合。

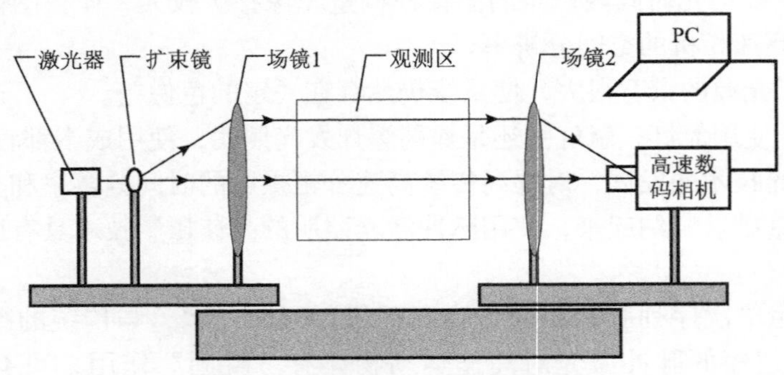

图 10.60　数字激光高速摄影系统

该系统主要用于爆炸和高速撞击过程的阴影高速摄影，解决由于爆炸和高速撞击自发光对阴影图像的干扰。

2. 序列脉冲激光照明高速分幅摄影系统

以一激光照明高速分幅摄影系统为例，其系统结构如图 10.61 所示，主要由百万幅频的序列脉冲激光器、扫描式高速分幅相机、转折光路以及辅助光路调节系统组成。该系统主要用于爆炸和高速撞击过程壳体膨胀、破片飞散等现象的观测，可排除或抑制其他发光对图像的干扰。

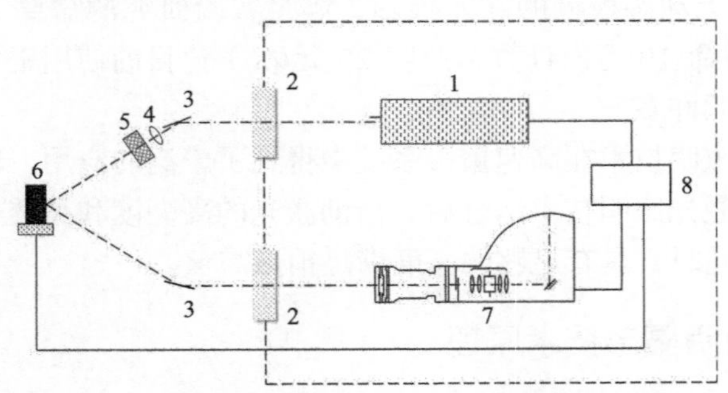

图 10.61　序列脉冲激光照明高速分幅摄影系统框图

1-单次序列 ns 脉冲激光器；2-玻璃窗口；3-反光镜；4-扩束镜；5-漫射体；6-被摄物体；7-转镜式高速扫描相机；8-精密同步控制及测速系统

10.4.2　激光照明摄影系统及应用

1. 阴影高速摄影氙灯与激光照明的对比

中国工程物理研究院流体物理研究所高速摄影技术与系统研究团队采用衍射型光束匀化器件及多模光纤传光和透镜耦合扩束方法，在抑制激光散斑与干涉条纹的同时，解决了大视场平行光束照明时，拍摄目标在相机像面上的渐晕问题，实现了 300 mm 视场激光均匀照明和清晰成像，并成功用于柱面内爆压缩、空间碎片等精密物理实验研究中。

图 10.62、图 10.63 分别为采用氙灯照明、激光照明高速阴影摄影技术获得的弹丸高速撞靶过程图像。从图 10.62 中可以看出，弹丸高速撞靶过程中伴有强烈的自发光，严重影响形貌的判读。图 10.63 采用激光照明并加窄带滤光后，有效抑制撞靶过程中强烈自发光，避免了过度曝光，获得撞击溅射场和喷射碎片云演化过程的图像更清晰，并可提取碎片云速度、颗粒大小与空间分布等重要信息。

可见，高速摄影技术与激光照明的成功结合，有效抑制了精密物理实验中高能量加载过程所产生强烈自发光对成像质量的影响，获得的物理过程边界形貌更加清晰，后续数据判读更加精确。

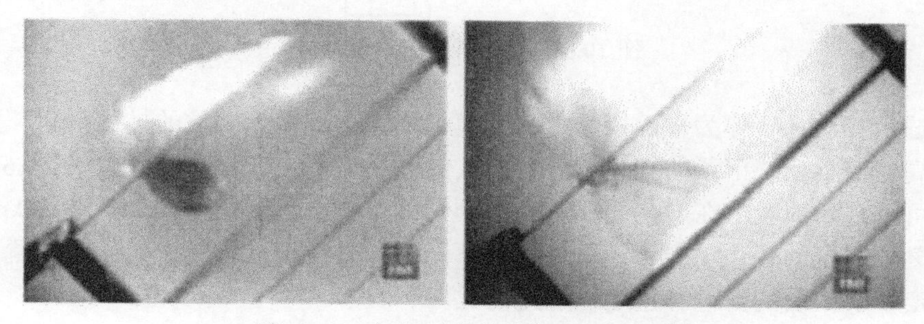

图 10.62　氙灯照明弹丸高速撞靶过程

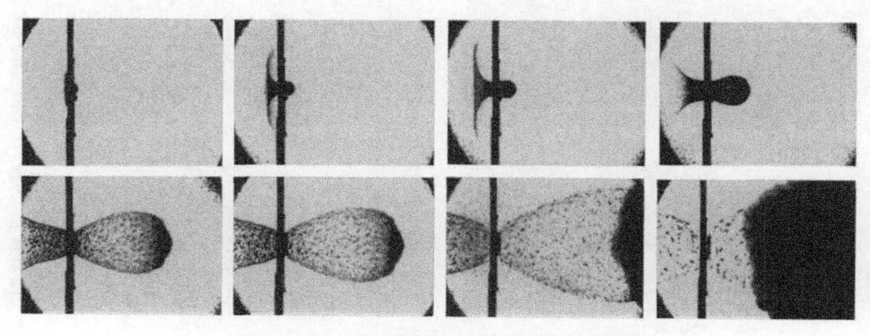

图 10.63　激光照明弹丸高速撞靶过程

2. 数字激光高速摄影技术在爆破领域的应用

基于泵浦激光器和 Fastcam-SA5 数字高速相机建立数字激光高速摄影系统，并应用于爆炸载荷下的焦散线实验、光弹性实验和纹影实验。

焦散线实验应用：根据焦散线实验原理，在数字激光高速摄影系统的基础上，将平面爆炸模型置于爆炸加载架上，将高速数字相机镜头聚焦于距离试件模型 z_0 处的参考平面上，观测裂纹尖端焦散斑的变化过程。焦散线实验系统布置如图 10.64 所示。

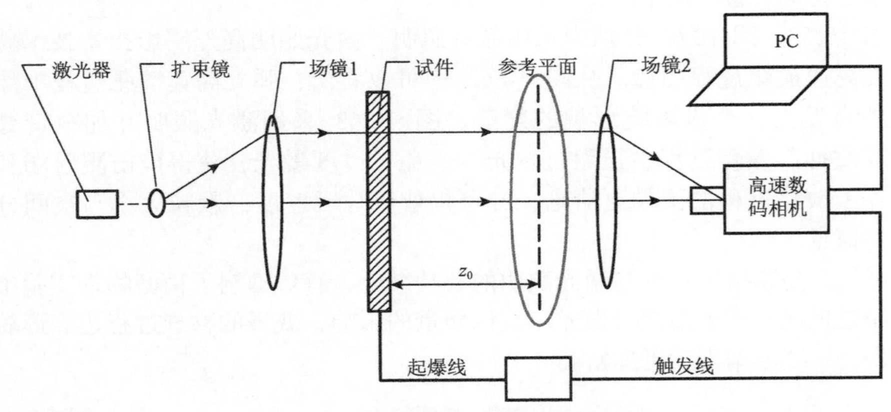

图 10.64　焦散线实验系统布置

选用 PMMA 作为平面模型材料，模拟单炮孔起爆时裂纹的扩展行为。数字激光高速摄影系统记录的 PMMA 平板试件中爆生裂纹扩展的图像如图 10.65 所示，可以清晰地看出在炮孔周围 3 条主裂纹的产生、扩展情况和爆生裂纹尖端不同时刻焦散斑的变化情况，还可以根据不同时刻裂纹尖端焦散斑所处的位置，可以确定裂纹扩展的位移、速度和加速情况。

图 10.65　典型的炮孔破裂焦散线实验图像

动光弹实验应用：根据光弹性实验原理，要捕捉到动态光弹条纹图，需在数字激光高速摄影系统的平行光场中增加起偏镜、1/4 波片和检偏镜等光学元件。实验光路布置如图 10.66 所示，其中，相机的聚焦平面为透明试件的表面（朝向相机一侧）。

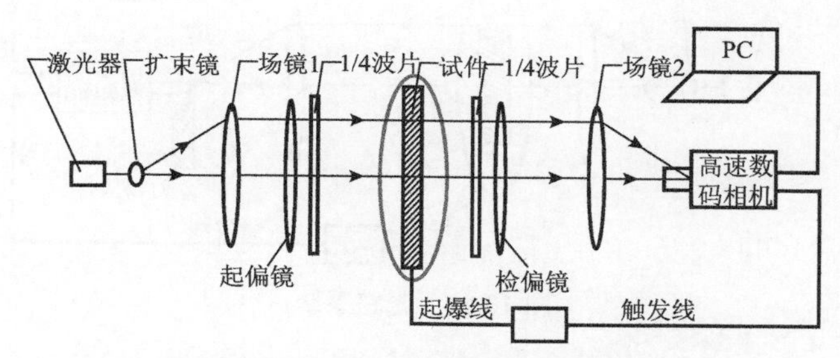

图 10.66　动光弹实验系统布置

选用环氧树脂板作为实验材料，研究爆炸应力波在介质中传播的情况。数字激光高速摄影实验系统记录的爆炸载荷下模型试件上等差条纹的变化情况如图 10.67 所示。通过判读试件上某点的应力条纹级数，即可得到该点在不同时刻的主应力差值，进而得到观测全场域范围内爆炸应力场的时空分布规律。

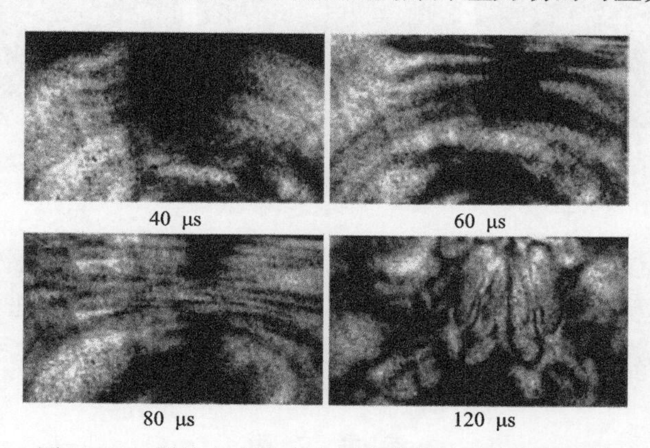

图 10.67　爆炸应力波在介质中传播的动光弹性图像

纹影实验应用：根据纹影实验原理，在数字激光高速摄影实验系统中增设一个刀口尺，刀口尺置于场镜 2 的焦点上，将数字高速相机镜头置于靠近刀口处，此时高速相机的聚焦平面为实验测试段内的某一平面，如图 10.68 所示。

为研究切缝管的爆炸冲击波效应，实验中选用的切缝管为直径 10 mm 的钢管，长 100 mm，管壁厚 1 mm。数字激光高速摄影实验系统记录的切缝药包起爆产生的冲击波在空气中的传播情况如图 10.69 所示。根据高速纹影拍摄到的切缝药包爆轰波动的照片，可以获取切缝药包各个方向爆炸波阵面速度随时间的变化情况。

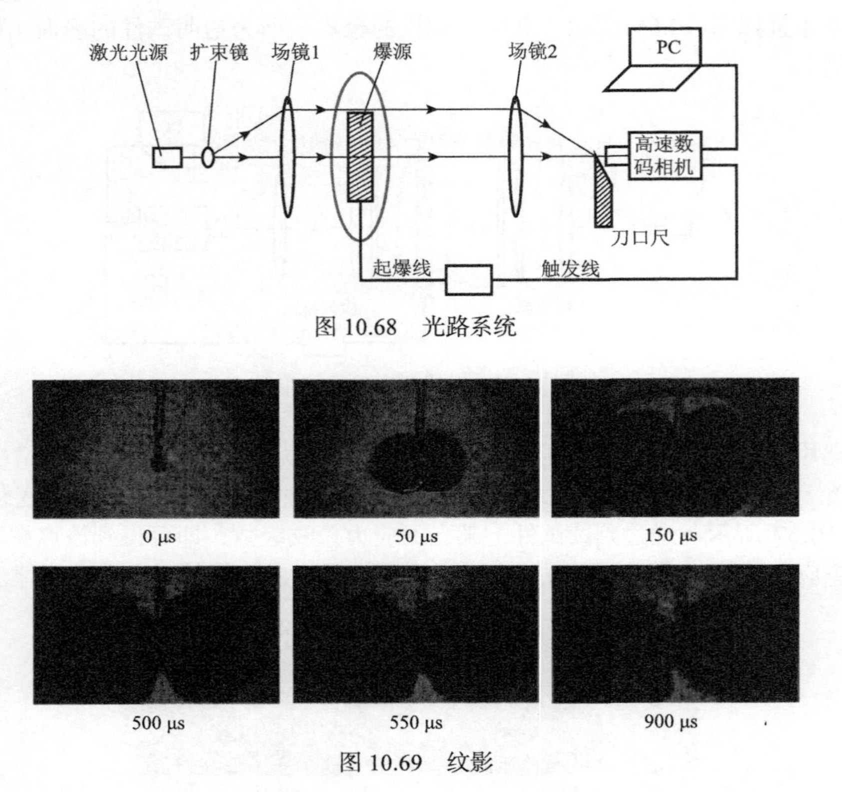

图 10.68　光路系统

图 10.69　纹影

结果显示，该数字激光高速摄影系统真实记录了爆生裂纹扩展情景、裂纹尖端焦散斑、光弹模型试件表面等差线条纹，以及切缝药包产生的冲击波在空气中的传播过程；清晰的数字照片验证了该数字激光高速摄影系统的可行性和先进性。

参 考 文 献

卞保民, 侯枫, 陈建平, 等. 2001. 激光等离子体空气冲击波前参量的测定及研究[J]. 中国激光, 28(2):155-157.

畅里华, 汪伟, 尚长水, 等. 2012. 超高速转镜式扫描相机的时间分辨率测量[J]. 光学与光电技术, 10(2):32-36.

畅里华, 王旭, 温伟峰, 等. 2018. 高速摄影激光照明技术取得新进展[J]. 强激光与粒子束, 30(4):7-9.

段卓平, 温丽晶, 申健, 等. 2011. 聚能装药用多点环形起爆器的设计[J]. 兵工学报, 32(1):101-105.

赖鸣, 兰山, 黄广炎, 等. 2012. 数字式高速摄像测试技术及其应用[J]. 实验技术与管理,

29(6):51-54.
李泽仁. 数字式同时分幅扫描相机研究进展. 私人通讯.
孙占峰, 李庆忠, 孙学林, 等. 2008. 标准圆筒试验技术与数据处理方法研究[J]. 高压物理学报,22(2):160-166.
唐孝容, 高宁, 郝建中, 等. 2010. 高速摄影技术在常规战斗部实验中的应用[J]. 弹箭与制导学报, 30(3):105-106.
汪斌, 张远平, 王彦平. 2009. 一种水中爆炸气泡脉动实验研究方法[J]. 高压物理学报, 23(5):332-337.
汪伟, 李作友, 李欣竹, 等. 2008. 用超高速阴影摄影技术研究微喷射现象[J]. 应用光学, (4):526-529.
王敏, 谢爱民, 黄训铭. 2020. 直接纹影成像技术初步研究[J]. 兵器装备工程学报, 41(10):244-248.
王文悦, 董睿歌, 杨文龙. 2018. 透射式纹影摄影成像灵敏度分析[J].激光与光电子学进展, 55(11):239-244.
吴慧兰, 胥佳, 曾朝元, 等. 2019. 纹影系统的灵敏度的实验设计与分析[J]. 物理实验, 39(1):43-48.
杨立云, 许鹏, 高祥涛, 等. 2014. 数字激光高速摄影系统及其在爆炸光测力学实验中的应用[J]. 科技导报, 32(32):17-21.
张涛, 谷岩, 赵继波, 等. 2016. 新型高能钝感炸药 JBO-9X 在较高冲击压力下冲击起爆过程的实验研究[J]. 火炸药学报, 39(1):28-33.
赵继波, 谭多望, 李金河, 等. 2008. TNT 药柱水中爆炸近场压力轴向衰减规律[J]. 爆炸与冲击, 28(6):539-543.

第11章　高速录像测试技术

高速录像机通常也称之为高速摄像机，为区别高速数字分幅相机组成的系统，这里由高速录像机为主要设备的测试系统，称为高速录像系统，其测试技术，称为高速录像测试技术。目前，高速录像系统由于体积小、携带方便，采用磁介质（硬盘）、存储空间巨大，记录时间长，拍摄图像像素大、图像幅数多，适应野外环境拍摄，系统控制简便等优点，广泛应用于各类爆炸、高速撞击、侵彻过程的观测，配合专门的高速运动分析软件，可获得许多直观和规律性的数据。

本章主要介绍高速录像典型设备、系统组成、典型测试原理以及靶场应用实例。包括典型的高速录像机、高速运动分析系统、弹道跟踪系统和瞬态温度场光学测试系统等。

11.1　高速录像机主要型号与参数

数字式高速摄影机是一种全新的高速瞬发过程的测试记录手段，数字高速摄像机具有以下方面的优点：

(1) 使用简单，记录介质可反复使用，具有较高的性价比。图像处理不需要冲洗胶片，缩短实验时间。摄像机体积小、质量轻，便于携带和灵活布设，使测试变得方便和简捷。

(2) 没有复杂精密的光补偿及机械传动机构，属于常压小电流驱动方式。因而启动快，记录完善，测试成功率高。

(3) 同步性好。易于实现相机与拍摄对象、相机与相机间的同步。多个摄像机可以从不同的角度记录事件的发生过程，摄像机可同时触发，或按一定的时序进行触发。

(4) 即时重放。对试验过程可立即重放，使工程人员知道是否需要下一个试验，这样可以加快在整个过程中发现问题，并进行改正。

数字高速录像系统原理与前面数字高速相机相似，这里不再介绍。这里主要介绍典型的数字高速摄像机（高速录像机）及其参数。

11.1.1　日本 NAC 公司的系列高速摄像机

日本 NAC 公司（NAC Image Technology Inc.）主要提供超高感光度、百万像素极高拍摄速度的高速摄像机以及可独立工作的高速摄像系统。其生产的 ACS 系列、HX 系列高速摄像机是专门用于研发、军工、航空航天的高速摄像机。其实物图像、技术参数如图 11.1 及表 11.1 所示。

MEMRECAM　ACS-1型

MEMRECAM　ACS-3型

MEMRECAM　HX-7s型

MEMRECAM　HX-5/3型

图 11.1　ACS 系列、HX 系列高速摄像机

表 11.1　ACS 系列、HX 系列高速摄像机性能参数

系列名称	ACS 系列 MEMRECAM ACS-1	ACS 系列 MEMRECAM ACS-3	HX 系列 MEMRECAM HX-7s	HX 系列 MEMRECAM HX-5/3
分辨率和帧速	1280×896 像素 @35000 fps	1280×896 像素 @14000 fps	2560×1920 像素 @850 fps	2560×1920 像素 @1370/2000 fps
最高帧速	22 万 fps	22 万 fps	20 万 fps	20 万 fps
最短曝光时间	1/1 666 666 s	1/1 666 666 s	1.1 μs	1.1 μs
灵敏度	ISO 50000 MONO	ISO 50000 MONO	ISO 10000 MONO，2000 Color	ISO 10000 MONO，2000 Color
存储容量	64/128/256 GB	16/32/64 GB	16/32 GB	16/32/64 GB

11.1.2　Photron 公司的系列高速摄像机

Photron 公司是世界著名的超高速 CMOS 相机生产商之一，其产品以超高速、超高灵敏度著称，旗下有 NOVA、SA 等系列产品。

FASTCAM NOVA 是一款兼顾超高速摄像性能和小而轻巧外观的高速相机（高速摄像机），它拥有 120(*W*)×120(*H*)×217.2(*D*)mm 的小巧外观，仅重 3.3 kg，百万像素下最高帧速可达 16000 帧/s，此外还实现了 ISO 64000 黑白和 ISO 16000 彩色的超高灵敏度，可以适用于拍摄燃烧、切削、溶解等各种场合。其实物图像、技术参数如图 11.2 及表 11.2 所示

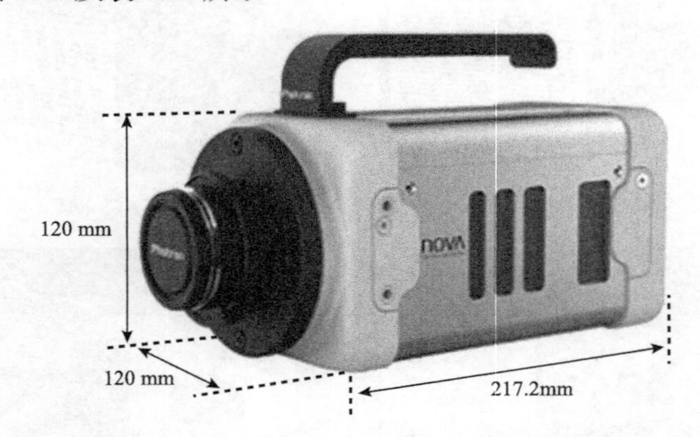

图 11.2　FASTCAM NOVA 型高速摄像机

表 11.2　FASTCAM NOVA 型高速摄像机性能参数

规格型号	NOVA S16	NOVA S12	NOVA S9	NOVA S6
分辨率和帧速	1024×1024 像素 @16000 fps	1024×1024 像素 @12800 fps	1024×1024 像素 @9000 fps	1024×1024 像素 @6400 fps
最高帧速	220 000 fps	200 000 fps	200 000 fps	200 000 fps
最短曝光时间	1.05 μs	1.05 μs	1.05 μs	1.05 μs
像元大小	20 μm	20 μm	20 μm	20 μm
灵敏度	ISO 64 000 黑白和 ISO 16 000 彩色			
触发方式	Start, end, center, manual, random, random reset			
存储容量	8/16/32/64 GB			

FASTCAM SA 系列具有高速度、高性能的特点，其拍摄帧速、分辨率、灵敏度都具有先进水准。其实物图像、技术参数如图 11.3 及表 11.3 所示。

图 11.3　FASTCAM SA 型高速摄像机

表 11.3　FASTCAM SA 型高速摄像机性能参数

规格型号	SA-Z	SA-X2
分辨率和帧速	1024×1024 像素@20000 fps	1024×1024 像素@12500 fps
最高帧速	224 000 fps	216 000 fps
最短曝光时间	1 μs	1 μs
像元大小	20 μm	20 μm
灵敏度	ISO 50 000 黑白 ISO 20 000 彩色	ISO 25 000 黑白 ISO 10 000 彩色
触发方式	Start, end, center, manual, random, random reset, random center, random manual, random loop, record on command	
存储容量	8/16/32/64/128 GB	

11.2　高速运动分析系统

11.2.1　高速运动分析系统原理

高速运动分析系统是软件系统，主要用于完成对摄像机得到的图像中高速运动目标的运动分析或结构分析，在军事武器的研制过程中得到广泛应用，如监控武器目标诸如导弹、炮弹等的飞行过程并给出目标运动分析结果。目前，国际上在高速运动分析领域已经有不少成熟的软件，如 MotionPlus、PowerPlay、ImagePro 等都是该领域的主流软件。这些软件可以用来对图像进行编辑、回放，检测并跟踪图像中的运动目标，计算出目标的各种参数，得到各种参数的表格和标图。

高速运动分析系统一般包括图像预处理模块、目标检测与识别模块、参数提取与输出模块。图像在获取、传输过程中，由于多种因素的影响，图像可能会携带各种噪声，不利于图像中信息的提取，因此对图像进行必要的预处理是非常必要的。图像预处理即图像增强方法分为空间域增强法和频率域增强法两种，前者直接对每一像元的灰度值进行处理，后者在频域对图像进行处理后再将其变换到空间域。由于图像背景存在移动和静止两种情况，目标检测与识别分为静态背景模式和动态背景模式。静态背景模式下，运动目标检测的原理分为图像差分法、匹配法、光流法等；动态背景模式下的目标检测，采用映射变换法将其转换为静态背景下的目标检测问题，还可应用电子稳像技术求取图像运动矢量。经过图像预处理和目标检测与识别，运动目标的各种参数如位置、速度、加速度、角度等即可方便地计算出来。常见系统设计结构框图如图 11.4 所示。

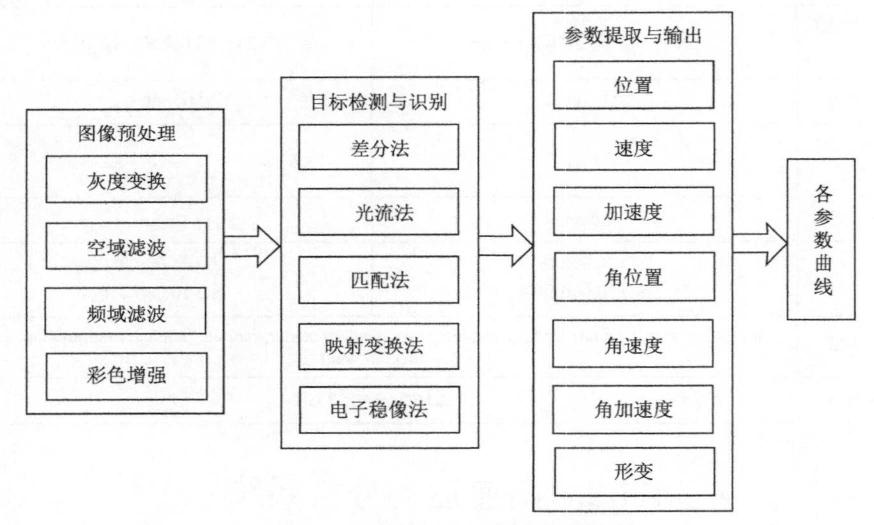

图 11.4 高速运动分析系统结构框图

11.2.2 弹体（物体）着靶（撞击）速度测量

1. 侵彻弹体着靶速度测量

以 152 mm 口径一级轻气炮为实验平台，进行弹体侵彻混凝土靶实验。通过放置在混凝土靶前的高速摄像系统，可以观测侵彻过程，获得弹体着靶速度。

测试使用的设备主要包括轻气炮、高速摄像机、混凝土靶板、高强度弹丸、高 g 值加速度传感器等，混凝土靶板直径和厚度分别为 120 cm。图 11.5 为高速运动分析系统布置照片。

图 11.5　高速运动分析系统现场布置

采用高速摄影机（型号：Photron Ultima APX-RS）对弹体撞击到靶板上并侵入靶板动态过程进行了拍摄，并使用高速运动分析系统测量弹体着靶前的速度。高速摄像机的速度为 10000 帧/s。实际测量后的弹体着靶前的速度为 317 m/s。高速摄像机拍摄的侵彻过程中三帧图片如图 11.6 所示。

图 11.6　高速摄像机拍摄的侵彻图片

2. 汽车撞击试验

利用高速运动分析系统，观测小汽车撞击破坏过程，如图 11.7 所示，分析小汽车撞击速度、撞击过程减速和破坏状态演化，进行图像关键点的追踪和计算，可以得到汽车撞击过程的速度-时间、加速度-时间变化曲线、局部破坏变形演化等参量，为汽车抗撞设计提供依据。

图 11.7　汽车撞击试验高速录像

3. 破甲弹着靶起爆过程

通过对破甲弹着靶起爆过程进行高速录像，如图 11.8 所示，利用高速运动分析系统软件，可以得到着靶速度、着靶时间、破甲弹起爆延迟时间等数据，为破甲弹延时作用时间检验、碰撞开关时间与靶特性的关系研究提供技术手段。

图 11.8　破甲弹作用过程

11.3 弹道跟踪系统

11.3.1 弹道跟踪系统原理

弹道同步跟踪测量是对弹丸的飞行姿态、飞行速度和飞行加速度等测量的重要手段。实际应用中由于单个摄像机视场范围受限，而对多个摄像机所拍摄图像进行分析时涉及很多较为复杂的图像处理技术，国外提出了弹道跟踪测试技术，美国和英国推出了相应的弹道跟踪摄像机。弹道跟踪系统采用一面可以旋转的平面镜来跟踪弹丸运动，高速相机固定不动且对准平面反射转镜，通过计算机控制系统对转镜的转动角度、角速度以及角加速度的控制来有效地补偿弹丸的运动，将运动弹丸反射到高速相机中，拍摄一组序列图像，从而实现对高速弹丸的同步跟踪。

基于高速摄像的弹道跟踪系统包括天幕靶测速系统、同步控制系统、伺服驱动系统、跟踪转镜和高速数字摄像机等。弹丸出炮口后，首先经过触发器，它由天幕靶测速分系统组成，天幕靶测速分系统获得弹丸速度并传送给控制器，根据弹丸的速度与系统元器件的摆放距离选出与测试值相匹配的驱动转镜扫描速率曲线，并且计算出一个延迟启动驱动转镜分系统的时间，以此时间启动高速数字摄像机，驱动器按照选定的扫描速率曲线驱动电机，带动反射转镜同步跟踪外弹道上飞行的弹丸。根据弹道跟踪系统自带的分析软件并结合图像标定结果进行图像处理以得到测试结果。

弹道跟踪系统的工作原理图如图 11.10 所示。当弹丸经过天幕靶到达 A 点时，控制系统开始控制转镜转动，转镜视场变化$\angle AOB$，此时弹丸到达 B 点，转镜满足跟踪弹丸所需要求，弹道 BC 段为弹丸的有效跟踪范围，转镜视场变化$\angle BOC$。

该过程中，控制系统选出一条合适的扫描速率曲线来控制转镜转动的各个参数，使飞行弹丸能清晰成像到高速 CCD 相机上，当弹丸到达 C 点后，转镜开始减速，$\angle COD$ 作为缓冲角，用来减缓转镜的转动角速度，使其达到静止。

图 11.9 跟踪转镜

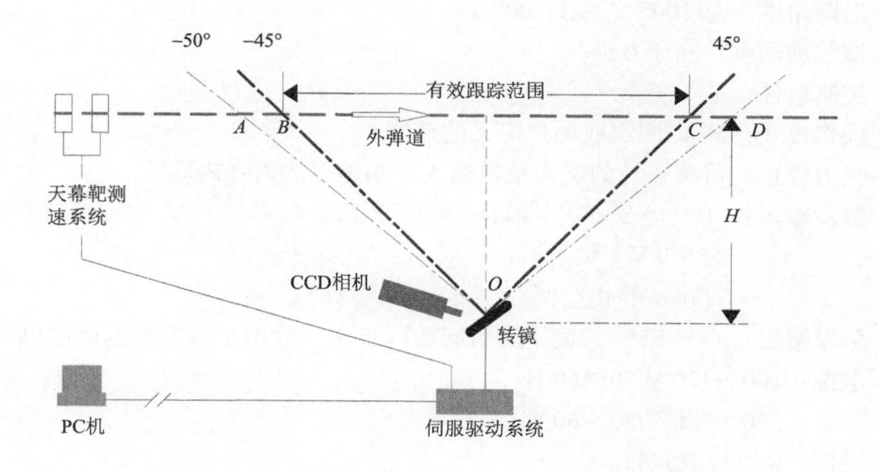

图 11.10 弹道跟踪系统的工作原理图

11.3.2 典型弹道跟踪系统技术特点

MS 公司 Flight Follower 追踪系统是迎合现代军事设计者要求的典型产品，由计算机控制触发，当射弹飞行经过 Flight Follower 的位置时，程序控制镜子在正确的速度旋转角度，使摄像机跟踪拍摄射弹。依据各实验的情况，可选择系统的多种操作模式。Flight Follower 可以追踪所有中型和大型口径的射弹，也包括其他一些物体，如火箭、火箭助推器和滑轨追踪测试等。

1）Flight Follower 追踪系统主要技术特性

- 高于 0.5°的准确度，90°反射。
- 不同的操作模式。
  - 固定速度；
  - 测量速度；
  - 用户定义速度（用于火箭/火箭助推器/滑轨追踪等）。
- 内置阻力校正/速度校正和触发延迟。
- 专业 Windows 远程控制软件。
- 可配合各种高速影像系统。
- 可选的快速角度校正，用于发射中心和沿着试验航向的靶场。

2）Flight Follower 追踪系统主要参数

镜子

尺寸：55 mm(H)×84 mm(W)×3 mm(D)镀银表面。

反射角度：4°～40°（反射角度=射弹速度/间隔距离）。

追踪角度：总 100° ，追踪 90°。

追踪准确度：高于 0.5°。

控制组件

操作模式：测量/固定或用户定义的速度。

阻力校正：可将预计的曳力系数输入已知延迟的射弹内。

触发输入：–0～+5 V（正）沿；
+5～0 V（负）沿；
直接从静止空网。

触发输出：+5V TTL 与镜子反射起始同步（一般用于触发高速摄像机）。

电源：100～120 V/50～60 Hz；
220～240 V/50～60 Hz。

通信：RS232/RS485。

11.3.3 典型应用

1. 线膛炮发射的弹丸飞行过程

采用基于高速数字摄像机的弹道跟踪系统拍摄火炮发射高速弹体，得到弹体飞行姿态。弹道跟踪架布置在火炮侧前方，高速数字摄像机镜头中心与弹道高处于同一水平面内，火炮平角射击，弹道跟踪系统记录弹丸高速飞行图像。图 11.11 是线膛炮发射的弹丸飞行过程典型图像，由于采用了弹道跟踪系统，图像视场随弹体一起运动，因此弹体图像相对清晰，背景图像相对模糊。从图像中弹身上的数字变化可以看出，在飞行过程中弹体除水平飞行外，还围绕自身弹轴进行连续旋转运动。正是应为弹体存在旋转运动，弹体飞行姿态稳定，这就是所谓的旋转稳定性。此外，从弹头部存在的脱体空气激波可以判断，弹体飞行速度是超音速的。

图 11.11　弹丸飞行过程的旋转

2. 滑膛炮发射的弹丸飞行过程

图 11.12 是滑膛火炮发射的弹丸飞行过程姿态变化图像。弹体发射后水平飞行一段距离后发生低头现象，随着飞行的继续，低头速度越来越快，这是因为除了重力作用外，偏转后的弹体速度方向与弹轴存在夹角，流场上下不对称，形成的偏转力矩。同时，从图像中可以清晰地观察到脱体空气冲击波的存在。

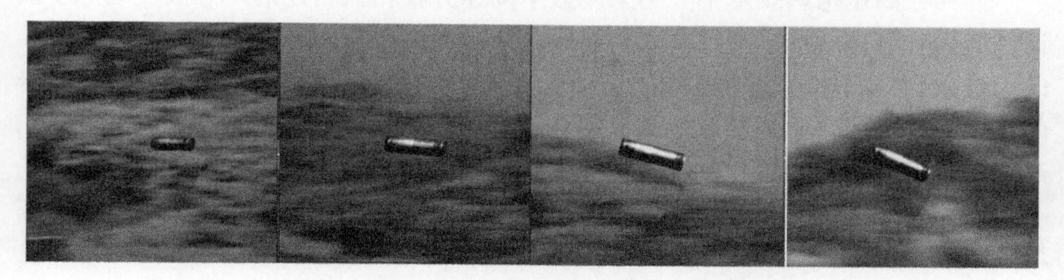

图 11.12　平头弹在飞行过程中的姿态变化

3. 火箭橇驱动导弹飞行过程

图 11.13 是火箭橇驱动导弹飞行全过程的典型时刻图像，包括火箭橇驱动，弹、橇分离，橇车回收，弹体飞行等。

图 11.13　导弹飞行全过程的典型时刻图像

11.4　瞬态温度场光学测试系统

瞬态温度场光学测试系统是近年发展的高速温度场演化过程测量新型手段，主要用于爆轰产物温度场测量，获得温压、云爆弹爆炸火球温度场分布和演化规律，对揭示温压、云爆武器毁伤机制，客观评估其爆炸毁伤威力具有重要的理论和现实意义。

11.4.1　瞬态温度场光学测试录像系统

前面在高速摄影技术中介绍采用数字高速分幅相机构建的瞬态温度场光学测试系统，它的优点是拍摄频率高，但最多只有 8 幅图像，对于一些延续时间较长的如爆轰产物温度、温压爆轰、云雾爆轰等动态过程就显得记录时间不长、记录的数据量不够多。而高速录像系统正好适应这类物理过程的拍摄，因此发展了以高速录像机为主体的瞬态温度场光学测试录像系统。

瞬态温度场光学测试录像系统组成如图 11.14 所示，主要由高速成像系统、成像光学辅助系统和温度场图像分析处理系统组成。成像光学辅助系统包括相机镜头以及中性密度滤光片，温度场图像处理分析系统包含温度场图像处理分析软件及计算机。

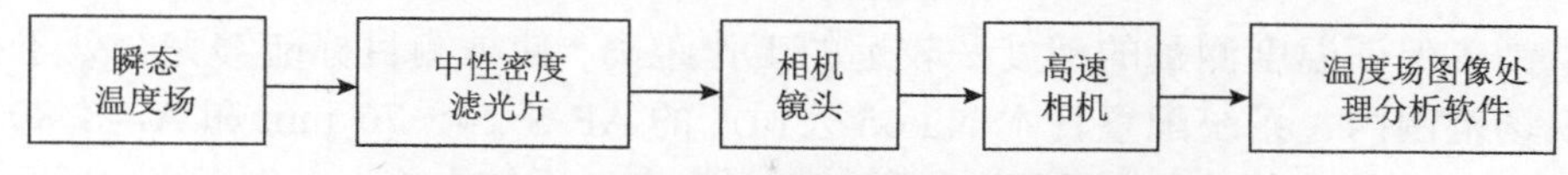

图 11.14　瞬态温度场测试系统总体构成框图

系统触发开始工作后，成像系统将经过镜头捕捉、滤光片衰减之后的温度场光强信号聚焦在图像传感器光敏单元上，之后高速相机将完成光电转换过程，输出包含温度源亮度信息的红、绿、蓝三基色信号，并将其转化为数字图像，通过千兆以太网传输到计算机端，最后将获取到的爆炸温度场视频或图像数据导入温度场图像处理分析软件中，利用经标定建立的温度转换模型及图像预处理算法，分析计算有效温度场内每个像素点所表征的温度，进而得到温度场整体且直观的温度分布情况并统计分析相关的特征参量。

图 11.15　日本 NAC ACS-1 M60 型高速相机及软件界面

针对高时间分辨率的测量要求，系统选择日本 NAC 公司生产的 ACS-1 M60 型高速相机，该相机最高分辨率达百万像素级、最高拍摄速率为 65×10^4 帧/s、最小曝光时间可达 1 μs。构成的瞬态温度场光学测试录像系统参数指标如下。

系统主要技术指标：

(1)温度测量范围：1500～5000 K；

(2)黑体温度测量误差：≤3%；

(3)温度场点最大阵数： 1280×896；

(4)满分辨率最高帧频：40000 帧/s；

(5)最高帧频：650000 帧/s；

(6)高速缓存 DRAM：288 GB，1280×896@40000 帧/s 时记录时间≥5 s；

(7)最小曝光时间：不大于 1 μs；

(8)软件功能：具备相机控制功能，包括分辨率设置、曝光时间设置、帧频设置、触发点设置、触发设置、黑平衡设置和图像记录等基本功能，具备系统标定和温度场计算功能。

为了保证温度测量的精度及较远的工作距离，使被测目标能够完全处于拍摄视场范围内，系统配置日本 Nikon 公司产的 AF-S 24～70 mm 和 AF-S 80～400 mm 两种变焦镜头，焦距区间达到 24～400 mm，系统在 1 m 工作距离的近距测量时拥有 1.28 m 的视场宽度；在 100 m 工作距离的远距测量时拥有 5.57 mm/像素的系统分辨率；同时在保证系统分辨率的前提下，系统的最远工作距离可达到 180 m。

为了抑制图像传感器在强光辐射亮度下的过曝光现象，选用德国 Abbe 公司产的 C-ND 77 mm 和 ND16-1500 95 mm 两款透过率从 1%～100%多档可调节的中性密度滤光片，以提升系统的温度测量上限。

11.4.2　瞬态温度场光学测试系统标定

1. 标定设备与流程

选用美国 Mikron 公司产 M390C-2 型超高温黑体炉作为标准辐射热源对系统进行标定，标定温度不低于 2900℃。系统标定流程如图 11.16 所示。黑体炉发热腔如图 11.17 所示。

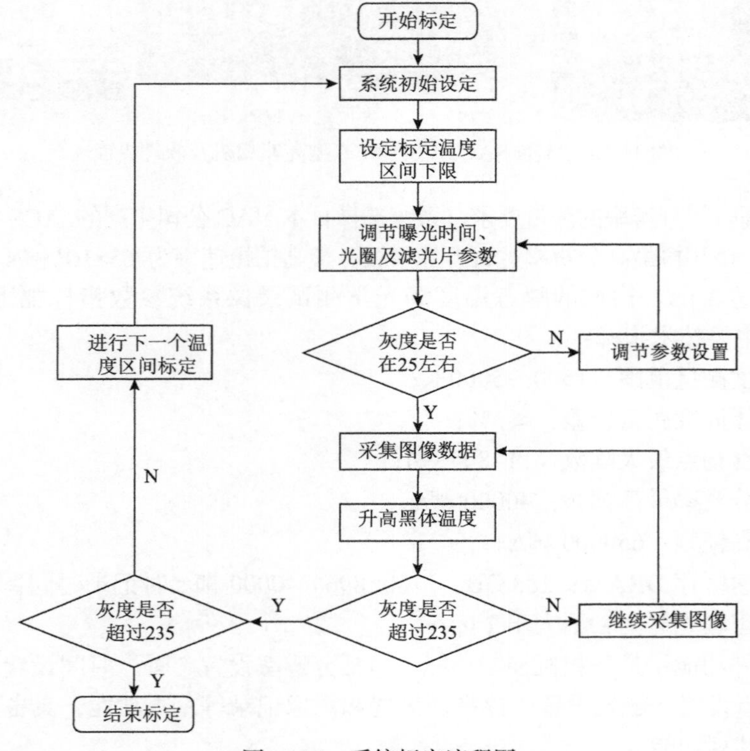

图 11.16　系统标定流程图

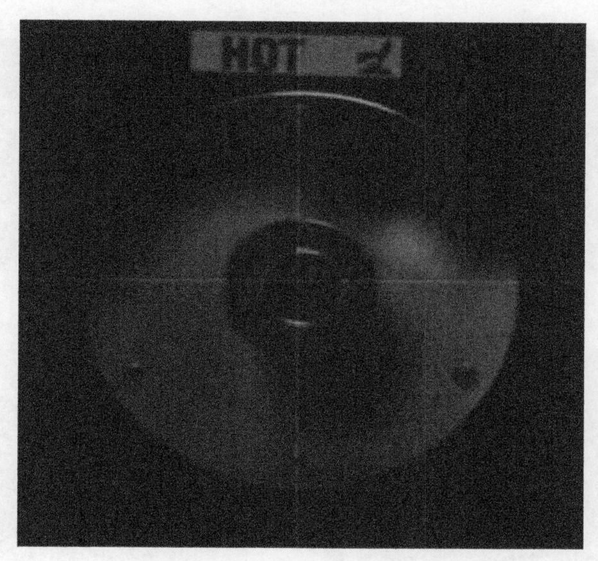

图 11.17　黑体炉发热腔图像

2. 功能测试

利用待检系统对黑体炉成像，获取其光谱图像；利用瞬态温度场光学测量系统对酒精火焰温度场进行测量，获得其多个时刻的温度分布。图 11.18 给出了利用数字高速相机和配套测温镜头获得的高温黑体炉在 1200℃时的光谱图像。图 11.19 为测得的酒精火焰在 4 个时刻的温度分布情况。结果表明，瞬态温度场光学测量系统的功能符合合同要求。

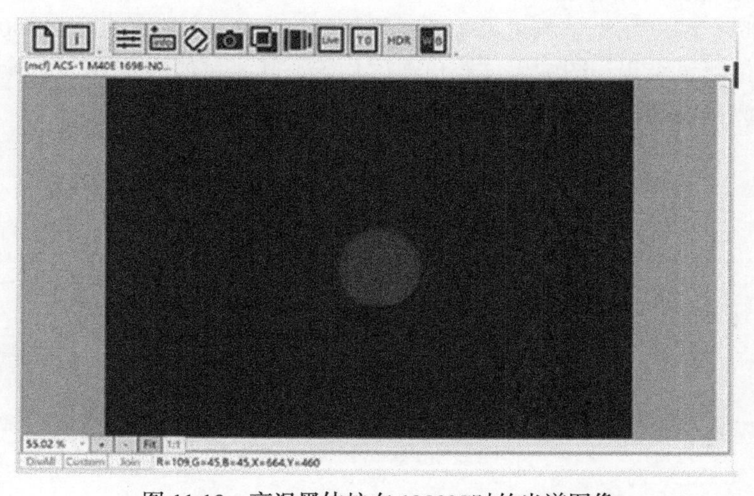

图 11.18　高温黑体炉在 1200℃时的光谱图像

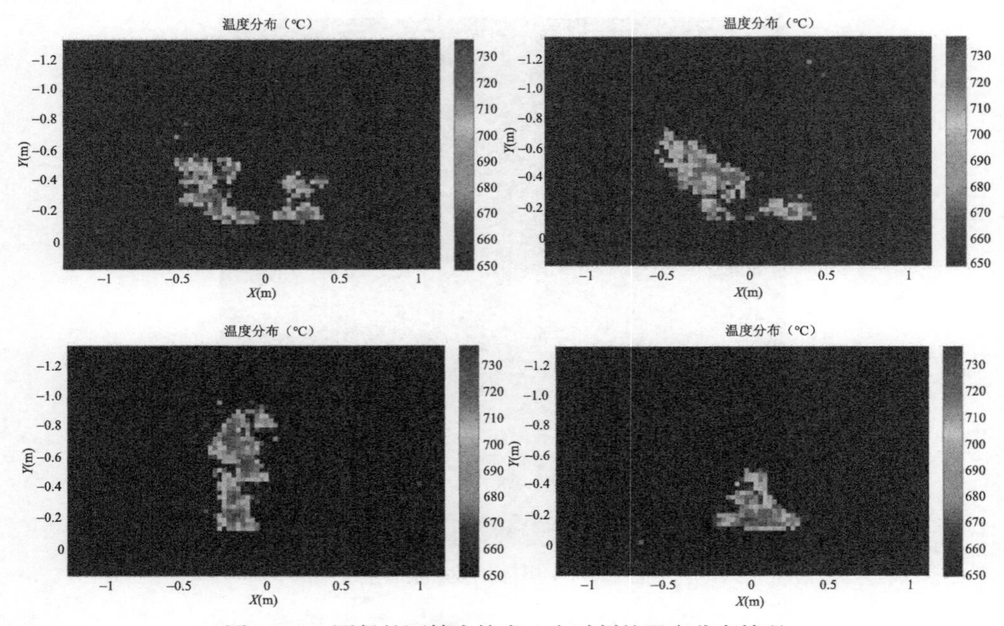

图 11.19　测得的酒精火焰在 4 个时刻的温度分布情况

3. 温度测量范围和黑体温度测量误差测试

利用高温黑体炉（温度范围 1000～3000℃）测试瞬态温度场光学测量系统对 1500～3200 K 温度范围的测量能力，利用黑体炉温度的检定值作为标准计算系统对黑体温度的测量误差；利用高压脉冲电火花作为目标光源测试系统对 3000～5000 K 温度范围的测量能力。

利用瞬态温度场光学测量系统测量黑体温度，图 11.20 给出了 1400℃黑体腔口温度图像测量结果，图中黑体腔口温度均匀，其测量值为 1367℃。全部的黑体中心温度测量结果和温度测量误差列于表 11.4 中。

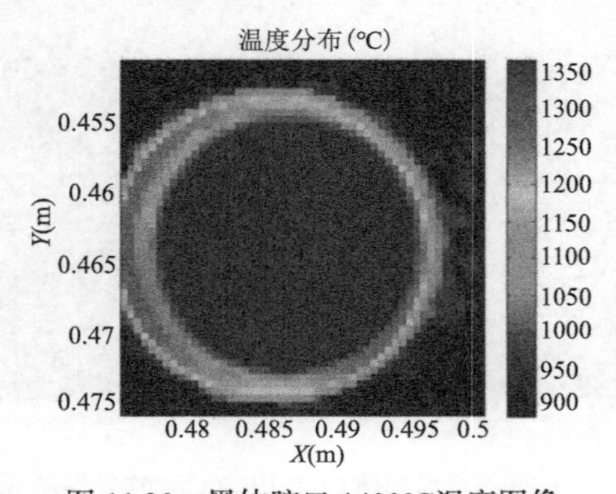

图 11.20　黑体腔口 1400℃温度图像

表 11.4　黑体中心温度测量结果及测量误差

黑体温度(K)	1273	1373	1473	1573	1673
测量值(K)	1286	1381	1466	1585	1640
测量误差(%)	1.0	0.6	0.5	0.8	2.0
黑体温度(K)	1773	1873	1973	2073	2173
测量值(K)	1751	1895	1999	2103	2143
测量误差(%)	1.2	1.2	1.3	1.4	1.4
黑体温度(K)	2273	2373	2473	2573	2673
测量值(K)	2298	2361	2478	2602	2704
测量误差(%)	1.1	0.5	0.02	1.1	1.2
黑体温度(K)	2773	2873	2973	3073	3163
测量值(K)	2752	2907	3006	3118	3186
测量误差(%)	0.8	1.2	1.1	1.5	0.7

由表 11.4 可知，测温系统可以正常测量 1273～3163 K 温度范围内黑体的温度，且在所测温度范围内，测温系统对黑体的测量误差最大为 1.5%，满足合同≤3%的要求。

利用瞬态温度场光学测量系统测量 16 kV 高压脉冲放电电火花的温度场分布图，温度场最高值为 5056 ℃（5329 K），说明本套测温系统的测温上限超过了 5000 K。

11.4.3　炸药爆炸瞬态温度场测试

1. 测试系统

利用瞬态温度场光学测量系统测量炸药爆炸火球温度场。试验系统由瞬态温度场光学测量系统、爆轰装置、起爆系统、同步系统构成。其中瞬态温度场光学测量系统由测温镜头、数字高速相机、控制系统（计算机）、光电转换器和铠装光纤组成。爆轰装置由炸药药柱、传爆药柱和雷管构成。爆轰装置采用上端面起爆，传爆药柱直径 20 mm、高度 35 mm，炸药药柱直径 50 mm、高度 100 mm。

2. 试验结果

实验时相机帧频率为 20000 fps/s，曝光时间为 1.1 μs，分辨率为 1280×896 像素；触发方式为手动触发，记录长度约 7 s；相机焦距约为 70 mm，衰减片为 1%。

采用配套的 Imaging Temperature 2020_HRT 对相机拍摄得到的 tiff 文件进行处理，得到爆炸产物温度场如图 11.21 所示，清晰地反映了炸药爆轰产物的时间演化过程，初始时刻温度较高，高于 2900℃，随着产物的逐步扩散，在约 0.65 ms 时，温度范围介于 2200～2600℃之间，此时产物直径约为 2.5 m。

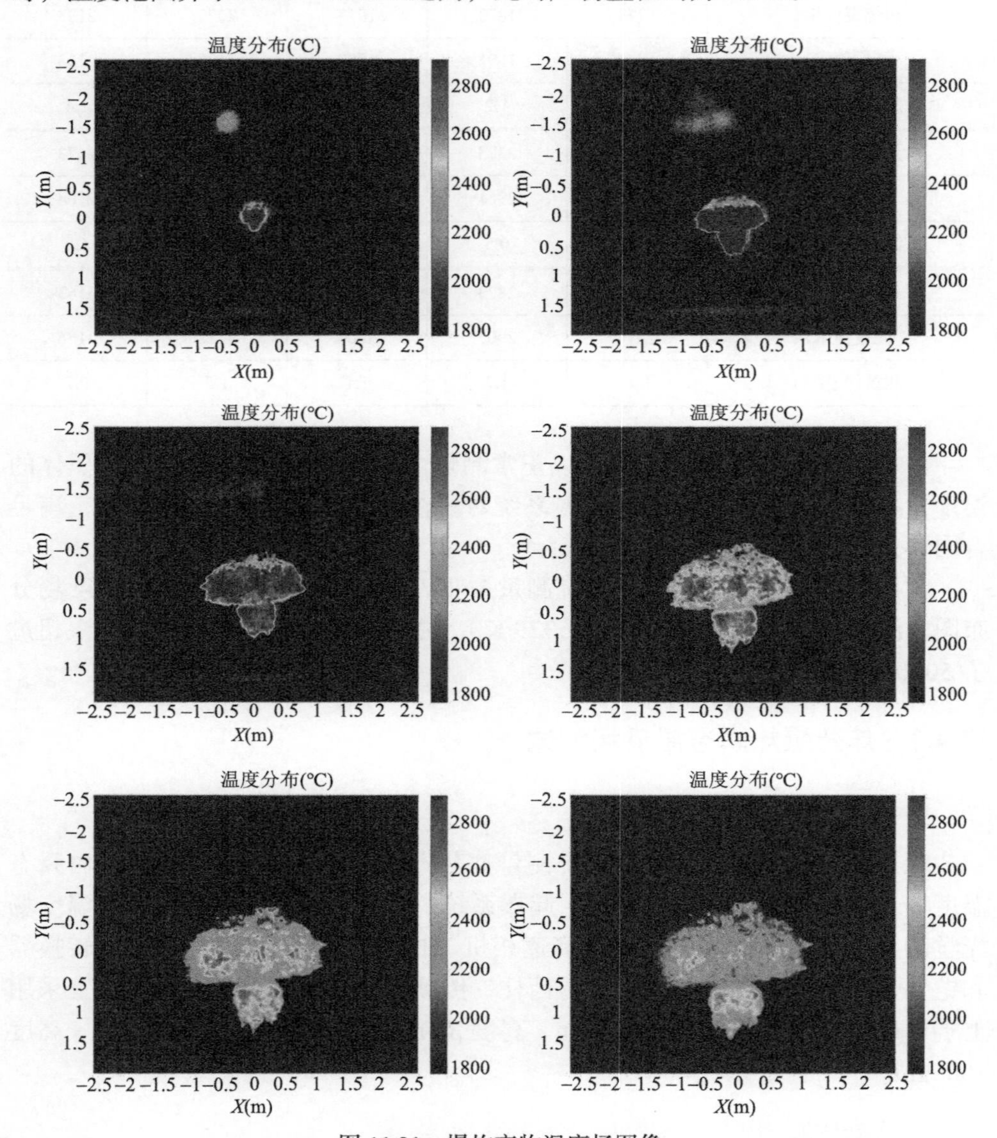

图 11.21　爆炸产物温度场图像

11.5　高速摄影典型应用

11.5.1　战斗部侵彻多层混凝土靶弹道测量

采用火炮发射弹体，开展弹体斜侵彻多层间隔混凝土靶的实验研究。实验弹体采用 DT300 高强度钢，弹体质量为 55.8 kg；钢筋混凝土靶板密度约为 2.5 g/cm^3，共 8 层，由 1 块 0.3 m 厚的钢筋混凝土靶标和 7 块 0.18 m 厚的钢筋混凝土靶标组成。靶体表面与地面法线方向夹角为 15°，相邻靶标间距为 2 m。

整个试验系统主要由试验弹、发射装置、测试系统、靶体结构和回收靶等组成，实验系统布局如图 11.22 所示，采用 155 mm 高速炮对试验弹进行加载，炮口在距离靶体 8 m 处水平发射实验弹体，靶体侧面设置高速运动分析系统，并在炮口上缠绕导线，连接高速运动分析系统。弹体运动至炮口时，导线断开，启动高速运动分析系统，记录弹体侵彻过程中的姿态和位置。靶标后方采用回收设施对贯穿后的试验弹进行拦截回收。

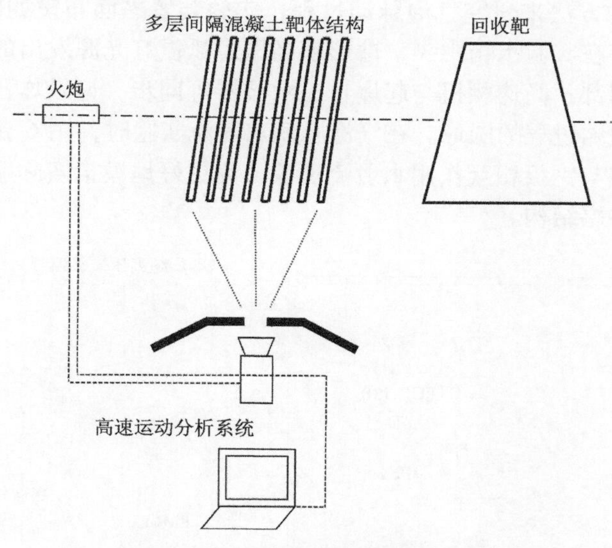

图 11.22　实验系统布局如图

高速运动分析系统型号为 Photron Ultima APX–RS (16GB)，全幅 3000 幅/s 拍摄时分辨率为 1024×1024 Pixels；3000 幅/s 拍摄时在 1024×1024 Pixels 的分辨率下可拍摄 4.1 s；最高拍摄速度为 25 万幅/s；拍摄后数据图像通过 1394 数据接口传至计算机；曝光时间最短为 1 μs，且随意可调。

通过高速运动分析系统记录的图像测量弹体运动速度以及弹轴偏转角，图 11.23

为弹体侵彻多层靶的高速摄影记录照片组合图。可以获得弹道轨迹、运动和姿态变化参数。

图 11.23 典型实验记录组合

11.5.2 水下爆炸气泡脉动及与靶板作用过程观测

在实验水箱中开展小当量 PETN 炸药水中爆炸气泡脉动实验，采用数字式高速相机获得气泡脉动过程图像。

实验在 2 m×2 m×2 m 的水箱中进行，钢制水箱壁四周贴一层 20 mm 厚橡胶层，采用光学测试的方法来研究气泡脉动过程，实验装置平面布设如图 11.24 所示。PETN 炸药安装在实验水箱中央，球形超高压短弧氙灯光源发出的光线通过光源窗口进入水箱内部；高速相机与起爆台、示波器等同步，记录炸药爆炸以后气泡产生、膨胀、收缩过程的图像。在气泡脉动水射流实验时，用 6 mm 厚钢板模拟固壁，观察气泡与钢板相互作用水射流现象。为更好地模拟实际船体结构，钢板背面采用空气夹层结构。

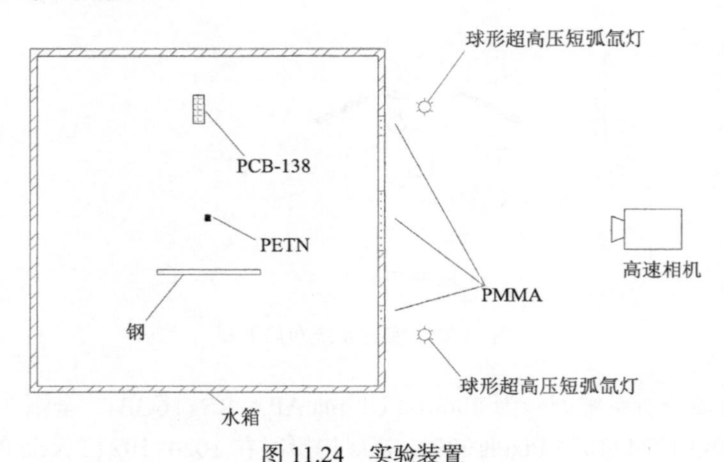

图 11.24 实验装置

得到的气泡自由脉动过程如图 11.25 所示，从左至右分别为 $t = 0$ ms、1.0 ms、5.0 ms、22.5 ms、40.0 ms、43.0 ms、44.75 ms。炸药起爆时刻为 $t = 0$ ms，图中黑

线为起爆电缆，底部白色细线为固定炸药的鱼线。在脉动的大部分时间内气泡形状保持球形，从图中可以清晰得观测到气泡产生、膨胀和收缩过程的清晰图像。在整个膨胀阶段，气泡没有明显上浮，随着气泡体积的不断缩小，这种上浮变得越来越明显。

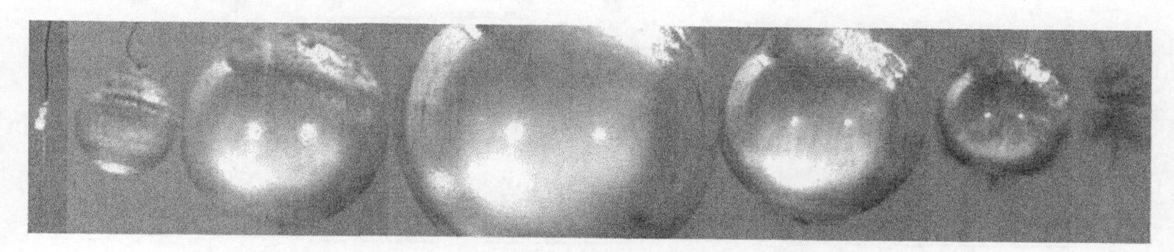

图 11.25　4.5 g PETN 水中爆炸图像

气泡与固壁相互作用时的水射流图像如图 11.26 所示，受钢板边界条件的影响，气泡不能够充分膨胀，在 t =10.3 ms 时形成半球形结构，当其收缩时，靠近钢板一侧向内收缩不明显；当 t =34.3 ms 时，最后形成水射流现象，水射流作用于钢板，导致钢板变形，从图中可以清晰地看到钢板背面空气夹层中的空气向外溢出（t =36.7 ms）。

图 11.26　气泡脉动水射流过程图像

11.5.3　侵爆战斗部地面考核试验应用

侵爆战斗部地面考核试验方法通常是采用大口径的平衡炮发射 1：1 的侵彻战斗部，模拟炸弹空投时落下的终点弹道参数，对靶标实施攻击，通过试验结果对其是否满足战技指标要求进行验证。通过调整平衡炮的炮位和发射药装药量等参数，可以获得达到要求的着靶速度、着靶角度等参数。

平衡炮地面试验系统一般包含：地面试验战斗部系统、平衡炮系统、测试系统以及靶标系统。各系统分布示意图见图 11.27。

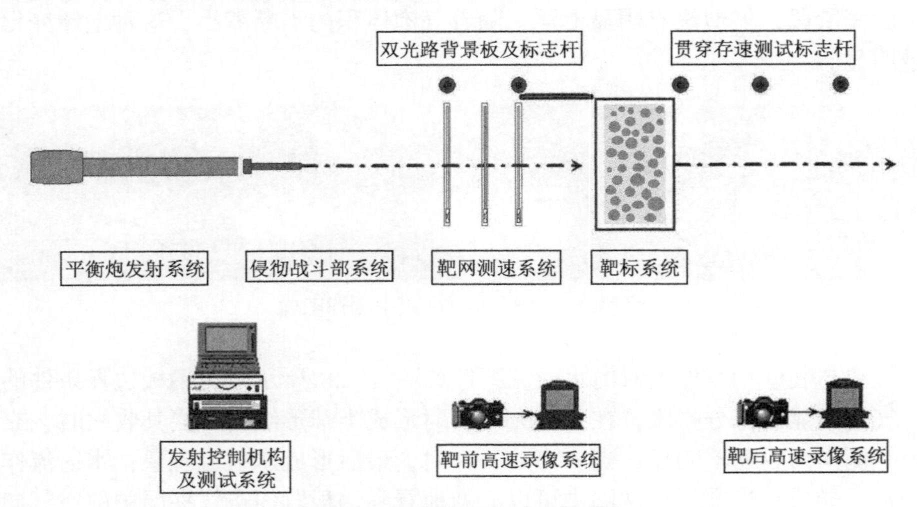

图 11.27　平衡炮地面试验系统

为准确获得战斗部着靶时的姿态，一般采用双光路法进行测试，在同一个像中同时获得上下垂直方向和水平方向弹体的姿态，如图 11.28 所示，最终得到战斗部的姿态角。

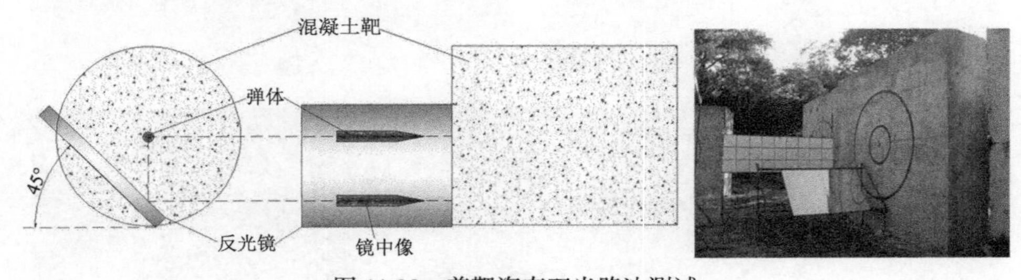

图 11.28　着靶姿态双光路法测试

侵爆战斗部地面考核试验通常包括侵彻贯穿能力、侵彻强度试验、装药侵彻安定性、抗跳弹能力和侵彻多层靶的弹道稳定性试验等。

1. *侵彻贯穿能力试验*

一般采用垂直侵彻混凝土靶的方式进行侵彻贯穿能力试验，图 11.29 是侵彻贯穿能力试验高速录像典型时刻靶前图像，靶前设置了标志板和 45°的反射镜，用于确定战斗部着靶速度和着靶姿态。

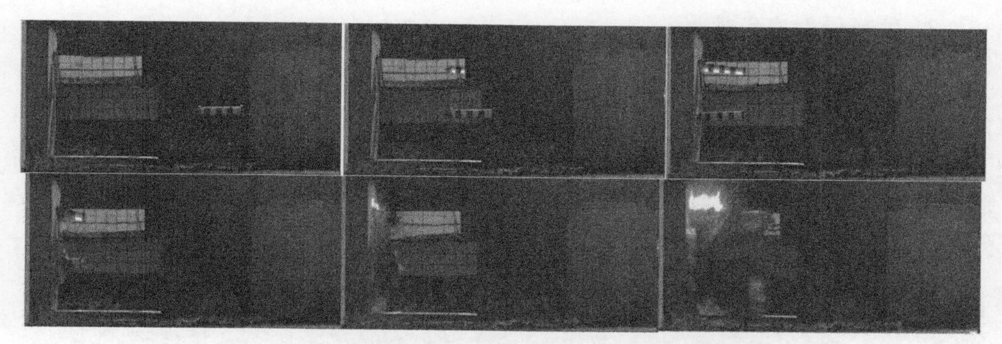

图 11.29　弹丸正侵彻混凝土靶过程（侵彻贯穿能力试验）

2. 侵彻强度/抗跳弹能力试验

一般采用斜侵彻混凝土靶的方式进行侵彻强度/抗跳弹能力试验考核，采用指标要求的速度上限，通过提高靶标强度的方式加严考核，例如原靶标强度为 C30，侵彻强度/抗跳弹能力试验就采用 C45。

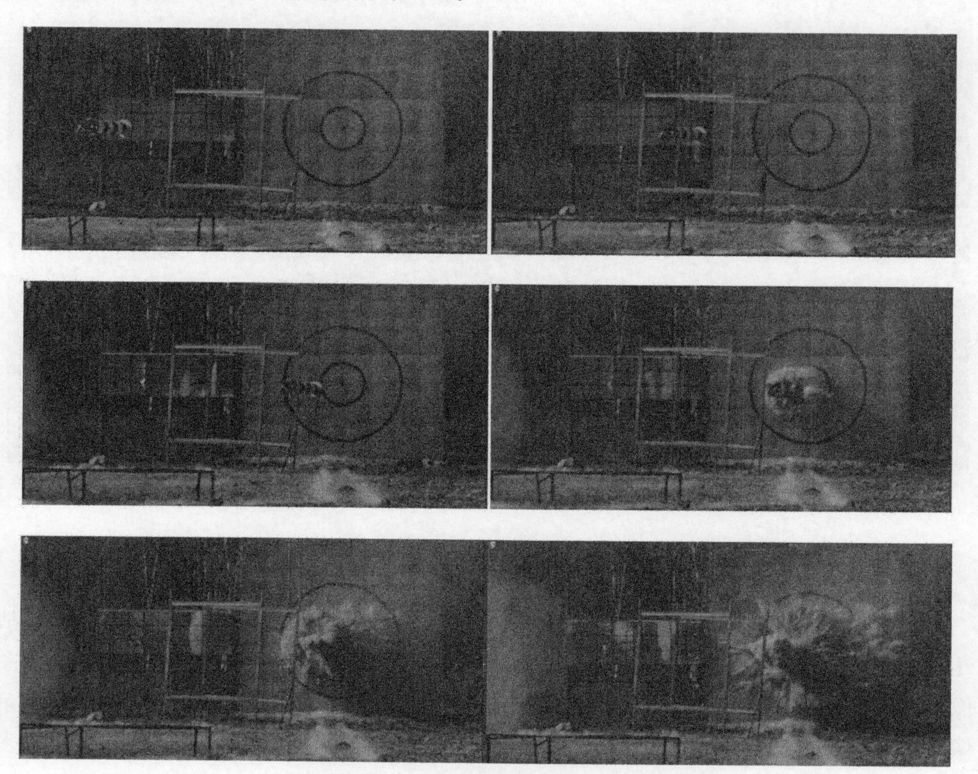

图 11.30　弹丸斜侵彻混凝土靶过程

3. 装药侵彻安定性试验

战斗部装药侵彻安定性是侵爆战斗部十分重要的指标之一，要求战斗部在侵彻混凝土靶的过程中装药安定，即不燃不爆。通常也采用提高混凝土靶标强度的方法考核。图 11.31 是典型的装药战斗部在侵彻过程高速录像图像，图中第 5 幅和第 6 幅图像中战斗部在过靶后出现了火光，发生点火爆炸，说明该状态侵彻安定性未通过试验考核。

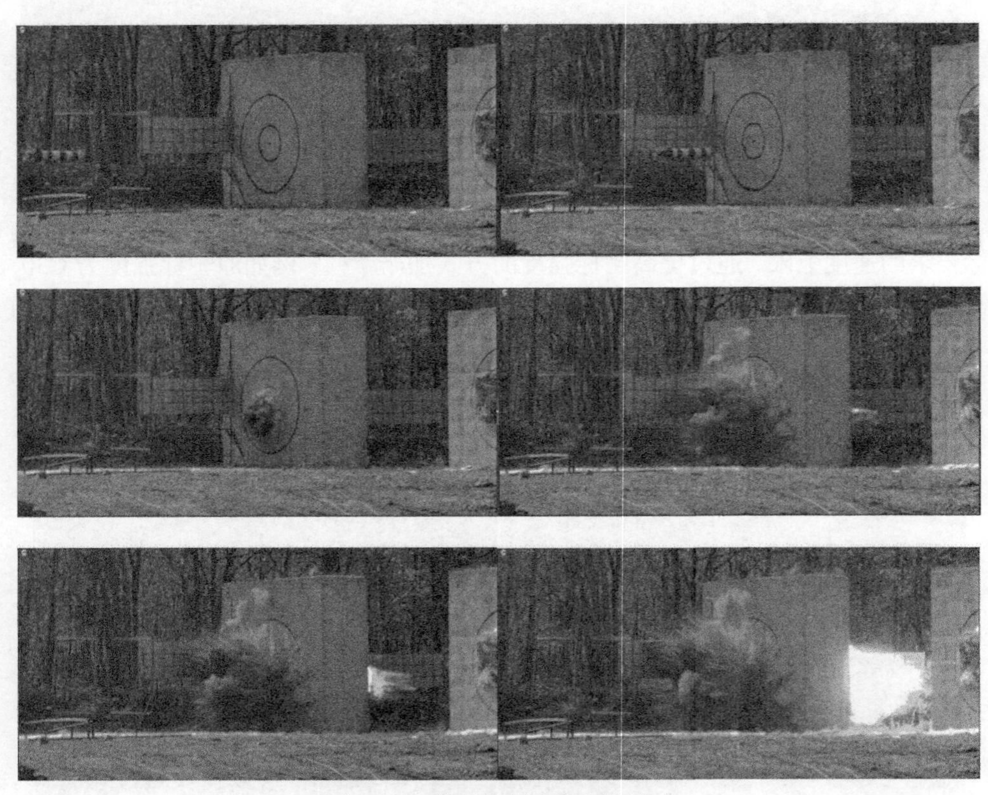

图 11.31　战斗部侵彻安定性试验

4. 战斗部侵彻贯穿多层混凝土靶弹道稳定性

战斗部侵彻多层结构靶，弹道稳定性是设计者十分关注的重要指标，也是战斗部地面考核的项目之一。图 11.32 战斗部侵彻 8 层靶的高速录像典型时刻的图像，战斗部水平飞行，侵彻斜置 75°的混凝土薄靶，靶板之间间距 2.5 m，高速录像机设置在靶板侧面，垂直对准靶板区中心位置。由图像可以看出战斗部侵彻多层靶板过程中弹头逐步发生低头现象，弹总体弹道稳定，弹体姿态变化不大。

图 11.32　弹体斜侵彻多层混凝土靶姿态变化过程

11.5.4　其他典型作用过程的观测

1. 地面爆炸空气冲击波传播

爆破战斗部主要靠爆炸空气冲击对目标进行毁伤，采用高速录像系统对爆炸过程进行观测，是地面试验不可缺少的一部分。图 11.33 为大当量战斗部爆炸现场

图 11.33　地面爆炸空气冲击波传播速度测试

的高速录像结果，除可以获得爆炸火球尺寸、持续时间、云团的变化图像外，还可以得到空气冲击波的时程传播规律。进一步处理可以得到冲击速度随传播距离的变化规律，再根据空气中冲击波速度与压力的关系式，可得到相应位置的冲击波峰值压力，该数据可用于印证其他冲击波超压测试系统的合理性。

2. 某导弹发射过程中各系统作用测试

高速录像系统在复杂动态的运动观测方面具有显著的优势，图 11.34 是某导弹发射后各机构作用过程的高速录像图像。通过高速录像图像，可以处理得到导弹出筒（舱）速度，得到尾翼张开时间和导弹发动机点火时间，观测尾翼张开状态及发动机火焰外喷状态。这些数据为判断导弹系统设计合理性提供直接证据。

图 11.34　导弹发射点火飞行过程观测

参 考 文 献

蔡荣立. 2012. 基于转镜运动补偿的弹丸同步摄影技术研究[J]. 光学仪器, 34(6): 21-25.
邓兴智. 2006. 基于序列图像的高速运动分析系统研究[D]. 北京: 北京理工大学.
马兆芳. 2016. 弹体斜侵彻多层间隔混凝土靶实验和数值模拟[J]. 北京理工大学学报, 36(10): 1001-1005.
汪斌. 2008. 有限水域气泡脉动实验方法研究[J]. 火炸药学报, 31(3): 32-35.
汪斌. 2009. 一种水中爆炸气泡脉动实验研究方法[J]. 高压物理学报, 23(5): 332-337.
许仁翰. 2021. 基于高速成像的爆炸温度场测试方法[J]. 兵工学报, 42(3): 640-647.

第12章　脉冲X射线高速摄影技术

近年来，在爆轰物理实验研究中，脉冲X射线摄影已发展成为同光学、电子学测量技术相辅相成的主要测量方法之一，尤其是在武器系统设计研究中，通过脉冲X射线摄影研究，可以解决某些比较困扰的问题。本章主要介绍脉冲X射线高速摄影原理、主要系统组成及性能参数、X射线图像处理及脉冲X射线高速摄影技术应用。

12.1　脉冲X射线高速摄影技术概述

12.1.1　脉冲X射线高速摄影技术发展概况

1963年美国Los Alamos国家实验室建成了第一台20 MeV的高能脉冲X射线照相装置，用于对武器进行初级诊断，1976年电子束能量提高到80 MeV，主要用来研究高原子序数材料和有毒材料在爆轰作用下的流体动力学性质。20世纪80年代，美国Lawrence Livermore国家实验室建成了直线感应加速器驱动的闪光照相装置FXR。在全面核禁试以后，美国加快了闪光照相技术研究，改造和新建了一批大型闪光X射线照相设备。除了美国，世界上其他国家，如法、英、俄等国也在积极提高自己的X射线照相能力，如法国CEA的AIRI装置M1等。除了大型的高能闪光照相装置外，为了满足不同研究对象的闪光照相需求，移动式中低能脉冲X射线照相系统也得到了快速发展，并实现了商业化。美国Los Alamos国家实验室研制了一系列Marx发生器驱动的小型脉冲X射线机，它们具有结构紧凑、电池供电、光纤控制及电磁屏蔽等特点，瑞典Scandi公司研制了系列商用脉冲X射线机，同样以Marx发生器作为高压脉冲产生装置，X射线管电压75～1200 kV、脉冲宽度20～35 ns、脉冲电流一般为10 kA、穿透钢板厚度10～40 mm。这类中低能脉冲X射线机被广泛应用于炸药爆轰、高速碰撞等瞬态过程研究。

国内闪光X射线机研究以中国工程物理研究院流体物理研究所为主，自开始进行闪光X射线机技术研究以来，先后研制出从几百千伏软管X射线机到20 MeV直线感应加速器，已积累多年的经验。是国内主要和最大的闪光X射线照相系统的研制和使用单位。图12.1是国内典型的脉冲X射线发射装置及控制设备。

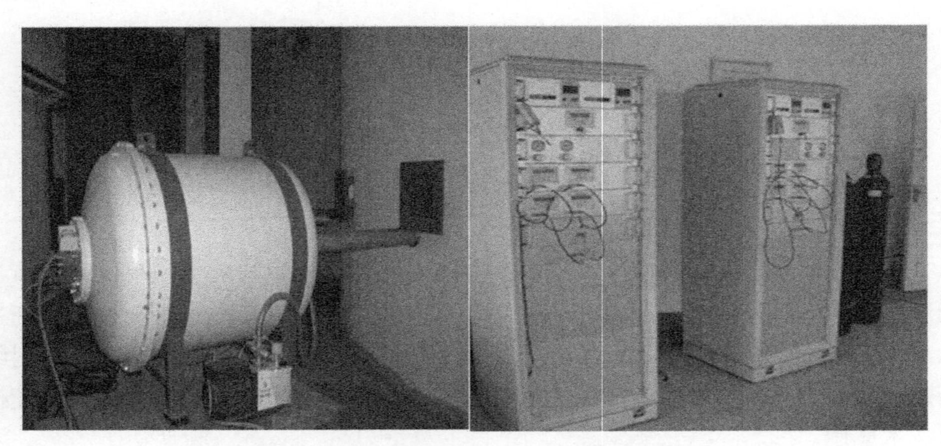
图 12.1　国内脉冲 X 射线发射装置及控制设备

12.1.2　脉冲 X 射线成像原理

X 射线是高速电子轰击重金属靶产生的一种电磁辐射波，通常的波长范围约 10^{-4}～10^{-1}nm，利用不同材料吸收本领的不同或者同一材料在冲击压缩下密度变化导致对 X 射线衰减程度的不同，使放在被测材料后方的底片成像系统感光成像，得到材料和结构的形状、界面、缺陷和密度分布等信息。也就是说，脉冲 X 射线摄影优于可见光学高速摄影是 X 射线能“看”到物体的内部，微秒量级的高速撞击或爆炸发光对它的记录完全没有影响。

X 射线是由高速带电粒子与物质原子的内层电子作用而产生的，当具有一定能量的带电粒子与某物质相碰撞时，便可产生 X 射线。

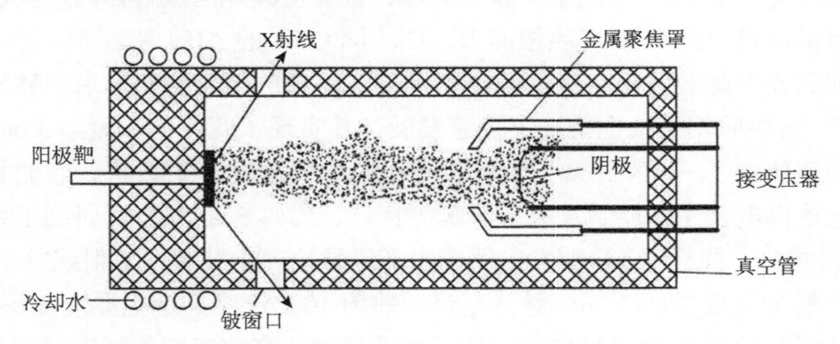

图 12.2　脉冲 X 射线产生原理结构图

X 射线实际上是一种波长极短、能量很大的电磁波，具有波长短、穿透能力强的特点。波长越短，穿透能力越强；穿透物质时，能量被物质吸收而使强度衰减；X 射线可以感光胶片，也可以使荧光物质发光。

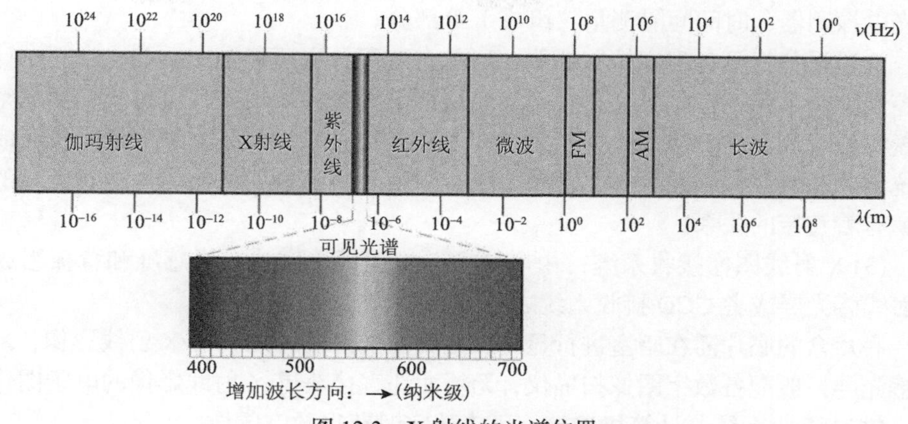

图 12.3　X 射线的光谱位置

脉冲 X 射线照射到所要透视的物体上，由于物体结构具有密度和厚度的差异，当 X 射线透过物体结构时，不同厚度或密度物体吸收 X 射线的程度不同。经物体吸收并透过的 X 射线照射到增感屏上，通过增感屏转化为可见光，经过显像处理后即可得到不同的物体结构影像。或者利用高灵敏的 CCD 记录下此时的闪光图像，通过图像采集卡记录下图像，最后对由计算机所获得的图像数据进行处理和显示。

脉冲 X 射线摄影是采用脉冲 X 射线作为光源，利用 X 射线的穿透特性和物质对 X 射线的吸收特性，用极短的曝光时间来拍摄高速运动过程。

脉冲 X 射线摄影系统一般具有两（三）个脉冲高压发生器。当物体爆炸后，触发外线路随即产生脉冲触发信号，致使具有不同延时的“延时发生器”分别工作；经触发放大器，触发发生器至高压发生器按预定时间相应放电，产生 X 射线，射线穿透爆炸物，将物体内部运动过程中密度的变化在 X 光底片上感光，从而获得所需的动态照片。

12.2　脉冲 X 射线高速摄影系统组成及主要性能指标

12.2.1　脉冲 X 射线摄影系统构成

脉冲 X 射线摄影系统主要由四部分组成：主机、测试控制系统、X 射线图像接收系统和辅助系统。

(1) 主机部分：冲击电压发生器、高压电缆（仅 X-V 型）和 X 射线管。

(2) 测试控制系统：主要包括充电控制部分（由操作台、充电调压单元、直流高压充电电源组成）、同步及时序控制部分（由同步机、延时同步机组成）、高压触发（由 2～3 台高压脉冲发生器、倍压装置组成）、动作时间监测（一般由三路光电探测器、时间间隔测量仪组成）等部分。

上述设备都具备程序控制功能，可单台使用，也可组合成系统，由一台计算机控制整个系统工作。结合程控网络信号源等爆轰测试设备，可构成一套完整的爆轰实验 X 射线测试系统，还可作为一套程控脉冲功率触发系统。计算机完成对系统设置和时序控制的关键在于整个记录过程与闪光图像的同步，这对图像的分辨率有着直接的关系。

(3) X 射线图像接收系统：由底片盒（由面板、底片、增感屏和背板组成）、X 射线感光屏或者 CCD 接收系统之一组成。

底片盒的底片需在暗室进行显影、定影冲洗处理才能获得 X 射线影像；X 射线感光屏一般配备数字图像扫描仪，无须冲洗直接获得 X 射线影像的电子图像文件；CCD 接收系统与计算机连接，可直接实时获得数字图像。

(4) 辅助系统：含油、绝缘气体、气体干燥、油储存、X 射线剂量测试设备、高压放电棒、隔离稳压电源等部分。

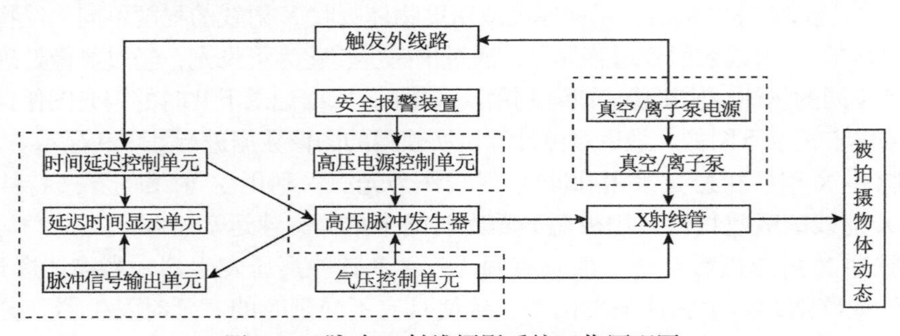

图 12.4　脉冲 X 射线摄影系统工作原理图

12.2.2　典型脉冲 X 射线系统及主要性能参数

1. 瑞典 HP43733 型脉冲 X 射线摄影系统

瑞典 HP43733 型脉冲 X 射线摄影系统由两个与控制设备、辅助设备相连接的脉冲高压发生器组成，可对某一“现象”拍摄两个不同时刻的动态照片。系统的主要部分是脉冲高压发生器。它是采用 Marx 冲击发生器线路原理，采用储能网络并联充电。当触发信号经触发放大器、触发变压器输入后，储能组件内的触发火花球隙击穿，整个网络由并联充电变为串联放电，产生高压脉冲输至 X 射线管。至此，射线管产生曝光时间极短的 X 射线。射线经“现象”透射至底片夹，部分射线击活增感屏的荧光物质发出可见光，使 X 射线底片上感光增强；由于透过“现象”的射线强度有差异，相应底片上曝光程度不同，从而拍摄“现象”的动态像。

瑞典 HP43733 型脉冲 X 射线摄影系统实物如图 12.5 所示。

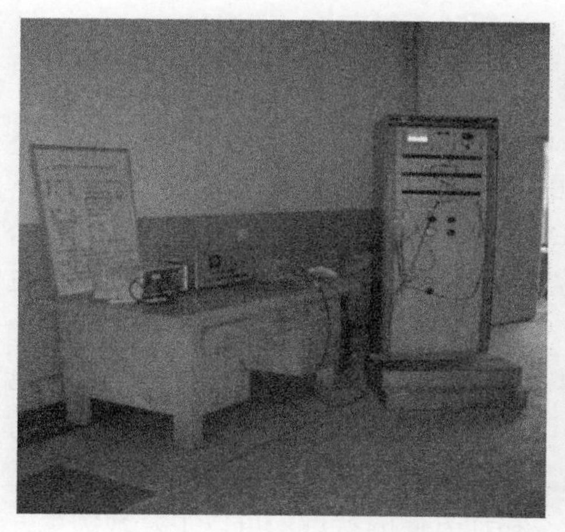

图 12.5　瑞典 HP43733 型脉冲 X 射线摄影系统

瑞典 HP43733 型脉冲 X 射线摄影系统是典型的小型闪光 X 射线机系统，早期在国内具有广泛的应用，其性能指标如下。系列脉冲 X 射线系统的技术指标如表 12.1 所示。

HP43733 型主要技术指标：

输出电压　300 kV；

输出电流　5000 A；

38 厘米处剂量　48 mR/脉冲；

曝光时间（脉宽）　20×10^{-9}s；

穿透深度　穿钢深 0.84 cm/距阳极 150 cm；

焦斑直径　5 mm；

射线管　软射线管及硬射线管（通常配置 3 管）。

表 12.1　瑞典系列脉冲 X 射线系统的技术指标

型号	150 型	300 型	450 型	450S 型	600 型	1200 型
输出电压(kV)	75～150	100～300	150～450	160～480	250～600	500～1200
峰值电流(kA)	2	10	10	10	10	10
脉冲宽度(ns)	35	20	20	25	20	20
1 m 处剂量(mR)	1.5	9	20	24	30	65
焦斑尺寸(mm)	1	1	1	1	2.5	2.5
穿透钢板深度*(mm)	1m 处 60 铝	10	18	34	21	40

*光源与底片相距 2.5 m

2. 国内典型脉冲 X 射线摄影系统

1）闪光 X 射线机系统组成及性能指标

国内典型脉冲 X 射线摄影系统主要包括两大部分：闪光 X 射线机和抗辐照 X 射线 CCD 相机。闪光 X 射线机可产生强度高、时间短的 X 射线脉冲，是瞬态 X 射线照相的理想光源。抗辐照 X 射线 CCD 相机由于其具有灵敏度高、线性度好、大动态范围、高抗辐照性能以及图像直接数值化等优点，成为目前 X 射线照相主流的接收设备。

闪光 X 射线机采用紧凑同轴结构，固体绝缘模块化设计，得到了小体积高电压输出。该系统所有仪器采用了光电隔离设计，各仪器之间采取屏蔽措施，以防止彼此之间的互相影响，最大限度上增强了系统在强电磁干扰环境下的抗干扰能力。具有结构紧凑、性能稳定、操作简单、移动方便的特点。可以很好地满足一般低能 X 射线测试的需要。

抗辐照 X 射线 CCD 相机采用独有的辐射防护设计，使系统具有很大的接收 X 射线能量范围，接收 X 射线能量最高可达 450 keV。另外，无论是相机的控制与数据传输还是外触发同步控制，设计中都采取了光电转换的方式并由光纤传输，最大限度上增强了系统在强电磁干扰环境下的抗干扰能力。

(1) 闪光 X 射线机部分包含以下组件：脉冲 X 射线机主机、高压直流充电系统、同步机、高压脉冲发生器、光电探测器、时间间隔测量系统。

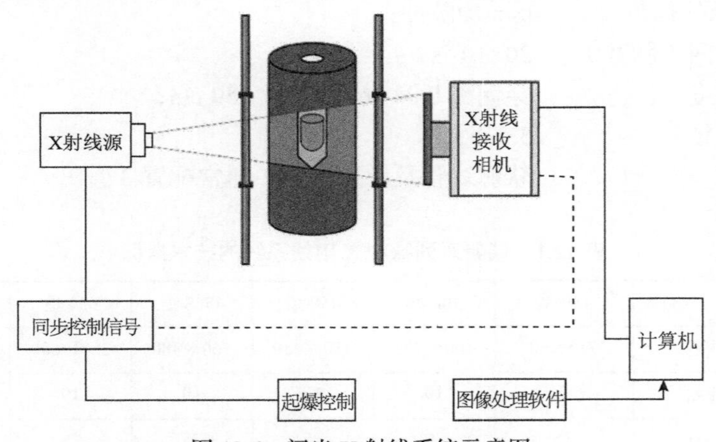

图 12.6　闪光 X 射线系统示意图

(2) 抗辐照 X 射线 CCD 相机包含以下组件：X 射线 CCD 相机主机及其电源、控制计算机、相机控制与数据处理软件、数据传输光纤组件、同步控制光纤组件、相机支架。

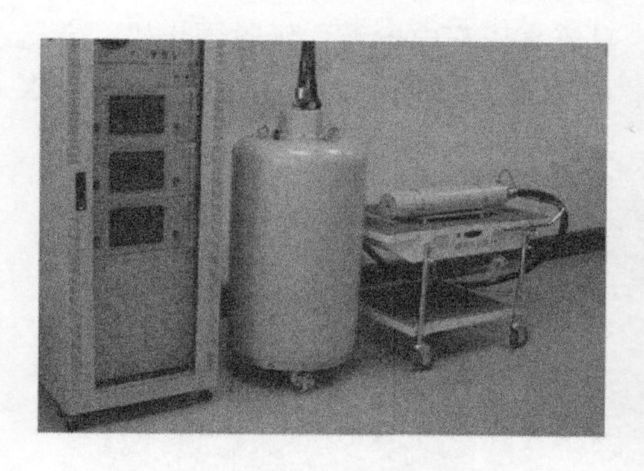

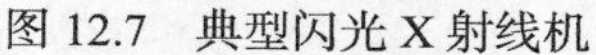

图 12.7　典型闪光 X 射线机

图 12.8　抗辐照 X 射线 CCD 相机

性能指标：①管电压设计值：100 kV～20 MV；②X 射线脉冲半高宽约 50 ns；③穿透能力（2.5 m 处）：穿透≥12 mm 的钢；④X 射线照射量（1 m 处）：≥10 mR。

2）多管 300 kV 软管闪光 X 射线实验系统组成及指标

多管 300 kV 软管闪光 X 射线实验系统包括：①300 kV 软管闪光 X 射线机（脉冲发生器、高压直流电源、闪光 X 射线管、同步延时触发系统和控制柜组成）；②测试控制系统（同步机，延时同步机，网络信号源、高压脉冲发生器）；③辅助系统；④靶架；⑤防爆底片盒；⑥实验底片数字化处理系统。

性能指标：①X 射线管管电压 300 kV；②脉冲宽度 40 ns；③脉冲电流 5 kA；④38 cm 处剂量 48 mR；⑤2.5 m 处穿透 38 mm 厚的铝；⑥焦斑直径 ϕ5 mm；⑦单台 Marx 发生器可接双 X 射线管，通常配备两台 Marx 发生器。

3）多管 450 kV 闪光 X 射线实验系统组成及指标

多管 450 kV 闪光 X 射线实验系统：①主机部分（Marx 发生器、高压电缆和

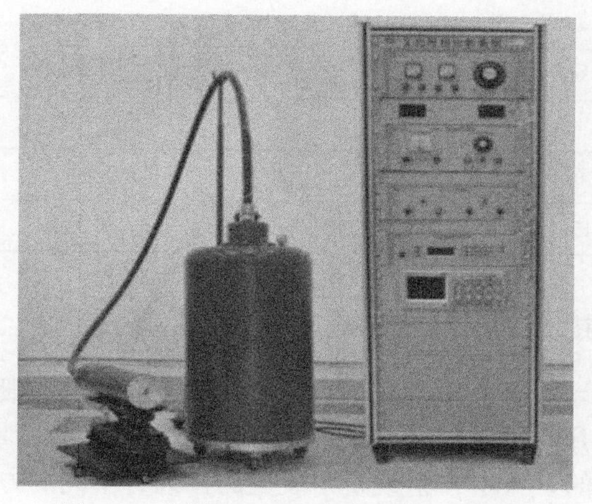

图 12.9　国内 450 kV 脉冲 X 射线机系统

X 射线管）；②控制系统（充电调压单元、直流高压充电电源、延时同步机、高压触发系统、实时监测系统）；③辅助系统；④靶架；⑤防爆底片盒/ CCD 相机 X 射线接图像收系统组成。

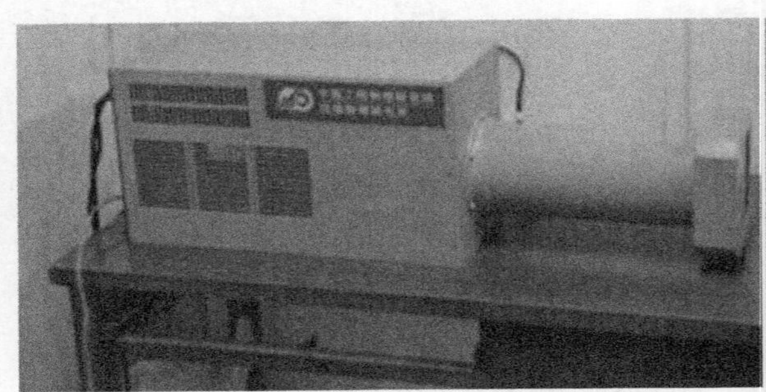

图 12.10　CCD 相机 X 射线图像接收系统

性能指标：①输出电压：450 kV；②剂量：1 m 处 20 mR；③脉冲宽度：≤50 ns；④穿透能力：2.5 m 处穿透 20 mm 的钢；⑤焦斑直径Φ6 mm；⑥通常配备 3 台 Marx 发生器。

表 12.2　中物院流体物理研究所研制的系列脉冲 X 射线机

型号	X-Ⅰ	X-Ⅰ-A	X-Ⅱ	X-Ⅲ	X-Ⅴ
驱动源类型	6CYF-type Marx	Strip line Marx	Water Blumlein line	Low inductance Marx	Low inductance Marx
电压(kV)	500	1000	800	1.5	300
电流(kA)	5	5	30	10	6
脉宽(ns)	400	40	50	40	50
焦斑(mm)	6.0	10.0	6.0	3.0	4.0
1 米剂量(mR)	400	400	800	87	7
时间抖动(μs)	0.5	0.1	0.1	0.2	0.2
年份	1962	1972	1977	1988	1998

12.2.3　脉冲 X 射线摄影方式

在武器系统设计方面，脉冲 X 射线摄影在爆轰波传播、毁伤元驱动、侵彻机理、冲击波相互作用、材料的动态压缩及弹道过程研究等领域得到了广泛应用。根据不同的实验目的，脉冲 X 射线发射装置的排列有不同的方式，且发射装置各个脉冲 X 射线发射装置间距较近时，各底片成像系统之间要用隔板隔离，以防止别的发射装置发出的 X 射线进入成像接收装置，造成底片成像的模糊；若测量轴对称物体的运动过程，多个脉冲 X 射线发射装置到待摄物体（样品）的距离相等，但拍摄角度不同，它们可同时或按一定时间序列相继触发释放 X 射线。

脉冲 X 射线摄影系统的结构形式主要分为单机重复型和多级组合型，其中单机重复型包括单管发生器式摄影和多管发生器式摄影，多级组合型包括序列脉冲控制式和高压脉冲调制式，图 12.11 和图 12.12 分别为单管与多管结构摄影系统设计图。

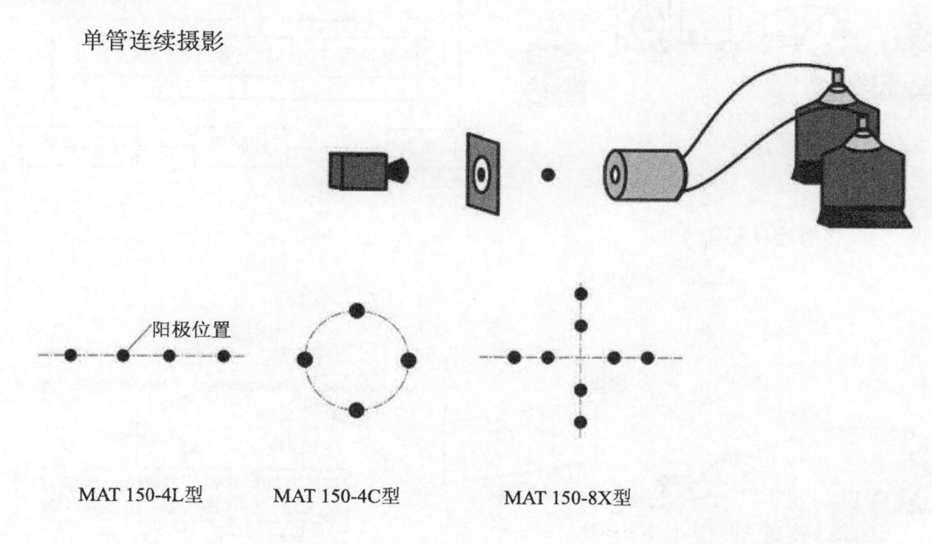

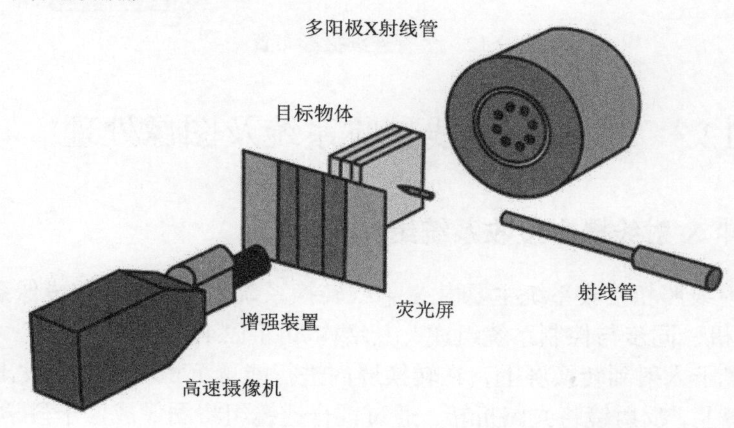

多阳极X射线系统示意图

图 12.11 单管连续摄影布置

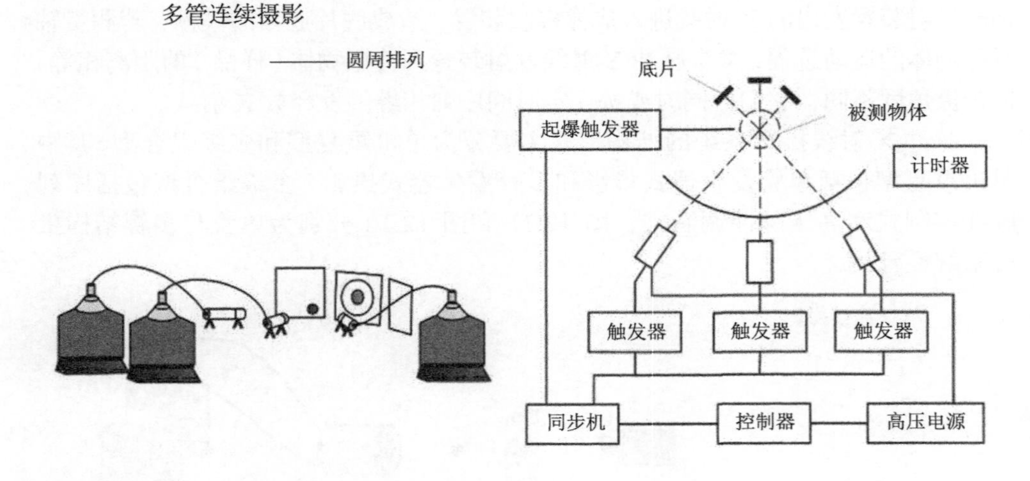

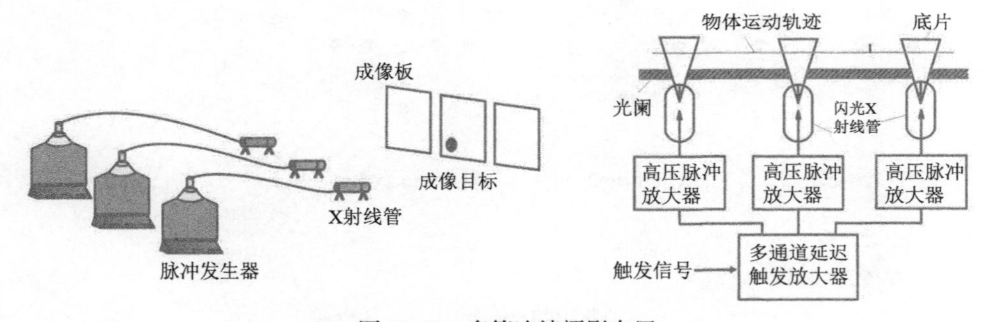

图 12.12 多管连续摄影布置

12.3 脉冲 X 射线接收系统及图像处理

12.3.1 脉冲 X 射线摄影接收系统组件

闪光 X 射线照相接收系统主要由 X 射线转换系统、图像耦合与成像系统、制冷型 CCD 相机、同步与控制系统组成，其结构如图 12.13 所示。

X 射线光子入射到转换屏上，在转换屏内进行能量沉积和转换，发出可见光入射到反射镜上，反射镜将光路折转，通过耦合透镜组将图像成像于科学级 CCD 的芯片上，转换为电信号，在 CCD 驱动电路和图像采集卡的共同作用下，将数字化图像采集到计算机内，从实现对 X 射线图像进行有效的探测。

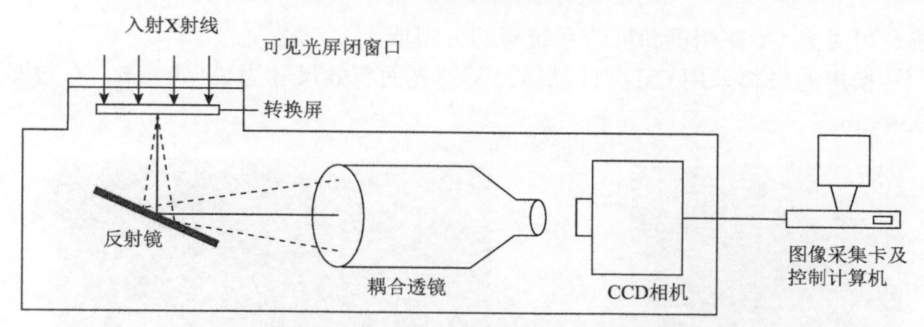

图 12.13　脉冲 X 射线接收系统示意图

抗辐照 X 射线 CCD 相机由于其具有灵敏度高、线性度好、大动态范围、高抗辐照性能以及图像直接数值化等优点，成为目前 X 射线照相主流的接收设备，抗辐照 X 射线 CCD 相机采用独有的辐射防护设计，使系统具有很大的接收 X 射线能量范围，接收 X 射线能量最高可达 450 keV。另外，无论是相机的控制与数据传输还是外触发同步控制，设计中都采取了光电转换的方式并由光纤传输，最大限度地增强了系统在强电磁干扰环境下的抗干扰能力。

抗辐照 X 射线 CCD 相机包含以下组件：

(1) X 射线 CCD 相机（包括：X 射线转换屏、耦合镜头、CCD 相机等）；

(2) 数据采集与分析软件；

(3) 数据传输光纤组件；

(4) 专用外触发电缆；

(5) 相机支架。

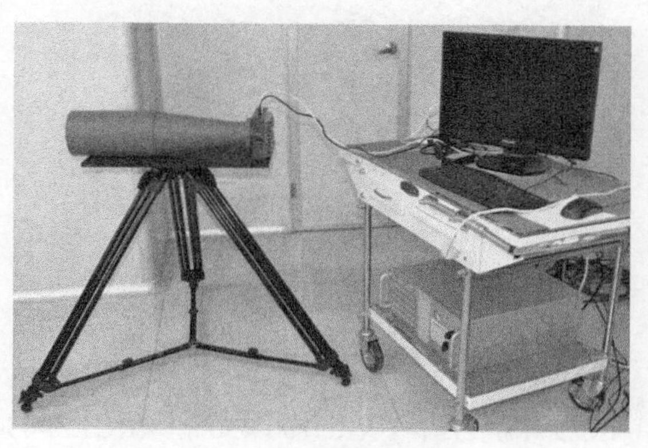

图 12.14　系统整体照片

1. X 射线 CCD 相机

X 射线 CCD 相机采取转换屏加 CCD 相机的方式，主要由转换屏、透镜耦合系统、可见光 CCD 相机和屏蔽系统等部分组成。

转换屏的材料采用 CsI：Tl 晶体，其感光面有效尺寸为Φ150 mm，有效厚度约 350 μm。

图 12.15　转换屏实物图

图 12.16　耦合镜头

耦合镜头的参数为：F1.8，焦距 24 mm，最大放大倍率 0.37，最近对焦距离 0.18 m。

CCD 相机读出速度在 1 MHz 的情况下图像数据格式为 16 bits，像元阵列格式为 1024 × 1024，芯片大小为 24.6 mm × 24.6 mm，标称动态范围可达到 14 bits 以上，曝光时间在 0.03～10980 s 之间可调，调节步径为 2.56 ms，带机械快门，并且支持外触发功能。它的制冷温度为低于环境温度 50℃，在制冷温度为−25℃时，其暗电流为 1 e-/pixel/s。

图 12.17　可见光 CCD 相机实物图

抗辐照 X 射线 CCD 相机目前有 XRC100-450 和 XRC150-450 两个型号。抗辐照 X 射线 CCD 相机接收 X 射线能谱范围可从 10 kV 到 450 kV，有效成像面积最高可达 200 mm × 200 mm，空间分辨率最高可达 7 lp/mm，灵敏度可高达 50 ADU/mR，像元阵列最高可达 4096 × 4096。

以下是 XRC100-450 型抗辐照 X 射线 CCD 相机的技术指标和性能：

摄影视场：①≥100 mm × 100 mm；②空间分辨率：≥3 lp/mm；③灵敏度：≤0.5 mR；④图像数据格式：16 bit；⑤数据传输方式：⑥光信号传输，传输距离不小于 50 m；⑦系统触发方式：内触发和外触发，外触发信号采用光纤传输，外触发电平 TTL。

2. 数据采集与分析软件

通过软件可以实现对相机参数的控制（图 12.18），如曝光时间、同步工作方式（内触发或外触发）、采集工作方式（单次采集或连续采集）、制冷温度等，通过软件可以对图像进行多种处理，如灰度拉伸、各种方式的图像滤波、图像运算（包括加减乘除）。

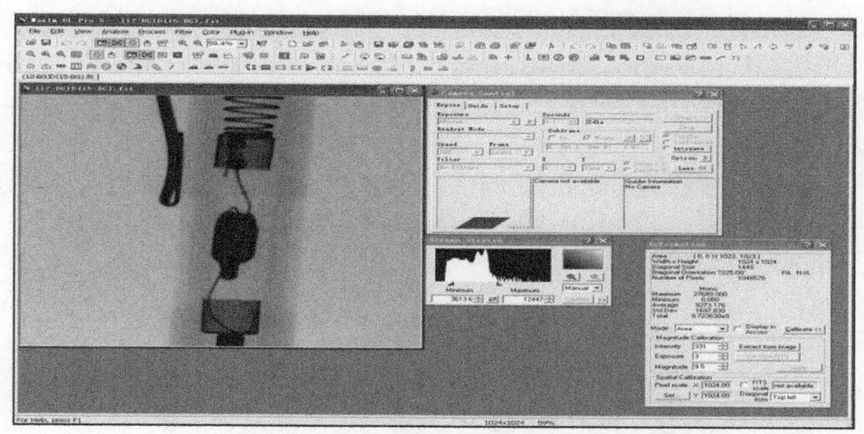

图 12.18　数据采集与分析软件界面

3. 附属组件

通过采用数据传输光纤组件以及专用外触发电缆，可大大提高相机系统的抗

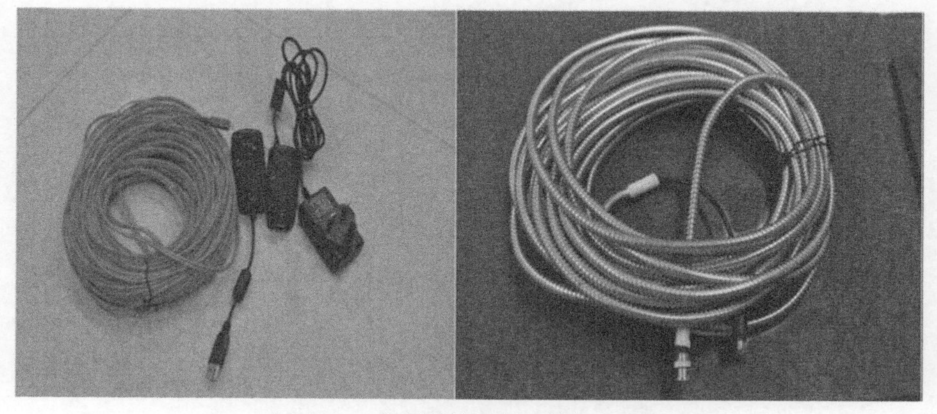

图 12.19　光纤传输组件及外触发电缆

电磁干扰能力。其中，数据传输光纤组件分为发射端和接收端，分别与相机和计算机相连，二者之间用 50 m 的光纤连接。

相机支架采用高稳定性高承重的专用三脚架，其高度调节范围为 0.7～1.6 m，通过专用接口可实现与相机系统之间的便捷的安装。

12.3.2 脉冲 X 射线摄影的图像处理

影响图像质量的因素包括增感屏和底片质量、发射脉冲 X 射线质量和被测物体运动速度。这些因素会造成图像模糊度、几何模糊度和运动模糊度。

1）图像模糊度

胶片感光材料中银颗粒的形状及大小不同，会造成图像各区域的密度变化，使底片产生一些模糊阴影。使用增感屏也可引起一些附加的图像模糊。由于上述原因造成的影响称为图像模糊度，用 B_f 表示。

2）几何模糊度

由于闪光 X 射线管出光处有一定的尺寸和直径；这会在被摄物体轮廓的周围产生一个半阴影区。这种由射线源和底片位置引起的误差称为几何模糊度，用 B_g 表示。如图 12.20 所示

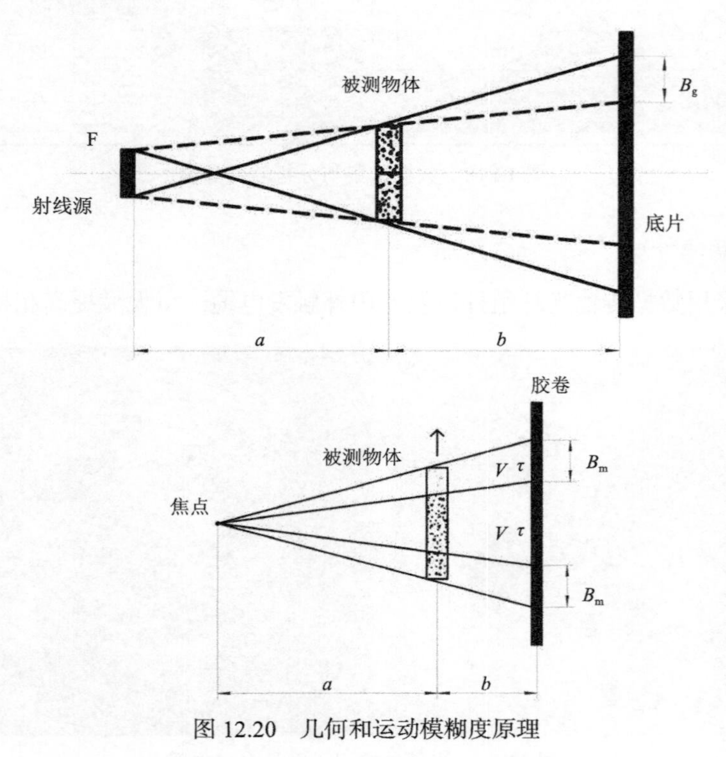

图 12.20　几何和运动模糊度原理

$$B_{\mathrm{g}} = F \cdot \frac{b}{a} \tag{12.1}$$

式中，F 为焦点直径，mm。

3）运动模糊度

由于被测物体高速运动或冲击造成拍摄图像的不清晰，称为运动模糊度，用 B_{m} 表示：

$$B_{\mathrm{m}} = \frac{a+b}{a} \cdot V \cdot \tau \tag{12.2}$$

式中，$(a+b)/a$ 为放大系数；V 为被拍摄物的运动速度；τ 为 X 射线曝光时间。

4）成像总模糊度

X 射线照片中各种模糊度的理论分析认为，每种模糊度引起的物体图像轮廓上相对光学密度的变化是为高斯分布函数。在这种假设下，图像总的模糊度 B_{r} 可以用均方根值表示：

$$B_{\mathrm{r}} = \sqrt{B_{\mathrm{f}}^2 + B_{\mathrm{g}}^2 + B_{\mathrm{m}}^2} \tag{12.3}$$

所测部位速度：

$$\overline{V} = \frac{L_2 - L_1}{\left(t_2 - t_1\right) \cdot K} \tag{12.4}$$

式中，L_1、L_2 为 X 射线图片上被测点距原始点的距离；t_1、t_2 为 X 射线拍摄的时间，K 为放大系数。

目前，各种各样的数字图像处理方法大致可以分为五大类：

(1) 图像增强：对比度增强，图像融合，空间滤波，频域滤波，边缘增强，去除噪声。

(2) 图像恢复：广度矫正，几何校正，反向滤波。

(3) 图像分析：图像分割，特征提取，物体分类。

(4) 图像压缩：有损压缩，运动压缩。

(5) 图像重建：断层摄影成像，3D 场景构建。

12.3.3　脉冲 X 射线接收系统典型应用

随着计算机技术的发展，现代的 X 射线成像系统采用了大动态范围的数据采集系统，克服了胶片摄影系统的局限性。图 12.21 是 XRC100-450 型抗辐照 X 射线 CCD 相机获得的轻气炮发射的弹丸飞行姿态的图像。图中给出了原始的灰度图像，显示了弹丸由低密度弹托和高密度飞片组成，通过图像处理还可以得到伪彩和边界等效果图。

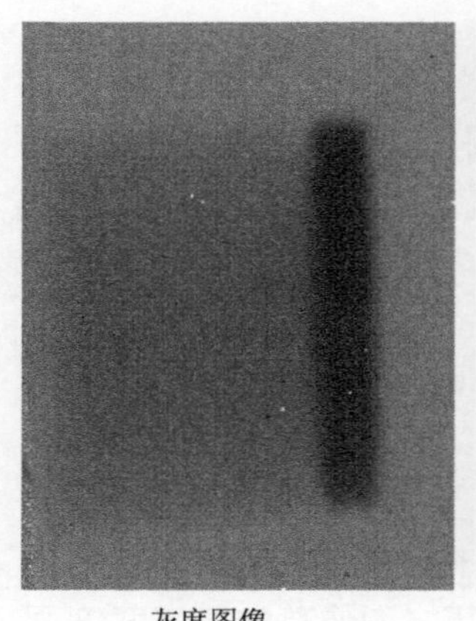

灰度图像

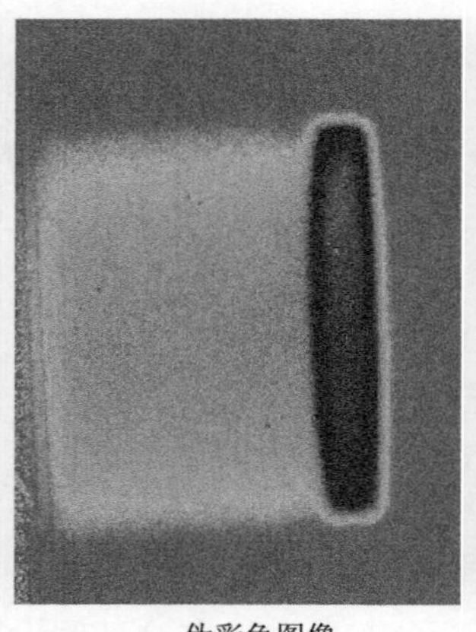

伪彩色图像

边界检测结果

图 12.21　轻气炮弹丸姿态实验结果

12.4　脉冲 X 射线高速摄影应用

闪光 X 射线机可提供一个时间很短而强度很大的 X 射线脉冲，是实现高速辐射摄影的理想工具。又因其具有曝光时间短、穿透力强，可穿过火光和烟雾对爆炸过程中的高速运动现象进行拍摄，是爆轰实验测试、雷管爆炸、弹道测速及常规兵器战斗部研究中不可缺少的测试设备。

根据武器设计的需求，开展 X 射线实验，通过高精度判读仪器对底片进行测量，可以得到弹丸、射流、破片的飞行姿态、成型情况、速度等信息，为毁伤元初始状态的量化标定、设计提供了有力的实验数据支撑，为武器系统的数值仿真参数修正提供了实验依据。

12.4.1　杆式射流试验测试与数值模拟对比

脉冲 X 射线照相系统聚能效应研究领域常用的研究手段，射流形貌测试系统示意图见图 12.22，系统装置包括：脉冲 X 射线照相系统、待测试件、靶板或回收装置、标尺及悬挂固定装置。实验中所用装置为 HP43733A 型脉冲 X 射线照相系统。

X 射线设备的触发信号由附在主装药起爆端面上的触发线提供。当主装药起爆之后，两个 X 射线管按照事先设置好的延迟时间依次出光，在底片上留下侵彻体的图像。所有试件均是以主装药起爆时刻作为零时刻，药形罩底部（即试件端面）作为空间坐标的起点。每次实验使用两张底片，但是第一张底片采用两次曝光的手段以便得到用作参考的静止罩。

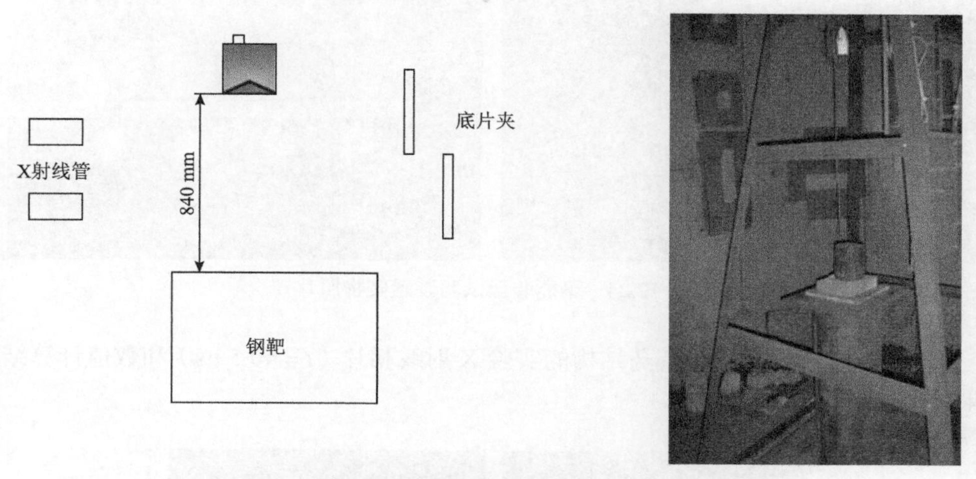

图 12.22　杆式聚能侵彻体速度形貌测试装置布置图

为了研究中锥角截顶结构所得杆式聚能侵彻体的性能，设计四种杆式聚能侵彻体的装药结构，并进行了侵彻体参数试验观察，其中装药参数（长度、密度）一致。装药是 JH-2，装药高度 60 mm，点起爆，底部内口径 50 mm，底部外口径 56 mm。药型罩材料为紫铜，形状如图 12.23 所示。

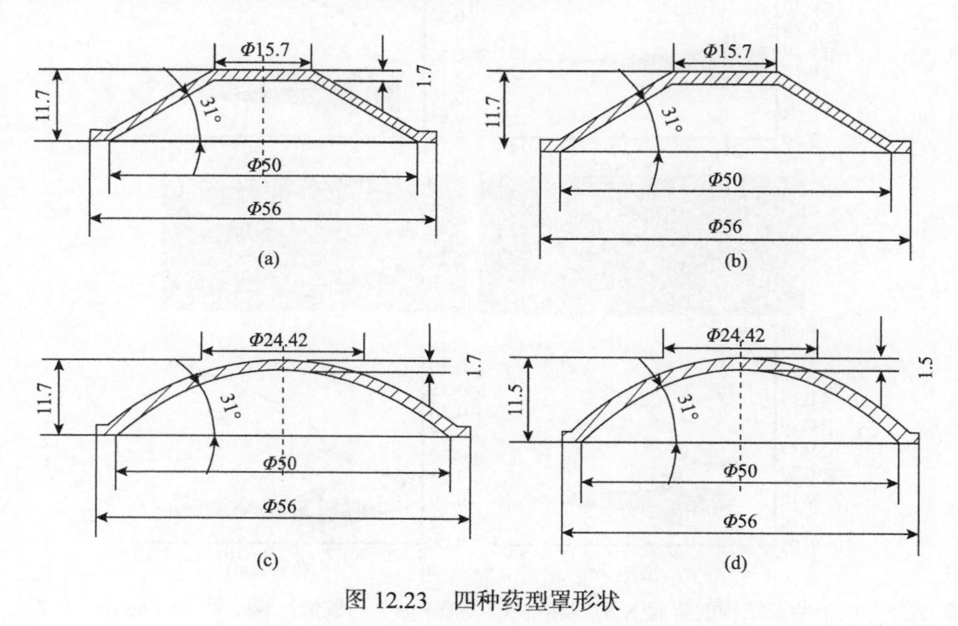

图 12.23　四种药型罩形状

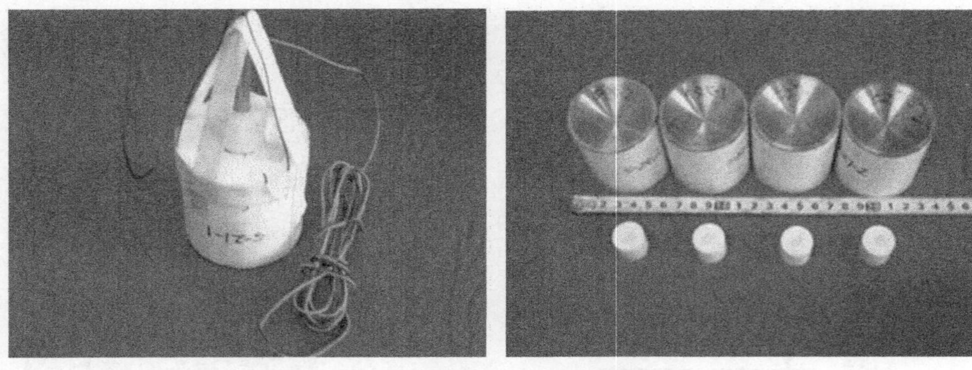

图 12.24　聚能装药试验装置实物照片

图 12.25 给出了四种装药结构的实验 X 射线相片（$t = 40.5$ μs）和数值计算结果（$t = 40$ μs）的对比。

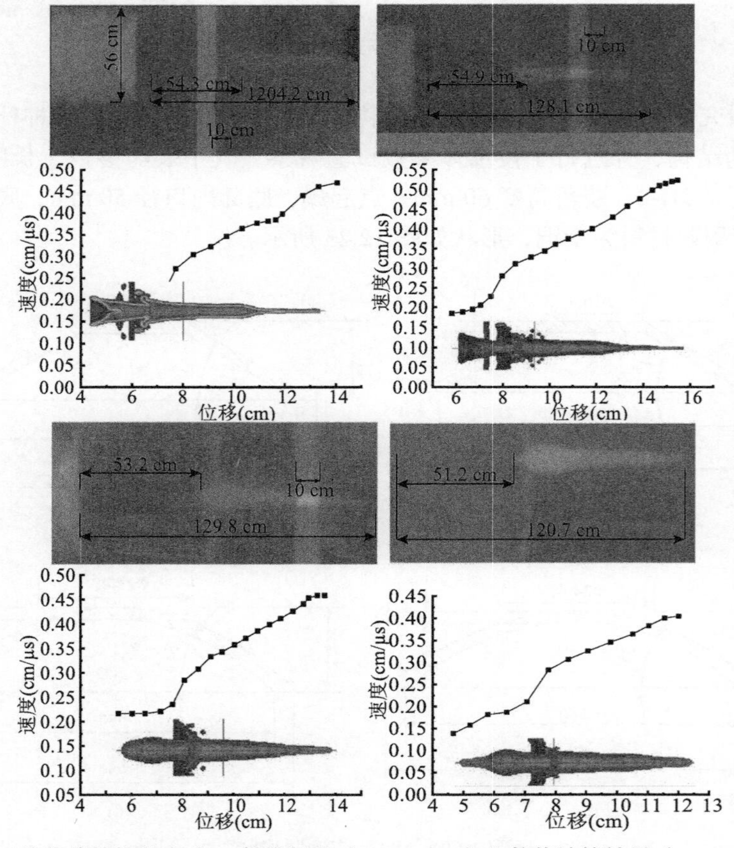

图 12.25　四种装药结构的实验 X 射线相片（$t = 40.5$ μs）和数值计算结果（$t = 40$ μs）的对比

表 12.3 是四种药型罩形成的射流在 40 μs 时刻试验与数值模拟所得射流的参数对比。

图 12.26 给出了(a)装药结构的实验 X 射线相片（t = 58.5 μs）和计算结果（t = 60 μs）的对比。

表 12.3　射流在 40 μs 时刻试验与数值模拟所得射流的参数比较

药型罩编号	(a)		(b)		(c)		(d)	
	试验	计算	试验	计算	试验	计算	试验	计算
时刻(μs)	40.5	40	40.5	40	40.6	40	40.5	40
头部位置(mm)	125.0	128	136.5	140	131.1	133.94	120.5	120.1
总长度(mm)	70.7	74	78.6	82	77.9	80	73.0	76

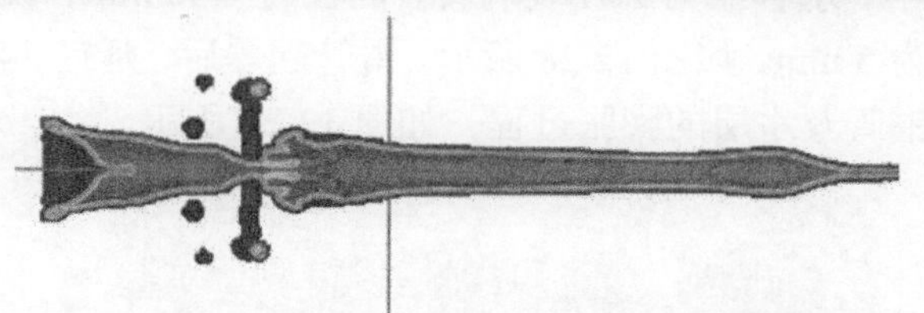

图 12.26　药型罩(a)结构实验和计算结果（t = 60 μs）对比

上述四种药型罩结构装药射流形成数值模拟结果与 X 射线试验结果均吻合较好，说明数值模拟方法和采用的材料模型参数合理。

12.4.2　水约束圆管爆炸膨胀测试

随着新型战斗部设计的需要，出现了一些较为复杂的实验工况，如将圆柱壳装药置于透明度较差的油料等液体中爆炸时，则传统的可见光、激光类测量方法难以使用，而脉冲 X 射线摄影法却不受太多干扰，能获得有效的实验信息。对于柱壳在滑移爆轰驱动下的膨胀问题，其脉冲 X 射线摄影图片的形状特征与狭缝高速扫描图片类似，但代表的物理含义不同。狭缝高速扫描所获图片的纵向为一维狭缝空间的变化，横向反映了时间的变化；而脉冲 X 射线所获图片则是平面空间投影图。

TNT 圆筒试验所获的脉冲 X 射线底片，通过对铜管的边界进行数字化判读，并结合未膨胀段的直径，计算出图像的放大比，最终获得起爆后某时刻的铜管膨胀曲线，如图 12.27 所示。由于铜管起爆端已经发生破裂，从图中可以看出明显的裂纹。

图 12.27　爆炸驱动圆柱壳体膨胀的脉冲 X 射线摄影试验图像

对于水介质约束下圆柱壳体的内爆膨胀特性研究，由于狭缝扫描法测量时需要设置相应的背景照明光源，该工况下，水介质会对背景光线产生折射，难以获得铜管真实的膨胀轨迹，且水介质对激光的干扰也使得激光干涉测速法难以应用，因此这里采用脉冲 X 射线摄影法测量壳体速度。将装填 TNT 炸药的标准 Φ25 mm 铜管装入水容器中，水容器为圆柱玻璃管，内径为 Φ40 mm，玻璃管壁厚 1 mm，内部水域的厚度为 5 mm，如图 12.28 所示。雷管起爆后，延迟 34 μs 发射 X 射线，可以清晰看出，铜管及水层的膨胀过程，如图 12.29 所示。

图 12.28　含水层的圆管试验样品

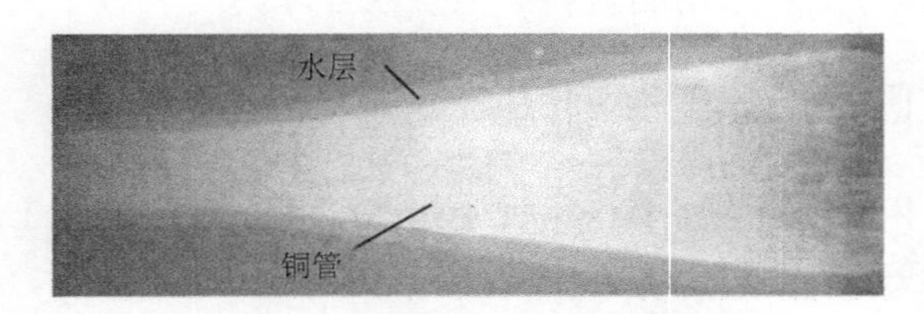

图 12.29　水层约束下圆管膨胀的试验图像

12.4.3　其他典型应用

1. 射流起爆炸药装药试验

为研究射流起爆炸药装药的作用机制，设计如图 12.30 的试验装置。射流发生装置为 Φ44 mm 聚能装药弹，被发装药为 Φ48 mm×100 mm 的 TNT/RDX 35/65 药柱，在聚能装药与被发药柱之间，在被发药柱上面设置了 Φ100 mm×75 mm 的碳钢隔板，聚能装药的炸高为 90 mm。同时采用高速扫描摄影和脉冲 X 射线摄影对射流起爆过程进行观测，采用氩气气球作为背景光源，扫描相机的狭缝对准钢隔板炸药药柱的轴线部位。

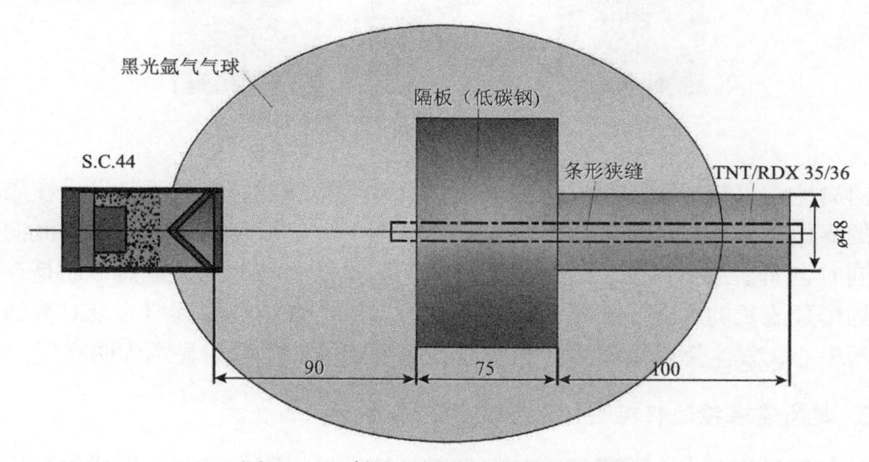

图 12.30　射流起爆炸药装药试验布置

图 12.31 是高速扫描相机记录狭缝扫描底片。高速脉冲 X 射线摄影的拍摄频率为 10^6 幅/s，图 12.32 为 6 个典型时刻脉冲 X 射线照片。

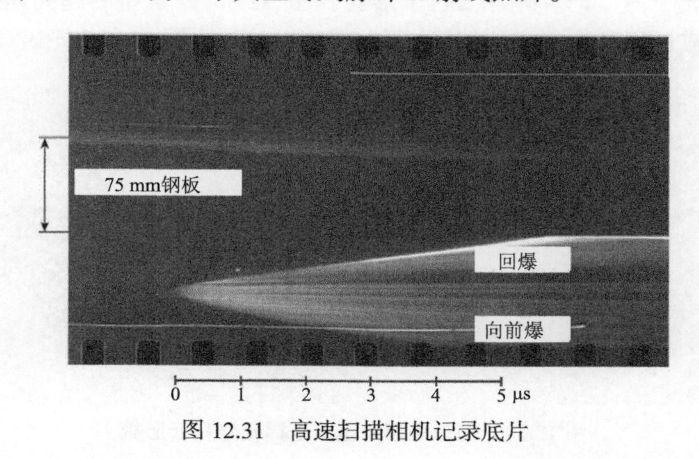

图 12.31　高速扫描相机记录底片

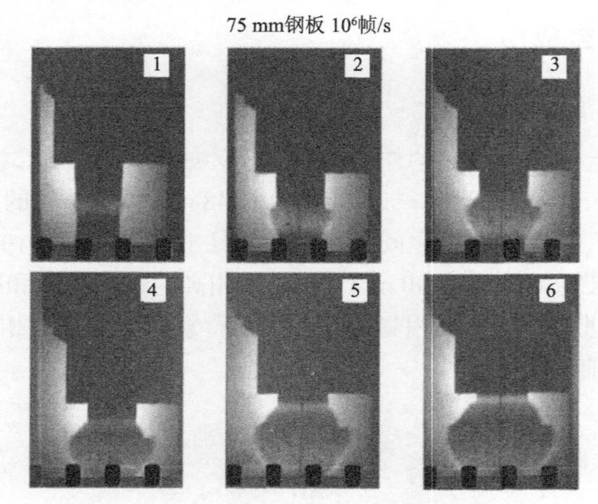

图 12.32　不同时刻脉冲 X 射线照片

由高速相机扫描图像时刻脉冲 X 射线照片可以看出，爆轰不是发生在隔板与炸药的界面，而是发生的隔板下面被发药柱靠下一定深度的位置，爆轰波向下传播的同时也向上进行回爆，说明射流侵彻炸药是没有马上发生爆轰，而是存在着起爆到爆轰成长的过程。脉冲 X 射线照片可以较清晰地观测到射流沿对称轴穿过了炸药中心，发生爆轰后爆轰产物膨胀，密度变低，图像中显示为明亮区。

2. 超高速碰撞过程观测

弹丸超高速撞击金属靶板，弹丸和靶板均会发生剧烈破碎，形成碎片云，同时还伴随着等离子体产生，发出很强的可见光。若采用可见光高速摄影技术进行观测，强光会干扰图像，无法获得碎片云的形貌。脉冲 X 射线高速摄影技术可穿过火光与等离子体，记录碎片云粒子形貌。图 12.33 是典型的超高速弹丸撞击铝靶碎片云形成过程和形貌变化图像，可以清晰区分弹丸破碎和铝靶破碎的粒子云。

图 12.33　钢弹丸超高速撞击铝靶碎片云形貌

图 12.34 和图 12.35 是弹丸高速撞击钢杆的典型 X 射线图像与数值模拟结果对比，其中图 12.34 撞击速度较低，约 4000 m/s。这时钢杆与弹丸均发生严重变形破坏，但未形成碎片云。数值模拟采用的是拉格朗日侵蚀算法，选取适当的材料模型和失效应变即可较准确模拟弹丸高速撞击钢杆过程。

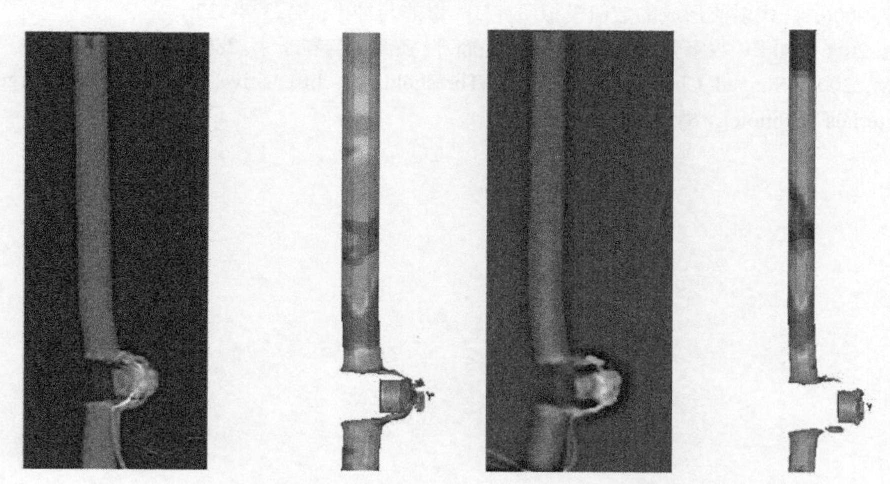

图 12.34　速度 4000 m/s 弹丸撞击钢杆 X 射线图像与数值模拟结果对比

图 12.35 撞击速度较高，约 6000 m/s。这时钢杆与弹丸均发生严重破碎，可视为形成了碎片云。数值模拟采用分区建模方法，在撞击破坏区域采用的是光滑粒子（SPH）算法，在远离撞击区域采用拉格朗日模型，选取适当的材料模型和失效判据即可较准确模拟弹丸超高速撞击钢杆碎片云形成过程。

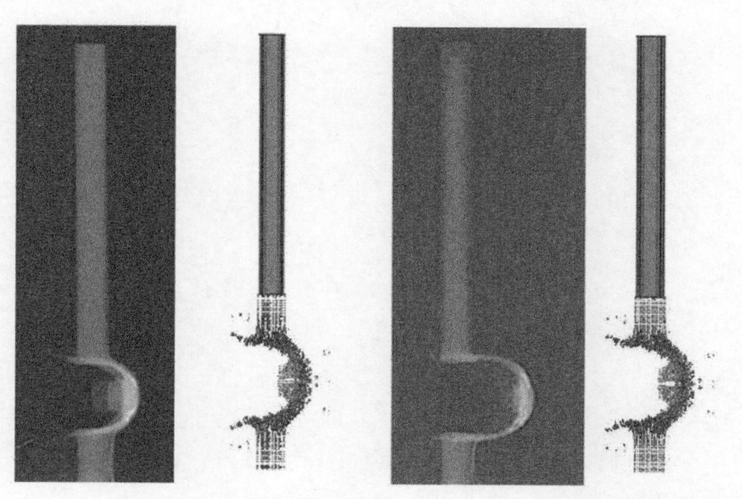

图 12.35　速度 6000 m/s 弹丸撞击钢杆 X 射线图像与数值模拟结果对比

参 考 文 献

曹科峰. 1998. 300kV 软管闪光 X 光机[C]. 中国工程物理研究院科技年报, 27.

邓建军. 2009. 流体物理研究所高功率脉冲技术研究进展[J]. 物理, 38(12): 901-907.

吴晗玲. 2006. 杆式射流形成的数值模拟研究[J]. 爆炸与冲击, (4): 328-332.

吴红光. 2016. 450 kV 数字化 X 光照相诊断系统[J]. 强激光与粒子束, 28(1): 23-27.

Held M. 2006 .Shaped Charge Jet Initiation Thresholds[C]. Insensitive Munitions & Energetic Materials Technology Symposium, Bristol.

第13章　综合测试技术应用典型工程实例

本章主要介绍测试技术在实际工程中的应用方法和实例，包括战斗部静爆威力靶场综合测试方法与设计、战斗部爆炸威力测试与评价方法、某大型战斗部静爆威力测试、飞机模型/歼-6飞机撞击载荷综合测试等。重点突出多系统、多参量、多单位、大规模等综合实验测试组织与实施。

13.1　战斗部静爆威力靶场综合测试方法与设计

毁伤效应评估就是根据武器系统威力的时空分布，结合目标易损性分析，给出目标毁伤的期望值，可见武器系统威力的时空分布是毁伤评估的前提条件和依据，因此，野外恶劣环境高效毁伤战斗部爆炸时空分布威力测试技术，是建立典型结构的毁伤判据、评估高效毁伤战斗部性能、提出新型高效毁伤战斗部战技指标以及部队作战使用等所需要的重要基础数据的必要技术手段和实施平台，已经成为高效毁伤战斗部研制和使用的重要技术保障。

为了对常规导弹高效毁伤战斗部实战威力和毁伤效应进行评估，野外靶场实弹打靶时爆炸威力场测量是不可缺少的技术途径。要准确、可靠测量导弹实战时高效毁伤战斗部爆炸威力场，获取可靠的试验数据，需要建立稳定、适应野外恶劣环境的时空分布威力场测试系统。下面以大型常规杀爆战斗部为典型对象，介绍战斗部静爆威力靶场综合测试方法。

13.1.1　试验设计与靶场布置

杀爆战斗部爆炸威力测量包含破片杀伤能力、冲击波压力场的强度和TNT当量等测量。在我们将要配置的测量系统中，测量杀爆战斗部爆炸威力的方法是传统的、经典的，而威力测试系统中所配置的传感器和记录仪器是新颖的；杀爆战斗部爆炸时，在爆炸产物驱动下壳体形成破片的过程存在相当大随机性，破片的质量分布、数量分布、速度分布和空间分布等也比较大，爆炸产物从破片群的间隙中冲出后形成的空气冲击波压力场也变得相当复杂，另外还伴随有透过弹壳的冲击波、有破片运动的弹道波、地面和结构物等的反射冲击波等。为适用这种相当大随机性的威力测量，测量系统必须有足够多的通道数，用统计的方法来分析与处理测量结果。

杀爆战斗部爆炸威力测试系统通常包含如下几个部分:

(1) 破片速度空间分布测量系统（由 32～64 路时间间隔测量系统构成）;

(2) 有效破片数量和质量分布测量系统（包含松木靶板实验和沙坑实验等）;

(3) 爆炸自由场超压测量系统（含战斗部空中爆炸 TNT 当量测量）;

(4) 地面或壁面冲击压力测量系统;

(5) 高速运动分析系统（高速摄像）;

(6) 瞬态温度场光学测试系统（温压战斗部用）;

(7) 根据战斗部特性试验设置效应靶，如生物效应靶、钢靶、油罐、装甲车辆、雷达天线、通讯方舱等。

在战斗部设计阶段的试验中，测量项目应尽量齐全；而在战斗部验收试验中，测量项目可少一些。在战斗部静爆试验中，要合理地制订试验方案，争取做到一次试验测得尽可能多的参数，可以大幅度地节省人力、物力和经费。

图 13.1 为某大型战斗部静爆实验场地布置示意图（侧视），图 13.2 为战斗部静爆实验的压力传感器和测速探头布置图。

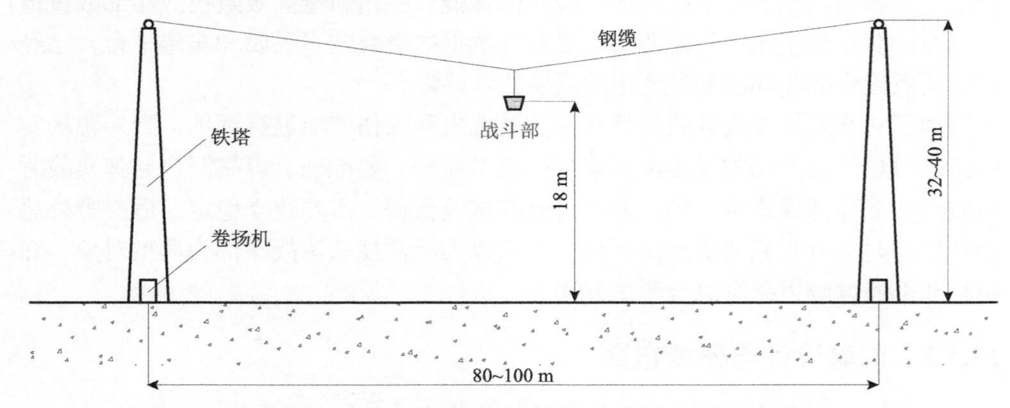

图 13.1　战斗部静爆试验场地布置示意图（侧视）

图 13.1 中的战斗部采用吊放形式，若离地不太高时可用木支架托放战斗部。图 13.2 中，0 m 高布置了 12～15 支压力传感器，1.5 m 高也布置了 12～15 支压力传感器及支架，在 16 个方向上布置了破片测速探头，还在多个方向上布置了木质破片密度靶。图 13.2 中的数量和尺寸仅供参考，具体数量要根据战斗部的结构和大小来确定。

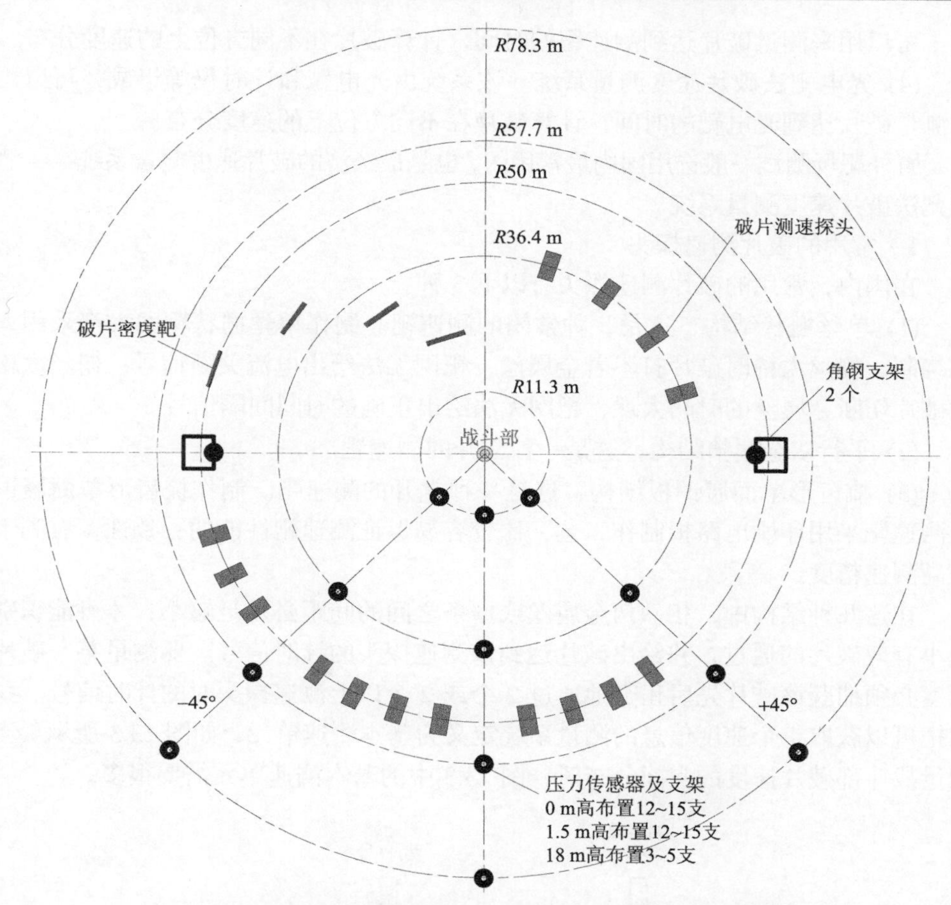

图 13.2　战斗部静爆实验的压力传感器和测速探头布置图

13.1.2　测试系统选择与配置

这里重点介绍破片与超压测试系统。

1. 破片速度测量系统

根据测量破片速度的方法来分类，常用的破片速度测量系统有以下几种：

(1) 高速摄影法破片速度测量系统。该系统由多个银幕、多个同步闪灯和多台高速分幅摄影机等组成，可以用来测量破片达到银幕的时间，计算破片在不同方位上的速度分布。

(2) 脉冲 X 射线摄影法破片速度测量系统。该系统由模拟弹、破片定向飞行窗口和脉冲 X 射线摄影机等组成，可以用来测量模拟弹的飞片速度。

(3) 测速靶法破片速度测量系统。该系统由测速靶、脉冲电路和计时仪等组成，可以用来测量破片达到测速靶的时间，计算破片在不同方位上的速度分布。

(4) 光电靶法破片速度测量系统。该系统由光电靶和计时仪等组成，可以用来测量破片达到光电靶的时间，计算破片在不同方位上的速度分布。

野外靶场测试一般选用国内最常用的，也是最经济的破片速度测量系统——测速靶法破片速度测量系统。

1）常用的破片测速探头

在国内，常用的破片测速探头有以下 3 种：

(1) 单丝栅状结构，这是一种常闭的测速靶。制作单丝栅状靶网大都采用人工绕制，栅丝太稀时破片打不着金属丝，靶网无法给出电流关断信号；栅丝太松时破片切断金属丝的时间太迟，靶网无法给出正确的时间间隔信号。

(2) 平行双金属箔结构，这是一种常开的测速靶。

(3) 梳齿形单面履铜板结构，这是一种常开的测速靶。制作梳齿形单面履铜板测速靶采用印刷电路板制作工艺，比较容易保证测速靶性能的一致性，有利于提高测速精度。

在这几种结构中，相邻两金属丝或栅条之间的间距必须足够小，才可能识别最小有效破片的通过，并给出破片达到该测速探头的计时信号。要测量某一破片速度必须捕获该破片先后正交地通过 2 个或 2 个以上测速探头时的计时信号。我们把可以获取 1 个速度信息的测量系统定义为基本测速单元，如图 13.3 所示。当测量战斗部破片速度的空间分布时，图 13.3 中的基本测速单元需要很多。

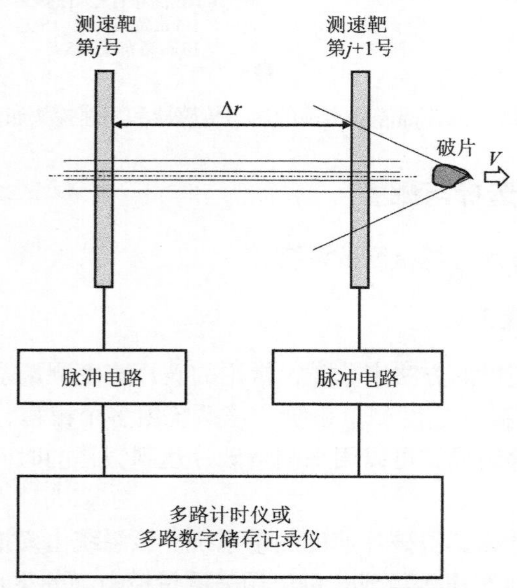

图 13.3　破片速度测量系统的基本测速单元

当破片测速系统是由 n 个测速探头时间和 n 通道计时仪组成时，一次实验可以得到 n 个计时信号；当破片测速系统是由 m 个测速探头时间和 m 路数字存储记录仪组成时，一次实验也可以得到 m 个计时信号。如果把 n 或 m 个测速探头中的 1 个探头安装在战斗部的壳体上，当战斗部爆炸后该探头将最先输出计时信号，我们可以定义它为零时计时信号；在这种情况下，一次实验可以得到 $n-1$ 或 $m-1$ 个时间间隔信号。

2）脉冲电路和记录仪

在破片速度测量系统中的脉冲电路实际上是测速靶的测量电路，线路相当简单，如图 13.4 所示。当所接的测速靶是常闭的，其内阻很低，约为 0.2～2 Ω，电路中的 E=+6～+24 V，R_1=0.4～2 kΩ，保证通过测速靶的电流足够大，如 10～20 mA，也同时保证了开关状态突变时给出足够大的正计时信号；当所接的测速靶是常开的，其内阻很高，约为 10^{10}～10^{14}Ω，电路中的 E=–12～–400 V，R_1=2～10 MΩ，保证在测速靶两电极之间的电压降足够大，如 12～400 V，也同时保证了开关状态突变时给出足够大的正计时信号。

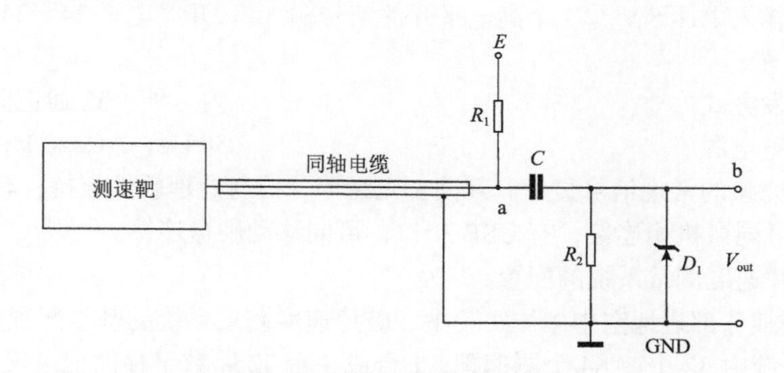

图 13.4　连接测速靶的脉冲电路

当常开的测速靶在飞行的金属破片作用下被接通时，a 点的负电平突变到零伏，耦合电容 C 的另一端 b 由零伏突变到某一个正的钳位电平——破片的计时信号 V_{out}。这种计时信号 V_{out} 是一种由开（OFF）到关（ON）的开关信号，前沿很陡，有利于提高时间间隔的判读精度。

当常闭的测速靶网在飞行的破片作用下被切断时，a 点的电平由毫伏量级突变到几伏量级，甚至达到几十伏量级，此突变信号经隔直电容 C 耦合到输出端 b 点后成为该破片的计时信号 V_{out}。破片的计时信号 V_{out} 是一种由开(ON)到关(OFF)的开关信号，它与由 OFF 至 ON 的开关信号相比前沿的变化速率较慢，不利于提高时间间隔的判读精度。一般计时仪的时间间隔的判读仪根据前沿的电平值，不管计时信号前沿是否陡峭，容易出现判读值的畸异；当选用多路数字存储记录仪来取代计时仪时，两两计时信号之间时间间隔的判读方法由用户来确定，或定义在峰值，或定义在平峰值，或定义在前沿的起点。

32 路计时仪和 32 路数字存储记录仪的价位相差很少，但计时仪是单用途的，数字存储记录仪是一种多用途的通用仪器，有利于提高仪器设备的利用率。

目前的国产采集仪大都在仪器内部设置了多种放大、信号调理功能，若选用采集仪器的输入端具有直接连接测速靶的输入口，在此输入口内已配接了类似图 13.4 中的电路，这样一来，简化了破片测速系统，也减少配置测量系统的工作量。

某 32 路数字存储纪录仪其主要性能如下：

(1) 通道数　　32；

(2) 每通道最高单次采样速率　　20 MS/s；

(3) 垂直分辨率　　≥10 bit；

(4) 每通道记录长度　　256 kpts；

(5) 每通道最高频宽　　5 MHz；

(6) 每一通道有 2 种输入口：①1 个普通输入口，输入阻抗 1 MΩ，Q9 插座 1 个，最高输入电压 5 V；②1 个高电平开关信号输入口，开关电平 24～240 VDC，Q9 插座 1 个；

(7) 触发方式　　内、外，32 通道同步；

(8) 供电电源　　50 Hz，AC220 V；

(9) 有完整的常规信号显示、判读、光滑等分析与处理软件支持；有标准的输出口，可同微机相连接；有 USB 接口，可同移动硬盘连接。

3）破片速度测量系统的配置

在杀爆战斗部近地空中爆炸实验中，破片速度测量系统的基本配置如图 13.5 所示，该系统由 32 个或 64 个测速靶、1 台或 2 台 32 路数字存储记录仪（每个通道带脉冲电路）等组成。

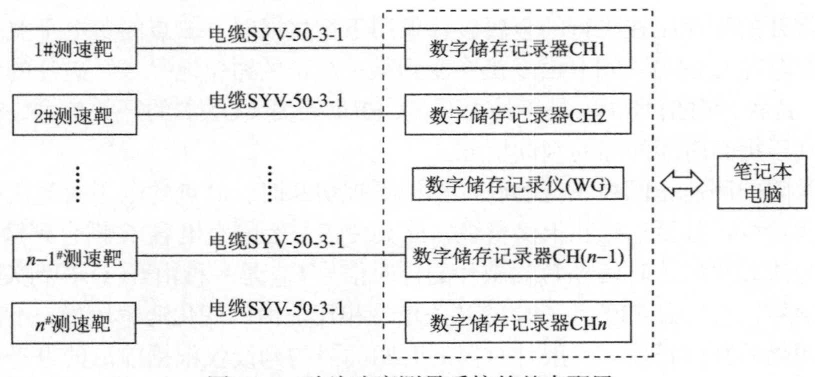

图 13.5　破片速度测量系统的基本配置

2. 静爆实验压力场测量系统的基本配置

静爆实验战斗部的爆炸压力场测试系统主要包含如下几个部分：16～32 路壁面压力传感器及其埋设部件、16～32 路自由场压力传感器及其埋设部件、5～6 km 低噪声电缆、1 台 32 路带高输入阻抗的数字存储记录仪等。

1）壁面压力传感器及其埋设部件

静爆实验战斗部的爆炸压力场测试时，在离爆心较近区域内，爆炸产物和破片运动形成的冲击波压力场太复杂，压力强度上会出现较大的随机变化，破片和飞砂击中压力传感器的概率也较高，因此近区传感器布置不宜过多，大部分压力传感器都布置在中远爆心距上。

壁面压力传感器，可选择由美国 PCB 公司制作的 112A05、113B26 等型爆炸压力传感器，也可选择爆炸科学与技术国家重点实验室（A620 Lab.）研制的 WPT-QH17、WPT-2012 等型壁面压力传感器。目前比测试验的第三方测试均要求使用进口传感器，实际上国产传感器性价比更高。

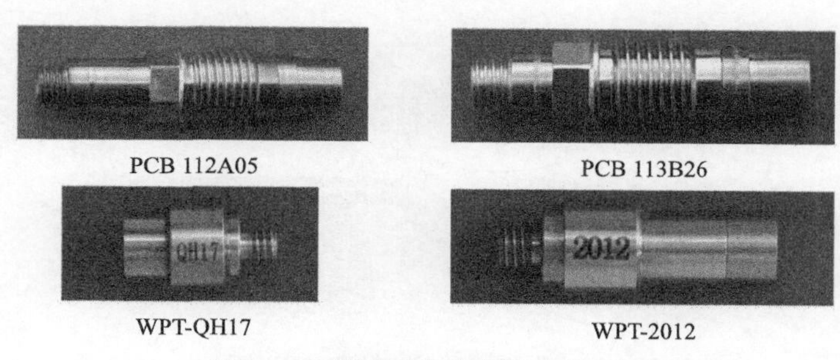

图 13.6　壁面压力传感器（外观）

表 13.1 中给出两种进口和两种国产壁面压力传感器主要性能。两种传感器的性能比较接近，但价位相差较大。带壳战斗部爆炸压力测量中，即使在中远爆心距上测量压力时测量结果的散布还是较大，因此必须采用多测点同步测量，也就是在一次实验中必须使用足够多的压力传感器，然后用统计的方法处理测量结果。在购置传感器时还必须考虑到战斗部压力场测量中传感器的损坏率是较高的。

为提高战斗部压力场测量中传感器的工作可靠性和减少损坏率，必须把壁面压力传感器安装在 1 个埋设部件之中，如图 13.7 所示。在图中，壁面压力传感器的工作表面、埋设部件的上表面和地表面应当设置在同一平面上，防止冲击波在掠过传感器的工作表面时产生不规则绕流的影响。

在使用壁面压力传感器测量冲击波作用在地表面的压力时，传感器的输出信号中已经包含了冲击波的地面反射效应。如果要测量未受地面反射影响的冲击波压力，必须在地表面上方的足够高的位置上利用自由场压力传感器来测量。

表 13.1　壁面压力传感器主要性能

型号	112A05	113B26	WPT-QH17	WPT-2012
电荷灵敏度(pc/MPa)	160～180	—	20～30	20～30
电压灵敏度(mV/kPa)	—	1.45	—	—
量程(MPa)	34.5	3.45	50	50
线性(%FS)	≤1	≤1	≤2	≤2
谐振频率(kHz)	≥500	≥500	≥500	≥500
正冲击上升时间(μs)	≤1	≤1	≤1	≤1
工作温度(℃)	−240～316	−73～135	−50～150	−50～150
输出接口	10～32	10～32	M5	M5

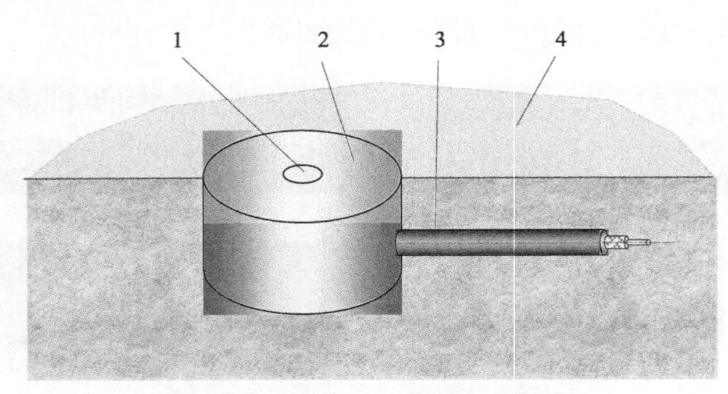

图 13.7　地面压力传感器和埋设附件

1-地面压力传感器；2-埋设部件 A；3-低噪声电缆；4-地面

2）自由场压力传感器及其埋设部件

空中（或水中）爆炸形成的爆炸波的测量方式大体上分两类：一种是测量没有任何物体干扰的自由场（free field）的压力，适用于这种条件下测压的传感器称为自由场压力传感器；另一种是测量爆炸波的地面、壁面和结构物上的扫射压力或反射压力，适用于这种条件下测压的传感器称为壁面压力传感器。当利用自由场压力传感器在爆炸波流场中测量自由场压力时，要求传感器及其支架的外形是流线型的；若传感器及其支架的外形不佳，对原流场会产生较强的反射和绕流干扰，影响压力测量结果的正确性。在本项目中将选用两种自由场压力传感器：

(1) 美国 PCB 公司制作的 137B22A 型自由场压力传感器，如图 13.8 所示；

(2) BIT A620 国家重点实验室制作的 FPT-BG、FPT-YB 型自由场压力传感器，如图 13.9 所示。

三种自由场压力传感器的主要性能已列于表 13.2 中。

图 13.8　美国 PCB 公司制作的 137B22A 型自由场压力传感器

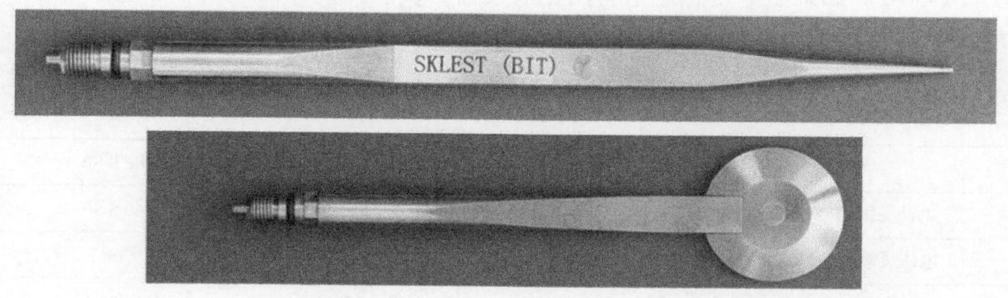

图 13.9　A620 Lab. 制作的 FPT-BG、FPT-YB 型自由场压力传感器（外观）

自由场压力传感器和壁面压力传感器一样，大部分压力传感器都布置在中远爆心距上，但这两种传感器的性能和安装方法是不同的。当在不同爆心距上使用多个笔杆形自由场压力传感器测量化爆冲击波压力时，全部笔杆形传感器的轴线都必须指向爆心，保证作用于传感器的冲击波方向平行于传感器的轴线，如图 13.10 所示。

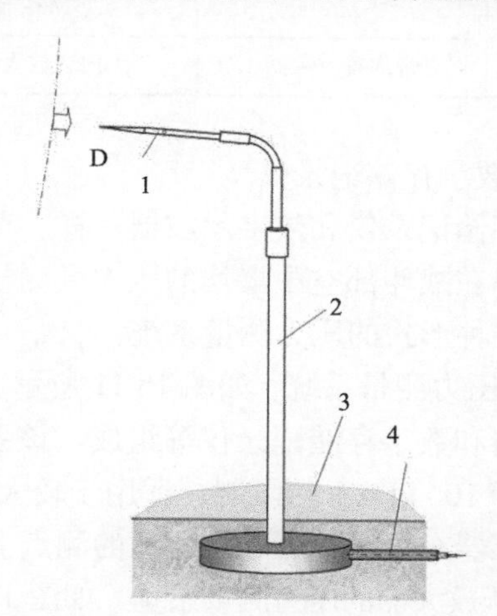

图 13.10　自由场压力传感器和埋设附件

1-自由场压力传感器；2-埋设部件 B；3-地面；4-低噪声电缆

3）低噪声电缆

当压电传感器和放大器之间需要用电缆来连接时，必须使用低噪声电缆，不能使用普通的同轴电缆。低噪声电缆与普通同轴电缆之间无太多差异，唯一不同之处是内绝缘层外表面上有导电的石墨涂层，该石墨涂层可以防止电缆在位移、变形或受其他机械作用的过程中产生静电电荷，也就遏止了电缆的噪声干扰，提高了由压电传感器产生的电荷信号的信噪比。

为减少长电缆的模拟信号传输失真，应选用外径较粗的低噪声电缆：STYV-50-2。如果压电传感器中有内置放大器，传感器的输出端就不必连接低噪声电缆了，而应当选连接传输性能更好的同轴电缆，如 SYV-50-7-1 或 SUV-50-3-1 等。

表 13.2　两种自由场压力传感器主要性能

型号	137B22A	FPT04	FPT-S0
电荷灵敏度(pc/MPa)	—	40～50	40～50
电压灵敏度(mV/kPa)	1.45	—	—
量程(MPa)	3.45	20	20
线性(%FS)	≤1	≤2	≤2
谐振频率(kHz)	≥500	≥500	≥500
正冲击上升时间(μs)	≤4	≤6	≤6
工作温度(°C)	−73～15	-50～100	-50～100
输出接口	M5	M5	M5
备注	带内置放大器	无内置放大器	无内置放大器

4）带高输入阻抗的数字存储记录仪

一般情况下，数字存储记录仪和数字示波器一样，都是通用记录仪器，都可用来配置多种测量系统。在战斗部空中爆炸的压力场测量中，我们可以利用通用数字存储记录仪配置成多种形式的压力测量系统：

(1) 含电荷放大器的压力测量系统，如图 13.11 所示。该系统由压电压力传感器、长电缆、电荷放大器和数字存储记录仪等组成。该系统的频宽往往受电荷放大器（上限频率小于等于 100 kHz）的限制，适用于较大 TNT 当量的爆炸压力场测量，且必须把压力传感器布置在离爆心足够远的测点上。

(2) 含高输入阻抗电压放大器的压力测量系统，如图 13.12 所示。该系统由压电压力传感器、高输入阻抗电压放大器、长电缆和数字存储记录仪等组成。该系统的频宽往往受压电压力传感器（上限频率小于等于 500 kHz）的限制，既适用于较小 TNT 当量的爆炸压力场测量，也适用于较大 TNT 当量的爆炸压力场测量，除了不能把压力传感器布置在离爆心较近的测点上外，其余地方均可以布置压电压力传感器。

(3) 压力传感器带内置放大器的压力测量系统，如图 13.13 所示。该系统由带高输入阻抗放大器的压电压力传感器、长电缆、传感器适配器和数字存储记录仪等组成。该系统的频宽往往受压电压力传感器（上限频率小于等于 500 kHz）的限制，既适用于较小 TNT 当量的爆炸压力场测量，也适用于较大 TNT 当量的爆炸压力场测量，除了不能把压力传感器布置在离爆心较近的测点上外，其余地方均可以布置压电压力传感器。

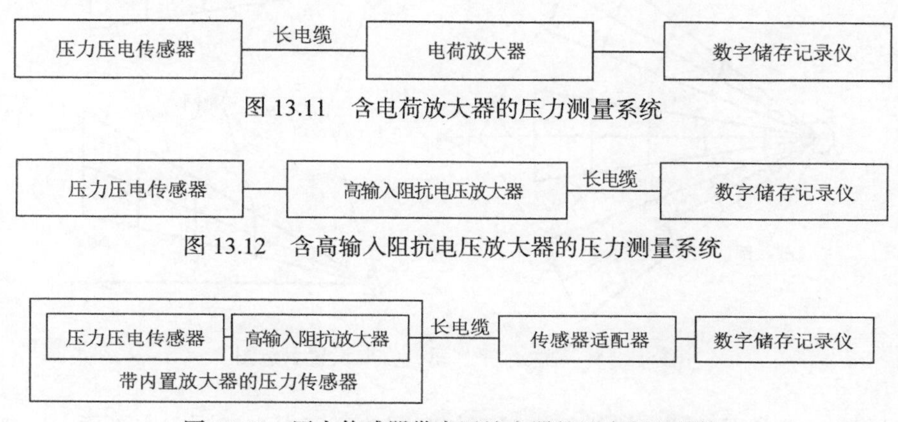

图 13.11　含电荷放大器的压力测量系统

图 13.12　含高输入阻抗电压放大器的压力测量系统

图 13.13　压力传感器带内置放大器的压力测量系统

与破片速度测试系统的记录仪一样，若其每个通道的输入端配接一个内置的高输入阻抗电压放大器，也就是增加了可以直接连接压电压力传感器的输入口，从而使系统省去了外置的电荷放大器或高输入阻抗电压放大器。利用这种数字存储记录仪很容易配置冲击波压力测量系统，如图 13.14 所示。这样的系统既简化了测量系统，又节省了经费，而全系统的性能保持不变。

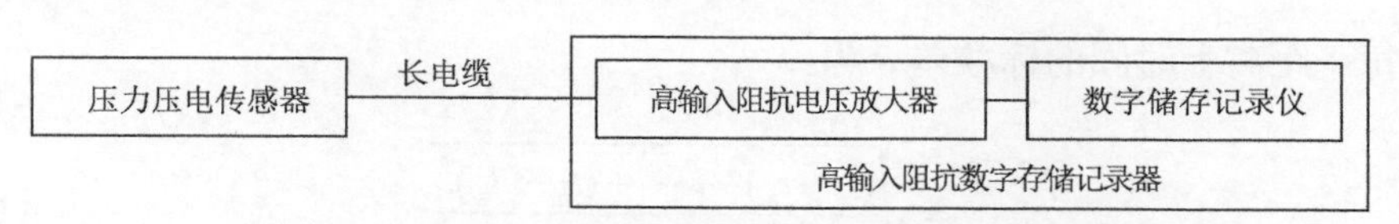

图 13.14　含高输入阻抗数字存储记录器的压力测量系统

13.1.3　典型试验结果及数据处理

1. 靶网的设置和试验结果处理

沿战斗部径向至少在三个方向设置靶网、每个方向至少设 4 个靶网，如图 13.15 所示。靶网之间的距离一般是相等的。第一靶与爆心的距离应足够大，以保证是正常破片而不是爆炸产物、冲击波和壳体撕裂产生的金属碎粒首先通过靶网。这一点是靶网测速成败的关键。最后一靶的距离，应保证破片在此处仍有较大的速度，这样才能认为破片在靶间的弹道基本是一直线。第一靶的面积应设计成能拦截 5 个以上的破片，以后各靶按立体角设置，面积逐个增大。以保证某一破片能连续领先穿过同一方向的各个靶网。若靶网的方向数和每个方向的靶网数过少，出现个别反常数据时就不好处理，就不易得到准确的最后数据。

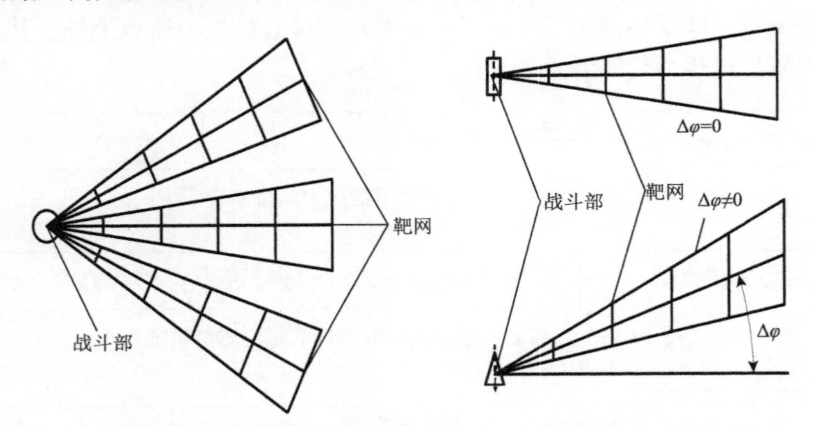

图 13.15　靶网水平、垂直方向设置示意图

试验一般采用立试。战斗部赤道面与靶网的高度中心在同一水平面上。如果破片飞散呈前倾或后倾状态，则靶的设置应与此适应，如图 13.15 所示。在战斗部赤道面上缠以靶丝作为零靶。零靶被拉断的时间作为破片飞散的计时起点。

试验后应检查测得的时间值有无反常情况。假定在 m 个方向上设有靶网：每一距离上测得的时间值为 t_1，t_2，…，t_m，则 m 个方向的平均时间 t_a 为

$$t_a=(t_1+t_2+\cdots+t_m)/m \tag{13.1}$$

每一距离上时间的标准差 σ 为：

$$\sigma=\sqrt{\frac{(t_1-t_a)^2+\cdots+(t_m-t_a)^2}{m-1}} \tag{13.2}$$

若测得的任一时间值与平均时间的偏差大于 3σ 时，则认为反常，应将反常数据剔除，用平均时间 t_i 值代替：

$$t_i=t_{i-1}+\frac{\sum_{k=1}^{m}t_i^{(k)}-\sum_{k=1}^{m}t_{i-1}^{(k)}}{m} \tag{13.3}$$

式中，$t_i^{(k)}$ 和 $t_{i-1}^{(k)}$ 为某方向相邻点的时间值。

如果在最小距离上存在反常数据，则用下列平均时间值代替：

$$t_i = t_{i+1} + \frac{\sum_{k=1}^{m} t_{i+1}^{(k)} - \sum_{k=1}^{m} t_i^{(k)}}{m} \tag{13.4}$$

经过这样的修正，每一距离上的时间平均值 $\overline{t_i}$ 为

$$\overline{t_i} = \sum_{k=1}^{m} t_i^{(k)} \Big/ m \tag{13.5}$$

然后，根据下列公式，可求出破片初速 V_0 和破片速度衰减系数 K_{a}：

$$\ln V_0 = \frac{\sum_{i=1}^{n} s_i^2 \cdot \sum_{i=1}^{n} \ln V_{si} - \sum_{i=1}^{n} s_i \cdot \sum_{i-1}^{n} s_i \ln V_{si}}{n\sum_{i=1}^{n} s_i^2 - (\sum_{i=1}^{n} s_i)^2} \tag{13.6}$$

$$K_{\mathrm{a}} = \frac{\sum_{i=1}^{n} s_i \cdot \sum_{i=1}^{n} \ln V_{si} - n\sum_{i-1}^{n} s_i \ln V_{si}}{n\sum_{i=1}^{n} s_i^2 - (\sum_{i=1}^{n} s_i)^2} \tag{13.7}$$

式中，V_{si} 为破片在相邻两靶中间点的存速：

$$V_{si} = \frac{s_{i+1} - s_i}{t_{i+1} - t_i} \tag{13.8}$$

s 为两靶中间点至战斗部外壳的距离；n 为一个方向上的靶网数（不计零靶）。

2. 由远场压力传感器记录确定战斗部 TNT 当量

设置在远场的自由场压力传感器记录中，除了受破片弹道波干扰的记录外，多数记录应满足“自确条件”。所谓“自确条件”就是由压力模拟信号峰值确定的冲击波超压值应当符合根据测点爆心距、冲击波达到的时间和冲击波关系等计算得到的冲击波超压值。

在测量战斗部 TNT 当量之前，在爆心（将要放置战斗部的位置）上放置 TNT 炸药装药试样（外形和质量都接近战斗部中的炸药装药），做对比性爆炸实验，标定压力测量全系统，并同时得到冲击波的时、程曲线。根据所得的时、程曲线，不难得到仅适用于此特定的爆炸环境条件下的超压经验公式：

$$\left.\begin{aligned} &\Delta P = A_0 + A_1\overline{R}^{-1} + A_2\overline{R}^{-2} + A_3\overline{R}^{-3} + A_4\overline{R}^{-4} \\ &\overline{R} = RW^{-1/3} \end{aligned}\right\} \tag{13.9}$$

式中，A_0, A_1, A_2, A_3, A_4 为常量。

当战斗部静止爆炸实验结束之后，根据远场的超压测量结果利用上式就可以计算战斗部压力场相关的 TNT 当量。

13.1.4　运动战斗部爆炸威力测试系统

运动战斗部爆炸威力测量实际上仅测量形成冲击波压力场。但测量运动战斗部冲击波压力场有相当多的困难：

(1) 战斗部终点弹道的弹着点有相当大的散布，如散布半径 R=200～400 m；

(2) 战斗部终点弹道上的炸高也有较大的随机分布；

(3) 在每个测点上的压力水平也很难预知。

为此必须采取若干有效措施才可能保证运动战斗部冲击波压力场测试的成功。

为解决测量运动战斗部冲击波压力场的困难，我们配置了一种新颖的运动战斗部冲击波压力场测试系统——数字存储压力记录仪（DPR）方阵，如图 13.16 所示。

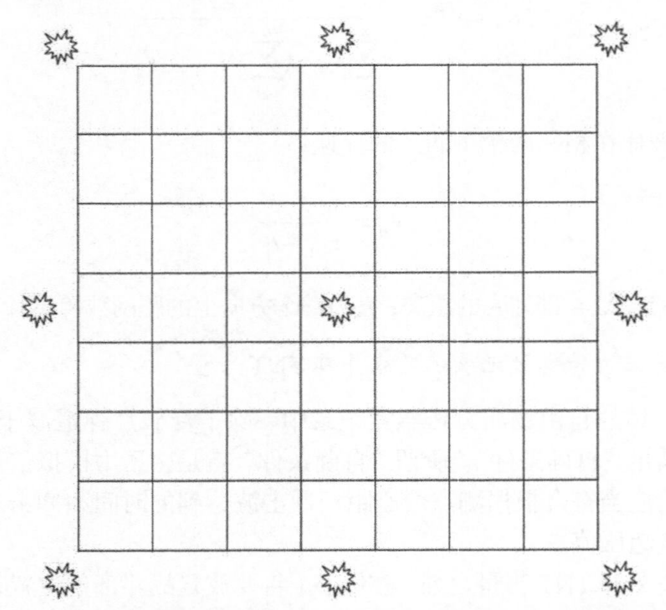

图 13.16　64 个数字存储压力传感器组成的运动战斗部爆炸压力测量系统场地布置示意图

该数字存储压力记录仪方阵具有以下几个特点：

(1) 使用 64 个 DPR 数字存储压力记录仪，组成 8×8 个压力测点的方阵，如图 13.16 所示；若两两传感器之间的间距为 50 m，该方阵的面积为 750 m×750 m；如果运动战斗部在此方阵附近爆炸时，又当战斗部爆炸压力场与此传感器方阵交汇处的冲击波超压值大于或等于触发测压全系统所需的最低超压值时，则此测压系统才可能正常工作。

(2) 此方阵中的每个数字存储式压力计采用 14 bit 的垂直分辨率，解决远离爆心测点上压力水平低的测量精度难题。

(3) 此方阵中的全部数字存储压力记录仪实行同步触发，也就是当任意一个测点的数字存储压力记录仪被触发之后，其他测点的数字存储压力记录仪也被同步触发，这不仅解决了全系统触发的可靠性，也有利于全部冲击波压力模拟信号记录的时、程分析。

13.2　爆破/温压/云爆战斗部爆炸威力测试评价方法

爆破战斗部、温压战斗部、云爆战斗部的威力指标通常由 TNT 当量表征，一般通过测量距爆心不同距离的空气冲击波超压峰值，再通过 TNT 装药爆炸的空气冲击波超压峰值随距爆心的变化规律（经验关系或现场 TNT 标定曲线），确定战斗部的 TNT 当量。下面介绍战斗部爆炸 TNT 当量的测试评估方法、测试的基本要求和数据处理方法。

13.2.1　试验条件和仪器要求

试验场地要求地面平坦、视野开阔，在冲击波测量要求范围内无障碍物，地面硬度适应试验要求。试验场区相对湿度 20%～80%，风速小于 3 m/s。

试验所用的冲击波压力传感器可选择自由场型和壁面型两类压力传感器，传感器、适配器在试验前经计量检定机构进行测量超压范围内的动态标定，经检定合格，并在有效期内，其性能指标满足测试要求。固有频率：200～500 kHz；上升前沿：<5 μs；线性度：≤0.5%。

试验所用记录仪器应为合格产品，试验前须经计量检定机构检定合格，并在有效期内，其性能指标满足：单通道采样速率不低于 1 Ms/s；单通道纪录长度不小于 1 Ms；垂直分辨率不小于 8 bit。

13.2.2　传感器的布置

传感器布置布置在以战斗部地面零点（即战斗部在地面的投影点）为中心的地面放射线上，保证每个测量半径上有效的测量数据不少于 1 个；在 20～500 kPa 峰值超压范围内，至少有 6 个不同测量半径上布置有传感器；当传感器的数目大于 6 个少于 12 个时，可将传感器布置在一条测线上；当传感器数目大于 12 个时，可以分成两条测线布置，测线夹角在60°～90°之间，并使相同半径上的测点数不少于2个。

自由场压力传感器安装必须固定在体积小，流线型好的支架上，支架在压力传感器敏感部位的后面，且与传感器的敏感部位相距20 cm以上，传感器离地面的高度不小于150 cm。

壁面型压力传感器布置在表面平整、直径不小于20 cm的钢板中心，传感器敏感部位的表面与钢板表面平齐，钢板表面与地面基本平齐并贴实。

13.2.3 战斗部的布置

战斗部安放高度与战斗部设计的爆高相同。如果没有爆高约定，按照以下准则确定：

(1) 对于一次起爆型云爆战斗部：

$$H_F=0.35Q_F^{1/3} \tag{13.10}$$

式中，H_F为战斗部安放高度，m；Q_F为战斗部装药的预估TNT当量，kg。

(2) 对于二次起爆型云爆战斗部：

$$H_F=0.8m_F^{0.14} \tag{13.11}$$

式中，H_F为战斗部安放高度，m；m_F为战斗部装填燃料的质量，kg。

试验弹药（战斗部）安放在托弹架上，弹轴与地面垂直。

13.2.4 测试系统的现场标定

对于TNT当量测试评估通常需采用标准TNT装药对测试系统进行现场标定。按被标定的压力传感器测量 TNT 爆炸的超压与战斗部爆炸的超压近似相同的原则，来确定TNT炸药布置点与被标传感器的距离。

如果压力传感器布置在一条测线上，而且战斗部的装药量较小，则压力传感器可同时标定；如果战斗部的装药量较大，可以采用相同的多个药量对测线上布放的压力传感器分别进行标定。如果压力传感器布置在两条测线上，可以采用相同的多个药量对测线上布放的压力传感器分别进行标定。

TNT标准装药采用TNT裸炸药，球形或长径比为1∶1的圆柱状，装药密度平均密度在1.57～1.6 g/cm^{3}之间，单次药量不小于1 kg。

13.2.5 试验数据处理

1. 超压数据的处理

冲击波前沿到达时间、压力峰值及波形未出现明显异常现象的压力测量数据一般被认为是有效测量数据。每次试验，在峰值超压 20～500 kPa 之间，至少有六个测量半径测到有效数据。

每个半径位置上的有效峰值超压算术平均值$\Delta\overline{p}_{mj}$为：

$$\Delta\overline{p}_{mj}=\frac{\sum_{i=1}^{n\geqslant 6}\Delta P_i}{n} \tag{13.12}$$

算术平均值的标准不确定度σ_j为：

$$\sigma_j=\left[\frac{1}{n(n-1)}\sum_{i=1}^{n\geqslant 6}(\Delta p_i-\Delta\overline{p}_{mj})^2\right]^{1/2} \tag{13.13}$$

式中，Δp_i为在爆心距R_j处实测超压值，i=1，2，…，n；n为在爆心距R_j处实测到Δp_i的有效个数；$\Delta\overline{p}_{mj}$为爆心距 R_j 处的平均峰值超压统计值；σ_j为爆心距 R_j 上实测超压的标准不确定度。

2. TNT 标定试验数据的处理

TNT 炸药标定试验，在每个半径位置上求得峰值超压平均值$\Delta\overline{p}_{mj}$（$j\geqslant 6$）及 TNT 装药量Q代入式(13.14)，并由最小二乘法求出系数α_1，α_2，α_3，从而确定现场条件下 TNT 爆炸冲击波峰值超压场的计算公式：

$$\Delta p_{\mathrm{m}}=\alpha_1\frac{Q^{1/3}}{R}+\alpha_2\left(\frac{Q^{1/3}}{R}\right)^2+\alpha_3\left(\frac{Q^{1/3}}{R}\right)^3 \tag{13.14}$$

式中，Δp_{m}为冲击波峰值超压，10^5Pa；Q为 TNT 当量，kg；R为冲击波到达距离，m；α_1，α_2，α_3为系数。

用$3\sigma_j$来确定其置信度为 0.95 的置信区间的半宽度$a(\Delta\overline{p}_{mj})$，使测量结果的取值区间在被测量值分布中所包含的百分数为 95%。

$$a(\Delta\overline{p}_{mj})=\zeta\%\times\Delta\overline{p}_{mj} \tag{13.15}$$

$$\zeta\%=\frac{\sum_{j=1}^{m}\frac{3\sigma_j}{\Delta\overline{p}_{mj}}}{m} \tag{13.16}$$

式中，$a(\Delta\overline{p}_{mj})$为置信区间的半宽度；$\Delta\overline{p}_{mj}$为在不同测点半径上的平均值；$\sigma_j$为

不同测量半径 R_j 上的标准不确定度；m 为布置测点的测量半径个数。

13.2.6 战斗部爆炸威力的评价

单发战斗部 TNT 当量及不确定度

1）单路测试 TNT 当量及标准不确定度

若单发战斗部战斗部爆炸试验布置两条测线，在第一条测线上大致均匀分布的不同半径 R_j（j=1～m；m≥6）上，测得 m 个冲击波峰值超压 $\Delta\bar{p}_{mj}$，根据标定的 TNT 超压公式，得到 m 个 TNT 当量值 Q_j，平均 TNT 当量 $\bar{Q}_{11}$ 为：

$$\bar{Q}_{11}=\frac{1}{m}\sum_{j=1}^{m}Q_j \tag{13.17}$$

标准不确定度 σ_{11} 为：

$$\sigma_{11}=\left[\frac{1}{m(m-1)}\sum_{j=1}^{m}(Q_j-\bar{Q}_{11})^2\right]^{1/2} \tag{13.18}$$

所以，利用第一条测线上测得的峰值超压确定的 TNT 当量为：

$$Q_{11}=\bar{Q}_{11}\pm\sigma_{11} \tag{13.19}$$

同样得到第二条测线上的平均 TNT 当量 $\bar{Q}_{12}$ 和标准不确定度 σ_{12}。则第二条测线上测得的峰值超压确定的 TNT 当量为：

$$Q_{12}=\bar{Q}_{12}\pm\sigma_{12} \tag{13.20}$$

2）单发多路测试 TNT 当量及不确定度评估

对于一发爆炸试验，利用两条测线实测峰值超压确定的 TNT 当量相当于 4 个值，即其平均值 $\bar{Q}_1=(Q_{11}+Q_{12})/2$。

极差法标准偏差为：

$$s(\bar{x})=(Q_{\max}-Q_{\min})/d_k \tag{13.21}$$

式中，$s(\bar{x})$ 为标准偏差；$Q_{\max}$ 为 TNT 当量的最大值；$Q_{\min}$，TNT 当量的最小值；d_k 为极差法的系数，与样本量 k 的关系在表 13.3 中给出。

表 13.3　极差法的系数 d_k 表

k	2	3	4	5	6	7	8	9	10
d_k	1.13	1.69	2.06	2.33	2.53	2.70	2.85	2.97	3.08

极差法的标准不确定度为：

$$\sigma_{\mathrm{f}} = s(\overline{x}) / \sqrt{k} \tag{13.22}$$

式中，σ_{f} 为极差法确定的标准不确定度；$s(\overline{x})$ 为标准偏差；k 为样本数量。

置信度为 0.95 时，利用标定的 TNT 爆炸冲击波关系式(13.14)引入战斗部爆炸 TNT 当量的相对标准偏差为：

$$\frac{s_{\mathrm{T}}}{Q} \approx 2 \times \xi\% \tag{13.23}$$

假设测量值在允许误差极限范围内的概率分布为均匀分布，则利用式(13.14)引入战斗部爆炸 TNT 当量的标准不确定度为：

$$\sigma_{\mathrm{T}} = s_{\mathrm{T}} / k_{\mathrm{T}} \tag{13.24}$$

式中，σ_{T} 为因使用式(13.14)计算 TNT 当量引入的标准不确定度；k_{T} 为概率分布的置信因子，此处，$k_{\mathrm{T}} = \sqrt{3}$。

合成标准不确定度 σ_{c} 为：

$$\sigma_{\mathrm{c}} = \sqrt{{\sigma_{\mathrm{f}}}^2 + {\sigma_{\mathrm{T}}}^2} \tag{13.25}$$

置信水平为 0.95 时，扩展不确定度 u_1 为：

$$u_1 = 2\sigma_{\mathrm{c}} \tag{13.26}$$

最终，单发爆炸 TNT 当量计算结果为：

$$Q_1 = \overline{Q}_1 \pm u_1 \tag{13.27}$$

单发战斗部爆炸的比当量 q_1 为单发战斗部爆炸 TNT 当量测量结果与战斗部装药质量 m_{F} 之比，即为：

$$q_1 = \left(\overline{Q}_1 \pm u_1\right) / m_{\mathrm{F}} \tag{13.28}$$

3）多发战斗部爆炸 TNT 当量的计算

如果用 N 个相同战斗部试验来评价爆炸威力，那么按照上述步骤和计算方法分别求出第 i（i=1,2，…，N）个战斗部的 TNT 当量，用式下式表示：

$$Q_i = \bar{Q}_i \pm u_i \tag{13.29}$$

式中，Q_i 为第 i 个战斗部的爆炸 TNT 当量；$\bar{Q}_i$ 为第 i 个战斗部的两条测线上的平均 TNT 当量；u_i 为第 i 个战斗部爆炸 TNT 当量的扩展不确定度。

N 个战斗部爆炸 TNT 当量的算数平均值 $\bar{Q}$ 用为：

$$\bar{Q} = \frac{\sum_{i=1}^{N} \bar{Q}_i}{N} \tag{13.30}$$

标准不确定度为：

$$\sigma = \left[\frac{1}{2N(2N-1)} \sum_{i=1}^{N} \left(\bar{Q}_i \pm u_i - \bar{Q} \right)^2 \right]^{1/2} \tag{13.31}$$

N 个战斗部爆炸 TNT 当量测量结果的最终表述为：

$$Q = \bar{Q} \pm u(\text{kg TNT}) \tag{13.32}$$

战斗部爆炸威力的评定采用实测的综合比当量参数 q 和扩展不确定度 u 来表述，比威力 q 大说明燃料的爆炸威力较高，u 较小说明燃料的爆炸稳定性较好。

13.3 某大型战斗部静爆威力测试

为评估某大型战斗部的毁伤威力，在中国兵器工业试验测试研究院的靶场开展静爆威力测试试验。这次战斗部爆炸威力试验的规模之宏大、测试项目之多、应用先进技术之广，国内还是首次，因此受到军地各方的深切关注。

13.3.1 试验安排及布置

根据战斗部技术指标要求，为全面考核战斗部爆炸性能，安排诸多测试项目，包括：①空气冲击波超压；②火球温度；③火球直径与持续时间；④破片速度；⑤典型目标的毁伤效应；⑥坑道冲击波超压；⑦破片验证靶；⑧地震波；⑨爆炸过程空中高频图像；⑩战斗部壳体破裂过程；⑪试验过程场景展示。这里重点介绍空气冲击波超压、坑道空气冲击波超压和破片速度的测试。试验现场具体布置见图 13.17。

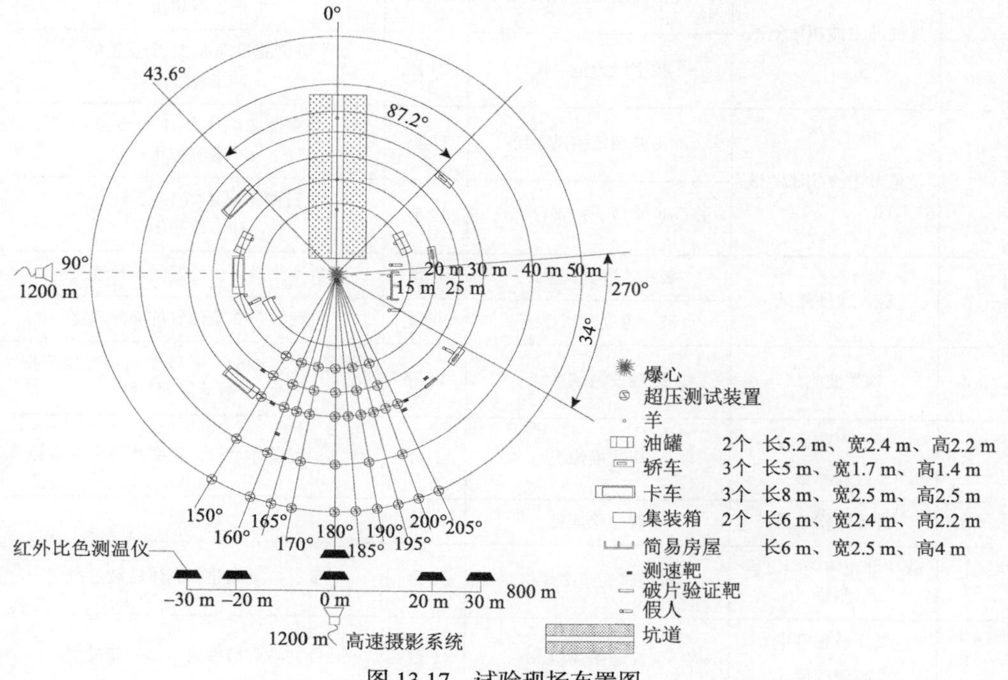

图 13.17　试验现场布置图

测试设备由 68 路冲击波超压测试系统、13 套破片速度测试系统、15 路地震波测试系统、4 台高速摄像机、6 台比色测温仪、1 台红外热像仪、8 套图像监测系统、1 套地面气象测试系统、1 套靶场指控与通信系统及效应靶测试系统等组成，设备全部经过计量并在有效合格期内，主要测试仪器设备名称及用途如表 13.4 所示。

13.3.2　试验测试系统

由于试验测试涉及众多单位协作，出于各家知识产权的保护，这里主要介绍北京理工大学承担的试验测试内容。

1. 地面冲击波超压测试

北京理工大学在距爆心地面 20 m、25 m、40 m 处各布置 3 个测点，30 m、50 m 处各布置 6 个测点，共 21 个测点。

表 13.4　试验测试仪器设备及用途

序号	测试内容	测试设备	数量	用途
1	地面冲击波超压测试	冲击波超压测试系统	17 路	负责测量地面 17 个点位的冲击波超压
		数字压力记录仪	21 路	负责测量地面 21 个点位的冲击波超压
2	坑道冲击波超压测试	冲击波超压测试系统	18 路	负责测量坑道内 18 个点位的冲击波超压
		数字压力记录仪	12 路	负责测量坑道内 12 个点位的冲击波超压
3	破片速度测试	破片速度测试系统	4 套	负责测量 4 个位置的破片速度
		破片速度测试系统	9 套	负责测量 3 个位置的破片速度
4	地震波测试	地震波测试系统	15 路	负责测量 3 个区域共 15 个点位的地震波振动速度
5	爆炸火球形成过程测量	高速摄像机	2 台	负责拍摄爆炸过程，正交测量火球直径
6	破片毁伤效果	破片验证靶	5 块	效应靶
7	战斗部壳体破裂过程测量	潜望式高速摄像机	1 台	负责拍摄战斗部壳体破裂过程
8	爆炸过程空中高频图像	高速摄像机	1 台	负责高空拍摄战斗部爆炸过程
9	火球温度测量	比色测温仪	6 台	负责测量火球温度
		红外热像仪	1 台	负责测量火球温度场数据
10	爆炸现场实时监视	无人机	4 台	负责试验前、后上空现场视频拍摄
		普通录像机	4 套	负责静爆现场准备与爆炸过程实时监视
		指控车及指控网	1 套	
		通信车及无线通话系统	1 套	负责各测试站点间语音通话
11	气象测试	通风干湿表、风向风速仪、空盒气压表	各 1 台	负责测量地面气象参数

试验采用的数字压力记录仪如图 13.18 所示，测量空气冲击波在地面上的扫射压力或反射压力。数字压力记录仪集压电压力传感器、供电器、放大器、A/D 转换器、数据采集器、存储器和数据通信为一体，测试时埋入地下，上表面与测试地面平齐，可在十分恶劣的环境下对所处点处的空气冲击波进行独立的精确测量，而不需要任何辅助工具。

图 13.18　数字压力记录仪

测试时，各 DPR 经同步触发线依次相连，形成闭环测试网络，这样可以使用较为靠前的 DPR 来触发后方摆放的 DPR，有利于较小信号的测试，提升所有设备的触发效率，同时，以第一排 DPR 为触发零时，可以获得冲击波到达每个测点的相对时间。数字压力记录仪（DPR）测试网络如图 13.19 所示。

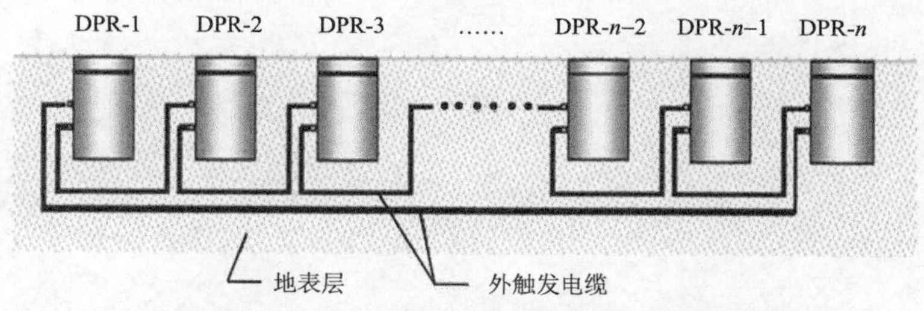

图 13.19　数字压力记录仪（DPR）测试网络示意图

每条测线前距离第一个测点约 1 m 位置处安装一个 Φ60 mm 的传感器保护杆，冲击波超压测试试验现场设备布设如图 13.20 所示。

图 13.20　地面压力传感器布设现场

2. 火球温度测试

采用红外比色测温系统测量战斗部爆炸时火球的温度，布置 6 台红外比色测温系统，探测器位于距离爆心 800 m 处，分别探测距爆心水平距离–30 m、–20 m、0 m、0 m、20 m、30 m 处温度。火球温度测试现场如图 13.21 和图 13.22 所示。

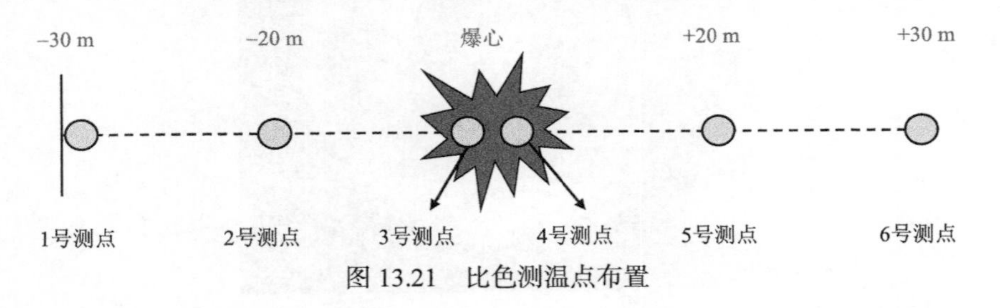

图 13.21　比色测温点布置

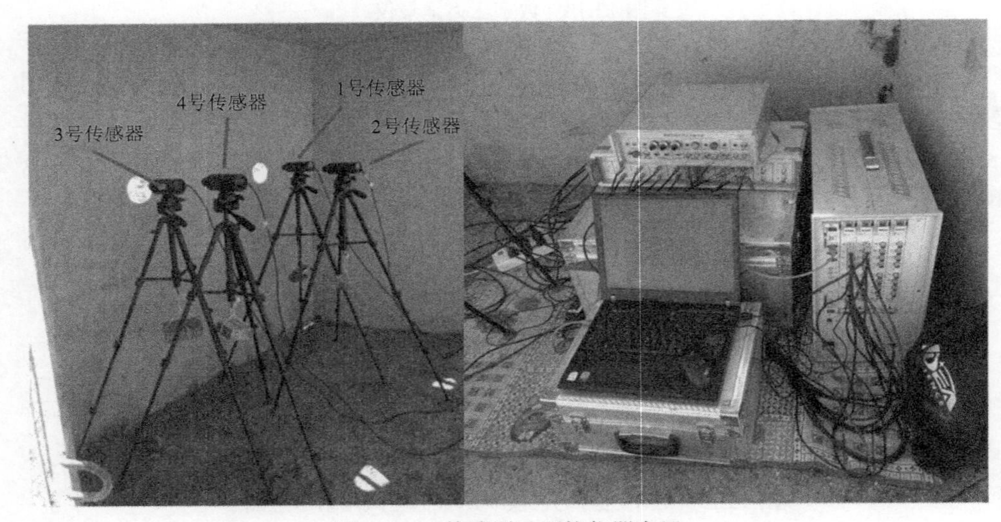

图 13.22　传感器及测控仪器布置

3. 破片速度测试

在距爆心 27.5 m、30 m 和 32.5 m 处分别布置 3 组测速靶，共 9 组测速靶。测速靶框尺寸为 1 m×1 m，两层靶框间距为 200 mm，靶框中心距地面 2.78 m，具体布置如图 13.23 所示。

弹药爆炸产生的金属破片打在梳状靶上将测速探针电路导通，由脉冲形成网络给出脉冲信号，此脉冲信号由多通道信号记录仪记录。根据前后两个梳状靶给出的脉冲信号的时间差和前后两个梳状靶之间的空间距离即可以计算出破片在此时间和空间内的平均速度。

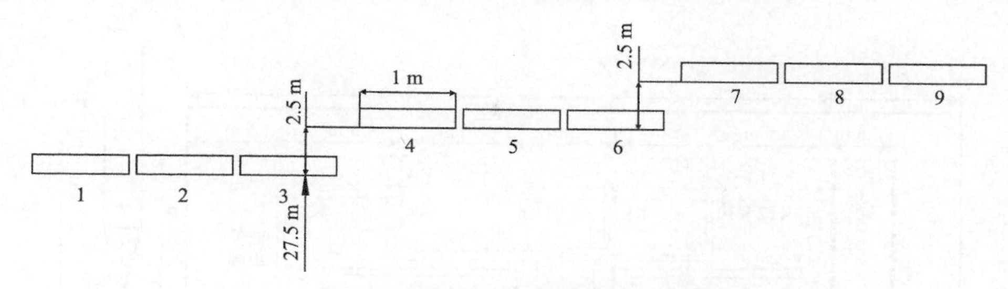

图 13.23　破片速度测试靶布局示意图

测试系统由梳状靶、同轴电缆、脉冲形成网络、多通道记录仪、笔记本电脑、触发探板电路装置等几部分组成。如图 13.24 至图 13.26 所示。

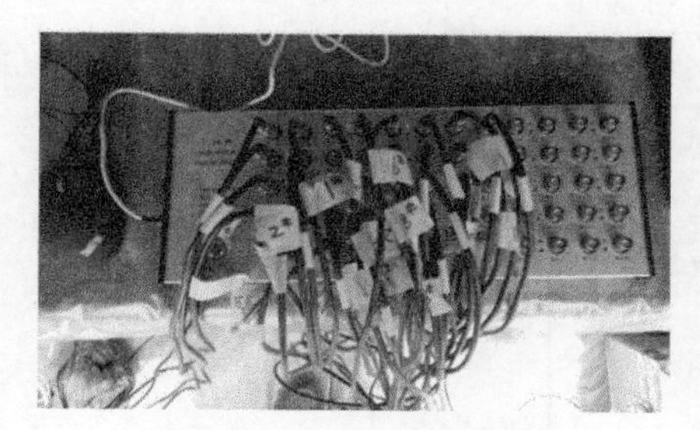

图 13.24　脉冲形成网络

图 13.25　多通道数字记录仪

图 13.26　破片测速布设现场

4. 坑道冲击波压力测试

坑道总长度 36 m，尾端间隔 2.8 m 布置有两道防护门，弹体竖直布置在距坑道口 3 米处的中心位置。坑道超压测试共布置 12 个测点，在距离坑道口 5 m、10 m、15 m、20 m、25 m、29.5 m 处分别布置两个测点，具体布置及编号如图 13.27 所示。

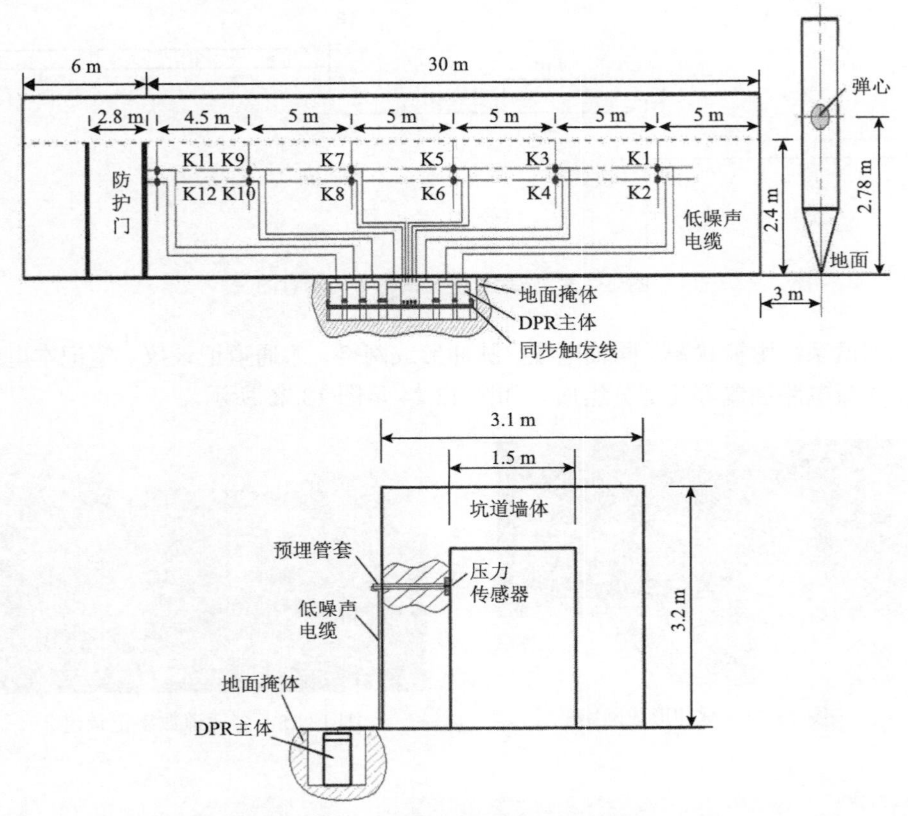

图 13.27　坑道超压测试布局示意图

实验时，压力传感器通过专门设计的安装组件安装在预先埋在坑道侧墙中的套管上（图 13.28），然后低噪声线缆穿过长 0.8 m 的套管与地面掩体内的 DPR 主体相连，组成测试系统。最后，各 DPR 主体通过同步触发电缆连接，以实现系统的同步触发。

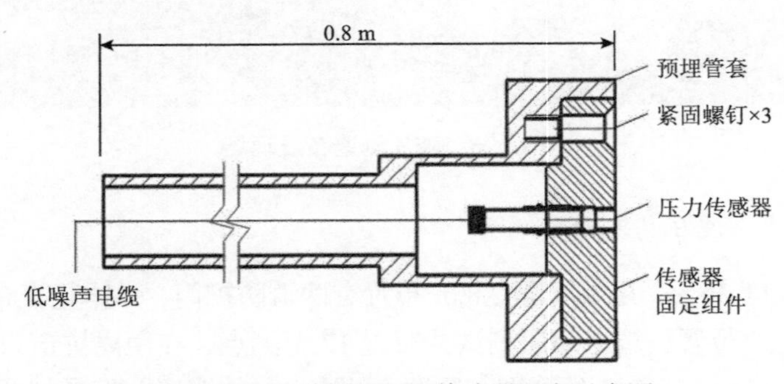

图 13.28　坑道超压测试传感器固定示意图

5. 破片验证靶测试

破片验证靶测试由北京理工大学负责，在距离爆心 30 m 处并排布置 5 块宽 1 m，高 2 m，厚 10 mm 的钢板效应靶，破片验证靶中心距地面 2 m，布置如图 13.29 所示。

图 13.29　破片验证靶布置现场

6. 爆炸过程空中高频图像测试

爆炸过程空中高频图像测试由〇五一基地负责。采用空中观测系统对战斗部爆炸过程进行空中高频图像测试，测量的高频图像用于战斗部爆炸形态演变过程的分析研究。其中空中观测平台布设在距爆心 350 m 高、500 m 远位置，地面控制系统布设在距爆心 3000 m 处，试验前将空中观测平台投送并悬停在预定位置，相机复位处于待触发状态，试验时采用人工无线方式触发高速相机，试验后回收空中观测平台并下载数据。布置如图 13.30 所示。

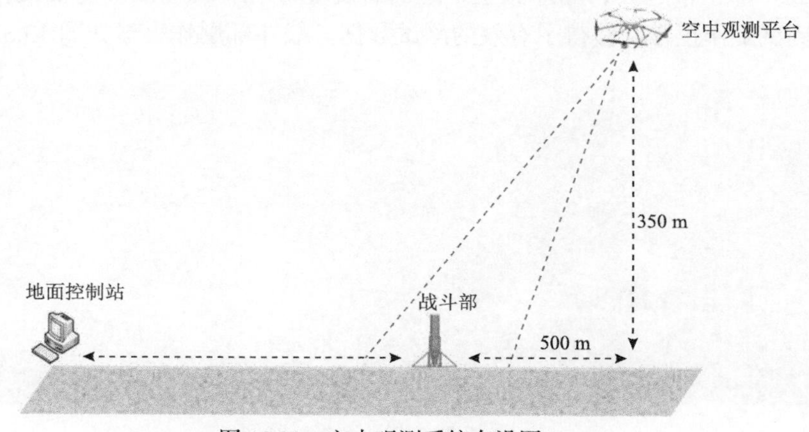

图 13.30　空中观测系统布设图

7. 试验过程场景展示

试验过程场景展示由〇五一基地负责。采用 4 台摄像机分别从地面不同角度对爆心进行景象监控，采用 4 台无人机从空中对爆心进行景象监控。摄像机控制端采集的监控画面经视频编码器编码后通过光纤传输至远端指挥方舱车上部署的网络交换机，方舱车上的 2 台计算机接入网络交换机后即可预览前端监控画面，通过 VGA 线缆投送至大屏幕显示。测试系统布设如图 13.31 所示。

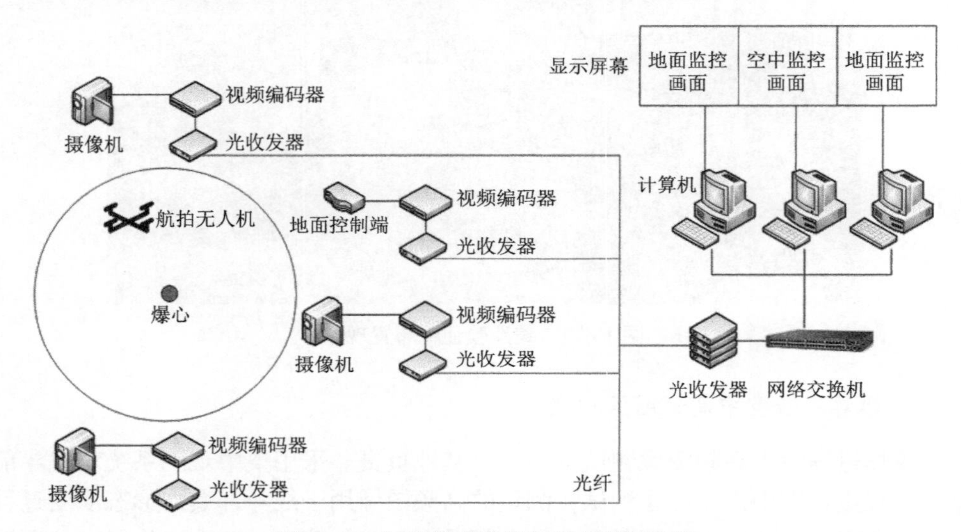

图 13.31 试验景象监控网络布局示意图

13.3.3 典型试验结果及数据处理

战斗部正常起爆，爆炸完全，地面有明显炸坑，现场效应物摧毁特征明显，各项测试工作正常，获得了有效的测试数据。战斗部爆炸火球如图 13.32 所示。

图 13.32 战斗部爆炸瞬间

1. 冲击波超压数据结果

共布设地面冲击波超压 21 个测点，测试结束后，获得有效数据 19 个，典型冲击波超压波形见图 13.33。

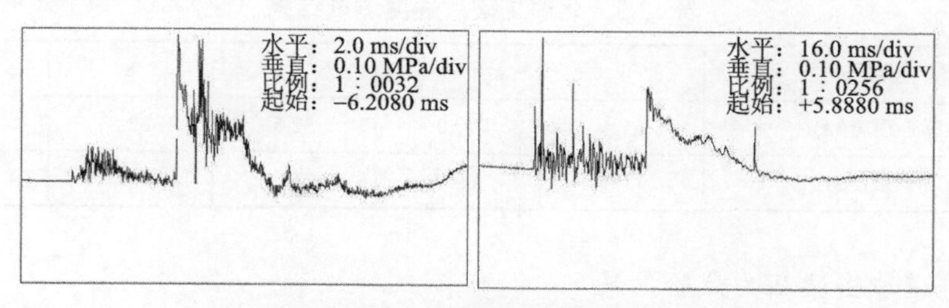

图 13.33　典型冲击波超压波形

2. 火球温度数据结果

通过红外比色测温获得 6 个有效温度数据，得到火球中心温度为 2080 ℃、2120 ℃，平均 2100 ℃，典型火球比色测温波形及结果见图 13.34。

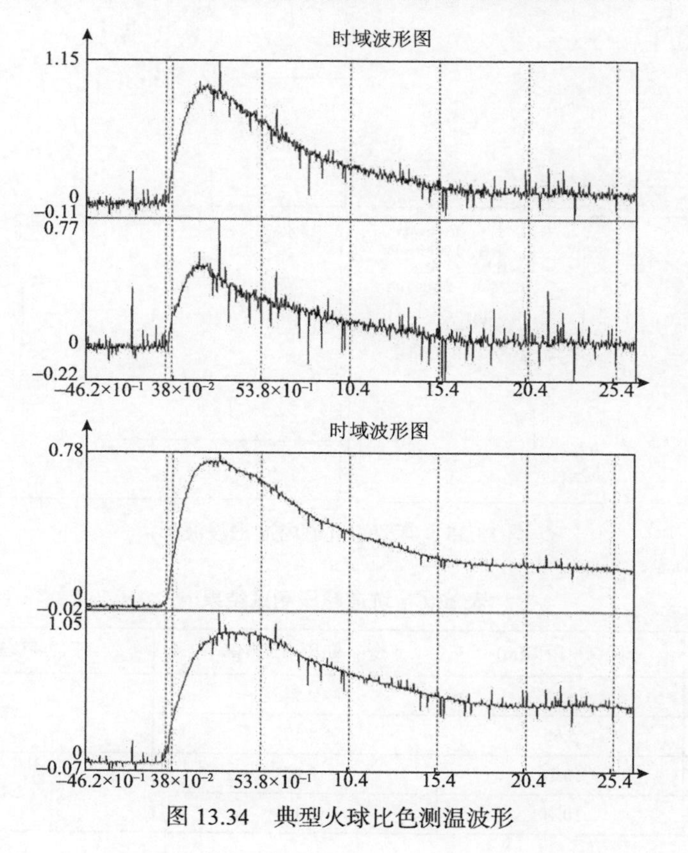

图 13.34　典型火球比色测温波形

3. 破片速度测试数据结果

测试 9 组破片速度，共获得 5 个有效数据，具体如表 13.5 所示。

表 13.5　北理工破片速度测试结果

测点编号	1	6	7	8	9
距爆心距离(m)	27.5	30.0	32.5	32.5	32.5
破片速度(m/s)	1190	1307	1223	1793	1007

4. 坑道冲击波压力试验结果

12 个测点均获得有效数据，测试结果如表 13.6 所示，典型波形曲线如图 13.35 所示。

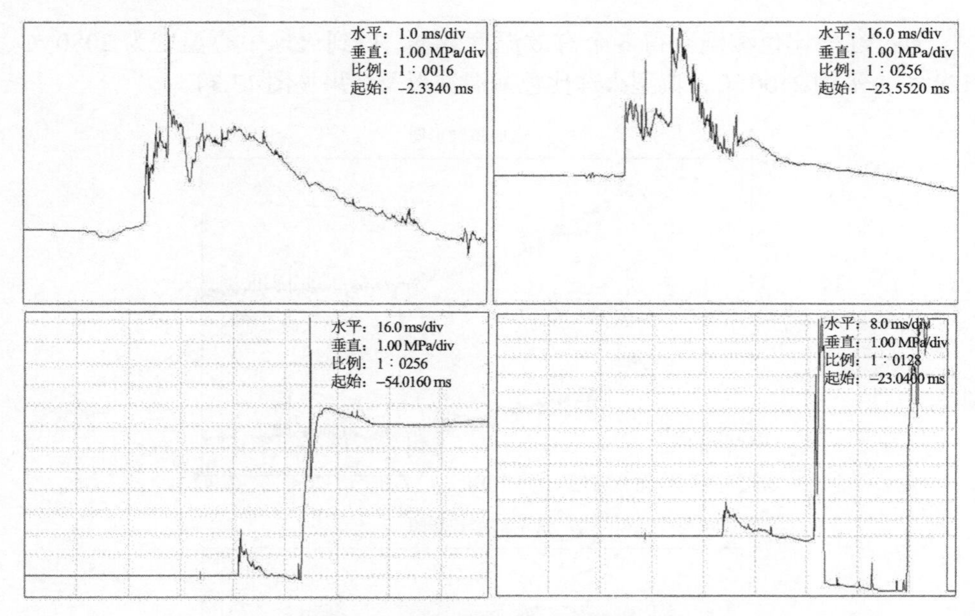

图 13.35　典型的坑道内冲击波波形

表 13.6　坑道超压测试结果

<table>
<tr><th>位置编号</th><th>距洞口距离(m)</th><th>第一超压峰值(MPa)</th><th>平均峰值超压(MPa)</th></tr>
<tr><td>1</td><td>5.05</td><td>2.545</td><td rowspan="2">2.862</td></tr>
<tr><td>2</td><td>5.05</td><td>3.179</td></tr>
<tr><td>3</td><td>10.10</td><td>2.071</td><td rowspan="2">2.121</td></tr>
<tr><td>4</td><td>10.10</td><td>2.179</td></tr>
</table>

续表

<table>
<tr><th>位置编号</th><th>距洞口距离(m)</th><th>第一超压峰值(MPa)</th><th>平均峰值超压(MPa)</th></tr>
<tr><td>5</td><td>15.08</td><td>1.897</td><td rowspan="2">1.781</td></tr>
<tr><td>6</td><td>15.08</td><td>1.664</td></tr>
<tr><td>7</td><td>20.06</td><td>1.701</td><td rowspan="2">1.568</td></tr>
<tr><td>8</td><td>20.06</td><td>1.435</td></tr>
<tr><td>9</td><td>25.03</td><td>1.042</td><td rowspan="2">0.984</td></tr>
<tr><td>10</td><td>25.03</td><td>0.925</td></tr>
<tr><td>11</td><td>29.46</td><td>0.613</td><td rowspan="2">0.563</td></tr>
<tr><td>12</td><td>29.46</td><td>0.512</td></tr>
</table>

5. 破片验证靶试验结果

破片验证靶获得完整数据，测试结果如表 13.7 所示。

表 13.7　效应靶穿透测试结果

<table>
<tr><th rowspan="2">测点编号</th><th rowspan="2">破片总数(枚)</th><th colspan="2">穿透破片数(枚)</th></tr>
<tr><th>穿孔直径 2～8 cm</th><th>穿孔直径 > 8 cm</th></tr>
<tr><td>1</td><td>106</td><td>12</td><td>13</td></tr>
<tr><td>2</td><td>83</td><td>15</td><td>2</td></tr>
<tr><td>3</td><td>83</td><td>7</td><td>4</td></tr>
<tr><td>4</td><td>118</td><td>13</td><td>8</td></tr>
<tr><td>5</td><td>117</td><td>11</td><td>4</td></tr>
<tr><td>总计</td><td>507</td><td>58</td><td>31</td></tr>
<tr><td colspan="2" rowspan="2">穿透率</td><td>11.44%</td><td>6.11%</td></tr>
<tr><td colspan="2">17.55%</td></tr>
</table>

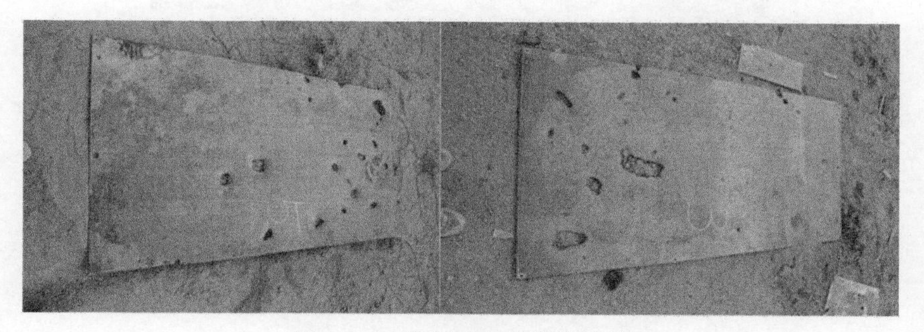

图 13.36　典型的破片穿孔照片

6. 爆炸过程中高频图像试验结果

空中观测系统对战斗部爆炸过程进行空中高频图像拍摄，用于分析研究战斗部爆炸形态演变过程。空中观测平台布设在距爆心 350 m 高、500 m 远位置拍摄，爆炸作用过程典型图像如图 13.37 所示，其他高速摄影典型图像如图 13.38 所示。

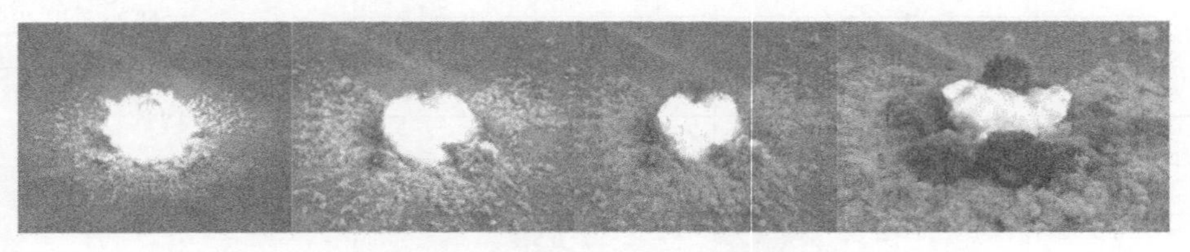

图 13.37　爆炸过程空中高速摄影图像

图 13.38　爆炸过程地面高速录像图像

7. 试验过程场景

采用无人机、高清球机等摄像机拍摄不同角度的试验过程，成功地获取了整个试验过程图像数据。典型试验前、试验后试验场景采用无人机高空拍摄，试验前、后对比如图 13.39 所示。

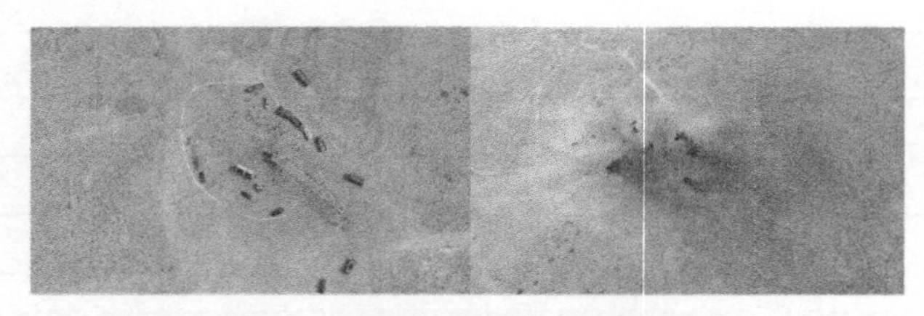

图 13.39　无人机上空拍摄试验前后现场状态

至此，某全尺寸战斗部静爆威力实验测试系统工作正常，实验数据丰富，获得了战斗部威力参数，验证了毁伤效应，实验圆满成功。

13.4　飞机模型/歼-6 飞机撞击载荷综合测试

飞机高速碰撞安全壳屏蔽厂房的动态载荷特性是安全壳等结构在大型商

用飞机撞击作用下安全性评估的前提。这里介绍飞机模型和歼-6 飞机飞机撞击载荷测试方法。

13.4.1　实验与测试方法

依托中国兵器工业试验测试研究院的 3 km 火箭橇试验平台，建立飞机模型和歼-6 飞机撞击试验系统，使用火箭橇作为飞机模型/歼-6 飞机的载体，火箭发动机作为动力，驱动飞机模型/歼-6 飞机加速，并按设计速度撞击设置在轨道终点的可沿撞击方向运动的钢筋混凝土靶体，通过测试飞机模型/歼-6 飞机和靶体的运动参数，可以获得飞机模型/歼-6 飞机撞击混凝土靶过程的靶体上载荷时间曲线，为验证大型商用飞机高速碰撞载荷预估模型提供数据支撑。

飞机模型撞击试验采用单轨双橇结构和弧形滑轨，如图 13.40 所示。试验靶体布设如图 13.41 所示。

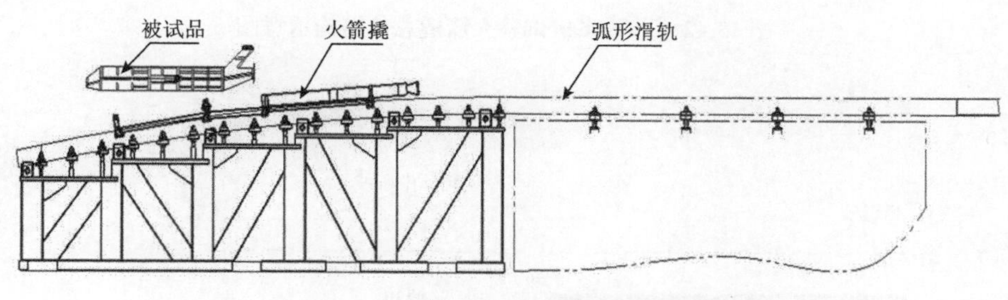

图 13.40　中型试验弧形滑轨示意图

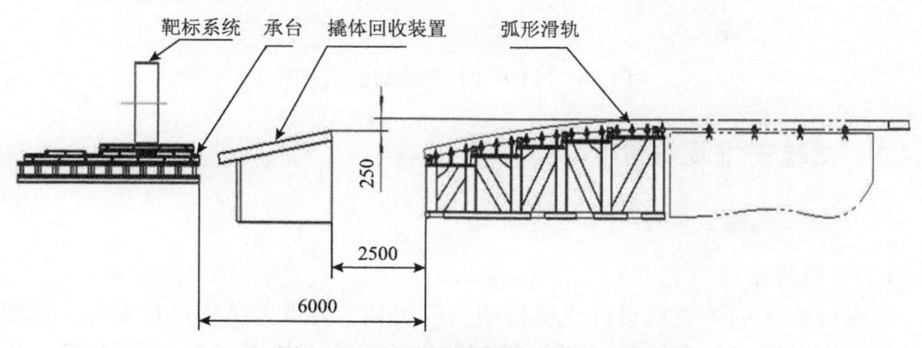

图 13.41　中型试验靶体布设示意图

歼-6飞机撞击试验采用双轨双橇结构和平直轨道，火箭橇由产品橇和一级橇组成，产品橇安装歼-6飞机，一级橇安装主推火箭发动机和反推火箭发动机。歼-6飞机火箭橇总体结构及靶体布设分别如图 13.42 和图 13.43 所示。

在撞击试验过程中，通过在飞机模型/歼-6飞机上安装传感器测试飞机模型/歼-6飞机的加速度变化情况；通过在靶体上安装传感器测试靶体速度、加速度变化情况；同时，通过地面高速摄像获取图像资料，观测飞机模型/歼-6飞机撞靶前的姿态、着速及撞击破坏的整个过程。

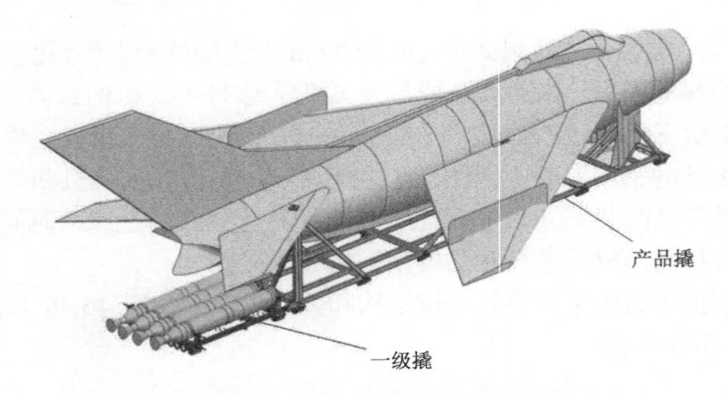

图 13.42 歼-6 飞机试验火箭橇总体结构示意图

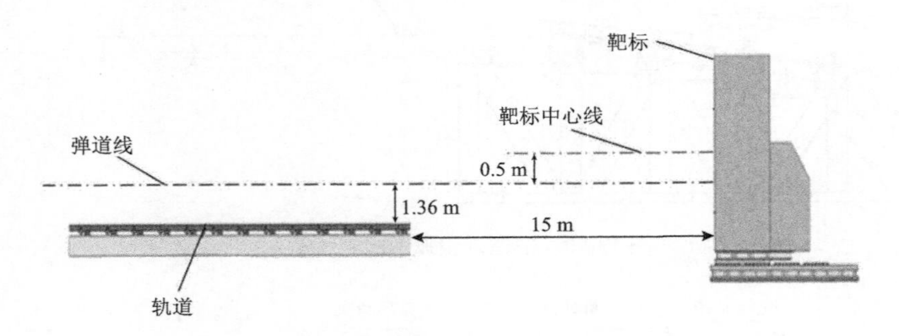

图 13.43 歼-6 飞机靶体布设示意图

13.4.2 试验安排及布置

1. 中型飞机模型设计/歼 6 飞机状态

1）飞机模型

参考国产 C919 飞机设计飞机模型，仅对其主要承力结构进行模拟，次要承力结构在设计中予以忽略。共设计了两种尺寸构型，长度 2.2 m 的 2 架，长度 3.8 m 的 1 架。

2.2 m 飞机模型全长 2200 mm，机身直径 250 mm，翼展 1800 mm，机高 466 mm。如图 13.44 所示。模型一和模型二的重量分别为 39 kg 和 41 kg。

3.8 m 飞机模型与 2.2 m 飞机模型结构类似，全长 3800 mm，机身直径 400 mm，翼展 3600 mm，机高为 861 mm，质量为 105 kg。

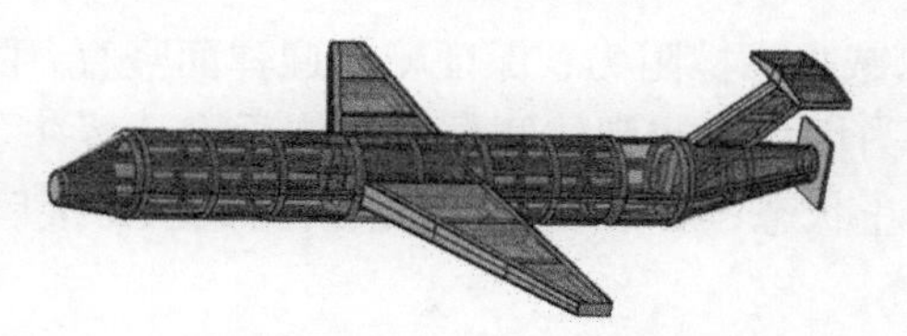

图 13.44　2.2m 飞机模型

2）歼-6 飞机状态

歼-6 飞机实物如图 13.45 所示，通过实地测绘和起吊称重，得到了本架歼-6 飞机的外形尺寸、重量和质量分布曲线，基本参数见表 13.8。根据实测歼-6 飞机各部分质量和尺寸，以及各部分所处的位置，得到歼-6 飞机轴向线密度分布如图 13.46 所示。

表 13.8　歼-6 飞机基本参数

基本信息	参数值(基本型)	参数值(实际测试)
机长	14.64 m	13.36 m
机高	3.89 m	3.89 m
翼展	9 m	9 m
全机空重	5447 kg	5287 kg
内部燃油重	1800 kg	0 kg

图 13.45　歼-6 飞机实物图

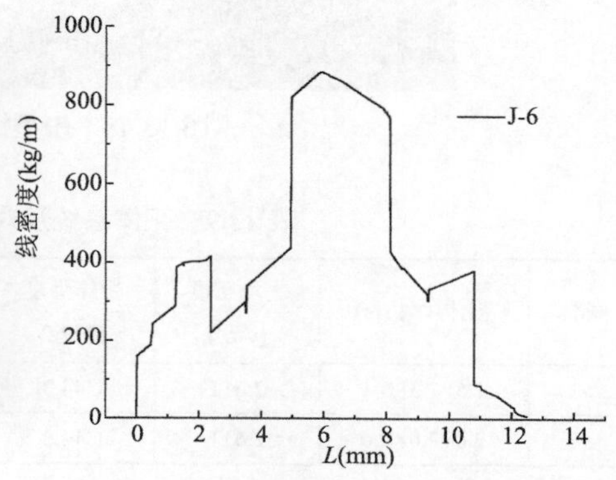

图 13.46　歼-6 飞机空重时的质量分布

2. 运动靶标系统设计

钢筋混凝土靶体质量按不小于飞机模型或歼-6 飞机撞击质量的 30 倍设计。钢筋混凝土靶标设计强度 C40，质量配筋率不小于 2%。靶体与地面平台之间安装滑动系统（滚轴等），以减小摩擦阻力；保证靶体迎弹面竖直，防止撞击过程中产生竖向分力，造成摩擦力增大，或靶体侧翻；靶体后设计缓冲系统，将靶体从撞击后移动状态恢复到停止状态；在靶体浇注前预留测试仪器接口，并做好防护措施。

1）中型靶标系统

如图 13.47 所示，当飞机模型撞击靶标时，靶体会通过上、下滑道和滚轮沿航向滑动。

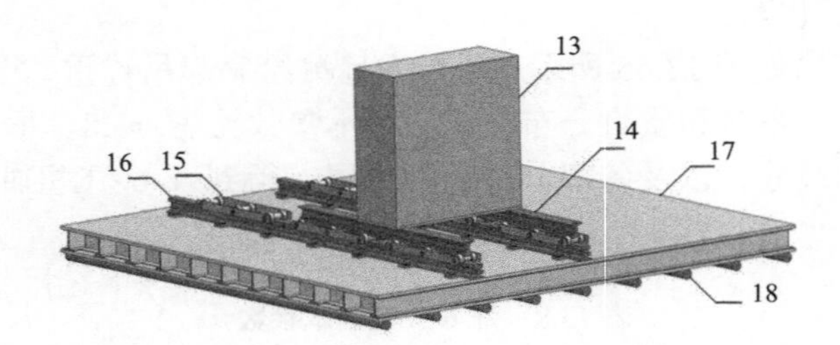

图 13.47　中型靶标系统总体结构示意图

13-靶体；14-上滑道；15-滚轮组件；16-下滑道；17-承台；18-滚杠

中型靶标系统共加工了 2 套，实物如图 13.48 所示。靶体及对应飞机模型的实测参数见表 13.9。

图 13.48　中型钢筋混凝土靶体

表 13.9　靶体系统及对应飞机模型实测参数

靶体	靶体尺寸(m)	平均密度(t/m^3)	靶体强度(MPa)	靶体质量(kg)	附属运动滑道质量(kg)	靶体运动部分总质量(kg)
#1	1.5×1.5×0.4	2.611	C44.3	2350	562	2912
#2	2.0×2.0×0.6	2.611	C44.3	6267	562	6829

2）大型靶标系统设计

大型靶标系统总体结构如图 13.49 所示，钢筋混凝土靶体受到歼-6 飞机撞击后，可沿撞击方向运动。按照试验要求，靶体背面需安装加速度传感器和在靶体后布设 DISAR 速度测量探头，用于测量靶体受冲击后的运动情况。大型钢筋混凝土靶标系统实物如图 13.50 所示，质量实测值如表 13.10 所示。

表 13.10　靶体实测质量参数

靶体	靶体尺寸 (m)	平均密度 (t/m^3)	靶体强度 (MPa)	靶体质量 (kg)	支架质量 (kg)	上滑轨质量 (kg)	靶标系统总重质量(kg)
大型	7.0×5.5×1.8	2.61	42	187077.5	8230.76	1029.13	196337.4

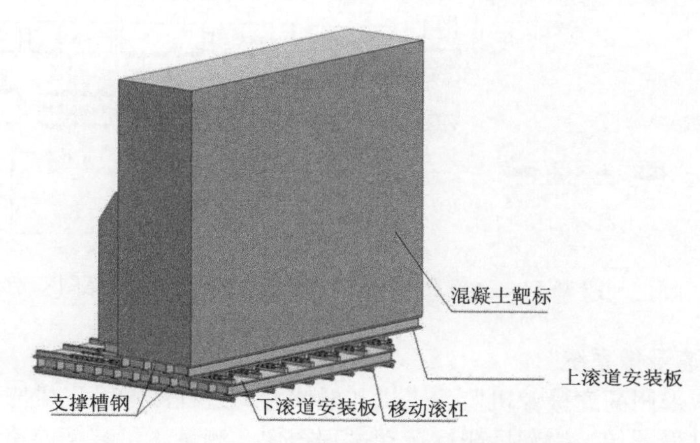

图 13.49　大型靶标系统总体结构示意图

图 13.50　大型钢筋混凝土靶标系统

13.4.3　试验测试系统

试验设计了 5 套测试系统：断靶测试系统、高速录像系统、靶体速度测试系统、靶体加速度测试系统、机载过载测试系统。采用断靶测试系统测量火箭橇在轨运行关键点速度。采用高速录像系统监测飞机模型/歼 6 飞机撞击试验全过程的图像和撞靶前的速度。采用激光干涉测速系统（DISAR）测量靶体运动的速度。在靶体背部安装加速度传感器测量靶体的加速度。在飞机模型/歼 6 飞机上安装机载过载存储仪，测量飞机模型/歼 6 飞机撞靶过程的减加速度。为了多套测试系统同步测量，具有统一的时间零点，在靶体撞击面上设置了触发装置。为保证测试的成功，这里试验记录系统采用两套独立的数据采集记录仪。试验系统现场布设如图 13.51 所示。

采用断靶测试系统测量火箭橇在轨运行关键点速度。系统包括断靶和电子测时仪。根据弹道计算，在火箭橇运行过程中最大速度位置（215～225 m）和爆炸螺栓起爆前布设断靶，靶距选取不小于速度的 1%。

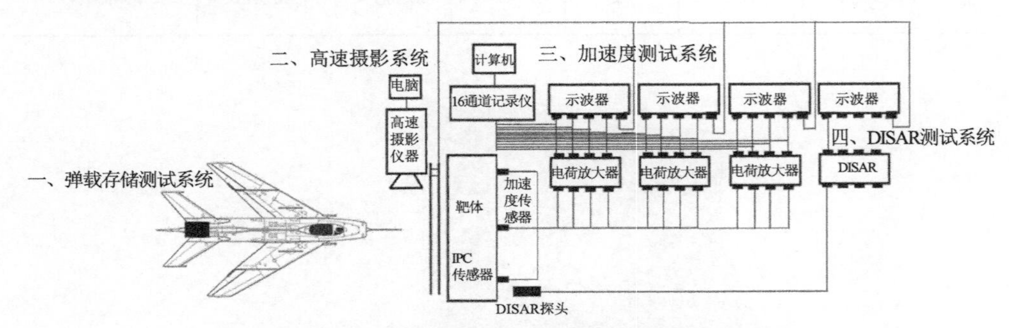

图 13.51　飞机及靶体运动参数测量系统布设示意图

1）高速录像系统

试验中采用高速摄像机监测飞机和橇体分离过程图像、飞机撞靶前姿态、飞机撞靶全过程图像、撞靶后靶标运动过程图像，测量飞机装靶前速度、姿态。通过四台高速摄像机完成飞机和橇体分离过程、飞机撞靶前姿态和数据处理、飞机撞靶后靶标运动规律和大视场监测。

2）靶体速度 DISAR 测试系统

靶体速度测试采用 DISAR 系统进行非接触测量，系统包括：激光探头、干涉仪、激光器、示波器、触发装置（铜探板、电缆、脉冲形成网络）。设置左右两个激光探头。

对于 DISAR 测试系统而言，除系统参数设置之外，激光探头的安装基座和可靠的触发信号是测试成功的两个关键因素。试验中激光探头及支架的现场安装情况如图 13.52 所示。

图 13.52　DISAR 激光探头及支架安装情况

3）靶体加速度测试系统

加速度测试系统由压电加速度传感器、传感器安装结构、同轴电缆、电荷放大器、示波器、多通道记录仪等组成。

加速度测试系统共采用 12 个通道的加速度传感器，接入 3 个示波器（每个示波器 4 个通道）和一个多通道数据记录仪对数据进行双重备份记录。示波器为 Tektronix 公司产品，4 通道，最高采用频率可达 2.5 GHz。多通道数据记录仪为东华测试公司 DH5960 超动态信号测试分析系统，16 通道，最高采样频率 20MHz。使用的加速度传感器为科动 KD1000D、科动 KD1002C、353B14、M353B18 四种。

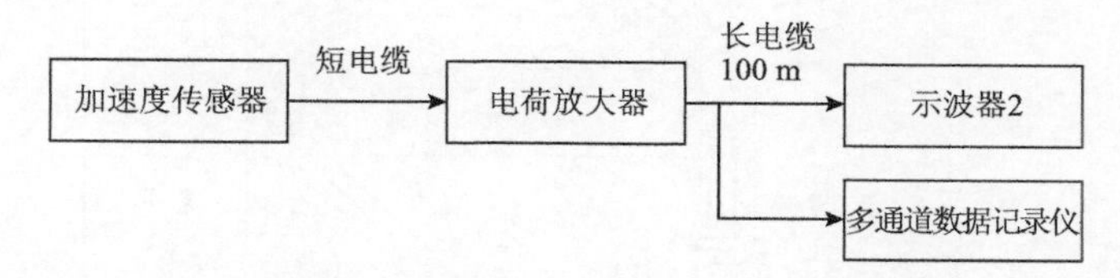

图 13.53　前置电荷放大测试系统（四通道、2 号系统）

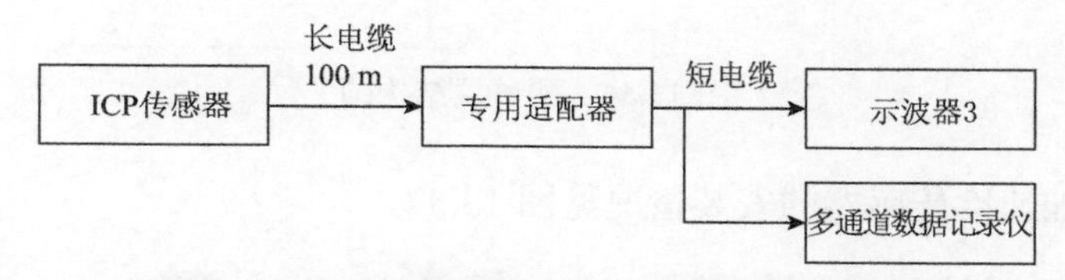

图 13.54　ICP 传感器测试系统（四通道、3 号系统）

在靶体背面安装加速度传感器测量靶体受到撞击后的加速度变化情况。试验中加速度传感器布设如图 13.55 所示。

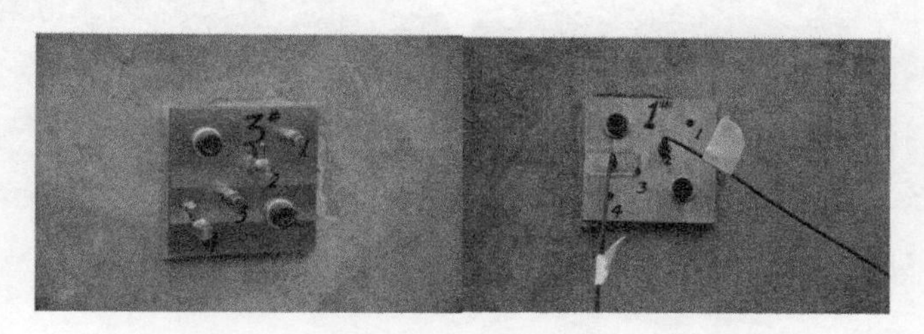

图 13.55　靶体背面加速度传感器安装情况

4）机载过载测试系统

在飞机模型或歼-6 飞机上安装机载过载存储仪，测量飞机模型/歼-6 飞机撞靶过程中的减加速度。机载加速度传感器为中北大学电子测试技术国防科技重点实验室研制。飞机模型/J-6 飞机撞击混凝土加速度测试仪结构如图 13.56 所示。

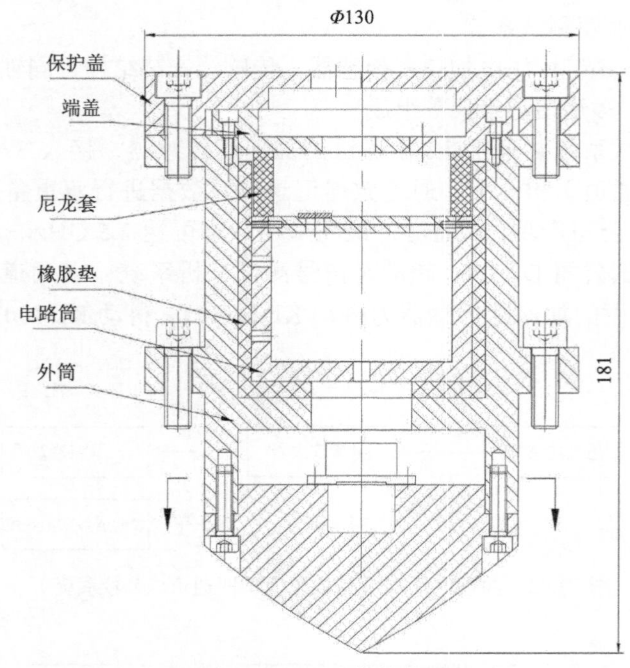

图 13.56 测试仪结构图

试验中加速度传感器的安装情况见图 13.57。

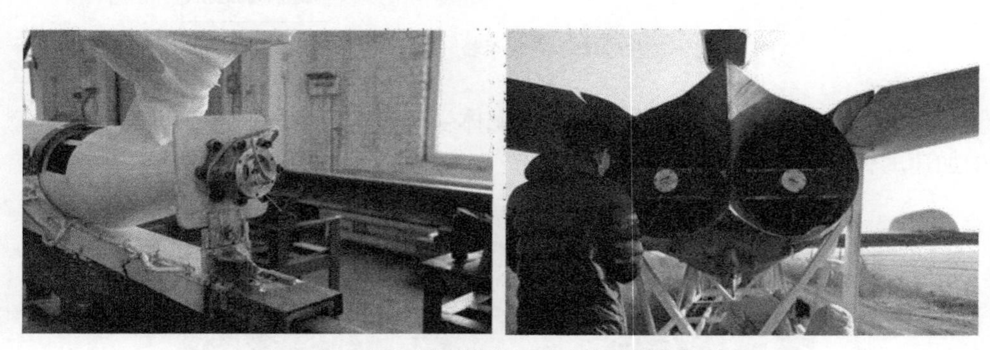

图 13.57 飞机/模型尾部加速度传感器安装情况

5）触发系统

高速录像系统采用轨道上测速信号触发，机载加速度测试系统采用自触发方式。靶体加速度系统、DISAR 靶体测速系统触发均采用外触发方式。触发系统由靶体正面上双层紫铜板构成断-通触发探板、触发线和脉冲形成网络构成。触发实际安装情况如下图 13.58 所示。飞机模型及歼-6 飞机撞击时，两铜板接触导通，给出触发信号。

图 13.58　靶体加速度系统、DISAR 靶体测速系统触发装置安装图

13.4.4　典型试验结果及数据处理

1. 中型飞机模型撞击试验结果

三发中型飞机模型撞击试验的撞击速度参数见表 13.11。其中电网区速度通过通断靶及时间记录仪测试得到，着靶速度通过高速录像判读得到。

图 13.59 为三个模型与靶体撞击过程高速录像典型时刻图片，图 13.60 为撞击结束后的飞机模型和靶体。可以看出飞机模型完全损毁，靶体未发生破坏。

(a)模型一试验

(b)模型二试验

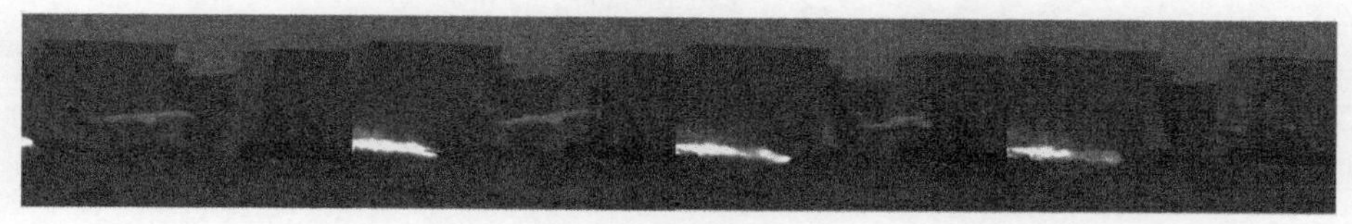

(c)模型三试验

图 13.59　飞机模型撞击靶体过程中不同时刻的图片

(a)模型一试验

(b)模型三试验

图 13.60　试验结束后靶体和飞机模型的状态

表 13.11　试验加速状态参数表

序号	飞机模型	靶标	电网区速度(m/s)	着靶速度(m/s)
1	模型一	1#	202.2	199.1
2	模型二	1#	201.1	198.4
3	模型三	2#	214.0	205.2

1）飞机模型加速度测试结果

试验完成后，从撞击飞机模型残骸中取出测试仪，从图 13.61 中可以看出测试仪没有显著塑性变形，结构完好。

图 13.61　试验后测试仪情况（正面）

图 13.62 分别为机载过载测试仪中多个加速度信号相加平均后的三个飞机模型撞靶过程减加速度时间曲线。

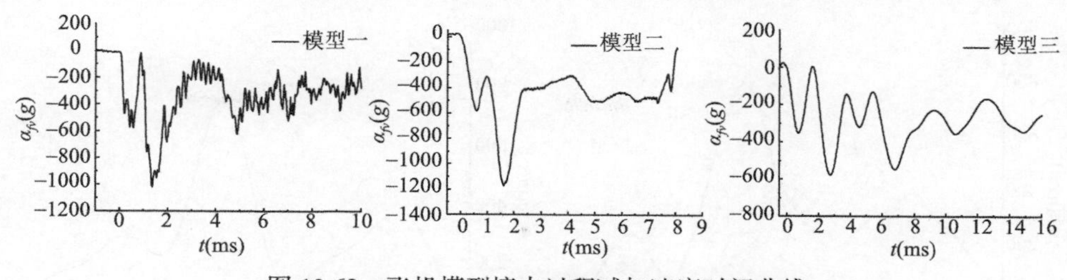

图 13.62　飞机模型撞击过程减加速度时间曲线

2）靶体加速度测试结果

靶体背面安装的 4 个加速度传感器测得的靶体加速度时间曲线，4 个加速度传感器平均后可得到靶体加速度时间曲线。图 13.63 是典型的撞击过程靶体加速度原始波形，通过滤波处理，图 13.64 分别为三个飞机模型撞击的靶体加速度时间曲线。

3）靶体速度测试结果

在靶体背后设置的 2 个 DISAR 速度测点，由于天气原因，飞机模型三试验未获得 DISAR 数据，飞机模型一、二试验 DISAR 测量得到的速度时间曲线如图 13.65 所示。模型一试验两个测点的最大速度分别为 3.3 m/s 和 3.1 m/s，取平均值为 3.2 m/s；模型二试验两个测点的最大速度分别为 4.0 m/s 和 3.6 m/s，取平均值为 3.8 m/s。

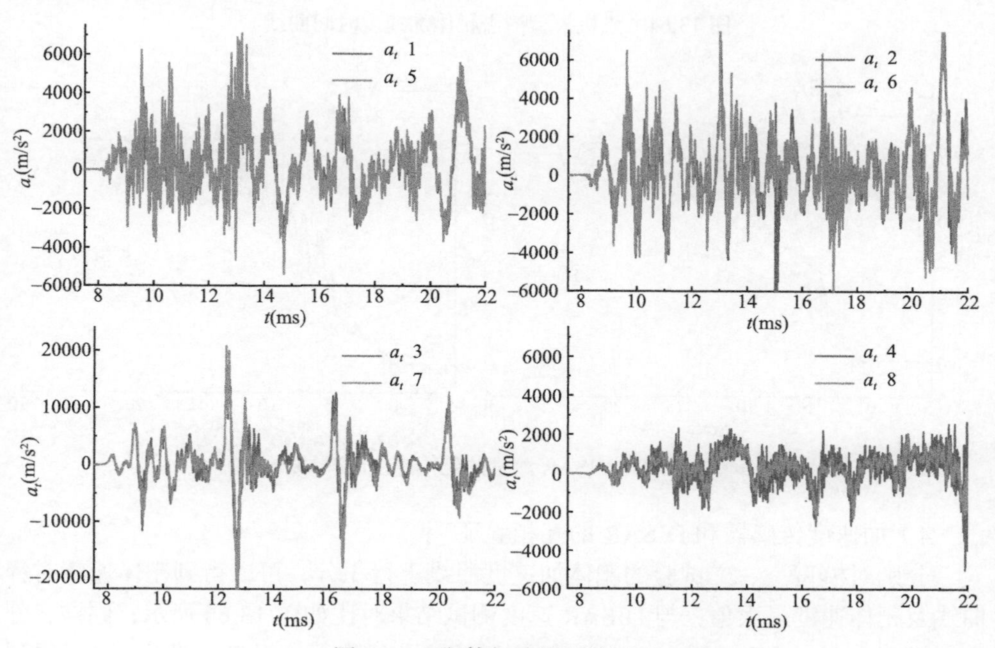

图 13.63　靶体加速度原始波形

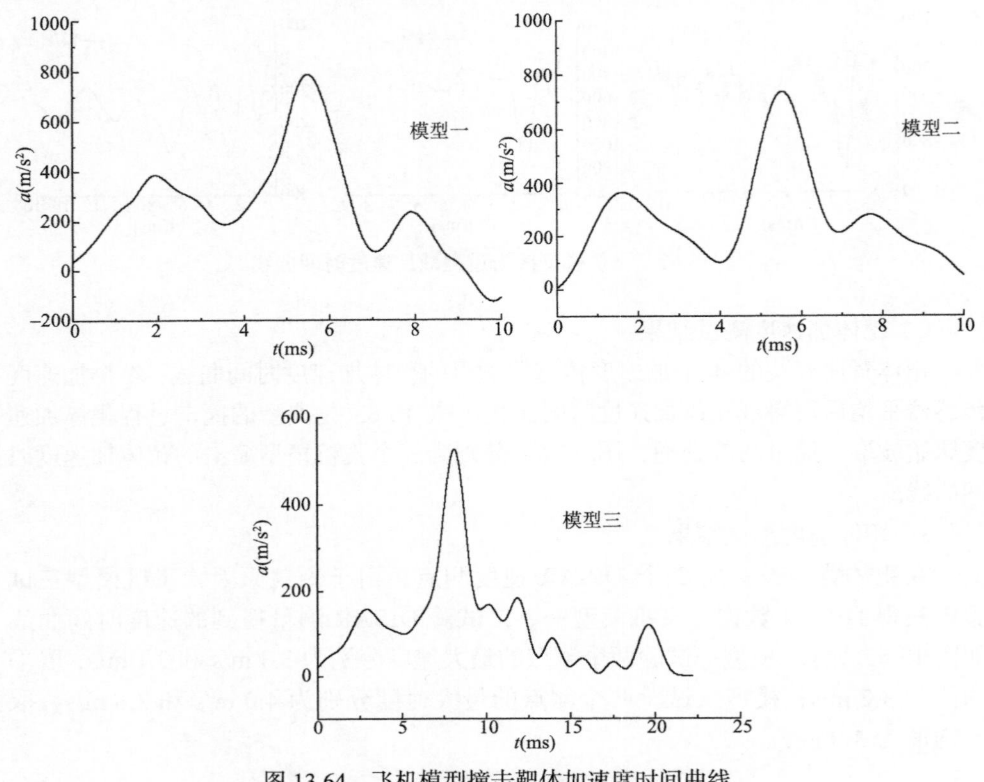

图 13.64　飞机模型撞击靶体加速度时间曲线

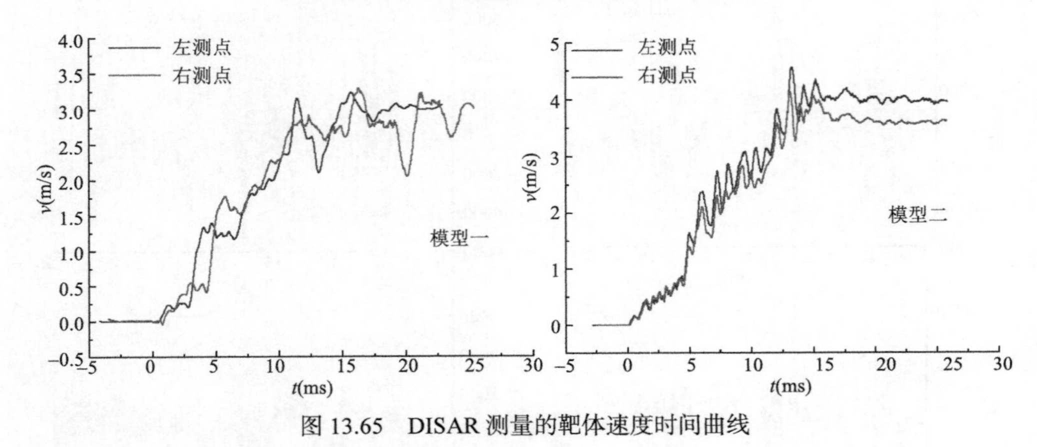

图 13.65　DISAR 测量的靶体速度时间曲线

4）加速度传感器和 DISAR 的互相验证

分别对模型一、二试验的靶体加速度曲线进行积分，可以得到靶体速度时程曲线及靶体速度最大值，与 DISAR 速度测试结果对比如图 13.66 所示；同样，分别对模型一、二试验的两个 DISAR 测点的速度曲线取平均后进行微分，可以得到其靶体加速度时间曲线，与靶体加速度测试结果对比如图 13.67 所示，具体对比数据见表 13.12。可以看出二者一致性较好，这表明靶体加速度测试系统和 DISAR 速度测试系统获得的数据是可靠的。

表 13.12　不同测试系统测量结果对比

测试方法	最大速度(m/s)		最大加速度(m/s^2)	
	模型一	模型二	模型一	模型二
加速度测量	3.4	3.5	786.5	737.9
DISAR 测量	3.2	3.8	767.7	873.6
相对误差%	−5.9	8.6	−2.4	15.5

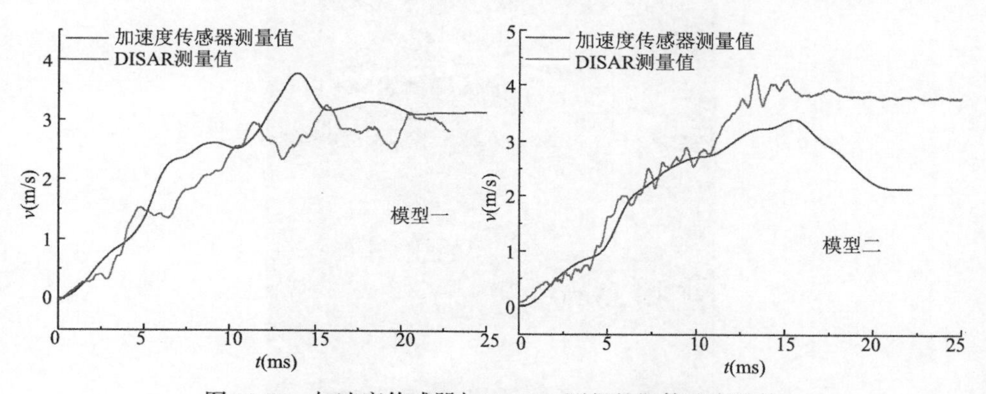

图 13.66　加速度传感器与 DISAR 测得的靶体速度比较

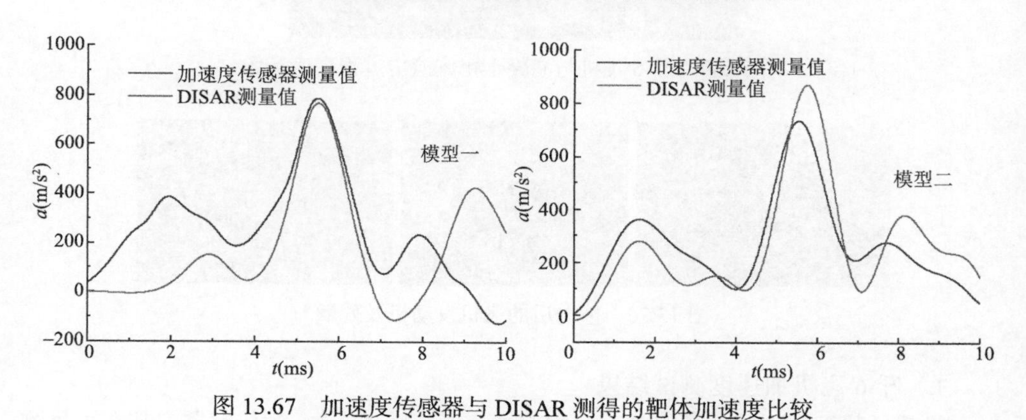

图 13.67　加速度传感器与 DISAR 测得的靶体加速度比较

2. 歼-6 飞机撞击试验结果

歼-6 飞机试验着靶速度断靶测速结果为 200.1 m/s，高速录像测量结果为

200.3 m/s。图 13.68 为试验前歼-6 飞机的状态，图 13.69 为歼-6 飞机与靶体在不同时刻的撞击图片，图 13.70 为撞击结束回收到的飞机残骸。歼-6 飞机除发动机外，机身主要部分都破坏成很小的碎片。

图 13.68　试验前歼-6 飞机状态

图 13.69　歼-6 飞机与混凝土靶体撞击过程高速录像

图 13.70　撞击后的飞机发动机及残骸

1）歼-6 飞机加速度测试结果

机载过载存储测试系统安装 6 个内部加速度传感器，1～3#传感器安装在 1 号测试装置内，4～6#传感器安装在 2 号测试装置内。

对两个测试装置分别布置的三个传感器的减加速度数据进行平均和光滑，加速度结果取平均，得到撞击过程中歼-6 飞机的减加速度时间曲线，如图 13.71。

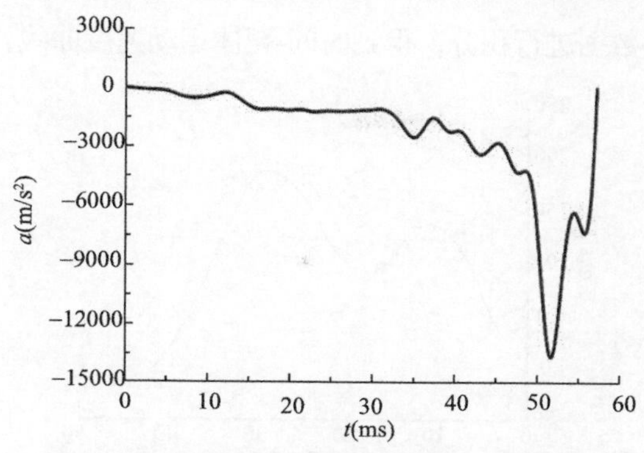

图 13.71　撞击过程机体减加速度平均结果

2）靶体加速度测试结果

采用两种品牌的传感器测得同样 5 个位置的加速度，典型的实测加速度-时间曲线如图 13.72 所示，对各通道的加速度测量结果采用 3 阶 Butterworth 滤波器进行低通滤波，结果如图 13.73 所示。加速度进行平均后结果如图 13.74 所示。

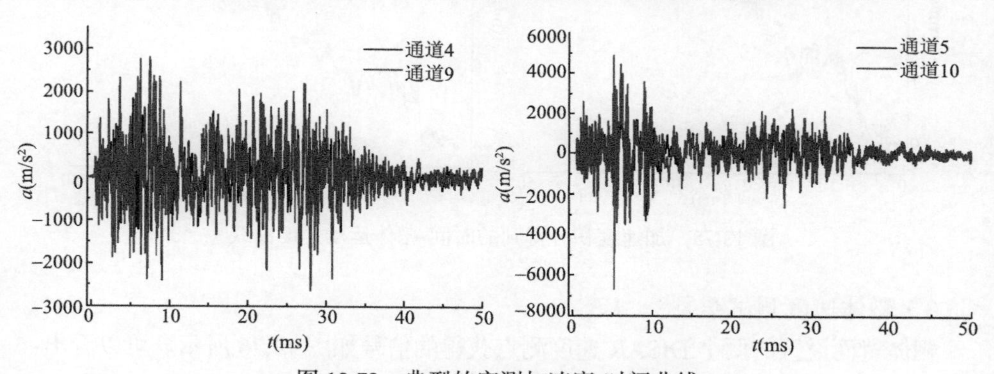

图 13.72　典型的实测加速度-时间曲线

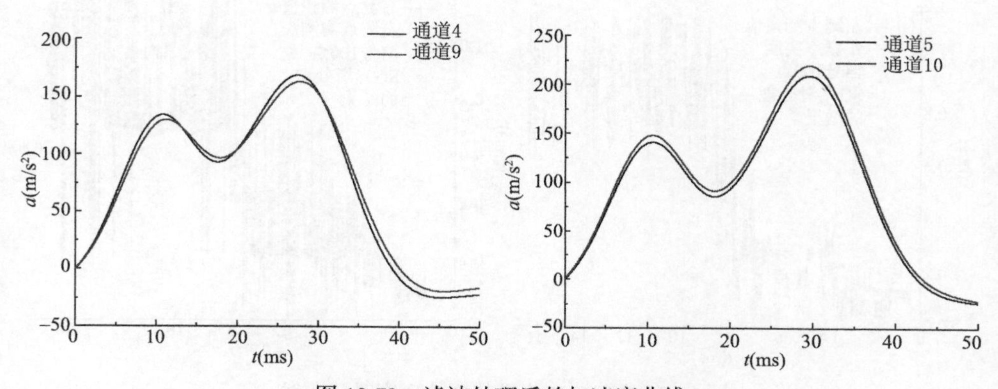

图 13.73　滤波处理后的加速度曲线

对各通道加速度数据进行积分，得到时间-靶体运动速度曲线，如图 13.75 所示。

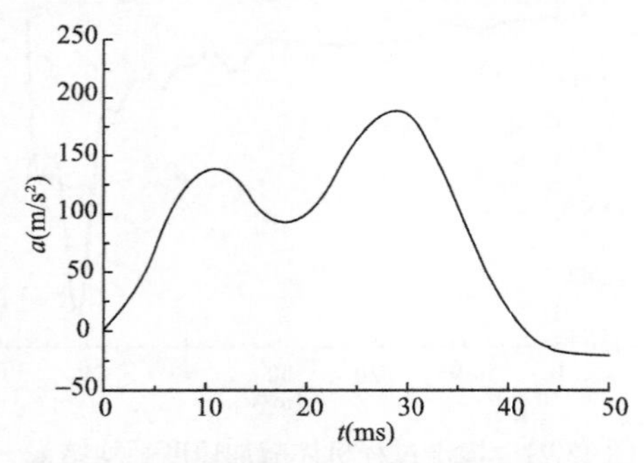

图 13.74　靶体加速度数据的平均结果

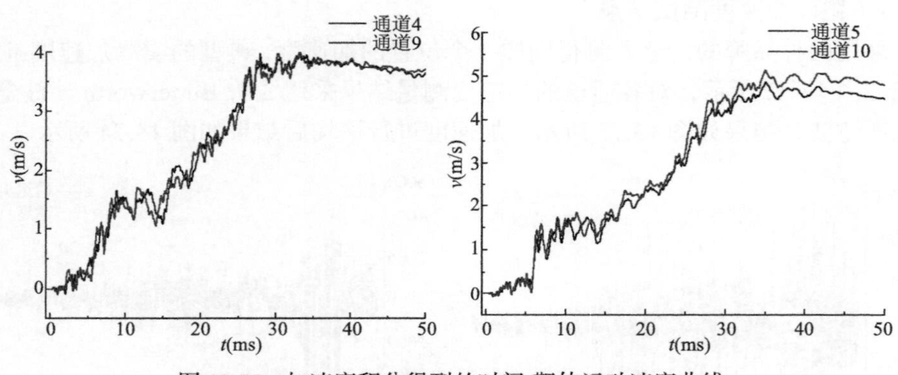

图 13.75　加速度积分得到的时间-靶体运动速度曲线

3）靶体速度测试结果

靶体背面设置的两个 DISAR 速度测点获得的信号如图 13.76 所示。可以看出：

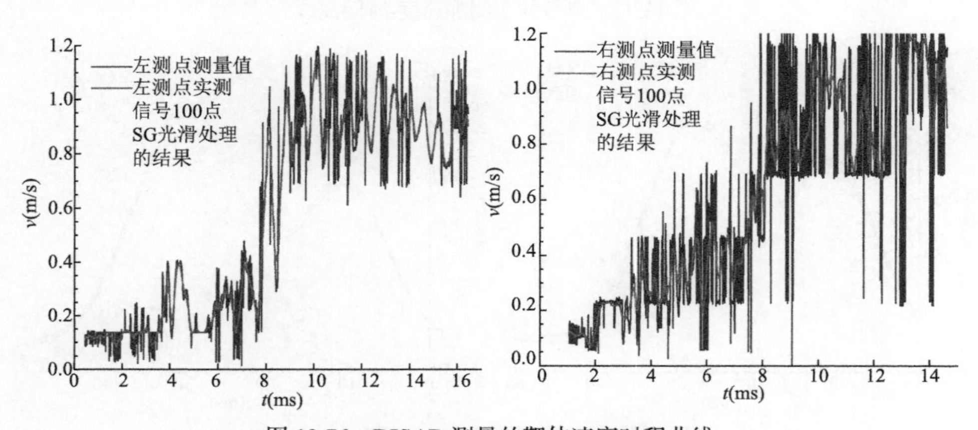

图 13.76　DISAR 测量的靶体速度时程曲线

DISAR 测得的有效速度信息的时间只有 15 ms，这是因为歼-6 飞机撞靶后期混凝土靶断裂，靶面发生旋转偏移，导致后续 DISAR 激光测速系统捕捉的信号失效。

13.4.5　冲击载荷理论模型验证

基于飞机模型/歼-6 飞机撞击试验获得的数据，计算出飞机模型/歼-6 飞机撞击靶体的冲击载荷，对 Riera 冲击载荷理论模型进行验证，并确定该模型中适合于设计的飞机模型/歼-6 飞机的修正系数 α 的取值。

1. 靶体冲击载荷计算

根据靶体受到撞击后的加速度或速度时间曲线可由式(13.33)计算出靶体受到的冲击载荷 $F_t(t)$：

$$F_t(t)=M_t\times a_t(t) \text{或} F_t(t)=M_t\times \mathrm{d}V_t(t)/\mathrm{d}t \tag{13.33}$$

式中，$F_t(t)$为靶体受到的冲击载荷；M_t 为靶体的质量；$a_t(t)$为靶体的加速度；$V_t(t)$为靶体的速度。

图 13.77 为通过靶体加速度测量得到的三个飞机模型和歼-6 飞机撞击混凝土靶的冲击载荷时间曲线。模型一与模型二的几何尺寸完全一样，质量相差较小，模型一比模型二的质量少 4.9%；撞击速度也接近，模型一撞击速度 199.1 m/s，模

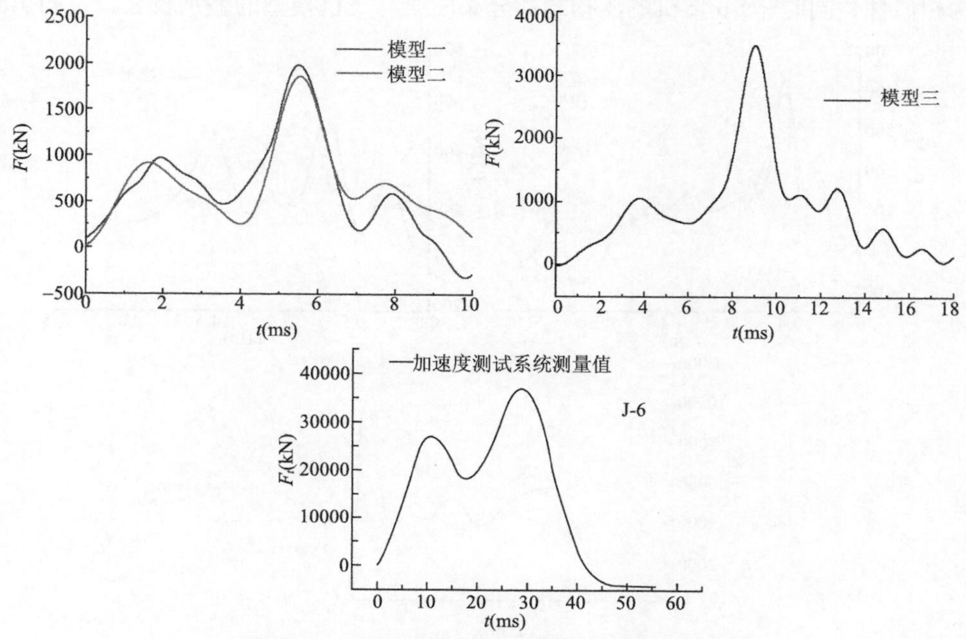

图 13.77　靶体加速度计算得到的冲击载荷

型二撞击速度为 198.4 m/s；模型一与模型二的峰值载荷和峰值载荷达到时间一致性较好，进一步验证了靶体加速度测试系统的可靠性。

2. Riera 模型计算结果与试验结果对比

从飞机撞击角度计算撞击载荷一般采用如下修正的 Riera 公式：

$$F_{\mathrm{R}}(t)=P_{\mathrm{c}}[x(t)]+\alpha\mu[x(t)]V^2(t) \tag{13.34}$$

式中，右边第一项为飞机压损载荷项（静载项）；第二项为惯性力项（动载项）；$F_{\mathrm{R}}(t)$为冲击载荷；P_{c}为飞机结构的压损载荷；μ 为沿飞机轴线分布的线质量密度；$V(t)$为飞机破坏时的碰撞速度；$x(t)$为自飞机头部算起的飞机破坏长度；α 为 Riera 模型的修正因子。

1）飞机模型/歼-6 飞机压损载荷分布

根据 Riera 理论模型，飞机未变形部分为刚体，飞机破坏截面处的压损载荷作用于未变形部分，为以刚体运动的飞机提供减加速度，因此，如果知道飞机某一时刻未变形部分的质量与加速度，即可求出该时刻的压损载荷，进而得到压损载荷分布。三个飞机模型及歼-6 飞机压损载荷分布计算结果见图 13.78，可以看出模型一与模型二的压损载荷分布曲线一致，说明机载加速度测量具有良好的可靠性；模型三的分布曲线特征与模型一、二相似，说明模型一、二与模型三具有结构相似性，同时，J-6 飞机的压损载荷分布曲线与飞机模型的差别较大，说明 J-6

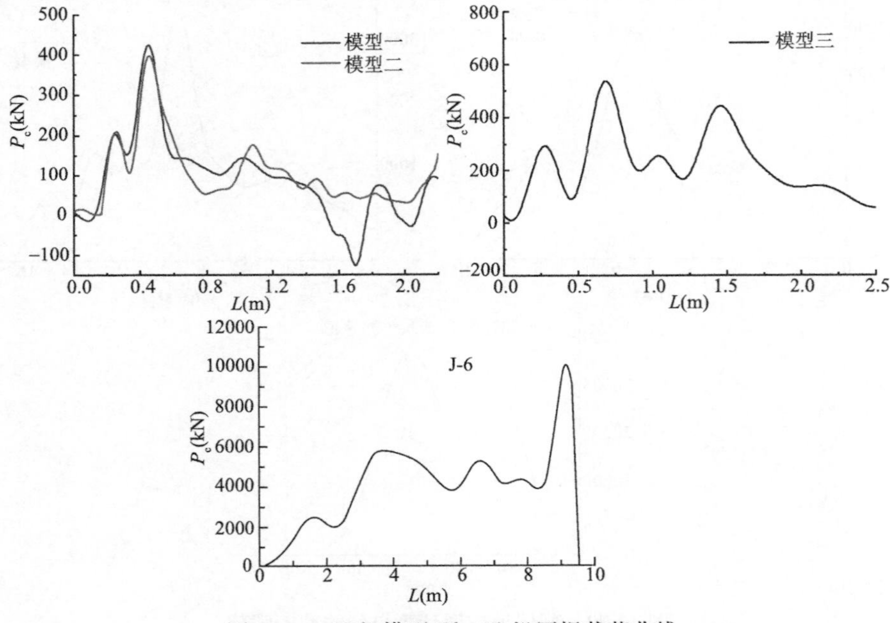

图 13.78　飞机模型/歼-6 飞机压损载荷曲线

飞机与飞机模型的结构存在较大差异，也说明飞机的压损载荷分布与飞机/模型的结构形式和分布尺寸有关。

2）Riera 模型修正系数确定

通过迭代计算方法可以计算出靶体受到的冲击载荷 $F_{\mathrm{R}}(t)$，再对冲击载荷时间曲线进行积分，可以得到冲击载荷的冲量时间曲线，即冲击载荷时间曲线的包络面积。通过对比不同 α 值计算得到的冲击载荷的冲量 $I_{\mathrm{R}}(\mathrm{t})$和加速度测量得到的冲击载荷的冲量 $I_{\mathrm{a}}(t)$，可以确定冲击载荷理论模型中修正因子 α 的取值。

图 13.79 为模型一、二、三和歼-6 飞机在不同 α 取值时冲击载荷冲量理论计算结果与试验测量结果的对比，可以看出，修正因子 α 取 1.0 时，模型一、二的理论计算结果与试验测量结果吻合较好；修正因子 α 取 0.8 时，模型三的理论计算结果与试验测量结果吻合较好；修正因子 α 取 0.9 时，歼-6 飞机在 35 ms 前理论计算结果与试验测量结果吻合较好。

3）理论结果与试验结果对比

图 13.80 为三发飞机模型试验测量得到的载荷曲线与理论模型计算的载荷曲线的对比，二者特征相似，理论计算的载荷峰值虽然与试验结果也存在差异，最大误差 15%，但总体来说，两者的包络面积基本一致，理论计算与试验测量的冲击载荷总冲量对比，二者的相对误差小于 3%。

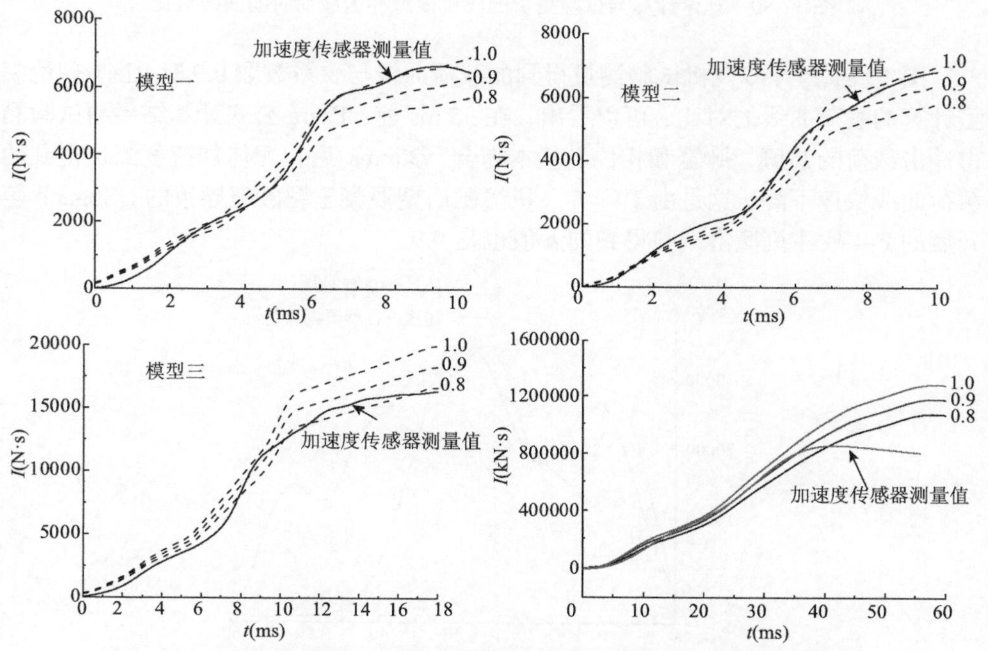

图 13.79　理论计算的冲击载荷冲量与飞机模型试验的冲击载荷冲量比较

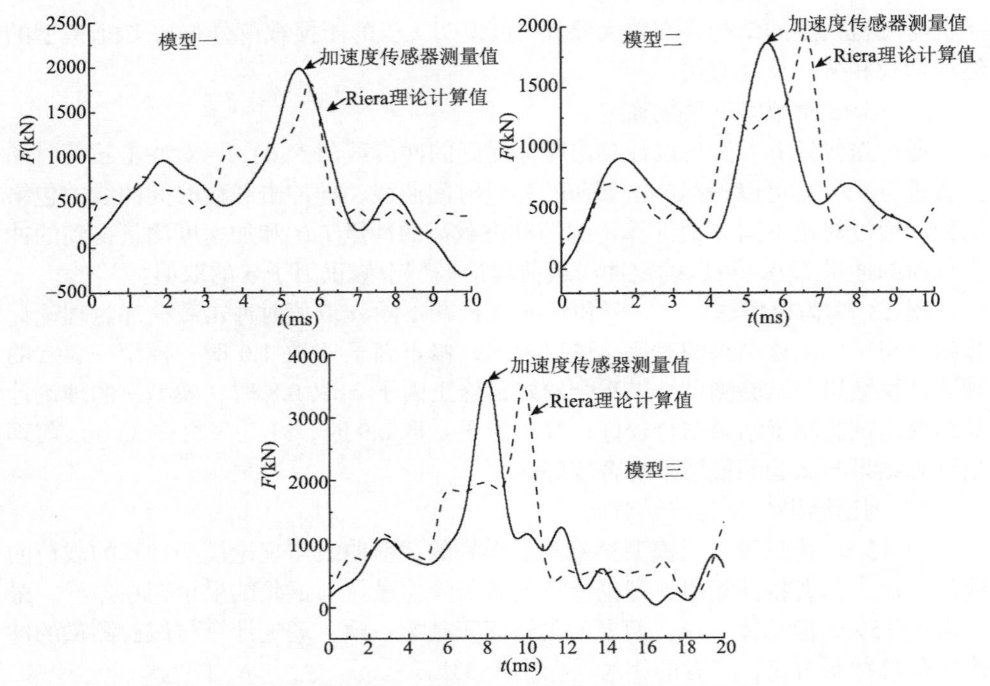

图 13.80　理论计算与试验测量的飞机模型冲击载荷时间曲线对比

图 13.81 为歼-6 飞机试验测量得到的载荷曲线与 α 系数取 0.9 时 Riera 理论模型计算的载荷曲线的对比，可以看出，在 35 ms 前，Riera 公式计算结果与试验测得冲击载荷的幅值、脉宽和相位上基本吻合，35 ms 后，靶体加速度测量得到的载荷曲线快速下降，这是由于歼-6 飞机撞靶后期混凝土靶破裂导致的。Sugano 等开展的 F-4 战斗机撞击试验得到的 α 值也是 0.9。

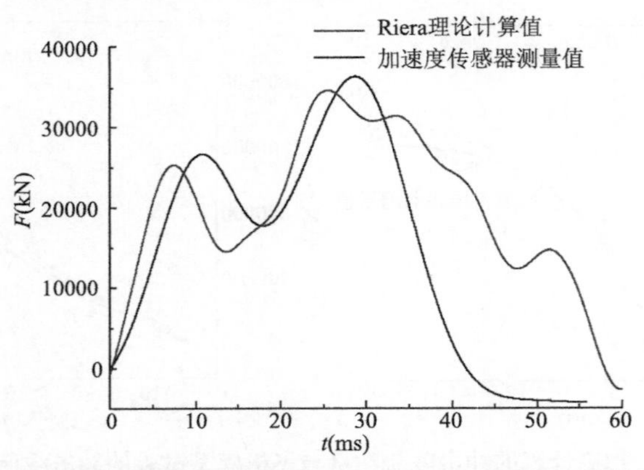

图 13.81　理论计算与试验测量的歼-6 飞机冲击载荷时间曲线对比

上述结果表明通过测量撞击过程中运动靶体的加速度时间曲线，可以得到满足工程计算的、可信的冲击载荷时间曲线，同时也说明修正的 Riera 冲击载荷理论计算模型可以用于预估飞机的冲击载荷时间曲线。

参考文献

段卓平. 2007. 一种新颖的可重构数据存储压力仪[J]. 北京理工大学学报, 27(9): 769-773.

国军标 GJB5412. 2005. 燃料空气炸药（FAE）类弹种爆炸参数测试及爆炸威力评价方法.

温丽晶. 2018. 飞机模型高速撞击钢筋混凝土载荷特性实验研究[J]. 爆炸与冲击, 38(4): 811-819.

温丽晶. 2019. A320 撞击刚性靶体的数值模拟及冲击载荷工程模型验证[J]. 北京理工大学学报, 39(9): 881-886.

周玉霜. 2016. 薄壁圆筒结构压损力测试研究及数值模拟[J]. 兵工学报, 37(Suppl.1): 86-90.

Duan Z P. 2018. Experimental research on impact loading characteristics by full-scale airplane impacting on concrete target[J]. Nuclear Engineering and Design, 328: 292-300.

Wen L J. 2018. Dynamic responses of a steel-reinforced concrete target impacted by aircraft models[J]. International Journal of Impact Engineering, 117:123-137.